Vision Transformer/最新CNNアーキテクチャ画像分類入門

PyTorch/Kerasライブラリによる
実装ディープラーニング・プログラミング

著 チーム・カルポ

■サンプルデータについて

本書で紹介したデータは、㈱秀和システムのホームページからダウンロードできます。本書を読み進めるときや説明に従って操作するときは、サンプルデータをダウンロードして利用されることをお勧めします。

ダウンロードは以下のサイトから行ってください。

㈱秀和システムのホームページ

https://www.shuwasystem.co.jp

サンプルファイルのダウンロードページ

https://www.shuwasystem.co.jp/support/7980html/7285.html

サンプルデータは、「chap02.zip」「chap03.zip」などと章ごとに分けてありますので、それぞれをダウンロードして、解凍してお使いください。

ファイルを解凍すると、フォルダーが開きます。そのフォルダーの中には、サンプルファイルが節ごとに格納されていますので、目的のサンプルファイルをご利用ください。

なお、解凍したファイルは、操作を始める前にバックアップを作成してから利用されることをお勧めします。

▼サンプルデータのフォルダー構造（例）

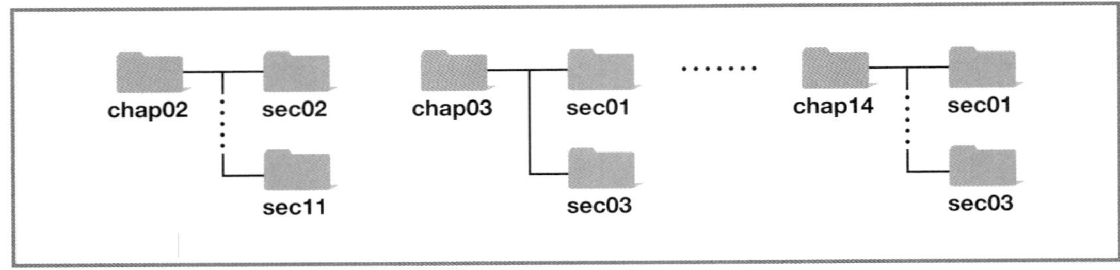

■ 注意

(1) 本書は著者が独自に調査した結果を出版したものです。
(2) 本書は内容について万全を期して作成いたしましたが、万一、ご不審な点や誤り、記載漏れなどお気付きの点がありましたら、出版元まで書面にてご連絡ください。
(3) 本書の内容に関して運用した結果の影響については、上記（2）項にかかわらず責任を負いかねます。あらかじめご了承ください。
(4) 本書の全部、または一部について、出版元から文書による許諾を得ずに複製することは禁じられています。

■ 商標

Python は Python Software Foundation の登録商標です。
Windows は、米国 Microsoft Corporation の米国、日本、およびその他の国における登録商標または商標です。
Mac、macOS は、米国および他の国々で登録された Apple Inc. の商標です。
その他、CPU、ソフト名は一般に各メーカーの商標または登録商標です。
なお、本文中では TM および®マークは明記していません。
書籍のなかでは通称またはその他の名称で表記していることがあります。ご了承ください。

はじめに

この本を手に取っていただき、ありがとうございます。

画像認識技術は、近年の深層学習の進展に伴い飛躍的に進化してきました。中でも、Vision Transformer（ViT）の登場は、従来の畳み込みニューラルネットワーク（CNN）に代わる新たなアプローチとして注目を集めています。さらに技術の進化は止まらず、Swin Transformer、T2T-ViT、CoAtNet、BoTNetといったモデルが次々と開発され、画像認識の性能と応用可能性をさらに広げています。本書では、これらの革新的なモデル群を取り上げ、その理論的背景からPythonでの実装方法までを詳細に解説しています。

本書の中心となるテーマは、画像認識における画像分類です。画像分類は「画像がどのカテゴリに属するか」を判定するタスクであり、画像認識の中でも特に重要な役割を果たしています。自動運転、医療診断、監視システム、さらにはエンターテインメント分野に至るまで、画像分類技術の応用範囲は広大です。本書では、上記の画像分類モデルを活用した最先端の技術をお届けします。すぐに実践していただけるよう、PyTorchに加え、Kerasを用いたプログラミングについても解説しました。特に、ViTやSwin Transformerについては、PyTorchとKerasの両方の実装コードを掲載しています。

各章では、理論を理解するための解説に続いて、実際にプログラミングへと進みます。ソースコードには、本文では触れられないような細部にわたるコメントを数多く付けています。ある程度以上のスキルをお持ちの方には少々煩わしいかもしれませんが、ご容赦ください。

この本を通じて、ViTやその派生モデルを用いた画像認識技術の習得に役立つ情報をお届けすることができれば幸いです。これから始まる探求が、皆様にとって実り多いものであることを心からお祈り申し上げます。

2024年10月　　チーム・カルポ

■本書の読み方

本書では、Vision Transformer（ViT）やその他の派生モデルによる画像分類について解説しています。各章は独立しているので、どの章から読んでいただいてもかまいません。ただし本書では、Google社が提供するColab Notebookでの開発を前提としているため、開発環境について確認しておきたい方は1章を先にお読みください。

2章と3章は、本書のメインテーマであるViTによる画像認識について解説しています。「まずは基本となるViTについて知りたい」という場合は、これらの章を先に読んでいただくとよいでしょう。4章は、KerasによるViTモデルの開発について扱っています。

5章以降はViTの派生モデルについて扱っていますので、興味のある章から読んでいただければと思います。

1章　開発環境について

Colab Notebookの使い方を中心に、どのように開発するかを解説しています。本書で紹介するプログラムはGPUでの実行を前提にしているので、そのあたりを確認されたい場合は、まず本章をお読みください。

2章　Vision Transformerによる画像分類モデルの実装（PyTorch編）

PyTorchを用いたViTモデルの開発について紹介しています。ViTの理論や仕組みについて詳細に解説しているので、ViTについて知りたい場合は最初に読んでいただくとよいでしょう。

3章　Vision Transformerの性能を引き上げる

ViTは高性能ですが、その反面、大量の学習データと長い学習時間が必要です。この章では、限られた学習データと時間で効率的に開発するためのテクニックを紹介します。

4章　Vision Transformerによる画像分類モデルの実装（Keras編）

この章では、Kerasの直感的なインターフェースを活用しながら、ViTの実装方法を重点的に解説します。少ないコード量で効果的にViTモデルを構築し、実際のデータセットを用いたトレーニング方法やモデルの評価についても触れています。

5章　Swin Transformerを用いた画像分類モデルの実装（PyTorch編）

PyTorchを用いてSwin Transformerを実装し、画像分類モデルを構築する手法を解説します。Swin Transformerの基本的なコンセプトとその優れた性能を理解しながら、実際にモデルを組み立てていきます。

6章　Swin Transformerを用いた画像分類モデルの実装（Keras編）

Kerasを用いてSwin Transformerを実装し、画像分類モデルを構築する方法を解説します。Kerasの使いやすいインターフェースを活用しながら、Swin Transformerの設計思想を学びます。

7章　T2T-ViTを用いた画像分類モデルの実装（PyTorch）

T2T-ViT（Tokens-to-Token Vision Transformer）を用いた画像分類モデルの実装について、PyTorchで解説します。T2T-ViTの革新的なトークン生成アプローチについて学びながら、モデルの構築プロセスを理解します。T2T-ViTの実装を通じて、効率的な画像分類モデルの開発スキルを身につけられる章となっています。

8章　CoAtNetを用いた画像分類モデルの実装（PyTorch）

CoAtNet（Convolutional Attention Network）を用いた画像分類モデルの実装について、PyTorchで解説します。CoAtNetのユニークな畳み込みとアテンション機構について理解を深めながら、実際のモデル構築を進めていきます。CoAtNetの強力な性能を引き出すスキルを身につけられる内容です。

9章　BoTNetを用いた画像分類モデルの実装（PyTorch）

Bottleneck Transformer（BoTNet）を用いた画像分類モデルの実装について、PyTorchで解説します。BoTNetが持つ、畳み込みネットワークとトランスフォーマーの強みを融合させたアーキテクチャについて学びます。

10章　EdgeNeXtを用いた画像分類モデルの実装（PyTorch）

EdgeNeXtは、エッジデバイスのようなリソースに制約のある環境向けに設計された、効率的なディープラーニングモデルのアーキテクチャです。エッジコンピューティングの需要が高まる中で、リアルタイムかつ効率的な処理能力を持つモデルが必要とされており、EdgeNeXtはこのニーズに応えるために開発されました。

11章　ConvMixerを用いた画像分類モデルの実装（Keras）

ConvMixerは、畳み込みニューラルネットワーク（CNN）の構造をベースにしたモデルで、畳み込み層とミキシング操作を組み合わせたアーキテクチャです。Kerasの柔軟なインターフェースを活用しながら、実装方法を詳しく紹介します。

12章　GCViTを用いた画像分類モデルの実装（Keras）

GCViT（Global Context Vision Transformer）を用いた画像分類モデルの実装について、Kerasで解説します。GCViTのグローバルコンテキストを取り入れたアーキテクチャおよび実装手法を、段階的に学んでいきます。

13章　ConvNeXtを用いた画像分類モデルの実装（PyTorch）

ConvNeXtは、Vision Transformer（ViT）の成功を受けて開発された、CNNアーキテクチャのモデルです。この章では、ConvNeXtがどのようにしてCNNの強みを活かしつつ、Transformerのようなモデルに匹敵する性能を実現しているかを解説します。具体的には、データの前処理からモデルの設計、トレーニング、評価までを、PyTorchを使って進めていきます。

14章　MViTを用いた画像分類モデルの実装（PyTorch）

MViT（Multiscale Vision Transformer）を用いた画像分類モデルの実装について、PyTorchで解説します。MViTの特徴であるマルチスケールの視点を活かしたアーキテクチャについて解説し、Vision Transformer（ViT）とのアプローチの違いと、その利点を探ります。MViTは、異なる解像度での情報を効果的に統合することで、高い精度と効率的な処理を実現しています。

Vision Transformer／最新CNNアーキテクチャ画像分類入門

PyTorch／Kerasライブラリによる実装ディープラーニング・プログラミング

CONTENTS

1章　開発環境について

2章 Vision Transformerによる画像分類モデルの実装（PyTorch編）

3章 Vision Transformerの性能を引き上げる

4章　Vision Transformerによる画像分類モデルの実装（Keras編）

5章　Swin Transformerを用いた画像分類モデルの実装（PyTorch編）

6章 Swin Transformerを用いた画像分類モデルの実装（Keras編）

7章　T2T-ViTを用いた画像分類モデルの実装（PyTorch）

8章　CoAtNetを用いた画像分類モデルの実装（PyTorch）

9章 BoTNetを用いた画像分類モデルの実装（PyTorch）

10章　EdgeNeXtを用いた画像分類モデルの実装（PyTorch）

11章 ConvMixerを用いた画像分類モデルの実装(Keras)

12章　GCViTを用いた画像分類モデルの実装 (Keras)

13章　ConvNeXtを用いた画像分類モデルの実装（PyTorch）

14章 MViTを用いた画像分類モデルの実装(PyTorch)

1章 開発環境について

1.1 Google Colab

Google Colaboratory (Colab) は、教育・研究機関への機械学習の普及を目的としたGoogleの研究プロジェクトです。ブラウザーからPythonを記述・実行できるサービスとして、誰でも無料で利用できるColaboratory (略称: Colab) が公開されています。Colabには、Python本体はもちろん、NumPyやScikit-Learn、TensorFlow、PyTorchをはじめとする機械学習用の最新バージョンのライブラリがあらかじめ用意されているので、個別にインストールすることなく、すぐに使えます。GPUやTPU (Googleが開発した機械学習用プロセッサー) が無料で利用できるのも大きなメリットです。

本書では、深い構造のネットワークにおいてトレーニングを実施するため、GPUが利用できるColab Notebookでの開発を前提としています。

1.1.1 Colab Notebookを利用する

Colabでは、「Colab Notebook」と呼ばれる環境で開発を行います。Colabのサイトにログインすれば、Notebookを作成した上で、ソースコードの入力、プログラムの実行ができます。

Colabを利用するメリットは、GPU/TPUが無料で使えることです。

■利用できるGPU/TPUの種類

Google Colabの無料プランで利用できるGPU/TPUの種類は、2024年9月10日時点で次の2種類です。

・NVIDIA Tesla T4
・TPU v2

これらのGPU/TPUは、Colab Notebookのセッションが開始されるたびに指定できますが、利用可能なGPU/TPUは状況により随時変更されます。また、追加料金を支払うか有料プランに移行すれば、より高性能な「プレミアムGPU」(A100やL4) も利用できるようになります。

ただし、Google Colabは無料でリソースを提供するにあたり、使用状況に応じて動的な制限を設けています。そのため、全体の使用量、利用できるGPUの種類、使用可能な時間などが頻繁に変わることに注意が必要です。特に、数時間にわたる処理を1～2回行うと使用量の上限に達することがあり、計画的な利用が求められます。上限に達した場合は、制限がかかり、しばらくの間GPUが利用できなくなります。筆者の経験では、使用制限が解除されるまで、短くて数日、長いときは1週間以上かかることもありました。

それでも、通常は利用できないようなGPUを数時間にわたって無料で使用できるのは魅力的です。学習用途であれば、計画的に利用することでスムーズに学習を進めることができるでしょう。

■Colabの利用可能時間

Colabの利用可能時間には制限がありますが、通常の使用では問題のない範囲です。

●利用可能なのはNotebookの起動から12時間

Notebookを起動してから12時間が経過すると、実行中のランタイムがシャットダウンされます。ここで「ランタイム」とは、Notebookの実行環境のことで、Jupyter Notebookの「カーネル」に相当します。バックグラウンドでPython仮想マシンが稼働し、メモリやストレージ、CPU／GPU／TPUのいずれかが割り当てられます。

●Notebookとのセッションが切れると90分後にカーネルがシャットダウン

「Notebookを開いていたブラウザーを閉じる」「PCがスリープ状態になる」などで、Notebookとのセッションが切れると、そこから90分後にランタイムがシャットダウンされます。ただし、90分以内にブラウザー上のNotebookをアクティブな状態にしてセッションを回復すれば、そのまま12時間が経過するまで利用できます。

GPUを使用すれば、12時間という制限はほとんど問題ないと思います。上述の通り、Notebookを開いた後で閉じた場合、セッションは切れますが、カーネルは90分間は実行中のままですので、12時間タイマーはリセットされません。あくまで、「一度カーネルが起動されたら、そこから12時間」という制限ですので、タイマーをリセットしたい場合は、いったんカーネルをシャットダウンし、再度起動することになります。カーネルのシャットダウン／再起動はNotebookのメニューから簡単に行えます。

1.1.2 Google Colabの有償版

Google Colabの有償版である「Colab Pro」や「Colab Pro+」は、無料版よりも多くのリソースと機能を提供します。これにより、機械学習やデータサイエンスの学習をより効率的に進めることができますが、利用するかどうかは、学習ニーズに合わせて慎重に検討するとよいでしょう。以下、参考程度にお読みいただければと思います。

Colab Pro

定額プランの「Colab Pro」*について説明します。

●より高速なGPUと長時間の利用

Colab Proでは、NVIDIA Tesla A100やL4といったより強力なGPUが利用できます。これにより、モデルのトレーニング時間が短縮される場合があります。また、セッションの持続時間が延長されるため、長時間のトレーニングが可能になります。

●より多くのリソース

Colab Proでは、無料版よりも多くのCPUコアやRAMが提供されます。これにより、大規模なデータセットを扱ったり、複雑なモデルを構築する際に、よりスムーズに作業できるかもしれません。

●優先アクセス

Colab Proでは、リソースが逼迫（ひっぱく）している状況でも、GPUやTPUへのアクセスが優先されることがあります。

Colab Pro+

Colab Proの上級版に当たるのが「Colab Pro+」*です。

●豊富なリソース

Colab Pro+は、Colab Proよりもさらに強力なGPUやTPUにアクセスでき、より多くのリソースが提供されます。特に高度な学習や研究に適していますが、一般的な学習用途にはややぜいたくすぎるかもしれません。

＊ Colab Pro　1カ月当たり1,179円（2024年8月現在）。
＊ Colab Pro+　1カ月当たり5,767円（2024年8月現在）。

●長時間のセッションとさらに優先的なアクセス

Colab Pro+では、より長時間のセッションが可能で、リソースの優先度もさらに高くなっています。Notebookを開いているブラウザーを閉じても、トレーニングの実行が中断されず、最長24時間稼働し続けることもあるようです。

いくつものモデルを同時並行的にトレーニングするような、研究用途にうってつけだといえます。

■Pay As You Goオプション

Google Colabでは、定額プラン（Colab ProやColab Pro+）のほかに、必要に応じてコンピューティングユニットを購入する「Pay As You Go」*オプションも提供されています。このオプションを利用することで、必要なときだけ支払いを行い、コストを調整することができます。特に、定額プランを契約するほどの利用頻度がない場合に便利です。購入したコンピューティングユニットの有効期限は90日間です。

COLUMN Colabの無償版におけるGPUの使用可能時間

Colabの無償版では、1回のセッションでGPUを使用できる時間はおおむね12時間程度と考えられます。ただし、この時間は負荷やリソースの利用状況によって変動するため、早期に終了する場合もあります。これとは別に、アイドル状態が90分続いた場合は、セッションが切断されます。本文中で12時間の連続使用が可能だと述べましたが、実際には9時間に達するとColabはセッションを自動的に終了するので、9時間以上の連続利用はできないと考えた方がよいでしょう。

制限は数日から数週間にわたってかかることがあり、制限期間中はGPUを利用することができません。「制限が解除するまで待てない」あるいは「早急にGPUを利用したい」という場合は、本文で紹介した「Pay As You Go」オプションで、100コンピューティングユニットを購入する方法があります。GPUを利用すると、1時間当たり約4～6コンピューティングユニットが消費されるので、単純計算すると合計で20時間程度使えることになります。

＊「Pay As You Go」　100コンピューティングユニット当たり1,179円（2024年8月現在）。

1.2 Colab Notebookを使う

実際に、Colab Notebookをどう使うか、最初の段階から見ていきましょう。

1.2.1 Googleドライブ上のColab専用のフォルダーにNotebookを作成する

Colab Notebookは、Google社が提供しているオンラインストレージサービス*「Googleドライブ」上に作成／保存されます。Googleドライブは、Googleアカウントを取得すれば無料で15GBまでのディスクスペースを利用することができます。

Colabのトップページ（https://colab.research.google.com/notebooks/intro.ipynb）からNotebookを作成することもできますが、この場合は、デフォルトでGoogleドライブ上の「Colab NoteBooks」フォルダー内に作成／保存されます。

■Googleドライブにログインしてフォルダーを作成

①ブラウザーを開いて「https://drive.google.com」にアクセスします。

②アカウントの情報を入力してログインします。

▼Googleドライブへのログイン

Google
アカウントの選択
To
@gmail.com
K
@gmail.com
別のアカウントを使用
アカウントを削除
日本語
ヘルプ
プライバシー
規約
アカウントの作成：Googleのアカウントを持っていない場合は、この画面の［別のアカウントを使用］をクリックし、［アカウントを作成］のリンクをクリックしてください。アカウントの作成画面に進むので、必要事項を入力してアカウントを作成してください。

＊オンラインストレージサービス　ドキュメントファイルや画像、動画などのファイルを、ネット回線を通じてサーバー（クラウド）にアップロードして保存するサービスのこと。Googleドライブは15GBまでを無料で利用でき、さらに容量を増やしたい場合は有料での利用となる。

▼ログイン後のGoogleドライブの画面

ログインすると、このような画面が表示されます。すでに使用中の画面なので、作成済みのファイルやフォルダーが表示されています。Colab Notebookを保存する専用のフォルダーを作成しましょう。

①画面左上の[新規]ボタン(上の画面参照)をクリックします。
②メニューがポップアップするので、[新しいフォルダ]を選択します。

▼Googleドライブにフォルダーを作成する

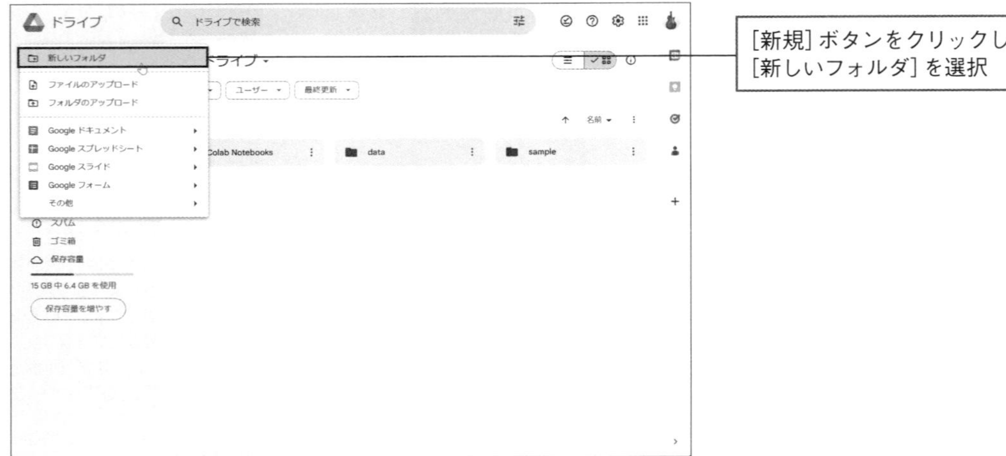

③フォルダー名を入力して［作成］ボタンをクリックします。

▼フォルダー名の設定

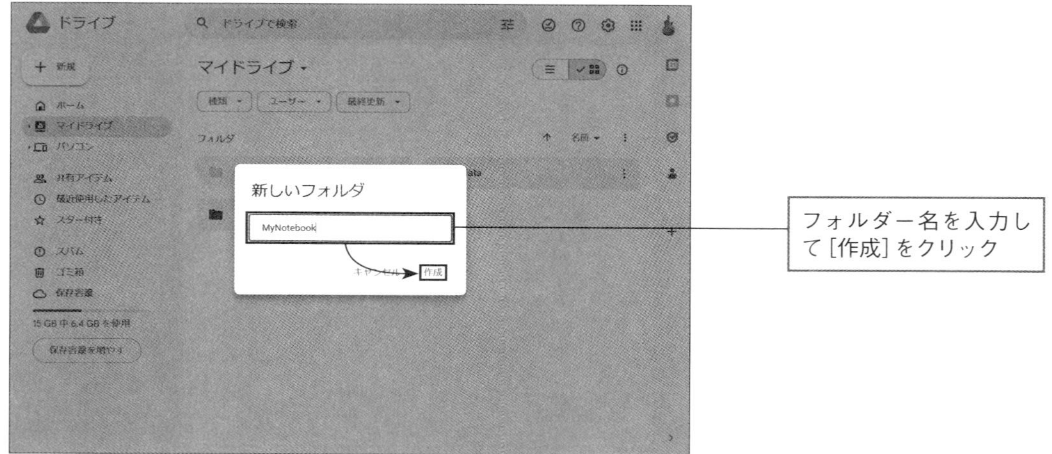

Notebookの作成

Colab Notebookを作成します。

①Googleドライブで［マイドライブ］を選択し、作成済みのフォルダーをダブルクリックしましょう。

▼Notebookを作成するフォルダーを開く

②画面中央のファイル／フォルダーの表示領域を右クリックして［その他］➡［Google Colaboratory］を選択します。

▼Colab Notebookの作成

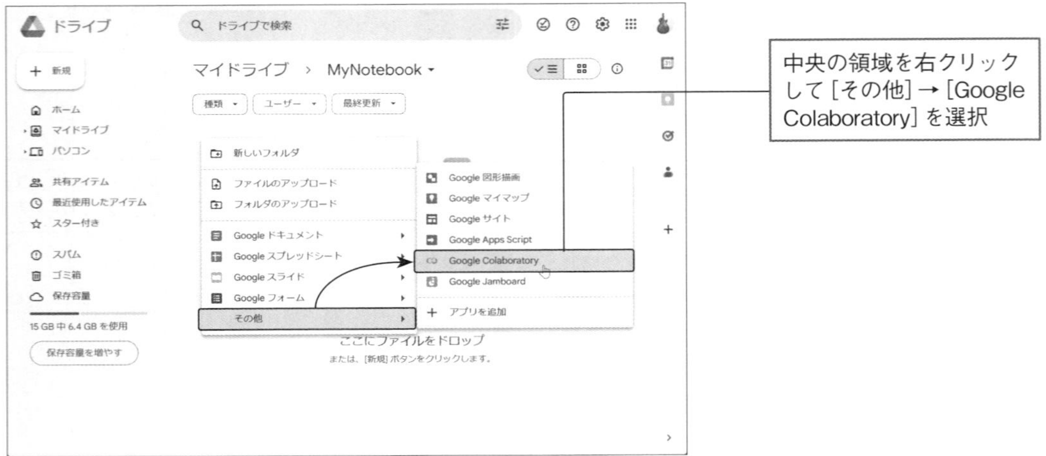

③作成直後のNotebookは、デフォルトで「Untitled0.ipynb」というタイトルなので、タイトル部分をクリックして任意の名前に変更します。

▼任意のタイトルに変更する

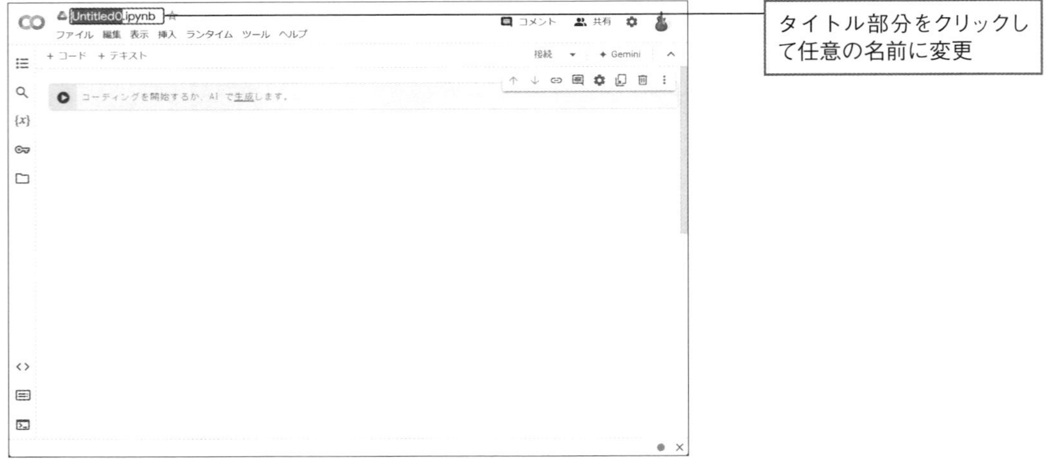

1.2.2 セルにコードを入力して実行する

Colab Notebookでは、Jupyter Notebookと同様にセル単位でコードを入力し、実行します。

①セルにソースコードを入力して、セルの左横にある実行ボタンをクリックするか、Ctrl＋Enterキーを押してみましょう。画面例では「10 + 2」と入力しました。

▼ソースコードを入力して実行する

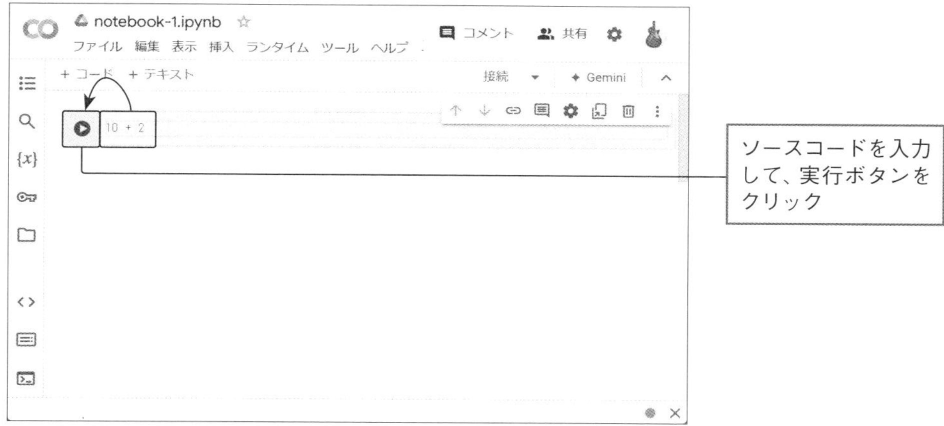

②セルの下に実行結果が出力されます。続いて新規のセルを追加するには、[+コード]をクリックします。

▼セルのコードを実行した結果

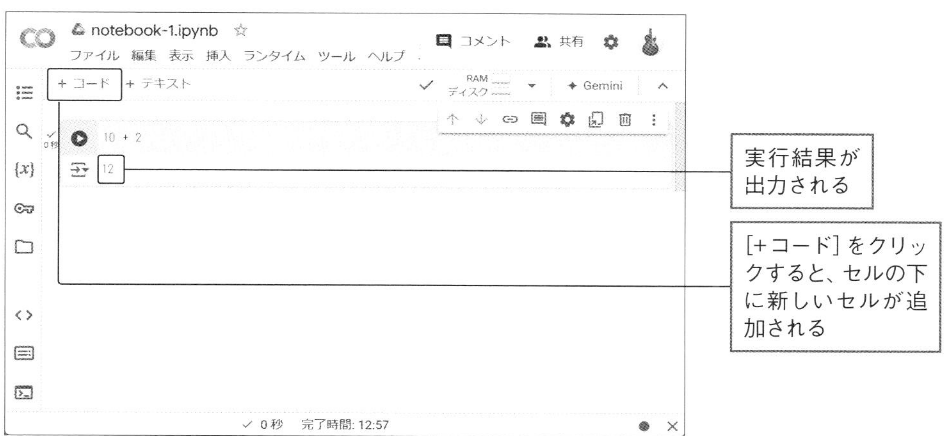

1.2.3 Colab Notebookの機能

Colab Notebookの機能はJupyter Notebookとほぼ同じですが、メニューの構成などが異なりますので、一通り確認しておきましょう。

■[ファイル]メニュー

新規のNotebookの作成、保存などの操作が行えます。なお、Jupyter Notebookの[File]メニューの[Close and Halt]に相当する項目はないので、Notebookを閉じる操作は、ブラウザーの[閉じる]ボタンで行います。

▼[ファイル]メニュー

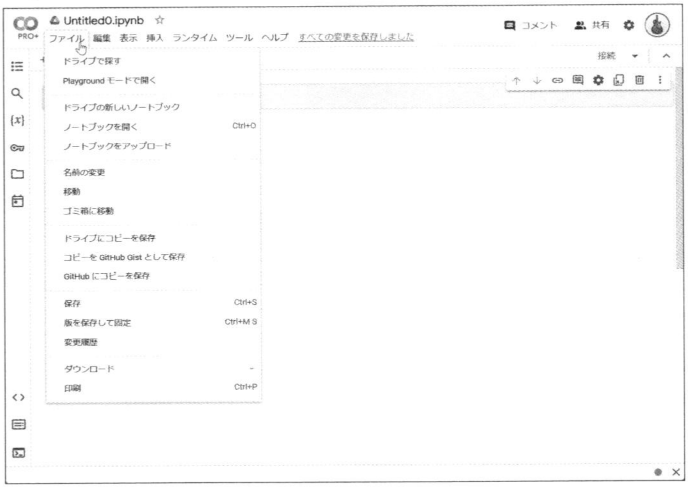

■[編集]メニュー

[編集]メニューでは、セルのコピー／貼り付け、セル内のコードの検索／置換、出力結果の消去などが行えます。[ノートブックの設定]を選択することで、GPU／TPUの設定が行えます。

▼[編集]メニュー

■[表示]メニュー

Notebookのサイズ(MB)などの情報や実行履歴を確認できます。

▼[表示]メニュー

■[挿入]メニュー

コードセルやテキスト専用のセル(テキストセル)などの挿入が行えます。スクラッチコードセルは、セルとして保存する必要のないコードを簡易的に実行するためのセルです。

▼[挿入]メニュー

■[ランタイム]メニュー

セル(コードセル)の実行や中断などの処理が行えます。また、ランタイムの再起動やランタイムで使用するアクセラレーター(GPUまたはTPU)の設定が行えます。[セッションの管理]を選択すると、現在アクティブなセッションを切断することができます。リソースを無駄に消費したくないときなどに使用します。

▼[ランタイム]メニュー

[ツール] メニュー

Notebookで使用できるコマンドの一覧表示、ショートカットキーの一覧表示やキーの設定が行えます。また、Notebookのテーマ（ライトまたはダーク）の設定やソースコードエディターの設定など、全般的な環境設定が行えます。

▼ [ツール] メニュー

GPUを有効にする

GPUまたはTPUの有効化を行うには、[編集] メニューの [ノートブックの設定]、または [ランタイム] の [ランタイムのタイプを変更] を選択し、表示されるダイアログで設定します。

なお、状況によっては次の画面は表示されず、次ページの画面が表示されます。

▼ [ノートブックの設定] ダイアログ

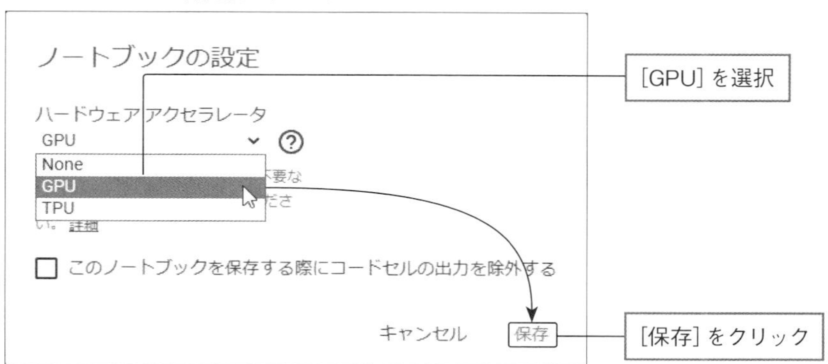

ちなみに、Pay As You Goでコンピューティングユニットを購入した場合や、Colab Proなどの定額サービスを購入した場合は、より強力なGPUも選択できるようになります。

▼GPUの選択画面

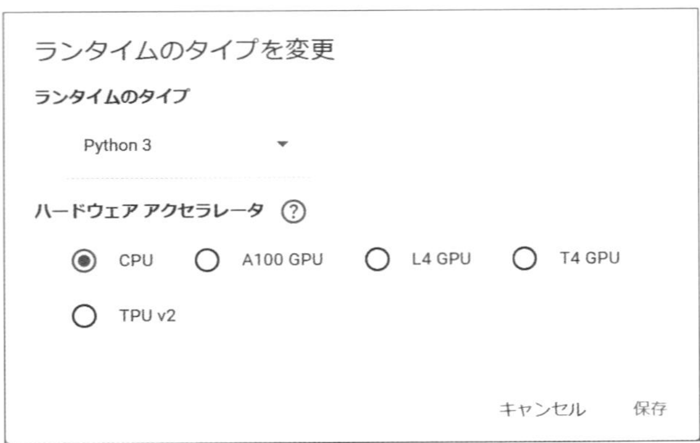

COLUMN Notebookから My Driveへの接続

Colab Notebookで「My Drive」に接続するには、次に示す手順でGoogle Driveをマウントする必要があります。

①Colab Notebookの任意のセルに次のコードを入力して実行します。

```
from google.colab import drive
drive.mount('/content/drive')
```

②認証プロセスが開始されるので、Googleアカウントにログインし、ColabにDriveへのアクセス権を付与します。

認証が成功すると、/content/drive以下のディレクトリにGoogle Driveがマウントされ、「My Drive」のファイルにアクセスできるようになります。My Drive内のファイルは、「/content/drive/My Drive/」のパスでアクセス可能です。Notebookの画面左のサイドバーで[ファイル]をクリックすると、/content/drive以下のディレクトリが画面上に展開され、ディレクトリの確認やパスのコピーなどが行えます。

2章 Vision Transformerによる画像分類モデルの実装（PyTorch編）

2.1 Vision Transformer（ViT）の登場

画像分類の分野では、2000年初頭の成功以来、長らく畳み込みニューラルネットワーク（CNN）が主流のアーキテクチャでした。特に2012年のImageNet Large Scale Visual Recognition Challenge（ILSVRC）でのAlexNetによる勝利は、深層学習に基づくアプローチが画像分類タスクにおいて他の手法よりも圧倒的に優れていることを示し、以降、CNNの研究と応用が加速しました。

2.1.1 ResNet（Residual Network）

ResNetは、2015年にKaiming He、Xiangyu Zhang、Shaoqing Ren、Jian Sunによって提案された革新的なCNNアーキテクチャです。「Deep Residual Learning for Image Recognition」というタイトルの論文で紹介され、その年のILSVRCで優勝しました。ResNetの特徴について簡単にまとめると、次のようになります。

●残差ブロックの導入

ResNetでは、入力を出力に直接追加するスキップ接続（ショートカット接続）を持つ「残差ブロック」が導入されました。これにより、層を迂回(うかい)するパスが作られ、勾配が消失することなく、より深いネットワークの訓練が可能になります。

●深さの問題の解決

従来のCNNモデルでは、ネットワークが深くなるほど勾配消失や爆発の問題が顕著になり、訓練が難しくなる傾向がありました。ResNetでは、残差ブロックを通じてこれらの問題を効果的に解決し、100層を超える非常に深いネットワークを実現しました。

ResNetは、画像分類だけでなく、物体検出など多くのタスクにおいて最先端の性能を達成しました。ResNetの成功以降、深層学習における「深さ」の重要性が再確認され、ResNetは多くの後続研究やモデル設計に影響を与えました。ResNetアーキテクチャは、そのシンプルさと効果の大きさから、今日でも広く使用されており、新しいモデルや応用の基礎となっています。

2.1.2 画像分類におけるCNNの問題点とVision Transformer（ViT）の登場

画像分類におけるCNNの問題点ならびにVision Transformer（ViT）が登場した経緯について説明します。

●CNNの問題点

CNNは、「大きさの限られたカーネルによる畳み込み演算」という仕組みを採用していることから、「浅い層では狭い範囲の特徴しか把握できず、大局的な特徴の関係を捉えられない」という弱点があります。以下にCNNの問題点をまとめます。

- **局所性の仮定**
  CNNは局所的な特徴抽出に基づいており、隣接するピクセル間の関係性を捉えることに長(た)けています。しかし、この局所性の仮定は、画像内の遠方にある特徴間の関係を捉えるのに制限があります。
- **受容野の限界**
  CNNでは、深さを増すことで受容野（ある層のユニットが入力画像のどの範囲に影響を受けるかの領域）を広げることが可能ですが、実際のところ、深い層でさえ全体的な情報を捉えるわけではありません。
- **パラメーターの効率性**
  大規模なCNNモデルは非常に多くのパラメーターを持つことがあり、これが過学習を引き起こしたり、計算資源を大量に消費したりする原因となることがあります。
- **変形に対する感受性**
  CNNは画像のスケールや回転などの変形に対してある程度堅牢(けんろう)な面がありますが、これはデータ拡張やプーリング層に依存しています。モデル自体が本質的にこれらの変化に対応できているわけではありません。

●Vision Transformer（ViT）の登場

NLP（自然言語処理）の分野でTransformer（トランスフォーマー）というアーキテクチャが大きな成功を収めたため、これを他の分野でも使えるかもしれないと考えられるようになりました。特に、Self-Attention（自己注意機構）における「文章内の遠く離れた要素間の直接的な関係を捉えられる」能力は、画像分類タスクにも有用であると考えられました。

- **グローバルな依存関係のモデリング**

  Vision Transformer (ViT) は、画像全体のコンテキスト (画像内の各部分の相互の関連性、画像全体における役割や意味) を考慮し、遠方の特徴間の関係も捉えることができます。これにより、CNNが苦手とするグローバル (大局的) な情報の処理が可能になります。

- **計算効率とスケーラビリティ**

  ViTは、計算リソースの利用効率がよく、「大規模なデータセットやモデルにスケールしやすい」、言い換えると「データ量の増加やモデルのサイズの拡大に伴って、その性能を維持または向上させることができる」という特性を持っています。また、Self-Attention (自己注意機構) を通じて、必要な計算量を動的に調整することができます。

- **汎用性の高さ**

  Transformerベースのモデルは、事前学習と転移学習が容易であり、大量のデータから学習した結果を他のタスクに適用することができます。これにより、特に少量のデータしかないタスクでの性能向上が期待できます。

ViTの登場は、画像処理分野において新たな研究の方向性を提供し、画像分類をはじめとする多くの視覚タスクにおいて、新しい可能性を開きました。CNNとは異なるアプローチにより、画像分析の精度と効率性を向上させることが期待されています。

2.1.3 Vision Transformer (ViT) の構造

2020年10月にVision Transformer (ViT) [Dosovitskiy, A., et al. 2020] ＊1の論文がarXiv (アーカイブ) にて公開され、その翌年の2021年6月にバージョン2となる論文 [Dosovitskiy, A., et al. 2021] ＊2が同じくarXivにて公開されて、その内容と構造が明らかになりました。

ViTは、以下の主要部分で構成されます (①〜⑥は図中の番号と対応しています)。

①画像のパッチ化

ViTでは、入力画像を小さな正方形のパッチ (断片) に分割します。例えば、画像を16×16ピクセルのパッチに分割します。パッチを用いることで、Vision Transformerは従来の畳み込みニューラルネットワーク (CNN) とは異なる方法で画像を処理し、画像内の局所的な情報だけでなく、遠く離れた部分間の関係性も捉えることが可能になります。

＊1 Alexey Dosovitskiy, Lucas Beyer, Alexander Kolesnikov, Dirk Weissenborn, Xiaohua Zhai, Thomas Unterthiner, Mostafa Dehghani, et al. 2020. "An Image is Worth 16x16 Words: Transformers for Image Recognition at Scale." arXiv preprint arXiv:2010.11929v1.

＊2 Alexey Dosovitskiy, Lucas Beyer, Alexander Kolesnikov, Dirk Weissenborn, Xiaohua Zhai, Thomas Unterthiner, Mostafa Dehghani, et al. 2021. "An Image is Worth 16x16 Words: Transformers for Image Recognition at Scale." arXiv preprint arXiv:2010.11929v2.

パッチ化することによる主なメリットは次の通りです。

- **データの次元削減**
  元の画像をより小さなパッチに分割することで、モデルが扱うデータの次元を削減し、計算効率を向上させることができます。
- **局所的な特徴の抽出**
  各パッチは画像の一部分を表しているため、パッチごとに局所的な特徴やテクスチャ、色などを捉えることが可能です。これらの特徴は、画像全体の理解に役立ちます。
- **モデルの汎用性向上**
  画像をパッチに分割することで、画像のサイズやアスペクト比に依存せず、さまざまなタイプの画像データに対して柔軟に適用することが可能になります。

②フラット化された画像パッチの線形照射 (Linear Projection of Flattened Patches)

分割された各パッチは、3階テンソルの形状をフラット化し、ベクトルに変換します。各パッチは線形変換を通じて高次元の特徴空間にマッピングされ、モデルがよりリッチな情報を学習できるようになります。

③学習可能なクラストークンの埋め込み (Extra learnable [class] embedding)

ViTは、特殊な「クラストークン」(クラス分類トークン) を導入しています。これは、入力パッチと一緒にTransformerエンコーダーに供給され、エンコーダーを通過する間に画像全体に関する情報を集約します。最終的に、このトークンは画像全体の分類に使用されます。

④位置埋め込み (Position Embedding)

Transformerは順序情報を取り扱うことができないため、ViTでは各パッチの埋め込みに位置エンコーディングを追加します (「位置埋め込み」または「位置情報の埋め込み」といいます)。これにより、パッチの相対的な位置情報がモデルに提供されます。

⑤Transformerエンコーダー

埋め込まれたパッチ (位置エンコーディングを含む) は、Transformerエンコーダー層に供給されます。各エンコーダー層は、自己注意機構とポイントワイズ (Pointwise) のフィードフォワードネットワークから構成されます。自己注意機構は、「画像内の各パッチが他のパッチとどのように関連しているか」をモデル化し、それに応じて特徴を更新します。

⑥MLPヘッド

Transformerエンコーダーの出力から、クラストークンに関連するベクトルが抽出され、追加の多層パーセプトロン (MLP) ヘッドを通過して最終的なクラス予測が行われます。

▼ViTの構造*

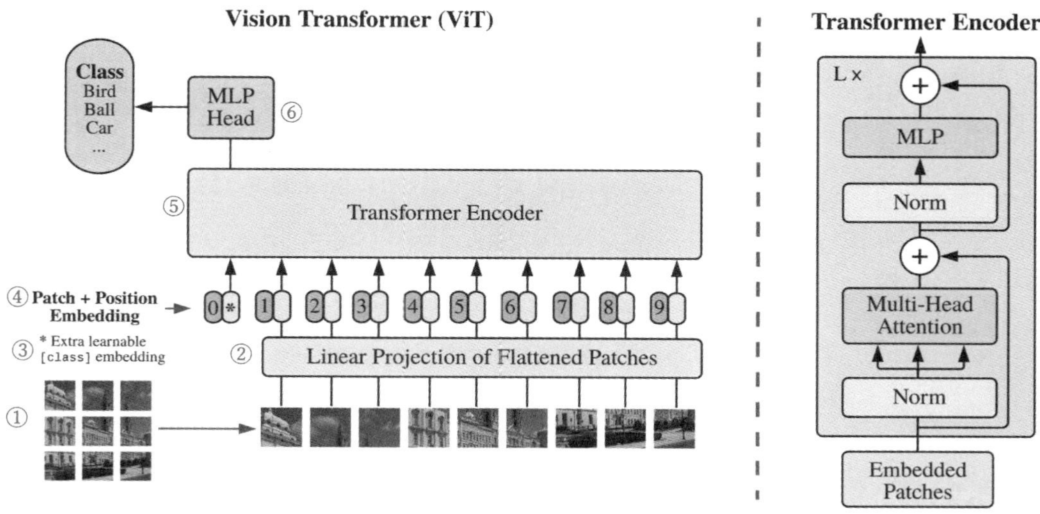

2.1.4 Vision Transformer (ViT)の学習に利用されるデータセット

Vision Transformer (ViT)の学習には大量のデータが必要とされることから、次のような比較的大規模なデータセットが用いられます。

- **ImageNet**

  約120万枚の画像を含む大規模なデータセットで、1000のクラスに分類されています。ViTをはじめとする多くの画像分類モデルの訓練と評価に広く用いられています。

- **COCO (Common Objects in Context)**

  物体検出、セグメンテーション、画像キャプショニングなど複数のタスクに適用可能なデータセットです。約33万枚の画像に、80カテゴリの詳細なアノテーションが付いています。

ViTの学習において、手軽に利用できる比較的小規模なデータセットとして、CIFAR-10やCIFAR-100がよく用いられます。

- **CIFAR-10**

  32×32ピクセルのカラー画像が60,000枚含まれています。このうち50,000枚が訓練用、10,000枚がテスト用です。クラスの数は10で、各クラスには6,000枚の画像が用意されています。

  (クラスのラベル)飛行機、自動車、鳥、猫、鹿、犬、カエル、馬、船、トラック

*…の構造　引用:Dosovitskiy, A. et al. (2021). "An Image is Worth 16x16 Words: Transformers for Image Recognition at Scale"

• CIFAR-100

CIFAR-10と同じく、全60,000枚の画像から構成されていて、50,000枚が訓練用、10,000枚がテスト用です。クラス数の数は100で、各クラスには600枚の画像が用意されています。さらに、これらの100クラスは20のスーパークラスにグループ化され、各スーパークラスには5つのサブクラスが含まれています。

(スーパークラスのラベル例) 海洋哺乳類、食品容器、家電、昆虫、人、樹木

CIFAR-10やCIFAR-100は、画像の解像度が低いにもかかわらず、多様な物体のカテゴリを扱っているため、機械学習モデルの一般化能力を評価するのに適していると言われています。また、サイズが比較的小さいため、新しいアルゴリズムやアーキテクチャのプロトタイプ開発、ハイパーパラメーターの調整、実験の迅速な反復に適していることから、コンピュータビジョン技術の研究開発の入門用として広く使用されています。

2.1.5 CIFAR-10データセット

CIFAR-10データセットを読み込んで、冒頭100枚の画像をクラスラベル (正解値) と一緒に出力してみましょう。

▼CIFAR-10データセットの冒頭100枚の画像を出力 (chap02/02_01/show_CIFAR10.ipynb)

```
import torch
import torchvision
import torchvision.transforms as transforms
import matplotlib.pyplot as plt
import numpy as np

# torchvision.transforms.Compose()を使用して、
# 画像データの前処理パイプラインを定義
transform = transforms.Compose([
    transforms.ToTensor(),  # 画像データをPyTorchのテンソルに変換
])
# CIFAR-10のデータセットをダウンロード
trainset = torchvision.datasets.CIFAR10(
    # データセットのダウンロード先は作業ディレクトリ以下のdataフォルダー
    root='./data',
    # 訓練用のデータセットをロードすることを指定
    train=True,
    # ディレクトリにデータセットが存在しない場合はインターネットからダウンロードする
    download=True,
```

```
    # データセットに適用する前処理を指定
    transform=transform)
# データローダーの設定
trainloader = torch.utils.data.DataLoader(
    trainset,           # ロードした訓練データセット
    batch_size=100,     # 100枚の画像を1つのバッチとして処理
    shuffle=False,      # データをランダムにシャッフルしない
    num_workers=2)      # データローディングのために使用するサブプロセスの数を指定

# クラスラベルの定義
classes = (
    'plane', 'car', 'bird', 'cat', 'deer',
    'dog', 'frog', 'horse', 'ship', 'truck')

# データローダーから100枚の画像とラベルを取得
dataiter = iter(trainloader)
images, labels = next(dataiter)

# 画像を表示する関数
def imshow(img):
    # PyTorchのテンソルをNumPy配列に変換
    npimg = img.numpy()
    # PyTorchの画像データ(チャンネル数, 高さ, 幅)を
    # (高さ, 幅, チャンネル数)の形状に変換して出力
    plt.imshow(np.transpose(npimg, (1, 2, 0)))

# 描画領域のサイズを設定
fig = plt.figure(figsize=(15, 15))
# CIFAR-10データセットの画像を10×10のグリッドで表示し、
# 各画像の下にクラスラベルを表示
for i in range(100):
    # 10×10のグリッドを作成し、i+1番目の位置にプロットエリアを追加
    ax = fig.add_subplot(10, 10, i+1, xticks=[], yticks=[])
    # i番目の画像を表示
    imshow(images[i])
    # タイトル(クラスラベル)の表示位置を調整
    ax.set_title(classes[labels[i]], fontsize=8, y=-0.2)
# プロットエリアの間隔を調整
plt.subplots_adjust(hspace=0.1, wspace=0.3)
plt.show()
```

▼出力

CIFAR-10の各画像のサイズは32×32ピクセルです。

2.2 NLPにおけるTransformerの処理とVision Transformerの処理

前述の通り、Vision Transformerは自然言語処理用のTransformerアーキテクチャから派生したものです。ここでは、自然言語処理におけるTransformerの処理の流れと、画像分類タスクにおけるVision Transformerの処理の流れを見ていきましょう。

2.2.1 自然言語処理におけるTransformerの処理

まず、自然言語処理（NLP）におけるTransformerの処理の流れを見てみましょう。

①入力の準備

シーケンス（入力データ）の各要素（単語）は、「埋め込みベクトル」に変換されます。埋め込みベクトルとは、「シーケンス内の各要素がシーケンス内のどの位置にあるか」を示す情報として、位置エンコーディング（Positional Encoding）が追加されたベクトルのことです。位置エンコーディングによって、モデルは単語の順序や位置関係を認識できるようになります。

②自己注意機構（Self-Attention）

自己注意機構は、「シーケンス内の各要素が他の要素とどのように関連しているか」を、次に示すステップを通じてモデル化します。

- **クエリ、キー、バリューの生成**
  入力された各埋め込みベクトルから、クエリ（Q）、キー（K）、バリュー（V）の3つのベクトルが生成されます。これらは、それぞれ異なる重み付き線形変換を通して計算されます。
- **アテンションスコアの計算**
  クエリと各キーの間のドット積が計算され、「シーケンス内の各要素がどの程度関連しているか」のスコアが得られます。このスコアはソフトマックス関数を使って正規化され、「各要素が他の要素にどれだけ『注意』を払うか」を示す重み（アテンションウェイト）が決定されます。
- **加重和の計算**
  アテンションウェイトを使って各バリューを加重し、それらを合計することで、入力シーケンスの各要素に対する出力ベクトルが得られます。

③フィードフォワードニューラルネットワーク（FFN）

自己注意機構によって得られた出力は、さらにフィードフォワードニューラルネットワーク（FFN）を通過します。このネットワークは、線形変換と非線形活性化関数で構成されます。これにより、モデルはより複雑な特徴を学習できます。

④レイヤーの重ねと正規化

トランスフォーマーモデルでは、自己注意機構の層とフィードフォワード層（FFN）が複数回重ねられます。各層の間では出力の正規化が行われ、学習の安定性と効率を向上させます。

⑤タスク固有の出力

トランスフォーマーの基本構造を通過した後、モデルの出力は自然言語処理のタスクに適応するための出力層へと渡されます。

- **シーケンス分類の場合**
  ニュースのカテゴリ分類や感情分析など、全体のシーケンスにラベルを付けるタスクでは、通常、最終的なレイヤーの出力（または特定のクラストークン）から抽出した表現に基づいてクラス分類が行われます。ここでは、ソフトマックス関数を使ってカテゴリの確率を出力します。
- **トークンレベルのタスクの場合**
  品詞タグ付けや固有表現認識（NER）など、各トークンにラベルを付けるタスクでは、各トークンの出力が独立してラベル付けされます。各トークンの出力は、対応するタグやクラスにマッピングするための線形層やソフトマックス層に渡されます。

⑥損失関数と最適化

学習過程では、モデルの予測と正解データとの間の差を評価するために、損失関数が用いられます。この損失を計算し、それを用いてバックプロパゲーションを行い、モデルの重みを更新します。

- **損失の計算**
  タスクに応じた損失関数（クロスエントロピー損失など）が使用されます。
- **バックプロパゲーション**
  損失をもとにして、勾配降下法やその他の最適化アルゴリズムを使用してモデルのパラメーターを更新します。

2.2.2 Vision Transformerの処理の流れ

次に、画像分類タスクにおけるVision Transformerの処理の流れを見ていきましょう。

①特徴マップの生成

画像データは、1枚ごとに次に示す処理を適用します。これらの処理によって生成されたデータを「特徴マップ」と呼びます。

・**入力画像のパッチへの分割**

画像は小さなパッチに分割され、それぞれのパッチがトークン化されます。

・**位置情報の埋め込み**

画像の各パッチに、パッチ間の相対的な位置情報が追加されます。

・**クラストークンの追加**

画像の各パッチに、画像の分類先のクラスを表す「クラストークン」を追加します。

②自己注意機構（Self-Attention）の構築

特徴マップをもとにしてクエリ（Q）、キー（K）、バリュー（V）の3つのベクトルが生成されます。クエリと各キーのドット積によりアテンションスコアが計算され、ソフトマックス関数で正規化されます。これにより、各画像パッチが「シーケンスまたは画像全体のどの部分に『注意』を払うか」を示す重み（アテンションウェイト）が決定されます。アテンションウェイトを用いてバリューの加重和が計算され、結果として新しい特徴表現が生成されます。

③自己注意機構（Self-Attention）のマルチヘッド化

Vision Transformerでは、特徴マップの各要素（クラストークン、複数のパッチデータ）からクエリ行列（Q）、キー行列（K）、バリュー行列（V）を生成した後、これらを任意の数（ヘッド数）に分割してからSelf-Attention機構の処理を開始します。これを「Multi-Head Self-Attention：MHSA」と呼びます。

④多層パーセプトロン（MLP）への入出力

MHSAからの出力をMLPの隠れ層に入力し、活性化関数を適用した後、出力層を経て新しい特徴表現として出力します。③と④の処理をまとめて「Encoderブロック」と呼びます。

⑤クラストークンの抽出と全結合層への入出力

クラストークンは最終的に、全結合層を通じて分類のための出力に変換されます。ここでの全結合層のユニット数は、分類先のクラス数と同じです。CIFAR-10データセットの場合は10クラスの分類なので、全結合層のユニット数も10です。

⑥損失関数と最適化

学習過程においては、最終的な出力が得られた後、損失関数を用いてモデルの出力と正解ラベルとの間の誤差（損失）を計算します。誤差の計算には、一般的にクロスエントロピー誤差関数が使用されます。測定された誤差は、バックプロパゲーション（誤差逆伝播）を通じてネットワークを逆方向に伝播され、モデルの重みが更新されます。

これらのステップを経ることで、Vision Transformerは入力画像から高レベルの特徴を学習し、特定のタスク（画像分類）に対して有効な予測を行います。

2.3 入力画像をパッチデータに分割する（特徴マップ生成機構①）

Vision Transformer（ViT）では、Encoderに入力する前の処理として「特徴マップ」の生成を行います。特徴マップとは、1枚の画像データを加工して得られたデータのことで、次の要素が含まれます。

●特徴マップの構成要素

- **画像を複数の領域に分割したパッチデータ**

  入力画像をパッチに分割する主な理由は、もともとTransformerが自然言語処理（NLP）のために設計されたモデルであるためです。Transformerでは、入力として単語のシーケンス（特定の順序で並べられたデータのこと）を取り扱います。画像をこの形式に適合させるため、画像をパッチ（画像から切り出された小さな断片）に分割し、それぞれのパッチを個々のトークン（分析のために分割された最小単位のデータ）として扱います。

- **クラストークン**

  画像の分類先のクラスを表す情報として追加されるデータです。

- **位置情報**

  分割されたパッチデータが元の画像のどこに位置していたかを示す情報です。

本節では、パッチデータへの分割処理について見ていきます。

2.3.1 パッチに分割するメリット

CIFAR-10データセットの1枚の画像サイズは、

・高さ（height）＝32ピクセル
・幅（width）＝32ピクセル

で、RGB値を示す3チャンネルの画像データです。データは3階テンソルとして、(3, 32, 32)の形状をしています。これを任意の数のパッチに分割するのですが、これには次のようなメリットがあります。

- **局所的な情報と全体的な情報の取り込み**

  ViTは「入力シーケンスの各要素が、他の要素とどのように関連しているか」を効果的に学習することができます。画像の各パッチは、他のパッチとの関係性を学びながら、局所的な情報と全体的な情報の両方をモデルに組み込むことができます。

- **計算の効率化**

  画像を小さなデータ片に変換することで、計算資源を効率よく使うことができます。特に、トランスフォーマーの自己注意機構は入力サイズが大きいほど計算コストも大きいため、適切なサイズのパッチを使用することで性能と効率のバランスを取ることができます。

- **位置情報の活用**

  ViTには、シーケンス内の位置情報を組み込むための「位置情報の埋め込み」と呼ばれる処理があります。各パッチの画像全体に対する位置情報をモデルに伝えることが可能となり、これが画像全体の理解に寄与します。

2.3.2 パッチへの分割処理

NLPにおけるTransformerは、入力としてシーケンス（単語のシーケンス）を受け取ります。ViTでは、画像をこの形式に適合させるため、小さなパッチ（断片）に分割します。原論文では224×224ピクセルの画像を16×16（256）個あるいは14×14（196）個のパッチに分割していますが、ここではCIFAR-10の画像を2×2（4）個のパッチに分割することにします。

▼32×32ピクセル（px）の画像を2行×2列（4個）のパッチに分割する

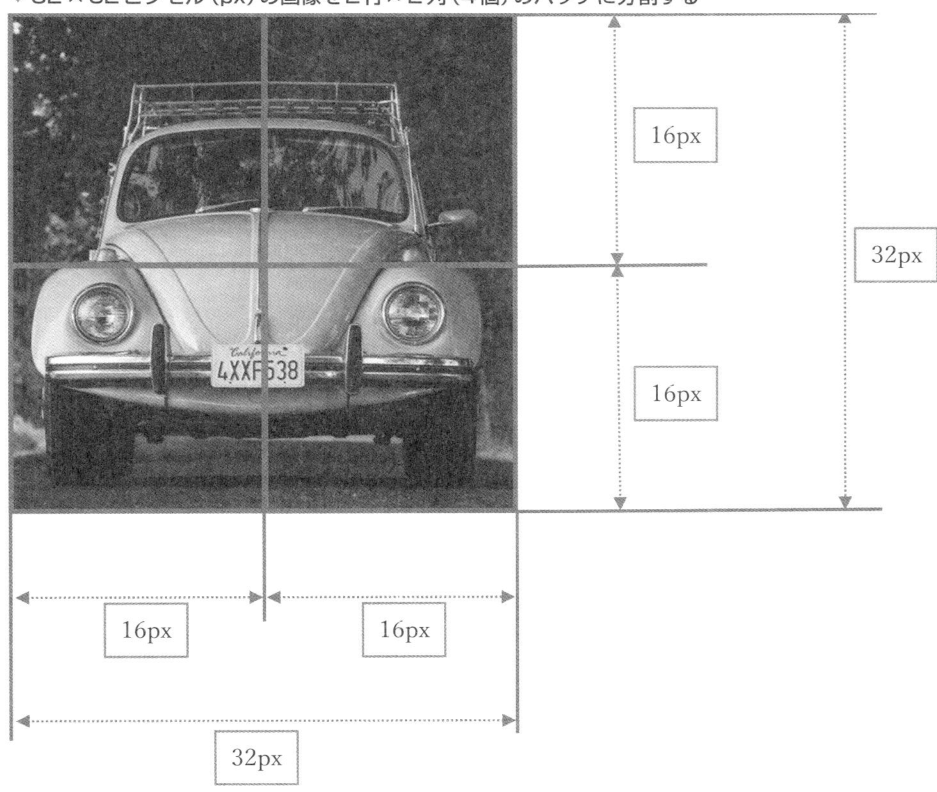

図のようにCIFAR-10の画像は32×32ピクセル*のカラー画像なので、RGB（赤、緑、青）の3つのチャンネルを持っています。Tensorオブジェクトに格納すると、

(3〈チャンネル〉, 32〈行方向のピクセルデータ〉, 32〈列方向のピクセルデータ〉)

の形状をした3階テンソルになります。

■パッチに分割する処理コード

Vision Transformerのモデルで学習する際は、画像データを一度に読み込むのではなく、ミニバッチと呼ばれる単位に分けてから、ミニバッチ単位で学習を行います。ミニバッチのサイズは一般的に10〜数百程度とさまざまですが、ここではミニバッチのサイズ32*を前提に話を進めます。

Vision Transformerのモデルは、PyTorchのnn.Moduleクラスを継承したVisionTransformerクラスとして定義します。なお、全体のコードは後ほど掲載することにして、ここでは各処理ごとのコードを掲載していきます。

▼モデルのクラスVisionTransformerにおけるパッチへの分割処理
（VisionTransformerクラスの全コードは後ほど掲載）

```
class VisionTransformer(nn.Module):
    """Vision Transformerモデル

    Attributes:
        img_size: 入力画像の1辺のサイズ(幅と高さは等しい)
        patch_size: パッチの1辺のサイズ(幅と高さは等しい)
        input_layer: パッチデータを線形変換する全結合層
        pos_embed: 位置埋め込み
        class_token: クラス埋め込み
    """
    def __init__(
            self,
            num_classes: int,
            img_size: int,
            patch_size: int,
            num_inputlayer_units: int):
        """レイヤー(層)の定義
```

＊32×32ピクセル　掲載した画像例は、見やすいように32×32よりも高い解像度のものを使用している。
＊ミニバッチのサイズ32　訓練データが40,000枚の場合は、1回の学習ごとに40,000÷32=1,250ステップの計算処理が行われることになる。

```
        Args:
            num_classes(int): 画像分類のクラス数
            img_size(int): 入力画像の1辺のサイズ(幅と高さは等しい)
            patch_size(int): パッチの1辺のサイズ(幅と高さは等しい)
            num_inputlayer_units(int): 全結合層(線形層)のユニット数
        """
        super().__init__()

    def forward(self, x: torch.Tensor):
        """順伝播処理を行う

        Args:
            x(torch.Tensor): 入力データ、テンソルの形状は(32,3,32,32)
        """
        # ----------特徴マップ生成機構の適用----------
        # 入力データ(ミニバッチサイズ, チャンネル数, 画像行数, 画像列数)
        # から各次元の要素数を取得 --> bs=32, c= 3, h=32, w= 32
        bs, c, h, w = x.shape

        # 1枚の画像データを4個のパッチに分割する処理
        # 入力される4階テンソルの形状(バッチサイズ, チャンネル数, 画像行数, 画像列数)
        # 画像の行方向のデータ(32px)をパッチサイズ(16px)で割った数2に分割
        # 画像の列方向のデータ(32px)をパッチサイズ(16px)で割った数2に分割
        # 画像の行、列データを2ずつ分割したことで
        # 6階テンソル(バッチサイズ, 3, 2, 16, 2, 16)が出力される
        x = x.view(
            bs,
            c,
            h // self.patch_size, # 行方向にパッチがいくつ入るかを計算
            self.patch_size,      # パッチごとに行方向のデータを格納
            w // self.patch_size, # 列方向にパッチがいくつ入るかを計算
            self.patch_size)      # パッチごとに列方向のデータを格納
```

枠で囲んだ部分がパッチに分割する処理です。入力されるTensorオブジェクトには、ミニバッチの画像32枚のデータが

(32〈バッチサイズ〉, 3〈チャンネル数〉, 32〈画像行数〉, 32〈画像列数〉)

の4階テンソルとして格納されています。これをtensor.view()メソッドを使って、1枚の画像ごとに4個のパッチに分割します。結果として先の4階テンソルは、

(32, 3, 2, 16, 2, 16)

のような6階テンソルになります。

◎torch.tensor.view()メソッド

テンソルの形状を変更します。view()メソッドを使用して形状を変更する場合、新しい形状は元のテンソルのサイズと互換性があり、かつ連続性が維持される必要があります。連続性が維持されない場合はエラーが発生します。これは、view()メソッドの機能が「テンソルの新しい形状のビューを提供する」ことにあるためです。「ビュー」とは、「元のテンソルのデータを再構築せずに、異なる形状の見方を提供する仕組み」のことです。つまり、元のテンソルのデータが同じままでありながら、異なる形状や次元のテンソルとして見えるようになります。そのため、メモリの再割り当てを行わずにテンソルの形状を変更することができます。使える状況に上述の制限があるものの、独自の仕組みにより処理が軽いため、使える状況では積極的に使われることが多いです（後述のreshape()メソッドと比較して）。

<table>
<tr><td>書式</td><td colspan="2">tensor.view(*shape)</td></tr>
<tr><td>引数</td><td>*shape</td><td>新しい形状を指定する整数のシーケンスです。この形状は、元のテンソルと同じ総要素数なることが必要です。特定の次元に−1を指定すると、その次元のサイズは自動的に計算されます。</td></tr>
<tr><td>戻り値</td><td colspan="2">新しい形状を持つテンソルが返されます。ただし、実際に返されるのは形状を変更したテンソルのビューであり、テンソルを再構築して新しい形状のテンソルを作成するわけではありません。</td></tr>
</table>

2.3.3 分割したパッチをフラット化する

1枚の画像につき4個のパッチに分割しましたので、これをニューラルネットワークの「全結合層」に入力できるように、データの形状を変更します。現状、1個のパッチのデータは（16行，16列）の行列（2階テンソル）を3個使って格納されている状態です。RGB値ごとに3チャンネルあるから行列の数も3です。1チャンネルについて見てみると、1行につき16個のピクセル値が並び、これが16行分あることになるので、行データを次々に連結して要素数1つのベクトルに変換します。

▼3チャンネル分のパッチデータを、それぞれ要素数768のベクトルに変換（フラット化）

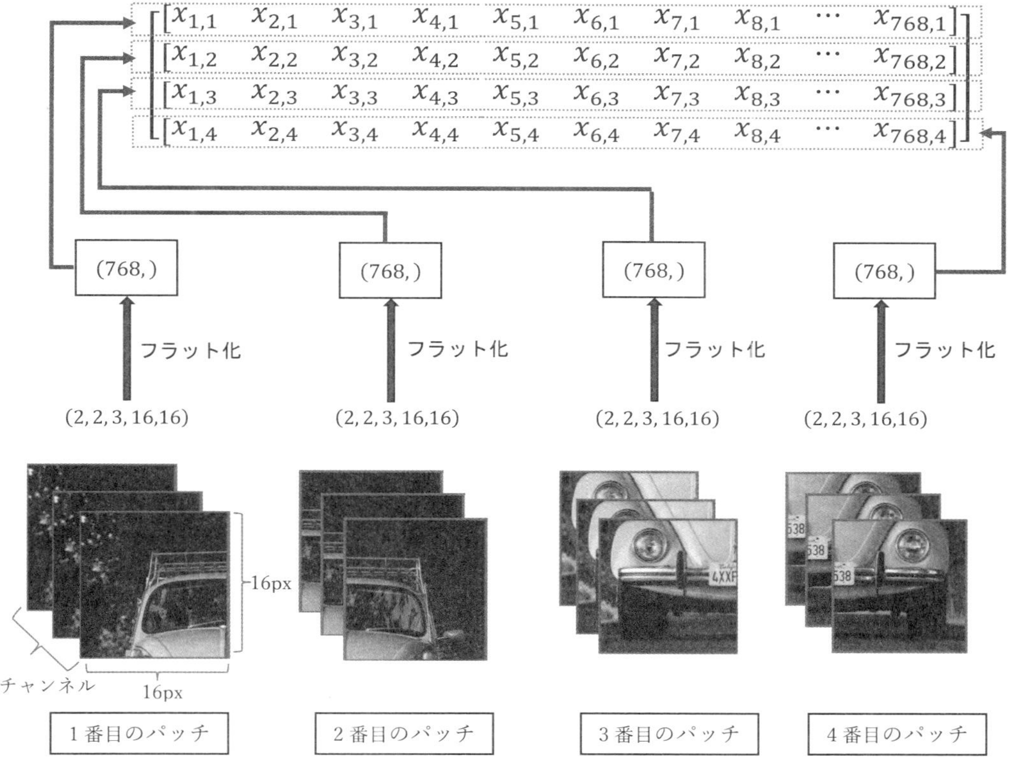

図の上部は、フラット化された4個のパッチデータを格納した、2階テンソル（4, 768）の内部を示しています。$x_{1,1}$の下付き数字の左側はデータの番号、右側はパッチの番号を示しています。$x_{768,4}$の場合は、4番目のパッチの768番目のデータ（末尾のデータ）を表します。

■分割したパッチごとにフラット化する処理コード

次に示すコードは、VisionTransformerクラスのforward()メソッドに、パッチのデータをフラット化する処理を書き加えたものです。

▼モデルのクラスVisionTransformerにおけるパッチデータをフラット化する処理

```
Class VisionTransformer(nn.Module):
    """Vision Transformerモデル
    """
    def __init__(
            self,
            num_classes: int,
            img_size: int,
            patch_size: int,
            num_inputlayer_units: int):
        """レイヤー(層)の定義
        """
        super().__init__()

    def forward(self, x: torch.Tensor):
        """順伝播処理を行う
        Args:
            x(torch.Tensor): 入力データ、テンソルの形状は(32,3,32,32)
        """
        # ----------特徴マップ生成機構の適用----------
        # 各次元の要素数を取得 --> bs=32, c=3, h=32, w=32
        bs, c, h, w = x.shape
        # 1枚の画像データを4個のパッチに分割する処理
        x = x.view(
            bs, c, h // self.patch_size, self.patch_size, w // self.patch_size, self.patch_size)

        # パッチに分割した6階テンソル(32, 3, 2, 16, 2, 16)の次元を並べ替える
        # (バッチサイズ,チャンネル数,行パッチ数,パッチの行データ,列パッチ数,パッチの列データ)を
        # (バッチサイズ,行パッチ数,列パッチ数,チャンネル数,パッチの行データ,パッチの列データ)
        # に変換 → (バッチサイズ, 2, 2, 3, 16, 16)が出力される
        x = x.permute(0, 2, 4, 1, 3, 5)
        # 画像1枚のパッチ4個のピクセルデータをそれぞれフラット化する
        # 3階テンソル(バッチサイズ, 1枚当たりのパッチ数, パッチデータ)にする
        # (バッチサイズ, 2×2=4(パッチ数), 16×16×3=768(パッチごとのピクセルデータ))
        x = x.reshape(bs, (h // self.patch_size)*(w // self.patch_size), -1)
```

1枚の画像を4個のパッチに変更した状態のテンソルは、(バッチサイズ*, 3, 2, 16, 2, 16)の形状をしています。このままだと1枚の画像のパッチごとにフラット化することはできないので、(バッチサイズ, 2, 2, 3, 16, 16)のように、パッチの行・列の次元を先頭に持ってきて、パッチごとにピクセルデータがまとまるようにします。

▼(バッチサイズ, 3, 2, 16, 2, 16)→(バッチサイズ, 2, 2, 3, 16, 16)の並びにする

```
x = x.permute(0, 2, 4, 1, 3, 5)
```

●torch.tensor.permute()メソッド

テンソルの次元を任意の順序で並べ替えます。

書式	tensor.permute(*dims)	
引数	*dims	可変長引数で、新しい次元の順序を整数で指定します。この引数で指定された順番に従って、元のテンソルの各次元が再配置されます。
戻り値	指定された新しい順序で次元が再配置された新しいテンソルです。新しいテンソルは元のテンソルとデータを共有するため、元のテンソルの内容も変更されます。	

2.3.4 フラット化したパッチデータの線形変換

先の処理によって準備ができたので、reshape()メソッドを使ってパッチごとにフラット化する処理を行います。1枚の画像に着目すると、テンソルの形状は現状で

(2, 2, 3, 16, 16)

となっています。パッチは行と列の次元で分かれているので、これをパッチの数4(2×2)にまとめ、後はチャンネルごとの16×16=256個のデータを連結して1階テンソル(要素数は3×16×16=768)にします。これがフラット化の処理になります。

▼(バッチサイズ, 2, 2, 3, 16, 16)
→(バッチサイズ, 4〈パッチ数〉, 768〈パッチごとのピクセルデータ〉)に変換

```
x = x.reshape(bs, (h // self.patch_size) * (w // self.patch_size), -1)
```

*バッチサイズ 「ミニバッチのサイズ」を省略し、「バッチサイズ」と表現しています。パッチと混同しやすいので注意してください。

画像全体をパッチに分割したときのパッチの総数を求め、最後の次元のサイズは元のテンソルの要素数に基づいて自動的に決定されるように「−1」を指定しています。なお、ここではview () メソッドが使えないので、reshape () メソッドで処理しています。

●torch.tensor.reshape () メソッド

テンソルの形状を変更します。操作対象のテンソルがメモリ上で非連続の場合、reshape ()は内部的にデータをコピーして形状変更の処理を行います。

書式	tensor.reshape (*shape)	
引数	*shape	新しい形状を指定する整数のシーケンスです。この形状は、元のテンソルと同じ総要素数なることが必要です。特定の次元に−1を指定すると、その次元のサイズが自動的に計算されます。
戻り値	新しい形状を持つテンソルが返されます。	

2.3.5 パッチデータの線形変換

フラット化したパッチデータについて、ニューラルネットワークの全結合層を用いて「線形変換」を行います。論文［Dosovitskiy, A., et al. 2020］において、「パッチの線形埋め込み(linear embeddings of these patches)」とされている処理です。ViTへの入力前に全結合層で線形変換を行う理由としては、次のことが考えられます。

- **特徴量の次元削減**
  画像は通常、多くの特徴量を持っていますが、これらの特徴量をそのまま入力すると、モデルのパラメーター数が非常に大きくなり、計算コストが増加します。パッチのデータを線形変換することで、特徴量の数を削減できるので、より効率的な処理が可能になります。
- **局所的な情報の集約**
  パッチは画像の局所的な領域を表しているので、パッチのデータを線形変換することで、各パッチからの情報を集約し、より大域的な特徴量を得ることが期待できます。
- **汎化性能の向上**
  パッチのデータを線形変換することで、モデルが異なる画像の特徴をより効果的に学習し、汎化性能が向上する可能性があります。

■「特徴マップ生成機構」におけるパッチデータの線形変換

フラット化したパッチデータを入力し、線形変換して出力する「全結合層」を用意します。任意のユニット数を設定し、入力データと重みパラメーターとの積をユニットからの出力とします。これが線形変換の処理になります。全結合層には512個のユニットを用意し、フラット化したパッチデータのテンソル(4, 768)を線形変換し、(4, 512)の形状のテンソルにします。

▼フラット化したパッチデータのテンソル(4, 768)を全結合層に入力して(4, 512)の形状にする

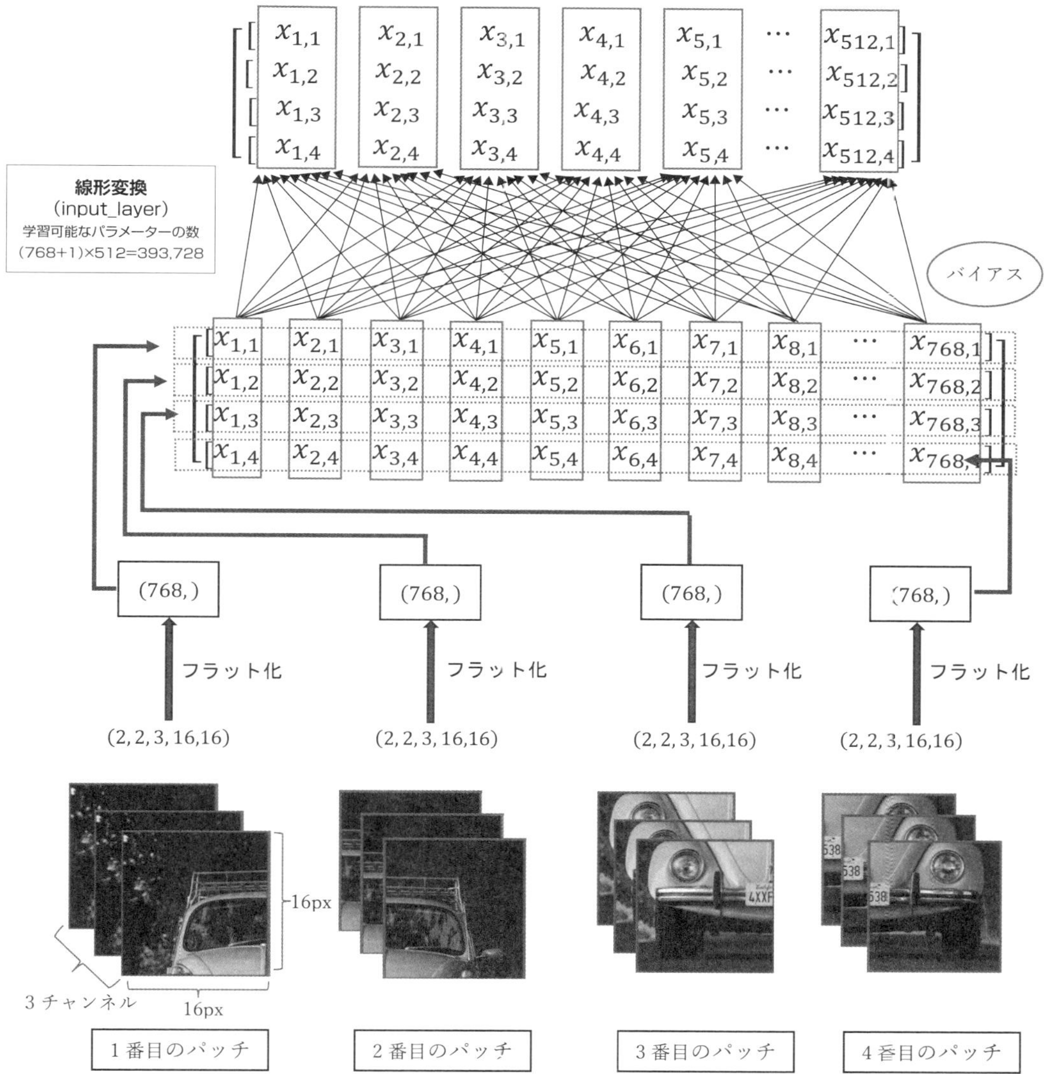

●線形変換の具体的な処理内容

ここでの線形変換の処理について見ていきましょう。まず、768個のパッチデータのそれぞれに対して、512個の重みパラメーターとの積を求めます。そうすると、1つ目のデータからは512個の重みパラメーターとの積として512個の値が出力されます。同じように、2つ目のデータからも異なる512個の重みパラメーターとの積として512個の値が出力され、以降のデータに対してもそれぞれ異なる重みパラメーターとの積として512個ずつの値が出力されます。この時点で、必要な重みパラメーターの数は768 × 512 = 393,216です。

次の処理として、各データから出力された512個の値について、同じ位置同士の値の和を求めます。つまり、データと重みの積和を求めることで、768個のパッチデータは512個のデータに集約されます。これが、ニューラルネットワークの全結合層における「線形変換」の処理です。

なお、集約された512個のデータに対して、それぞれの値を「底上げ」する目的で、「バイアス」と呼ばれるパラメーターの値を加算するのが一般的です。そうすると、ここで必要なパラメーターの総数は、

$$(768+1)\times 512=393{,}728$$

になります。なお、パッチごとに重みパラメーターが用意されるわけではないので、あくまでパッチのデータ数の分だけバイアスと重みパラメーターが用意されることになります。

バイアスを含む重みパラメーターは、「学習可能なパラメーター」として内部的に定義されるので、モデルの学習が進むにつれて、適切な値への更新（最適化）が行われます。

COLUMN 線形変換（全結合層）

ディープラーニングにおいて、線形変換を行う全結合層は、入力データを次の層に渡す際に重みパラメーターを適用する役割を果たします。これには主に以下のメリットがあります。

- 各ニューロン（ユニット）が前層のすべてのニューロンに接続されているため、学習可能な重みを適用し、異なる次元の情報を統合して、より抽象的な特徴表現を生成することが可能です。
- 全結合層は、入力の次元数を任意の出力次元に変換できます。これにより、空間的な特徴を捉える層から、分類や回帰のために一定の出力次元に変換することができます。

■フラット化したパッチデータの線形変換処理を追加

VisionTransformerクラスの__init__()メソッドにinput_layerの定義コードを追加し、forward()メソッドに、input_layerへの順伝播処理を追加します。

▼input_layerの定義コードの追加と順伝播処理の追加

```
class VisionTransformer(nn.Module):
    """Vision Transformerモデル
    """
    def __init__(
            self,
            num_classes: int,
            img_size: int,
            patch_size: int,
            num_inputlayer_units: int):
        """レイヤー(層)の定義
        """
        super().__init__()
        # ----------特徴マップ生成機構①(パッチへの分割)----------
        # 画像サイズとパッチサイズのインスタンス変数を初期化
        self.img_size = img_size
        self.patch_size = patch_size

        # img_size(画像の1辺のサイズ) // patch_size(パッチの1辺のサイズ)
        # で求めた値を2乗してパッチの数を求める
        # img_size=32, patch_size=16の場合は、num_patches=4
        num_patches = (img_size // patch_size) ** 2
        # 画像から切り出される各パッチのピクセルデータ数を計算
        # patch_size=16の場合は16**2=256
        # カラー画像がRGB(赤、緑、青)の3つのチャンネルを持っているので
        # ピクセルデータ数は256×3=768になる
        input_dim = 3 * patch_size ** 2

        # パッチに分割し、フラット化された特徴量を線形変換する全結合層を定義
        # 入力(768(ピクセルデータ),)
        # 全結合層のユニット数: 512を想定
        self.input_layer = nn.Linear(input_dim, num_inputlayer_units)

    def forward(self, x: torch.Tensor):
```

```
"""順伝播処理を行う

Args:
    x(torch.Tensor): 入力データ、テンソルの形状は(32,3,32,32)
"""
# ----------特徴マップ生成機構の適用----------
# 各次元の要素数を取得 --> bs=32, c=3, h=32, w=32
bs, c, h, w = x.shape

# 1枚の画像データを4個のパッチに分割する処理
x = x.view(
    bs,
    c,
    h // self.patch_size, # 行方向にパッチがいくつ入るかを計算
    self.patch_size,      # パッチごとに行方向のデータを格納
    w // self.patch_size, # 列方向にパッチがいくつ入るかを計算
    self.patch_size)      # パッチごとに列方向のデータを格納

# パッチに分割した6階テンソル(32, 3, 2, 16, 2, 16)の次元を並べ替える
x = x.permute(0, 2, 4, 1, 3, 5)
# 画像1枚のパッチ4個のピクセルデータをそれぞれフラット化する
x = x.reshape(bs, (h // self.patch_size) * (w // self.patch_size), -1)

# 全結合層(768ユニット)にxを入力して線形変換後、512ユニットを出力
# 入力:(バッチサイズ, 4, 768)
# 出力:(バッチサイズ, 4, 512)
x = self.input_layer(x)
```

●torch.nn.Linear()メソッド

torchのnn.Linear()メソッドは、ニューラルネットワークの線形変換を行うためのレイヤーを作成します。

書式	nn.Linear(in_features: int, out_features: int, bias: bool=True)	
引数	in_features	入力特徴量の数。
	out_features	出力特徴量の数。レイヤーのユニット数と同じ。
	bias	バイアス項を含めるかどうか。デフォルトはTrue。
戻り値	nn.Linearクラスのオブジェクト(インスタンス)が返されます。このオブジェクトは、線形変換を行うレイヤーとして機能します。	

2.4 クラストークンの追加と位置情報の埋め込み（特徴マップ生成機構②）

前節までの解説で、「1枚の画像をパッチに分割し、それぞれのパッチデータをフラット化して線形変換する」ところまで処理を進めました。一気にEncoderへの入力まで進めたいところですが、特徴マップの生成には次の2つの処理が残っています。

・パッチデータへのクラストークンの追加
・「クラストークン＋パッチデータ」への位置情報の加算（位置情報の埋め込み）

では、クラストークンの追加と位置情報の埋め込みについて進めていきましょう。

2.4.1 「クラストークン」を追加する

Vision Transformer（ViT）による画像分類では、「入力した画像を適切なクラスに分類する」ことを目的とします。CIFAR-10データセットの場合は10のクラスが用意されていて、いずれかのクラスに分類するのですが、ここで「適切なクラスを表すデータ」をパッチデータに追加することを考えます。適切なクラスを表すデータとは、すなわち「画像全体の情報を表すデータ」として捉えることができるので、このデータのことを「クラストークン」と呼ぶことにします。「トークン」とは、「機械学習のモデルに入力される情報を、意味のある小さな単位に分解したもの」を指します。これまでに「1枚の画像をパッチに分割する」処理を行いましたが、分割されたパッチもトークンとして扱われるので、「パッチ」イコール「トークン」となります。

話をクラストークンに戻します。クラストークンは画像全体の情報を表すデータですが、そもそもそのようなデータは実際問題として、存在しません。なので、「適切なデータを作る」ことを考えましょう。

◎クラストークンをパッチデータに追加する手順

・1枚の画像を4個のパッチに分割し、線形変換した結果、テンソルの形状は(4, 512)となっています。ここにもう1つのパッチとして(1, 512)の形状のテンソルを作成します。テンソルの要素の値は、ゼロまたは小さな値で初期化します。
・作成した(1, 512)の形状のテンソルは、ゼロまたはデタラメな値で初期化されているので、「学習可能なパラメーター」として定義します。つまり、(1, 512)の形状のテンソルの値は、モデルの学習過程において適切な値に更新されるようにするのです。
・学習可能なパラメーターとして定義した

(1, 512)

の形状のテンソルを「1個のパッチデータ」として、線形変換後のパッチデータのテンソル

(4, 512)

の先頭要素として追加します。結果、テンソルの形状は

(5, 512)

になりますが、先頭に追加されたクラストークンは「学習可能なパラメーター」です。

少々イメージしにくいと思いますので、後ほど掲載する図を参照してください。

2.4.2 位置情報を埋め込む

クラストークンを追加したことで、1枚の画像を4つのパッチに分割後(線形変換)のテンソルの形状は

(5, 512)

になっています。4個のパッチデータに学習可能なクラストークンが追加されていますが、「各パッチが元の画像のどこに位置していたか」を示す情報を追加することを考えます。その理由は、画像内の各パッチの相対的な位置関係をモデルに伝えることで、モデルがパッチ間の相対的な配置を理解するのに役立つからです。

ただし、クラストークンと同様に、位置情報としてのデータそのものは存在しません。そこで、次の手順で位置情報のデータを作成し、クラストークンと4つのパッチへの「埋め込み」を行います。

①位置情報のためのテンソルを作成

位置情報としてのデータとして、

(5, 512)

の形状のテンソルを作成し、ゼロまたは任意の小さな値で初期化します。位置情報は4個のパッチデータに対して(4, 512)の形状のテンソルを作成すればよいのですが、テンソルの形状を合わせる措置として、クラストークンを含めて、テンソルの形状は(5, 512)とすることに注意してください。

②作成したテンソルを学習可能なパラメーターにする

作成した(5, 512)の形状のテンソルは、ゼロまたはデタラメな値で初期化されているので、「学習可能なパラメーター」として定義します。つまり、クラストークンと同様に、モデルの学習過程において適切な値に更新されるようにします。

③位置情報の埋め込み

学習可能なパラメーターとして定義された

(5, 512)

の形状のテンソルを、「クラストークン＋パッチデータ（線形変換後）」のテンソル

(5, 512)

に対して、「加算」します。結果、テンソルの形状は

(5, 512)

で変わりはないものの、要素の値は「位置情報が加算」された状態になります。これが、「位置情報の埋め込み」です。

2.4.3 特徴マップ生成機構に、クラストークンの追加と位置情報の埋め込みを追加する

線形変換後のパッチデータに対するクラストークンの追加および位置情報の埋め込みの処理を次ページの図にまとめたので、下から上に向かって処理を追ってみてください。

■特徴マップ生成機構への実装

モデルのクラスVisionTransformerに、特徴マップ生成機構の最後の処理として、クラストークンの追加および位置情報の埋め込みの処理を追加します。どちらの処理においてもテンソルを学習可能なパラメーター化しますが、この処理にはtorch.nn.Parameter()メソッドを使用します。

●torch.nn.Parameter()メソッド

torchのnn.Parameter()メソッドは、モデルの学習可能なパラメーター（重み、バイアス）を定義します。

書式	nn.Parameter(data, requires_grad=True)	
引数	data	パラメーターの初期値として使用されるテンソル。
	requires_grad	パラメーターが勾配を計算するかどうかを示すブール値。デフォルトはTrue。
戻り値	nn.ParameterクラスのインスタンスがL返されます。これはPyTorchのTensorとしても振る舞いますが、特にモデルパラメーターとして扱われるため、requires_gradがTrueに設定されていると、勾配の計算が可能になります。	

テンソルの要素の初期化は、torch.randn()メソッドで行います。

▼線形変換後のパッチデータに対するクラストークンの追加と位置情報の埋め込み

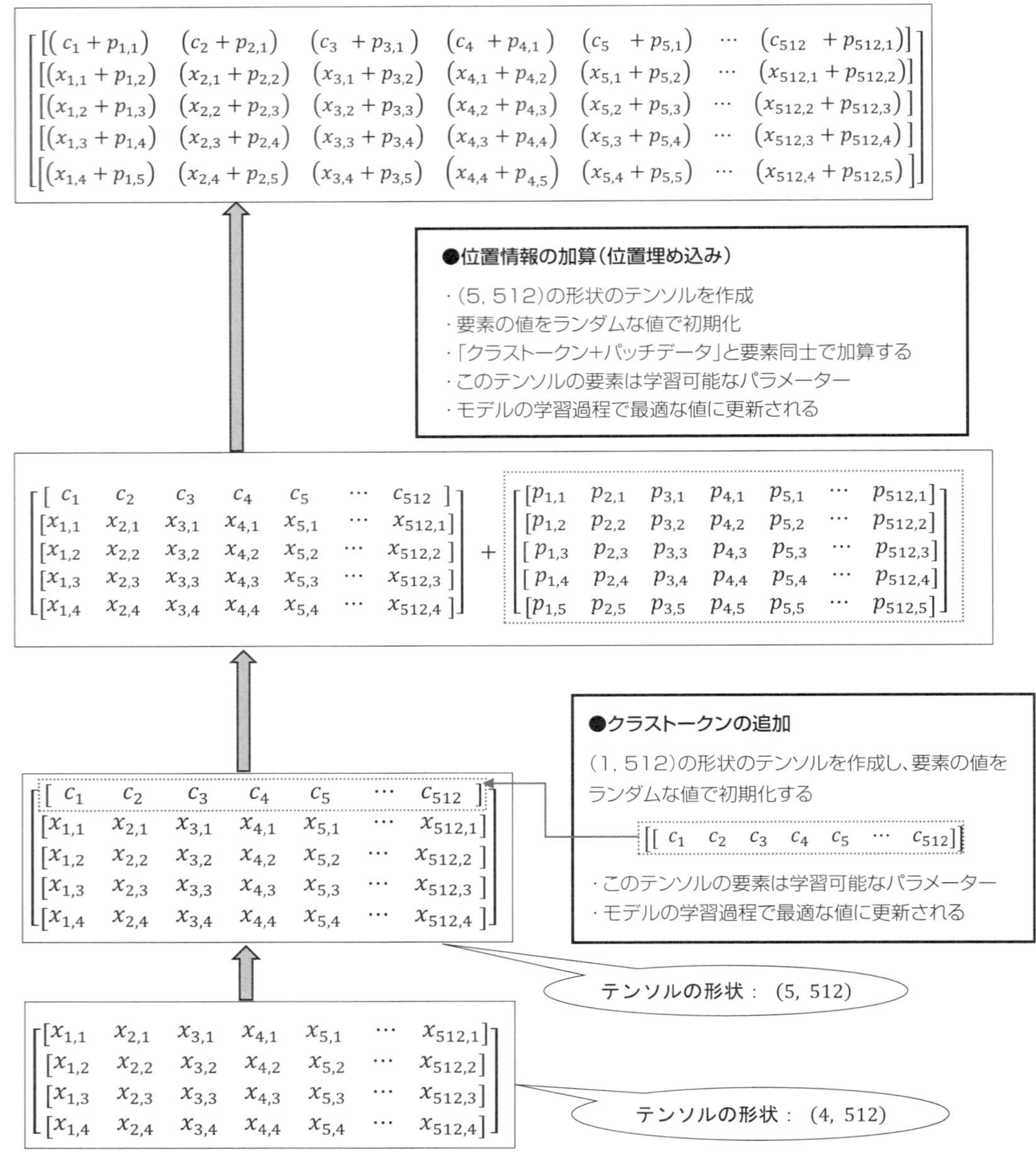

●位置情報の加算（位置埋め込み）
・(5, 512)の形状のテンソルを作成
・要素の値をランダムな値で初期化
・「クラストークン+パッチデータ」と要素同士で加算する
・このテンソルの要素は学習可能なパラメーター
・モデルの学習過程で最適な値に更新される
●クラストークンの追加
(1, 512)の形状のテンソルを作成し、要素の値をランダムな値で初期化する
・このテンソルの要素は学習可能なパラメーター
・モデルの学習過程で最適な値に更新される
テンソルの形状： (5, 512)
テンソルの形状： (4, 512)

●torch.randn()メソッド

指定された形状のテンソルを、平均0、標準偏差1の正規分布からランダムにサンプリングして作成します。

書式	torch.randn（*size, ...）	
引数	size	各次元のサイズを指定する整数または整数のシーケンス。
戻り値	指定されたサイズのテンソルが返されます。このテンソルの各要素は、平均0、標準偏差1の正規分布からランダムにサンプリングされます。	

クラストークンのテンソルをパッチデータのテンソルの先頭要素として追加する処理は、torch.cat()メソッドで行います。

●torch.cat()メソッド

指定された次元で複数のテンソルを連結します。

書式	torch.cat（tensors, dim=0, out=None）	
引数	tensors	連結するテンソルのシーケンス（並び）。
	dim	連結する次元を指定する整数値。デフォルトは0。
	out	出力先のテンソル。指定された場合、結果はこのテンソルに書き込まれます。デフォルトはNone。
戻り値	指定された次元で連結されたテンソルが返されます。	

▼VisionTransformerクラスに、クラストークンの追加と位置情報の埋め込みを実装する

```
class VisionTransformer(nn.Module):
    """Vision Transformerモデル
    """
    def __init__(
            self,
            num_classes: int,
            img_size: int,
            patch_size: int,
            num_inputlayer_units: int):
        """レイヤー（層）の定義
        """
        super().__init__()
        # ----------特徴マップ生成機構①（パッチへの分割）----------
        self.img_size = img_size
        self.patch_size = patch_size

        num_patches = (img_size // patch_size) ** 2
        input_dim = 3 * patch_size ** 2
        self.input_layer = nn.Linear(input_dim, num_inputlayer_units)

```

```
        # ----特徴マップ生成機構②（クラストークン、位置情報埋め込み）----
        # クラストークンの定義
        # 3階テンソル(1, 1, 512)を作成し、平均0、標準偏差1の正規分布から
        # ランダムサンプリングして初期化
        # nn.Parameter()で学習可能なパラメーターとして定義する
        self.class_token = nn.Parameter(
            torch.randn(1, 1, num_inputlayer_units))
        # 位置情報の定義
        # (1, パッチ数 + 1(クラストークン), 全結合層のユニット数)のテンソルを作成し、
        # 平均0、標準偏差1の正規分布からランダムサンプリングして初期化
        # nn.Parameter()で学習可能なパラメーターとして定義する
        self.pos_embed = nn.Parameter(
            torch.randn(1, num_patches + 1, num_inputlayer_units))

    def forward(self, x: torch.Tensor):
        """順伝播処理を行う

        Args:
            x(torch.Tensor): 入力データ、テンソルの形状は(32,3,32,32)
        """
        # ----------特徴マップ生成機構の適用----------
        bs, c, h, w = x.shape
        x = x.view(
          bs, c, h // self.patch_size, self.patch_size, w // self.patch_size, self.patch_size)

        x = x.permute(0, 2, 4, 1, 3, 5)
        x = x.reshape(bs, (h // self.patch_size) * (w // self.patch_size), -1)
        # 全結合層(768ユニット)にxを入力して線形変換後、512ユニットを出力
        x = self.input_layer(x)

        # クラストークンのテンソル(1, 512)をミニバッチの数だけ作成
        class_token = self.class_token.expand(bs, -1, -1)
        # クラストークン(バッチサイズ, 1, 512)を
        # 全結合層からの出力(バッチサイズ, 4, 512)の1の次元の先頭位置で連結
        # テンソルの形状は(バッチサイズ, 5, 512)になる
        x = torch.cat((class_token, x), dim=1)

        # クラストークンが追加された(バッチサイズ, 5, 512)の形状のテンソルに
        # 学習可能な位置情報のテンソル(1, 5, 512)の学習可能なパラメーター値を加算
        x += self.pos_embed
```

2.5 自己注意機構（Self-Attention）

ここからは、ViT（Vision Transformer）の中心的な処理を担う「Encoderブロック」について見ていきます。Encoderブロックに組み込まれる「自己注意機構（Self-Attention）」は、自然言語処理（NLP）におけるTransformerモデルで使用される機構です。

●Self-Attentionの目的

Self-Attentionは、特徴マップ（1枚の画像のクラストークンと各パッチデータ）の各要素（トークン）相互の関連度を計算することで、「アテンションスコア」を得ます。アテンションスコアは、元の特徴マップから生成された新しい特徴表現として、より集約された表現を提供します。この特徴表現は、分類器（全結合層など）の入力として使用されることになります。分類器は、入力された特徴表現を解釈し、それを使用して画像が属するクラスを予測します。

●Self-Attentionの処理の流れ

Self-Attentionにおける処理の流れについて確認します。

①特徴マップを3セット分に拡張

画像1枚の特徴マップ（クラストークンとパッチデータ）を3セット分用意します。

②特徴マップ3セットをクエリ、キー、バリューに割り当てる

3セット分用意された特徴マップを、クエリ（query）、キー（key）、バリュー（value）に割り当てます。

③アテンションスコアの計算

クエリとキーの行列積を計算することで、特徴マップの各特徴が相互にどの程度関連しているかを表す「アテンションスコア」を得ます。

④ソフトマックス正規化

アテンションスコアをソフトマックス関数に通して正規化（アテンションスコアの合計が1.0になるようにする操作）を行い、各位置の関連性の確率分布を得ます。

⑤アテンションスコアの重み付け

ソフトマックスで正規化されたアテンションスコアを用いて、バリューによる重み付けを行います。

⑥重み付き特徴の統合と出力

最後に、重み付けされた特徴を統合（線形変換による全結合）して、新しい特徴表現を得ます。この特徴表現は、元の特徴マップの特徴の関連性を集約したものとなり、後続の分類タスクに利用されます。

2.5.1 特徴マップからクエリ（query）、キー（key）、バリュー（value）を生成する

特徴マップ（1枚の画像のクラストークンと位置情報が埋め込まれた各パッチデータ）の各要素を3倍のサイズに拡張して、クエリ（query）、キー（key）、バリュー（value）のセットを作成します。

- **クエリ（query）**
  Self-Attentionメカニズムにおける「入力特徴量」として使用されるデータです。クエリは特徴空間内の位置を示す情報として、特徴マップ要素との関連性を計算するために使用されます。Self-Attentionの計算では、クエリ行列とキー行列の行列積を計算することで、アテンションスコアを求めます。
- **キー（key）**
  Self-Attentionメカニズムにおいて「関連性」を計算するための参照として使用します。クエリ行列とキー行列の行列積を計算することでアテンションスコアを求めますが、これを「クエリからのキーへの問い合わせ」と見ることができます。
- **バリュー（value）**
  Self-Attentionメカニズムでは、クエリとキーから求めたアテンションスコアを重み（係数）としてバリューの各要素に適用し、新しい特徴表現を生成します。

■特徴マップの各要素を3セット分に拡張して クエリ（query）、キー（key）、バリュー（value）に分割

1枚の画像から作成した特徴マップには、クラストークンと位置情報が埋め込まれた各パッチのデータが格納されています。16×16の3チャンネル画像1枚から作成された特徴マップは、(5, 512)の形状のテンソルです。これを(5, 512×3)すなわち(5, 1536)の形状に拡張した後、(5, 512)のテンソルに分割します。

分割した最初のテンソルをクエリ（query）に割り当て、2番目のテンソルをキー（key）、3番目のテンソルをバリュー（value）にそれぞれ割り当てます。

▼1枚の画像の特徴マップから、クエリ（query）、キー（key）、バリュー（value）を作成する

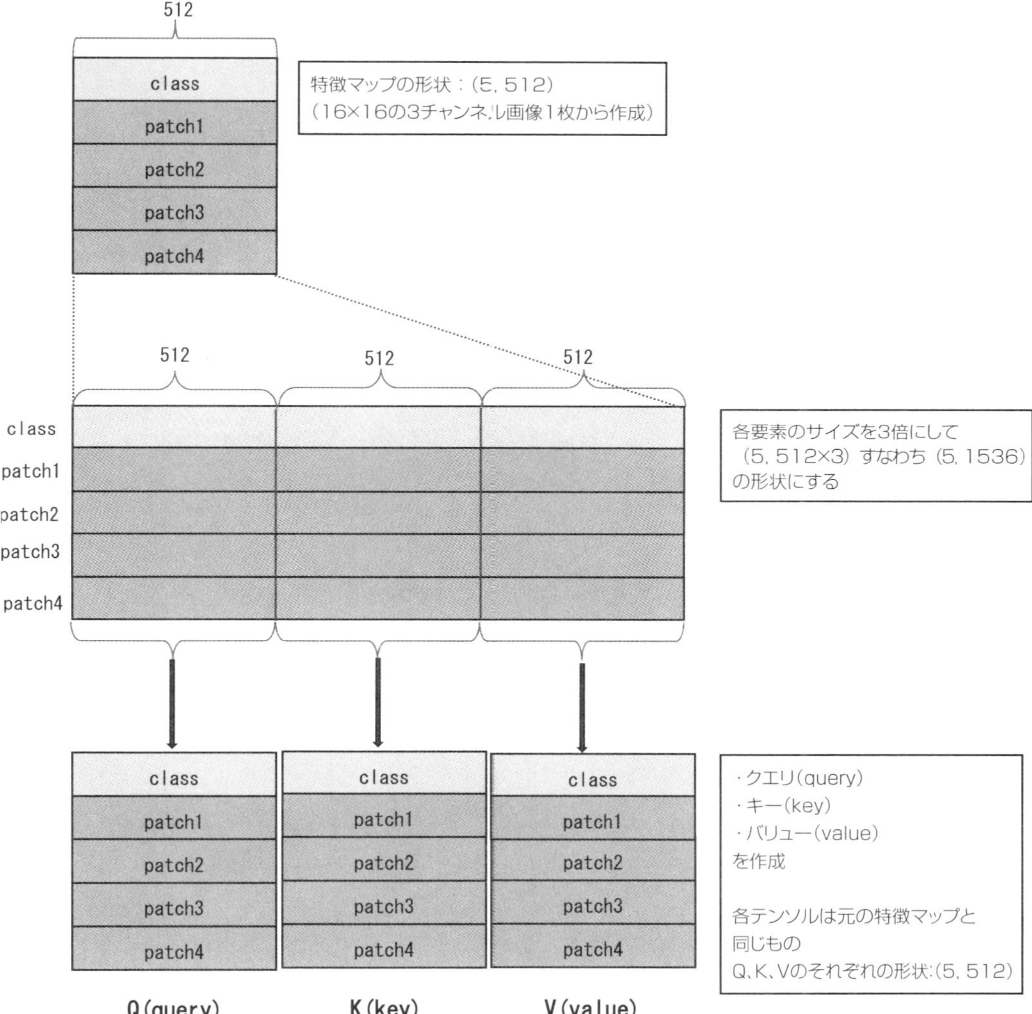

2.5.2 アテンションスコアを算出して重み付け、全結合処理を行う

作成したクエリ行列(Q)、キー行列(K)、バリュー行列(V)を使用し、以下の手順で処理を行い、新しい特徴表現を生成します。

①クエリ行列(Q)とキー行列(K)の行列積を計算し、「アテンションスコア」を求めます。
②アテンションスコア行列の行ごとにソフトマックス関数を適用し、正規化を行います。
③②の処理後のアテンションスコア行列とバリュー行列(V)の行列積を計算します。
④③で得られた重み付けされた行列を行単位で全結合層に入力し、結合処理を行います。

■クエリ行列とキー行列の行列積を計算して「アテンションスコア」を求める

クエリ行列(Q)とキー行列(K)の行列積を求めると、次のようになります。
「クエリ行列(5, 512)とキー行列(5, 512)の行列積は(5, 5)の行列になる」
結果として得られた(5, 5)の行列の各行の5個の要素は、それぞれ次の意味を持ちます。

- **1行目の5個の要素**
  「クエリ行列(Q)」の「クラストークン」に対する、「キー行列(K)」のクラストークン、パッチデータ1、パッチデータ2、パッチデータ3、パッチデータ4の類似度
- **2行目の5個の要素**
  「クエリ行列(Q)」の「パッチデータ1」に対する、「キー行列(K)」のクラストークン、パッチデータ1、パッチデータ2、パッチデータ3、パッチデータ4の類似度
- **3行目の5個の要素**
  「クエリ行列(Q)」の「パッチデータ2」に対する、「キー行列(K)」のクラストークン、パッチデータ1、パッチデータ2、パッチデータ3、パッチデータ4の類似度
- **4行目の5個の要素**
  「クエリ行列(Q)」の「パッチデータ3」に対する、「キー行列(K)」のクラストークン、パッチデータ1、パッチデータ2、パッチデータ3、パッチデータ4の類似度
- **5行目の5個の要素**
  「クエリ行列(Q)」の「パッチデータ4」に対する、「キー行列(K)」のクラストークン、パッチデータ1、パッチデータ2、パッチデータ3、パッチデータ4の類似度

クエリ行列(Q)とキー行列(K)の行列積は、行列の対応する要素ごとの積の合計であり、これによって「アテンションスコア」行列が生成されます。ただし、実際に行列積によって計算されるアテンションスコアは、クエリとキーの間の類似度を近似的に表現するものです。

行列積は、クエリとキーの要素間の相互作用を捉え、対応する要素の値が高い場合に大きなアテンションスコアが得られますが、行列積自体はそのような類似度の近似に適した形式ではありません。

そのため、類似度をより正確に表現する手段として、行列積の結果にソフトマックス関数を適用することで、より適切なアテンションスコアを得る処理が行われます。

▼クエリ行列(Q)とキー行列(K)の行列積を計算して「アテンションスコア」を求める

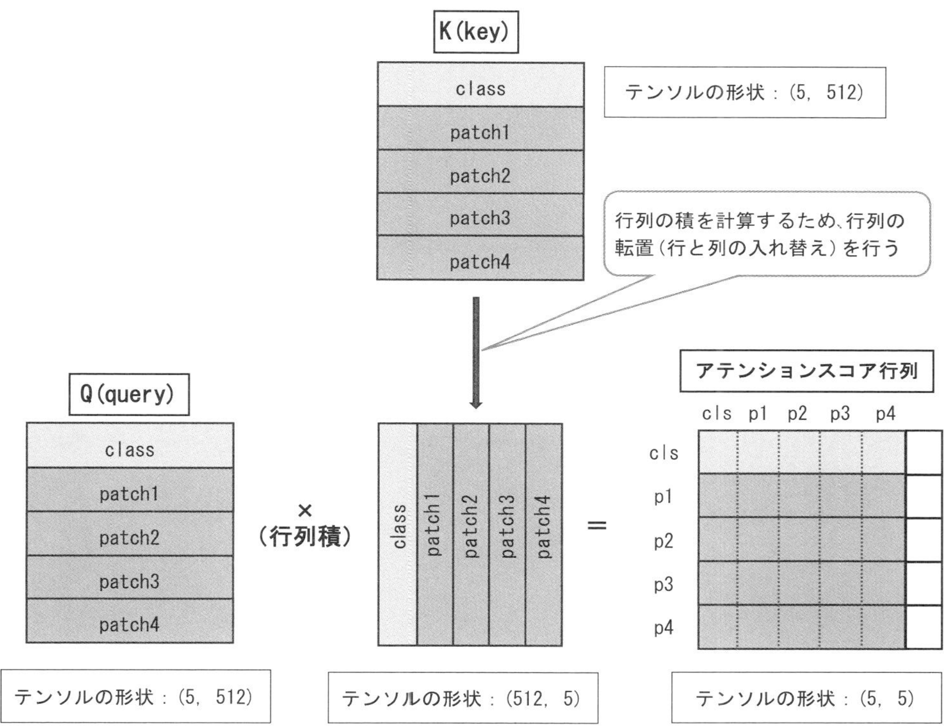

アテンションスコアにソフトマックス関数を適用

前述したように、行列積によって計算されるアテンションスコアは、クエリとキーの間の類似度を近似的に表現するものですが、類似度をより正確に表現する手段として、行列積の結果で得られたアテンションスコア行列の行ごとにソフトマックス関数を適用します。

ソフトマックス関数は、入力された値の集合を確率分布に変換するために使用される関数です。入力された値の相対的な大小を保持しつつ、それらを正規化します。例として、

[1.0, 2.0, 3.0, 4.0, 5.0]

のベクトルをソフトマックス関数に入力すると、

[0.01165623, 0.03168492, 0.08612854, 0.23412166, 0.63640865]

という結果が得られます。各要素を合計すると1.0になります。

▼行列積の結果として得られたアテンションスコア行列に、行単位でソフトマックス関数を適用する

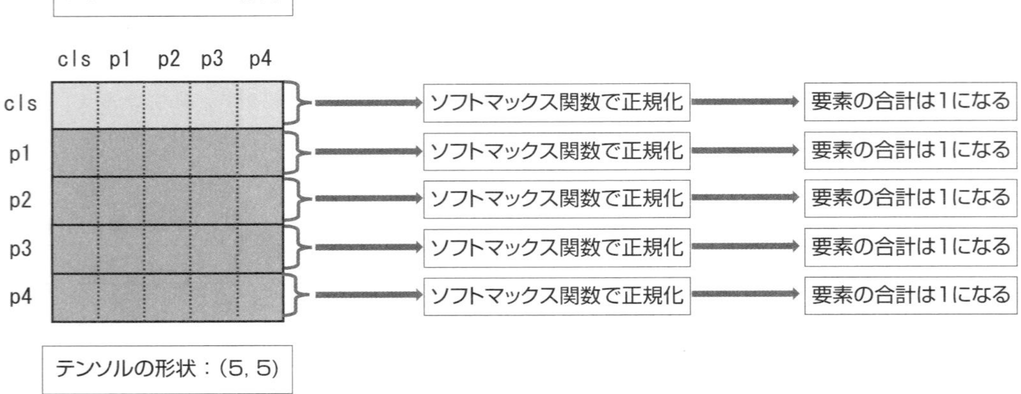

■アテンションスコア行列とバリュー行列（V）の行列積を計算

クエリ行列（Q）とキー行列（K）の行列積を求め、ソフトマックス関数を適用して得られたアテンションスコアは、「元の特徴マップの各要素（クラストークンと4個のパッチデータ）が相互にどれくらい類似しているか」を示す値です。

そこで最後に、アテンションスコア行列とバリュー行列（V）の行列積を計算します。結果として、バリュー行列（V）の各要素にアテンションスコアが重みとして適用された、新しい特徴表現が生成されます。新しい特徴表現としての行列をweighted_valuesとすると、$weighted_values_{i,j}$は「i番目のクエリに対するj番目のバリューの重み付けされた値」になります。

このようにして得られた新しい特徴表現は、元の特徴マップの各要素にアテンションスコアが重み付けされたことによって、クラストークンやパッチデータなどの局所的な情報に、画像全体の情報が取り込まれています。

▼アテンションスコア行列とバリュー行列(V)の行列積を計算

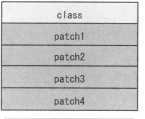

ソフトマックス関数による正規化後の
アテンションスコア行列

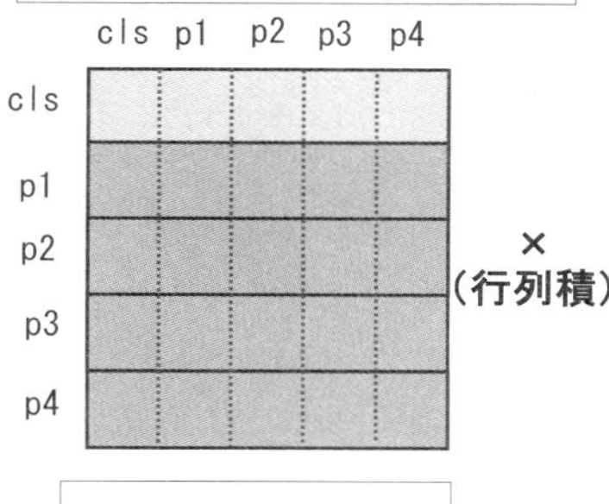

テンソルの形状:(5, 5)

×
(行列積)

V(value)

class
patch1
patch2
patch3
patch4

テンソルの形状:(5, 512)

=

新しい特徴表現

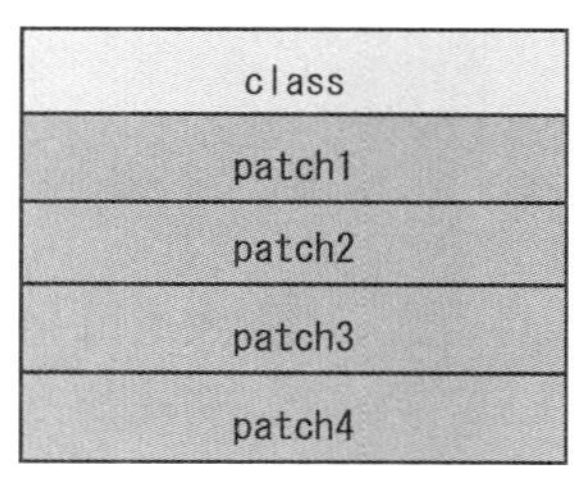

テンソルの形状:(5, 512)

COLUMN ソフトマックス関数

ソフトマックス関数は、主にマルチクラス分類の出力層で用いられる活性化関数で、各クラスの確率として0から1.0の間の実数を出力します。出力した確率の総和は1になります。

例えば、3つのクラスがあり、1番目が0.26、2番目が0.714、3番目が0.026だったとします。この場合、「1番目のクラスが正解である確率は26%、2番目のクラスは71.4%、3番目のクラスは2.6%」というように、確率的な解釈ができます。

▼ソフトマックス関数

$$y_k = \frac{\exp(a_k)}{\sum_{i=1}^{n} \exp(a_i)}$$

exp(x)は、e^xを表す指数関数です。eはネイピア数(2.7182...)です。この式は、「出力層のニューロンが全部でn個(クラスの数n)あるとして、k番目の出力y_kを求める」ことを示しています。ソフトマックス関数の分子は入力信号a_kの指数関数、分母はすべての入力信号の指数関数の和になります。

ソフトマックス関数では指数関数の計算を行うことになりますが、その際に指数関数の値が大きな値になり、コンピュータのオーバーフローの問題を引き起こすことがあります。

そこで、ソフトマックスの指数関数の計算を行う際は、「何らかの定数を加算または減算しても結果は変わらない」という特性を活かして、オーバーフロー対策を行います。具体的には、行列積の結果に対して適切なスケール値を適用することで、アテンションスコアの値の範囲を調整します。一般的には次元数に応じてスケール値を選択しますが、多くの場合、「次元数の平方根の逆数」(つまり、$1/\sqrt{次元数}$)が使用されます。

2.5.3 Self-Attention機構のマルチヘッド化(Multi-Head Self-Attention)

Self-Attention機構の処理によって、特徴マップ内の各要素が他のすべての要素とどの程度関連しているかを計算できるようになりました。Vision Transformer(ViT)では、Self-Attention機構を拡張した「Multi-Head Self-Attention」が導入されます。

■Multi-Head Self-Attentionの処理内容

Multi-Head Self-Attention(MHSA)の処理について説明します。MHSAでは、特徴マップの各要素(クラストークン、複数のパッチデータ)からクエリ行列(Q)、キー行列(K)、バリュー行列(V)を生成した後、これを任意の数(ヘッド数)に分割してからSelf-Attention機構の処理を開始します。ここでは、「1枚の画像から生成された特徴マップが(5, 512)の形状をしたテンソルであり、クエリ行列(Q)、キー行列(K)、バリュー行列(V)を生成した後、これらを4分割する」ことを前提にして、処理手順を見ていくことにしましょう。

①1枚の画像から生成された特徴マップを拡張してQ、K、V用に3分割、さらにQ、K、Vを4分割する

1枚の画像から生成された特徴マップ(5, 512)を(5, 1536)に拡張した後、Q、K、V用に3分割(5, 3, 512)します。さらにQ、K、Vをそれぞれ4分割し、(5, 3, 4, 128)のテンソルにします。

②4分割したデータからクエリ行列(Q)、キー行列(K)、バリュー行列(V)を4セット作成

4分割したデータからクエリ行列(Q)、キー行列(K)、バリュー行列(V)の組み合わせを4セット生成します。

③クエリ行列(Q)とキー行列(K)との行列積を計算してアテンションスコアを求める

4セット作成したそれぞれのクエリ行列(Q)とキー行列(K)の行列積を計算し、アテンションスコアを求めます。アテンションスコアの行列は(5, 5)になるので、行方向にソフトマックス関数を適用して正規化します。

④アテンションスコア行列とバリュー行列(V)の行列積を計算する

アテンションスコア行列とバリュー行列(V)の行列積を4セット分計算します。

⑤4セット作成された新しい特徴表現を結合して、元の特徴マップと同じ形状にする

4セット作成された特徴表現——テンソルの形状は(5, 128)——を行方向(クラストークン、4個のパッチデータ)に結合して、元の特徴マップと同じ形状(5, 512)にします。

▼Multi-Head Self-Attentionの処理

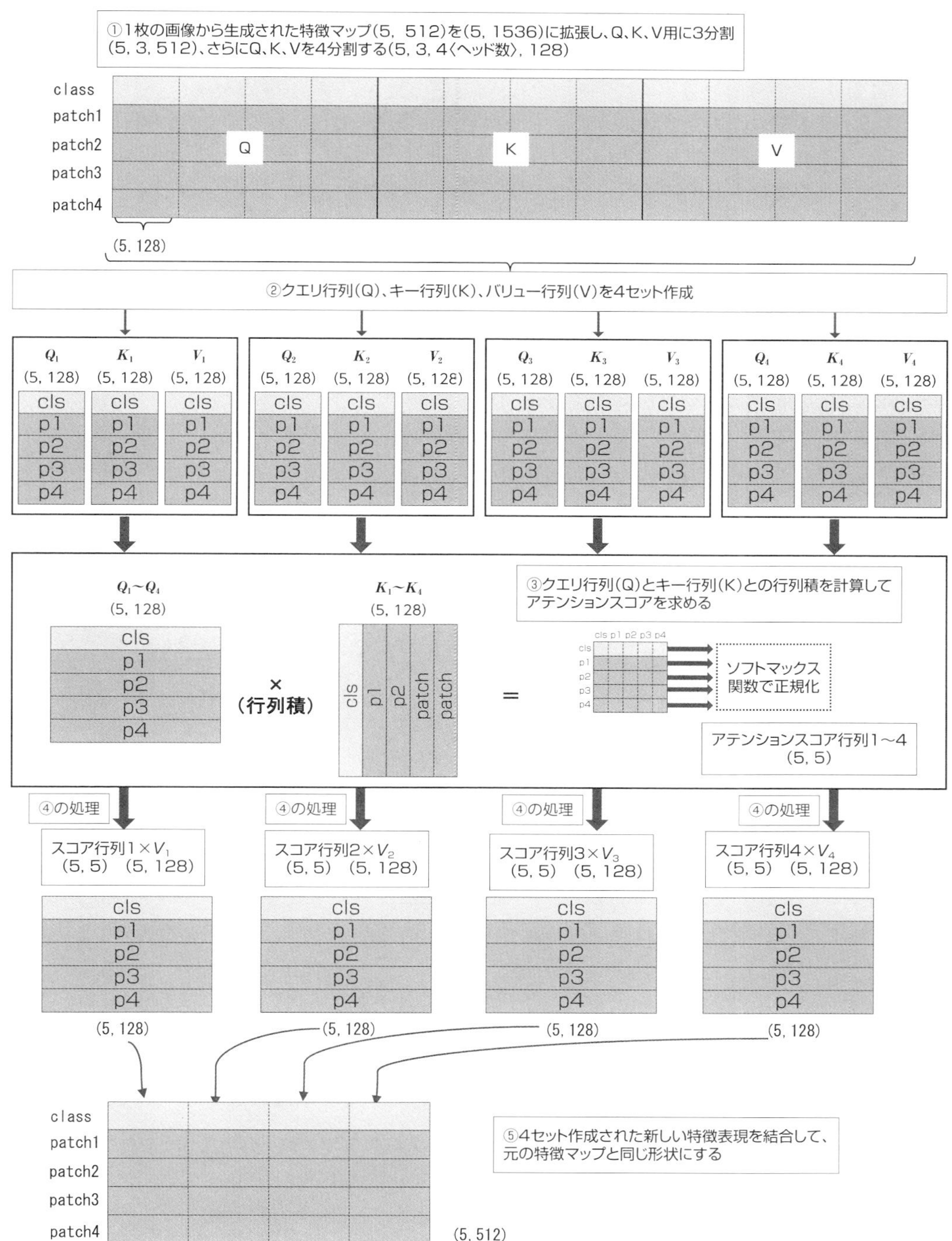

⑥全結合層に入力

4セットの新しい特徴表現(手順の⑤で1つのテンソルに結合済み)を全結合層に入力し、重み行列との線形変換(重みの要素の積を取る)を行い、それらの合計を計算します。

手順の⑤までで Multi-Head Self-Attention 機構の処理は終了ですが、最後に全結合層による特徴間の情報の統合(手順の⑥)を行います。これにより、4セット作成された新しい特徴間の関係をより効果的に捉えることが目的です。畳み込みニューラルネットワーク(CNN)の最後の全結合層は、画像の特徴をより高次元の表現に変換し、画像全体の意味を学習しますが、それと同じ考えです。

▼4セットの新しい特徴表現(1つのテンソルに結合済み)を全結合層へ入力

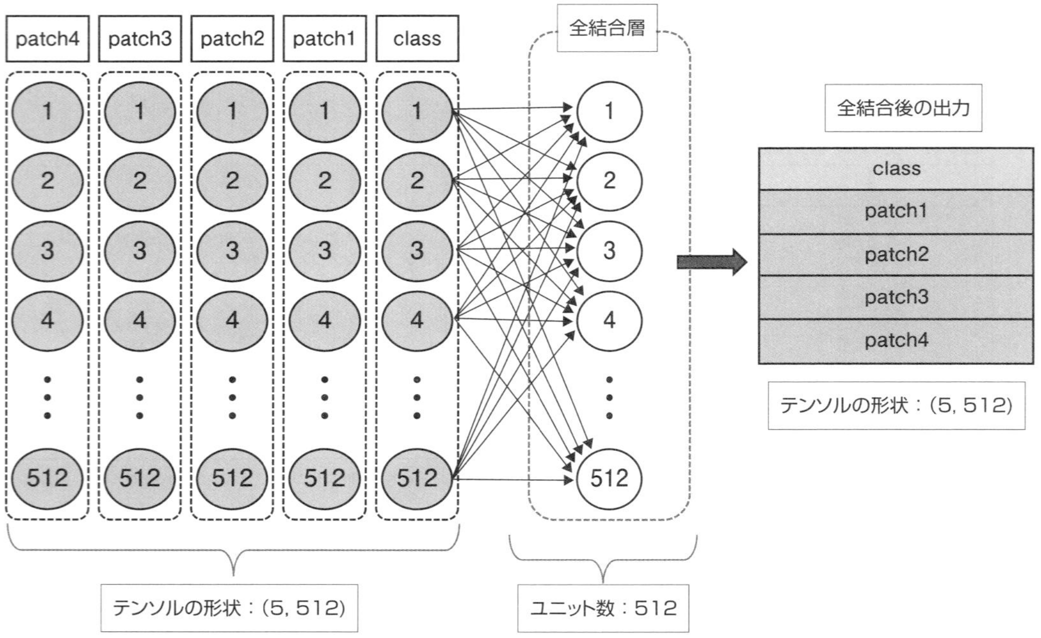

2.5.4 MultiHeadSelfAttentionクラスを定義する

ここからは、実際にNotebookを作成してプログラミングを行います。これまでに説明したMulti-Head Self-Attention機構を実装したMultiHeadSelfAttentionクラスを作成します。新規のNotebookを作成して、1番目のセルに次のコードを入力します。

▼インポート文（ViT_CIFAR10_PyTorch.ipynb）

セル1

```
import torch
from torch import nn
from torch import optim
import torch.nn.functional as F
from torch.utils.data import DataLoader
import torchvision
import torchvision.transforms as transforms
from torchsummary import summary
import matplotlib.pyplot as plt
```

続いて2番目のセルにMultiHeadSelfAttentionクラスの定義コードを入力します。

▼MultiHeadSelfAttentionクラスの定義（ViT_CIFAR10_PyTorch.ipynb）

セル2

```
class MultiHeadSelfAttention(nn.Module):
    """Multi-Head Self-Attention（マルチヘッド自己注意機構）
    Attributes:
        num_heads: マルチヘッドのヘッド数
        expansion_layer: 特徴マップの各要素のサイズを×3するための全結合層
        headjoin_layer: 各ヘッドから出力された特徴表現を線形変換する全結合層
        scal: ソフトマックス関数入力前に適用するスケール値
    """
    def __init__(self,
                 num_inputlayer_units: int,
                 num_heads: int):
        super().__init__()
        """マルチヘッドアテンションに必要なレイヤー等の定義
        Args:
            num_inputlayer_units(int): 全結合層（線形層）のユニット数
            num_heads(int) : マルチヘッドアテンションのヘッド数
        """
        # 特徴マップの特徴量の数をヘッドの数で分割できるか確認
        if num_inputlayer_units % num_heads != 0:
            raise ValueError("num_inputlayer_units must be divisible by num_heads")
        # ヘッドの数を設定
        self.num_heads = num_heads
        # 特徴マップ生成機構の全結合層ユニット数をヘッドの数で割ることで
        # ヘッドごとの特徴量の次元を求める
```

```
        dim_head = num_inputlayer_units // num_heads

        # データ拡張を行う全結合層の定義
        # 入力の次元数：特徴マップの特徴量次元
        # 出力の次元数（ユニット数）：特徴量次元×3
        self.expansion_layer = nn.Linear(
            num_inputlayer_units,      # 入力サイズは特徴マップの特徴量次元と同じ
            num_inputlayer_units * 3)  # ユニット数は特徴量次元×3

        # ソフトマックス関数のオーバーフロー対策のためのスケール値
        # 次元数の平方根の逆数（1/sqrt(dimension)）
        self.scale = 1 / (dim_head ** 0.5)

        # 各ヘッドからの出力を線形変換後に結合する全結合層の定義
        # 入力の次元数：ヘッドごとの特徴量次元=特徴マップ生成機構の全結合層ユニット数
        # 出力の次元数（ユニット数）：入力の次元数と同じ
        self.headjoin_layer = nn.Linear(
            num_inputlayer_units,
            num_inputlayer_units)

    def forward(self, x: torch.Tensor):
        """順伝播処理を行う
        Args:
            x(torch.Tensor)：特徴マップ（バッチサイズ，特徴量数，特徴量次元）
        """
        # 入力する特徴マップのテンソル（バッチサイズ，5，512）から
        # バッチサイズと特徴マップの特徴量の数（クラストークン数+パッチ数）を取得
        bs, ns = x.shape[:2]

        # 全結合層expansion_layerに入力してデータを拡張
        # 入力：（バッチサイズ，5，512）
        # 出力：（バッチサイズ，5，1536[512×3]）
        qkv = self.expansion_layer(x)

        # ●view()の処理
        # データ拡張したテンソル（バッチサイズ，5，1536）を
        # クエリ行列、キー行列、バリュー行列に分割→（バッチサイズ，5，3，512）
        # さらに各行列をマルチヘッドの数に分割→（バッチサイズ，5，3，4（ヘッド数），128（特徴量次元））
        # ●permute()の処理
        # クエリ，キー，バリューの次元をテンソルの先頭に移動して
        # （3，バッチサイズ，ヘッド数，特徴量数，特徴量次元）の形状にする
```

```
        # この並べ替えにより、クエリ，キー，バリューが別々の次元に配置される
        # 処理後のテンソルの形状：(3, バッチサイズ, 4, 5, 128)
        qkv = qkv.view(
            bs, ns, 3, self.num_heads, -1).permute(2, 0, 3, 1, 4)

        # クエリ行列(q)，キー行列(k)，バリュー行列(v)に分割
        # q,k,vそれぞれの形状は(バッチサイズ, ヘッド数(4), 特徴量の数(5), 128)
        # それぞれヘッドの数に分割されている
        q, k, v = qkv.unbind(0)

        # ヘッドごとのクエリの行列(5, 128)と転置したキーの行列(128, 5)の行列積(内積)を計算し、
        # 各要素間の関連度(アテンションスコア)を求める、結果のテンソルの形状は(5, 5)
        # attnの形状は(バッチサイズ, ヘッド数(4), 特徴量の数(5), 特徴量の数(5))
        attn = q.matmul(k.transpose(-2, -1))

        # アテンションスコアの行方向にソフトマックス関数を適用して
        # スコアの合計値が1.0になるように正規化を行う
        attn = (attn * self.scale).softmax(dim=-1)

        # アテンションスコアattn(バッチサイズ(32), ヘッド数(4), 特徴量数(5), 特徴量数(5))と
        # バリュー(32, 4, 5, 128)の行列積を計算
        # 各ヘッドごとにアテンションスコア(5, 5)とバリュー行列(5, 128)の行列積
        # xの形状は(バッチサイズ, ヘッド数(4), 特徴量数(5), 特徴量次元(128))
        x = attn.matmul(v)

        # permute()の処理
        # (バッチサイズ, ヘッド数(4), 特徴量数(5), 特徴量次元(128))を
        # (バッチサイズ, 特徴量数(5), ヘッド数(4), ヘッドの特徴量次元)に並べ替える
        # flatten()でヘッドごとに得られる特徴量次元を結合
        # xの形状は(バッチサイズ, 特徴量数(5), ヘッド数(4)×特徴量次元(512))
        x = x.permute(0, 2, 1, 3).flatten(2)

        # 全結合層headjoin_layerに入力
        # 入力テンソル：(32, 5, 512)
        # 出力テンソル：(32, 5, 512)
        x = self.headjoin_layer(x)

        return x
```

2.6 Multi-Head Self-Attentionに続くMLPを作成する

Encoderブロックでは、Multi-Head Self-Attention機構に続いて、2層構造の多層パーセプトロン(MLP)が配置されます。第1層と第2層は全結合層ですが、第1層のみ活性化関数が適用されます。第1層、第2層共に、ユニット数は入力時のデータ次元数と同じになるように設定を行うので、入力時のデータ次元数がそのまま出力時の次元数になります。

2.6.1 Multi-Head Self-Attention機構からMLPへの処理の流れ

特徴マップの生成からMulti-Head Self-Attention機構への入力・出力までは、いずれも1枚の画像につき(5, 512)の形状をしたテンソルを前提としています。MLPの第1層では、Vision Transformerなどの深層学習モデルで一般的に使用される活性化関数のGELU (Gaussian Error Linear Unit) を適用します (次ページの図参照)。

■GELU (Gaussian Error Linear Unit)

GELU (Gaussian Error Linear Unit) は、Vision Transformerなどの深層学習モデルで一般的に使用される活性化関数の1つです。GELU関数は次の式で表されます。

▼GELU関数

$$\mathrm{GELU}(\boldsymbol{x}) = \boldsymbol{x} \cdot \Phi(\boldsymbol{x})$$

ここで$\boldsymbol{x}$は入力値を表し、$\Phi(\boldsymbol{x})$は誤差関数erf (Error Function) の近似として次式のように定義される

$$\Phi(\boldsymbol{x}) = \frac{1}{2}\left(1 + \mathrm{erf}\left(\frac{\boldsymbol{x}}{\sqrt{2}}\right)\right)$$

GELU関数は、機械学習でよく用いられるReLU関数よりも滑らかで、かつ広がりのある曲線を持ちます。そのため、負の入力領域でも微分可能であり、勾配消失の問題を緩和しつつ、ネットワークの学習を効率的に進めることができます。

▼Multi-Head Self-Attention機構からMLPへの処理の流れ

▼GELU関数のグラフ

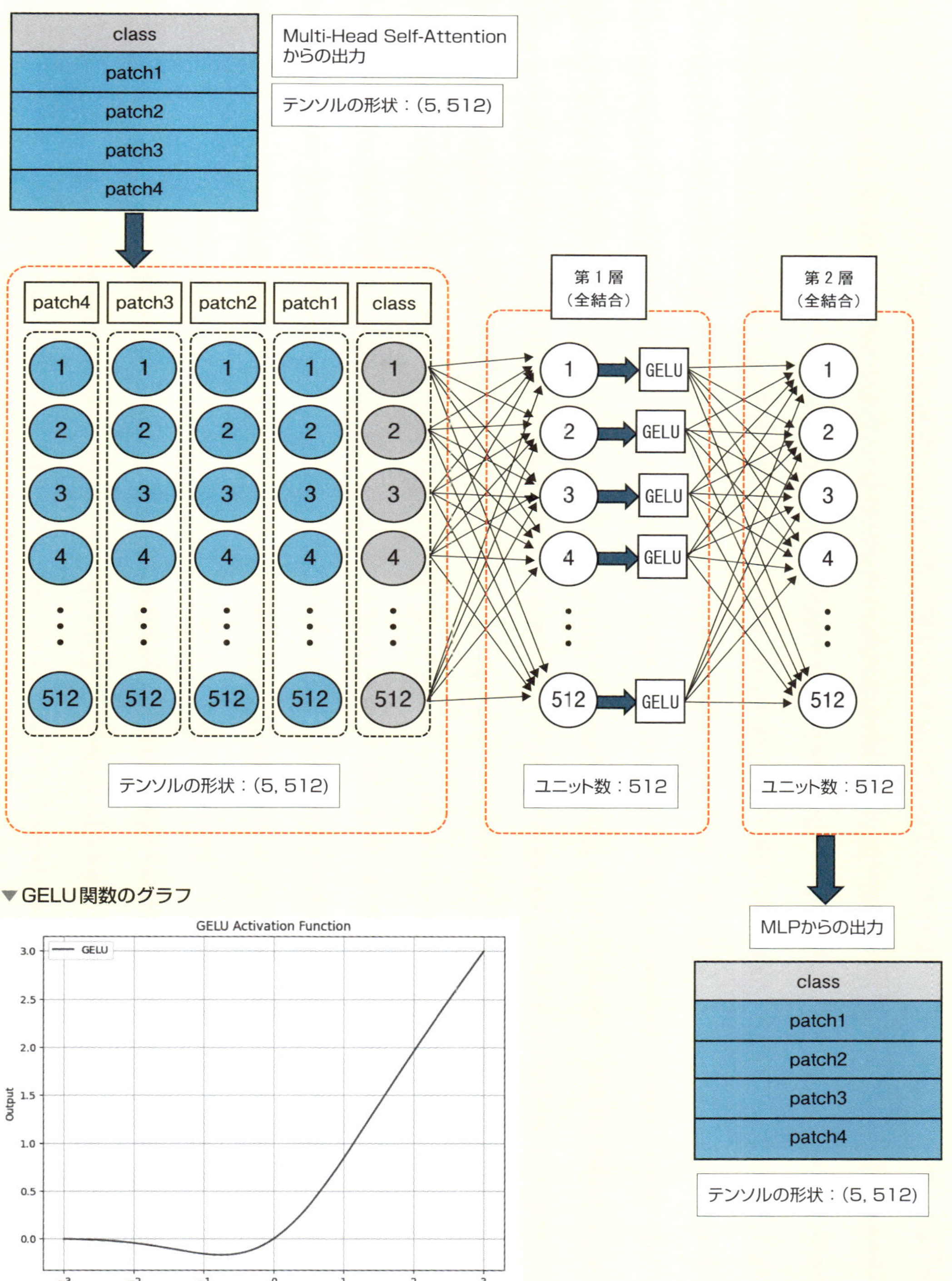

2.6.2 MLPクラスを定義する

2層構造のMLPをMLPクラスとして定義しましょう。先のMultiHeadSelfAttentionクラスの定義に続いて、3番目のセルに次のコードを入力します。

▼MLPクラスの定義（ViT_CIFAR10_PyTorch.ipynb）

セル3

```
class MLP(nn.Module):
    """多層パーセプトロンの定義
    TransformerエンコーダーMulti-Head Self-Attention機構に続く全結合型2層MLP
    Attributes:
        linear1: 隠れ層
        linear2: 出力層
        activation: 活性化関数
    """
    def __init__(self,
                 num_inputlayer_units: int,
                 num_mlp_units: int):
        """2層の全結合層を定義
        Args:
            num_inputlayer_units(int): 特徴マップ生成時の全結合層のユニット数
            num_mlp_units(int): 多層パーセプトロンのユニット数
        """
        super().__init__()
        # 隠れ層
        self.linear1 = nn.Linear(num_inputlayer_units, num_mlp_units)
        # 出力層
        self.linear2 = nn.Linear(num_mlp_units, num_inputlayer_units)
        # 活性化関数はGELU
        self.activation = nn.GELU()

    def forward(self, x: torch.Tensor):
        """順伝播処理を行う
        Args:
            x(torch.Tensor): 特徴マップ(バッチサイズ, 特徴量数, 特徴量次元)
        """
        x = self.linear1(x)
        x = self.activation(x) # 隠れ層のみ活性化関数を適用
        x = self.linear2(x)
        return x
```

2.7 Encoderブロックを作成する

これまでに作成したMulti-Head Self-Attention機構（MHSA）と2層構造のMLPをEncoderブロックにまとめます。それぞれの直前には、正規化を行うNormalization Layer（正規化層）を配置します。

それぞれ直前にNormalization Layerが配置されたMHSAとMLPをまとめてEncoderブロックを構築しますが、ViTではEncoderブロックを複数配置するため、これらをまとめたものをEncoderと呼びます。次図は、3個のEncoderブロックが配置されたEncoderの例です。

▼Encoderの構造

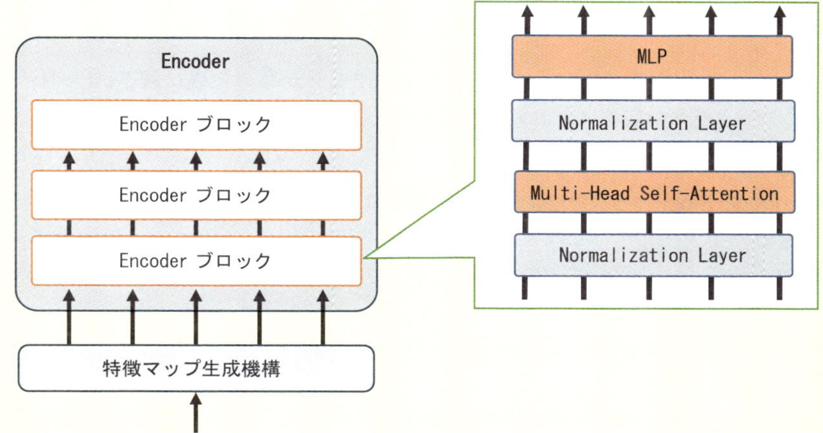

2.7.1 Normalization Layer（正規化層）の処理

Normalization（正規化）は、ニューラルネットワークの正規化手法の1つで、「層（レイヤー）への入力を平均と分散で正規化することで、ネットワークの学習を安定化させ、収束速度を向上させる」ことを目的としています。内容としては「平均0、標準偏差1」の分布にスケーリングする「標準化」の処理になります。

▼Normalization Layerの処理

$$\mathrm{Normalization}(\boldsymbol{x}_i) = \gamma \frac{\boldsymbol{x}_i - \mu}{\sqrt{\sigma^2 + \epsilon}} + \beta$$

- μは特徴量$\boldsymbol{x}$の平均
- σ^2は特徴量$\boldsymbol{x}$の分散
- εは分母がゼロになるのを防ぐための小さな値
- γとβは学習可能なパラメーターで、モデルの学習中に更新される

◎torch.nn.LayerNorm() コンストラクター

torchのnn.LayerNorm()メソッドは、入力されたデータの正規化を行うレイヤー(層)を作成します。

書式	class torch.nn.LayerNorm(normalized_shape, eps=1e−05, elementwise_affine=True)	
引数	data	Normalizationを適用する次元のサイズを指定します。
	eps	分母の値がゼロになるのを防ぐための小さな値です。デフォルトは1e−5。
	elementwise_affine	バイアスを適用するかどうかを指定します。デフォルトはTrue。

2.7.2 EncoderBlockクラスを定義する

MultiHeadSelfAttentionクラス、MLPクラスの定義に続き、4番目のセルにEncoderBlockクラスの定義コードを入力します。

▼EncoderBlockクラスの定義(ViT_CIFAR10_PyTorch.ipynb)

セル4

```
class EncoderBlock(nn.Module):
    """ EncoderBlockの定義

    Attributes:
        attention: Multi-Head Self-Attention(マルチヘッド自己注意機構)
        mlp: 2層構造の多層パーセプトロン
        norm1: 先頭に配置する正規化層
        norm2: Multi-Head Self-Attentionの直後に配置する正規化層
    """
    def __init__(self,
                 num_inputlayer_units: int,
                 num_heads: int,
                 num_mlp_units: int):
        """
        Args:
            num_inputlayer_units(int): 特徴マップ生成時の全結合層のユニット数
            num_heads(int) : マルチヘッドアテンションのヘッド数
            num_mlp_units(int): 多層パーセプトロンのユニット数
        """
        super().__init__()
        # MultiHeadSelfAttentionを生成
```

```
        self.attention = MultiHeadSelfAttention(num_inputlayer_units, num_heads)
        # MLPを生成
        self.mlp = MLP(num_inputlayer_units, num_mlp_units)
        # LayerNormを生成
        self.norm1 = nn.LayerNorm(num_inputlayer_units)
        self.norm2 = nn.LayerNorm(num_inputlayer_units)

    def forward(self, x: torch.Tensor):
        """順伝播処理を行う

        Args:
            x(torch.Tensor): 特徴マップ(バッチサイズ, 特徴量数, 特徴量次元)
        """
        x = self.norm1(x)              # 正規化層
        x = self.attention(x) + x    # 残差接続
        x = self.norm2(x)              # 正規化層
        x = self.mlp(x) + x            # 残差接続

        return x
```


One Point　残差接続

EncoderBlockクラスのforward()メソッド内部の処理、

x = self.attention(x) + x
x = self.mlp(x) + x

では、「残差接続」と呼ばれるテクニックが使われています。残差接続では、ネットワークが特定の層で学習する際に、層からの出力に元の入力データを加算することで、元の入力データの情報が直接フィードフォワード(順伝播)されるようにします。モデルが学習する際に情報が失われることを防止できるため、Self-Attentionの層で特に効果的だとされています。

2.8 ViTモデルクラスを構築する

これまでに作成したMHSA（MultiHeadSelfAttentionクラス）、MLP（MLPクラス）を内部に含むEncoder（EncoderBlockクラス）をまとめたVision Transformerのモデルクラスを作成します。クラス分類を行う分類器（正規化層と全結合層で構成）を最後の構成要素として配置すれば、ViTの完成です。

▼ViTの構造

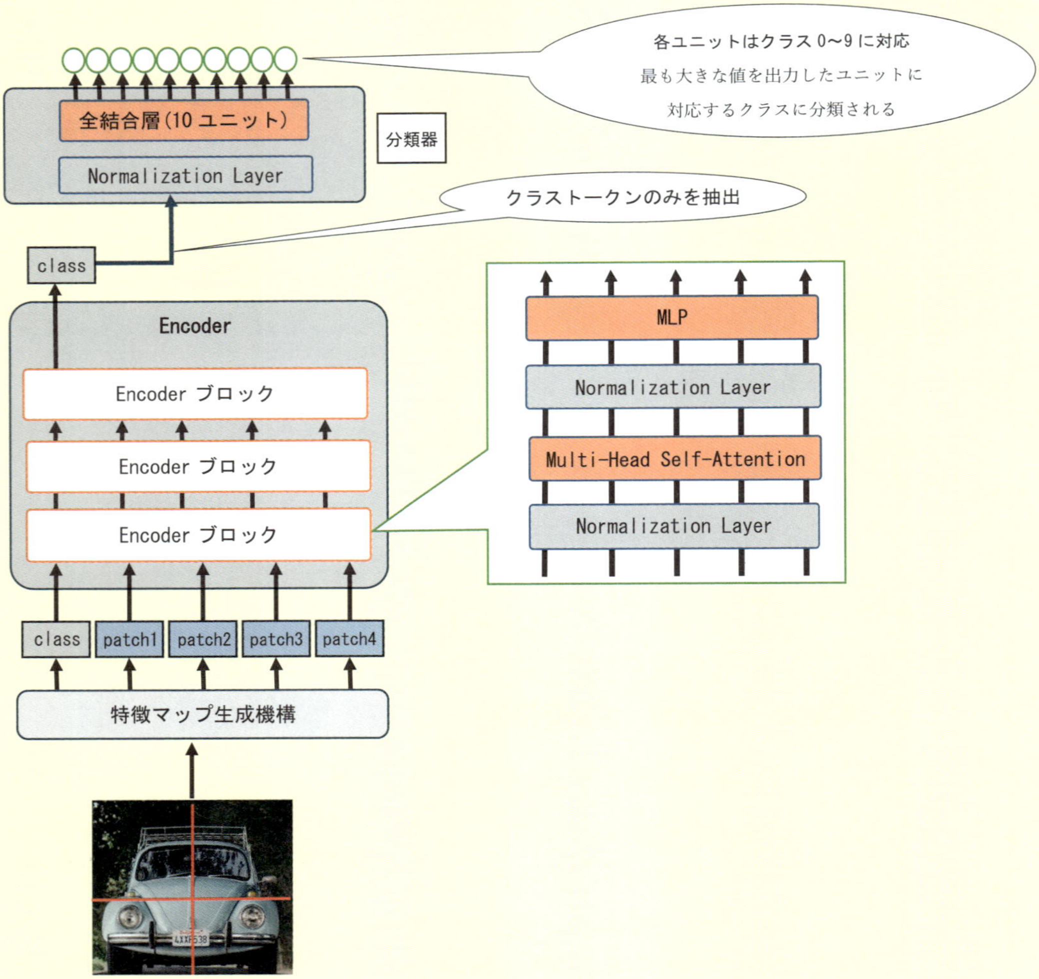

2.8.1 ViTモデルクラス「VisionTransformer」を定義する

これまでに作成した

・特徴マップ生成機構（2.3節、2.4節においてソースコードは紹介済み）
・Encoderブロック（MHSAクラス、MLPクラス）

に加えて、

・分類器（正規化層と10ユニットの全結合層）

を組み込んだViTモデルクラス「VisionTransformer」を定義します。Notebookの5番目のセルに、次のコードを入力しましょう。

▼VisionTransformerクラスの定義（ViT_CIFAR10_PyTorch.ipynb）

セル5

```
class VisionTransformer(nn.Module):
    """Vision Transformerモデル

    Attributes:
        img_size: 入力画像の1辺のサイズ(幅と高さは等しい)
        patch_size: パッチの1辺のサイズ(幅と高さは等しい)
        input_layer: パッチデータを線形変換する全結合層
        pos_embed: 位置情報
        class_token: クラストークン
        encoder_layer: Encoder
        normalize: 分類器の正規化層
        output_layer: 分類器の全結合層
    """
    def __init__(
            self,
            num_classes: int,
            img_size: int,
            patch_size: int,
            num_inputlayer_units: int,
            num_heads: int,
            num_mlp_units: int,
            num_layers: int):
        """レイヤー(層)の定義
        Args:
            num_classes(int): 画像分類のクラス数
```

```
            img_size(int): 入力画像の1辺のサイズ(幅と高さは等しい)
            patch_size(int): パッチの1辺のサイズ(幅と高さは等しい)
            num_inputlayer_units(int): 全結合層(線形層)のユニット数
            num_heads(int): マルチヘッドアテンションのヘッド数
            num_mlp_units(int): MLP各層のユニット数
            num_layers(int): Encoderに格納するEncoderBlockの数
        """
        super().__init__()
        # ----------特徴マップ生成機構①(パッチへの分割)----------
        # 画像サイズとパッチサイズのインスタンス変数を初期化
        self.img_size = img_size
        self.patch_size = patch_size

        # img_size(画像の1辺のサイズ) // patch_size(パッチの1辺のサイズ)
        # で求めた値を2乗してパッチの数を求める
        # img_size=32, patch_size=16の場合は、num_patches=4
        num_patches = (img_size // patch_size) ** 2

        # 画像から切り出される各パッチのピクセルデータ数を計算
        # patch_size=16の場合は16**2=256
        # カラー画像がRGB(赤、緑、青)の3つのチャンネルを持っているので
        # ピクセルデータ数は256×3=768になる
        input_dim = 3 * patch_size ** 2

        # パッチに分割し、フラット化された特徴量を線形変換する全結合層を定義
        # 入力(768(ピクセルデータ),)
        # 全結合層のユニット数: 512を想定
        self.input_layer = nn.Linear(input_dim, num_inputlayer_units)

        # ----特徴マップ生成機構②(クラストークン、位置情報埋め込み)----
        # クラストークンの定義
        # 3階テンソル(1, 1, 512)を作成し、平均0、標準偏差1の正規分布から
        # ランダムサンプリングして初期化
        # nn.Parameter()で学習可能なパラメーターとして定義する
        self.class_token = nn.Parameter(
            torch.randn(1, 1, num_inputlayer_units))

        # 位置情報の定義
        # (1, パッチ数 + 1(クラストークン), 全結合層のユニット数)のテンソルを作成し、
        # 平均0、標準偏差1の正規分布からランダムサンプリングして初期化
        # nn.Parameter()で学習可能なパラメーターとして定義する
```

```
        self.pos_embed = nn.Parameter(
            torch.randn(1, num_patches + 1, num_inputlayer_units))

        # ----------Encoderの定義----------
        # EncoderBlockをnum_layersの数だけ生成
        self.encoder_layer = nn.ModuleList(
            [EncoderBlock(
                num_inputlayer_units, num_heads, num_mlp_units
                ) for _ in range(num_layers)])

        # ----------分類器-----------------
        # 正規化層の入力次元数は特徴マップ生成機構の全結合層のユニット数
        self.normalize = nn.LayerNorm(num_inputlayer_units)
        # 正規化層からの入力をnum_classesの数のユニットで処理
        self.output_layer = nn.Linear(num_inputlayer_units, num_classes)

    def forward(self, x: torch.Tensor):
        """順伝播処理を行う

        Args:
            x(torch.Tensor): 画像データ、1枚の画像の形状は(32,3,32,32)
        """
        # ----------特徴マップ生成機構の適用----------
        # 入力データ(ミニバッチサイズ, チャンネル数, 画像行数, 画像列数)
        # から各次元の要素数を取得 --> bs=32, c= 3, h=32, w= 32
        bs, c, h, w = x.shape

        # 1枚の画像データを4個のパッチに分割する処理
        # 入力される4階テンソルの形状(バッチサイズ, チャンネル数, 画像行数, 画像列数)
        # 画像の行方向のデータ(32px)をパッチサイズ(16px)で割った数2に分割
        # 画像の列方向のデータ(32px)をパッチサイズ(16px)で割った数2に分割
        # 画像の行、列データを2ずつ分割したことで
        # 6階テンソル(バッチサイズ, 3, 2, 16, 2, 16)が出力される
        x = x.view(
            bs,
            c,
            h // self.patch_size,    # 行方向にパッチがいくつ入るかを計算
            self.patch_size,         # パッチごとに行方向のデータを格納
            w // self.patch_size,    # 列方向にパッチがいくつ入るかを計算
            self.patch_size)         # パッチごとに列方向のデータを格納
```

```
        # パッチに分割した6階テンソル(32, 3, 2, 16, 2, 16)の次元を並べ替える
        # (バッチサイズ,チャンネル数,行パッチ数,パッチの行データ,列パッチ数,パッチの列データ)を
        # (バッチサイズ,行パッチ数,列パッチ数,チャンネル数,パッチの行データ,パッチの列データ)
        # に変換 → (バッチサイズ, 2, 2, 3, 16, 16)が出力される
        x = x.permute(0, 2, 4, 1, 3, 5)
        # 画像1枚のパッチ4個のピクセルデータをそれぞれフラット化する
        # 3階テンソル(バッチサイズ, 1枚当たりのパッチ数, パッチデータ)にする
        # (バッチサイズ, 2×2=4(パッチ数), 16×16×3=768(パッチごとのピクセルデータ))
        x = x.reshape(bs, (h // self.patch_size) * (w // self.patch_size), -1)
        # 全結合層(768ユニット)にxを入力して線形変換後、512ユニットを出力
        # 入力:(バッチサイズ, 4, 768)
        # 出力:(バッチサイズ, 4, 512)
        x = self.input_layer(x)

        # クラストークンのテンソル(1, 512)をミニバッチの数だけ作成
        class_token = self.class_token.expand(bs, -1, -1)
        # クラストークン(バッチサイズ, 1, 512)を
        # 全結合層からの出力(バッチサイズ, 4, 512)の1の次元の先頭位置で連結
        # テンソルの形状は(バッチサイズ, 5, 512)になる
        x = torch.cat((class_token, x), dim=1)
        # クラストークンが追加された(バッチサイズ, 5, 512)の形状のテンソルに
        # 学習可能な位置情報のテンソル(1, 5, 512)の学習可能なパラメーター値を加算
        x += self.pos_embed

        # EncoderBlockで処理
        for layer in self.encoder_layer:
            x = layer(x)
        # Encoderで処理後の特徴マップからクラストークンを抽出
        x = x[:, 0]
        # 正規化層に入力
        x = self.normalize(x)
        # 10ユニットの全結合層に入力
        x = self.output_layer(x)
        # 戻り値は要素数10のベクトル
        return x


    def get_device(self):
        """最終の全結合層を処理中のデバイスを返す関数
        """
        return self.output_layer.weight.device
```

2.9 検証を行うevaluate()関数を定義する

ViTモデルの学習時には、1エポック(学習回)ごとに訓練データの損失と正解率を出力しますが、同時にテストデータを用いた検証も同時に行います。ここでは、1エポックごとに呼び出されて、学習中のモデルで検証を行うevaluate()関数を定義します。

2.9.1 evaluate()関数の定義コードを入力する

これまでに入力を行ったNotebookの6番目のセルに、次のコードを入力しましょう。

▼evaluate()関数の定義(ViT_CIFAR10_PyTorch.ipynb)

セル6

```
def evaluate(data_loader, model, loss_func):
    """検証を行う

    Args:
        data_loader(DataLoader): テスト用のデータローダー
        model(nn.Module): Vision Transformerモデル
        loss_func(nn.functional): 損失関数
    """
    # モデルを評価モードに切り替え
    model.eval()

    losses = []         # バッチごとの損失を格納するリスト
    correct_preds = 0 # 正解の数をカウントする変数
    total_samples = 0 # 処理されたデータ数をカウントする変数

    # データローダーからバッチ単位でデータを抽出し、学習中のモデルで検証
    for x, y in data_loader:
        # 勾配の計算をオフにして計算リソースを節約
        with torch.no_grad():
            # バッチの入力データx、ターゲットデータyをモデルのデバイスに配置
            x = x.to(device=model.get_device())
            y = y.to(device=model.get_device())
            # 入力データxを使ってモデルによる予測を行う
            preds = model(x)
            # 予測結果predsとターゲットラベルyを使用して損失を計算
            loss = loss_func(preds, y)
            # 計算された損失をリストlossesに追加
```

```
            losses.append(loss.item())

            # torch.max()関数の第2引数を1にすると、テンソル内の各行ごとに
            # 最大値とそのインデックスが返される
            # 各画像について、予測されたクラスのインデックスのみを取得
            _, predicted = torch.max(preds, 1)
            # 正確な予測の数をカウント
            correct_preds += (predicted == y).sum().item()
            # 処理されたデータ数をカウント
            total_samples += y.size(0)

    # 全体の損失は、バッチごとの損失の平均
    average_loss = sum(losses) / len(losses)
    # 精度は、正確な予測の数を全データ数で割ることで求める
    accuracy = correct_preds / total_samples

    return average_loss, accuracy
```

COLUMN ViTモデルの重みパラメーター

ViTモデルは、CNNモデルに比べて重みパラメーターが多くなる傾向があります。パラメーター数が多いと、それだけ高いパフォーマンスが期待できますが、そのためには長時間の学習が必要です。

- **自己注意機構（Self-Attention Mechanism）**

自己注意機構の層には、クエリ行列、キー行列、バリュー行列が存在します。それぞれが入力次元に対して独立した重み行列なので、パッチ数が増えるとそれに伴って計算量とパラメーター数が急増します。

- **MLP（Multi-Layer Perceptron）**

自己注意機構の層を含むMHSA（Multi-Head Self-Attention）の後に配置されるMLPでは、全結合層が使用されているので、CNNの畳み込み層よりもパラメーター数が多くなる傾向があります。

- **パッチ埋め込み（Patch Embedding）**

画像を小さなパッチに分割し、それぞれのパッチを線形変換して埋め込みベクトルに変換する処理も全結合層で行われており、画像サイズやパッチサイズに応じた重みパラメーターが必要になります。

2.10 ModelConfigクラスの定義と、学習を実行するtrain_eval()関数の定義

ViTのモデルには、さまざまなパラメーターがあります。ここでは、パラメーターの初期値をまとめて設定するためのModelConfigクラスを作成しておくことにします。

続いて、モデルのトレーニングに必要な処理を行い、モデルのサマリを出力した後、ViTモデルでCIFAR-10データセットを学習するtrain_eval()関数を定義します。これが済めばプログラムの完成です。

2.10.1 ModelConfigクラスを定義する

Notebookの7番目のセルにModelConfigクラスの定義コードを入力します。

▼ModelConfigクラスの定義（ViT_CIFAR10_PyTorch.ipynb）

セル7

```
class ModelConfig:
    """パラメーターの初期値を設定

    """
    def __init__(self):
        self.num_epochs = 50                # 学習回数（エポック数）
        self.batch_size = 32                # ミニバッチのサイズ
        self.lr = 0.01                      # 学習率
        self.img_size = 32                  # 画像の1辺のサイズ（縦横同サイズ）
        self.patch_size = 16                # パッチの1辺のサイズ
        self.num_inputlayer_units = 512 # 特徴マップ生成機構における全結合層のユニット数
        self.num_heads = 4                  # Multi-Head Self-Attentionのヘッド数
        self.num_mlp_units = 512            # EncoderブロックのMLPのユニット数
        self.num_layers = 6                 # Encoderブロックの数
        self.batch_size = 32                # ミニバッチのサイズ
```

パッチデータの1辺のサイズ、特徴マップ生成機構における全結合層のユニット数、MHSAのヘッド数、EncoderブロックにおけるMLPのユニット数は、これまでの説明で用いた値と同じです。一方、Encoderに配置するEncoderブロックの数は6にしています。

学習回数（エポック数）は50で、学習時に最適化を行うオプティマイザー（最適化器）の学習率を0.01にしました。オプティマイザーは勾配降下法による最適化を行うSGD（Stochastic Gradient Descent）を使う予定です。

2.10.2 モデルのオブジェクトを生成する

事前に、モデルの学習に必要な次の処理を行います。

- 学習（訓練）データと検証（テスト）データの正規化に用いる変換器を作成
- CIFAR-10の訓練用データとテスト用データをダウンロードし、それぞれ変換器を適用して正規化する
- 学習時および検証時に指定されたサイズのバッチデータを抽出するデータローダー（DataLoader）を作成
- 損失を測定する関数としてクロスエントロピー誤差（cross_entropy）を作成
- モデルオブジェクトVisionTransformerを生成し、最適化器（オプティマイザー）としてSGDを適用
- モデルのサマリを表示

8番目のセルに次のように入力し、実行します。

▼モデルのオブジェクトを生成してサマリを表示（ViT_CIFAR10_PyTorch.ipynb）

セル8

```
# ModelConfigクラスをインスタンス化
config = ModelConfig()

# CIFAR-10データセットの平均と標準偏差を用いて
# 各チャンネルのデータを標準化する変換器を作成
normalize = transforms.Normalize(
    mean=[0.4914, 0.4822, 0.4465], std=[0.2470, 0.2435, 0.2616])
# 訓練データの正規化を行う変換器
train_transform = transforms.Compose([transforms.ToTensor(), normalize])
# テストデータの正規化を行う変換器
test_transform = transforms.Compose([transforms.ToTensor(), normalize])

# 訓練用データセットの用意
train_dataset = torchvision.datasets.CIFAR10(
    root='./data', train=True, download=True, transform=train_transform)
# 検証用データセットの用意
test_dataset = torchvision.datasets.CIFAR10(
    root='./data', train=False, download=True, transform=test_transform)

# 訓練データ用のDataLoaderを作成
train_loader = DataLoader(
```

```
    train_dataset, batch_size=config.batch_size, shuffle=True)
# 検証データ用のDataLoaderを作成
test_loader = DataLoader(
    test_dataset, batch_size=config.batch_size, shuffle=False)

# クロスエントロピー誤差関数の生成
loss_func = F.cross_entropy

# Vision Transformerモデルの生成
model = VisionTransformer(
    len(train_dataset.classes), config.img_size, config.patch_size,
    config.num_inputlayer_units, config.num_heads,
    config.num_mlp_units, config.num_layers)

# オプティマイザー(最適化器)の生成
optimizer = optim.SGD(model.parameters(), lr=config.lr)
# 使用可能なデバイス(GPU)を取得
device = torch.device('cuda' if torch.cuda.is_available() else 'cpu')
# モデルに使用可能なデバイスを設定
model.to(device)

# モデルのサマリを表示
summary(model, (3, config.img_size, config.img_size))
```

▼出力されたモデルのサマリ(解説を追加しています)

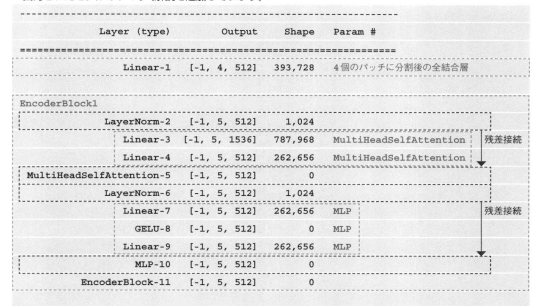

```
----------------------------------------------------------------
        Layer (type)               Output Shape         Param #
================================================================
            Linear-1             [-1, 4, 512]         393,728   4個のパッチに分割後の全結合層

EncoderBlock1
         LayerNorm-2             [-1, 5, 512]           1,024
            Linear-3            [-1, 5, 1536]         787,968   MultiHeadSelfAttention   残差接続
            Linear-4             [-1, 5, 512]         262,656   MultiHeadSelfAttention
MultiHeadSelfAttention-5         [-1, 5, 512]               0
         LayerNorm-6             [-1, 5, 512]           1,024
            Linear-7             [-1, 5, 512]         262,656   MLP                      残差接続
              GELU-8             [-1, 5, 512]               0   MLP
            Linear-9             [-1, 5, 512]         262,656   MLP
            MLP-10               [-1, 5, 512]               0
      EncoderBlock-11            [-1, 5, 512]               0
```

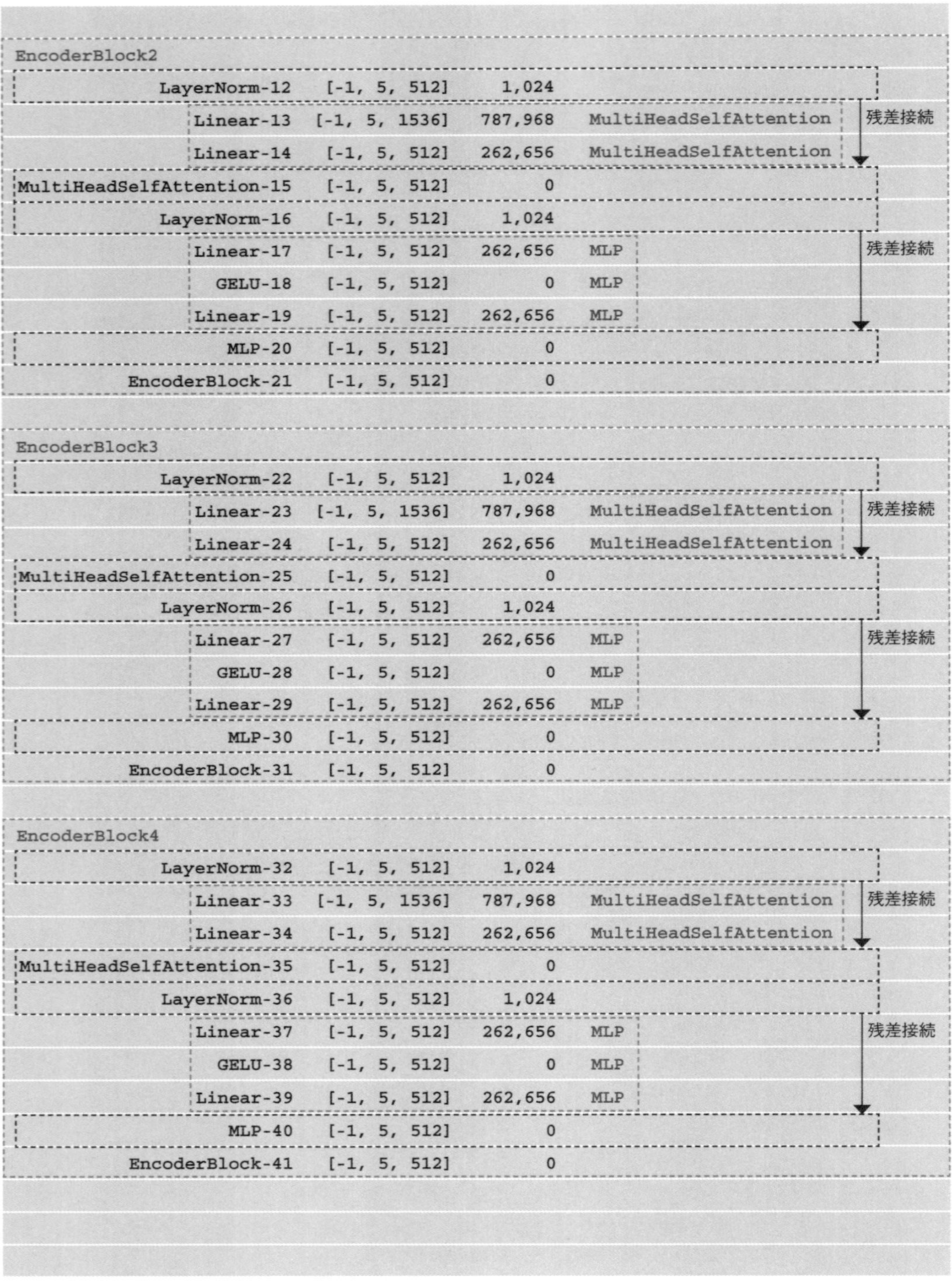

```
EncoderBlock2
               LayerNorm-12    [-1, 5, 512]        1,024
                  Linear-13   [-1, 5, 1536]      787,968   MultiHeadSelfAttention
                  Linear-14    [-1, 5, 512]      262,656   MultiHeadSelfAttention
  MultiHeadSelfAttention-15    [-1, 5, 512]            0
               LayerNorm-16    [-1, 5, 512]        1,024
                  Linear-17    [-1, 5, 512]      262,656   MLP
                    GELU-18    [-1, 5, 512]            0   MLP
                  Linear-19    [-1, 5, 512]      262,656   MLP
                     MLP-20    [-1, 5, 512]            0
            EncoderBlock-21    [-1, 5, 512]            0

EncoderBlock3
               LayerNorm-22    [-1, 5, 512]        1,024
                  Linear-23   [-1, 5, 1536]      787,968   MultiHeadSelfAttention
                  Linear-24    [-1, 5, 512]      262,656   MultiHeadSelfAttention
  MultiHeadSelfAttention-25    [-1, 5, 512]            0
               LayerNorm-26    [-1, 5, 512]        1,024
                  Linear-27    [-1, 5, 512]      262,656   MLP
                    GELU-28    [-1, 5, 512]            0   MLP
                  Linear-29    [-1, 5, 512]      262,656   MLP
                     MLP-30    [-1, 5, 512]            0
            EncoderBlock-31    [-1, 5, 512]            0

EncoderBlock4
               LayerNorm-32    [-1, 5, 512]        1,024
                  Linear-33   [-1, 5, 1536]      787,968   MultiHeadSelfAttention
                  Linear-34    [-1, 5, 512]      262,656   MultiHeadSelfAttention
  MultiHeadSelfAttention-35    [-1, 5, 512]            0
               LayerNorm-36    [-1, 5, 512]        1,024
                  Linear-37    [-1, 5, 512]      262,656   MLP
                    GELU-38    [-1, 5, 512]            0   MLP
                  Linear-39    [-1, 5, 512]      262,656   MLP
                     MLP-40    [-1, 5, 512]            0
            EncoderBlock-41    [-1, 5, 512]            0
```

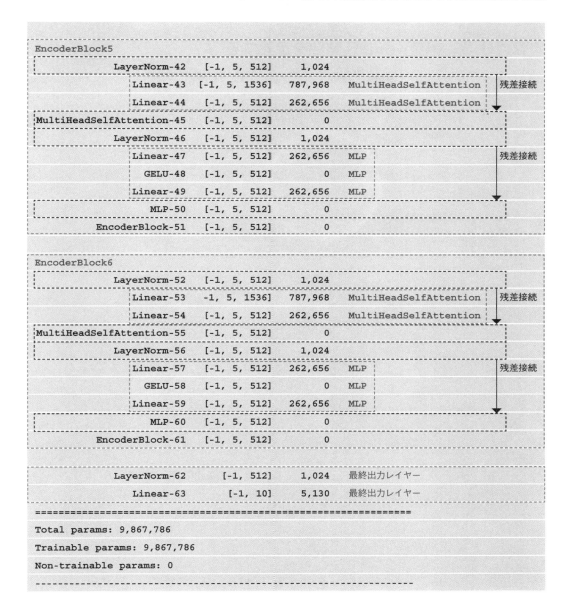

```
EncoderBlock5
            LayerNorm-42    [-1, 5, 512]       1,024
               Linear-43   [-1, 5, 1536]     787,968   MultiHeadSelfAttention   残差接続
               Linear-44    [-1, 5, 512]     262,656   MultiHeadSelfAttention
MultiHeadSelfAttention-45   [-1, 5, 512]           0
            LayerNorm-46    [-1, 5, 512]       1,024
               Linear-47    [-1, 5, 512]     262,656   MLP                      残差接続
                 GELU-48    [-1, 5, 512]           0   MLP
               Linear-49    [-1, 5, 512]     262,656   MLP
                  MLP-50    [-1, 5, 512]           0
         EncoderBlock-51    [-1, 5, 512]           0

EncoderBlock6
            LayerNorm-52    [-1, 5, 512]       1,024
               Linear-53    -1, 5, 1536]     787,968   MultiHeadSelfAttention   残差接続
               Linear-54    [-1, 5, 512]     262,656   MultiHeadSelfAttention
MultiHeadSelfAttention-55   [-1, 5, 512]           0
            LayerNorm-56    [-1, 5, 512]       1,024
               Linear-57    [-1, 5, 512]     262,656   MLP                      残差接続
                 GELU-58    [-1, 5, 512]           0   MLP
               Linear-59    [-1, 5, 512]     262,656   MLP
                  MLP-60    [-1, 5, 512]           0
         EncoderBlock-61    [-1, 5, 512]           0

            LayerNorm-62       [-1, 512]       1,024   最終出力レイヤー
               Linear-63        [-1, 10]       5,130   最終出力レイヤー
================================================================
Total params: 9,867,786
Trainable params: 9,867,786
Non-trainable params: 0
----------------------------------------------------------------
```

2.10.3 train_eval()関数を定義する

学習を実行するtrain_eval()関数を定義します。

学習は多重構造のfor文を用いて実行します。外側のforで1エポックごとに反復処理を行い、内側のforではバッチデータの処理を繰り返します。

Notebookの9番目のセルにtrain_eval()関数の定義コードを入力して実行します。

▼train_eval()関数の定義(ViT_CIFAR10_PyTorch.ipynb)

セル9

```
def train_eval():
    """学習と検証を行う関数
    """
    # グラフ用のリストを初期化
    train_losses = []
    train_accuracies = []
    val_losses = []
    val_accuracies = []

    # 訓練のエポック数だけループ
    for epoch in range(config.num_epochs):
        # モデルを訓練モードに設定
        model.train()

        # 損失と正解率の合計値を初期化
        total_loss = 0.0
        total_accuracy = 0.0

        # ミニバッチごとに訓練
        for x, y in train_loader:
            # データをモデルと同じデバイスに転送
            x = x.to(device)
            y = y.to(device)

            # オプティマイザーの勾配情報をリセット
            optimizer.zero_grad()
            # モデルに入力し、出力を取得
```

```
            preds = model(x)
            # 訓練データの損失を取得
            loss = loss_func(preds, y)
            # 正解率を取得
            accuracy = (preds.argmax(dim=1) == y).float().mean()

            # 誤差逆伝播を実行（自動微分による勾配計算）
            loss.backward()
            # 勾配降下法による更新式を適用してバイアス、重みパラメーターを更新
            optimizer.step()

            # 訓練損失と精度を累積
            total_loss += loss.item()
            total_accuracy += accuracy.item()

        # エポックごとの平均損失と精度を計算
        avg_train_loss = total_loss / len(train_loader)
        avg_train_accuracy = total_accuracy / len(train_loader)

        # 検証データで評価
        val_loss, val_accuracy = evaluate(test_loader, model, loss_func)

        # エポックごとの結果を出力
        print(f"Epoch {epoch + 1}/{config.num_epochs}")
        print(f"  Training: loss = {avg_train_loss:.3f}, accuracy = {avg_train_accuracy:.3f}")
        print(f"  Validation: loss = {val_loss:.3f}, accuracy = {val_accuracy:.3f}")

        # グラフ用のリストに損失と正解率を追加
        train_losses.append(avg_train_loss)
        train_accuracies.append(avg_train_accuracy)
        val_losses.append(val_loss)
        val_accuracies.append(val_accuracy)

    # エポックごとの損失と正解率の推移をグラフにプロット
    plt.figure(figsize=(12, 6))
    plt.subplot(1, 2, 1)
    plt.plot(range(1, config.num_epochs + 1), train_losses, label='Train Loss')
    plt.plot(range(1, config.num_epochs + 1), val_losses, label='Validation Loss')
    plt.xlabel('Epochs')
    plt.ylabel('Loss')
```

```
    plt.title('Loss vs Epochs')
    plt.legend()

    plt.subplot(1, 2, 2)
    plt.plot(range(1, config.num_epochs + 1), train_accuracies, label='Train Accuracy')
    plt.plot(range(1, config.num_epochs + 1), val_accuracies, label='Validation Accuracy')
    plt.xlabel('Epochs')
    plt.ylabel('Accuracy')
    plt.title('Accuracy vs Epochs')
    plt.legend()

    plt.show()
```

COLUMN ViTは大量のデータと学習時間を必要とする

ViTがCNNベースのモデル（例えばResNet）を超えるパフォーマンスを達成するためには、大量のデータと十分な学習時間が必要とされています。

・ViTは大量のデータを前提に設計されている

ViTの自己注意機構は、従来のCNNとは異なる方法で画像の特徴を捉えます。しかし、CNNが持つ「平行移動やスケールに対する不変性」といった特性がないので、特定の視覚パターンを学習するのに多くのデータを必要とします。また、もともと自然言語処理（NLP）で成功を収めたトランスフォーマーというアーキテクチャを画像認識に応用していますが、このアーキテクチャは大量のデータを処理することで高いパフォーマンスを発揮します。

・データ効率がCNNほど高くない

CNNは、畳み込みフィルターを使って空間的・局所的な特徴（エッジやテクスチャなど）を効率的に捉えます。一方、ViTは自己注意機構を使用してすべてのパッチ間の関係を学習するため、データ量が十分にないと局所的な特徴を効果的に捉えることができず、CNNよりもデータ効率——限られた量のデータでどれだけ効果的に学習できるかを表す概念——が低くなる傾向があります。

2.11 Vision Transformerモデルで学習を行う

さっそくtrain_eval()関数を実行して、ViTモデルによる学習を行ってみましょう。Notebookの8番目のセルに、train_eval()関数を実行するコードを入力します。最初にCIFAR-10データセットのダウンロードが行われた後、学習が開始されます。ここでは、Colab NotebookのGPUを使用しました。なお、冒頭に「%%time」を記述して、処理にかかった時間を計測するようにしています。

▼train_eval()関数の実行(ViT_CIFAR10_PyTorch.ipynb)

セル10

```
%%time
# 学習・評価の実行
train_eval()
```

2.11.1 学習時の損失/正解率、検証時の損失/正解率を確認する

学習は約30分程度で終了します。エポックごとの損失(loss)と正解率(accuracy)の推移は次の通りです。

▼エポックごとの損失と正解率の推移(途中を省略しています)

```
Epoch 1/50
  Training: loss = 1.838, accuracy = 0.338
  Validation: loss = 1.624, accuracy = 0.418
......途中省略......
Epoch 10/50
  Training: loss = 0.911, accuracy = 0.674
  Validation: loss = 1.311, accuracy = 0.554
......途中省略......
Epoch 20/50
  Training: loss = 0.124, accuracy = 0.958
  Validation: loss = 2.482, accuracy = 0.550
......途中省略......
Epoch 30/50
  Training: loss = 0.001, accuracy = 1.000
  Validation: loss = 3.085, accuracy = 0.574
......途中省略......
Epoch 40/50
  Training: loss = 0.000, accuracy = 1.000
  Validation: loss = 3.252, accuracy = 0.571
```

```
......途中省略......
Epoch 50/50
  Training: loss = 0.000, accuracy = 1.000
  Validation: loss = 3.349, accuracy = 0.571
```

学習を50回実施した結果、次のようになりました。

・訓練データの損失「0.000」、正解率「1.0」
・テストデータによる検証時の損失「3.349」、正解率「0.571」

30回目の学習終了時に訓練データの正解率は1.0(100%)に達していますが、検証時の正解率は「0.57」付近で頭打ちとなっています。明らかにオーバーフィッティング(過剰適合、過学習)が発生しています。訓練データに過剰にフィッティング(適合)し、未知のデータに対しては対応できていません。

2.11.2 損失/正解率の推移をグラフで確認する

損失および正解率の推移をグラフにしたので、訓練データとテストデータの傾向を確認してみましょう。

▼訓練データとテストデータの損失/正解率の推移

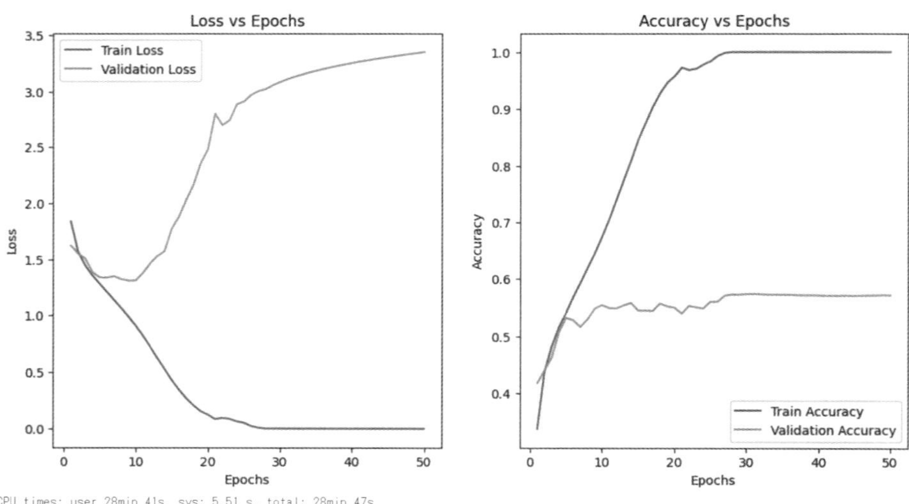

損失、正解率共に6回目あたりから乖離し始めています。次章では、オーバーフィッティングを抑制してモデルの性能を向上させる方法について見ていきます。

章 Vision Transformerの性能を引き上げる

3.1 ドロップアウトの配置とパラメーター初期化方法を変更する

モデルのオーバーフィッティングを防ぐ手法として、モデルの学習時の「ドロップアウト(Dropout)」と呼ばれる手法があります。ニューラルネットワークの学習中には、各層のノード（ユニット）間のパラメーター（重み）が更新されます。ドロップアウトでは、学習の各イテレーション（バッチデータの処理）中に、一定の確率でランダムに一部のノードを無効化（ドロップアウト）することで、モデルがオーバーフィッティングするのを防止します。

3.1.1 ドロップアウトの効用

ドロップアウトでは、ネットワークの学習中にランダムに一部のノード（ユニット）を無効化することで、「ネットワークが複数の部分集合で訓練される」効果を得ることができます。これにより、オーバーフィッティングを抑制し、モデルの汎化性能を向上させる効果があります。

具体的には、ドロップアウトが適用される各ノードは、学習中に一定の確率で「ドロップアウト」され、そのイテレーション中はそのノードが計算グラフ（順伝播処理）から除外されます。これにより、「モデルが特定のノードに依存せず、より一般化された特徴を学習する」効果が期待できます。別の視点で見ると、ネットワークの学習中にドロップアウトを適用することで、「各イテレーション（バッチデータの処理）中に、異なるネットワーク構造をサンプリングする」ような効果が得られるということです。

ViTの論文「An Image is Worth 16x16 Words: Transformers for Image Recognition at Scale」においても、ドロップアウトの実装について述べられています。

3.1.2 MultiHeadSelfAttentionとMLPにドロップアウトを組み込む

Multi-Head Self-Attention機構を定義するMultiHeadSelfAttentionクラス、および多層パーセプトロンを定義するMLPクラスに、ドロップアウトの処理を組み込みます。

■MultiHeadSelfAttentionクラスの修正

前章で作成したMultiHeadSelfAttentionクラスにおいて、アテンションスコアの行方向にソフトマックス関数を適用する箇所があります。ここからの出力に30パーセントのドロップアウトを適用する処理を追加します。また、クエリ、キー、バリューを生成するためにデータ拡張を行う全結合層がありますが、ここではバイアスをなしにして、重みパラメーターのみを使うように変更します。特に理論的な根拠はないのですが、バイアスをなしにしたときの結果が良好だったので、バイアスなしを採用することにしました。

▼ソフトマックス関数適用後の出力にドロップアウトを設定する（ViT_CIFAR10_PyTorch_tuning_fine.ipynb）

セル2

```
from torch import nn
import torch

class MultiHeadSelfAttention(nn.Module):
    """Multi-Head Self-Attention(マルチヘッド自己注意機構)

    Attributes:
        num_heads: マルチヘッドのヘッド数
        expansion_layer: 特徴マップの各要素のサイズを×3するための全結合層
        headjoin_layer: 各ヘッドから出力された特徴表現を線形変換する全結合層
        scal: ソフトマックス関数入力前に適用するスケール値
        dropout: ドロップアウト率
    """
    def __init__(self,
                 num_inputlayer_units: int,
                 num_heads: int,
                 dropout: float=0.3
                 ):
        super().__init__()
        """マルチヘッドアテンションに必要なレイヤー等の定義

        Args:
            num_inputlayer_units(int): 全結合層(線形層)のユニット数
            num_heads(int) : マルチヘッドアテンションのヘッド数
            dropout(float): ドロップアウト率
        """
        # 特徴マップの特徴量の数をヘッドの数で分割できるか確認
```

```
        if num_inputlayer_units % num_heads != 0:
            raise ValueError("num_inputlayer_units must be divisible by num_heads")
        # ヘッドの数を設定
        self.num_heads = num_heads
        # 特徴マップ生成機構の全結合層ユニット数をヘッドの数で割ることで
        # ヘッドごとの特徴量の次元を求める
        dim_head = num_inputlayer_units // num_heads

        # データ拡張を行う全結合層の定義
        # 入力の次元数: 特徴マップの特徴量次元
        # 出力の次元数(ユニット数): 特徴量次元×3
        self.expansion_layer = nn.Linear(
            num_inputlayer_units,       # 入力サイズは特徴マップの特徴量次元と同じ
            num_inputlayer_units * 3, # ユニット数は特徴量次元×3
            bias=False)                 # バイアスは使わない
        # ソフトマックス関数のオーバーフロー対策のためのスケール値
        # 次元数の平方根の逆数(1/sqrt(dimension))
        self.scale = 1 / (dim_head ** 0.5)

        # 各ヘッドからの出力を線形変換後に結合する全結合層の定義
        self.headjoin_layer = nn.Linear(
            num_inputlayer_units,
            num_inputlayer_units)

        # ドロップアウトの定義
        self.dropout = nn.Dropout(dropout)

    def forward(self, x: torch.Tensor):
        """順伝播処理を行う

        Args:
            x(torch.Tensor): 特徴マップ(バッチサイズ, 特徴量数, 特徴量次元)
        """
        # バッチサイズと特徴マップの特徴量の数(クラストークン数+パッチ数)を取得
        bs, ns = x.shape[:2]

        # 全結合層expansion_layerに入力してデータを拡張
        qkv = self.expansion_layer(x)

        # view()の処理
```

```
        # データ拡張したテンソル(バッチサイズ, 5, 1536)を
        # クエリ行列、キー行列、バリュー行列に分割→(バッチサイズ, 5, 3, 512)
        # さらに各行列をマルチヘッドの数に分割→(バッチサイズ, 5, 3, 4(ヘッド数), 128(特徴量次元))
        #
        # permute()の処理
        # クエリ,キー,バリューの次元をテンソルの先頭に移動して
        # (3, バッチサイズ, ヘッド数, 特徴量数, 特徴量次元)の形状にする
        # この並べ替えにより、クエリ,キー,バリューが別々の次元に配置される
        # 処理後のテンソルの形状: (3, バッチサイズ, 4, 5, 128)
        qkv = qkv.view(
            bs, ns, 3, self.num_heads, -1).permute(2, 0, 3, 1, 4)

        # クエリ行列(q),キー行列(k),バリュー行列(v)に分割
        q, k, v = qkv.unbind(0)

        # ヘッドごとのクエリの行列(5, 128)と転置したキーの行列(128, 5)の行列積(内積)を計算し、
        # 各要素間の関連度(アテンションスコア)を求める
        attn = q.matmul(k.transpose(-2, -1))

        # アテンションスコアの行方向にソフトマックス関数を適用
        attn = (attn * self.scale).softmax(dim=-1)

        # Dropoutを適用
        attn = self.dropout(attn)

        # アテンションスコアattn(バッチサイズ(32), ヘッド数(4), 特徴量数(5), 特徴量数(5))と
        # バリュー(32, 4, 5, 128)の行列積を計算
        x = attn.matmul(v)

        # permute()の処理
        # (バッチサイズ, ヘッド数(4), 特徴量数(5), 特徴量次元(128))を
        # (バッチサイズ, 特徴量数(5), ヘッド数(4), ヘッドの特徴量次元)に並べ替える
        # flatten()でヘッドごとに得られる特徴量次元を結合
        x = x.permute(0, 2, 1, 3).flatten(2)

        # 全結合層headjoin_layerに入力
        # 入力テンソル:(32, 5, 512)
        # 出力テンソル:(32, 5, 512)
        x = self.headjoin_layer(x)

        return x
```

■MLPクラスの修正

Encoderブロックに組み込む多層パーセプトロン（MLPクラス）において、10パーセントのドロップアウトを定義し、活性化関数適用後の出力と出力層からの出力に対して適用します。

▼MLPクラスにおいて10パーセントのドロップアウトを定義する（ViT_CIFAR10_PyTorch_tuning_fine.ipynb）

セル3

```
class MLP(nn.Module):
    """多層パーセプトロンの定義

    Transformerエンコーダー内のMulti-Head Self-Attention機構に続く全結合型2層MLP
    Attributes:
        linear1: 隠れ層
        linear2: 出力層
        activation: 活性化関数
    """
    def __init__(self,
                 num_inputlayer_units: int,
                 num_mlp_units: int,
                 dropout_rate: float = 0.1
                 ):
        """2層の全結合層を定義

        Args:
            num_inputlayer_units(int): 特徴マップ生成時の全結合層のユニット数
            num_mlp_units(int): 多層パーセプトロンのユニット数
            dropout_rate(float): ドロップアウト率
        """
        super().__init__()
        # 隠れ層
        self.linear1 = nn.Linear(num_inputlayer_units, num_mlp_units)
        # 出力層
        self.linear2 = nn.Linear(num_mlp_units, num_inputlayer_units)
        # 活性化関数はGELU
         self.activation = nn.GELU()
        # ドロップアウト
        self.dropout = nn.Dropout(p=dropcut_rate)

    def forward(self, x: torch.Tensor):
        """順伝播処理を行う
```

```
        Args:
            x(torch.Tensor): 特徴マップ(バッチサイズ, 特徴量数, 特徴量次元)
        """
        x = self.linear1(x)
        x = self.activation(x) # 隠れ層のみ活性化関数を適用
        x = self.dropout(x)     # Dropoutを追加
        x = self.linear2(x)
        x = self.dropout(x)     # Dropoutを追加

        return x
```

3.2 特徴マップ生成機構のパラメーターの初期化方法を変更する

PyTorchなどの多くのフレームワークでは、重みパラメーターなどの学習可能なパラメーターの初期値として、一様分布や正規分布からランダムに抽出した値が設定されます。一方、すべてのパラメーターをゼロで初期化する方法もありますが、一般的には、ゼロで初期化することは避けるべきだとされています。すべてのパラメーターが同じ値で初期化されるため、モデルが学習を行う上で重要な表現を持つことができなくなり、収束が遅くなったり、局所的な最適解に収束したりする可能性が高まるためです。

3.2.1 ランダムな値ではなくすべてゼロで初期化する

Vision Transformerモデルの特徴マップ生成機構において、クラストークンの生成および位置情報の生成をする箇所では、それぞれのデータを学習可能なパラメーターとして設定しています。その際に、正規分布からのランダムサンプリングではなく、すべてのパラメーターをゼロで初期化したところ、ランダムサンプリングよりも良好な結果を得ました。理論的な根拠は見つからないのですが、クラストークンと位置情報はゼロから学習を開始したほうがよいようなので、ゼロで初期化することにしました。

3.2.2 VisionTransformerクラスを修正する

4番目のセルに入力されているEncoderBlockクラスには変更はありません。その次の5番目のセルに入力されているVisionTransformerクラスの__init__()の内部を、次のように変更します。

▼EncoderBlockクラスの定義コード（ViT_CIFAR10_PyTorch_tuning_fine.ipynb）

セル4

```
class EncoderBlock(nn.Module):
    ......このセルは変更がないので以降省略......
```

▼クラストークンの生成時と位置情報の生成時にゼロで初期化（ViT_CIFAR10_PyTorch_tuning_fine.ipynb）

セル5

```
class VisionTransformer(nn.Module):
    """Vision Transformerモデル

    Attributes:
        img_size: 入力画像の1辺のサイズ(幅と高さは等しい)
        patch_size: パッチの1辺のサイズ(幅と高さは等しい)
        input_layer: パッチデータを線形変換する全結合層
        pos_embed: 位置情報
        class_token: クラストークン
        encoder_layer: Encoder
        normalize: 分類器の正規化層
        output_layer: 分類器の全結合層
    """
    def __init__(
            self,
            num_classes: int,
            img_size: int,
            patch_size: int,
            num_inputlayer_units: int,
            num_heads: int,
            num_mlp_units: int,
            num_layers: int):
        """レイヤー(層)の定義

        Args:
            num_classes(int): 画像分類のクラス数
            img_size(int): 入力画像の1辺のサイズ(幅と高さは等しい)
            patch_size(int): パッチの1辺のサイズ(幅と高さは等しい)
            num_inputlayer_units(int): 全結合層(線形層)のユニット数
            num_heads(int): マルチヘッドアテンションのヘッド数
            num_mlp_units(int): MLP各層のユニット数
            num_layers(int): Encoderに格納するEncoderBlockの数
        """
```

```
        super().__init__()
        # ----------特徴マップ生成機構①(パッチへの分割)----------
        # 画像サイズとパッチサイズのインスタンス変数を初期化
        self.img_size = img_size
        self.patch_size = patch_size

        # img_size(画像の1辺のサイズ) // patch_size(パッチの1辺のサイズ)
        # で求めた値を2乗してパッチの数を求める
        num_patches = (img_size // patch_size) ** 2

        # 画像から切り出される各パッチのピクセルデータ数を計算
        input_dim = 3 * patch_size ** 2

        # パッチに分割し、フラット化された特徴量を線形変換する全結合層を定義
        self.input_layer = nn.Linear(input_dim, num_inputlayer_units)

        # ----特徴マップ生成機構②(クラストークン、位置情報埋め込み)----
        # クラストークンの定義
        # 3階テンソル(1, 1, 512)を作成し、ゼロで初期化
        # nn.Parameter()で学習可能なパラメーターとして定義する
        self.class_token = nn.Parameter(
            torch.zeros(1, 1, num_inputlayer_units))

        # 位置情報の定義
        # (1, パッチ数 + 1(クラストークン), 全結合層のユニット数)の
        # テンソルを作成し、ゼロで初期化
        # nn.Parameter()で学習可能なパラメーターとして定義する
        self.pos_embed = nn.Parameter(
            torch.zeros(1, num_patches + 1, num_inputlayer_units))

        # ----------Encoderの定義----------
        # EncoderBlockをnum_layersの数だけ生成
        self.encoder_layer = nn.ModuleList(
            [EncoderBlock(
                num_inputlayer_units, num_heads, num_mlp_units
                ) for _ in range(num_layers)])

        # ----------分類器-----------------
        # 正規化層の入力次元数は特徴マップ生成機構の全結合層のユニット数
        self.normalize = nn.LayerNorm(num_inputlayer_units)
```

```
        # 正規化層からの入力をnum_classesの数のユニットで処理
        self.output_layer = nn.Linear(num_inputlayer_units, num_classes)

    def forward(self, x: torch.Tensor):
        """順伝播処理を行う

        Args:
            x(torch.Tensor): 画像データ、1枚の画像の形状は(32,3,32,32)
        """
        # ----------特徴マップ生成機構の適用----------
        # 入力データ(ミニバッチサイズ, チャンネル数, 画像行数, 画像列数)
        # から各次元の要素数を取得 --> bs=32, c= 3, h=32, w= 32
        bs, c, h, w = x.shape

        # 1枚の画像データを4個のパッチに分割する処理
        x = x.view(
            bs,
            c,
            h // self.patch_size, # 行方向にパッチがいくつ入るかを計算
            self.patch_size,      # パッチごとに行方向のデータを格納
            w // self.patch_size, # 列方向にパッチがいくつ入るかを計算
            self.patch_size)      # パッチごとに列方向のデータを格納

        # パッチに分割した6階テンソル(32, 3, 2, 16, 2, 16)の次元を並べ替える
        x = x.permute(0, 2, 4, 1, 3, 5)

        # 画像1枚のパッチ4個のピクセルデータをそれぞれフラット化する
        x = x.reshape(bs, (h // self.patch_size) * (w // self.patch_size), -1)

        # 全結合層(768ユニット)にxを入力して線形変換後、512ユニットを出力
        x = self.input_layer(x)

        # クラストークンのテンソル(1, 512)をミニバッチの数だけ作成
        class_token = self.class_token.expand(bs, -1, -1)
        # クラストークン(バッチサイズ, 1, 512)を
        # 全結合層からの出力(バッチサイズ, 4, 512)の1の次元の先頭位置で連結
        x = torch.cat((class_token, x), dim=1)

        # クラストークンが追加された(バッチサイズ, 5, 512)の形状のテンソルに
        # 学習可能な位置情報のテンソル(1, 5, 512)の学習可能なパラメーター値を加算
```

```
        x += self.pos_embed

        # EncoderBlockで処理
        for layer in self.encoder_layer:
            x = layer(x)

        # Encoderで処理後の特徴マップからクラストークンを抽出
        x = x[:, 0]
        # 正規化層に入力
        x = self.normalize(x)
        # 10ユニットの全結合層に入力
        x = self.output_layer(x)

        # 戻り値は要素数10のベクトル
        return x


    def get_device(self):
        """最終の全結合層を処理中のデバイスを返す関数
        """
        return self.output_layer.weight.device
```

COLUMN 位置情報のゼロ以外の初期化方法

・ランダムな正規分布による初期化

位置情報をランダムな正規分布に基づいて初期化します。例えば、平均0、標準偏差が小さい値（例：0.02）の正規分布を使用するのが一般的です。

▼例

```
position_embedding = nn.Parameter(
    torch.randn(sequence_length, embedding_dim) * 0.02)
```

・一様分布による初期化

位置情報を均一なランダム分布から初期化します。

▼例

```
position_embedding = nn.Parameter(
    torch.FloatTensor(sequence_length, embedding_dim).uniform_(-0.1, 0.1))
```

3.3 データ拡張と学習率減衰

画像認識の精度を向上させるテクニックに「データ拡張(Data Augmentation)」があります。訓練データの画像に対して、移動や回転、拡大/縮小などの処理を加えることでデータ数を水増しし、認識精度を向上させようというものです。

Kerasには画像データの拡張を行うImageDataGeneratorというクラスが用意されているので、大量のデータに対して簡単に拡張処理を適用することができます。

3.3.1 訓練データの画像データを水増しして認識精度を向上させる

モデルがトレーニングデータにオーバーフィッティング(過剰適合、過学習)する場合、それをできるだけ防止する手段として「データ拡張」が用いられます。データ拡張は、限られたデータセットに対して多様な加工処理(拡大や反転など)を行うことで、実際のデータ数よりも多様化された数多くのデータで学習することを目的とします。

画像分類タスクにおいてデータ拡張を行うことには、次のようなメリットがあります。

- **汎化性能の向上**
  データ拡張により、トレーニングデータのバリエーションを増やすことができます。これにより、モデルはさまざまな条件や変化に対して頑健になり、未知のデータに対してもより一般化された予測が可能になります。
- **過学習の軽減**
  データ拡張は、モデルがトレーニングデータに過剰に適合すること(過学習)を防ぐのに役立ちます。拡張されたデータセットにより、モデルはより多くのデータに対して学習し、一般化性能を向上させることができます。
- **データの不足を補う**
  一般に、画像分類の問題では、トレーニングデータが限られていることがあります。データ拡張により、入力データの多様性を増やし、データの不足を補うことができます。
- **ロバストな特徴の学習**
  データ拡張は、モデルがさまざまな視点、角度、明るさなどの条件で画像を見ることを強制することで、よりロバストな特徴(モデルがデータの変化やノイズに対して頑健であることを示す特徴のこと)を学習するのに役立ちます。これにより、モデルはさまざまな環境下での画像に対して頑健となり、特徴を的確に抽出することができます。

PyTorchのtransformsモジュールで設定できるデータ拡張

PyTorchのtransformsモジュールで設定できるデータ拡張には、次表のようなものがあります。

▼transformsモジュールで設定できるデータ拡張メソッド

データ拡張メソッド	処理内容
RandomResizedCrop()	ランダムに画像を切り抜き、指定したサイズにリサイズします。
RandomHorizontalFlip()	画像をランダムに水平方向に反転させます。
RandomVerticalFlip()	画像をランダムに垂直方向に反転させます。
RandomRotation()	ランダムに画像を回転させます。
ColorJitter()	画像の色相、彩度、明るさ、コントラストをランダムに変更します。
RandomGrayscale()	画像をランダムにグレースケールに変換します。
RandomAffine()	画像をランダムにアフィン変換します（平行移動、回転、シアーなど）。
RandomPerspective()	画像の透過度をランダムに変換します。
RandomErasing()	画像内のランダムな領域をランダムな値で埋めます（画像の一部をランダムにマスクします）。
GaussianBlur()	画像にガウシアンブラーを適用します。ガウシアンブラー（Gaussian Blur）は画像処理の一種であり、画像のスムージング（平滑化）を行うためのフィルタリング手法です。ガウシアンブラーは、ガウス分布（正規分布）に基づく重み付け平均を使用して画像をぼかすことで、画像中のノイズを減少させたり、画像のエッジを滑らかにするために利用されます。

●transforms.Compose()メソッド

transforms.Compose()は、データ変換処理を連結してパイプライン化するための関数です。これにより、画像やテンソルなどのデータに対して一連の変換を効率的に適用できます。

書式	transforms.Compose(transforms)	
引数	transforms	データ変換を含むリストやタプル。各変換はtorchvision.transformsモジュールからインポートされた関数や、カスタムの変換関数である必要があります。
戻り値	指定された順序でデータ変換を適用するための合成変換関数を返します。	

CIFAR-10データセットの画像をランダムに変換

CIFAR-10データセットから16枚の画像を抽出して、水平反転、画像の回転、色調の変換、切り抜きとリサイズを行ってみます。

▼水平反転、画像の回転、色調の変換、切り抜きとリサイズを行う（transforms_random.ipynb）

```
import torch
import torchvision
import torchvision.transforms as transforms
import matplotlib.pyplot as plt

# CIFAR-10データセットの読み込み
original_dataset = torchvision.datasets.CIFAR10(
    root='./data', train=True, download=True)
# データ変換前の画像を表示
print("データ変換前:")
fig, axes = plt.subplots(nrows=4, ncols=4, figsize=(8, 8))
for i, ax in enumerate(axes.flatten()):
    ax.imshow(original_dataset[i][0])
    ax.axis('off')
plt.tight_layout()
plt.show()

# CIFAR-10データセットの前処理としてデータ拡張を行う
transform = transforms.Compose([
    # ランダムに水平反転
    transforms.RandomHorizontalFlip(),
    # ランダムに画像を最大10度回転
    transforms.RandomRotation(10),
    # ランダムに色調変換
    transforms.ColorJitter(brightness=0.2, contrast=0.5, saturation=0.5, hue=0.3),
    # ランダムに画像を切り抜き、指定したサイズにリサイズ
    transforms.RandomResizedCrop(32)
])
# データ変換後の画像を表示
print("データ変換後:")
fig, axes = plt.subplots(nrows=4, ncols=4, figsize=(8, 8))
for i in range(16):
    transformed_image = transform(original_dataset[i][0])
    axes[i // 4, i % 4].imshow(transformed_image)
    axes[i // 4, i % 4].axis('off')
plt.tight_layout()
plt.show()
```

▼**出力①：変換前の画像**

データ変換前:

▼**出力②：変換後の画像**

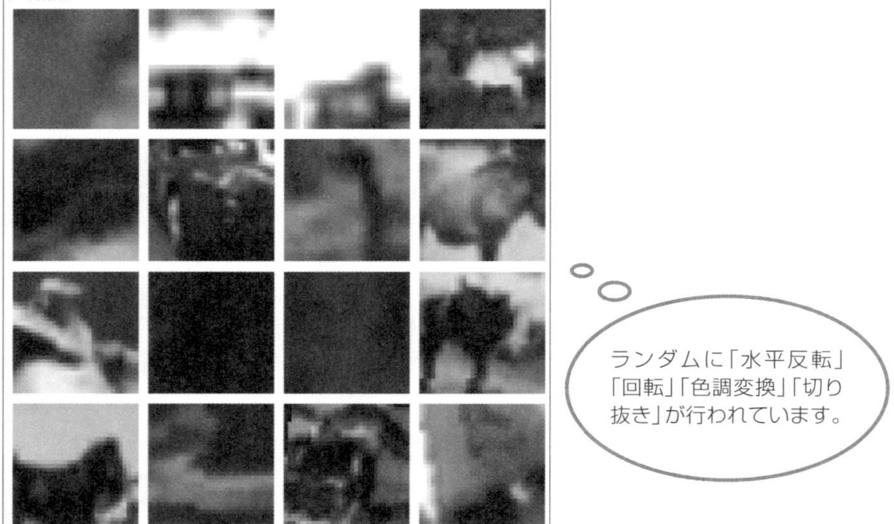
データ変換後:
ランダムに「水平反転」「回転」「色調変換」「切り抜き」が行われています。

3.3.2 学習率減衰の効果

モデルの学習時に学習率を徐々に減少させることで、収束を促進したり、過剰適合を防止したりする「学習率減衰」というテクニックがあります。学習率を減衰させることには、次のようなメリットがあります。

- **収束性の向上**
  学習率を徐々に下げることで、モデルがより収束しやすくなり、安定した解に収束することが期待できます。
- **局所的な最適解の発見**
  学習率を減衰させることで、訓練の後半ではより小さな学習率で最適解の周りを探索することができます。これにより、局所的な最適解が見つかる可能性が高まります。
- **安定性の向上**
  学習率が高いと急激な変化が起こりやすいため、学習率を減衰させることで訓練の安定性を向上させることができます。

PyTorchには、学習率減衰を行うためのさまざまなスケジューラーが用意されています。

- torch.optim.lr_scheduler.StepLR
  一定のエポック数ごとに学習率を減衰させるステップスケジューラーです。
- torch.optim.lr_scheduler.MultiStepLR
  あらかじめ指定したエポック数ごとに学習率を減衰させるステップスケジューラーです。
- torch.optim.lr_scheduler.ExponentialLR
  指数関数的に学習率を減衰させる指数的減衰スケジューラーです。
- torch.optim.lr_scheduler.CosineAnnealingLR
  コサイン関数に従って学習率を周期的に減衰させるスケジューラーです。
- torch.optim.lr_scheduler.ReduceLROnPlateau
  検証時の損失が停滞する場合に学習率を減衰させるスケジューラーです。

3.3.3 データ拡張処理と学習率減衰を組み込む

データ拡張処理と学習率減衰を行うスケジューラーを組み込みます。
6番目のセルには、検証を行うevaluate()関数の定義コードが入力されています。

▼evaluate()関数の定義コード(ViT_CIFAR10_PyTorch_tuning_fine.ipynb)

セル6
```
def evaluate(data_loader, model, loss_func):
    ......このセルは変更がないので以降省略......
```

■モデルのパラメーター値を設定

7番目のセルには、モデルのパラメーター値を設定するModelConfigクラスの定義コードが入力されています。今回は、パッチの1辺のサイズを4にして、1枚の画像を64個のパッチに分割します。CIFAR-10データセットの画像は粗いので、できるだけ小さいサイズに分割することにしました。学習回数は150としています。

▼ModelConfigクラスの定義コード(ViT_CIFAR10_PyTorch_tuning_fine.ipynb)

セル7
```
class ModelConfig:
    """パラメーターの初期値を設定
    """
    def __init__(self):
        self.num_epochs = 150              # 学習回数(エポック数)
        self.batch_size = 32               # ミニバッチのサイズ
        self.lr = 0.01                     # 学習率
        self.img_size = 32                 # 画像の1辺のサイズ(縦横同サイズ)
        self.patch_size = 4                # パッチの1辺のサイズを4にして64分割
        self.num_inputlayer_units = 512  # 特徴マップ生成機構における全結合層のユニット数
        self.num_heads = 8                 # Multi-Head Self-Attentionのヘッド数を8にする
        self.num_mlp_units = 512           # EncoderブロックNNMLPのユニット数
        self.num_layers = 6                # Encoderブロックの数
        self.batch_size = 32               # ミニバッチのサイズ
```

■データ拡張とスケジューラーの組み込み

データ拡張とスケジューラーの組み込みを行います。

●torch.optim.lr_scheduler.CosineAnnealingLR()

学習率をコサイン関数に基づいて減衰させるスケジューラーです。学習の進行に応じて次のような動きをします。

・最初は高い学習率

学習の開始時には、設定した最大の学習率からスタートします。このとき、モデルは大きなステップで学習を進め、広い範囲を探索します。

・徐々に減少

学習が進むにつれて、コサイン関数に従い、学習率が徐々に減少します。これにより、学習が進むにつれてモデルのパラメーター調整が細かくなり、より安定した方向に向かうようになります。

・学習の中盤から終盤にかけてさらに小さくなる

コサイン関数の性質上、学習の中盤から終盤にかけて、学習率はさらに小さくなります。これにより、学習の最後の段階ではパラメーターの微調整が主に行われ、大きな変動が避けられるようになります。

・再び学習率が増加

CosineAnnealingLRが周期的に学習率を変化させる場合(例えば、複数サイクルを設定した場合)、1つのサイクルが終わると学習率は再び増加し、次のサイクルが始まります。このとき、学習率は再び高くなり、学習プロセスの新しいフェーズが開始されます。

書式	torch.optim.lr_scheduler.CosineAnnealingLR(optimizer, T_max, eta_min=0, last_epoch=−1, verbose=False)	
引数	optimizer	学習率を調整する対象となる最適化器(オプティマイザー)。
	T_max	コサインスケジューラーの1周期のステップ数。学習率が最大から最小に到達するまでのエポック数を指定します。
	eta_min	最小の学習率。学習率がこの値に近づくように減衰します。デフォルトは0。
	last_epoch	最後のエポック番号。この値は、学習を再開する場合や他のスケジューラーと組み合わせる場合に使用されます。新しい学習の開始時にはデフォルトの−1のままでかまいません。
	verbose	学習率が更新されるたびにメッセージを表示するかどうかを指定します。

8番目のセルには、データセットの読み込みやモデルの生成を行うコードが入力されています。データ拡張と学習率のスケジューラーの組み込みを行います。枠で囲んだ箇所を書き換えましょう。オプティマイザーの生成時に重み減衰を行う

weight_decay=0.0005

の記述も追加しています。

▼データ拡張とスケジューラーの組み込み (ViT_CIFAR10_PyTorch_tuning_fine.ipynb)

セル8

```
# ModelConfigクラスをインスタンス化
config = ModelConfig()

# CIFAR-10データセットの平均と標準偏差を用いて
# 各チャンネルのデータを標準化する変換器を作成
normalize = transforms.Normalize(
    mean=[0.4914, 0.4822, 0.4465], std=[0.2470, 0.2435, 0.2616])

# 学習データの変換器
train_transforms = transforms.Compose((
    transforms.RandomHorizontalFlip(),  # ランダムに左右反転
    # 4ピクセルのパディングを挿入してランダムに切り抜く
    transforms.RandomCrop(config.img_size, padding=4),
    # 画像の明るさ、コントラスト、彩度をランダムに変化させる
    transforms.ColorJitter(
        brightness=0.2,                  # 明るさを0.8倍から1.2倍の範囲で変更
        contrast=0.2,                    # コントラストを0.8倍から1.2倍の範囲で変更
        saturation=0.2                   # 彩度を0.8倍から1.2倍の範囲で変更
    ),
    transforms.ToTensor(),
    normalize                            # 標準化
))

# テストデータの変換器
test_transforms = transforms.Compose((
    transforms.ToTensor(),
    normalize                            # 標準化
))

# 訓練用データセットの用意
train_dataset = torchvision.datasets.CIFAR10(
    root='./data', train=True, download=True,
    transform=train_transforms)
# 検証用データセットの用意
test_dataset = torchvision.datasets.CIFAR10(
    root='./data', train=False, download=True,
    transform=test_transforms)
```

```
# 訓練データ用のDataLoaderを作成
train_loader = DataLoader(
    train_dataset,
    batch_size=config.batch_size,
    shuffle=True)

# 検証データ用のDataLoaderを作成
test_loader = DataLoader(
    test_dataset,
    batch_size=config.batch_size,
    shuffle=False)

# Vision Transformerモデルの生成
model = VisionTransformer(
    len(train_dataset.classes),
    config.img_size,
    config.patch_size,
    config.num_inputlayer_units,
    config.num_heads,
    config.num_mlp_units,
    config.num_layers)

# クロスエントロピー誤差関数の生成
loss_func = F.cross_entropy
# オプティマイザー(最適化器)の生成、重み減衰weight_decayを0.0005に設定
optimizer = optim.SGD(model.parameters(), lr=config.lr, weight_decay=0.0005)
# 使用可能なデバイス(GPU)を取得
device = torch.device('cuda' if torch.cuda.is_available() else 'cpu')
model.to(device)

# 学習率減衰を管理するスケジューラーの生成
scheduler = optim.lr_scheduler.CosineAnnealingLR(optimizer, T_max=config.num_epochs)
```

■train_eval()関数の修正

9番目のセルに入力されているtrain_eval()関数を修正します。今回は、損失と精度の計算方法を変更したため、ほぼ全面的な修正になります。

▼train_eval()関数の修正(ViT_CIFAR10_PyTorch_tuning_fine.ipynb)

セル9

```
def train_eval():
    """学習と検証を行う関数
    """
    # グラフ用のリストを初期化
    train_losses = []
    train_accuracies = []
    val_losses = []
    val_accuracies = []

    # 学習のエポック数だけループ
    for epoch in range(config.num_epochs):
        model.train()       # モデルを訓練モードに設定
        total_loss = 0.0   # エポックごとの累積損失を初期化
        correct_preds = 0 # エポックごとの正確な予測数を初期化
        total_samples = 0 # エポックごとの総サンプル数を初期化

        # 訓練データローダーからバッチ単位でデータを取得
        for x, y in train_loader:
            # 入力データとラベルをモデルのデバイス(GPU)に移動
            x, y = x.to(device), y.to(device)
            optimizer.zero_grad()        # オプティマイザーの勾配をリセット
            preds = model(x)             # モデルにデータを入力し、予測結果を取得
            loss = loss_func(preds, y) # 予測結果とラベルを使って損失を計算
            loss.backward()              # 損失に基づいて勾配を計算
            optimizer.step()             # オプティマイザーでモデルのパラメーターを更新
            total_loss += loss.item() * y.size(0) # バッチごとの損失を累積
            # 正確な予測の数をカウントして累積
            correct_preds += (preds.argmax(dim=1) == y).sum().item()
            total_samples += y.size(0) # 処理したサンプル数を累積

        # エポックごとの平均損失を計算
        avg_train_loss = total_loss / total_samples
        # エポックごとの訓練データに対する精度を計算
```

```
    train_accuracy = correct_preds / total_samples

    # 検証データを使ってモデルを評価し、損失と精度を取得
    val_loss, val_accuracy = evaluate(test_loader, model, loss_func)

    # エポックの結果（損失と精度）を出力
    print(f"Epoch {epoch + 1}/{config.num_epochs} - "
        f"Train Loss: {avg_train_loss:.4f}, Acc: {train_accuracy:.4f}, "
        f"Val Loss: {val_loss:.4f}, Acc: {val_accuracy:.4f}")

    # エポックごとの損失と精度をリストに追加
    train_losses.append(avg_train_loss)
    train_accuracies.append(train_accuracy)
    val_losses.append(val_loss)
    val_accuracies.append(val_accuracy)

    # 学習率スケジューラーをステップさせる（学習率を更新）
    scheduler.step()

# 損失の推移をグラフにする
plt.figure(figsize=(12, 6))
plt.subplot(1, 2, 1)
plt.plot(range(1, config.num_epochs + 1), train_losses, label='Train Loss')
plt.plot(range(1, config.num_epochs + 1), val_losses, label='Validation Loss')
plt.xlabel('Epochs')
plt.ylabel('Loss')
plt.title('Loss vs Epochs')
plt.legend()

# 精度の推移をグラフにする
plt.subplot(1, 2, 2)
plt.plot(range(1, config.num_epochs + 1), train_accuracies, label='Train Accuracy')
plt.plot(range(1, config.num_epochs + 1), val_accuracies, label='Validation Accuracy')
plt.xlabel('Epochs')
plt.ylabel('Accuracy')
plt.title('Accuracy vs Epochs')
plt.legend()

plt.show()
```

3.3.4 train_eval()関数を実行して結果を確認する

では、train_eval()関数を実行してみることにします。今回は学習回数を150回としましたので、Google ColabのGPUを使用した処理では、完了までに約3時間を要します。

▼train_eval()関数を実行して学習・評価を行う（ViT_CIFAR10_PyTorch_tuning_fine.ipynb）

```
セル10
%%time
train_eval()
```

▼出力

```
Epoch 1/150 - Train Loss: 1.9596, Acc: 0.2686, Val Loss: 1.7993, Acc: 0.3491
......途中省略......
Epoch 50/150 - Train Loss: 0.7699, Acc: 0.7291, Val Loss: 0.7263, Acc: 0.7451
......途中省略......
Epoch 148/150 - Train Loss: 0.5148, Acc: 0.8168, Val Loss: 0.5424, Acc: 0.8164
Epoch 149/150 - Train Loss: 0.5209, Acc: 0.8144, Val Loss: 0.5425, Acc: 0.8163
Epoch 150/150 - Train Loss: 0.5140, Acc: 0.8173, Val Loss: 0.5424, Acc: 0.8161
```

▼出力された損失と正解率のグラフ

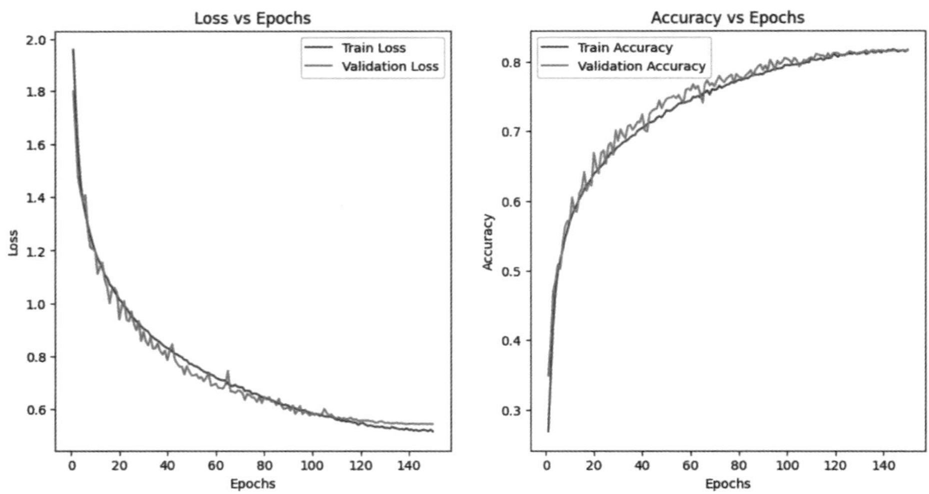

最終的にテストデータを用いた検証では、正解率が81.61％に達しました。学習データとの乖離はないので、オーバーフィッティングをうまく抑えているようです。

章 Vision Transformerによる画像分類モデルの実装（Keras編）

4.1 CIFAR-100データセット

この章では、TensorFlowフレームワークのKerasを用いてViTモデルを構築します。その際に、トレーニングデータとしてCIFAR-100データセットを使用します。ここでは、CIFAR-100データセットについて確認しておきましょう。

4.1.1 CIFAR-100データセットの概要

CIFAR-100データセットは、物体認識のためのデータセットで、次のような仕様になっています。

●データセットの概要

・データ数

トレーニングセットに50,000枚の画像、テストセットに10,000枚の画像があります。

・データの形状:

各画像の形状は32×32ピクセル、カラー画像（RGBチャンネル）です。1枚の画像データの形状は(32, 32, 3)で、各ピクセルは0から255までの整数値を持ちます。

・正解ラベル

CIFAR-100には100クラスのラベルがあり、それぞれが特定の物体を表しています。各クラスは階層構造を持ち、20のスーパークラス（大分類）のそれぞれに5つずつのクラスが含まれます。例えば、食品（food）のスーパークラスには「apple」「mushroom」「orange」「pear」「sweet_pepper」のクラスがあります。

・CIFAR-100のスーパークラスとクラス

CIFAR-100の全100クラスをスーパークラスごとにまとめた一覧を示します。

▼スーパークラスと対応するクラス

スーパークラス	含まれるクラス（正解ラベル）
海洋哺乳類 (aquatic mammals)	beaver, dolphin, otter, seal, whale
魚 (fish)	aquarium_fish, flatfish, ray, shark, trout
花 (flowers)	orchids, poppies, roses, sunflowers, tulips
食品容器 (food containers)	bottles, bowls, cans, cups, plates
果物と野菜 (fruit and vegetables)	apples, mushrooms, oranges, pears, sweet_peppers
家具 (household furniture)	bed, chair, couch, table, wardrobe
家電 (household electrical devices)	clock, computer keyboard, lamp, telephone, television
昆虫 (insects)	bee, beetle, butterfly, caterpillar, cockroach
大型肉食動物（large carnivores）	bear, leopard, lion, tiger, wolf
大型雑食動物および草食動物 (large omnivores and herbivores)	camel, cattle, chimpanzee, elephant, kangaroo
中型哺乳類 (medium-sized mammals)	fox, porcupine, possum, raccoon, skunk
非昆虫無脊椎動物（non-insect invertebrates）	crab, lobster, snail, spider, worm
人 (people)	baby, boy, girl, man, woman
爬虫類 (reptiles)	crocodile, dinosaur, lizard, snake, turtle
小型哺乳類 (small mammals)	hamster, mouse, rabbit, shrew, squirrel
樹木 (trees)	maple, oak, palm, pine, willow
乗り物 1 (vehicles 1)	bicycle, bus, motorcycle, pickup_truck, train
乗り物 2 (vehicles 2)	lawn_mower, rocket, streetcar, tank, tractor
大型建造物 (large man-made outdoor things)	bridge, castle, house, road, skyscaper

COLUMN CIFAR-100データセットの用途

CIFAR-100データセットは、以下のような用途で広く利用されています。

- 画像分類タスクのベンチマークとして、様々なモデルの評価。
- 転移学習や、データ拡張、正則化手法の評価。
- 100クラスのラベルがあるため、クラス間の細かい分類が重要になる複雑な問題（微細分類）のテストに最適。

4.1.2 CIFAR-100のデータの形状

CIFAR-100には、次のデータが含まれています。( )内の数字はテンソルの形状を示します。

・トレーニングデータ: (50000, 32, 32, 3)
・テストデータ: (10000, 32, 32, 3)
・トレーニング用ラベルデータ: (50000, 1)
・テスト用ラベルデータ: (10000, 1)

実際にCIFAR-100データセットをダウンロードして、データセットの形状を出力してみましょう。

▼CIFAR-100データセットをダウンロードしてデータセットの形状を出力(CIFAR-100.ipynb)

セル1

```
import tensorflow as tf

# CIFAR-100データセットのロード
(x_train, y_train), (x_test, y_test) = tf.keras.datasets.cifar100.load_data()

# データの形状を確認
print("トレーニングデータの形状:", x_train.shape)
print("トレーニングラベルの形状:", y_train.shape)
print("テストデータの形状:", x_test.shape)
print("テストラベルの形状:", y_test.shape)

# ラベルの例
print("最初の10個のトレーニングラベル:", y_train[:10].flatten())
```

▼出力(print()関数の結果のみを表示)

```
トレーニングデータの形状: (50000, 32, 32, 3)
トレーニングラベルの形状: (50000, 1)
テストデータの形状: (10000, 32, 32, 3)
テストラベルの形状: (10000, 1)
最初の10個のトレーニングラベル: [19 29  0 11  1 86 90 28 23 31]
```

4.1.3 CIFAR-100の画像を出力してみる

CIFAR-100データセットの冒頭100枚の画像を出力してみます。各画像の下に正解ラベルを表示するようにしています。

▼CIFAR-100データセットの冒頭100枚の画像を出力（CIFAR-100.ipynb）

セル2

```
import tensorflow as tf
import matplotlib.pyplot as plt
import numpy as np

# CIFAR-100データセットのロード
(x_train, y_train), (x_test, y_test) = tf.keras.datasets.cifar100.load_data()

# CIFAR-100の正解ラベルを定義
cifar100_labels = [
    'apple', 'aquarium_fish', 'baby', 'bear', 'beaver', 'bed', 'bee', 'beetle',
    'bicycle', 'bottle', 'bowl', 'boy', 'bridge', 'bus', 'butterfly', 'camel',
    'can', 'castle', 'caterpillar', 'cattle', 'chair', 'chimpanzee', 'clock',
    'cloud', 'cockroach', 'couch', 'crab', 'crocodile', 'cup', 'dinosaur',
    'dolphin', 'elephant', 'flatfish', 'forest', 'fox', 'girl', 'hamster',
    'house', 'kangaroo', 'keyboard', 'lamp', 'lawn_mower', 'leopard', 'lion',
    'lizard', 'lobster', 'man', 'maple_tree', 'motorcycle', 'mountain', 'mouse',
    'mushroom', 'oak_tree', 'orange', 'orchid', 'otter', 'palm_tree', 'pear',
    'pickup_truck', 'pine_tree', 'plain', 'plate', 'poppy', 'porcupine',
    'possum', 'rabbit', 'raccoon', 'ray', 'road', 'rocket', 'rose', 'sea',
    'seal', 'shark', 'shrew', 'skunk', 'skyscraper', 'snail', 'snake', 'spider',
    'squirrel', 'streetcar', 'sunflower', 'sweet_pepper', 'table', 'tank',
    'telephone', 'television', 'tiger', 'tractor', 'train', 'trout', 'tulip',
    'turtle', 'wardrobe', 'whale', 'willow_tree', 'wolf', 'woman', 'worm'
]

# 画像を表示するための関数
def plot_images(images, labels, label_names, grid_shape=(10, 10)):
    fig, axes = plt.subplots(*grid_shape, figsize=(15, 15))
    axes = axes.flatten()
    for img, lbl, ax in zip(images, labels, axes):
        ax.imshow(img)
        ax.set_title(label_names[lbl[0]])
        ax.axis('off')
```

```
    plt.tight_layout()
    plt.show()

# 最初の100枚の画像とラベルを表示
plot_images(x_train[:100], y_train[:100], cifar100_labels)
```

▼出力された100枚の画像）

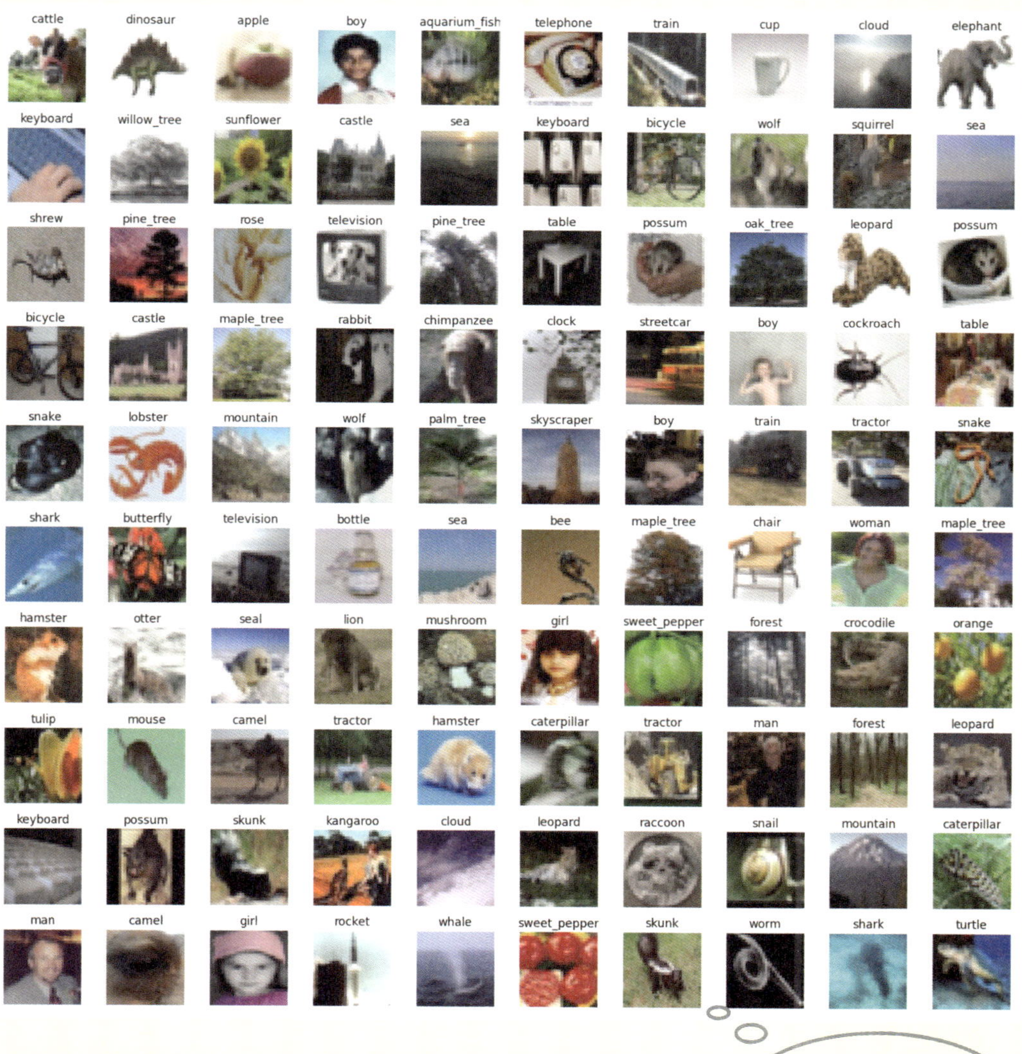

100クラスの各画像を
1枚ずつ出力しています。

4.2 KerasによるViTモデルを実装する

Kerasの公式サイトで紹介されている「Image classification with Vision Transformer」のソースコードをもとに、ViTモデルを実装し、実際にゼロから学習を行います。

> **Image classification with Vision Transformer**
> Author: Salama, Khalid. Keras Documentation, 2021.
> https://keras.io/examples/vision/image_classification_with_vision_transformer/

4.2.1 Kerasのアップデートと必要なライブラリのインポート

tensorflow.keras.opsは、TensorFlow Keras APIの一部であり、一般的なテンソル操作を提供します。これには、テンソルの形状変更や数学的操作など、機械学習モデルの構築やデータ処理に必要な基本的な関数が含まれます。

ただし、Kerasのバージョン3以降であることが必要なので、必要に応じてKerasをアップデートする必要があります。本書ではTensorFlowフレームワークに含まれるKerasライブラリを使用しますが、執筆時点（2024年6月）のColab Notebookで利用できるTensorFlowのバージョンは2.15で、これに含まれるKerasのバージョンは2.15ですので、TensorFlowをアップデートすることで、Kerasのバージョンを3.0以上に引き上げたいと思います（2024年9月時点で、Colabで利用できるKerasのバージョンは3.2ですが、あえてアップデートの操作を行っても問題ありません）。

■pipコマンドによるTensorFlowのアップデート

KerasによるViTモデルを定義するためのColab Notebookを作成します。ここでは「ViT_CIFAR-100_keras.ipynb」という名前のNotebookを作成しました。Notebookを作成したら、1番目のセルに次のように入力して実行します。

▼pipコマンドによるTensorFlowのアップデート（ViT_CIFAR-100_keras.ipynb）値

セル1

```
!pip install --upgrade tensorflow
```

▼pipコマンド実行後の出力

```
Requirement already satisfied: tensorflow in /usr/local/lib/python3.10/dist-packages (2.15.0)
Collecting tensorflow
  Downloading tensorflow-2.16.1-cp310-cp310-manylinux_2_17_x86_64.manylinux2014_x86_64.whl (589.8 MB)
```

```
                    ━━━━━━━━━━━━━━━━━━━━━━━━━━━━━━━━━━━━━━━━589.8/589.8 MB 1.2 MB/s eta 0:00:00
......途中省略......
Successfully installed h5py-3.11.0 keras-3.3.3 ml-dtypes-0.3.2 namex-0.0.8
optree-0.11.0 tensorboard-2.16.2 tensorflow-2.16.1
```


結果を見ると、Kerasのバージョンが3.3.3にアップデートされたことが確認できます。なお、Notebookのセッションを終了(ランタイムの接続を解除)するとアップデートは無効になるため、セッションを開始するたびにアップデートを行う必要があるので注意してください。

■必要なライブラリのインポート

TensorFlowのアップデートが完了したら、必要なライブラリをインポートするためのコードを2番目のセルに記述します。その前に、Kerasのバックエンド(内部で動作するコンポーネント)としてJAXが動作するように、

```
os.environ["KERAS_BACKEND"] = "jax"
```

を記述します。このコードでは、Pythonのosモジュールを使用して、KERAS_BACKENDという環境変数を設定しています。この環境変数は、Kerasのバックエンドを指定します。ここでは、KERAS_BACKENDの値が"jax"に設定されているので、KerasのバックエンドとしてJAXが動作するようになります。

JAXはGoogleが開発した高性能な数値計算ライブラリで、自動微分の効率的なサポートと、JITコンパイルにより、計算が効率化され、特に大規模なニューラルネットワークのトレーニングを高速化するとされています。

2番目のセルに次のコードを入力して、実行してください。

▼KerasのバックエンドをJAXにして、必要なライブラリをインポート(ViT_CIFAR-100_keras.ipynb)

セル2

```
import os
# Pythonのosモジュールを使用し、環境変数KERAS_BACKENDの値を"jax"にして
# KerasのバックエンドをJAXに設定
os.environ["KERAS_BACKEND"] = "jax"  # @param ["tensorflow", "jax", "torch"]

import tensorflow.keras
from tensorflow.keras import layers
from tensorflow.keras import ops
import numpy as np
import matplotlib.pyplot as plt
```

4.2.2 CIFAR-100データセットをダウンロードする

CIFAR-100データセットをダウンロードします。3番目のセルに次のコードを入力し、実行します。

▼CIFAR-100データセットをダウンロード(ViT_CIFAR-100_keras.ipynb)

セル3

```
# 分類先のクラスの数
num_classes = 100
# 画像1枚の形状
input_shape = (32, 32, 3)
# CIFAR-100データセットをダウンロード
(x_train, y_train), (x_test, y_test) = tensorflow.keras.datasets.cifar100.load_data()
# トレーニングデータの形状と正解ラベルの形状を出力
print(f"x_train shape: {x_train.shape} - y_train shape: {y_train.shape}")
# テストデータの形状と正解ラベルの形状を出力
print(f"x_test shape: {x_test.shape} - y_test shape: {y_test.shape}")
```

▼出力(print()関数の結果のみを表示)

```
x_train shape: (50000, 32, 32, 3) - y_train shape: (50000, 1)
x_test shape: (10000, 32, 32, 3) - y_test shape: (10000, 1)
```

4.2.3 パラメーター値を設定する

各種のパラメーターの値を設定します。4番目のセルに次のコードを入力し、実行します。

▼パラメーター値の設定(ViT_CIFAR-100_keras.ipynb)

セル4

```
learning_rate = 0.001    # 学習率
weight_decay = 0.0001    # 重み減衰の強度を設定
batch_size = 256         # ミニバッチのサイズ
num_epochs = 50          # 学習回数(エポック数)
image_size = 72          # 入力画像を事前に拡大するサイズ
patch_size = 6           # パッチ1辺のサイズ
num_patches = (image_size // patch_size) ** 2    # パッチ数を取得
projection_dim = 64                              # 位置情報として埋め込むベクトルの次元数
```

```
num_heads = 4           # Multi-Head Self-Attentionのヘッド数
# MLP隠れ層、2層それぞれのユニット数
transformer_units = [
    projection_dim * 2,
    projection_dim,
]
# Transformer(Encoder)ブロックの数
transformer_layers = 8
# クラス分類を行うMLPの隠れ層、2層それぞれのユニット数
mlp_head_units = [
    2048,
    1024,
]
```


4.2.4 データの前処理を定義する

データの前処理として、標準化の処理ならびにデータ拡張(左右反転、回転、拡大/縮小の処理)を定義します。ポイントは、32 × 32のサイズの入力画像を72 × 72のサイズに拡大することです。5番目のセルに次のコードを入力し、実行します。

▼データの前処理の内容を定義(ViT_CIFAR-100_keras.ipynb)

セル5

```
data_augmentation = tensorflow.keras.Sequential(
    [
        layers.Normalization(),                         # データの平均と標準偏差を用いて標準化
        layers.Resizing(image_size, image_size),        # 画像をimage_sizeにリサイズ
        layers.RandomFlip("horizontal"),                # ランダムに左右反転
        layers.RandomRotation(factor=0.02),             # ランダムに係数0.02の割合で回転
        layers.RandomZoom(height_factor=0.2, width_factor=0.2), # 係数0.2の割合で拡大/縮小
    ],
    name="data_augmentation",                           # 処理に名前を付ける
)

# data_augmentationの標準化レイヤー(layers[0])をトレーニングデータx_trainに適用する
data_augmentation.layers[0].adapt(x_train)
```

●keras.Sequential() コンストラクター

ニューラルネットワークのモデルを構築するためのSequentialオブジェクトを生成します。このオブジェクトを使うことで、レイヤー(層)を順番に積み重ねてモデルを構築できます。

書式	keras.Sequential(layers)	
引数	layers	モデルのレイヤーを順番にリストで渡します。レイヤーは、Dense、Conv2D、MaxPooling2D、Dropout などのKerasレイヤーのインスタンスです。

4.2.5 MLPを構築するmlp()関数の定義

多層パーセプトロン(MLP)を構築するmlp()関数を定義します。この関数は、Encoderブロックを構築する際や、Encoderからの出力を処理する際に呼び出されます。6番目のセルに次のコードを入力し、実行します。

▼MLPを構築するmlp()関数の定義(ViT_CIFAR-100_keras.ipynb)

セル6

```
def mlp(x, hidden_units, dropout_rate):
    """多層パーセプトロンを構築する関数

    Args:
        x: 画像のデータセット
        hidden_units(list): 隠れ層のユニット数を格納したリスト
        dropout_rate(float): ドロップアウト率
    """
    # 指定されたユニットの数だけループして隠れ層を生成
    for units in hidden_units:
        # 活性化関数GELUを適用
        x = layers.Dense(units, activation=tensorflow.keras.activations.gelu)(x)
        # ドロップアウトを適用して出力
        x = layers.Dropout(dropout_rate)(x)
    return x
```

●keras.layers.Dense()メソッド

ニューラルネットワークにおける全結合層を作成します。全結合層では、入力テンソルに重み行列を掛けてバイアスを加える計算を行います。

<table>
<tr><td>書式</td><td colspan="2">keras.layers.Dense(
units,
activation=None,
use_bias=True,
kernel_initializer='glorot_uniform',
bias_initializer='zeros',
kernel_regularizer=None,
bias_regularizer=None,
activity_regularizer=None,
kernel_constraint=None,
bias_constraint=None,
**kwargs
)</td></tr>
<tr><td rowspan="10">引数</td><td>units</td><td>出力空間の次元数（出力のユニット数）。</td></tr>
<tr><td>activation</td><td>使用する活性化関数。relu、sigmoid、softmax、geluなどが設定できます。</td></tr>
<tr><td>use_bias</td><td>バイアス項を使用するかどうか。デフォルトはTrue。</td></tr>
<tr><td>kernel_initializer</td><td>カーネル（重み行列）の初期化関数。デフォルトは'glorot_uniform'。</td></tr>
<tr><td>bias_initializer</td><td>バイアスベクトルの初期化関数。デフォルトは'zeros'。</td></tr>
<tr><td>kernel_regularizer</td><td>カーネルに適用する正則化関数。デフォルトはNone（なし）。</td></tr>
<tr><td>bias_regularizer</td><td>バイアスに適用する正則化関数。デフォルトはNone。</td></tr>
<tr><td>activity_regularizer</td><td>出力に適用する正則化関数。デフォルトはNone。</td></tr>
<tr><td>kernel_constraint</td><td>カーネルに適用する制約関数。デフォルトはNone。</td></tr>
<tr><td>bias_constraint</td><td>バイアスに適用する制約関数。デフォルトはNone。</td></tr>
</table>

4.2.6 パッチに分割する処理を行うPatchesクラスの定義

ここで定義するPatchesクラスは、keras.layers.Layerクラスのサブクラスとして定義します。レイヤー（層）として定義されるので、インスタンス化と同時に画像データを渡すとcall()メソッドが呼び出され、72×72に拡大された画像をパラメーターpatch_sizeの値に基づいてパッチに分割します。先の設定でpatch_sizeの値を6にしたので、画像1辺72ピクセルを6で割った「12」を2乗した「144」が、分割されるパッチの数になります。Patchesクラスの処理のイメージを図で確認しておきましょう。

▼72×72×3(チャンネル)の画像を6×6×3(チャンネル)のパッチに分割するPatchesクラス

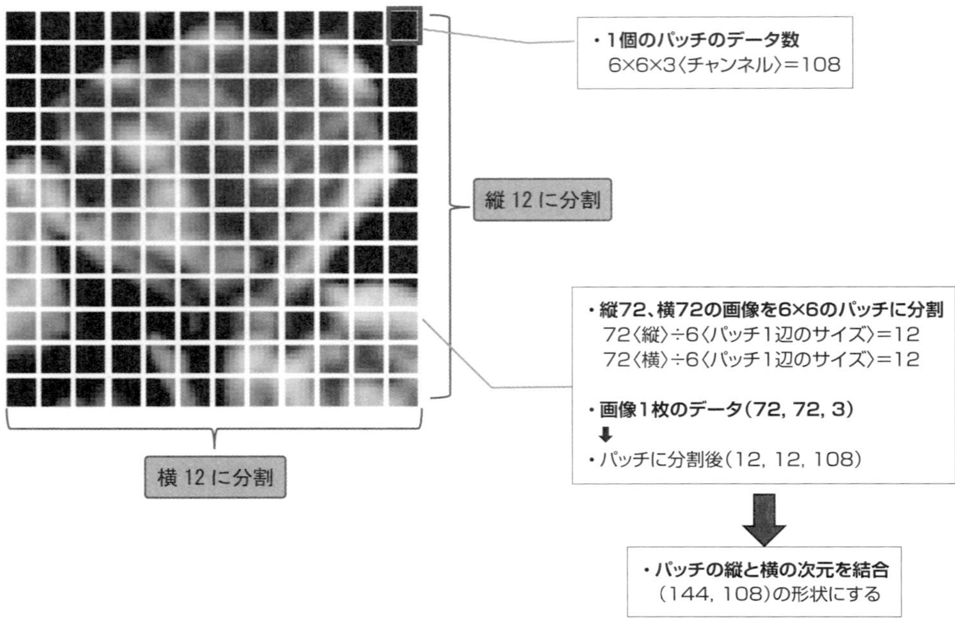

Patchesクラスの定義

前述したように、Patchesクラスは、keras.layers.Layerクラスのサブクラスとして定義します。Notebookの7番目のセルに次のコードを入力し、実行します。

▼パッチに分割する処理を行うPatchesクラスの定義(ViT_CIFAR-100_keras.ipynb)

セル7

```
class Patches(layers.Layer):
    """パッチに分割する処理をレイヤーとして定義

    Attributes:
        patch_size(int): パッチ1辺のサイズ
    """
    def __init__(self, patch_size):
        """パッチ1辺のサイズをインスタンス変数に格納

        Args:
            patch_size(int): パッチ1辺のサイズ
```

```
        """
        super().__init__()
        self.patch_size = patch_size

    def call(self, images):
        """
        Args:
            images: 画像のデータセット
        """
        # 画像データセットの形状を取得 --->(bs, 72, 72, 3)
        input_shape = ops.shape(images)
        batch_size = input_shape[0]                  # ミニバッチのサイズを取得  --->256
        height = input_shape[1]                      # 画像の高さを取得  --->72
        width = input_shape[2]                       # 画像の幅を取得  --->72
        channels = input_shape[3]                    # 画像のチャンネル数を取得  --->3
        # 画像の高さをパッチサイズで除算し、縦方向のパッチ数を求める
        num_patches_h = height // self.patch_size   # --->72÷6=12
        # 画像の幅をパッチサイズで除算し、横方向のパッチ数を求める
        num_patches_w = width // self.patch_size    # --->72÷6=12
        # ops.extract_patches()関数を使用して、入力画像からパッチを抽出
        # sizeオプションにパッチ1辺のサイズ(6)を設定
        # 72×72×3を6×6のパッチに分割、元の画像は縦12、横12に分割される
        # パッチ1個当たりの特徴量次元は6×6×3(チャンネル)=108
        # (bs, 72, 72, 3)--->(bs, 12, 12, 108)
        patches = tensorflow.keras.ops.image.extract_patches(
            images, size=self.patch_size)
        # ops.reshape()関数を使用して、抽出されたパッチの縦と横の次元を結合してフラット化
        # 12(パッチの縦の次元数)×12(パッチの横の次元数)=144(パッチの数に相当)
        # (bs, 12, 12, 108)--->(bs, 144, 108)
        patches = ops.reshape(
            patches,
            # 新しい形状をタプルで指定
            (
                # ミニバッチのサイズを保持する次元
                batch_size,
                # 抽出されたすべてのパッチを保持する次元
                # 12×12=144
                num_patches_h * num_patches_w,
                # 1枚の画像から抽出されたすべてのパッチをフラット化する次元
                # 6×6×3=108
                self.patch_size * self.patch_size * channels,
```

```
            ),
        )
        return patches

    def get_config(self):
        """レイヤーの設定(config)を取得
        """
        config = super().get_config()
        # レイヤーの設定にpatch_sizeというキーでself.patch_sizeの値を登録
        # これにより、後でこのレイヤーを再構築する際に、patch_sizeの値が保持される
        config.update({"patch_size": self.patch_size})
        return config
```

●keras.ops.image.extract_patches()関数

画像からパッチ(小さな部分領域)を抽出します。

<table>
<tr><td>書式</td><td colspan="2">keras.ops.image.extract_patches(
    image,
    size,
    strides=None,
    dilation_rate=1,
    padding="valid",
    data_format="channels_last",
)</td></tr>
<tr><td rowspan="6">引数</td><td>image</td><td>画像の4階テンソル。形状は(バッチ, 高さ, 幅, チャンネル数)です。</td></tr>
<tr><td>size</td><td>抽出するパッチのサイズを指定します。デフォルトはNone(なし)。</td></tr>
<tr><td>strides</td><td>パッチを抽出する際のストライド(移動幅)を指定します。</td></tr>
<tr><td>dilation_rate</td><td>入力の空間方向でのディレート(サンプリング間隔)を指定します。デフォルトは1。</td></tr>
<tr><td>padding</td><td>パディングの種類として、'valid'(パディングなし)または'same'(出力サイズが入力サイズと同じになるよう、画像の端にゼロパディングを追加)のいずれかを指定します。デフォルトは'valid'。</td></tr>
<tr><td>data_format</td><td>入力画像の次元の順序を指定します。
"channels_last" は、(バッチ, 高さ, 幅, チャンネル)。
"channels_first" は、(バッチ, チャンネル, 高さ, 幅)。
デフォルトは"channels_last"。</td></tr>
</table>

4.2.7 画像をパッチに分割した状態を確認する

ここで、実際に画像をパッチに分割した状態を出力してみます。8番目のセルに次のコードを入力し、実行します。

▼画像をパッチに分割する前と後の状態を出力(ViT_CIFAR-100_keras.ipynb)

セル8

```
# グラフエリアのサイズは4×4インチ
plt.figure(figsize=(4, 4))
# x_trainからランダムに画像1枚を抽出、テンソルの形状は(32, 32, 3)
image = x_train[np.random.choice(range(x_train.shape[0]))]
plt.imshow(image.astype("uint8")) # 画像を表示
plt.axis("off") # 軸を非表示にする
# 画像を指定されたサイズにリサイズ、テンソルの形状は(1, 72, 72, 3)
resized_image = ops.image.resize(
    ops.convert_to_tensor([image]), size=(image_size, image_size)
)
# リサイズされた画像をPatchesでパッチに分割
# patchesの形状は(1, 144, 108)
patches = Patches(patch_size)(resized_image)
print(f"Image size: {image_size} X {image_size}") # 画像のサイズ
print(f"Patch size: {patch_size} X {patch_size}") # パッチのサイズ
print(f"Patches per image: {patches.shape[1]}")   # 画像1枚当たりのパッチ数
print(f"Elements per patch: {patches.shape[-1]}") # パッチの要素数

n = int(np.sqrt(patches.shape[1]))     # パッチ数の平方根を計算
plt.figure(figsize=(4, 4))             # 新しい図のサイズを設定
# パッチの数だけループ
for i, patch in enumerate(patches[0]):
    # グリッド内の特定の位置にサブプロットを作成し、変数axに格納
    ax = plt.subplot(n, n, i + 1)
    # パッチを画像の形状に変形
    patch_img = ops.reshape(patch, (patch_size, patch_size, 3))
    # パッチを表示
    plt.imshow(ops.convert_to_numpy(patch_img).astype("uint8"))
    plt.axis("off")                    # 軸を非表示にする
```

▼出力(プログラムを実行するたびに異なる画像が出力されます)

```
Image size: 72 X 72
Patch size: 6 X 6
Patches per image: 144
Elements per patch: 108
```

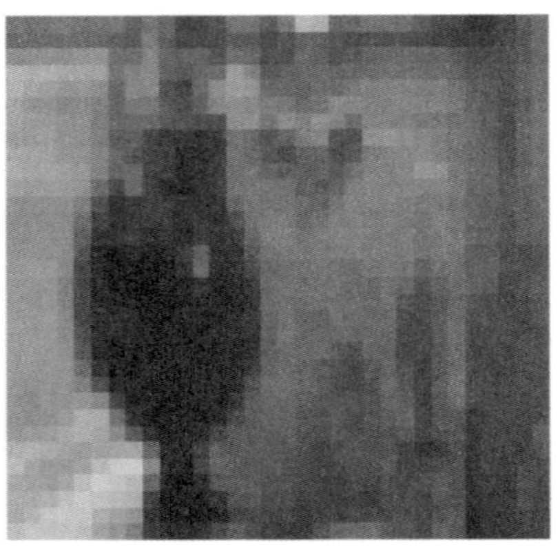

One Point
クラストークンの埋め込み

PyTorch版のViTでは、パッチごとに位置情報とクラストークンの埋め込みが行われ、最終的にクラストークンのみを抽出してクラス分類を行いました。一方、今回のKeras版ViTではクラストークンの埋め込みは行いません。その代わりに、今後生成される新しい特徴表現のすべてのデータを用いて、クラス分類が行われます。

4.2.8 特徴マップ生成機構――PatchEncoderクラスの定義

PatchEncoderクラスを定義します。keras.layers.Layerのサブクラスなので、以下の処理を行うレイヤー(層)として定義されます。

・パッチごとに、その特徴量を低次元の空間に照射します。具体的には、144個に分割された各パッチの特徴量次元(108)を全結合層に入力して、64次元にします。
・Embeddingレイヤーを使用して、「位置情報」を追加します。具体的には、Embeddingレイヤーによって生成された64次元の学習可能なパラメーター値を、64次元のパッチデータ(特徴量)に「加算」します。

●keras.layers.Embedding() コンストラクター

カテゴリデータ(通常は整数インデックスで表される)を、高次元の連続的な数値ベクトルに変換します(エンベッディング)。エンベッディング(embedding)とは、機械学習や自然言語処理において、離散的なデータ(単語やアイテム)を高次元の連続的なベクトル空間に変換する技術のことです。この変換によって、元のデータの関係や意味を反映した数値ベクトルを得ることができます。このベクトルは学習可能なパラメーターであり、トレーニング中にモデルによって適切な値に更新されます。

書式	keras.layers.Embedding(input_dim, output_dim, embeddings_initializer='uniform', embeddings_regularizer=None, activity_regularizer=None, embeddings_constraint=None, mask_zero=False, input_length=None)	
引数	input_dim	入力データの次元数。
	output_dim	エンベッディングベクトルの次元数。
	embeddings_initializer	エンベッディング行列の初期化方法。デフォルトは'uniform'。一様分布(uniform distribution)は、指定された範囲内ですべての値が均等に選ばれる分布のことで、具体的には、重みをある範囲 [min, max] でランダムに選びます。Kerasでは、通常 [−0.05, 0.05] の範囲で一様分布から重みを初期化します。
	embeddings_regularizer	エンベッディング行列に対する正則化手法を指定します。デフォルトはNone(正則化はなし)。
	activity_regularizer	出力に対する正則化手法を指定します。デフォルトはNone(正則化はなし)。
	embeddings_constraint	エンベッディング行列に対する制約を指定します。デフォルトはNone。
	mask_zero	自然言語処理などのシーケンスデータを扱う際、入力データの長さが異なることがあります。例えば、異なる長さの文を同じ長さに揃えるためにパディングが必要です。この場合、短い文を0でパディングして、すべての文を同じ長さにします。mask_zero=Trueを設定すると、エンベッディング層はパディングされた部分を無視します。デフォルトはFalse。
	input_length	整数。入力シーケンスの長さが可変長の場合、シーケンスの長さを固定したい場合に使用します。デフォルトはNone。

9番目のセルにPatchEncoderクラスの定義コードを入力し、実行します。

▼PatchEncoderクラスの定義(ViT_CIFAR-100_keras.ipynb)

セル9

```
class PatchEncoder(layers.Layer):
    """各パッチを低次元の空間に射影し、位置情報を埋め込んで
```

```
        特徴マップを生成する

    Attributes:
        num_patches(int): パッチの数
        projection(object): パッチデータを低次元の空間に射影する全結合層
        position_embedding(object): 位置情報の埋め込みを行うEmbedding層
    """
    def __init__(self, num_patches, projection_dim):
        """パッチの特徴を低次元の空間に射影するための全結合層と
           各パッチの位置情報を埋め込むEmbedding層を定義

        Args:
            num_patches(int): パッチの数
            projection_dim(int): 位置情報として埋め込むベクトルの次元数(64)
        """
        super().__init__()
        self.num_patches = num_patches #  パッチの数(144)
        # パッチの特徴を低次元の空間に射影するための全結合層を定義(64ユニット)
        self.projection = layers.Dense(units=projection_dim)
        # 各パッチの位置情報を学習可能な埋め込みベクトルで表現するEmbedding層を定義
        # 入力特徴量の次元数144、出力の次元数64とし、パッチデータのサイズと合わせる
        # 入力テンソルが(1, 144)の場合、出力されるテンソルの形状は (1, 144, 64)
        # 144個の各パッチ(64次元)に対し、位置情報として64次元の埋め込みベクトルが生成される
        self.position_embedding = layers.Embedding(
            input_dim=num_patches,     # 入力データの次元数=パッチの数(144)
            output_dim=projection_dim # 出力の次元数、つまり埋め込みベクトルの次元数(64)
        )

    def call(self, patch):
        """PatchEncoderのインスタンスが呼び出されるときに実行される
        与えられたパッチを低次元の空間に射影し、位置情報を埋め込む

        Args:
            patch: パッチ分割後のデータ(bs, 144, 108)
        """
        # 各パッチの位置情報として、0からself.num_patches(パッチ数)まで1刻みの数列を生成
        # テンソルの形状は(1, 144)でパッチの数に合わせる
        positions = ops.expand_dims(
            # [0, 1, 2, ..., 143]という、形状(144,)の1階テンソルを生成
            ops.arange(start=0, stop=self.num_patches, step=1),
```

```
            # 新しい次元を先頭のの軸として追加して、2階テンソル(1, 144)にする
            axis=0
        )
        # 全結合層を使用して、入力パッチを低次元の空間に射影
        # (bs, 144, 108)--->(bs, 144, 64)
        projected_patches = self.projection(patch)
        # 全結合層の出力にパッチの位置埋め込みを適用
        # パッチのテンソル(bs, 144, 64)に対してEmbedding層の出力 (1, 144, 64)を「加算」する
        # 結果、テンソルの形状は(bs, 144, 64)で変わりはないが、
        # 要素の値には「位置情報が加算」され、「位置情報の埋め込み」が行われた状態になる
        encoded = projected_patches + self.position_embedding(positions)

        return encoded

    def get_config(self):
        """レイヤーの設定(config)を取得するためのメソッド

        """
        config = super().get_config()
        # レイヤーの設定にnum_patchesというキーでself.num_patchesの値を追加または更新
        config.update({"num_patches": self.num_patches})
        return config
```


4.2.9 ViTモデルを生成するcreate_vit_classifier()関数の定義

ViTモデルを生成するcreate_vit_classifier()関数を定義します。このモデルでは、次の手順で処理を行います。

・データ拡張処理を適用して入力層へ送る
・Patchesクラスでパッチデータへの分割
・PatchEncoderクラスでパッチデータへの位置情報の埋め込み
・Multi-Head Self-Attentionを実装したEncoderブロックへの入出力を複数回繰り返す
・Encoderからの出力を分類器へ送る→分類予測結果を出力

▼ViTの構造

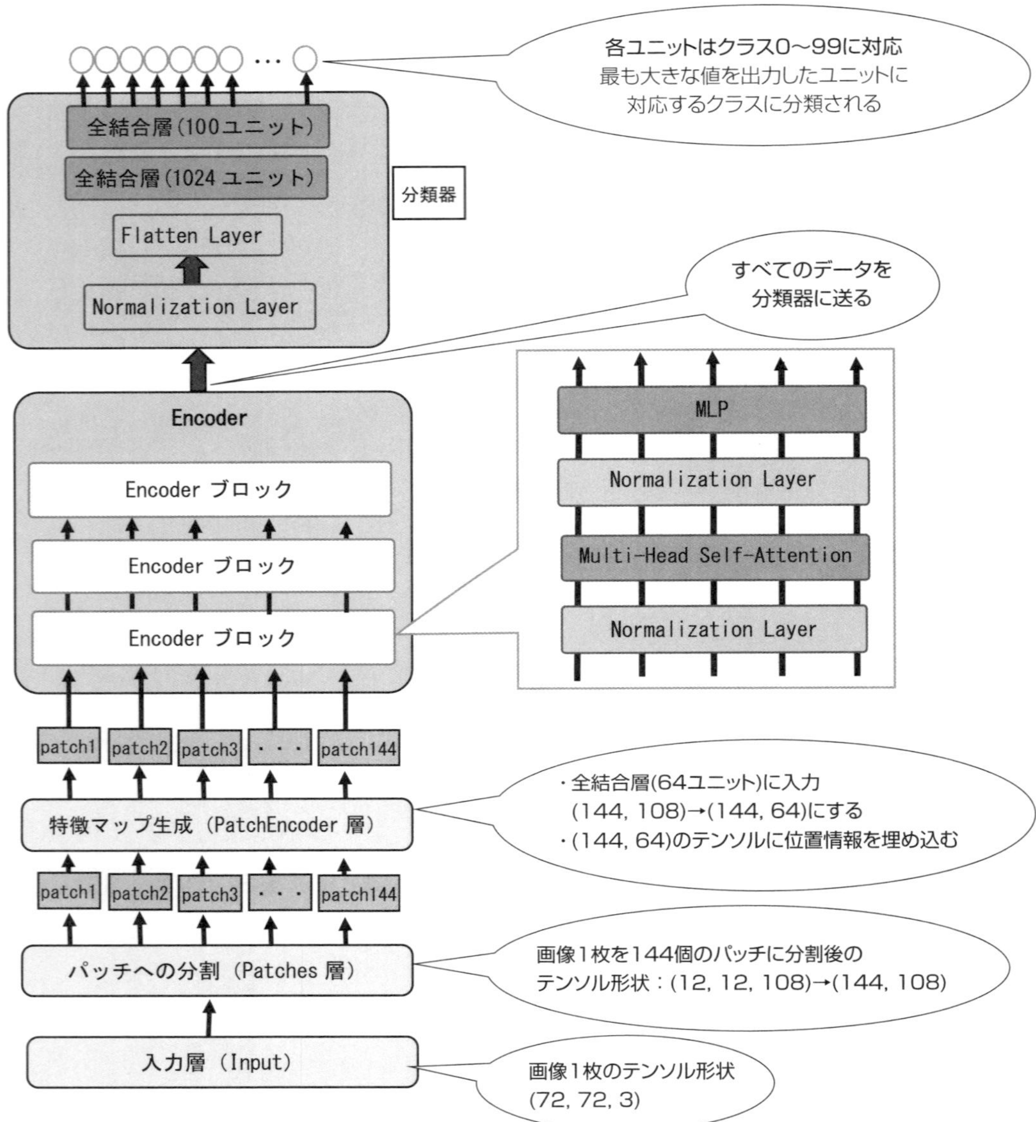
各ユニットはクラス0～99に対応
最も大きな値を出力したユニットに
対応するクラスに分類される
全結合層（100ユニット）
全結合層（1024 ユニット）
分類器
Flatten Layer
Normalization Layer
すべてのデータを
分類器に送る
Encoder
Encoder ブロック
Encoder ブロック
Encoder ブロック
MLP
Normalization Layer
Multi-Head Self-Attention
Normalization Layer
patch1
patch2
patch3
・・・
patch144
特徴マップ生成（PatchEncoder 層）
・全結合層(64ユニット)に入力
(144, 108)→(144, 64)にする
・(144, 64)のテンソルに位置情報を埋め込む
patch1
patch2
patch3
・・・
patch144
パッチへの分割（Patches 層）
画像1枚を144個のパッチに分割後の
テンソル形状：(12, 12, 108)→(144, 108)
入力層（Input）
画像1枚のテンソル形状
(72, 72, 3)

■create_vit_classifier()関数の定義

Notebookの10番目のセルにcreate_vit_classifier()関数の定義コードを入力し、実行します。

▼create_vit_classifier()関数の定義(ViT_CIFAR-100_keras.ipynb)

セル10
```
def create_vit_classifier():
    """ViTモデルを生成する

    """
    # 入力層を定義、入力の形状は(bs, 32, 32, 3)
    inputs = tensorflow.keras.Input(shape=input_shape)
    # 入力データにデータ拡張を適用 --->(bs, 72, 72, 3)
    augmented = data_augmentation(inputs)
    # パッチに分割するレイヤーをインスタンス化し、データ拡張後の画像をパッチに分割
    # パッチサイズ6の場合は12×12=144パッチに分割
    # 1個のパッチサイズは6×6×3(チャンネル)=108
    # (bs, 144, 108)のテンソルが返される
    patches = Patches(patch_size)(augmented)
    # PatchEncoder層をインスタンス化し、パッチデータを入力
    # パッチデータは低次元の空間に射影されて位置情報が埋め込まれる
    # (bs, 144, 108)--->(bs, 144, 64)
    encoded_patches = PatchEncoder(num_patches, projection_dim)(patches)

    # Encoderブロックの処理をtransformer_layersの数(8)だけ繰り返す
    for _ in range(transformer_layers):
        # 位置情報が埋め込まれたパッチに対して正規化を適用
        # epsilonは数値安定性のための小さな定数
        x1 = layers.LayerNormalization(epsilon=1e-6)(encoded_patches)
        # Multi-Head Self-Attention層を生成
        attention_output = layers.MultiHeadAttention(
            num_heads=num_heads,     # ヘッドの数(4)
            key_dim=projection_dim, # 各ヘッドのキーの次元数=埋め込み層の次元数(64)
            dropout=0.1              # ドロップアウト率
        )(query=x1, value=x1, key=x1) # query、value、keyをMultiHeadAttentionレイヤーに渡す
        # keyが明示的に指定されない場合、valueがkeyとして使用される
        # スキップ接続(残差接続)を追加し、Attention出力とエンコードされたパッチを加算
        x2 = layers.Add()([attention_output, encoded_patches])
        # 再度、正規化を適用
```

```
        x3 = layers.LayerNormalization(epsilon=1e-6)(x2)
        # MLP(多層パーセプトロン)を適用
        x3 = mlp(x3,
                 hidden_units=transformer_units,    # MLP隠れ層のユニット数
                 dropout_rate=0.1)                  # ドロップアウト率
        # もう一度スキップ接続を追加し、MLP出力に前の層の出力を加算する
        encoded_patches = layers.Add()([x3, x2])

    # エンコードされたパッチに対してレイヤー正規化を適用
    # (bs, 144, 64)--->(bs, 144, 64)
    representation = layers.LayerNormalization(epsilon=1e-6)(encoded_patches)
    # 正規化された出力をフラットにする
    # (bs, 144, 64)--->(bs, 9216)
    representation = layers.Flatten()(representation)
    # ドロップアウト率0.5を適用
    representation = layers.Dropout(0.5)(representation)
    # MLPヘッドを適用する。mlp_head_unitsはMLPヘッドの隠れユニット数、
    # dropout_rateはドロップアウト率
    # (bs, 9216)--->(bs, 1024)
    features = mlp(representation, hidden_units=mlp_head_units, dropout_rate=0.5)
    # 出力層を追加、ユニット数はnum_classes(クラス数100)
    # (bs, 1024)--->(bs, 100)
    logits = layers.Dense(num_classes)(features)
    # 入力テンソルinputsと出力テンソルlogitsを使用して、モデルを生成
    model = tensorflow.keras.Model(inputs=inputs, outputs=logits)

    return model
```

●keras.Input()関数

モデルの入力テンソルを定義します。入力データの形状やデータ型を指定することで、Kerasのモデルに渡すテンソルが作成されます。

書式	tensorflow.keras.Input(shape=None, batch_size=None, name=None, dtype=None, sparse=False, tensor=None, ragged=False)	
引数	shape	入力の形状として、バッチサイズを含まない形状を指定します。例えば、shape=(32, 32, 3)は、32×32ピクセルのRGB画像を示します。
	batch_size	バッチサイズの固定値を指定します。通常はデフォルトのNoneのままにして、動的なバッチサイズを使用します。
	name	レイヤーの名前を指定します。
	dtype	入力データのデータ型を指定します。
	sparse	入力がスパーステンソル(疎テンソル)かどうかを指定します。デフォルトはFalseです。
	tensor	既存のテンソルを入力として使用する場合に指定します。
	ragged	オプションとして、レイヤーにラップする既存のテンソルがあれば、そのテンソルを指定します。

●keras.layers.MultiHeadAttention()コンストラクター

Self-Attentionをマルチヘッド化したMulti-Head Self-Attention機構を実装したレイヤー(層)を生成します。Multi-Head Self-Attentionレイヤーに入力する際は、query、value、keyの各オプションでデータを指定します(実際の処理については後述のソースコードをご確認ください)。

書式	keras.layers.MultiHeadAttention(num_heads, key_dim, value_dim=None, dropout=0.0, use_bias=True, output_shape=None, ...以降省略......)	
引数	num_heads	セルフアテンションヘッドの数。
	key_dim	キーの次元数。
	value_dim	バリューの次元数(デフォルトはkey_dimと同じ)。
	dropout	ドロップアウト率。
	use_bias	バイアス項を使用するかどうか。デフォルトはTrue(使用する)。
	output_shape	出力の形状。指定しない場合、デフォルトで[batch_size, target_seq_len, key_dim * num_heads]になります。

4.3 KerasによるViTモデルをトレーニングして評価する

ViTモデルをトレーニングし、評価するrun_experiment()関数と、トレーニングエポックにおける損失と精度の推移をグラフにするplot_history()関数を定義し、これらの関数を実行して結果を確認します。

4.3.1 run_experiment()関数とplot_history()関数を定義する

Notebookの11番目のセルに、run_experiment()関数とplot_history()関数の定義コードを入力します。

▼run_experiment()関数とplot_history()関数の定義（ViT_CIFAR-100_keras.ipynb）

セル11

```
def run_experiment(model):
    """VisionTransformer(ViT)モデルをトレーニングし、性能を評価する

    Args:
        model: ViTモデルのオブジェクト
    """
    # AdamWオプティマイザーをインスタンス化
    # AdamWはAdamオプティマイザーに重み減衰を加えたもの
    optimizer = tensorflow.keras.optimizers.AdamW(
        learning_rate=learning_rate, # 学習率(learning_rate)を設定
        weight_decay=weight_decay    # 重みの減衰率(weight_decay)を設定
    )
    # モデルをコンパイル
    model.compile(
        optimizer=optimizer,
        # 損失関数にSparseCategoricalCrossentropyを指定
        # この関数は多クラス分類問題でラベルが整数値として与えられる場合に使用できる
        loss=tensorflow.keras.losses.SparseCategoricalCrossentropy(from_logits=True),
        # 評価指標として、SparseCategoricalAccuracy(全体の分類精度)と
        # SparseTopKCategoricalAccuracy(トップ5の分類精度)を設定
        metrics=[
            tensorflow.keras.metrics.SparseCategoricalAccuracy(name="accuracy"),
            tensorflow.keras.metrics.SparseTopKCategoricalAccuracy(5, name="top-5-accuracy"),
        ],
    )
```

```
    # モデルの重みを保存するためのチェックポイントファイルのパスを設定
    checkpoint_filepath = "/tmp/checkpoint.weights.h5"
    # 1エポックごとに呼び出されるコールバックとしてModelCheckpointを作成
    # ModelCheckpointは、検証精度(val_accuracy)が最も高いモデルの
    # 重みを保存することで、最良のモデルのみを保存するように設定されている
    checkpoint_callback = tensorflow.keras.callbacks.ModelCheckpoint(
        checkpoint_filepath,
        monitor="val_accuracy",
        save_best_only=True,
        save_weights_only=True,
    )
    # モデルのトレーニング
    history = model.fit(
        x=x_train,
        y=y_train,
        batch_size=batch_size,              # ミニバッチのサイズ
        epochs=num_epochs,                  # エポック数
        validation_split=0.1,               # データの10%を検証データとして使用
        callbacks=[checkpoint_callback],  # ModelCheckpointをコールバックする
    )

    # 保存された最良のモデルの重みをロード
    model.load_weights(checkpoint_filepath)
    # テストデータ(x_test, y_test)を使用してモデルを評価
    # 全体の分類精度(accuracy)とトップ5の分類精度(top_5_accuracy)を取得
    _, accuracy, top_5_accuracy = model.evaluate(x_test, y_test)
    # テストデータに対する精度を表示
    print(f"Test accuracy: {round(accuracy * 100, 2)}%")
    # テストデータに対するトップ5の精度を表示
    print(f"Test top 5 accuracy: {round(top_5_accuracy * 100, 2)}%")
    # トレーニングの履歴(history)を返す。これには、各エポックでの評価指標が含まれる
    return history

def plot_history(item):
    """トレーニング履歴をプロットする関数

    Args:
        item(str): トレーニング履歴から抽出するデータを示す文字列(キー)
    """
    # history.history辞書からitem に対応するトレーニングデータの履歴を取得してプロット
```

```
    plt.plot(history.history[item], label=item)
    # history.history 辞書から"val_" + item に対応する検証データの履歴を取得してプロット
    plt.plot(history.history["val_" + item], label="val_" + item)
    plt.xlabel("Epochs")
    plt.ylabel(item)
    plt.title("Train and Validation {} Over Epochs".format(item), fontsize=14)
    plt.legend() # プロットに凡例を追加
    plt.grid() # プロットにグリッド線を追加
    plt.show()
```

4.3.2 モデルをトレーニングして評価する

Notebookの12番目のセルに、create_vit_classifier()関数とrun_experiment()関数を呼び出すコードを入力し、実行します。エポック数を50としているので、GPUを使用しても終了までにかなりの時間がかかります（約3時間）。

▼create_vit_classifier()関数とrun_experiment()関数を実行（ViT_CIFAR-100_keras.ipynb）

```
セル12
%%time

# ViTモデルをインスタンス化
vit_classifier = create_vit_classifier()
# ViTモデルを引数にしてrun_experiment()を実行し、モデルのトレーニングと評価を行う
history = run_experiment(vit_classifier)

# トレーニング履歴の損失（loss）をプロット
plot_history("loss")
# トレーニング履歴のトップ5精度（top-5-accuracy）をプロット
plot_history("top-5-accuracy")
```

▼出力

```
Epoch 1/50
176/176 ━━━━ 254s 1s/step - accuracy: 0.0305 - loss: 4.8983 - top-5-accuracy: 0.1110
 - val_accuracy: 0.0936 - val_loss: 4.0055 - val_top-5-accuracy: 0.2966
......途中省略......
Epoch 10/50
176/176 ━━━━ 238s 1s/step - accuracy: 0.3052 - loss: 2.7287 - top-5-accuracy: 0.6247
```

```
 - val_accuracy: 0.3638 - val_loss: 2.4829 - val_top-5-accuracy: 0.6756
......途中省略......
Epoch 20/50
176/176 ──── 239s 1s/step - accuracy: 0.4493 - loss: 2.0780 - top-5-accuracy: 0.7584
 - val_accuracy: 0.4500 - val_loss: 2.0984 - val_top-5-accuracy: 0.7480
......途中省略......
Epoch 30/50
176/176 ──── 237s 1s/step - accuracy: 0.5422 - loss: 1.6279 - top-5-accuracy: 0.8407
 - val_accuracy: 0.4872 - val_loss: 1.9452 - val_top-5-accuracy: 0.7800
......途中省略......
Epoch 40/50
176/176 ──── 236s 1s/step - accuracy: 0.6102 - loss: 1.3716 - top-5-accuracy: 0.8854
 - val_accuracy: 0.5088 - val_loss: 1.9171 - val_top-5-accuracy: 0.7930
......途中省略......
Epoch 48/50
176/176 ──── 238s 1s/step - accuracy: 0.6446 - loss: 1.2218 - top-5-accuracy: 0.9048
 - val_accuracy: 0.5148 - val_loss: 1.9602 - val_top-5-accuracy: 0.7916
Epoch 49/50
176/176 ──── 239s 1s/step - accuracy: 0.6492 - loss: 1.2042 - top-5-accuracy: 0.9081
 - val_accuracy: 0.5138 - val_loss: 1.9596 - val_top-5-accuracy: 0.7934
Epoch 50/50
176/176 ──── 239s 1s/step - accuracy: 0.6570 - loss: 1.1783 - top-5-accuracy: 0.9104
 - val_accuracy: 0.5178 - val_loss: 1.9166 - val_top-5-accuracy: 0.8022
313/313 ──── 44s 132ms/step - accuracy: 0.5221 - loss: 1.9168 - top-5-accuracy: 0.7987
Test accuracy: 52.21%
Test top 5 accuracy: 79.72%
```

val_top-5-accuracyとTest top 5 accuracyの値は、内部的な処理の影響で小数点以下にわずかなズレがあります。

▼出力されたグラフ

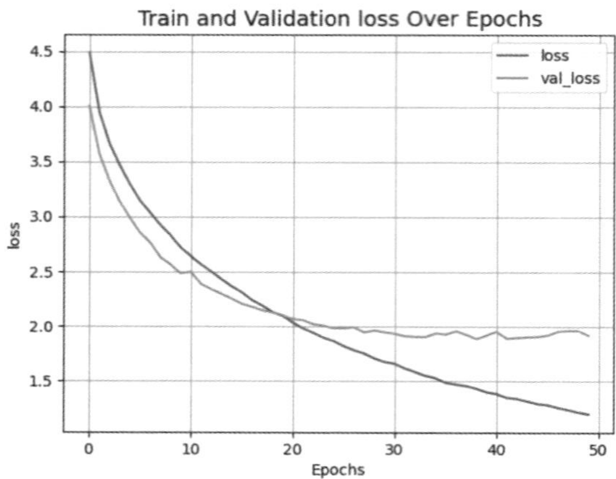

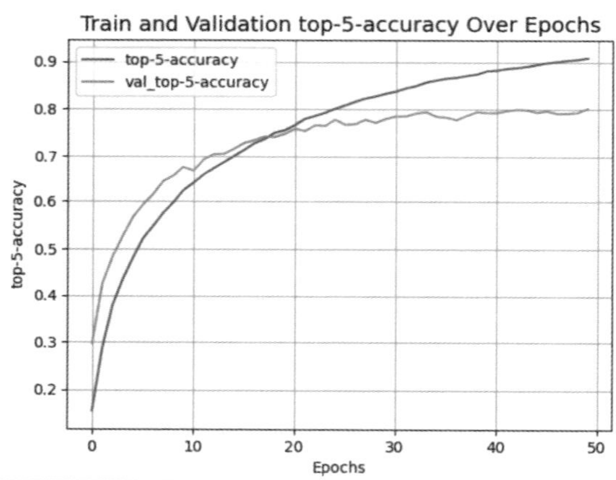

▼トレーニング終了後の精度

評価の対象	精度	各ステップにおけるトップ5の精度
トレーニングデータ	0.6570	0.9104
検証データ	0.5178	0.8022
テストデータ	0.5221	0.7987

章 Swin Transformerを用いた画像分類モデルの実装（PyTorch編）

5.1 Swin Transformerのアーキテクチャ

Swin Transformerは、従来のCNN（畳み込みニューラルネットワーク）とTransformerの長所を組み合わせた革新的なアーキテクチャです。シフトウィンドウのアイデアにより、計算効率と精度のバランスを保ちながら、さまざまなコンピュータビジョンタスクにおいて優れた性能を発揮しています。

Swin Transformerは、シフトウィンドウ（Shifted Window、シフトされたウィンドウ）という概念を導入し、計算効率と精度を両立させています。従来のViT（Vision Transformer）とは異なり、画像を小さなパッチに分割した上で、パッチをさらにウィンドウにグループ化し、シフトウィンドウのメカニズムによってアテンションスコア（自己注意スコア）を計算します。

■Swin Transformerの概要

Swin Transformerにおけるパッチ、ウィンドウ、シフトウィンドウについて見ておきましょう。

●パッチ（Patch）

パッチは、入力画像を小さな固定サイズのブロックに分割したものです。ViTでは、画像全体を均等に分割して各パッチを処理することで画像全体を理解します。例えば、224×224ピクセルの画像を16×16ピクセルのパッチに分割すると、画像は14×14のグリッド（196個のパッチ）になります。

●ウィンドウ（Window）

Swin Transformerでは、パッチをさらにウィンドウにグループ化します。各ウィンドウは連続したパッチの集まりであり、局所的な情報を効果的に捉えるためのものです。例えば、4×4のパッチから構成されるウィンドウを考えると、各ウィンドウは16個のパッチ（すなわち、16×16ピクセル）を含みます。

●シフトウィンドウ (Shifted Window)

シフトウィンドウとは、ウィンドウの配置を少しだけずらす(シフトする)ことを意味します。具体的には、Swin Transformerでは次のようにウィンドウをシフトします。

- **ステージ1:通常のウィンドウ分割**
- **ステージ2:パッチ単位で半分だけシフトされたウィンドウ分割**

ウィンドウをシフトすることには、次のメリットがあります。

- **グローバルなコンテキストの捉えやすさ**
  通常のウィンドウ分割だけではウィンドウ間の情報交換が限られますが、シフトウィンドウを導入することで、ウィンドウの境界をまたいだ情報のやり取りが促進され、より広範囲のコンテキストを捉えることができます。
- **計算効率の向上**
  ウィンドウをシフトすることで、局所的な処理を行いながらもグローバルな情報を統合できるため、計算リソースの効率化が期待できます。
- **スムーズな接続**
  ウィンドウのシフトにより、異なるウィンドウ間での情報の連続性が向上します。これにより、ウィンドウ境界での不連続性が緩和され、より自然な特徴抽出が期待できます。

●Swin Transformerの構造

Swin Transformerを構成する主な要素は次の通りです。

- **パッチ分割**
  入力画像を固定サイズのパッチに分割し、各パッチをトークンとして扱います。
- **パッチエンベッディング**
  各パッチを高次元の埋め込みベクトルに変換します。
- **SwinTransformerブロック(Transformerブロック)**
  自己注意機構(Self-Attention)とシフトウィンドウ操作を含むブロックです。複数のSwin Transformerブロックが連続して配置されます。
- **複数のステージ**
  複数のステージがあり、各ステージでパッチのサイズを変化させ、異なる解像度での特徴抽出を行います。

●Swin Transformerのポイント

Swin Transformerの利点について、改めて確認しておきます。

- **計算効率**：ローカルなパッチごとの自己注意計算により、計算コストを削減しつつ高いパフォーマンスを実現。
- **スケーラビリティ**：ウィンドウのシフト操作により、異なるスケールでの特徴抽出が可能。
- **高精度**：画像分類、物体検出、セグメンテーションなどの多様なタスクで高い精度を実現。

●応用例

- **画像分類**：さまざまなデータセットで高精度な分類を達成。
- **物体検出**：YOLOやFaster R-CNNといった従来のモデルと組み合わせることで、検出精度が向上。
- **画像セグメンテーション**：医療画像や衛星画像の解析など、細かい領域分割が求められるタスクで活躍。

COLUMN 「ウィンドウ」と「パッチ」

「ウィンドウ」と「パッチ」は、コンピュータビジョンやトランスフォーマーモデルにおいて、しばしば同義で使われますが、文脈によって微妙に異なる意味を持つことがあります。一般的には、どちらも大きな入力画像を小さな領域に分割することを指します。

●ウィンドウ (Windows)

ウィンドウは、画像を重なり合う(もしくは重なり合わない)小さな領域に分割する方法を指します。これらのウィンドウは、特定のタスク(例えば、Shifted Window Attention)のために処理されます。ウィンドウの大きさやシフト量を調整することで、異なる領域をカバーすることができます。

●パッチ (Patches)

パッチは、画像を固定サイズの小さなブロックに分割する方法を指します。通常はパッチ同士が重ならない方法で分割され、各パッチは独立して処理されます。ビジョントランスフォーマー(Vision Transformer)で使用されます。「トークン」と表現されることがあります。

●主な違い

- **重なり**
  ウィンドウ…重なり合うことができる。
  パッチ………通常は重ならない。
- **用途**
  ウィンドウ…特定の領域ベースの処理。
  パッチ………ビジョントランスフォーマーにおける固定ブロックベースの処理。

■Swin TransformerとViTにおけるSelf-Attentionの計算

Swin Transformerの論文*において、Swin TransformerとViTにおけるSelf-Attentionの計算イメージが、次の図で示されています。

▼Swin TransformerとViTにおけるSelf-Attention

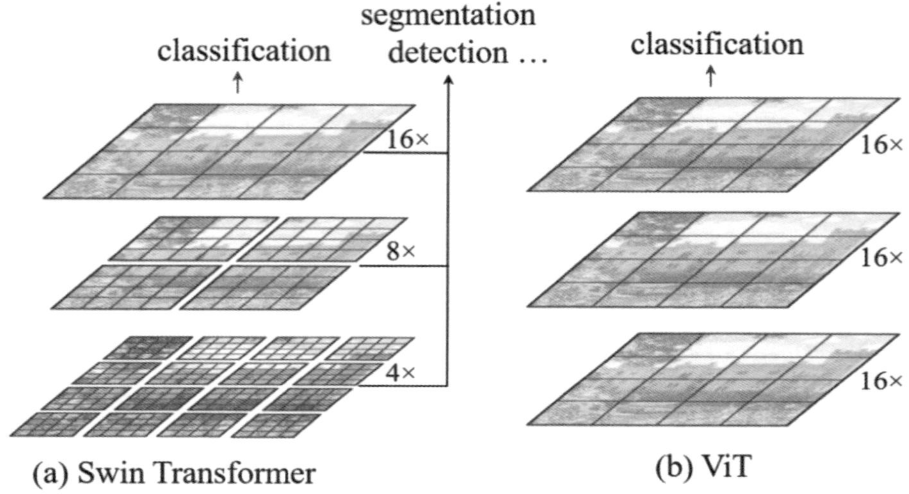

図を見ると、ViTのSelf-Attentionの計算量は、縦または横方向のパッチ数の2乗に比例するのがわかるかと思います。解像度の高い画像を扱う場合はかなりの計算量になりそうです。一方、Swin Transformerを見ると、16×16に細かく分割したパッチから、4×4に広く分割したウィンドウ単位でSelf-Attentionを計算しています。このことで、計算量の削減や高解像度の画像への対応が可能となります。

* Swin Transformerの論文　Ze Liu, Yutong Lin, Yue Cao, Han Hu, Yixuan Wei, Zheng Zhang, Stephen Lin, and Baining Guo. 2021. "Swin Transformer: Hierarchical Vision Transformer using Shifted Windows". https://arxiv.org/abs/2103.14030

■シフトウィンドウ

Swin Transformerの論文において、シフトウィンドウの概要が、次の図で示されています。左がシフト処理を行わないW-MSA（Window-based Multi-Head Self-Attention）、右がシフト処理を行うSW-MSA（Shifted Window-based Multi-Head Self-Attention）です。濃くて大きい枠がウィンドウを示し、薄くて小さい枠がパッチを示しています。

▼シフトウィンドウの概略図*

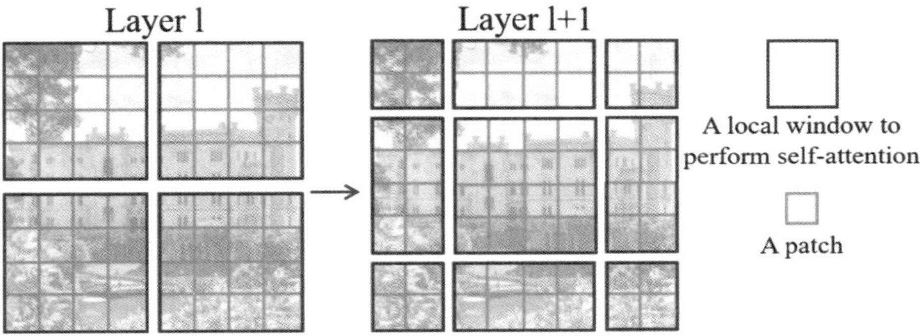

■Swin Transformerのネットワーク構造

次ページの図は、Swin Transformerの論文において示されているSwin Transformerのネットワーク構造です（実際のステージ数は後述の通り可変です）。

・Patch Partitionにおいて、画像を小さなパッチに分割します。
・4つのステージのうち1番目のStage 1では、Linear Embeddingにおいて、各パッチに位置情報を埋め込み、Transformerブロックに送ります。Transformerブロックは図の(b)の構造をしており、偶数番目のブロックでW-MSA（シフトなし）の処理を行い、奇数番目のブロックでSW-MSA（シフトあり）の処理を行います。
・Stage 2～4においては、Patch Mergingによる特徴量の縮小を経た後、Swin Transformerブロックに送ります。

最終ステージからの出力は、グローバル平均プーリングと全結合層での線形変換の処理を経て、クラス分類が行われます。見慣れない用語がいくつか出てきましたが、実際にプログラミングを行う過程で、順次詳しく説明します。

＊…の概略図　引用：Liu, Z. et al. (2021). Swin Transformer: Hierarchical Vision Transformer using Shifted Windows".

▼Swin Transformerのネットワーク構造*

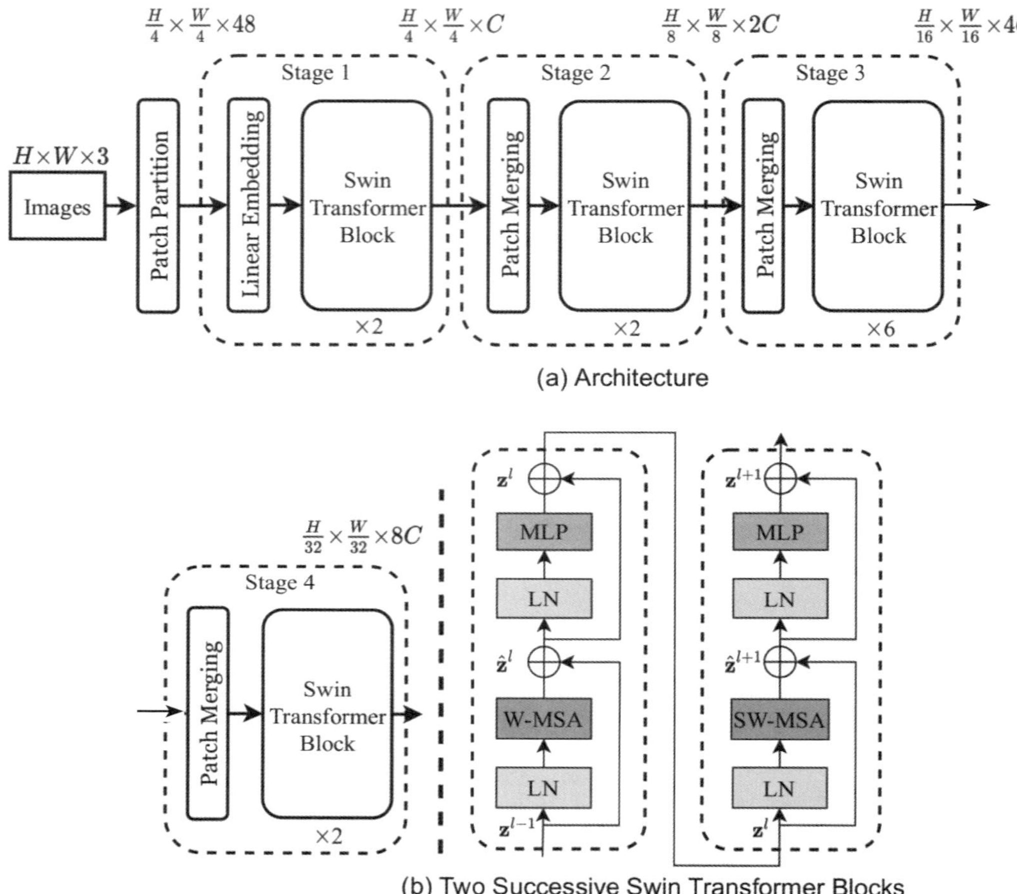

■シフトウィンドウとマスク処理の仕組み

次ページの図は、Swin Transformerの論文におけるシフトウィンドウの仕組みを表した図です。

Swin Transformerでは、ウィンドウをシフトすることで、ウィンドウをクロスさせる接続を導入し、モデルの表現力を向上させます。このシフト処理を特に「cyclic shift」と呼びます。通常のウィンドウ分割（W-MSA）とシフトウィンドウ分割（SW-MSA）を交互に使用することで、異なるウィンドウ間での情報交換を可能にします。

*…構造　引用：Liu, Z. et al. (2021). Swin Transformer: Hierarchical Vision Transformer using Shifted Windows".

▼シフトウィンドウの仕組み＊

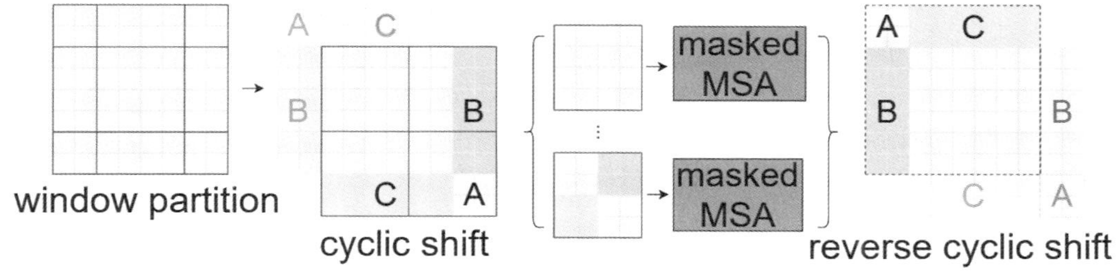

●cyclic shiftのステップ

cyclic shiftの処理手順は、次のようになります。

①入力する特徴マップの準備

入力画像をパッチに分割し、パッチごとに特徴ベクトルの計算（位置情報の埋め込み）をします。

②通常のウィンドウ分割とSelf-Attention（アテンションスコア）の計算

特徴マップを通常のウィンドウに分割し、各ウィンドウ内でアテンションスコアを計算します。

③シフトウィンドウ分割

ウィンドウをシフトして再分割します。例えば、4×4のウィンドウを2ピクセルずつシフトして分割します。

④マスクの生成

シフト後のウィンドウ内で有効な情報を得るためのマスクを生成します。このマスクは、ウィンドウ内の有効な範囲を示します。

●ウィンドウのマスク処理について

シフトウィンドウの際に、ウィンドウ内でのアテンションスコアの計算において、ウィンドウ間の境界を越えた部分が計算されるのを防ぐために、マスク処理を行います。

・マスク生成

マスクは、ウィンドウ内のピクセルデータがアテンションスコアを計算できるかどうかを示すbool値のデータです。

・アテンションスコア計算時のマスク適用

シフトされたウィンドウ内でアテンションスコアを計算する際、マスクを適用して無効な位置（ウィンドウ間の境界を越えた位置）の計算を無効にします。これにより、無効な位置の計算が排除され、アテンションスコアの計算がより正確に行われるようになります。

＊…の仕組み　引用：Liu, Z. et al.（2021）. Swin Transformer: Hierarchical Vision Transformer using Shifted Windows".

5.2 Swin Transformerで画像分類モデルを実装する

Swin Transformerによる画像分類を行うプログラム*を、PyTorchを用いて作成します。題材にはCIFAR-10データセットを使用し、10クラスの分類を行います。

5.2.1 PyTorch-Igniteのインストールとインポート文の記述

PyTorch-Igniteは、PyTorchフレームワークの上に構築されたライブラリで、ディープラーニングにおけるモデルのトレーニングと評価の記述を簡素化するための以下の特徴を持つツールです。

- **トレーニンググループの記述の簡素化**
  トレーニンググループの構築を容易にするための、高レベルに抽象化されたコードを提供します。これにより、トレーニンググループにおけるコードの記述が簡単になります。
- **コールバックとハンドラー**
  さまざまなコールバック関数を簡単に設定することができ、「一定間隔での学習率調整」などの操作が容易に実現できます。また、イベントハンドラー（特定のイベントを処理する関数）を設定し、エポック終了時のモデルを保存するといったことが簡単に行えます。
- **メトリクスとロギング**
  トレーニングと評価の過程で、精度、損失、F1スコアなどのメトリクスを簡単に計算し、追跡することができます。
- **分散トレーニングのサポート**
  分散トレーニングのサポートも提供しており、大規模なデータセットやモデルに対して効率的なトレーニングが可能です。

*…プログラム　Julius Ruseckas. "Swin Transformer on CIFAR10." を参考に作成。 Accessed May 21, 2024. https://juliusruseckas.github.io/ml/swin-cifar10.html

PyTorch-Igniteのインストール

Colab Notebookを作成し、1番目のセルにPyTorch-Igniteのインストールを行うコードを記述し、実行します。

▼PyTorch-Igniteをインストールする(swin_transformer_CIFAR10_PyTorch.ipynb)

セル1

```
!pip install pytorch-ignite
```

必要なライブラリ、パッケージ、モジュールのインポート

プログラムの実行に必要なライブラリやパッケージ、モジュールをまとめてインポートしておきます。2番目のセルに次のコードを記述し、実行します。

▼ライブラリやパッケージ、モジュールのインポート(swin_transformer_CIFAR10_PyTorch.ipynb)

セル2

```
import numpy as np
from collections import defaultdict
import matplotlib.pyplot as plt

import torch
import torch.nn as nn
import torch.optim as optim
import torch.nn.functional as F
from torchvision import datasets, transforms

# 以下、PyTorch-Igniteからのインポート
from ignite.engine import Events, create_supervised_trainer, create_supervised_evaluator
import ignite.metrics
import ignite.contrib.handlers
```

5.2.2 各種パラメーター値の設定と使用可能なデバイスの取得

プログラムの実行に必要な各種のパラメーターの初期値を設定し、使用可能なデバイス(CPUまたはGPU)の種類を取得します。

■パラメーター値の設定

3番目のセルに次のコードを記述し、実行します。

▼パラメーター値の設定(swin_transformer_CIFAR10_PyTorch.ipynb)

セル3

```
DATA_DIR='./data'                # データ保存用のディレクトリ
IMAGE_SIZE = 32                  # 入力画像1辺のサイズ
NUM_CLASSES = 10                 # 分類先のクラス数
NUM_WORKERS = 2                  # データローダーが使用するサブプロセスの数を指定
BATCH_SIZE = 32                  # ミニバッチのサイズ
EPOCHS = 100                     # 学習回数
LEARNING_RATE = 1e-3             # 学習率
WEIGHT_DECAY = 1e-1              # オプティマイザーの重み減衰率
```

■使用可能なデバイスの種類を取得

使用可能なデバイス(CPUまたはGPU)の種類を取得します。4番目のセルに次のコードを記述し、実行します。

▼使用可能なデバイスを取得(swin_transformer_CIFAR10_PyTorch.ipynb)

セル4

```
DEVICE = torch.device("cuda") if torch.cuda.is_available() else torch.device("cpu")
print("device:", DEVICE)
```

▼出力(Colab NotebookにおいてGPUを使用するようにしています)

```
device: cuda
```

5.2.3 データ拡張処理とデータローダーの作成

トレーニングデータに適用するデータ拡張処理と、トレーニングデータ用とテストデータ用のデータローダーをそれぞれ作成します。

■トレーニングデータに適用するデータ拡張処理の定義

トレーニングデータに適用する一連の変換操作をtransforms.Compose(コンテナ)にまとめます。5番目のセルに次のコードを記述し、実行します。

▼トレーニングデータに適用する一連の変換操作をtransforms.Compose(コンテナ)にまとめる (swin_transformer_CIFAR10_PyTorch.ipynb)

セル5
```
train_transform = transforms.Compose([
    # 画像をランダムに左右反転
    transforms.RandomHorizontalFlip(),
    # 画像の各辺に4ピクセルのパディング(余白)を追加し、
    # ランダムな位置から32×32のサイズで切り抜く
    transforms.RandomCrop(32, padding=4),
    # PIL(Python Imaging Library)形式の画像をPyTorchのテンソルに変換
    transforms.PILToTensor(),
    # 画像のデータ型をtorch.floatに変換
    transforms.ConvertImageDtype(torch.float)
])
```

■トレーニングデータとテストデータをロードして前処理

CIFAR-10データセットからトレーニングデータとテストデータをロード(読み込み)して、前処理を行います。このとき、トレーニングデータに対しては、先に定義したデータ拡張処理を適用します。6番目のセルに次のコードを記述し、実行します。

▼トレーニングデータとテストデータをロードして前処理を行う (swin_transformer_CIFAR10_PyTorch.ipynb)

セル6
```
# CIFAR-10データセットのトレーニングデータを読み込み、データ拡張を適用
train_dset = datasets.CIFAR10(
    root=DATA_DIR, train=True, download=True, transform=train_transform)
```

```
# CIFAR-10データセットのテストデータを読み込み、
# 画像データをPIL形式からPyTorchのテンソルに変換する処理のみを行う
test_dset = datasets.CIFAR10(
    root=DATA_DIR, train=False, download=True, transform=transforms.ToTensor())
```

■データローダーの作成

トレーニング用のデータローダーと、テストデータ用のデータローダーを作成します。これらのデータローダーは、モデルへの入力時において、指定されたミニバッチのサイズの数だけ画像データをデータセットから抽出します。7番目のセルに次のコードを記述し、実行します。

▼データローダーの作成(swin_transformer_CIFAR10_PyTorch.ipynb)

セル7

```
# トレーニング用のデータローダーを作成
train_loader = torch.utils.data.DataLoader(
    train_dset, batch_size=BATCH_SIZE, # トレーニングデータとバッチサイズを設定
    shuffle=True,                      # 抽出時にシャッフルする
    num_workers=NUM_WORKERS,           # データ抽出時のサブプロセスの数を指定
    pin_memory=True)                   # GPUを使用する場合、データを固定メモリにロードする
# テスト用のデータローダーを作成
test_loader = torch.utils.data.DataLoader(
    test_dset, batch_size=BATCH_SIZE,  # テストデータとバッチサイズを設定
    shuffle=False,                     # 抽出時にシャッフルしない
    num_workers=NUM_WORKERS,           # データ抽出時のサブプロセスの数を指定
    pin_memory=True)                   # GPUを使用する場合、データを固定メモリにロードする
```

5.2.4 残差接続レイヤーとグローバル平均プーリングレイヤーを定義する

残差接続を行うレイヤーとしてResidualクラス、グローバル平均プーリングを行うレイヤーとしてGlobalAvgPoolクラスを定義します。

■残差接続を行うResidualクラスの定義

残差接続(Residual Connection)は、ディープラーニングにおいて、ネットワークの層を飛び越えて入力データを後の層に直接伝える手法です。これは、ResNet(Residual Network)で初めて提案された技術で、深いネットワークの学習を容易にするために使用されます。

●残差ブロックの構造

残差ブロックは次に示すように、入力に対して変換を適用し、その結果に入力を足し合わせます。

①入力データxをブロックに入力する。
②xに対していくつかの処理(正規化、活性化関数など)を適用し、変換後のデータ$F(x)$を得る。
③最後に、次式のように変換後のデータ$F(x)$と入力データxを足し合わせる。

$$y=F(x)+x$$

●残差接続のメリット

ディープネットワークの学習において、勾配消失問題は大きな課題です。これは、ネットワークが深くなるにつれて、逆伝播の際に勾配が極端に小さくなり、結果としてパラメーターの更新がほとんど行われなくなる現象です。残差接続にはこの問題を軽減する効果があります。なぜならば、残差接続では、入力データxが変換後のデータ$F(x)$に直接足し合わされ、勾配が後方の層に伝わりやすくなるからです。

残差接続を行うResidualクラスは、nn.Moduleクラスを継承したサブクラスとし、ニューラルネットワークのレイヤーとして動作するようにします。8番目のセルに、次のようにResidualクラスの定義コードを入力し、実行します。

▼残差接続を行うResidualクラスの定義(swin_transformer_CIFAR10_PyTorch.ipynb)

セル8

```
class Residual(nn.Module):
    """nn.Moduleクラスを継承した残差接続を行うレイヤー(層)を定義

    Attributes:
        residual:
            受け取ったレイヤーをnn.Sequentialで連結したシーケンシャルモデル
        gamma:
            学習可能なパラメーター
    """
    def __init__(self, *layers):
        """
        Args:
            *layers(可変長引数): 残差ブロック内で使用されるレイヤー(層)のリストを受け取る
        """
```

```
        super().__init__()
        #   受け取ったレイヤーをnn.Sequentialで連結する
        self.residual = nn.Sequential(*layers)
        # 学習可能な初期値ゼロのパラメーターを1個作成
        self.gamma = nn.Parameter(torch.zeros(1))

    def forward(self, x):
        """順伝播処理を行う

        xをresidualレイヤーに入力し、その出力にスケーリング係数gammaを
        掛けた結果を元の入力xに加算して返す。これにより、残差接続が実現される

        Args:
            x: 入力するテンソル
        """
        return x + self.gamma*self.residual(x)
```

■グローバル平均プーリングを行うGlobalAvgPoolクラスを定義

「グローバル平均プーリング」は、CNN(畳み込みニューラルネットワーク)の最終段階でよく使用される処理です。ここでは、パッチに分割した後の各パッチのチャンネル次元(パッチのデータ次元)の平均を取ることで、パッチの数の次元数を1にする目的で使用します。例えば、

(bs〈バッチサイズ〉, 64〈パッチの数〉, 256〈チャンネル次元〉)

のテンソルが入力された場合、1パッチごとにチャンネル次元(パッチデータ)の128個のデータの平均に置き換えることで、

(bs〈バッチサイズ〉, 256〈チャンネル次元〉)

のように集約する処理が行われます。

GlobalAvgPoolクラスについてもnn.Moduleを継承したサブクラスとし、ニューラルネットワークのレイヤーとして定義します。9番目のセルに、次のようにGlobalAvgPoolクラスの定義コードを入力し、実行します。

▼グローバル平均プーリングを行うGlobalAvgPoolクラスの定義（swin_transformer_CIFAR10_PyTorch.ipynb）

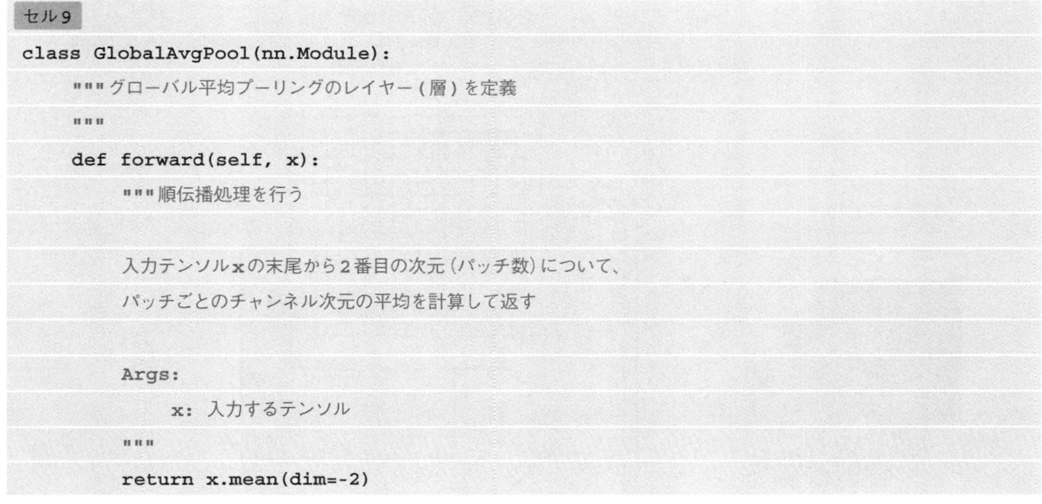

セル9

```
class GlobalAvgPool(nn.Module):
    """グローバル平均プーリングのレイヤー(層)を定義
    """
    def forward(self, x):
        """順伝播処理を行う

        入力テンソルxの末尾から2番目の次元(パッチ数)について、
        パッチごとのチャンネル次元の平均を計算して返す

        Args:
            x: 入力するテンソル
        """
        return x.mean(dim=-2)
```

5.2.5 パッチ分割、位置情報の埋め込み処理を定義する

ここでは、次の3つのクラスの定義を行います。

・画像データをパッチに分割するToPatchesクラス
・各パッチデータに位置情報を埋め込むAddPositionEmbeddingクラス
・ToPatchesクラスとAddPositionEmbeddingクラスを実行するToEmbedding

ToPatchesクラスの定義

ToPatchesクラスは、画像を指定されたサイズに基づいて小さなパッチに分割し、各パッチのデータを全結合層で線形変換します。

▼画像データを256個のパッチに分割し、線形変換する処理の流れ

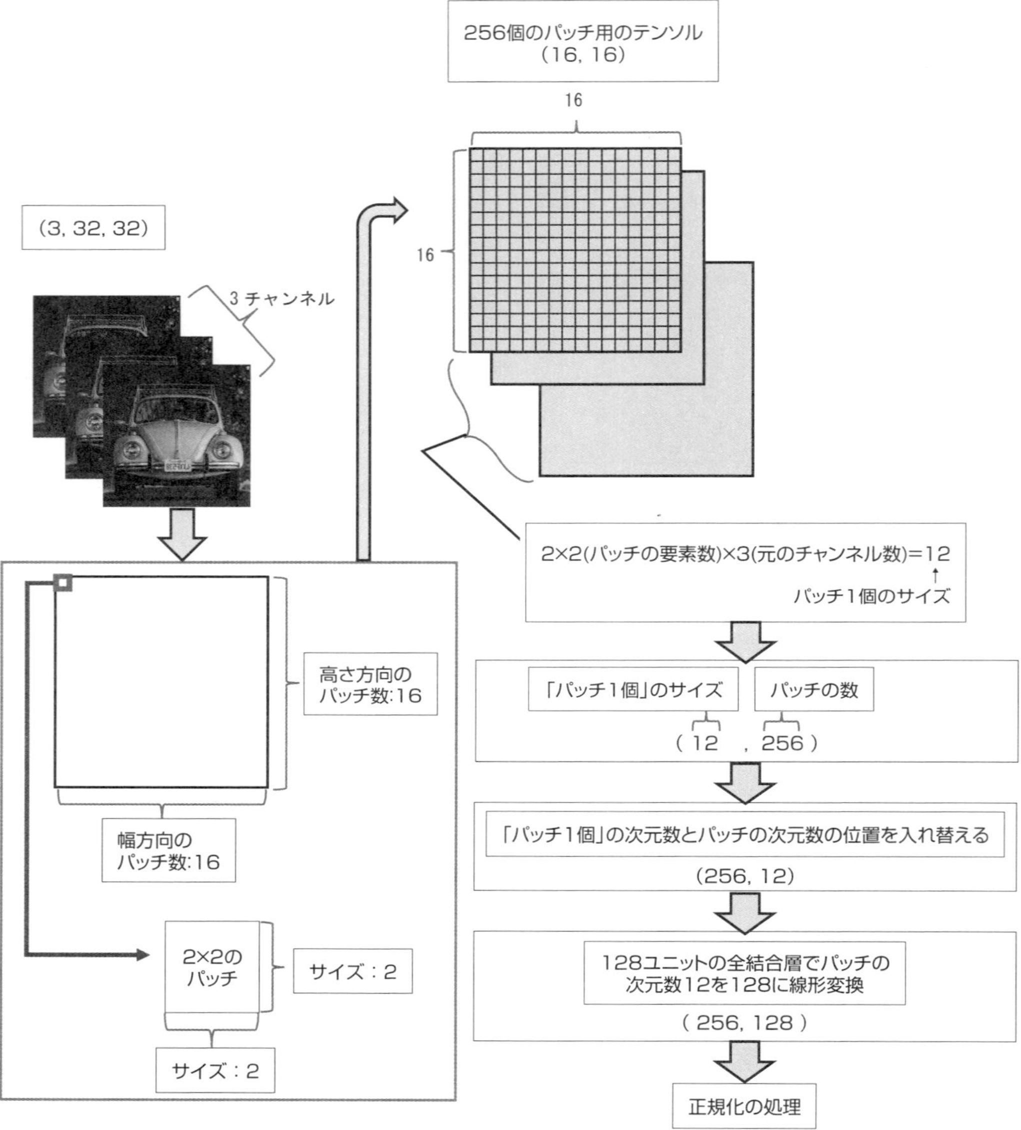

図で示したように、ToPatchesクラスでは次のことを行います。

- 1枚当たり(3, 32, 32)の形状をした画像を2×2のサイズのパッチに分割します。結果、1枚の画像は256個のパッチに分割されます。
- 1個のパッチのサイズは4 (2×2) なので、これに元のチャンネル数3を掛けた12を、新しいチャンネル数とします。これは、パッチ1個当たりのサイズになります。
- パッチの数は256なので、分割後のテンソルの形状は(12, 256)になります。
- チャンネルの次元とパッチ数の次元の位置を入れ替えて、(256, 12)の形状にします。
- 全結合層を使用して、(256, 12)から(256, 128)の形状にします。
- 最後に正規化層を使用して正規化の処理を行います。

10番目のセルに、ToPatchesクラスの定義コードを入力し、実行します。

▼ToPatchesクラスの定義 (swin_transformer_CIFAR10_PyTorch.ipynb)

セル10

```
class ToPatches(nn.Module):
    """1枚の画像を小さなパッチに分割する

    Attributes:
        patch_size: パッチ1辺のサイズ(2)
        proj: パッチデータを線形変換する全結合層
        norm: 線形変換後に適用する正規化層
    """
    def __init__(self, in_channels, dim, patch_size):
        """
        Args:
            in_channels(int): 入力画像のチャンネル数(in_channels=3)
            dim(int): 線形変換後のパッチのサイズ
                      dims=[128, 128, 256]から取得した第1要素の128
            patch_size(int): パッチ1辺のサイズ(patch_size=2)
        """
        super().__init__()
        self.patch_size = patch_size # パッチ1辺のサイズ(2)
        # チャンネル数にパッチ1辺のサイズの平方を掛けてパッチ1個のサイズを計算
        # 3×2×2 = 12
        patch_dim = in_channels*patch_size**2
        # 入力のサイズをパッチのサイズ(12)
        # ユニット数をdimのサイズ(128)とした全結合層を定義
        self.proj = nn.Linear(patch_dim, dim)
```

5 Swin Transformerを用いた画像分類モデルの実装(PyTorch編)

```
        # 正規化層を定義
        self.norm = nn.LayerNorm(dim)

    def forward(self, x):
        """パッチに分割する一連の順伝播処理
        Args:
            x: 画像データ(bs, 3, 32, 32)
        """
        # 入力テンソルの形状:(bs, 3, 32, 32)
        # 出力テンソルの形状: (bs, 256[パッチ数], 12[パッチのサイズ])
        #
        # F.unfold()の引数で、カーネルサイズを2(パッチ1辺のサイズ)、
        # ストライドのサイズを2(パッチ1辺のサイズ)に指定
        # 画像1枚(1, 3, 32, 32)をパッチに分割して次の形状にする
        # (1,
        #   12[チャンネル数3×4(パッチ1個の要素数)],
        #   256[16(高さ方向のパッチ数)×16(幅方向のパッチ数)])
        #
        # movedim(1, -1)においてパッチの次元を最後に移動すると(1, 256, 12)
        x = F.unfold(
            x, kernel_size=self.patch_size, stride=self.patch_size).movedim(1, -1)
        # パッチのサイズ(12)をdimのサイズ(128)に線形変換
        # 入力テンソルの形状: (bs, 256, 12)
        # 出力テンソルの形状: (bs, 256, 128)
        x = self.proj(x)
        # 正規化を行う
        x = self.norm(x)

        return x
```

●torch.nn.functional.unfold()

テンソルを特定のカーネルサイズとストライドに基づいて分割します。

書式	torch.nn.functional.unfold(input, kernel_size, dilation=1, padding=0, stride=1)	
引数	input	入力テンソル。形状は (N, C, H, W) の4階テンソルです。 N：バッチサイズ C：チャンネル数 H：高さ W：幅
	kernel_size	カーネル(パッチ)のサイズ。整数またはタプル (高さ, 幅) の形式で指定します。整数のみを指定した場合は、高さと幅の両方に適用されます。
	dilation	拡張のサイズ。デフォルトは1(拡張なし)です。
	padding	パディングのサイズ。デフォルトは0(パディングなし)です。
	stride	ストライドのサイズ。デフォルトは 1 です。整数またはタプル (sH, sW) の形式で指定します。 sH：高さ方向のストライド sW：幅方向のストライド

●tensor.movedim() メソッド

テンソルの次元を再配置します。

書式	tensor.movedim(source, destination)	
引数	source	移動する次元の位置を指定します。例えば、次元1(チャンネル次元)を移動したい場合、source=1 と指定します。
	destination	移動先の次元の位置を指定します。−1 を指定した場合、最後の次元に移動されます。

AddPositionEmbeddingクラスの定義

AddPositionEmbeddingクラスは、各パッチに位置情報を追加する処理を行います。

・位置情報は、学習可能なパラメーターとして定義されている。
・位置情報は、各パッチに対して固定的な位置を与える。

以上のことから、ここで使用する位置情報のことは、**絶対位置エンコーディング**と呼ばれます。また、この絶対位置エンコーディングは、**相対位置エンコーディング***とは異なり、パッチ間の相対的な位置関係を直接表現するものではなく、パッチが画像内のどの位置にあるかを示すために使用されます。

*相対位置エンコーディング　ウィンドウ内のパッチ間の相対的な距離や方向を考慮してアテンションスコアを計算するために利用される情報。

11番目のセルに、AddPositionEmbeddingクラスの定義コードを入力し、実行します。

▼AddPositionEmbeddingクラスの定義（swin_transformer_CIFAR10_PyTorch.ipynb）

セル11

```
class AddPositionEmbedding(nn.Module):
    """各パッチに位置情報を追加して特徴マップを生成する

    Attributes:
        pos_embedding: 位置情報としての学習可能なパラメーター
    """
    def __init__(self, dim, num_patches):
        """
        Args:
            dim(int):
               線形変換後のパッチのサイズ
               dims=[128, 128, 256]から取得した第1要素の128
            num_patches(int):
                特徴マップ1枚のパッチ数
                画像1辺のサイズをパッチ1辺のサイズで割って行、列のサイズshapeを取得
                shape = (image_size // patch_size, image_size // patch_size)
                行パッチ数(16)*列パッチ数(16) = 256(パッチの数)
        """
        super().__init__()
        # (256, 128)の形状の学習可能なパラメーターを作成し、位置情報とする
        self.pos_embedding = nn.Parameter(torch.Tensor(num_patches, dim))

    def forward(self, x):
        """
        Args:
            x: パッチ分割後のデータ(bs, 256, 128)
        """
        # パッチ分割後の画像1枚当たり(256, 128)に位置情報(256, 128)を加算
        return x + self.pos_embedding
```

■ToEmbeddingクラスの定義

レイヤーを順次実行するSequentialのサブクラスとして、ToEmbeddingクラスを定義します。このクラスは、ToPatchesクラス、AddPositionEmbeddingクラスで定義したレイヤー(層)を順次実行し、画像データから特徴マップの生成を行います。

12番目のセルに、ToEmbeddingクラスの定義コードを入力し、実行します。

▼ToEmbeddingクラスの定義(swin_transformer_CIFAR10_PyTorch.ipynb)

セル12

```
class ToEmbedding(nn.Sequential):
    """レイヤーを順次実行するSequentialのサブクラス

    パッチ分割、位置情報の埋め込みを実行して特徴マップを生成
    """
    def __init__(self, in_channels, dim, patch_size, num_patches, p_drop=0.):
        """
        Args:
            in_channels(int): 入力画像のチャンネル数(in_channels=3)
            dim(int): 線形変換後のパッチのサイズ
                      dims=[128, 128, 256]から取得した第1要素の128
            patch_size(int): パッチ1辺のサイズ(patch_size=2)
            num_patches(int):
                特徴マップ1枚のパッチ数
                画像1辺のサイズをパッチ1辺のサイズで割って行、列のサイズshapeを取得
                shape = (image_size // patch_size, image_size // patch_size)
                行パッチ数(16)*列パッチ数(16) = 256(パッチの数)
            p_drop: ドロップアウト率(p_drop=0.)
        """
        super().__init__(
            # ToPatchesでパッチ分割
            ToPatches(in_channels, dim, patch_size),
            # AddPositionEmbeddingで位置情報を埋め込む
            AddPositionEmbedding(dim, num_patches),
            # ドロップアウト
            nn.Dropout(p_drop)
        )
```

5.2.6 ShiftedWindowAttentionクラスを定義する

Swin Transformerにおける

・Window-based Multi-Head Self-Attention (W-MSA)
・Shifted Window-based Multi-Head Self-Attention (SW-MSA)

を実装するためのクラスです。この2つの機構を使って、アテンションスコアを計算します。なお、アテンションスコアの計算には、「相対位置エンコーディング」と呼ばれる仕組みが使われます。

■W-MSA、SW-MSA、相対位置エンコーディングについて確認する

W-MSA、SW-MSA、相対位置エンコーディングについて確認しておきましょう。

●Window-based Multi-Head Self-Attention (W-MSA)

W-MSAは、Swin Transformerにおける基本的なアテンション機構です。この機構は、画像を一定サイズのウィンドウに分割し、各ウィンドウ内でアテンションスコア（自己注意スコア）を計算します。画像全体ではなく、ウィンドウごとにアテンションスコアを計算します。これにより、計算コストを大幅に削減します。

・処理のプロセス

①画像を一定サイズ（例えば４×４）のウィンドウに分割します。
②各ウィンドウ内でアテンションスコアを計算します。
③各ウィンドウ内のアテンションスコアを統合します。

●Shifted Window-based Multi-Head Self-Attention (SW-MSA)

SW-MSAはW-MSAの拡張機構であり、ウィンドウの位置をシフトすることにより、ウィンドウ間の情報交換を可能にします。シフト操作により、計算コストを抑えつつ、画像全体の情報をより効果的に捉えることができます。

・処理のプロセス:

①画像を一定サイズ（例えば４×４）のウィンドウに分割し、各ウィンドウ内でアテンションスコアを計算します。
②ウィンドウをシフト（例えば、右に2ピクセル、下に2ピクセル）し、再度ウィンドウに分割します。
③シフト後のウィンドウ内でアテンションスコアを計算し、元の位置に戻します。

④シフト前とシフト後のアテンションスコアを統合します。

●相対位置エンコーディング

相対位置エンコーディングは、パッチ間の相対的な位置関係を考慮した情報です。従来の絶対位置エンコーディングは、各パッチの位置を固定された値で表しますが、相対位置エンコーディングは、あるパッチが他のパッチに対してどの位置にあるかを示します。これにより、パッチ間の距離や方向などの相対的な情報をモデルが学習することができます。相対位置エンコーディングは、次の手順でアテンションスコアの計算に利用されます。

①相対位置インデックスの生成

get_indices()メソッドで、相対位置インデックスを生成します。このインデックスは、ウィンドウ内の各パッチ間の相対位置を表します。

②相対位置エンコーディングの生成

インスタンス変数self.pos_encに、相対位置エンコーディングの値として、学習可能なパラメーターを保持します。

③相対位置エンコーディングの適用

get_rel_pos_enc()メソッドで、相対位置インデックスに従って、self.pos_encから相対位置エンコーディングの値を収集します。

④③で収集した相対位置エンコーディングを、別途で計算済みのアテンションスコアに加算

相対位置エンコーディングは、パッチ間の相対的な位置情報を提供し、モデルがこれを学習することで、より精度の高いアテンションスコアが得られるように作用します。ShiftedWindowAttentionクラスでは、相対位置エンコーディングを用いてアテンションスコアを調整することで、より効果的な特徴抽出(アテンションスコアの計算)を可能にしています。

COLUMN Swin Transformerの重みパラメーターや計算量がViTよりも少ない理由①

Swin Transformerは、ViTに比べて重みパラメーターの数や計算量が少なくなる傾向があります。以下、コラム4回にわたってその理由について説明します。

①ウィンドウベースの自己注意(Window-based Self-Attention)

ViTは、入力画像全体に対して自己注意を計算しますが、すべてのパッチ間の相互関係を考慮する必要があり、計算量と重みパラメーターが大幅に増加します。これに対してSwin Transformerは、画像を固定サイズのウィンドウに分割し、ウィンドウ内でのみ自己注意を計算します。この局所的な計算によって、全体の計算量とパラメーター数が削減されます。

■ShiftedWindowAttentionクラスの定義

まずは、ShiftedWindowAttentionクラスの定義を先に行いましょう。ソースコードについては、この後で順番に見ていきます。

13番目のセルに、ShiftedWindowAttentionクラスの定義コードを入力し、実行します。

▼ShiftedWindowAttentionクラスの定義(swin_transformer_CIFAR10_PyTorch.ipynb)

セル13

```
class ShiftedWindowAttention(nn.Module):
    """nn.Moduleを継承したカスタムレイヤー

    Swin Transformerにおける次の機構を実装する
    ・Window-based Multi-Head Self-Attention (W-MSA)
    ・Shifted Window-based Multi-Head Self-Attention (SW-MSA)

    Attributes:
        heads: ヘッドの数
        head_dim: ヘッドのサイズ
        scale: スケーリングファクター
        shape: 特徴マップの256個のパッチを正方行列にしたときの形状(16, 16)
        window_size: ウィンドウ1辺のサイズ
        shift_size: ウィンドウのシフト量
        pos_enc: 位置情報のための学習可能なパラメーター
    """
    def __init__(self, dim, head_dim, shape, window_size, shift_size=0):
        """
        Args:
            dim(int): 特徴マップにおけるパッチのサイズ
                    dims=[128, 128, 256]から取得した第1要素の128
            head_dim(int): ヘッドの次元数(head_dim=32)
            shape(tuple):
                特徴マップの256個のパッチを正方行列にしたときの形状
                画像1辺のサイズをパッチ1辺のサイズで割って行、列のサイズshapeを取得
                shape = (image_size // patch_size, image_size // patch_size)
                shape = (16, 16)

            window_size(int): ウィンドウ1辺のサイズ(window_size=4)
            shift_size(int): ウィンドウのシフト量(shift_size=0)
        """
        super().__init__()
```

```
        # パッチのサイズdimをヘッドのサイズhead_dimで割ってヘッドの数を取得
        self.heads = dim // head_dim
        # ヘッドのサイズをself.head_dimに格納
        self.head_dim = head_dim
        # ヘッドのサイズhead_dimの平方根の逆数を計算し、
        # スケーリングファクターを求める(self.scale=0.17677...)
        self.scale = head_dim**-0.5

        self.shape = shape                         # 256個のパッチを正方行列にしたときの形状(16, 16)
        self.window_size = window_size     # ウィンドウ1辺のサイズを設定
        self.shift_size = shift_size          # シフトサイズを設定

        # クエリ、キー、バリューを生成するための全結合層
        # 入力次元数: パッチサイズdim(128,)
        # ユニット数: パッチサイズdim*3(384,)
        self.to_qkv = nn.Linear(dim, dim*3)

        # 各ヘッドの出力を統合するための全結合層
        # 入力次元数: パッチサイズdim(128,)
        # ユニット数: パッチサイズdim(128,)
        self.unifyheads = nn.Linear(dim, dim)

        # 相対位置エンコーディングのための学習可能なパラメーターを作成
        # 作成されるパラメーターテンソルの形状:
        # (ヘッド数, (2*window_size - 1)**2)
        self.pos_enc = nn.Parameter(
            torch.Tensor(self.heads, (2*window_size - 1)**2))

        # nn.Module.register_buffer()を使用して、
        # 相対位置インデックスが格納された1階テンソルをバッファに登録する
        # テンソルの形状: (window_size**4,)
        self.register_buffer(
            "relative_indices", # バッファ名
            self.get_indices(window_size))

        # シフトサイズが0より大きい場合にマスクを適用
        if shift_size > 0:
            # self.generate_mask()でマスクを生成し、バッファとして登録
            # マスクは5階テンソル:
            # (1, ウィンドウの数, 1, ウィンドウ内パッチ数, ウィンドウ内パッチ数)
```

```
            self.register_buffer(
                "mask", self.generate_mask(shape, window_size, shift_size))

    def forward(self, x):
        """順伝播処理

        Args:
            x: 特徴マップ(bs, パッチの数, パッチサイズ)
        """
        # シフト量とウィンドウ1辺のサイズをローカル変数に格納
        shift_size, window_size = self.shift_size, self.window_size

        # 特徴マップの各特徴をウィンドウに分割し、必要に応じてシフトする
        # 入力テンソルの形状: (bs, 256, 128)
        # 分割処理後の形状:
        # (bs*ウィンドウの数,
        #   ウィンドウ内パッチ数(window_size**2), パッチサイズ)
        x = self.to_windows(x,
                            self.shape, # shape=(16, 16)
                            window_size,
                            shift_size)

        # 全結合層を使ってクエリ、キー、バリューのテンソルを生成
        # self.to_qkv(x)におけるテンソルの形状:
        # (bs*ウィンドウの数, ウィンドウ内パッチ数, パッチサイズ*3)
        # の最後の次元をq、k、vの3次元、ヘッド数の次元、ヘッドサイズの次元に分割
        # (bs*ウィンドウの数,
        #   ウィンドウ内パッチ数, 3(q,k,v)、ヘッド数、ヘッドサイズ)
        # さらにヘッド数の次元とウィンドウ内パッチ数の次元を入れ替える
        # 処理後: (bs*ウィンドウの数,
        #           ヘッド数, 3[q,k,v], ウィンドウ内パッチ数, ヘッドサイズ)
        qkv = self.to_qkv(x).unflatten(
            -1, (3, self.heads, self.head_dim)).transpose(-2, 1)

        # qkvの第3次元(3[q,k,v])に沿って3つのテンソルに分割
        # queries, keys, valuesのテンソルの形状:
        # (bs*ウィンドウの数, ヘッド数, ウィンドウ内パッチ数, ヘッドのサイズ)
        queries, keys, values = qkv.unbind(dim=2)

        # クエリとキーの行列積(演算子は@)を計算して、各クエリに対する各キーの類似度を求める
```

```
# att(類似度スコア)の形状:
# (bs*ウィンドウ数, ヘッド数, ウィンドウ内パッチ数, ウィンドウ内パッチ数)
att = queries @ keys.transpose(-2, -1)

# 類似度スコアにスケーリングファクターを適用し、
# get_rel_pos_enc()で得られた相対位置エンコーディング
# 形状:(ヘッド数, window_size**2, window_size**2)を加算
# スケーリングファクター、相対位置エンコーディング適用後attの形状:
# (bs*ウィンドウ数, ヘッド数, ウィンドウ内パッチ数, ウィンドウ内パッチ数)
att = att*self.scale + self.get_rel_pos_enc(window_size)

# shift_sizeが0より大きい場合に、アテンションスコアattにマスキング処理を適用
# マスキング処理後のatt(Attentionスコア)の形状:
# (bs*ウィンドウ数, ヘッド数, window_size**2, window_size**2)
if shift_size > 0:
    att = self.mask_attention(att)

# アテンションスコアattにソフトマックスを適用
# dim=-1は、最後の次元に沿ってソフトマックスを適用することを意味
# ソフトマックスを適用後att(Attentionスコア)の形状:
# (bs*ウィンドウ数, ヘッド数, ウィンドウ内パッチ数, ウィンドウ内パッチ数)
att = F.softmax(att, dim=-1)

# ソフトマックス適用後のアテンションスコアattとvaluesの行列積を計算
# これにより、各クエリに対する重み付けされた値の合計が得られる
# att:
# (bs*ウィンドウ数, ヘッド数, ウィンドウ内パッチ数, ウィンドウ内パッチ数)
# values:
# (bs*ウィンドウ数, ヘッド数, ウィンドウ内パッチ数, ヘッドのサイズ)
# 行列積の結果:
# (bs*ウィンドウ数, ヘッド数, ウィンドウ内パッチ数, ヘッドのサイズ)
x = att @ values

# ヘッドの数とウィンドウ内のパッチの数の次元を入れ替えて次の形状にする
# (bs*ウィンドウ数, ウィンドウ内のパッチ数, ヘッド数, ヘッドのサイズ)
# メモリ上で連続した領域を持つように変換後、
# 最後の2つの次元(ヘッド数とヘッドのサイズ)をフラット化して結合
# 処理後:(bs*ウィンドウ数, ウィンドウ内のパッチ数, パッチのサイズ)
x = x.transpose(1, 2).contiguous().flatten(-2, -1)
```

```
        # パッチサイズと同じユニット数の全結合層に入力し、各ヘッドの出力を統合
        # 出力の形状:
        # (bs*ウィンドウ数, ウィンドウ内のパッチ数, パッチのサイズ)
        x = self.unifyheads(x)

        # ウィンドウに分割した状態とウィンドウのシフト処理を解除して、元の形状
        # (bs, パッチの数, パッチのサイズ)にする
        x = self.from_windows(x, self.shape, window_size, shift_size)

        return x

    def to_windows(self, x, shape, window_size, shift_size):
        """ 特徴マップに対し、必要に応じてシフト処理を行い、
            split_windows()メソッドを実行してウィンドウに分割する

        Args:
            x: 特徴マップ(bs, パッチ数, パッチサイズ)
            shape(tuple):
                特徴マップの256個のパッチを正方行列にしたときの形状
                画像1辺のサイズをパッチ1辺のサイズで割って行、列のサイズshapeを取得
                shape = (image_size // patch_size, image_size // patch_size)
                shape = (16, 16)
            window_size(int): ウィンドウ1辺のサイズ(window_size=4)
            shift_size(int): ウィンドウのシフト量
        Returns:
            x: 特徴マップをwindow_sizeに従って分割処理したテンソル
               (bs*ウィンドウ数, パッチ数(window_size**2), パッチサイズ)
        """
        # 特徴マップ(bs, パッチ数, パッチサイズ)のパッチ数の次元を
        # 正方行列にしたときの形状shape=(16, 16)に展開
        # 処理後のxの形状:
        #   (bs, パッチ数(行), パッチ数(列), パッチサイズ)
        x = x.unflatten(1, shape)

        # シフトサイズが0より大きい場合にテンソルxをシフトする
        if shift_size > 0:
            x = x.roll((-shift_size, -shift_size), dims=(1, 2))

        # split_windows()を実行し、window_sizeに基づいてウィンドウに分割
        # 処理後のxの形状:
```

```
        # (bs*ウィンドウ数, ウィンドウ内パッチ数(window_size**2), パッチサイズ)
        x = self.split_windows(x, window_size)
        return x

    def get_rel_pos_enc(self, window_size):
        """相対位置エンコーディングをself.pos_encから収集

        Args:
            window_size: ウィンドウ1辺のサイズ
        Returns:
            相対位置エンコーディングを格納した3階テンソル
            形状:(ヘッド数, window_size**2, window_size**2)
        """
        # ウィンドウ内の各パッチ間の相対位置を格納した
        # relative_indices: ((window_size**2)*(window_size**2),)を
        # ヘッドの数に拡張 -> (ヘッド数, (window_size**2)*(window_size**2))
        indices = self.relative_indices.expand(self.heads, -1)
        # 学習可能なパラメーターself.pos_enc(ヘッド数, (2*window_size-1)**2)から
        # indicesの各インデックスに対応する値(相対位置エンコーディング)を収集
        # rel_pos_encの形状: (ヘッド数, (window_size**2)*(window_size**2))
        rel_pos_enc = self.pos_enc.gather(-1, indices)
        # 相対位置エンコーディングrel_pos_encの第2次元
        # (window_size**2)*(window_size**2)を(window_size**2, window_size**2)
        # の形状に変更、rel_pos_encは3階テンソルになる
        # (ヘッド数, window_size**2, window_size**2)
        rel_pos_enc = rel_pos_enc.unflatten(-1, (window_size**2, window_size**2))

        return rel_pos_enc

    def mask_attention(self, att):
        """アテンションスコアのテンソルにマスクを適用

        ウィンドウの境界をまたぐ位置にあるアテンションスコアに
        負の無限大'-inf'が埋め込まれる

        Args:
            att: スケーリングファクター、相対位置エンコーディング
                 適用後のアテンションスコア:
                 (bs*ウィンドウ数, ヘッド数, window_size**2, window_size**2)
        Returns:
```

```
            マスク適用後のアテンションスコア
            (bs*ウィンドウ数, ヘッド数, window_size**2, window_size**2)
        """
        # マスクのウィンドウ数を取得、ブール値のself.maskの形状は
        # (1, ウィンドウの数, 1, ウィンドウ内パッチ数, ウィンドウ内パッチ数)
        # 第2次元のサイズ(ウィンドウの数)を取得
        num_win = self.mask.size(1)

        # att.size(0) // num_winで次元サイズをウィンドウ数で割ってbsを取得
        # attの第1次元(bs*ウィンドウ数)をbsとウィンドウ数で分割する
        # att: (bs, ウィンドウ数, ヘッド数, window_size**2, window_size**2)
        att = att.unflatten(0, (att.size(0) // num_win, num_win))

        # マスク(1, ウィンドウ数, 1, ウィンドウ内パッチ数, ウィンドウ内パッチ数)
        # を適用して、マスクされた位置に負の無限大を埋め込む
        # attの形状: (bs, num_win, ヘッド数, window_size**2, window_size**2)
        att = att.masked_fill(self.mask, float('-inf'))

        # attの第1次元と第2次元をフラット化して、元の4階テンソルの形状に戻す
        # 処理後: (bs*ウィンドウ数, ヘッド数, window_size**2, window_size**2)
        att = att.flatten(0, 1)
        return att

    def from_windows(self, x, shape, window_size, shift_size):
        """ ウィンドウに分割した状態を解除して、元の特徴マップの形状に戻す

        Args:
            x: ウィンドウに分割された特徴マップ
                (bs*ウィンドウ数, ウィンドウ内パッチ数, パッチサイズ)
            shape(tuple):
                特徴マップの256個のパッチを正方行列にしたときの形状
                画像1辺のサイズをパッチ1辺のサイズで割って行、列のサイズshapeを取得
                shape = (image_size // patch_size, image_size // patch_size)
                shape = (16, 16)
            window_size(int): ウィンドウ1辺のサイズ(window_size=4)
            shift_size(int): ウィンドウのシフト量

        Returns:
            x: 元の特徴マップの形状 (bs, パッチ数, パッチサイズ)
        """
```

```
        # merge_windows()を使用してウィンドウを結合し、分割を解除
        x = self.merge_windows(x, shape, window_size)
        # シフトサイズが0より大きい場合、以前に行われたシフト処理を元に戻す
        if shift_size > 0:
            x = x.roll((shift_size, shift_size), dims=(1, 2))
        # 結合後の形状 (bs, 行パッチ数, 列パッチ数, パッチサイズ) の
        # 行パッチ数と列パッチ数の次元をフラット化して
        # (bs, パッチ数, パッチサイズ) の形状にする
        x = x.flatten(1, 2)
        return x

    # 静的メソッド
    @staticmethod
    def get_indices(window_size):
        """相対位置インデックスを計算

        Args:
            window_size(int): ウィンドウ1辺のサイズ(window_size=4)
        Returns:
            ウィンドウ内のすべてのパッチを組み合わせた相対位置インデックス
            (window_size(行), window_size(列), window_size(行), window_size(列))を
            (window_size**4,)にフラット化したテンソル
        """
        # 0からwindow_size - 1までの1階テンソル[0, 1, 2, 3]を作成
        x = torch.arange(window_size, dtype=torch.long)
        # xの要素を使って4次元のグリッドを生成、生成される各テンソルの形状:
        # (window_size(行), window_size(列), window_size(行), window_size(列))
        y1, x1, y2, x2 = torch.meshgrid(x, x, x, x, indexing='ij')
        # 相対位置を示すインデックスを求める、indicesの形状:
        # (window_size(行), window_size(列), window_size(行), window_size(列))
        indices = ((y1 - y2 + window_size - 1)*(2*window_size - 1) +
                   (x1 - x2 + window_size - 1))
        # インデックスを1階テンソルにフラット化して
        # (window_size**4, )の1階テンソルにする
        indices = indices.flatten()
        return indices

    @staticmethod
    def generate_mask(shape, window_size, shift_size):
        """ マスクを生成
```

```
        シフトによってウィンドウが重なる場合、
        ウィンドウの境界をまたぐ部分を検出するためのマスクを生成
        ウィンドウの境界をまたぐアテンションスコアを
        無視するために使用される

    Args:
        shape(tuple):
            特徴マップの256個のパッチを正方行列にしたときの形状
            画像1辺のサイズをパッチ1辺のサイズで割って行、列のサイズshapeを取得
            shape = (image_size // patch_size, image_size // patch_size)
            shape = (16, 16)
        window_size(int): ウィンドウ1辺のサイズ(window_size=4)
        shift_size(int): ウィンドウのシフト量
    Returns:
        異なる領域間のアテンションスコアを無視するために使用される
        ブール値のマスクテンソル:
        (1, ウィンドウの数, 1, ウィンドウ内パッチ数, ウィンドウ内パッチ数)
    """
    # shapeの値(行パッチ数, 列パッチ数)の要素を展開して
    # (1, 行パッチ数, 列パッチ数, 1)の形状のテンソルを作成
    # 第1次元の1はバッチデータに対応するための次元
    # すべての要素をゼロで初期化
    # region_maskの形状: (1, 行パッチ数, 列パッチ数, 1)
    region_mask = torch.zeros(1, *shape, 1)
    # ウィンドウのシフトに基づいて3つの異なる範囲を定義
    # これらのスライスはウィンドウの境界を決定する
    slices = [
        slice(0, -window_size),                  # 最初の領域
        slice(-window_size, -shift_size),        # 中間の領域
        slice(-shift_size, None)                 # 最後の領域
    ]

    # 各領域に割り当てる番号を保持するカウンター変数をゼロで初期化
    region_num = 0
    # 2重ループを使って3つのスライスを組み合わせ、
    # 各領域に対して番号を割り当てる
    # region_maskの形状(1, 行パッチ数, 列パッチ数, 1)
    for i in slices:
        for j in slices:
```

```
                region_mask[:, i, j, :] = region_num
                region_num += 1

        # region_mask(1, 行パッチ数, 列パッチ数, 1)をsplit_windows()で
        # 複数のウィンドウに分割して次の形状のテンソルを取得
        # (ウィンドウの数, ウィンドウ内パッチ数, パッチサイズ)
        # 第3次元のパッチサイズの要素数は1なので、この次元を削除
        # 処理後: (ウィンドウの数, ウィンドウ内パッチ数(window_size**2)
        mask_windows = ShiftedWindowAttention.split_windows(
            region_mask, window_size).squeeze(-1)

        # ウィンドウ内の各パッチが他のすべてのパッチに対して持つ相対位置関係を計算
        # 異なる領域に属するパッチペアを識別するためのデータを作成
        # mask_windows.unsqueeze(1): (ウィンドウ数, 1, ウィンドウ内パッチ数)
        # mask_windows.unsqueeze(2): (ウィンドウ数, ウィンドウ内パッチ数, 1)
        #
        # 計算の結果、すべてのウィンドウ内の各パッチとその他のすべてのパッチとの
        # 組み合わせによる相対的な位置関係の差分が得られる
        # 形状: (ウィンドウ数, ウィンドウ内パッチ数, ウィンドウ内パッチ数)
        diff_mask = mask_windows.unsqueeze(1) - mask_windows.unsqueeze(2)

        # 差がゼロではない領域(異なる領域に属する部分)を検出
        # 「異なる領域」とは、シフトによってウィンドウが重なる場合に発生する境界をまたぐ部分
        # 結果、maskはブール値のマスクテンソルとなり、
        # 異なる領域に属する部分がTrueになる
        # maskの形状:(ウィンドウ数, ウィンドウ内パッチ数, ウィンドウ内パッチ数)
        mask = diff_mask != 0

        # maskの第2次元の位置に新しい次元を挿入(ヘッドのため)
        # さらに第1次元の位置に新しい次元を挿入(バッチデータのため)
        # (1, ウィンドウの数, 1, ウィンドウ内パッチ数, ウィンドウ内パッチ数)
        mask = mask.unsqueeze(1).unsqueeze(0)
        return mask

    @staticmethod
    def split_windows(x, window_size):
        """window_sizeに基づいてパッチテンソルxをウィンドウに分割

        Args:
            x: パッチテンソル(bs, パッチ数(行), パッチ数(列), パッチサイズ(データ数))
```

```
            window_size: ウィンドウ1辺のサイズ
        Returns:
            x: 入力テンソルxをウィンドウに分割後のテンソル
                (bs*ウィンドウ数, ウィンドウ内パッチ数(window_size**2), パッチサイズ)
        """
        # テンソルxの第2次元(パッチ数(行))、第3次元(パッチ数(列))を
        # window_sizeで割って、行方向のウィンドウの数n_hと
        # 列方向のウィンドウの数n_wを求める
        n_h, n_w = x.size(1) // window_size, x.size(2) // window_size

        # テンソルxの第2次元(パッチ数(行))、第3次元(パッチ数(列))をそれぞれ
        # ウィンドウの数とウィンドウサイズにアンフラット化(展開)することで、
        # パッチ行列を複数ウィンドウに分割する
        # 分割後の6階テンソル:
        #   (bs, ウィンドウ数(行), 行のwindow_size,
        #           ウィンドウ数(列), 列のwindow_size, パッチサイズ)
        x = x.unflatten(1, (n_h, window_size)).unflatten(-2, (n_w, window_size))

        # 第3次元(行のwindow_size)と第4次元(ウィンドウ数(列))を入れ替えて
        # 第1次元、第2次元、第3次元までをフラット化
        # 処理後の形状:
        # (bs*ウィンドウの数(行*列), 行のwindow_size, 列のwindow_size, パッチサイズ)
        x = x.transpose(2, 3).flatten(0, 2)

        # 第2次元(行のwindow_size)と第3次元(列のwindow_size)をフラット化
        # 各ウィンドウのデータを連結、処理後の形状:
        # (bs*ウィンドウの数, ウィンドウ内パッチ数(window_size**2), パッチサイズ)
        x = x.flatten(-3, -2)
        return x

    @staticmethod
    def merge_windows(x, shape, window_size):
        """ ウィンドウに分割されたテンソルを元の形状に戻す

        Args:
            x: ウィンドウに分割された状態の特徴マップ
                (bs*ウィンドウ数, ウィンドウ内パッチ数, パッチサイズ)
            shape(tuple):
                特徴マップの256個のパッチを正方行列にしたときの形状
                画像1辺のサイズをパッチ1辺のサイズで割って行、列のサイズshapeを取得
```

```
            shape = (image_size // patch_size, image_size // patch_size)
            shape = (16, 16)
        window_size(int): ウィンドウ1辺のサイズ(window_size=4)

    Returns:
        x: 元の特徴マップの形状 (bs, パッチ数(行), パッチ数(列), パッチサイズ)
    """
    # 行方向と列方向のウィンドウの数を計算
    n_h, n_w = shape[0] // window_size, shape[1] // window_size
    # バッチサイズを計算
    bs = x.size(0) // (n_h*n_w)
    # テンソルxの第2次元(ウィンドウ内パッチ数)をwindow_sizeに従って行と列に分割
    # (bs*ウィンドウ数, パッチ数(行), パッチ数(列), パッチサイズ)
    x = x.unflatten(1, (window_size, window_size))
    # xの第1次元をバッチサイズ、行方向ウィンドウ数、列方向ウィンドウ数に分離、
    # 第3次元(列方向ウィンドウ数)と第4次元(ウィンドウ内パッチ数(行))を入れ替え
    # (bs, ウィンドウ数(行), パッチ数(行),
    #       ウィンドウ数(列),パッチ数(列), パッチサイズ)
    x = x.unflatten(0, (bs, n_h, n_w)).transpose(2, 3)
    # 第2次元(行方向ウィンドウ数)、第3次元(パッチ数(行))をフラット化
    # さらに第3次元(列方向ウィンドウ数)、第4次元(パッチ数(列))をフラット化
    # (bs, パッチ数(行), パッチ数(列), パッチサイズ)
    x = x.flatten(1, 2).flatten(-3, -2)
    return x
```

COLUMN Swin Transformerの重みパラメーターや計算量がViTよりも少ない理由②

Swin Transformer が、ViTに比べて重みパラメーターの数や計算量が少なくなる2つ目の理由について説明します。

②シフトウィンドウ機構(Shifted Window Mechanism)の導入

Swin Transformerは、ウィンドウ内での自己注意に加え、シフトウィンドウ機構を使用して、隣接するウィンドウ間での情報のやり取りを行います。ウィンドウベースの自己注意だけでは、ウィンドウ間の情報が交換されないため、画像全体の特徴を捉えるのが難しいのですが、シフトウィンドウでは、ウィンドウを少しずつずらすことで、隣接するウィンドウ同士の情報が交換されます。画像全体に対してグローバルな自己注意を計算する必要がないため、パラメーターの効率的な利用と計算量の削減が期待できます。

■__init__()コンストラクターの処理

ShiftedWindowAttentionクラスの定義コードの内容を順に見ていきましょう。まずは__init__()コンストラクターの処理からです。

▼ShiftedWindowAttentionクラスの__init__()コンストラクター

```
def __init__(self, dim, head_dim, shape, window_size, shift_size=0):
    """
    Args:
        dim(int): 特徴マップにおけるパッチのサイズ
                  dims=[128, 128, 256]から取得した第1要素の128
        head_dim(int): ヘッドの次元数(head_dim=32)
        shape(tuple):
            特徴マップの256個のパッチを正方行列にしたときの形状
            画像1辺のサイズをパッチ1辺のサイズで割って行、列のサイズshapeを取得
            shape = (image_size // patch_size, image_size // patch_size)
            shape = (16, 16)

        window_size(int): ウィンドウ1辺のサイズ(window_size=4)
        shift_size(int): ウィンドウのシフト量(shift_size=0)
    """
    super().__init__()
    self.heads = dim // head_dim                  # ヘッドの数を取得
    self.head_dim = head_dim                      # ヘッドのサイズをself.head_dimに格納
    self.scale = head_dim**-0.5                   # スケーリングファクターを求める
    self.shape = shape                            # 256個のパッチを正方行列にしたときの形状(16, 16)
    self.window_size = window_size                # ウィンドウ1辺のサイズを設定
    self.shift_size = shift_size                  # シフトサイズを設定

    self.to_qkv = nn.Linear(dim, dim*3)     # クエリ、キー、バリューを生成するための全結合層
    self.unifyheads = nn.Linear(dim, dim)   # 各ヘッドの出力を統合するための全結合層
    # 相対位置エンコーディングのための学習可能なパラメーターを作成
    self.pos_enc = nn.Parameter(torch.Tensor(self.heads, (2*window_size - 1)**2))
    # 相対位置インデックスが格納された1階テンソルをバッファに登録する
    self.register_buffer("relative_indices", self.get_indices(window_size))
    # シフトサイズが0より大きい場合にマスクを適用
    if shift_size > 0:
        # self.generate_mask()でマスクを生成し、バッファとして登録
        self.register_buffer("mask", self.generate_mask(shape, window_size, shift_size))
```

● self.scale = head_dim**−0.5

スケーリングファクターを計算しています。

- head_dim

マルチヘッドにおける各ヘッドのサイズ(要素数)を表します。

- head_dim**−0.5

head_dimの平方根の逆数を計算します。これは、スケーリングファクター$\sqrt{d_k}$に相当します。d_kはキーの次元です。スケーリングファクターを導入することで、クエリとキーの内積を適度な範囲に収め、数値的な安定性を確保します。次式のように、Attentionスコアにスケーリングファクターが適用されます。

$$\mathrm{Attention}(Q, K, V) = \mathrm{Softmax}\left(\frac{QK^T}{\sqrt{d_k}}\right)V$$

・Attention：自己注意機構の出力
・Q：クエリ行列
・K：キー行列
・V：バリュー行列
・Softmax：ソフトマックス関数。各クエリに対するキーの重要度を確率分布として表現します。
・QK^T：クエリ行列Qと、キー行列を転置したK^Tとの内積。類似度スコア。
・$\sqrt{d_k}$：キーの次元d_kの平方根。d_kの平方根で類似度スコアQK^Tを割ることで、類似度スコアの値が大きくなりすぎるのを防ぎ、ソフトマックス関数の出力が適切な範囲に収まるようにします。

ソフトマックス関数で正規化されたAttentionスコアにV(バリュー行列)を掛け合わせることで、重要なキーに対応するバリューが強調された出力結果が得られます。

● self.to_qkv = nn.Linear(dim, dim*3)

特徴マップから、クエリ、キー、バリューを生成するための全結合層を定義しています。ユニット数は「特徴マップにおける各パッチのデータ(要素)数×3」で、

入力次元数: パッチサイズdim　(128,)

の入力に対し、

ユニット数: パッチサイズdim*3　(384,)

という形状のテンソルが出力されます。

●self.unifyheads = nn.Linear(dim, dim)

　各ヘッドの出力を統合するための全結合層を定義します。

　入力次元数: パッチサイズdim　(128,)

の入力に対し、

　ユニット数: パッチサイズdim　(128,)

となっていて、入力と同じ形状のテンソルが出力されます。

●self.pos_enc = nn.Parameter(torch.Tensor(self.heads, (2*window_size − 1)**2))

　相対位置エンコーディングを学習するためのパラメーターを定義しています。ウィンドウ内のパッチ間の相対的な位置関係を実数値にエンコードし、トレーニング中に最適化が行われます。

・torch.Tensor(self.heads, (2 * window_size − 1) **2))

　self.heads個のヘッドのそれぞれに対し、相対位置エンコーディングのためのテンソルを作成します。

・self.heads

　dimが128でhead_dim（ヘッドのサイズ）が32の場合、self.headsは128 / 32 = 4になります。

・(2 * window_size − 1) **2)

　各ウィンドウ内におけるパッチの相対位置の数を計算します。行方向と列方向が「window_size * window_size」のサイズのウィンドウにおいて、各位置を一意に識別するために0から始まる連続した整数で位置を表すと、行方向（y方向）および列方向（x方向）のインデックスはそれぞれ0からwindow_size − 1までの整数になります。具体的には、window_size=4とすると、0、1、2、3というインデックスが使用されます。この場合、

　最小の相対位置: −(window_size − 1)
　最大の相対位置: +(window_size − 1)

となり、相対位置の範囲は−3から+3です。したがって、合計で7通り（2 * window_size − 1）の相対位置があります。

　torch.Tensor()の第2引数である(2 * window_size − 1) **2)において、

- **2 * window_size − 1 は、各方向（x方向とy方向）の相対位置の数を計算しています。**
- **(2 * window_size − 1) **2 は、全体の相対位置の組み合わせの総数を計算しています。**

これにより、相対位置の組み合わせは、window_size=4と仮定すると、

$$(2 \times \text{window\_size} - 1)^2 = 7^2 = 49\text{通り}$$

となります。

結果、(self.heads(4), 49)の形状のテンソルが作成され、nn.Parameter()によって、学習可能なパラメーターがテンソルの要素として格納されます。

●torch.nn.Parameter()

学習可能なパラメーターのためのnn.Parameterクラスをインスタンス化します。

書式	torch.nn.Parameter(data, requires_grad=True)	
引数	data	パラメーターのテンソル。
	requires_grad	True に設定すると、パラメーターは勾配計算を行う対象となり、バックプロパゲーション中に更新されます。デフォルトでは True です。

●相対位置エンコーディング (Relative Position Encoding)

相対位置エンコーディング(Relative Position Encoding)は、自己注意機構(Self-Attention Mechanism)において、入力シーケンスの要素間の相対的な位置関係を表現するために使用される技術です。具体的には、入力テンソル内の各要素間の相対的な位置情報(「相対位置インデックス」として定義される)を、学習可能な実数値のパラメーター(これを「相対位置エンコーディング」と呼ぶこともあります)に変換し、モデルが要素間の相対的な位置関係を学習できるようにします。

Vision Transformer(ViT)モデルでは、各トークン(またはパッチ)の位置を表すために絶対位置エンコーディング(Absolute Position Encoding)が使用されますが、絶対位置エンコーディングにはいくつかの制約があります。

- **位置情報の固定**
  モデルは固定された絶対位置情報に依存するため、入力シーケンスの順序が変わるとパフォーマンスが低下する可能性があります。
- **スケーラビリティの制限**
  入力シーケンスが長くなると、絶対位置エンコーディングの効果が減少することがあります。

相対位置エンコーディングはこれらの問題を克服し、モデルがシーケンス内の要素間の相対的な位置関係を理解できるようにします。これにより、モデルはシーケンス全体の順序に対してよりロバスト(安定して動作すること)になり、より長いシーケンスにも適応しやすくなります。

●self.register_buffer("relative_indices", self.get_indices(window_size))

nn.Moduleクラスのメソッドregister_buffer()を使用して、self.get_indices()の戻り値をバッファ(データを一時的に補完する仕組み)として登録する処理を行っています。

●相対位置インデックスの計算

self.get_indices()は、ウィンドウサイズに基づいて相対位置インデックスを計算する静的メソッドです(後ほど解説します)。すべてのウィンドウについて、その中に含まれるパッチの相対的な位置関係(相対位置インデックス)を計算し、これを1階テンソルに格納して返します。相対位置インデックスは、相対位置エンコーディングを求める際の位置情報として利用されます。ここでは、

(window_size〈行〉, window_size〈列〉, window_size〈行〉, window_size〈列〉)

の形状のテンソルを

(window_size**4,)

の形状にフラット化したテンソルが返されます。window_size=4の場合、self.get_indices()から返されるテンソルの形状は(256,)です。

●テンソルのバッファとしての登録

self.register_buffer("relative_indices", ...) は、計算されたテンソルをモジュールのバッファとして登録します。

バッファは学習可能なパラメーターではなく、固定値のテンソルです。データの一部として扱われ、モデルをロードする際に一緒に読み込まれます。

●torch.nn.Module.register_buffer() メソッド

学習中には更新されない固定値のテンソル(バッファ)を登録するために使用されます。バッファはモデルの一部として扱われます。

書式	register_buffer(name, tensor, persistent=True)	
引数	name	バッファの名前。
	tensor	登録するテンソル。例: torch.zeros(10)
	persistent	バッファがモデルの保存・ロード時に含まれるかどうかを指定します。Falseに設定すると、バッファは保存・ロードされません。デフォルトはTrue。

●if shift_size > 0:
　self.register_buffer("mask", self.generate_mask(shape, window_size, shift_size))

シフト量（サイズ）が0より大きい場合にのみ、マスクを適用します。シフトすることによってウィンドウが重なる場合、ウィンドウの境界をまたぐ部分を検出するためのマスクを生成します。ウィンドウの境界をまたいでしまう位置のアテンションスコアを無効にするために使用されます。

●self.generate_mask(shape, window_size, shift_size)

generate_mask()は、マスクを生成する静的メソッドです（後ほど解説します）。この部分が実行されると、

（1, ウィンドウの数, 1, ウィンドウ内パッチ数, ウィンドウ内パッチ数）

の形状をした5階テンソルが返されます。

●self.register_buffer()

generate_mask()を実行して得られたマスク（5階テンソル）をモデルのバッファとして登録します。

■シフトウィンドウアテンション（SW-MSA）について

ここからは、ShiftedWindowAttentionクラスで定義した各メソッドの処理について見ていきます。その前に、以前にも少し触れましたが、「シフトウィンドウアテンション機構」の仕組みについて、もう一度確認しておきましょう。

●シフトウィンドウアテンション（SW-MSA）とは

シフトウィンドウアテンション機構（Shifted Window Multi-Head Self-Attention：SW-MSA）は、Swin Transformer（Shifted Window Transformer）において使用されるメカニズムの一部です。Swin Transformerの革新性は、画像を小さな固定サイズのウィンドウに分割し、そのウィンドウ内でのアテンションスコア（self-attentionスコア）を計算する点にあります。ただし、この手法は計算効率を向上させる一方で、ウィンドウ間の情報交換が限定されるという課題があります。それを解決するため、ウィンドウをシフトさせることで隣接するウィンドウ間の情報交換を可能にするアプローチが導入されています。これがSW-MSAです。

●SW-MSAの処理の流れ

①通常のウィンドウベースのアテンションスコア（W-MSA）の計算

最初に、特徴マップ上のパッチを固定サイズ（4×4など）のウィンドウにグループ化し、各ウィンドウ内のパッチ間のアテンションスコア（W-MSA）を計算します。

②ウィンドウのシフト

次に、ウィンドウをシフトさせます。シフト後、隣接するウィンドウが部分的に重なるようになり、この重複部分を通じて情報が交換されます。シフトの大きさは通常、ウィンドウサイズの半分で、具体的には、ウィンドウを垂直方向および水平方向に半分ずつシフトすることになります。

③シフト後のウィンドウベースのアテンションスコア(SW-MSA)の計算

シフト後のウィンドウに対して再びアテンションスコア(SW-MSA)を計算します。このとき、重複しない領域間のアテンションスコアを無視するために、マスクを適用します。

SW-MSAの目的は、ウィンドウ間の情報交換を効果的に行うことです。シフト操作により、隣接するウィンドウ同士が部分的に重なるようにします。この重複部分を通じて情報が交換され、モデルはより広範なコンテキストを捉えることができます。マスクを用いて、重複しない領域間のアテンションスコアを無効にすることで、計算量が削減され、効果的な情報交換が可能になります。

■get_indices()メソッドによる相対位置インデックスの計算

ShiftedWindowAttentionクラスの静的メソッドとして定義されているget_indices()メソッドについて見ておきましょう。この静的メソッドは、「相対位置インデックス」を計算します。相対位置インデックス(relative position index)とは、ウィンドウ内の各要素(パッチ)の相対的な位置関係を示す相対位置情報(インデックス)です。相対位置エンコーディングでは、相対位置インデックスを実数値にエンコード(変換)し、トレーニング中に最適な値を学習(最適化)します。

▼get_indices()のコード

```
@staticmethod
def get_indices(window_size):
    """ 相対位置インデックスを計算

    Args:
        window_size: ウィンドウ1辺のサイズ
    Returns:
        ウィンドウ内のすべてのパッチを組み合わせた相対位置インデックス
        (window_size(行), window_size(列), window_size(行), window_size(列))を
        (window_size**4,)にフラット化したテンソル
    """
```

```
    # 0からwindow_size - 1までの1階テンソル[0, 1, 2, 3]を作成
    x = torch.arange(window_size, dtype=torch.long)
    # xの要素を使って4次元のグリッドを生成
    y1, x1, y2, x2 = torch.meshgrid(x, x, x, x, indexing='ij')
    # 相対位置を示すインデックスを求める
    indices = ((y1 - y2 + window_size - 1)*(2*window_size - 1) +
               (x1 - x2 + window_size - 1))
    # 相対位置インデックスを1階テンソルにフラット化して(window_size**4, )の形状にする
    indices = indices.flatten()

    return indices
```


• x = torch.arange(window_size, dtype=torch.long)

window_sizeを使用して、0からwindow_size − 1までの整数を生成します。このテンソルはウィンドウ内の位置を表します。window_size=4 の場合、xの形状は(4,) で、内容は[0, 1, 2, 3] となります。これはウィンドウ内のパッチの位置を示します。

4×4 のウィンドウ内のインデックスは次の通りです。

▼4×4 のウィンドウ内のインデックス

```
[ [ (0,0), (0,1), (0,2), (0,3) ],
  [ (1,0), (1,1), (1,2), (1,3) ],
  [ (2,0), (2,1), (2,2), (2,3) ],
  [ (3,0), (3,1), (3,2), (3,3) ]
]
```

• y1, x1, y2, x2 = torch.meshgrid(x, x, x, x, indexing='ij')

xの要素を使って4次元のグリッドを生成します。y1、x1、y2、x2は、それぞれxの要素を含む4階テンソルです。生成される各テンソルの形状は、

(window_size〈行〉, window_size〈列〉, window_size〈行〉, window_size〈列〉)

となります。window_size=4 の場合、ウィンドウの形状は(4〈行〉, 4〈列〉)ですが、すべてのパッチの組み合わせを作るには、さらに(window_size, window_size)の次元を加えて、(4〈行〉, 4〈列〉 4〈行〉, 4〈列〉)の4階テンソルにすることが必要です。

●torch.meshgrid() 関数

入力テンソルの直積を計算し、グリッドテンソルを生成します。入力テンソルの直積とは「複数の1階テンソルから作成される多次元の格子点の組み合わせ」のことで、具体的には「各入力テンソルの要素を組み合わせて、すべての可能な座標点を生成する」操作です。

書式	torch.meshgrid(*tensors, indexing='ij')	
引数	*tensors	入力テンソル。リストやタプルの形式で渡します。各テンソルの次元は同じである必要があります。
	indexing	'ij' または 'xy' を指定できます。 ・'ij'（デフォルト）：行列のインデックス順序。NumPyのメッシュグリッドの標準的な順序に対応。 ・'xy'：Cartesian 順序。画像処理などで使われる順序です。

●グリッドの生成

window_size = 4 の場合、「x = torch.arange(window_size, dtype=torch.long)」は、

x = tensor([0, 1, 2, 3])

のようになります。「y1, x1, y2, x2 = torch.meshgrid(x, x, x, x, indexing='ij')」を実行すると、次のようなテンソルが生成されます。

・y1は、入力テンソルxの値を第1軸に沿って複製したものです。外側の行単位でテンソルxの値が繰り返されます。

▼y1の値

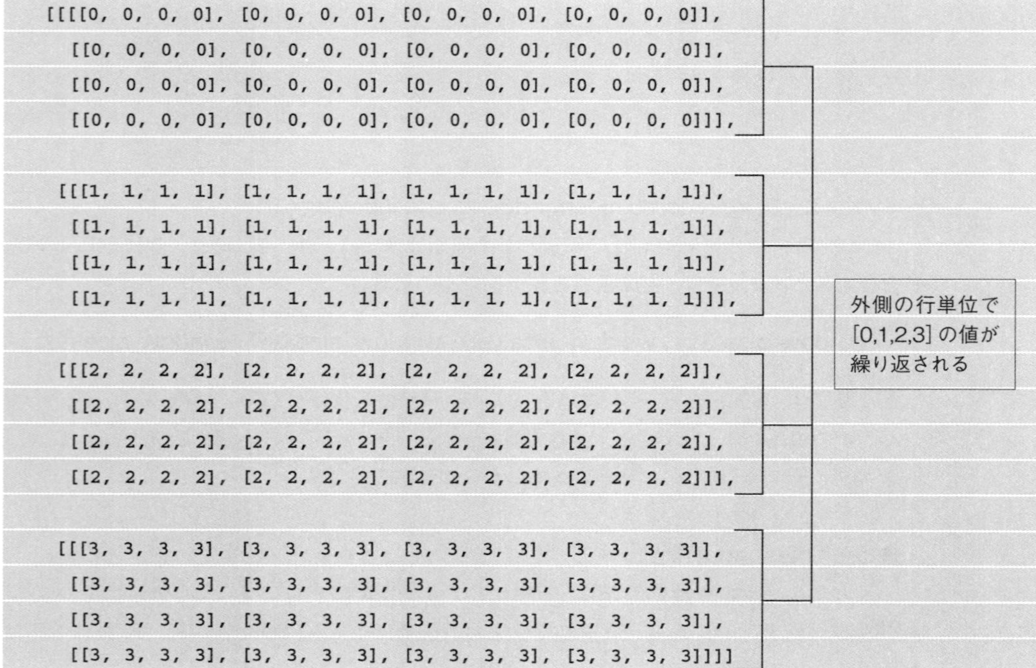

```
[[[[0, 0, 0, 0], [0, 0, 0, 0], [0, 0, 0, 0], [0, 0, 0, 0]],
  [[0, 0, 0, 0], [0, 0, 0, 0], [0, 0, 0, 0], [0, 0, 0, 0]],
  [[0, 0, 0, 0], [0, 0, 0, 0], [0, 0, 0, 0], [0, 0, 0, 0]],
  [[0, 0, 0, 0], [0, 0, 0, 0], [0, 0, 0, 0], [0, 0, 0, 0]]],

 [[[1, 1, 1, 1], [1, 1, 1, 1], [1, 1, 1, 1], [1, 1, 1, 1]],
  [[1, 1, 1, 1], [1, 1, 1, 1], [1, 1, 1, 1], [1, 1, 1, 1]],
  [[1, 1, 1, 1], [1, 1, 1, 1], [1, 1, 1, 1], [1, 1, 1, 1]],
  [[1, 1, 1, 1], [1, 1, 1, 1], [1, 1, 1, 1], [1, 1, 1, 1]]],

 [[[2, 2, 2, 2], [2, 2, 2, 2], [2, 2, 2, 2], [2, 2, 2, 2]],
  [[2, 2, 2, 2], [2, 2, 2, 2], [2, 2, 2, 2], [2, 2, 2, 2]],
  [[2, 2, 2, 2], [2, 2, 2, 2], [2, 2, 2, 2], [2, 2, 2, 2]],
  [[2, 2, 2, 2], [2, 2, 2, 2], [2, 2, 2, 2], [2, 2, 2, 2]]],

 [[[3, 3, 3, 3], [3, 3, 3, 3], [3, 3, 3, 3], [3, 3, 3, 3]],
  [[3, 3, 3, 3], [3, 3, 3, 3], [3, 3, 3, 3], [3, 3, 3, 3]],
  [[3, 3, 3, 3], [3, 3, 3, 3], [3, 3, 3, 3], [3, 3, 3, 3]],
  [[3, 3, 3, 3], [3, 3, 3, 3], [3, 3, 3, 3], [3, 3, 3, 3]]]]
```

・x1は、入力テンソルxの値を第2軸に沿って複製したものです。外側の列単位でテンソルxの値が繰り返されます。

▼x1の値

```
[[[[0, 0, 0, 0], [1, 1, 1, 1], [2, 2, 2, 2], [3, 3, 3, 3]],
  [[0, 0, 0, 0], [1, 1, 1, 1], [2, 2, 2, 2], [3, 3, 3, 3]],
  [[0, 0, 0, 0], [1, 1, 1, 1], [2, 2, 2, 2], [3, 3, 3, 3]],
  [[0, 0, 0, 0], [1, 1, 1, 1], [2, 2, 2, 2], [3, 3, 3, 3]]],

 ......同じブロックが3回続く......
]
```

外側の列単位で[0,1,2,3]の値が繰り返される

・y2 は、テンソルxの値を第3軸に沿って複製したものです。内側の行単位でテンソルxの値が繰り返されます。

▼y2の値

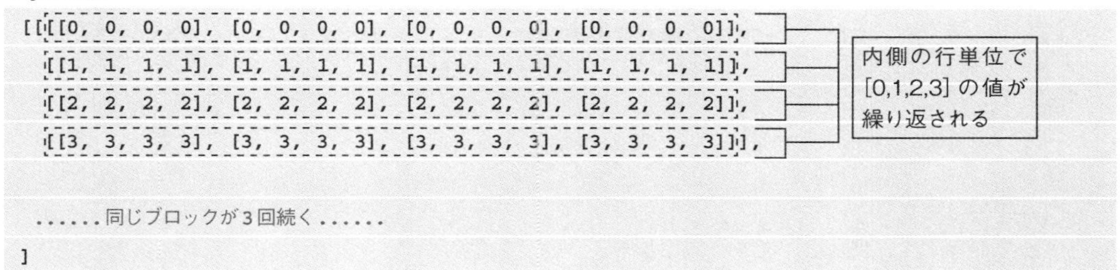

```
[[[[0, 0, 0, 0], [0, 0, 0, 0], [0, 0, 0, 0], [0, 0, 0, 0]],
  [[1, 1, 1, 1], [1, 1, 1, 1], [1, 1, 1, 1], [1, 1, 1, 1]],
  [[2, 2, 2, 2], [2, 2, 2, 2], [2, 2, 2, 2], [2, 2, 2, 2]],
  [[3, 3, 3, 3], [3, 3, 3, 3], [3, 3, 3, 3], [3, 3, 3, 3]]],

 ......同じブロックが3回続く......
]
```


・x2は、テンソルxの値を第 4 軸に沿って複製したものです。内側の列単位でテンソルxの値が繰り返されます。

▼x2の値

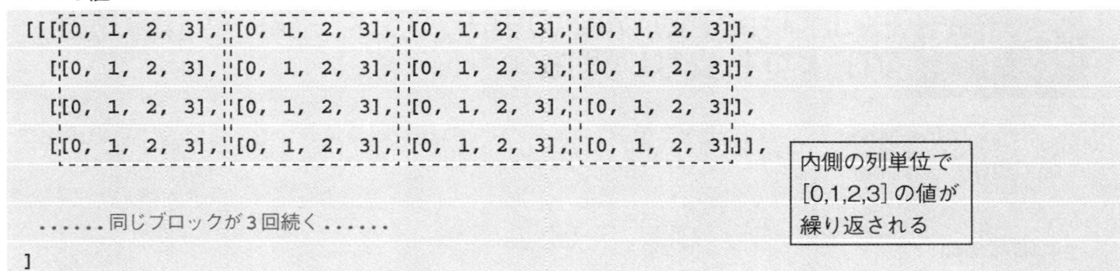

```
[[[[0, 1, 2, 3], [0, 1, 2, 3], [0, 1, 2, 3], [0, 1, 2, 3]],
  [[0, 1, 2, 3], [0, 1, 2, 3], [0, 1, 2, 3], [0, 1, 2, 3]],
  [[0, 1, 2, 3], [0, 1, 2, 3], [0, 1, 2, 3], [0, 1, 2, 3]],
  [[0, 1, 2, 3], [0, 1, 2, 3], [0, 1, 2, 3], [0, 1, 2, 3]]],

 ......同じブロックが3回続く......
]
```

●ウィンドウ内各パッチ間の距離を計算する方法

1つ目の「indices = …」の式では、相対位置エンコーディングのための「相対位置インデックス」を計算します。この式の目的は、ウィンドウ内の各パッチの相対的な距離を一意のインデックスに変換することです。「ウィンドウ内の位置間の相対的な距離」とは、1つのウィンドウ内の各パッチ（または位置）間の距離を指します。

●ウィンドウ内の位置

ウィンドウは固定サイズ（4×4）の小さな領域です。このウィンドウ内に4個のパッチ（位置）が存在します。

●相対的な距離

ウィンドウ内の各パッチは、他のパッチに対して相対的な位置を持っています。例えば、パッチAとパッチBがウィンドウ内にあり、**パッチAの座標が（1, 1）、パッチBの座標が（2, 3）**であるとします。この場合、パッチAから見たパッチBの相対的な位置は（1, 2）です。この相対的な位置情報は、ウィンドウ内のパッチ間の距離と方向を示します。先のy1、x1、y2、x2を例に、パッチ間の相対位置の計算イメージを見てみましょう（次ページ図参照）。

COLUMN Swin Transformerの重みパラメーターや計算量がViTよりも少ない理由③

Swin Transformer が、ViTに比べて重みパラメーターの数や計算量が少なくなる３つ目の理由について説明します。

③階層構造

ViTでは、画像全体を同一のパッチサイズで処理するため、すべての層で同じ次元の表現を保持し続けます。これにより、特に大きな画像では多くのパラメーターが必要になります。一方、Swin Transformerは、各層で画像の解像度を徐々に縮小しながら特徴を抽出するため、層ごとに処理すべき情報量が減少し、それに伴って計算量とパラメーター数が減少します。

▼パッチ間の相対位置の計算例

特徴マップ

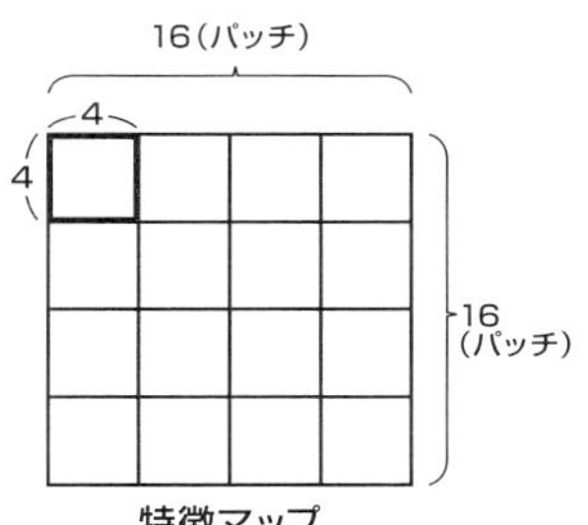

・特徴マップ：（256, 128）
パッチ数　パッチのピクセルデータ数

・特徴マップ内のパッチ数：（4 × 4）×（4 × 4）= 2
ウィンドウ数　ウィンドウ内のパッチ

・特徴マップ内のウィンドウ数：4 × 4 = 16

・ウィンドウのサイズ：4 × 4

y軸（タテ方向）の相対位置

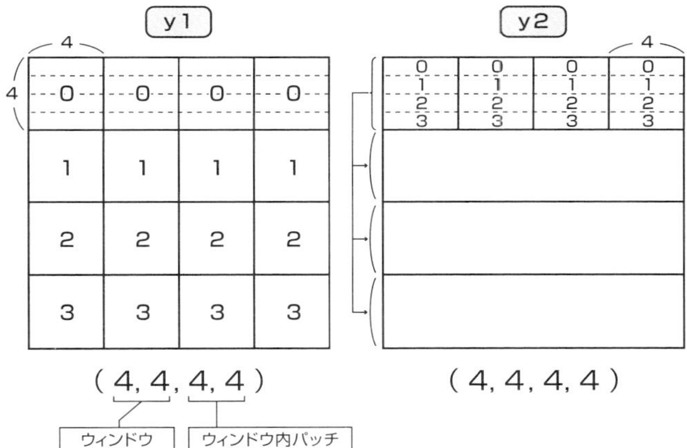

・ヨコ方向1ブロック目におけるyの相対位置

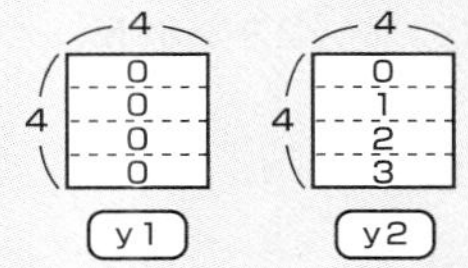

y1－y2＝yの相対位置

・1行目：0－0＝0
・2行目：0－1＝－1
・3行目：0－2＝－2
・4行目：0－3＝－3

x軸（ヨコ方向）の相対位置

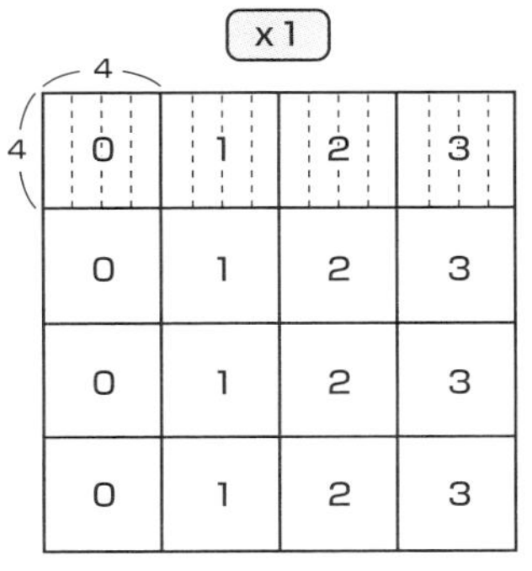

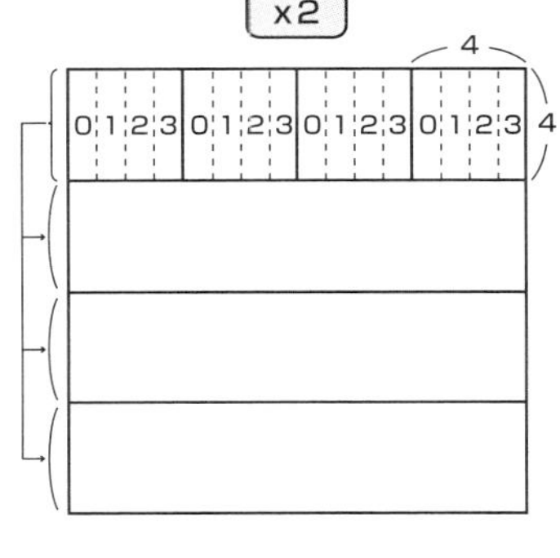

・タテ方向1ブロック目におけるxの相対位置

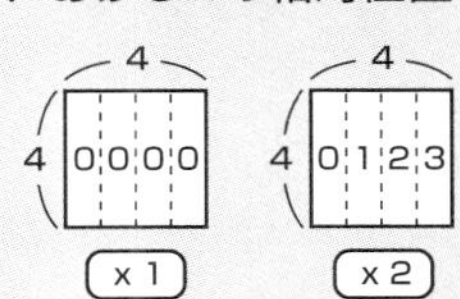

x1－x2＝xの相対位置

・1行目：0－0＝0
・2行目：0－1＝－1
・3行目：0－2＝－2
・4行目：0－3＝－3

● indices = ((y1 − y2 + window_size − 1) * (2 * window_size − 1) + (x1 − x2 + window_size − 1))

ここでの処理には、2次元の座標を1次元のインデックスに変換するための典型的な手法が用いられています。具体的には、以下のようにして相対位置を計算します。

①相対位置の計算

まず、相対位置を計算します。これにより、ウィンドウ内のパッチ間の相対的な距離が求められます。

- (y1 − y2)：縦方向の相対位置
- (x1 − x2)：横方向の相対位置

②正の値にシフト

負の値になるのを避けるために、window_size − 1を加算します。これにより、相対位置の範囲は0から2*window_size −2までになります。

▼(y1 − y2 + window_size − 1)：縦方向の相対位置を正の範囲にシフトした結果

```
[[[[ 3,  3,  3,  3], [ 2,  2,  2,  2], [ 1,  1,  1,  1], [ 0,  0,  0,  0]],
   [[ 3,  3,  3,  3], [ 2,  2,  2,  2], [ 1,  1,  1,  1], [ 0,  0,  0,  0]],
   [[ 3,  3,  3,  3], [ 2,  2,  2,  2], [ 1,  1,  1,  1], [ 0,  0,  0,  0]],
   [[ 3,  3,  3,  3], [ 2,  2,  2,  2], [ 1,  1,  1,  1], [ 0,  0,  0,  0]]],

  [[[ 4,  4,  4,  4], [ 3,  3,  3,  3], [ 2,  2,  2,  2], [ 1,  1,  1,  1]],
   [[ 4,  4,  4,  4], [ 3,  3,  3,  3], [ 2,  2,  2,  2], [ 1,  1,  1,  1]],
   [[ 4,  4,  4,  4], [ 3,  3,  3,  3], [ 2,  2,  2,  2], [ 1,  1,  1,  1]],
   [[ 4,  4,  4,  4], [ 3,  3,  3,  3], [ 2,  2,  2,  2], [ 1,  1,  1,  1]]],

  [[[ 5,  5,  5,  5], [ 4,  4,  4,  4], [ 3,  3,  3,  3], [ 2,  2,  2,  2]],
   [[ 5,  5,  5,  5], [ 4,  4,  4,  4], [ 3,  3,  3,  3], [ 2,  2,  2,  2]],
   [[ 5,  5,  5,  5], [ 4,  4,  4,  4], [ 3,  3,  3,  3], [ 2,  2,  2,  2]],
   [[ 5,  5,  5,  5], [ 4,  4,  4,  4], [ 3,  3,  3,  3], [ 2,  2,  2,  2]]],

  [[[ 6,  6,  6,  6], [ 5,  5,  5,  5], [ 4,  4,  4,  4], [ 3,  3,  3,  3]],
   [[ 6,  6,  6,  6], [ 5,  5,  5,  5], [ 4,  4,  4,  4], [ 3,  3,  3,  3]],
   [[ 6,  6,  6,  6], [ 5,  5,  5,  5], [ 4,  4,  4,  4], [ 3,  3,  3,  3]],
   [[ 6,  6,  6,  6], [ 5,  5,  5,  5], [ 4,  4,  4,  4], [ 3,  3,  3,  3]]]]
```

▼ (x1 − x2 + window_size − 1)：横方向の相対位置を正の範囲にシフトした結果

```
[[[[ 3,  2,  1,  0], [ 3,  2,  1,  0], [ 3,  2,  1,  0], [ 3,  2,  1,  0]],
  [[ 4,  3,  2,  1], [ 4,  3,  2,  1], [ 4,  3,  2,  1], [ 4,  3,  2,  1]],
  [[ 5,  4,  3,  2], [ 5,  4,  3,  2], [ 5,  4,  3,  2], [ 5,  4,  3,  2]],
  [[ 6,  5,  4,  3], [ 6,  5,  4,  3], [ 6,  5,  4,  3], [ 6,  5,  4,  3]]],
 ......同じブロックが3回続く......
]
```

③縦方向の相対位置をスケーリング

縦方向の相対位置に (2＊window_size − 1) を掛けます。(2＊window_size − 1)は、各位置間の相対的な距離の範囲(7)になります。これを縦方向の相対位置(y1 − y2 + window_size − 1)に掛けることで、縦方向のインデックスを大きくし、横方向のインデックスが重複しないようにします。

▼ (y1 − y2 + window_size − 1)＊(2＊window_size − 1)の結果

```
[[[[21, 21, 21, 21], [14, 14, 14, 14], [ 7,  7,  7,  7], [ 0,  0,  0,  0]],
  [[21, 21, 21, 21], [14, 14, 14, 14], [ 7,  7,  7,  7], [ 0,  0,  0,  0]],
  [[21, 21, 21, 21], [14, 14, 14, 14], [ 7,  7,  7,  7], [ 0,  0,  0,  0]],
  [[21, 21, 21, 21], [14, 14, 14, 14], [ 7,  7,  7,  7], [ 0,  0,  0,  0]]],

 [[[28, 28, 28, 28], [21, 21, 21, 21], [14, 14, 14, 14], [ 7,  7,  7,  7]],
  [[28, 28, 28, 28], [21, 21, 21, 21], [14, 14, 14, 14], [ 7,  7,  7,  7]],
  [[28, 28, 28, 28], [21, 21, 21, 21], [14, 14, 14, 14], [ 7,  7,  7,  7]],
  [[28, 28, 28, 28], [21, 21, 21, 21], [14, 14, 14, 14], [ 7,  7,  7,  7]]],

 [[[35, 35, 35, 35], [28, 28, 28, 28], [21, 21, 21, 21], [14, 14, 14, 14]],
  [[35, 35, 35, 35], [28, 28, 28, 28], [21, 21, 21, 21], [14, 14, 14, 14]],
  [[35, 35, 35, 35], [28, 28, 28, 28], [21, 21, 21, 21], [14, 14, 14, 14]],
  [[35, 35, 35, 35], [28, 28, 28, 28], [21, 21, 21, 21], [14, 14, 14, 14]]],

 [[[42, 42, 42, 42], [35, 35, 35, 35], [28, 28, 28, 28], [21, 21, 21, 21]],
  [[42, 42, 42, 42], [35, 35, 35, 35], [28, 28, 28, 28], [21, 21, 21, 21]],
  [[42, 42, 42, 42], [35, 35, 35, 35], [28, 28, 28, 28], [21, 21, 21, 21]],
  [[42, 42, 42, 42], [35, 35, 35, 35], [28, 28, 28, 28], [21, 21, 21, 21]]]]
```

④横方向の相対位置を加算して相対位置インデックスを求める

最後に、③で求めた縦方向のスケーリングされた相対位置に、横方向の相対位置を加算します。これによって、

(window_size〈行〉, window_size〈列〉, window_size〈行〉, window_size〈列〉)

の形状をした4階テンソルが求められます。テンソルの総要素数は256で、特徴マップのパッチの数256と同じです。ここで、相対位置インデックスについて整理しておきましょう。

●相対位置インデックスの計算

具体的には、(y1, x1) がウィンドウ内の特定のパッチの位置を示し、(y2, x2) が他のパッチの位置を示します。この各パッチペアに対して相対位置インデックスが計算されます。結果として得られるテンソルの形状(4, 4, 4, 4)は、ウィンドウ内の各パッチ(y1, x1)と他のすべてのパッチ(y2, x2)との相対位置が計算された結果です。テンソルの形状 (4, 4, 4, 4) は、次のように解釈できます。

- 第1次元：ウィンドウ内の行方向のサイズ (y1)
- 第2次元：ウィンドウ内の列方向のサイズ (x1)
- 第3次元：ウィンドウ内の行方向のサイズ (y2)
- 第4次元：ウィンドウ内の列方向のサイズ (x2)

これにより、ウィンドウ内の各パッチの組み合わせ (すべてのパッチペア) に対する相対位置が得られたことになります。

●実際に相対位置インデックスを求めてみる

相対位置インデックスがどのようなものであるか、実際にプログラムを作成して確かめてみましょう。新規のNotebookを作成し、次のように入力して実行してみます。

▼相対位置インデックス (indices.ipynb)

```
import torch
window_size = 4
# 0からwindow_size - 1までの1階テンソル[0, 1, 2, 3]を作成
x = torch.arange(window_size, dtype=torch.long)
# xの要素を使って4次元のグリッドを生成
y1, x1, y2, x2 = torch.meshgrid(x, x, x, x, indexing='ij')
# 相対位置インデックスの計算
indices = (y1 - y2 + window_size - 1)*(2*window_size - 1) + x1 - x2 + window_size - 1
print(indices.shape)
print(indices)
```

▼出力(テンソルの3次元目と4次元目が横並びになるように変えています)

```
torch.Size([4, 4, 4, 4])
tensor(
  [[[[24, 23, 22, 21], [17, 16, 15, 14], [10,  9,  8,  7], [ 3,  2,  1,  0]],
    [[25, 24, 23, 22], [18, 17, 16, 15], [11, 10,  9,  8], [ 4,  3,  2,  1]],
    [[26, 25, 24, 23], [19, 18, 17, 16], [12, 11, 10,  9], [ 5,  4,  3,  2]],
    [[27, 26, 25, 24], [20, 19, 18, 17], [13, 12, 11, 10], [ 6,  5,  4,  3]]],

   [[[31, 30, 29, 28], [24, 23, 22, 21], [17, 16, 15, 14], [10,  9,  8,  7]],
    [[32, 31, 30, 29], [25, 24, 23, 22], [18, 17, 16, 15], [11, 10,  9,  8]],
    [[33, 32, 31, 30], [26, 25, 24, 23], [19, 18, 17, 16], [12, 11, 10,  9]],
    [[34, 33, 32, 31], [27, 26, 25, 24], [20, 19, 18, 17], [13, 12, 11, 10]]],

   [[[38, 37, 36, 35], [31, 30, 29, 28], [24, 23, 22, 21], [17, 16, 15, 14]],
    [[39, 38, 37, 36], [32, 31, 30, 29], [25, 24, 23, 22], [18, 17, 16, 15]],
    [[40, 39, 38, 37], [33, 32, 31, 30], [26, 25, 24, 23], [19, 18, 17, 16]],
    [[41, 40, 39, 38], [34, 33, 32, 31], [27, 26, 25, 24], [20, 19, 18, 17]]],

   [[[45, 44, 43, 42], [38, 37, 36, 35], [31, 30, 29, 28], [24, 23, 22, 21]],
    [[46, 45, 44, 43], [39, 38, 37, 36], [32, 31, 30, 29], [25, 24, 23, 22]],
    [[47, 46, 45, 44], [40, 39, 38, 37], [33, 32, 31, 30], [26, 25, 24, 23]],
    [[48, 47, 46, 45], [41, 40, 39, 38], [34, 33, 32, 31], [27, 26, 25, 24]]]]
)
```

作成されたテンソルの形状は

(window_size〈行〉, window_size〈列〉, window_size〈行〉, window_size〈列〉)

となり、これらの値は各位置のペア間の相対的な位置関係を示すインデックスです。例えば、最初の値の24は、ウィンドウ内のある位置ペア (y1, x1) と (y2, x2) の相対位置が 24 であることを示しています。

なお、相対位置の組み合わせは

$(2 \times \boldsymbol{window_size} - 1)^2 = 7^2 = 49$通り

となることを、「__init__()コンストラクターの処理」の項目内でお話ししました。このことに従って、生成されるインデックスは、0から48までの値を取ります。

●indices = indices.flatten()

get_indices()メソッド中で相対位置インデックスが得られたら、これを格納した(4, 4, 4, 4)の4階テンソルをフラット化して、

(window_size＊＊4,)

の形状の1階テンソルにします。このテンソルが戻り値として返され、先の

self.register_buffer("relative_indices", self.get_indices(window_size))

において、モデルのバッファとして登録されることになります。なお、バッファはモデルの一部として保存され、学習中には変更されません。

▼get_indices()メソッドによる相対位置インデックスの計算

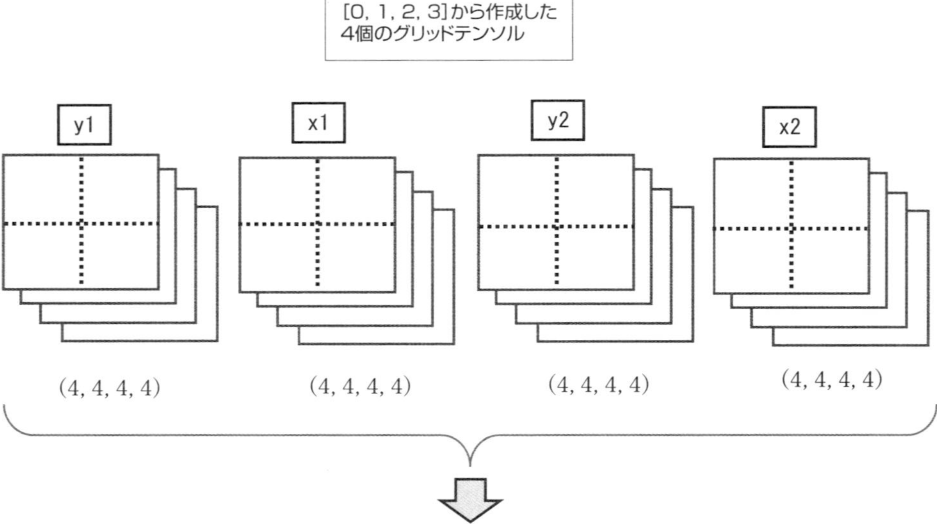

■generate_mask()メソッドによるマスクの生成

ShiftedWindowAttentionクラスの静的メソッドとして定義されているgenerate_mask()メソッドについて見ておきましょう。この静的メソッドは、シフトされたウィンドウの境界を特定し、無効なアテンションスコアを計算しないようにするためのマスクを生成します。

▼generate_mask()メソッドのコード

```
@staticmethod
def generate_mask(shape, window_size, shift_size):
    """ マスクを生成

        シフトによってウィンドウが重なる場合、
        ウィンドウの境界をまたぐ部分を検出するためのマスクを生成
        ウィンドウの境界をまたぐアテンションスコアを
        無視するために使用される

    Args:
        shape(tuple):
            特徴マップの256個のパッチを正方行列にしたときの形状
            画像1辺のサイズをパッチ1辺のサイズで割って行、列のサイズshapeを取得
            shape = (image_size // patch_size, image_size // patch_size)
            shape = (16, 16)
        window_size(int): ウィンドウ1辺のサイズ(window_size=4)
        shift_size(int): ウィンドウのシフト量

    Returns:
        異なる領域間のアテンションスコアを無視するために使用される
        ブール値のマスクテンソル:
        (1, ウィンドウの数, 1, ウィンドウ内パッチ数, ウィンドウ内パッチ数)
    """
    region_mask = torch.zeros(1, *shape, 1)
    slices = [
        slice(0, -window_size),
        slice(-window_size, -shift_size),
        slice(-shift_size, None)
    ]

    region_num = 0
    for i in slices:
```

```
        for j in slices:
            region_mask[:, i, j, :] = region_num
            region_num += 1

mask_windows = ShiftedWindowAttention.split_windows(
            region_mask, window_size).squeeze(-1)
diff_mask = mask_windows.unsqueeze(1) - mask_windows.unsqueeze(2)
mask = diff_mask != 0
mask = mask.unsqueeze(1).unsqueeze(0)
return mask
```

●region_mask = torch.zeros(1, *shape, 1)

shapeの値(行パッチ数, 列パッチ数)の要素をアンパック演算子「*」で展開して

(1, 行パッチ数, 列パッチ数, 1)

の形状のテンソルを作成し、すべての要素をゼロで初期化します。このテンソルの次元は次のように解釈されます。

・第1次元:バッチデータの次元(ここでは常に1)
・第2次元:パッチの並びを正方行列にしたときの行数
・第3次元:パッチの並びを正方行列にしたときの列数
・第4次元:チャンネル次元(ここでは常に1)

●slices = [slice(0, −window_size), slice(−window_size, −shift_size), slice(−shift_size, None)]

ウィンドウの位置を特定するためのスライスを定義します。各スライスはウィンドウ内の異なる位置を表します。

• slice(0, −window_size)

最初の領域として、先頭からウィンドウサイズの手前までの範囲を指定します。window_size = 4の場合、slice(0, −4) となります。

• slice(−window_size, −shift_size)

中間の領域として、ウィンドウサイズの手前からシフトサイズの手前までの範囲を指定します。window_size = 4、shift_size = 2 の場合、slice(−4, −2) です。

• slice(−shift_size, None)

最後の領域として、シフトサイズの手前から末尾までの範囲を指定します。shift_size = 2の場合、slice(−2, None)です。

●slice()関数

シーケンス(リスト、タプル、文字列など)の一部を取得するためのスライスオブジェクトを作成します。

書式	slice(start, stop, step)	
引数	start	スライスの開始位置を指定します(インデックス)。デフォルトはNoneで、シーケンスの先頭からスライスを開始します。
	stop	スライスの終了位置を指定します(インデックス)。この位置は含まれません。デフォルトはNoneで、シーケンスの末尾までスライスしミす。
	step	ライスのステップ(間隔)を指定します。デフォルトはNoneで、連続した要素をスライスします。

●region_num = 0

各領域に割り当てる番号を保持するカウンター変数をゼロで初期化します。

●for i in slices:
```
for j in slices:
    region_mask[:, i, j, :] = region_num
    region_num += 1
```

region_maskのテンソル(1, 行パッチ数, 列パッチ数, 1)における第2次元と第3次元に対して、2重ループを使って3つのスライスを組み合わせ、各領域に対して番号(領域番号)を割り当てます。外側のループではiがリストslicesから各スライスを取り、内側のループではjがリストslicesから各スライスを取ります。

iとjは、slices内のsliceオブジェクトをそれぞれ取り、すべての組み合わせを生成します。次表に、各ループの組み合わせとその値を示します。

▼ループの組み合わせとregion_numの値（window_size = 4、shift_size = 2 の場合）

i (slicesの値)	j (slicesの値)	region_num
slice(0, −4)	slice(0, −4)	0
slice(0, −4)	slice(−4, −2)	1
slice(0, −4)	slice(−2, None)	2
slice(−4, −2)	slice(0, −4)	3
slice(−4, −2)	slice(−4, −2)	4
slice(−4, −2)	slice(−2, None)	5
slice(−2, None)	slice(0, −4)	6
slice(−2, None)	slice(−4, −2)	7
slice(−2, None)	slice(−2, None)	8

処理が込み入っているので、実際にプログラムを作って試してみましょう。新規にNotebookを作成し、次のコードを入力して実行してみることにします。

▼領域番号の割り当てを行うプログラム（region_mask.ipynb）

```
import torch

# 形状を定義して(1, 16, 16, 1)のテンソルを作成
shape = (16, 16)
region_mask = torch.zeros(1, *shape, 1)

window_size = 4
shift_size = 2

slices = [
    slice(0, -window_size),                # slice(0, -4)
    slice(-window_size, -shift_size),      # slice(-4, -2)
    slice(-shift_size, None)               # slice(-2, None)
]

region_num = 0
for i in slices:
    for j in slices:
        region_mask[:, i, j, :] = region_num
        region_num += 1

print(region_mask.squeeze()) # 要素数が1の次元を削除して出力
```

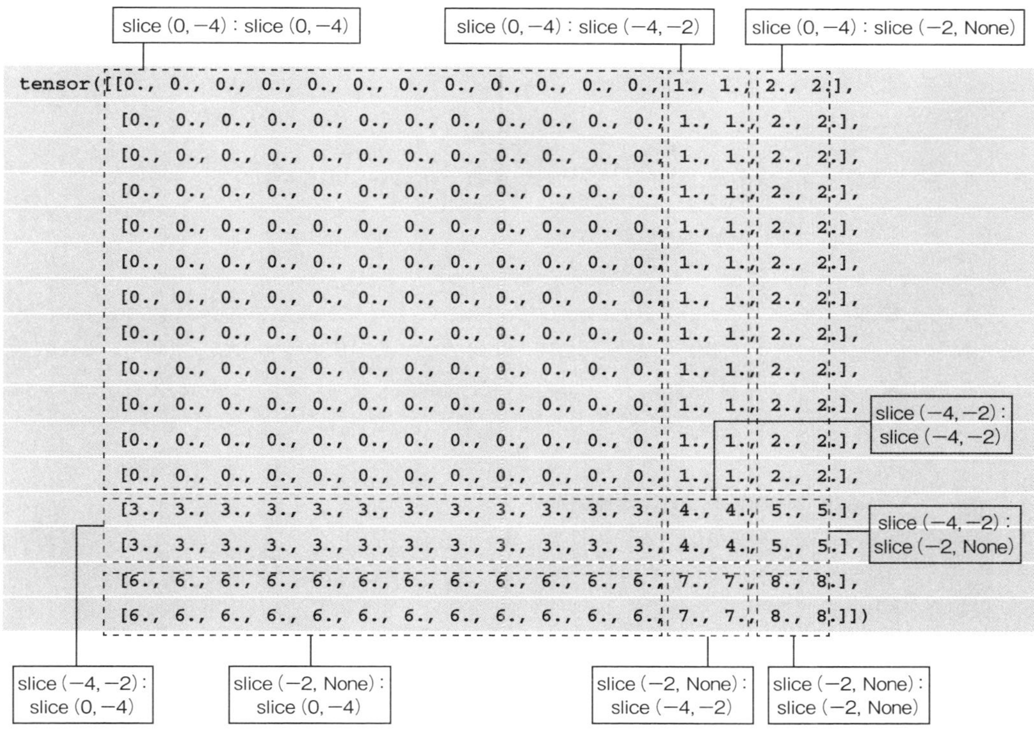

```
tensor([[0., 0., 0., 0., 0., 0., 0., 0., 0., 0., 0., 0., 1., 1., 2., 2.],
        [0., 0., 0., 0., 0., 0., 0., 0., 0., 0., 0., 0., 1., 1., 2., 2.],
        [0., 0., 0., 0., 0., 0., 0., 0., 0., 0., 0., 0., 1., 1., 2., 2.],
        [0., 0., 0., 0., 0., 0., 0., 0., 0., 0., 0., 0., 1., 1., 2., 2.],
        [0., 0., 0., 0., 0., 0., 0., 0., 0., 0., 0., 0., 1., 1., 2., 2.],
        [0., 0., 0., 0., 0., 0., 0., 0., 0., 0., 0., 0., 1., 1., 2., 2.],
        [0., 0., 0., 0., 0., 0., 0., 0., 0., 0., 0., 0., 1., 1., 2., 2.],
        [0., 0., 0., 0., 0., 0., 0., 0., 0., 0., 0., 0., 1., 1., 2., 2.],
        [0., 0., 0., 0., 0., 0., 0., 0., 0., 0., 0., 0., 1., 1., 2., 2.],
        [0., 0., 0., 0., 0., 0., 0., 0., 0., 0., 0., 0., 1., 1., 2., 2.],
        [0., 0., 0., 0., 0., 0., 0., 0., 0., 0., 0., 0., 1., 1., 2., 2.],
        [0., 0., 0., 0., 0., 0., 0., 0., 0., 0., 0., 0., 1., 1., 2., 2.],
        [3., 3., 3., 3., 3., 3., 3., 3., 3., 3., 3., 3., 4., 4., 5., 5.],
        [3., 3., 3., 3., 3., 3., 3., 3., 3., 3., 3., 3., 4., 4., 5., 5.],
        [6., 6., 6., 6., 6., 6., 6., 6., 6., 6., 6., 6., 7., 7., 8., 8.],
        [6., 6., 6., 6., 6., 6., 6., 6., 6., 6., 6., 6., 7., 7., 8., 8.]])
```


●mask_windows = ShiftedWindowAttention.split_windows(region_mask, window_size).squeeze(−1)

region_mask(1, 行パッチ数, 列パッチ数, 1)をsplit_windows()で複数のウィンドウに分割し、結果として得られたテンソルの第3次元を削除(パッチサイズの要素数は1なので)します。

• ShiftedWindowAttention.split_windows(region_mask, window_size)

split_windows()メソッドは、引数として渡されたテンソルを、window_sizeに従ってウィンドウに分割します。region_maskの形状(1, 行パッチ数, 列パッチ数, 1)における正方行列(行パッチ数, 列パッチ数)をwindow_sizeで分割すると、

(ウィンドウの数, ウィンドウ内パッチ数, パッチサイズ)

の形状のテンソルが返されます。

・.squeeze(−1)

squeeze(−1) は、指定された次元（この場合は最後の次元）のサイズが1である場合、その次元を削除します。split_windows() メソッドでウィンドウに分割された状態のテンソルの形状は、

（ウィンドウの数，ウィンドウ内パッチ数〈window_size＊＊2〉）

となり、mask_windowsに格納されます。

●**diff_mask = mask_windows.unsqueeze(1) − mask_windows.unsqueeze(2)**

ウィンドウ内における各パッチ間の相対的な位置関係を表す差分を計算し、異なる領域に属するパッチを識別するための基礎データを作成します。「異なる領域」とは、シフトによってウィンドウが重なる場合に発生する、境界をまたぐ部分のことを指します。

・**mask_windows.unsqueeze(1)**

mask_windowsの第2次元の位置に新しい次元を追加します。この操作により、元の各パッチが異なる「列」に配置されます。つまり、各パッチが列方向に繰り返されることになります。

新しい形状：（ウィンドウの数，1，ウィンドウ内パッチ数，パッチサイズ）

・**mask_windows.unsqueeze(2)**

mask_windowsの第3次元の位置に新しい次元を追加します。異なる「行」にパッチを配置します。つまり、各パッチが行方向に繰り返されることになります。

新しい形状：（ウィンドウの数，ウィンドウ内パッチ数，1，パッチサイズ）

●**diff_maskの値**

mask_windows.unsqueeze(1) と mask_windows.unsqueeze(2) の操作により、各ウィンドウにおけるすべてのパッチ間で比較できる形状に変形されるので、

mask_windows.unsqueeze(1) − mask_windows.unsqueeze(2)

の結果、ブロードキャストのルールに従って、行方向に拡張されたテンソルと列方向に拡張されたテンソルの間で差分が計算されます。結果として得られるテンソルの形状は、

（ウィンドウの数，ウィンドウ内パッチ数，ウィンドウ内パッチ数）

となります。この結果は、すべてのウィンドウ内の各パッチとその他のすべてのパッチとの組み合わせによる相対的な位置関係の差分を示します。

●mask = diff_mask != 0

diff_mask != 0によって、差がゼロではない領域（シフトによってウィンドウが重なる場合に発生する境界をまたぐ部分）を検出します。結果、maskはブール値のマスクテンソルとなり、異なる領域（境界をまたぐ部分）がTrueになります。この結果は、異なる領域間でのアテンションスコアの計算を制限するために使用されます。これにより、ウィンドウ間の情報漏洩（ろうえい）を防ぎ、モデルの一般化能力を向上させることができます。

maskの形状:(ウィンドウ数, ウィンドウ内パッチ数, ウィンドウ内パッチ数)

●mask = mask.unsqueeze(1).unsqueeze(0)

Swin TransformerのW-MSAで使用するマスクは、バッチサイズやヘッドの数を考慮する必要があります。ここでは、マスクテンソルにバッチ次元とヘッド次元を追加して、アテンションスコアと同じ形状にします。maskの第2次元の位置に新しい次元を挿入(ヘッドのため)し、さらに第1次元の位置に新しい次元を挿入（バッチデータのため）し、テンソルの形状を次のように再構築します。

(1, ウィンドウの数, 1, ウィンドウ内パッチ数, ウィンドウ内パッチ数)

split_windows()メソッドによるウィンドウへの分割

静的メソッドとして定義されているsplit_windows()は、「window_sizeに基づいて、特徴マップを複数のウィンドウに分割する」処理を行います。

▼split_windows()メソッド

```
@staticmethod
def split_windows(x, window_size):
    """window_sizeに基づいてパッチテンソルxをウィンドウに分割

    Args:
        x: パッチテンソル(bs, パッチ数(行), パッチ数(列), パッチサイズ(データ数))
         window_size(int): ウィンドウ1辺のサイズ(window_size=4)
    Returns:
        x: 入力テンソルxをウィンドウに分割後のテンソル
           (bs*ウィンドウ数, ウィンドウ内パッチ数(window_size**2), パッチサイズ)
    """
    # 行方向のウィンドウの数n_hと列方向のウィンドウの数n_wを求める
    n_h, n_w = x.size(1) // window_size, x.size(2) // window_size
    # パッチ行列を複数ウィンドウに分割する
```

```
        x = x.unflatten(1, (n_h, window_size)).unflatten(-2, (n_w, window_size))
        # 第3次元(window_size)と第4次元(ウィンドウ数(列))を入れ替えて
        # 第1次元、第2次元、第3次元をフラット化
        x = x.transpose(2, 3).flatten(0, 2)
        # 第2次元(行のwindow_size)と第3次元(列のwindow_size)をフラット化
        x = x.flatten(-3, -2)

        return x
```

●n_h, n_w = x.size(1) // window_size, x.size(2) // window_size

テンソルxの形状:

(bs, パッチ数〈行〉, パッチ数〈列〉, パッチサイズ〈データ数〉)

における、パッチ数〈行〉とパッチ数〈列〉をwindow_sizeで割って、行方向のウィンドウの数n_hと列方向のウィンドウの数n_wを求めます。

●x = x.unflatten(1, (n_h, window_size)).unflatten(−2, (n_w, window_size))

テンソルxの形状:

(bs, パッチ数〈行〉, パッチ数〈列〉, パッチサイズ〈データ数〉)

における、第2次元と第3次元をウィンドウの数とウィンドウサイズでアンフラット化(展開)することで、パッチ行列を複数ウィンドウに分割します。分割後の6階テンソルは、次の形状になります。

(bs, ウィンドウ数〈行〉, 行のwindow_size, ウィンドウ数〈列〉, 列のwindow_size, パッチサイズ)

●x = x.transpose(2, 3).flatten(0, 2)

xの第3次元(行のwindow_size)と第4次元(ウィンドウ数〈列〉)を入れ替えて、第1次元、第2次元、第3次元までをフラット化します。

処理後の形状: (bs∗ウィンドウの数〈行∗列〉, 行のwindow_size, 列のwindow_size, パッチサイズ)

- x.transpose(2, 3)

第3次元（window_size〈行〉）と第4次元（列方向ウィンドウ数）を入れ替えます。

(bs, ウィンドウ数〈行〉, 行のwindow_size, ウィンドウ数〈列〉, 列のwindow_size, パッチサイズ)
↓
(bs, ウィンドウ数〈行〉, ウィンドウ数〈列〉, 行のwindow_size, 列のwindow_size, パッチサイズ)

- .flatten(0, 2)

第1次元、第2次元、第3次元をフラット化します。これは、バッチデータが複数のウィンドウに分割された状態になることを示します。

(bs, ウィンドウ数〈行〉, ウィンドウ数〈列〉, 行のwindow_size, 列のwindow_size, パッチサイズ)
↓
(bs＊ウィンドウの数〈行＊列〉, 行のwindow_size, 列のwindow_size, パッチサイズ)

フラット化される

- x = x.flatten(−3, −2)

xの第2次元（行のwindow_size）と第3次元（列のwindow_size）をフラット化し、各ウィンドウのデータを連結します。処理後の形状は、次のようになります。

(bs＊ウィンドウの数, ウィンドウ内パッチ数, パッチサイズ)

forward()の処理

ShiftedWindowAttentionクラスの順伝播処理を行うforward()メソッドについて見ていきます。ここでは、ToEmbeddingクラスにおいて生成された特徴マップを入力し、各レイヤーで処理を行います。

入力する特徴マップの形状: (bs, 1枚の画像を分割したパッチの数,
パッチごとのチャンネル数〈パッチデータのサイズ〉)

▼ShiftedWindowAttentionクラスのforward()メソッド

```
def forward(self, x):
    """順伝播処理

    Args:
        x: 特徴マップ(bs, パッチの数, パッチサイズ)
    """
    # シフト量とウィンドウ1辺のサイズをローカル変数に格納
    shift_size, window_size = self.shift_size, self.window_size
    # 特徴マップの各特徴をウィンドウに分割し、必要に応じてシフトする
    x = self.to_windows(x,
                        self.shape, # shape=(16, 16)
                        window_size,
                        shift_size)

    # 全結合層を使ってクエリ、キー、バリューのテンソルを生成
    qkv = self.to_qkv(x).unflatten(
        -1, (3, self.heads, self.head_dim)).transpose(-2, 1)
    # qkvの第3次元(3[q,k,v])に沿ってqueries, keys, valuesのテンソルに分割
    queries, keys, values = qkv.unbind(dim=2)
    # クエリとキーの行列積を計算して、各クエリに対する各キーの類似度を求める
    att = queries @ keys.transpose(-2, -1)
    # 類似度スコアにスケーリングファクターを適用し、相対位置エンコーディングを加算
    att = att*self.scale + self.get_rel_pos_enc(window_size)
    # shift_sizeが0より大きい場合に、アテンションスコアattにマスキング処理を適用
    if shift_size > 0:
        att = self.mask_attention(att)
    # アテンションスコアattにソフトマックスを適用
    att = F.softmax(att, dim=-1)
    # ソフトマックス適用後のアテンションスコアattとvaluesの行列積を計算
    x = att @ values
    # ヘッドの数とウィンドウ内のパッチの数の次元を入れ替え
    # メモリ上で連続した領域を持つように変換後、
    # 最後の2つの次元(ヘッド数とヘッドのサイズ)をフラット化して結合
    x = x.transpose(1, 2).contiguous().flatten(-2, -1)
    # パッチサイズと同じユニット数の全結合層に入力し、各ヘッドの出力を統合
    x = self.unifyheads(x)
    # ウィンドウに分割した状態とウィンドウのシフト処理を解除して、元の形状
    # (bs, パッチの数, パッチのサイズ)にする
    x = self.from_windows(x, self.shape, window_size, shift_size)
    return x
```

●x = self.to_windows(x, self.shape, window_size, shift_size)

特徴マップのテンソルxを、to_windows()メソッドで、指定されたウィンドウサイズに基づいて分割する処理を行います。

●to_windows()メソッドに渡す引数

- **shape**:正方行列の形状(16, 16)です。
  画像1辺のサイズ(32)をパッチ1辺のサイズ(2)で割ると16です。ということは、256個のパッチは、行方向に16、列方向に16の行列(16, 16)になります。このように、正方行列(行と列のサイズが同一の正方形の行列)にすることで、「window_size＊window_size」の形状のウィンドウに分割できるようになります。なお、正方行列の形状(16, 16)は、Swin Transformerモデルにおいて、

  reduced_size = image_size // patch_size
  shape = (reduced_size, reducec_size)

  の計算によって求められます。

- **window_size**:分割するウィンドウ1辺のサイズです。
- **shift_size**:ウィンドウのシフト量です。

●to_windows()メソッドの動作

to_windows()メソッドは、「入力テンソルを、指定されたウィンドウサイズに基づいて分割する」処理を行います。

- **入力テンソルのリシェイプ**

  入力テンソルの形状(bs, パッチ数, パッチサイズ)を(bs, window_size, window_size, パッチサイズ)にリシェイプ(再配置)します。ここで、256個のパッチが16×16のグリッド(正方行列)に再配置されることになります。

- **ウィンドウへの分割**

  split_windows()を使用して、16×16のグリッドを(window_size〈行方向〉 window_size〈列方向〉)の形状のウィンドウに分割します。処理後に戻り値として返されるテンソルの形状は、

  (bs＊ウィンドウの数, ウィンドウ内パッチ数〈window_size＊＊2〉, パッチサイズ)

  となります。第1次元が「bs＊ウィンドウの数」なので、バッチデータ1個につき、複数のウィンドウに分割されることになります。

●qkv = self.to_qkv(x).unflatten(−1, (3, self.heads, self.head_dim)).transpose(−2, 1)

全結合層を使って、チャンネルの次元（パッチサイズ：パッチごとのデータ次元）を3倍のサイズに拡張した後、クエリ（q）、キー（k）、バリュー（v）に分割し、ヘッドの次元とウィンドウサイズの次元を入れ替えます。これは、ヘッド数の次元を先に置くことで、各ヘッドごとに並行して計算できるようにするためです。

• self.to_qkv(x)

全結合層self.to_qkvに、

(bs＊ウィンドウの数, ウィンドウ内パッチ数〈window_size＊＊2〉, パッチサイズ)

の形状をしたxを入力し、dim × 3個のユニットで線形変換した後、

(bs＊ウィンドウの数, ウィンドウ内パッチ数〈window_size＊＊2〉, パッチサイズ＊3)

の出力を得ます。

• .unflatten(−1, (3, self.heads, self.head_dim))

テンソルの最後の次元（パッチサイズ＊3の次元）を

(3, self.heads, self.head_dim)

の形状に展開します。

・−1：テンソルの最後の次元を指します。
・3：クエリ、キー、バリューの数です。
・self.heads：ヘッドの数です。
・self.head_dim：各ヘッドのサイズです。

この操作により、出力の形状は

(bs＊ウィンドウの数, ウィンドウ内パッチ数, 3〈q,k,v〉, ヘッド数, ヘッドのサイズ)

となります。

- .transpose(−2, 1)

テンソルの最後から2番目の次元である第4次元（ヘッド数の次元）と第2次元（ウィンドウ内パッチ数）を入れ替えます。この操作により、ヘッド数の次元がbs＊ウィンドウの数の次元のすぐ後ろに移動します。結果、出力の形状は

(bs＊ウィンドウの数, ヘッド数, 3[q,k,v], ウィンドウ内パッチ数〈window_size＊＊2〉, ヘッドのサイズ)

となります。

●tensor.unflatten()メソッド

テンソルの特定の次元を複数の次元に展開（アンフラット化）します。

書式	tensor.unflatten(dim, sizes)	
引数	dim	展開する次元のインデックス。どの次元をアンフラット化するかを指定します。
	sizes	展開後の形状を指定するタプル。このタプルは、指定した次元がどのように分割されるかを示します。

●queries, keys, values = qkv.unbind(dim=2)

テンソルqkvの第3次元（3[q,k,v]）に沿って、クエリ（queries）、キー（keys）、バリュー（values）に分割します。

- **テンソルqkvの形状**

(bs＊ウィンドウの数, ヘッド数, 3[q,k,v], ウィンドウ内パッチ数, ヘッドのサイズ)

- **分割されたテンソルqueries、keys、valuesのそれぞれの形状**

(bs＊ウィンドウの数, ヘッド数, ウィンドウ内パッチ数, ヘッドのサイズ)

●tensor.unbind()メソッド

指定された次元に沿ってテンソルを複数のテンソルに分割します。tensorは、分割対象のテンソルです。

書式	tensor.unbind(dim=0)	
引数	dim	分割する次元を指定します。この次元に沿ってテンソルがスライスされ、それぞれのスライスが個別のテンソルとして返されます。2階テンソルにおいてdim=0とした場合、行方向に沿って分割します。またdim=1とした場合、列方向に沿って分割します。

●att = queries @ keys.transpose(−2, −1)

Multi-Head Self-Attention機構における類似度スコアを計算する部分です。ウィンドウ内の各パッチのクエリベクトルと他のパッチのキーベクトル間の類似性（類似度スコア）を計算します。

・queries

クエリテンソル。次の形状をしています。

(bs＊ウィンドウの数, ヘッド数, ウィンドウ内パッチ数, ヘッドのサイズ)

・keys

キーテンソル。次の形状をしています。

(bs＊ウィンドウの数, ヘッド数, ウィンドウ内パッチ数, ヘッドのサイズ)

・keys.transpose(−2, −1)

行列積を求めるため、キーテンソルの第3次元（ウィンドウ内パッチ数）と第4次元（ヘッドのサイズ）を転置します。

・queries @ keys.transpose(−2, −1)

@演算子を使って、クエリテンソルとキーテンソルの行列積を求めます。行列積の計算により、各クエリに対する各キーの類似度スコアが得られます。例えば、

・ヘッド数が4
・ウィンドウ内パッチ数が16
・ヘッドのサイズが32

の場合、1個のヘッドについて見てみると、クエリ行列(16, 32)と転置したキー行列(32, 16)の積なので、結果は(16, 16)の行列になります。

結果として、類似度スコアのテンソルの形状は、次のようになります。

(bs＊ウィンドウ数, ヘッドの数, ウィンドウ内パッチ数, ウィンドウ内パッチ数)

第2次元はヘッドの数で、第3次元と第4次元は、ウィンドウ内のすべてのパッチの組み合わせによる類似度を示します。

このようにして求めた、ウィンドウ内におけるクエリとキーの類似度スコアは、この後でソフトマックス関数を適用して正規化することで、アテンションスコアとして計算されます。

▼形状が(bs, 256, 128)の特徴マップを16個のウィンドウに分割する場合

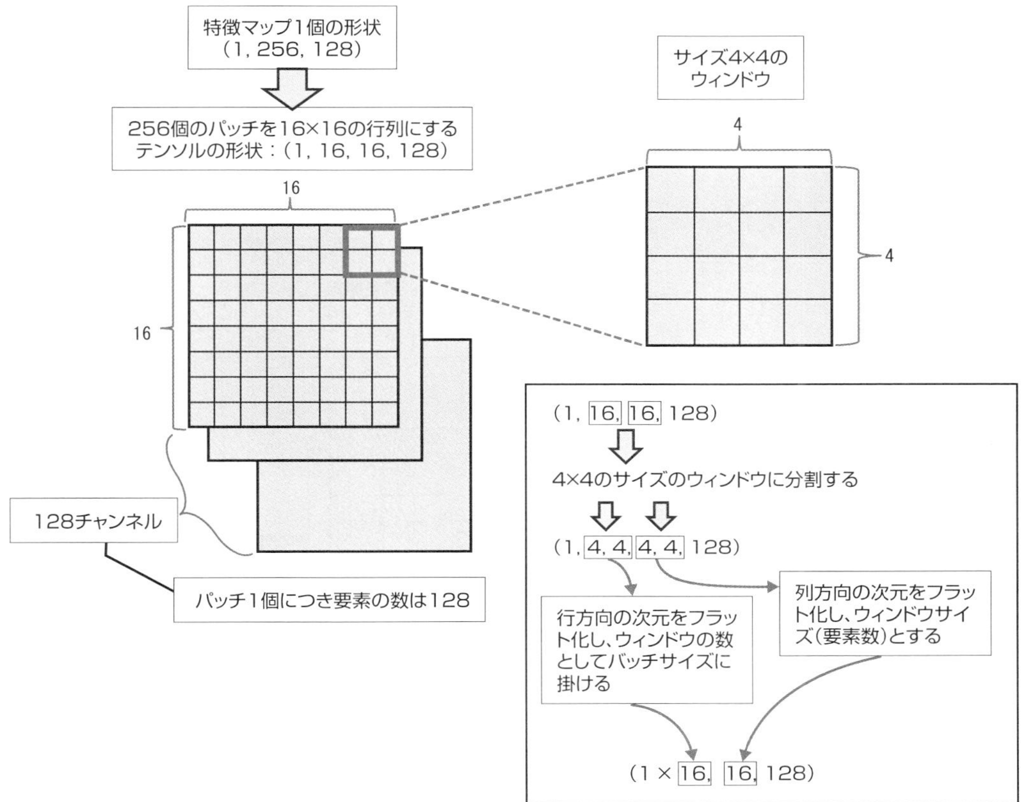

One Point　クエリ、キー、およびバリューについて

- **クエリ(Query)**
  現在注目しているパッチが、他のパッチとどの程度関連しているかを測定するためのベクトルです。自己注意機構では、各パッチに対してクエリを生成し、それをキーと比較することで、どのパッチが重要かを評価します。
- **キー(Key)**
  各パッチがどのような特徴を持っているかを表すベクトルです。クエリとキーとの内積を求めることで、そのパッチが現在のクエリに対してどれだけ重要か(関連性があるか)を判断します。
- **バリュー(Value)**
  パッチ自体の情報を表します。クエリとキーで得られた関連度(注意スコア)を使って、バリューに重み付けを行い、重要なパッチの情報を強調します。

▼ウィンドウに分割されたテンソル

(bs＊ウィンドウの数，ウィンドウ内パッチ数，パッチサイズ)から

クエリ、キー、バリュー(bs＊ウィンドウの数，ヘッド数，ウィンドウ内パッチ数，ヘッドのサイズ)

を生成して4個のヘッドに分割する場合

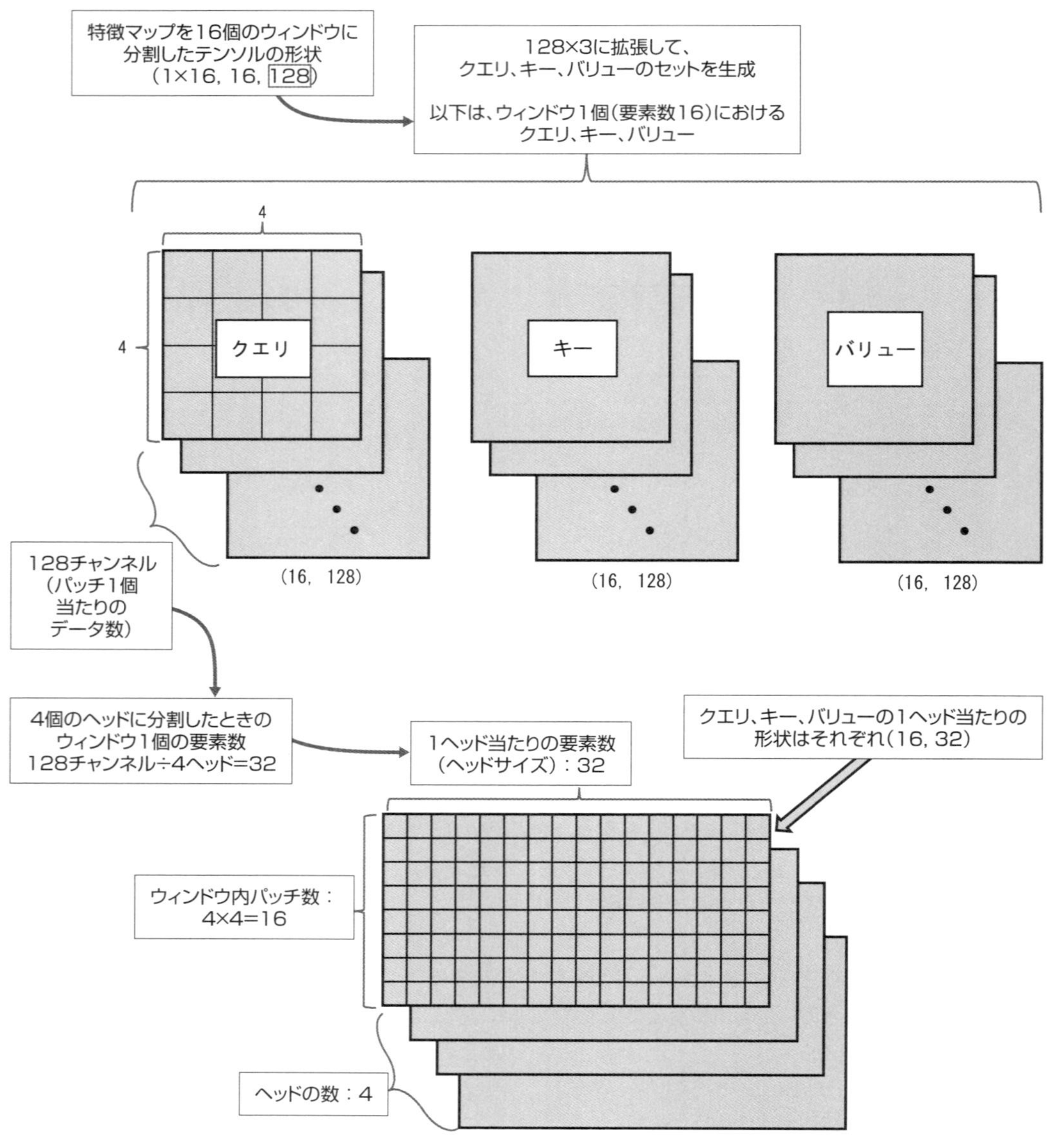

▼1ヘッドにおけるクエリとキーの行列積でウィンドウ内のパッチ間の類似度を求める

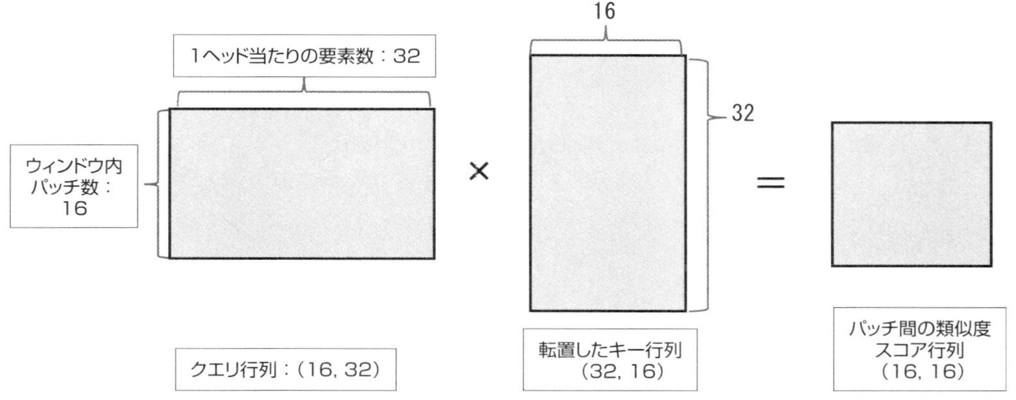

●att = att∗self.scale + self.get_rel_pos_enc(window_size)

類似度スコアにスケーリングファクターを適用し、さらに相対位置エンコーディングを加える処理を行って、アテンションスコアを作成します。

• att

クエリとキーの行列積によって計算された類似度スコアです。

attの形状: (bs∗ウィンドウ数, ヘッドの数, ウィンドウ内パッチ数, ウィンドウ内パッチ数)

• ∗self.scale

self.scaleは、ヘッドのサイズ(32)の平方根の逆数を計算して求めたスケーリングファクターです。

self.scale = head_dim ** −0.5

類似度スコアにスケーリングファクターを適用することで、数値のスケールを調整し、類似度スコアが適切な範囲に収まるようにします。

• + self.get_rel_pos_enc(window_size)

get_rel_pos_enc()は、相対位置エンコーディングを計算するメソッドです。ウィンドウ1辺のサイズを引数として受け取り、学習可能なパラメーターself.pos_encから相対位置エンコーディングを収集し、テンソルに格納して返します。相対位置エンコーディングは、各クエリとキーの間の相対的な位置情報を提供し、これを類似度スコアに加えることで、位置情報を考慮したSelf-Attention機構を実現します。相対位置エンコーディングのテンソル形状は、

(ヘッド数, window_size ** 2, window_size ** 2)

です。

以上の処理を経て、attのテンソル形状は変わらず、次のようになります。

attの形状: (bs＊ウィンドウ数, ヘッドの数, ウィンドウ内パッチ数, ウィンドウ内パッチ数)

●if shift_size > 0: att = self.mask_attention(att)

shift_size が 0 より大きい場合に、アテンションスコア att に対してマスキング処理を適用するための処理です。mask_attention()メソッドを呼び出して、シフトされたウィンドウに対応するマスクを適用し、不要なアテンションスコアを無効にします。具体的には、ウィンドウの境界をまたぐアテンションスコアを無視するために、マスクが適用されることになります。

●att = F.softmax(att, dim = −1):

torch.nn.functional.softmax()を使用して、相対位置エンコーディングが適用されたアテンションスコアにソフトマックス関数を適用し、アテンションスコアを確率分布に変換します。dim= −1は、最後の次元に沿ってソフトマックスを適用することを意味します。

●x = att @ values

ソフトマックス関数によって正規化されたアテンションスコアattとvaluesの行列積を計算します。

- **attの形状:**

  (bs＊ウィンドウ数, ヘッド数, ウィンドウ内パッチ数, ウィンドウ内パッチ数)

- **valuesの形状:**

  (bs＊ウィンドウ数, ヘッド数, ウィンドウ内パッチ数, ヘッドのサイズ)

- **attとvaluesの行列積の結果(xの形状):**

  (bs＊ウィンドウ数, ヘッド数, ウィンドウ内のパッチ数, ヘッドのサイズ)

●x = x.transpose(1, 2).contiguous().flatten(−2, −1)

- **x.transpose(1, 2)**

テンソルxの第2次元(ヘッドの数)と第3次元(ウィンドウ内のパッチの数)の位置を入れ替えます。

入れ替え後の形状:(bs＊ウィンドウ数, ウィンドウ内のパッチ数, ヘッド数, ヘッドのサイズ)

• .contiguous()

テンソルのデータがメモリ上で連続した領域を持つように、メモリレイアウトを変換します。これにより、後続の操作が効率的に行えるようになります。

• .x.flatten(−2, −1)

末尾から2番目の第3次元(ヘッド数)と末尾の第4次元(ヘッドのサイズ)をフラット化して結合します。これにより、ヘッドへの分割がなくなり、テンソルxの形状が

(bs＊ウィンドウ数, ウィンドウ内のパッチ数, パッチのサイズ)

になります。

●tensor.contiguous() メソッド

テンソルの次元を変更したり、転置する操作は、元のテンソルのデータを新しい形状に再配置するのではないため、元のメモリブロックが連続していないと、演算処理が効率的に行えない場合があります。このような場合に、テンソルのメモリレイアウトを連続したメモリブロックに変更します。

●x = self.unifyheads(x)

ユニット数がパッチサイズと同数の全結合層unifyheadsに入力して、分割したヘッドから得られた特徴を統合します。出力の形状は、

(bs＊ウィンドウ数, ウィンドウ内のパッチ数, パッチのサイズ)

と変わりませんが、1パッチ当たりの特徴は、線形変換されたものになります。

●x = self.from_windows(x, self.shape, window_size, shift_size)

self.from_windows()メソッドを実行し、複数のウィンドウに分割された状態のテンソルを、ウィンドウに分割する前の状態に戻します。from_windows()は、次の処理を行います。

①ウィンドウを結合

merge_windows()メソッドを使って、ウィンドウに分割されていたテンソルを分割前の状態に再構築します。

②シフトの復元

ウィンドウのシフト処理が行われていた場合は、roll()メソッドを使って元の位置に戻します。

③フラット化

テンソルの形状を変更して、次のように元の特徴マップの形状に戻します。

(bs, パッチの数, パッチのサイズ)

これにより、ウィンドウへの分割が解除されて元の特徴マップの形状に戻り、次の処理に渡すことができるようになります。

■特徴マップをウィンドウに分割してシフトするto_windows()メソッド

ShiftedWindowAttentionクラスのto_windows()メソッドは、特徴マップに対し、必要に応じてシフト処理を行い、split_windows()メソッドを実行してウィンドウに分割します。

▼to_windows()メソッドの定義コード

```
def to_windows(self, x, shape, window_size, shift_size):
    """ 特徴マップに対し、必要に応じてシフト処理を行い、
        split_windows()メソッドを実行してウィンドウに分割する

    Args:
        x: 特徴マップ(bs, パッチ数, パッチサイズ)
        shape(tuple):
            特徴マップの256個のパッチを正方行列にしたときの形状
            画像1辺のサイズをパッチ1辺のサイズで割って行、列のサイズshapeを取得
            shape = (image_size // patch_size, image_size // patch_size)
            shape = (16, 16)
        window_size(int): ウィンドウ1辺のサイズ(window_size=4)
        shift_size(int): ウィンドウのシフト量
    Returns:
        x: 特徴マップをwindow_sizeに従って分割処理したテンソル
           (bs*ウィンドウ数, パッチ数(window_size**2), パッチサイズ)
    """
    x = x.unflatten(1, shape)
    if shift_size > 0:
        x = x.roll((-shift_size, -shift_size), dims=(1, 2))
    x = self.split_windows(x, window_size)
    return x
```

●x = x.unflatten(1, shape)

特徴マップ x のパッチ数の次元(256)を、指定された shape(16, 16)に展開します。これにより、パッチ数の次元が2次元の正方行列として扱われるようになります。処理後のxの形状は、

(bs, 16, 16, 128〈パッチサイズ〉)

となります。

●if shift_size > 0:
　x = x.roll((−shift_size, −shift_size), dims=(1, 2))

shift_sizeが0より大きい場合、テンソルxの1次元目(2番目の次元: H)と2次元目(3番目の次元: W)に沿って、指定されたシフト量だけシフトします。

●tensor.roll()メソッド

テンソルを、指定した次元に沿ってロール(シフト)します。

書式	tensor.roll(shifts, dims=None)	
引数	shifts	シフトさせる量。
	dims	(オプション)シフトさせる次元。整数または整数のタプル。dimsが指定されない場合、テンソル全体がフラット化されてからロールが適用されます。

●x = self.split_windows(x, window_size)

特徴マップxを静的メソッドのsplit_windows()で、window_sizeに基づいてウィンドウに分割します。ウィンドウに分割した後のxの形状は、

(bs＊ウィンドウ数, ウィンドウ内パッチ数〈window_size＊＊2〉, パッチサイズ〈128〉)

となります。

■相対位置エンコーディングを収集するget_rel_pos_enc()メソッド

相対位置エンコーディング(Relative Position Encoding)は、SW-MSAにおけるアテンション機構において、入力シーケンス内の異なる位置間の関係性をモデルに提供するための手法です。

▼get_rel_pos_enc()メソッドの定義コード

```
def get_rel_pos_enc(self, window_size):
    """ 相対位置エンコーディングをself.pos_encから収集

    Args:
        window_size(int): ウィンドウ1辺のサイズ(window_size=4)
    Returns:
        相対位置エンコーディングを格納した3階テンソル
        形状:(ヘッド数, window_size**2, window_size**2)
    """
    # 相対位置インデックスself.relative_indicesを、ヘッド数に対応する次元に拡張
```

```
indices = self.relative_indices.expand(self.heads, -1)
# 学習可能なパラメーターテンソルself.pos_encから
# indicesに基づいて値(相対位置エンコーディング)を取得
rel_pos_enc = self.pos_enc.gather(-1, indices)
# 最後の次元を (window_size**2, window_size**2) にアンフラット化
# rel_pos_encの形状: (self.heads, window_size**2, window_size**2)
rel_pos_enc = rel_pos_enc.unflatten(-1, (window_size**2, window_size**2))

return rel_pos_enc
```

●indices = self.relative_indices.expand(self.heads, −1)

self.relative_indicesは、ShiftedWindowAttentionクラスの初期化時にget_indices()メソッドによって生成された、形状が

((window_size ** 2) * (window_size ** 2),)

の1階テンソルです。値はパッチ間の相対的な位置関係を示す「相対位置インデックス」です。この相対位置インデックスは、register_buffer()メソッドで、名前がrelative_indicesのバッファとして登録されています。実際の値については、「get_indices()メソッドによる相対位置インデックスの計算」の項目内で紹介しています。

ここでは、self.relative_indicesにexpand()メソッドを適用して、ヘッドの数(self.heads)に対応する次元に拡張します。self.relative_indicesの形状が、expand(self.heads, −1)で次の形状に拡張されます。

(self.heads, window_size ** 2 * window_size ** 2)

expand()の第2引数の−1は、「元のテンソルのサイズを維持した状態で、新しい次元を追加する」ことを意味します。window_size=4、self.relative_indicesの形状が(256,)の場合は、

indicesの形状: (4, 256)

のように、256の要素が4セット分に拡張されたテンソルが作成され、indicesに格納されます。

●tensor.expand() メソッド

既存のテンソルの次元を、指定されたサイズに拡張します。元のテンソルのデータを繰り返すことで、新しいテンソルが作成されます。

書式	tensor.expand(*sizes)	
引数	*sizes	拡張するサイズ。拡張する新しい次元は、テンソルの先頭に追加されます。次元のサイズとして−1を渡すと、その次元のサイズは変更されません。

●rel_pos_enc = self.pos_enc.gather(−1, indices)

self.pos_encは、ShiftedWindowAttentionクラスの初期化時に、相対位置エンコーディングを学習するためのパラメーターとして作成されています。相対位置エンコーディングとは、各要素間の相対的な位置関係を実数値のベクトルに置き換えることを指します。実数値のベクトルは、モデルのトレーニング時に最適化が行われます。self.pos_encの形状は、

(self.heads, (2 * window_size −1) ** 2)

となっていて、window_size=4の場合、相対位置の組み合わせは

$(2 \times window_size - 1)^2 = 7^2 = 49$通り

であることを示します。self.heads=4において、self.pos_encの形状は

(4, 49)

となり、各要素はトレーニングの開始時にランダムな値で初期化されます。

self.pos_enc.gather(−1, indices)の処理では、self.pos_encの最後の次元（49の次元）に沿って、indices の各インデックスが指し示す値（相対位置エンコーディング）を収集します。

例えば、indicesの最初のヘッドの最初のインデックス値が5だとすると、self.pos_encの最初のヘッドの6番目の値が収集されます。これが繰り返されて、indicesの各インデックスに対応するself.pos_encの値（相対位置エンコーディング）が「収集された順番で」rel_pos_encに格納されます。

self.heads=4の場合、各ヘッドごとに256個の値（相対位置エンコーディング）が収集されるので、rel_pos_encの形状はindicesと同じ、

（ヘッド数, (window_size ** 2) * (window_size ** 2))

となります。第2次元の(window_size ** 2)の部分は、ウィンドウ内のパッチの数を示しています。例えば、window_size = 4の場合、window_size ** 2 = 16 となり、各ウィンドウには16個のパッチが存在します。

(window_size ** 2) * (window_size ** 2)

とすることで、ウィンドウ内の各パッチが他のすべてのパッチと対になる組み合わせ（ペア）が表されます。

●tensor.gather()

実行元のテンソルから、指定された次元とインデックスに基づいて値を収集します。

書式	tensor.gather(dim, index)	
引数	dim	値を収集する次元。整数で指定します。
	index	収集する値の位置を示すテンソル。

●rel_pos_enc = rel_pos_enc.unflatten(−1, (window_size ** 2, window_size ** 2))

2階テンソルrel_pos_encを3階テンソルに変換するための処理です。現状のテンソルの第2次元(−1)を

(window_size ** 2, window_size ** 2)

の形状に展開することで、rel_pos_encは3階テンソルになり、相対位置インデックスを作成したときと同じ形状になります。結果、rel_pos_encの形状は

(self.heads, window_size ** 2, window_size ** 2)

になります。

■アテンションスコアにマスキング処理を適用するmask_attention()メソッド

ウィンドウの境界をまたぐアテンションスコアを無視するために生成されたマスクテンソルを、アテンションスコアのテンソルに適用します。結果、ウィンドウの境界をまたぐ位置にあるアテンションスコアに、負の無限大'-inf'が埋め込まれます。

▼mask_attention()メソッド

```
def mask_attention(self, att):
    """アテンションスコアのテンソルにマスクを適用
    Args:
        att: スケーリングファクター、相対位置エンコーディング
             適用後のアテンションスコア:
             (bs*ウィンドウ数, ヘッド数, window_size**2, window_size**2)
    Returns:
        マスク適用後のアテンションスコア
    """
    # マスクのウィンドウ数を取得
    num_win = self.mask.size(1)
    # att.size(0) // num_winで元の次元サイズをウィンドウ数で割ってbsを取得
    att = att.unflatten(0, (att.size(0) // num_win, num_win))
    # マスクを適用して、マスクされた位置に負の無限大を埋め込む
    att = att.masked_fill(self.mask, float('-inf'))
    # attの第1次元と第2次元をフラット化して、元の4階テンソルの形状に戻す
    att = att.flatten(0, 1)
    return att
```

▼相対位置インデックス(indices)に従ってself.pos_encから相対位置エンコーディングを収集

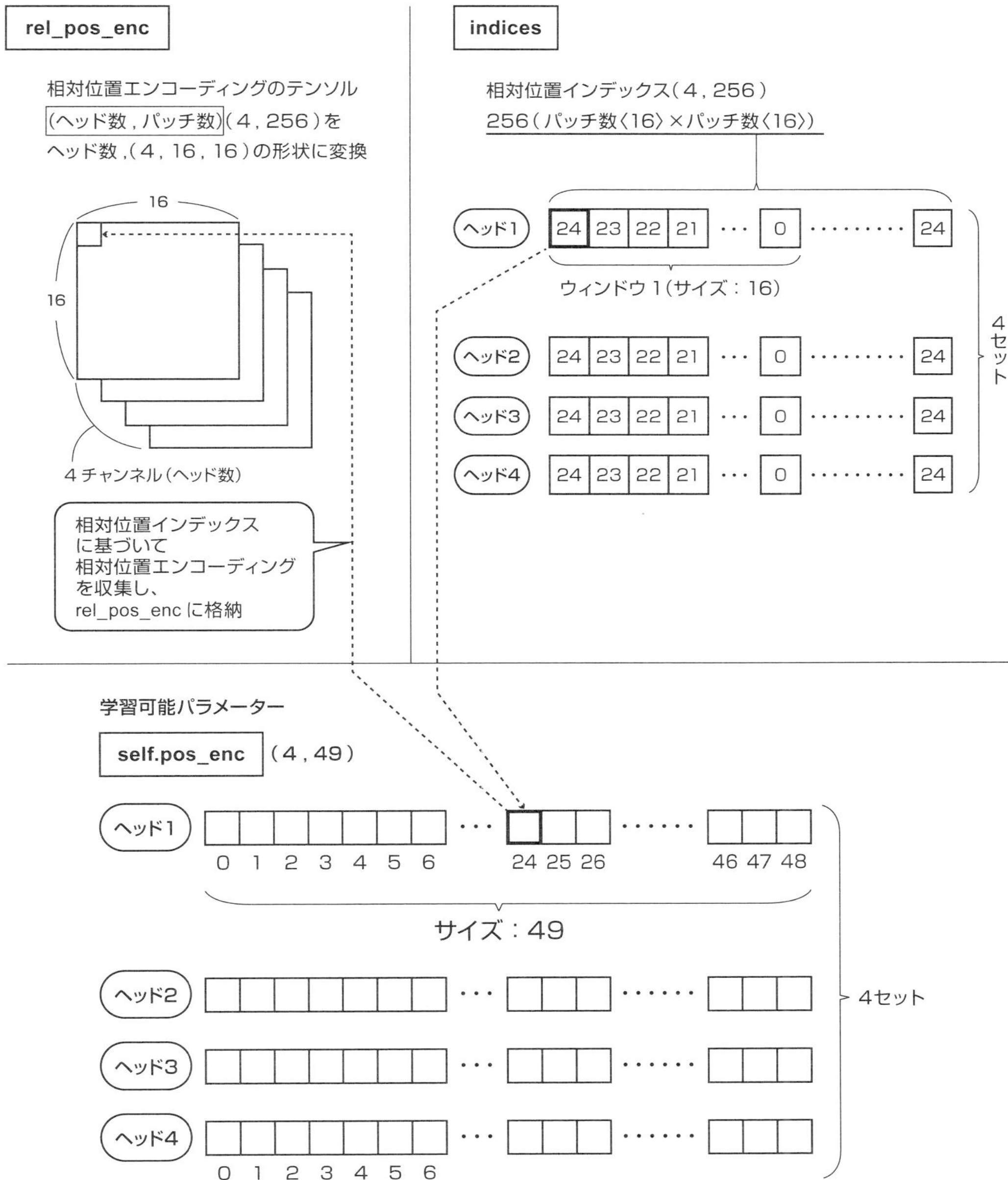

●num_win = self.mask.size(1)

ウィンドウの境界をまたぐアテンションスコアを無視するために生成されたマスクテンソル、self.maskの形状は、

(1, ウィンドウ数, 1, 行パッチ数, 列パッチ数)

ですので、第2次元のサイズを取得し、これをウィンドウ数として利用します。

●att = att.unflatten(0, (att.size(0) // num_win, num_win))

スケーリングファクター、相対位置エンコーディング適用後のアテンションスコアattの形状は

(bs＊ウィンドウ数, ヘッド数, 行方向のパッチ数, 列方向のパッチ数)

なので、第1次元の(bs＊ウィンドウ数)を「att.size(0) // num_win」で求めたbs（バッチサイズ）の次元とnum_win（ウィンドウ数）の次元に分割します。attの形状は

(bs, ウィンドウ数, ヘッド数, window_size＊＊2, window_size＊＊2)

に変更されます。

●att = att.masked_fill(self.mask, float('－inf'))

- **self.maskの形状: (1, ウィンドウ数, 1, ウィンドウ内パッチ数, ウィンドウ内パッチ数)**
- **attの形状: (bs, ウィンドウ数, ヘッド数, ウィンドウ内パッチ数, ウィンドウ内パッチ数)**

アテンションスコアのテンソルattに対して、マスクテンソルでマスクされた（Trueにされた）位置に負の無限大'-inf'を埋め込む処理を行うことで、その位置のアテンションスコアが無視されるようにします。attの形状は、

(bs, num_win, ヘッド数, ウィンドウ内パッチ数, ウィンドウ内パッチ数)

のままです。

●tensor.masked_fill() メソッド

テンソルの特定の位置を、指定した値で置き換えます。このメソッドは、条件を満たす場所を示すマスクと、その位置に設定したい値を引数に取ります。

書式	tensor.masked_fill(mask, value)	
引数	mask	ブール型のテンソルで、Trueの位置が置き換える対象です。maskの形状は操作対象のテンソルと同じか、ブロードキャスト可能である必要があります。
	value	maskでTrueと指定された位置に設定される値。この値はスカラーである必要があります。

●att = att.flatten(0, 1)

attの第1次元と第2次元をフラット化して、元の4階テンソルの形状：

(bs＊ウィンドウ数, ヘッド数, ウィンドウ内パッチ数, ウィンドウ内パッチ数)

に戻します。このテンソルをマスク適用後のアテンションスコアとして、戻り値にして返します。

■ウィンドウへの分割やシフト処理を解除して元の形状に戻すfrom_windows()メソッド

from_windows()メソッドは、後述のmerge_windows()を内部で呼び出してウィンドウに分割された状態を元の形状に戻し、さらにシフト処理の解除、パッチの次元のフラット化を行います。

▼from_windows()メソッド
```
def from_windows(self, x, shape, window_size, shift_size):
    """ ウィンドウに分割した状態を解除して、元の特徴マップの形状に戻す

    Args:
        x: ウィンドウに分割された特徴マップ
            (bs*ウィンドウ数, ウィンドウ内パッチ数, パッチサイズ)
        shape(tuple):
            特徴マップの256個のパッチを正方行列にしたときの形状
            画像1辺のサイズをパッチ1辺のサイズで割って行、列のサイズshapeを取得
            shape = (image_size // patch_size, image_size // patch_size)
            shape = (16, 16)
        window_size(int): ウィンドウ1辺のサイズ(window_size=4)
        shift_size(int): ウィンドウのシフト量

    Returns:
        x: 元の特徴マップの形状 (bs, パッチ数, パッチサイズ)
    """
    x = self.merge_windows(x, shape, window_size)
    if shift_size > 0:
        x = x.roll((shift_size, shift_size), dims=(1, 2))
    x = x.flatten(1, 2)
    return x
```

●x = self.merge_windows(x, shape, window_size)

merge_windows()メソッドを使用して、ウィンドウに分割されたテンソルを結合し、元の形状に戻します。テンソルxの形状は、次のように変化します。

(bs＊ウィンドウ数, ウィンドウ内パッチ数, パッチサイズ)
↓
(bs, パッチ数〈行〉, パッチ数〈列〉, パッチサイズ)

●if shift_size > 0: x = x.roll((shift_size, shift_size), dims=(1, 2))

シフトサイズが0より大きい場合は、以前に行ったシフト操作を元に戻すため、テンソルをシフトします。x.roll()メソッドの第2引数で指定した第2次元(パッチ数〈行〉)と第3次元(パッチ数〈列〉)を、それぞれshift_sizeに従ってシフトします。具体的には、次のように処理されます。

・第2次元(パッチ数〈行〉)の要素が、shift_sizeに従って後方へ(行の下方に向かって)送られます。
・第3次元(パッチ数〈行〉)の要素が、shift_sizeに従って後方へ(列の右側に向かって)送られます。

●torch.Tensor.roll()メソッド

テンソルの要素を、指定された次元に沿ってシフトします。最後の位置を越えてシフトされた要素は、最初の位置に再導入されます。

書式	Tensor.roll(shifts, dims=None)	
引数	shifts	各次元に対して行うシフトのサイズ。整数またはタプルで指定します。shiftsの値が正の場合、要素は前方にシフトされ、負の場合は後方にシフトされます。
	dims	シフトする次元。整数またはタプルで指定します。

●x = x.flatten(1, 2)

テンソルxにおける

(bs, パッチ数〈行〉, パッチ数〈列〉, パッチサイズ)

の第2次元(パッチ数〈行〉)と第3次元(パッチ数〈列〉)をフラット化して、元の特徴マップの形状:

(bs, パッチ数, パッチサイズ)

に戻します。

■ウィンドウに分割された特徴マップを元に戻すmerge_windows()メソッド

先のfrom_windows()メソッドから呼び出される静的メソッド、merge_windows()は、ウィンドウに分割された状態のテンソル:

(bs＊ウィンドウ数, ウィンドウ内パッチ数, パッチサイズ)

をウィンドウ分割前の状態に戻します。

▼静的メソッドとして定義されたmerge_windows()

```
@staticmethod
def merge_windows(x, shape, window_size):
    """ ウィンドウに分割されたテンソルを元の形状に戻す

    Args:
        x: ウィンドウに分割された状態の特徴マップ
           (bs*ウィンドウ数, ウィンドウ内パッチ数, パッチサイズ)
        shape(tuple):
            特徴マップの256個のパッチを正方行列にしたときの形状
            画像1辺のサイズをパッチ1辺のサイズで割って行、列のサイズshapeを取得
            shape = (image_size // patch_size, image_size // patch_size)
            shape = (16, 16)
        window_size(int): ウィンドウ1辺のサイズ(window_size=4)

    Returns:
        x: 元の特徴マップの形状 (bs, パッチ数(行), パッチ数(列), パッチサイズ)
    """
    n_h, n_w = shape[0] // window_size, shape[1] // window_size
    bs = x.size(0) // (n_h*n_w)
    x = x.unflatten(1, (window_size, window_size))
    x = x.unflatten(0, (bs, n_h, n_w)).transpose(2, 3)
    x = x.flatten(1, 2).flatten(-3, -2)
    return x
```

●n_h, n_w = shape[0] // window_size, shape[1] // window_size

256個のパッチを正方行列にしたときの形状(16, 16)について、第1次元のサイズと第2次元のサイズをwindow_sizeで割って、行方向と列方向のウィンドウの数を計算し、n_hとn_wにそれぞれ代入します。

●bs = x.size(0) // (n_h * n_w)

テンソルxの第1次元(bs*ウィンドウ数)をウィンドウの数(n_h*n_w)で割って、バッチサイズを求めます。

●x = x.unflatten(1, (window_size, window_size))

テンソルxの第2次元(ウィンドウ内パッチ数)をwindow_sizeに従って、「ウィンドウ内パッチ数〈行〉」と「ウィンドウ内パッチ数〈列〉」にアンフラット化(分離)します。処理後のxの形状は次のように変わります。

(bs*ウィンドウ数, ウィンドウ内パッチ数〈行〉, ウィンドウ内パッチ数〈列〉, パッチサイズ)

●x = x.unflatten(0, (bs, n_h, n_w)).transpose(2, 3)

x.unflatten(0, (b, n_h, n_w)) の後、xの第1次元が「b〈バッチサイズ〉」、「n_h〈行方向ウィンドウ数〉」、「n_w〈列方向ウィンドウ数〉」の次元に分離され、

(bs〈バッチサイズ〉, n_h〈行方向ウィンドウ数〉, n_w〈列方向ウィンドウ数〉,
ウィンドウ内パッチ数〈行〉, ウィンドウ内パッチ数〈列〉, パッチサイズ)

の形状になります。

さらに、.transpose(2, 3)によってテンソルの第3次元(列方向ウィンドウ数)と第4次元(ウィンドウ内パッチ数〈行〉)の位置を入れ替えて、次の形状にします。

(bs〈バッチサイズ〉, n_h〈行方向ウィンドウ数〉, ウィンドウ内パッチ数〈行〉,
n_w〈列方向ウィンドウ数〉, ウィンドウ内パッチ数〈列〉, パッチサイズ)

●x = x.flatten(1, 2).flatten(−3, −2)

x.flatten(1, 2)において、テンソルxの第2次元(行方向ウィンドウ数)と第3次元(ウィンドウ内パッチ数〈行〉)をフラット化し、さらに.flatten(−3, −2)において、テンソルxの第3次元(列方向ウィンドウ数)と第4次元(ウィンドウ内パッチ数〈列〉)をフラット化します。処理後のxは、次の形状になります。

(bs, パッチ数〈行〉, パッチ数〈列〉, パッチサイズ)

5.2.7 FeedForwardクラスを定義する

FeedForwardクラスは、Swin Transformerモデルのフィードフォワードネットワーク層の実装です。具体的には、線形変換後、GELU活性化関数を適用する隠れ層、線形変換のみを適用する出力層で構成されています。このネットワークは、トランスフォーマーモデルの各層の一部として、入力データに対して線形変換と活性化関数を適用し、再度の線形変換を経て出力を生成する役割を持ちます。

FeedForwardクラスの定義

14番目のセルに、次のようにFeedForwardクラスの定義コードを入力し、実行します。

▼FeedForwardクラスの定義(swin_transformer_CIFAR10_PyTorch.ipynb)

セル14

```
class FeedForward(nn.Sequential):
    """ nn.Sequentialクラスを継承したサブクラス

        隠れ層: 線形変換とGELU活性化関数を適用
        出力層: 線形変換を適用後、出力
    """
    def __init__(self, dim, mult=4):
        """
        Args:
            dim(int): 線形変換後のパッチのサイズ
                      dims=[128, 128, 256]から取得した第1要素の128
            mult(int): 隠れ層の次元を決定する乗数(mult=4)
        """
        # 入力の次元dimにmultを掛けて、隠れ層の次元数hidden_dimを計算
        hidden_dim = dim*mult
        super().__init__(
            # 隠れ層: 線形変換、入力次元はdim、ユニット数はhidden_dim
            nn.Linear(dim, hidden_dim),
            # GELU活性化関数を適用
            nn.GELU(),
            # 出力層: 線形変換、入力次元はhidden_dim、ユニット数はdim
            nn.Linear(hidden_dim, dim)
        )
```

5.2.8 TransformerBlockクラスを定義する

TransformerBlockクラスは、残差接続を行う「残差ブロック」を定義したResidualクラス(5.2.4項で作成)を利用して、次の2つの残差ブロックを構築します。

・第1残差ブロック:標準化、ShiftedWindowAttention、ドロップアウトを適用
・第2残差ブロック:標準化、FeedForward、ドロップアウトを適用

第1残差ブロックでは、W-MSA、SW-MSAを実装したShiftedWindowAttentionを適用します。

■TransformerBlockクラスの定義

15番目のセルに、次のようにTransformerBlockクラスの定義コードを入力し、実行します。

▼TransformerBlockクラスの定義(swin_transformer_CIFAR10_PyTorch.ipynb)

セル15

```
class TransformerBlock(nn.Sequential):
    """ 残差接続を行うレイヤー(残差ブロック)を2層構築する

    """
    def __init__(self,
                 dim, head_dim, shape, window_size, shift_size=0, p_drop=0.):
        """
        Args:
            dim(int): 線形変換後のパッチのサイズ
                      dims=[128, 128, 256]から取得した第1要素の128
            head_dim(int): ヘッドの次元数(head_dim=32)
            shape(tuple):
                特徴マップの256個のパッチを正方行列にしたときの形状
                画像1辺のサイズをパッチ1辺のサイズで割って行、列のサイズshapeを取得
                shape = (image_size // patch_size, image_size // patch_size)
                shape = (16, 16)
            window_size(int): ウィンドウ1辺のサイズ(window_size=4)
            shift_size(int): ウィンドウのシフト量(shift_size=0)
            p_drop(float): ドロップアウトの確率
        """
        super().__init__(
```

```
        # 第1の残差ブロックを作成
        Residual(
            # 標準化(正規化)を適用
            nn.LayerNorm(dim),
            # W-MSA、SW-MSAを実装したShiftedWindowAttentionを適用
            ShiftedWindowAttention(
                dim, head_dim, shape, window_size, shift_size
            ),
            # ドロップアウトを適用
            nn.Dropout(p_drop)
        ),
        # 第2の残差ブロックを作成
        Residual(
            # 標準化(正規化)を適用
            nn.LayerNorm(dim),
            # フィードフォワードネットワークを適用
            FeedForward(dim),
            # ドロップアウトを適用
            nn.Dropout(p_drop)
        )
    )
```


5.2.9 PatchMergingクラスを定義する

Patch Mergingの処理を行うPatchMergingクラスを定義します。Patch Mergingは、特徴マップの空間解像度(パッチに相当)を1/2に半減し、チャンネル数(パッチのデータ数)を調整する処理を行います。この処理の目的は、ネットワークの深い層でより広範な情報を集約し、次の層での計算効率を高めることです。

●処理のステップ

・パッチの集約

複数のパッチを、カーネルサイズ(ウィンドウサイズ)に基づいて統合(集約)します。パッチの数が減りますが、情報を失わないように、チャンネル次元(パッチデータの次元)を新しいパッチの数に合わせて調整します。

・正規化

パッチデータを展開し、パッチの情報を標準化します。

・線形変換

パッチのデータを線形変換し、データ次元(データ数)を増加または減少させます。

Patch Mergingの処理によって、隣接するパッチ間の情報が集約されるので、「モデルがより高次の特徴を学習できるようになる」効果があります。また、パッチの集約後に線形変換を適用することで、特徴量を圧縮し、重要な情報を保持しつつ不要な情報を削減します。これにより、メモリ使用量が削減され、計算資源の効率的な利用が期待できます。

■PatchMergingクラスの定義

16番目のセルに、次のようにPatchMergingクラスの定義コードを入力し、実行します。

▼PatchMergingクラスの定義(swin_transformer_CIFAR10_PyTorch.ipynb)

セル16

```
class PatchMerging(nn.Module):
    """ nn.Moduleを継承したカスタムレイヤー

    Patch Mergingの処理として、
    パッチ次元(パッチ数)を1/2に集約し、パッチサイズを調整する

    Attributes:
        shape: 特徴マップの形状(行数, 列数)
        norm: 標準化(正規化)を行うレイヤー
        reduction: チャンネル次元(パッチデータ)を増やすための全結合層
    """
    def __init__(self, in_dim, out_dim, shape):
        """
        Args:
            in_dim: 入力次元数(パッチのサイズ)
            out_dim: 出力層の次元(ユニット数)
            shape(tuple):
                特徴マップの256個のパッチを正方行列にしたときの形状
                画像1辺のサイズをパッチ1辺のサイズで割って行、列のサイズshapeを取得
                shape = (image_size // patch_size, image_size // patch_size)
                shape = (16, 16)
        """
        super().__init__()
        self.shape = shape
        # 標準化の処理　入力次元数はin_dimの4倍
        # kernel_size*kernel_size=4
        self.norm = nn.LayerNorm(4*in_dim)
        # チャンネル次元を増やすための全結合層
```

```
        # 4*in_dimからout_dimへの線形変換を行う
        self.reduction = nn.Linear(4*in_dim, out_dim, bias=False)

    def forward(self, x):
        """
        Args:
            x: 入力テンソル。形状は (bs, パッチ数, パッチサイズ)
        """
        # テンソルxの第1次元のパッチ数を(パッチ数(行), パッチ数(列))に展開し、
        # 末尾のチャンネル(パッチサイズ)次元を先頭に移動
        # 入力: (bs, パッチ数, パッチサイズ)
        # 出力: (bs, パッチサイズ, パッチ数(行), パッチ数(列))
        x = x.unflatten(1, self.shape).movedim(-1, 1)
        # 2×2のカーネルを使用してパッチ4個を結合し、
        # ストライド2でパッチの数を1/2にする
        # 入力: (bs, パッチサイズ, パッチ数(行), パッチ数(列))
        # パッチ集約後:
        # (bs, パッチサイズ*kernel_size*kernel_size, 新しいパッチの数)
        #
        # 第3次元と第2次元を入れ替える
        # (bs, 新しいパッチの数, パッチサイズ*kernel_size*kernel_size)
        x = F.unfold(x, kernel_size=2, stride=2).movedim(1, -1)
        # 標準化(正規化)を適用
        x = self.norm(x)
        # 線形変換を適用してチャンネルの次元数(パッチサイズ)をout_dimの数にする
        # x: (bs, パッチ数, 新しいパッチサイズ)
        x = self.reduction(x)

        return x
```

●x = x.unflatten(1, self.shape).mcvedim(−1, 1)

入力テンソルxの形状

(bs, パッチ数, パッチサイズ)

の第2次元(パッチ数)をパッチ数〈行〉とパッチ数〈列〉に展開し、末尾の次元(パッチサイズ)を第2次元の位置に移動します。

処理後の形状: (bs, パッチサイズ, パッチ数〈行〉, パッチ数〈列〉)

●x = F.unfold(x, kernel_size=2, stride=2).movedim(1, −1)

パッチをカーネル（ウィンドウ）のサイズに基づいて統合し、これに合わせてチャンネル次元数（パッチサイズ：パッチのデータ数）を調整します。具体的には、

・2×2のカーネルを使用してパッチ4個を結合する。
・ストライド（カーネルの移動量）を行方向、列方向共に2として、パッチの数を1/2にする。
・入力(bs, パッチサイズ, パッチ数〈行〉, パッチ数〈列〉)に対して、パッチを集約し、
　(bs, パッチサイズ＊kernel_size＊kernel_size, 新しいパッチの数)
　の形状のテンソルを得る。
・テンソルの第3次元と第2次元を入れ替えて、
　(bs, 新しいパッチの数, パッチサイズ＊kernel_size＊kernel_size)
　の形状にする。

カーネルサイズに基づいたパッチの集約は、torch.nn.functional.unfold()メソッドで行えます。

●torch.nn.functional.unfold() メソッド

パッチデータなどの正方行列からカーネル（行サイズ×列サイズで構成されたウィンドウ）単位で抽出し、ストライド（カーネルの移動量）に基づいて、パッチデータ（の数）を集約します。このメソッドは、主に畳み込み層の計算を効率化するために使用されます。

書式	torch.nn.functional.unfold(input, kernel_size, dilation=1, padding=0, stride=1)	
引数	input	畳み込み操作を目的とした入力テンソル。形状は (C, H, W)。 C: チャンネル数（パッチのサイズ） H: パッチの高さ（行数） W: パッチの幅（列数）
	kernel_size	畳み込みカーネルのサイズ。タプルまたは整数で指定。整数のみを指定した場合は、カーネルの行数と列数に適用されます。
	dilation	カーネルの拡張サイズ。デフォルトは 1。
	padding	入力テンソルのパディングサイズ。デフォルトは 0。
	stride	畳み込み操作のストライドサイズ。デフォルトは 1。
戻り値	展開されたテンソル。形状は (C＊kernel_size[行]＊kernel_size[列], L)。 C: チャンネル数パッチのサイズ kernel_size[行]：カーネルの高さ kernel_size[列]：カーネルの幅 L: カーネルに集約後の新しいパッチサイズ	

▼(256〈パッチの数〉, 128〈パッチサイズ〉)の場合における、パッチ数を半減する流れ

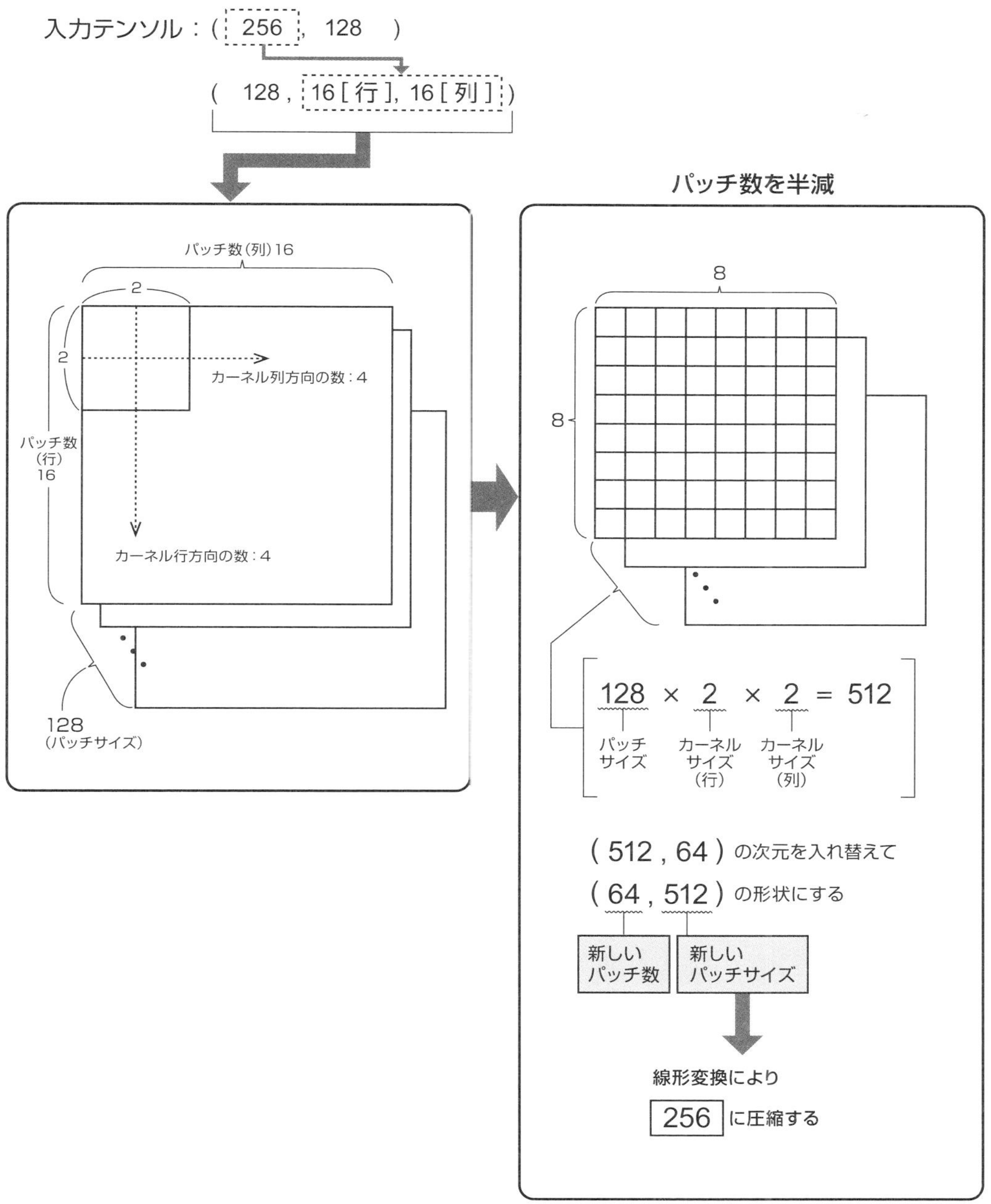

5.2.10 Stageクラスを定義する

Stageクラスは、Swin Transformerのステージ（複数の層で構成されるブロック）を構築するためのクラスです。ステージには、必要に応じてPatchMerging層を配置し、続いて複数のTransformerBlockを配置します。

- 偶数番目のTransformerBlockでは、シフト量をゼロにして、W-MSA（Window Based Multi-Head Self-Attention）機構によるパッチ間の対応関係を捉える。
- 奇数番目のTransformerBlockでは、シフト量をウィンドウ1辺のサイズの半分にして、SW-MSA（Shifted Window Based Multi-Head Self-Attention）機構によるパッチ間の対応関係を捉える。

■Stageクラスの定義

17番目のセルに、次のようにStageクラスの定義コードを入力し、実行します。

▼Stageクラスの定義（swin_transformer_CIFAR10_PyTorch.ipynb）

セル17

```
class Stage(nn.Sequential):
    """ Swin Transformerのステージ(ブロック)を構築する

        ステージには必要に応じてPatchMerging層を配置し、
        続いて複数のTransformerBlockを配置
        偶数番目のTransformerBlockではシフト量を0に、
        機数番目のTransformerBlockではシフト量をwindow_sizeの半分にして
        W-MSAとSW-MSAを交互に適用し、パッチ間の対応関係を捉える
    """
    def __init__(self, num_blocks, in_dim, out_dim,
                     head_dim, shape, window_size, p_drop=0.):
        """
        Args:
            num_blocks(list):
                各ステージに含まれるTransformerBlockの数
                (num_blocks_list=[4, 4])
            in_dim: 入力の次元数
            out_dim: 出力層の次元(ユニット数)
            head_dim(int): ヘッドの次元数(head_dim=32)
            shape(tuple):
                特徴マップの256個のパッチを正方行列にしたときの形状
```

```
            画像1辺のサイズをパッチ1辺のサイズで割って行、列のサイズshapeを取得
            shape = (image_size // patch_size, image_size // patch_size)
            shape = (16, 16)
        window_size(int): ウィンドウ1辺のサイズ(window_size=4)
        p_drop(float): ドロップアウトの確率(p_drop=0.)
    """
    # in_dimとout_dimが異なる場合、特徴マップの次元を変換するためにPatchMergingを追加
    if out_dim != in_dim:
        # shapeを半分に縮小するためのPatchMergingレイヤーを
        # インスタンス化してリストlayersに格納
        layers = [PatchMerging(in_dim, out_dim, shape)]
        # 特徴マップの形状shapeの行数と列数を半分に縮小
        shape = (shape[0] // 2, shape[1] // 2)
    else:
        # in_dimとout_dimの次元数が同じであれば空のリストlayersを返す
        layers = []

    # ウィンドウサイズの半分をシフトサイズとして設定
    shift_size = window_size // 2
    # num_blocksの数だけTransformerBlockを追加
    # 偶数番目のブロックにはシフトを適用しない
    # 奇数番目のブロックにはシフトを適用する
    layers += [
        TransformerBlock(
            out_dim,        # 出力次元数
            head_dim,       # ヘッドの次元数
            shape,          # 特徴マップの形状
            window_size,    # ウィンドウ1辺のサイズ
            # シフトサイズ:
            # 偶数番目のブロックではシフト量を0、
            # 奇数番目のブロックではシフト量をwindow_sizeの半分に設定
            0 if (num % 2 == 0) else shift_size,
            p_drop # ドロップアウト率
        )
        # num_blocksの数だけループしてTransformerBlockを追加
        for num in range(num_blocks)
    ]
    # 親クラスnn.Sequentialの初期化メソッドを呼び出して
    # layersリスト内のすべてのレイヤーを構築する
    super().__init__(*layers)
```

5.2.11 StageStackクラスを定義する

StageStackクラスは、Swin Transformerモデルの複数のステージ(Stage)を順次積み重ねることで、ネットワークを構築するためのクラスです。各ステージには複数のTransformer Blockが含まれており、特徴マップの形状を更新しながら処理を進めていきます。このクラスを使うことで、モデルの複数のステージを一連の処理としてまとめて扱うことができます。

■StageStackクラスの定義

18番目のセルに、次のようにStageStackクラスの定義コードを入力し、実行します。

▼StageStackクラスの定義(swin_transformer_CIFAR10_PyTorch.ipynb)

セル18

```
class StageStack(nn.Sequential):
    """Swin Transformerモデルのステージをスタックするクラス

    複数のステージ(Stage)を積み重ねてネットワークを構築する
    """
    def __init__(self, num_blocks_list, dims,
                 head_dim, shape, window_size, p_drop=0.):
        """
        Args:
            num_blocks_list(list):
                各ステージに含まれるTransformerBlockの数
                (num_blocks_list=[4, 4])
            dims(list):
                ステージの入力次元数と出力次元数のリスト
                (dims=[128(入力次元数),
                       128(第1Stage出力次元数),
                       256(第2Stage出力次元数)])
            head_dim(int): ヘッドの次元数(head_dim=32)
            shape(tuple):
                特徴マップの256個のパッチを正方行列にしたときの形状
                画像1辺のサイズをパッチ1辺のサイズで割って行、列のサイズshapeを取得
                shape = (image_size // patch_size, image_size // patch_size)
                shape = (16, 16)
            window_size(int): ウィンドウ1辺のサイズ(window_size=4)
            p_drop(float): ドロップアウトの確率(p_drop=0.)
        """
```

```
# リストlayersを初期化
layers = []
# 最初のステージの入力次元数をdimsリストの先頭要素から取得
in_dim = dims[0]

# zip()を使って、num_blocks_listとdimsから
# 各StageのTransformerBlockの数とdimsの第2要素以降
# (各Stageの出力次元数)を順次、取得
for num, out_dim in zip(num_blocks_list, dims[1:]):
    # 各ステージのTransformerBlockの数num、入力次元数in_dim、
    # 出力次元数out_dimを用いてStageを作成し、layersリストに追加
    layers.append(
        Stage(num,        # Stage1:4, Stage2:4
              in_dim,     # Stage1:128, Stage2:128
              out_dim,    # Stage1:128, Stage2:256
              head_dim, shape, window_size, p_drop))
    # ステージの入力次元数と出力次元数が異なる場合、
    # 次のステージのために特徴マップの形状と入力時減数を更新しておく
    if in_dim != out_dim:
        # 特徴マップの形状(行数と列数)を半分に縮小
        shape = (shape[0] // 2, shape[1] // 2)
        # 次のステージの入力次元数を更新
        in_dim = out_dim

# 親クラスnn.Sequentialの初期化メソッドを呼び出して
# layersリスト内のすべてのレイヤーを構築
super().__init__(*layers)
```

実際に何個のステージがスタックされるかは、コンストラクターの引数として渡されるリストnum_blocks_listに依存します。Swin Transformerモデルの学習時においては、引数として次の値が設定されます。

●num_blocks_list = [4, 4]

リストの要素数は、スタックするステージの数に相当し、要素の値は各ステージに含まれるTransformerBlockの数を示します。

・ステージ1: 4個のTransformerBlockブロック
・ステージ2: 4個のTransformerBlockブロック

また、各ステージの入力次元数と出力次元数のリストdimsには、次の値が設定されます。

●dims = [128, 128, 256]:

・第1要素(128):最初のステージへの入力次元数。
・第2要素(128):最初のステージの出力次元数であり、次のステージの入力次元数でもあります。
・第3要素(256):第2ステージの出力次元数。

num_blocks_listとdimsが以上のように設定され、shape(特徴マップの形状)が(16, 16)の場合、次の2つのステージが構築されます。

●ステージ1

・TransformerBlockの数: 4
・入力次元数: 128
・出力次元数: 128 (PatchMergingは適用されない)
・特徴マップの形状: (16, 16) (PatchMergingは適用されない)

●ステージ2

・TransformerBlockの数: 4
・入力次元数: 128 (前のステージの出力次元数と一致)
・出力次元数: 256 (PatchMergingが適用される)
・特徴マップの形状: (8, 8) (PatchMergingによって形状が半分に縮小される)

5.2.12 Headクラスを定義する

Headクラスは、Swin Transformerモデルの出力層を構築します。出力層では次の処理を行って、クラス分類を実施します。

・入力特徴量に対して正規化を実施
・グローバル平均プーリング(Global Average Pooling)でチャンネルの次元数を1次元に集約
・活性化関数GELUを適用
・ユニット数がクラス数と同数の全結合層から出力

■グローバル平均プーリング(Global Average Pooling)

グローバル平均プーリングとは、特徴量(特徴マップ)がチャンネル次元を持つ2次元の構造である場合に、チャンネル次元の要素の平均を求めることで、特徴マップを1次元のベクトルに変換する操作のことです。

ここで定義する出力層Headには、Patch Merging処理後の

(bs, パッチ数, 新しいパッチサイズ)

の形状のテンソルが入力されます。新しいパッチサイズは、チャンネルに相当する各パッチのデータです。そこでグローバル平均プーリングの処理を行うことで、各パッチ内のすべての値の平均を計算し、その平均値をチャンネルの代表値とします。結果、テンソルの形状は

(bs, パッチ数)

となります。パッチの数はそのままで、パッチ内のデータ(チャンネル次元の要素)を平均化することがポイントです。

例えば、バッチ1個当たりのテンソル形状が、

(1, 64, 256)

の場合、ユニット数が10の全結合層に入力するには、64 × 256 × 10=163,840個の重みパラメーターが必要ですが、第3次元の256を平均値に置き換えると、64 × 10=640個の重みパラメーターで済みます。

なお、グローバル平均プーリングは、以前に定義したレイヤーGlobalAvgPool()を利用します。

■Headクラスの定義

19番目のセルに、次のようにHeadクラスの定義コードを入力し、実行します。

▼Headクラスの定義(swin_transformer_CIFAR10_PyTorch.ipynb)

セル19

```
class Head(nn.Sequential):
    """ Swin Transformerモデルの出力層を定義

    入力特徴量を正規化し、非線形変換を適用、グローバル平均プーリングを行い、
    ドロップアウトを適用してから最終的に線形層を通じてクラス分類を行う
    """
    def __init__(self, dim, classes, p_drop=0.):
        """
        Args:
            dim: 入力特徴量の次元数
                dims=[128, 128, 256]における第1要素の128
            classes(int): 分類先のクラス数(NUM_CLASSES = 10)
            p_drop(float): ドロップアウト率(p_drop=0.)
        """
        # 親クラス(nn.Sequential)のコンストラクターを呼び出し、
        # 以下のレイヤーを順番に追加する
        super().__init__(
            nn.LayerNorm(dim),           # 正規化を行うレイヤー
            nn.GELU(),                   # 活性化関数GELUを適用
            GlobalAvgPool(),             # グローバル平均プーリング
            nn.Dropout(p_drop),          # ドロップアウト
            nn.Linear(dim, classes)      # 全結合層でクラス分類を実施
        )
```

5.2.13 SwinTransformerクラスを定義する

Swin Transformerモデルを構築するSwinTransformerクラスを定義します。モデルの概要を図にしたのでご確認ください。

▼Swin Transformerモデルの概要図

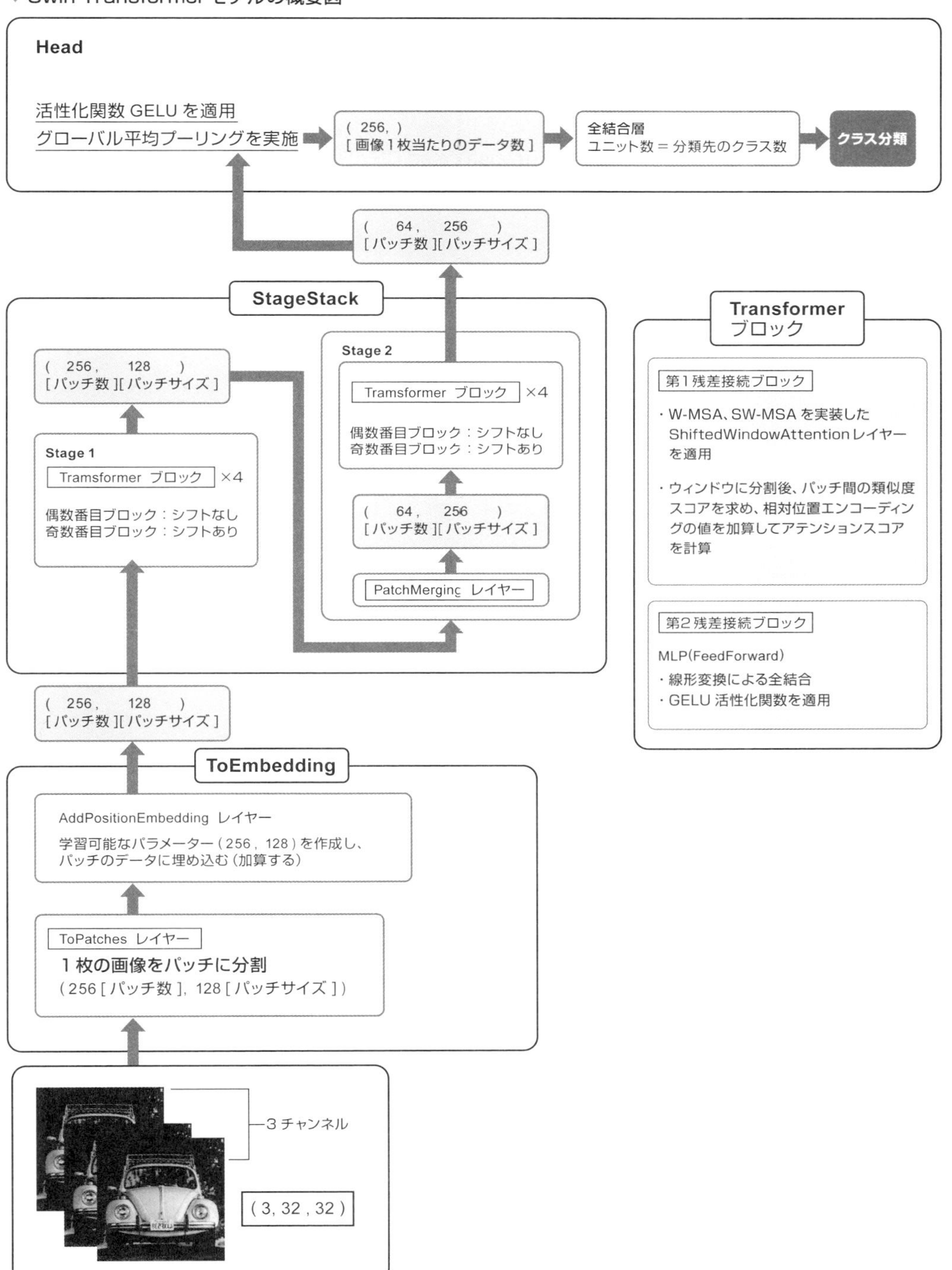

■SwinTransformerクラスの定義

20番目のセルに、次のようにSwinTransformerクラスの定義コードを入力し、実行します。

▼SwinTransformerクラスの定義（swin_transformer_CIFAR10_PyTorch.ipynb）

セル20

```
class SwinTransformer(nn.Sequential):
    """Swin Transformerモデルを定義するクラス

    """
    def __init__(
            self, classes, image_size, num_blocks_list, dims, head_dim,
            patch_size, window_size, in_channels=3, emb_p_drop=0.,
            trans_p_drop=0., head_p_drop=0.
            ):
        """
        Args:
            classes(int): 分類先のクラス数(NUM_CLASSES = 10)
            image_size(int): 入力画像1辺のサイズ(IMAGE_SIZE = 32)

            num_blocks_list(list):
                各ステージに含まれるTransformerBlockの数
                (num_blocks_list=[4, 4])
            dims(list):
                各ステージの入力次元と出力次元のリスト
                (dims=[128, 128, 256])

            head_dim(int): ヘッドの次元数(head_dim=32)
            patch_size(int): パッチ1辺のサイズ(patch_size=2)
            window_size(int): ウィンドウ1辺のサイズ(window_size=4)
            in_channels(int): 入力チャンネル数(in_channels=3)

            emb_p_drop(float):
                Embedding層のドロップアウト率(emb_p_drop=0.)
            trans_p_drop(float):
                TransformerBlockのドロップアウト率(trans_p_drop=0.)
            head_p_drop(float):
                出力層のドロップアウト率(head_p_drop=0.3)
        """
```

```
        # 画像1辺のサイズをパッチサイズで割って、パッチ数を計算
        reduced_size = image_size // patch_size
        # パッチ分割後の特徴マップの形状を定義：（パッチ数(行), パッチ数(列))
        shape = (reduced_size, reduced_size)
        # 特徴マップ1個当たりのパッチ数を計算：パッチ数(行)*パッチ数(列)
        num_patches = shape[0]*shape[1]

        # nn.Sequentialクラスの初期化メソッドを呼び出して、各レイヤーを配置
        super().__init__(
            # ToEmbeddingを配置
            ToEmbedding(
                in_channels,      # in_channels=3
                dims[0],          # dims=[128, 128, 256]の第1要素128を取得
                patch_size,       # patch_size=2
                num_patches,      # パッチ数(行)*パッチ数(列)
                emb_p_drop        # emb_p_drop=0.
            ),
            # StageStackを配置
            StageStack(
                num_blocks_list, # num_blocks_list=[4, 4]
                dims,             # dims=[128, 128, 256]
                head_dim,         # head_dim=32
                shape,            # (パッチ数(行), パッチ数(列))
                window_size,      # window_size=4
                trans_p_drop      # trans_p_drop=0.
            ),
             # Headブロックを配置
            Head(
                dims[-1],         # dims=[128, 128, 256]から第3要素256を取得
                classes,          # NUM_CLASSES = 10
                head_p_drop       # head_p_drop=0.3
            )
        )
        # モデルパラメーターの初期化を実行
        self.reset_parameters()

    def reset_parameters(self):
        """ モデルのパラメーターを初期化する
        """
        # self.modules()を用いてSwinTransformerのすべてのレイヤーを取得し、
```

```
        # それぞれのレイヤーに応じた初期化を行う
        for m in self.modules():
            # レイヤーの型名がnn.Linearの場合
            if isinstance(m, nn.Linear):
                # 重み: Kaiming正規分布(He)で初期化
                nn.init.kaiming_normal_(m.weight)
                # バイアス: ゼロで初期化
                if m.bias is not None: nn.init.zeros_(m.bias)
            # レイヤーの型名がnn.LayerNormの場合
            elif isinstance(m, nn.LayerNorm):
                # 重み: 1で初期化。Layer Normalizationでは、初期値1が一般的
                nn.init.constant_(m.weight, 1.)
                # バイアス: ゼロで初期化
                nn.init.zeros_(m.bias)
            # レイヤーの型名がAddPositionEmbeddingの場合
            elif isinstance(m, AddPositionEmbedding):
                # 位置情報(絶対位置エンコーディング)を学習するパラメーター
                # pos_embedding:
                # 平均0.0、標準偏差0.02の正規分布からサンプリングした値で初期化
                nn.init.normal_(m.pos_embedding, mean=0.0, std=0.02)
            # レイヤーの型名がShiftedWindowAttentionの場合
            elif isinstance(m, ShiftedWindowAttention):
                # 位置エンコーディングを学習するパラメーターpos_enc:
                # 平均0.0、標準偏差0.02の正規分布からサンプリングした値で初期化
                nn.init.normal_(m.pos_enc, mean=0.0, std=0.02)
            # レイヤーの型名がResidualの場合
            elif isinstance(m, Residual):
                # 学習可能なスケーリングファクターgammaをゼロで初期化
                nn.init.zeros_(m.gamma)

    def separate_parameters(self):
        """モデルのパラメーターを、重み減衰(Weight Decay)ありとなしで分ける

        オプティマイザー(最適化器)の学習過程において、
        重み減数を適用するパラメーター、重み減衰を適用しないパラメーターを設定する

        Returns:
            parameters_decay(set): 重み減衰を適用するパラメーター名を格納
            parameters_no_decay(set): 重み減衰を適用しないパラメーター名を格納
        """
```

```
        # 重み減衰を適用するパラメーター名を格納する集合
        parameters_decay = set()
        # 重み減衰を適用しないパラメーター名を格納する集合
        parameters_no_decay = set()
        # 重み減衰を適用するレイヤーの型名
        modules_weight_decay = (nn.Linear,)
        # 重み減衰を適用しないレイヤーの型名
        modules_no_weight_decay = (nn.LayerNorm,)

        # モデル内のすべてのネットワークモジュール(レイヤー)の名前と型名を順次抽出
        for m_name, m in self.named_modules():
            # 各レイヤーのパラメーター名とパラメーターテンソルを順次抽出
            for param_name, param in m.named_parameters():
                # モジュール名とパラメーター名をピリオドで連結してフルネームを作成
                full_param_name = (
                    f"{m_name}.{param_name}" if m_name else param_name
                )
                # mに格納されているレイヤーの型名が
                # modules_no_weight_decayに含まれる場合
                # パラメーター名を重み減衰なし(parameters_no_decay)に追加
                if isinstance(m, modules_no_weight_decay):
                    parameters_no_decay.add(full_param_name)
                # パラメーター名が"bias"で終わる場合
                # 重み減衰なし(parameters_no_decay)に追加
                elif param_name.endswith("bias"):
                    parameters_no_decay.add(full_param_name)
                # レイヤーの型名がResidualで、パラメーター名が"gamma"で終わる場合
                # パラメーター名を重み減衰なし(parameters_no_decay)に追加
                elif isinstance(m, Residual) and param_name.endswith("gamma"):
                    parameters_no_decay.add(full_param_name)
                # レイヤーの型名がAddPositionEmbeddingで、
                # パラメーター名が"pos_embedding"で終わる場合
                # パラメーター名を重み減衰なし(parameters_no_decay)に追加
                elif isinstance(m, AddPositionEmbedding) and ¥
                     param_name.endswith("pos_embedding"):
                    parameters_no_decay.add(full_param_name)
                # レイヤーの型名がShiftedWindowAttentionで、
                # パラメーター名が"pos_enc"で終わる場合
                # パラメーター名を重み減衰なし(parameters_no_decay)に追加
                elif isinstance(m, ShiftedWindowAttention) and ¥
```

```
                    param_name.endswith("pos_enc"):
                parameters_no_decay.add(full_param_name)
            # mに格納されているモジュールのインスタンス名が
            # modules_weight_decayに含まれる場合(nn.Linear)
            # パラメーター名を重み減衰あり(parameters_decay)に追加
            elif isinstance(m, modules_weight_decay):
                parameters_decay.add(full_param_name)

    # parameters_decayとparameters_no_decayに
    # 同じパラメーター名が含まれていないことを確認
    assert len(parameters_decay & parameters_no_decay) == 0
    # parameters_decayとparameters_no_decayの要素の合計数が
    # モデルの全パラメーター数と一致することを確認
    assert len(parameters_decay) + len(parameters_no_decay) == ¥
        len(list(model.parameters()))

    return parameters_decay, parameters_no_decay
```

●isinstance()関数

Pythonの組み込み関数isinstance()は、特定のオブジェクトが指定されたクラスに属しているかどうかを判定します。

書式	isinstance(object, classinfo)	
引数	object	判定対象のオブジェクト。
	classinfo	クラス、型、またはクラスのタプル。タプルの場合、オブジェクトがタプル内のいずれかのクラスに属していれば、True を返します。

●torch.nn.Module.modules() メソッド

ニューラルネットワークモジュール(ネットワークの層)を反復処理できるイテレーター(反復子)を返します。イテレーターの各要素は、(name, module) という形式のタプルです。name はモジュールの名前、module は nn.Module クラスを継承したレイヤー(層)の型名です。

●torch.nn.Module.named_parameters() メソッド

ニューラルネットワークモジュール(ネットワークの層)内のすべてのパラメーターについて、反復処理できるイテレーターを返します。イテレーターの各要素は、(name, parameter) という形式のタプルです。name はパラメーターの名前、parameter は実際のパラメーターのテンソルです。

5.2.14 Swin Transformerモデルをインスタンス化してサマリを出力する

Swin Transformerにおける各処理が完成したので、モデルクラス「SwinTransforme」をインスタンス化します。インスタンス化した後、torchsummaryのsummary()関数を使って、モデルのサマリ（概要）を出力します。

■SwinTransformerクラスのインスタンス化とサマリの表示

21番目のセルに次のコードを入力し、実行します。

▼SwinTransformerクラスのインスタンス化とサマリの表示（swin_transformer_CIFAR10_PyTorch.ipynb）

セル21

```
import torch
from torchsummary import summary

# モデルをインスタンス化
model = SwinTransformer(
    NUM_CLASSES,             # 分類先のクラス数
    IMAGE_SIZE,              # 入力画像1辺のサイズ
    num_blocks_list=[4, 4],# 各Stageに含まれるTransformerBlockの数
    dims=[128, 128, 256],    # 各Stageの入力次元と出力次元のリスト
    head_dim=32,             # ヘッドの次元数
    patch_size=2,            # パッチ1辺のサイズ
    window_size=4,           # ウィンドウ1辺のサイズ
    emb_p_drop=0.,           # Embedding層のドロップアウト率
    trans_p_drop=0.,         # Transformer層のドロップアウト率
    head_p_drop=0.3          # 出力層のドロップアウト率
    )

# モデルをGPUに移動（GPUを使う場合）
model.to(DEVICE)
# モデルのサマリを表示
summary(model, (3, IMAGE_SIZE, IMAGE_SIZE))
```

▼出力されたサマリ（枠で囲んだ部分はTransformerブロックを示します）

```
----------------------------------------------------------------
        Layer (type)               Output Shape         Param #
================================================================
            Linear-1             [-1, 256, 128]           1,664
```

```
          LayerNorm-2       [-1, 256, 128]            256
          ToPatches-3       [-1, 256, 128]              0
AddPositionEmbedding-4      [-1, 256, 128]              0
            Dropout-5       [-1, 256, 128]              0
          LayerNorm-6       [-1, 256, 128]            256
             Linear-7        [-1, 16, 384]         49,536
             Linear-8        [-1, 16, 128]         16,512
ShiftedWindowAttention-9    [-1, 256, 128]              0
           Dropout-10       [-1, 256, 128]              0
          Residual-11       [-1, 256, 128]              0
         LayerNorm-12       [-1, 256, 128]            256
            Linear-13       [-1, 256, 512]         66,048
              GELU-14       [-1, 256, 512]              0
            Linear-15       [-1, 256, 128]         65,664
           Dropout-16       [-1, 256, 128]              0
          Residual-17       [-1, 256, 128]              0
         LayerNorm-18       [-1, 256, 128]            256
            Linear-19        [-1, 16, 384]         49,536
            Linear-20        [-1, 16, 128]         16,512
ShiftedWindowAttention-21   [-1, 256, 128]              0
           Dropout-22       [-1, 256, 128]              0
          Residual-23       [-1, 256, 128]              0
         LayerNorm-24       [-1, 256, 128]            256
            Linear-25       [-1, 256, 512]         66,048
              GELU-26       [-1, 256, 512]              0
            Linear-27       [-1, 256, 128]         65,664
           Dropout-28       [-1, 256, 128]              0
          Residual-29       [-1, 256, 128]              0
         LayerNorm-30       [-1, 256, 128]            256
            Linear-31        [-1, 16, 384]         49,536
            Linear-32        [-1, 16, 128]         16,512
ShiftedWindowAttention-33   [-1, 256, 128]              0
           Dropout-34       [-1, 256, 128]              0
          Residual-35       [-1, 256, 128]              0
         LayerNorm-36       [-1, 256, 128]            256
            Linear-37       [-1, 256, 512]         66,048
              GELU-38       [-1, 256, 512]              0
            Linear-39       [-1, 256, 128]         65,664
           Dropout-40       [-1, 256, 128]              0
          Residual-41       [-1, 256, 128]              0
         LayerNorm-42       [-1, 256, 128]            256
```

```
           Linear-43        [-1, 16, 384]          49,536
           Linear-44        [-1, 16, 128]          16,512
ShiftedWindowAttention-45  [-1, 256, 128]               0
          Dropout-46       [-1, 256, 128]               0
         Residual-47       [-1, 256, 128]               0
        LayerNorm-48       [-1, 256, 128]             256
           Linear-49       [-1, 256, 512]          66,048
             GELU-50       [-1, 256, 512]               0
           Linear-51       [-1, 256, 128]          65,664
          Dropout-52       [-1, 256, 128]               0
         Residual-53       [-1, 256, 128]               0
        LayerNorm-54        [-1, 64, 512]           1,024
           Linear-55        [-1, 64, 256]         131,072
     PatchMerging-56        [-1, 64, 256]               0
        LayerNorm-57        [-1, 64, 256]             512
           Linear-58        [-1, 16, 768]         197,376
           Linear-59        [-1, 16, 256]          65,792
ShiftedWindowAttention-60   [-1, 64, 256]               0
          Dropout-61        [-1, 64, 256]               0
         Residual-62        [-1, 64, 256]               0
        LayerNorm-63        [-1, 64, 256]             512
           Linear-64       [-1, 64, 1024]         263,168
             GELU-65       [-1, 64, 1024]               0
           Linear-66        [-1, 64, 256]         262,400
          Dropout-67        [-1, 64, 256]               0
         Residual-68        [-1, 64, 256]               0
        LayerNorm-69        [-1, 64, 256]             512
           Linear-70        [-1, 16, 768]         197,376
           Linear-71        [-1, 16, 256]          65,792
ShiftedWindowAttention-72   [-1, 64, 256]               0
          Dropout-73        [-1, 64, 256]               0
         Residual-74        [-1, 64, 256]               0
        LayerNorm-75        [-1, 64, 256]             512
           Linear-76       [-1, 64, 1024]         263,168
             GELU-77       [-1, 64, 1024]               0
           Linear-78        [-1, 64, 256]         262,400
          Dropout-79        [-1, 64, 256]               0
         Residual-80        [-1, 64, 256]               0
        LayerNorm-81        [-1, 64, 256]             512
           Linear-82        [-1, 16, 768]         197,376
```

```
            Linear-83         [-1, 16, 256]          65,792
  ShiftedWindowAttention-84         [-1, 64, 256]               0
           Dropout-85         [-1, 64, 256]               0
          Residual-86         [-1, 64, 256]               0
         LayerNorm-87         [-1, 64, 256]             512
            Linear-88        [-1, 64, 1024]         263,168
              GELU-89        [-1, 64, 1024]               0
            Linear-90         [-1, 64, 256]         262,400
           Dropout-91         [-1, 64, 256]               0
          Residual-92         [-1, 64, 256]               0
         LayerNorm-93         [-1, 64, 256]             512
            Linear-94         [-1, 16, 768]         197,376
            Linear-95         [-1, 16, 256]          65,792
  ShiftedWindowAttention-96         [-1, 64, 256]               0
           Dropout-97         [-1, 64, 256]               0
          Residual-98         [-1, 64, 256]               0
         LayerNorm-99         [-1, 64, 256]             512
           Linear-100        [-1, 64, 1024]         263,168
             GELU-101        [-1, 64, 1024]               0
           Linear-102         [-1, 64, 256]         262,400
          Dropout-103         [-1, 64, 256]               0
         Residual-104         [-1, 64, 256]               0
        LayerNorm-105         [-1, 64, 256]             512
             GELU-106         [-1, 64, 256]               0
    GlobalAvgPool-107             [-1, 256]               0
          Dropout-108             [-1, 256]               0
           Linear-109              [-1, 10]           2,570
================================================================
Total params: 4,089,226
Trainable params: 4,089,226
Non-trainable params: 0
----------------------------------------------------------------
Input size (MB): 0.01
Forward/backward pass size (MB): 26.75
Params size (MB): 15.60
Estimated Total Size (MB): 42.36
----------------------------------------------------------------
```

モデルのパラメーター数：出力されたサマリでは、モデルのパラメーターの総数が4,089,226で、トレーニング可能なパラメーターの総数も4,089,226と表示されています。

5.2.15 モデルのトレーニングと評価について設定する

モデルのトレーニングに必要なオプティマイザーを生成する関数を定義し、損失関数、トレーナー、学習率スケジューラー、評価器の設定を行います。トレーニングおよび検証データの評価結果を記録してログに出力する関数の定義も行います。

■オプティマイザーを生成する関数の定義

ここで定義するget_optimizer()関数は、モデルのパラメーターを重み減衰ありとなしに分けて最適化グループを作成し、AdamWオプティマイザーを生成します。これにより、重み減衰を適用するべきパラメーターに対してのみ正則化が行われ、バイアスやノルムパラメーターなどには正則化が適用されないようにします。

22番目のセルに、次のようにget_optimizer()関数の定義コードを入力し、実行します。

▼オプティマイザーを生成する関数get_optimizer()を定義する
（swin_transformer_CIFAR10_PyTorch.ipynb）

セル22

```
def get_optimizer(model, learning_rate, weight_decay):
    """ モデルのパラメーターを重み減衰ありとなしに分けて
        AdamWオプティマイザーを生成

    Args:
        model: 最適化対象のモデル
        learning_rate: 学習率
        weight_decay: 重み減衰の係数

    Returns:
        optimizer: AdamWオプティマイザー
    """
    # モデルの全パラメーターを名前付きで辞書に格納
    param_dict = {pn: p for pn, p in mcdel.named_parameters()}

    # separate_parameters()でモデルのパラメーターを重み減衰ありとなしに分ける
    parameters_decay, parameters_no_decay = model.separate_parameters()

    optim_groups = [
        {
            # 重み減衰ありのパラメーター
            "params": [param_dict[pn] for pn in parameters_decay],
```

```
            # 重み減衰の係数を設定
            "weight_decay": weight_decay
        },
        {
            # 重み減衰なしのパラメーター
            "params": [param_dict[pn] for pn in parameters_no_decay],
            # 重み減衰の係数はゼロ
            "weight_decay": 0.0
        },
    ]
    # AdamWオプティマイザーを定義
    optimizer = optim.AdamW(
        optim_groups,       # 最適化グループ
        lr=learning_rate    # 学習率
    )
    return optimizer     # オプティマイザーを返す
```

●torch.optim.AdamW()

PyTorchのオプティマイザー（最適化器）で、Adam最適化アルゴリズムの変種であり、重み減衰（ウェイトディケイ）を適切に扱います。

書式	torch.optim.AdamW(params, lr=0.001, betas=(0.9, 0.999), eps=1e−08, weight_decay=0.01, amsgrad=False)	
引数	params	オプティマイザーが更新するパラメーター群。通常、モデルのパラメーターをリストや辞書で渡します。
	lr	学習率。デフォルトは0.001です。
	betas	2つの係数のタプルで、それぞれモーメントの計算に使用されます。デフォルトは(0.9, 0.999)です。
	eps	数値安定性のために追加される非常に小さな数。デフォルトは1e−08です。
	weight_decay	重み減衰の係数。デフォルトは0.01です。
	amsgrad	AMSGradを使用するかどうか。デフォルトはFalseです。

■損失関数、オプティマイザー、トレーナー、学習率スケジューラー、評価器を設定

モデルのトレーニングと評価の設定を行います。損失関数、オプティマイザー、トレーナー、学習率スケジューラー、評価器を設定し、トレーニングの履歴を保持するための準備を行います。

23番目のセルに次のコードを入力し、実行します。

▼損失関数、オプティマイザー、トレーナー、学習率スケジューラー、評価器を設定する(swin_transformer_CIFAR10_PyTorch.ipynb)

セル23

```
# クロスエントロピー損失関数を定義
loss = nn.CrossEntropyLoss()

# オプティマイザーを定義
optimizer = get_optimizer(
    model,                              # 学習対象のモデル
    learning_rate=LEARNING_RATE,        # 学習率
    weight_decay=WEIGHT_DECAY           # 重み減衰(正則化)の係数
    )

# 教師あり学習用トレーナーを定義
trainer = create_supervised_trainer(
    model,                              # 学習対象のモデル
    optimizer,                          # オプティマイザー
    loss,                               # 損失関数
    device=DEVICE                       # 実行デバイス(GPUを想定)
    )

# 学習率スケジューラーを定義
lr_scheduler = optim.lr_scheduler.OneCycleLR(
    optimizer,                          # オプティマイザー
    max_lr=LEARNING_RATE,               # 最大学習率
    steps_per_epoch=len(train_loader),  # 1エポック当たりのステップ数
    epochs=EPOCHS                       # 総エポック数
    )

# トレーナーの各イテレーション終了時に学習率スケジューラーを更新
trainer.add_event_handler(
```

```
    Events.ITERATION_COMPLETED,                 # イテレーション終了時のイベント
    lambda engine: lr_scheduler.step()          # 学習率スケジューラーのステップを進める
    )

# トレーニングの損失をランニング平均で保持
ignite.metrics.RunningAverage(
    output_transform=lambda x: x                # 出力をそのまま使用
    ).attach(trainer, "loss")                   # トレーナーに"loss"としてアタッチ

# 検証用のメトリクス(評価指標)を定義
val_metrics = {
    "accuracy": ignite.metrics.Accuracy(),      # 精度
    "loss": ignite.metrics.Loss(loss)           # 損失
    }

# トレーニングデータ用の評価器を定義
train_evaluator = create_supervised_evaluator(
    model,                                      # 評価対象のモデル
    metrics=val_metrics,                        # 評価メトリクス
    device=DEVICE                               # 実行デバイス(GPUを想定)
    )

# バリデーションデータ用の評価器を定義
evaluator = create_supervised_evaluator(
    model,                                      # 評価対象のモデル
    metrics=val_metrics,                        # 評価メトリクス
    device=DEVICE                               # 実行デバイス(CPUまたはGPU)
    )

# トレーニング履歴を保持するための辞書を初期化
history = defaultdict(list)
```

●ignite.engine.create_supervised_trainer()

PyTorch-Igniteのignite.engineモジュールで提供される関数です。この関数は、教師あり学習のためのトレーナーを作成します。

書式	ignite.engine.create_supervised_trainer(model, optimizer, loss_fn, device=None, non_blocking=False, prepare_batch=_prepare_batch, output_transform=lambda x, y, y_pred, loss: loss.item(), deterministic=False)	
引数	model	モデルのオブジェクト(nn.Module)。
	optimizer	オプティマイザー(torch.optim.Optimizer)。
	loss_fn	損失関数を指定します。
	device	トレーニングを実行するデバイス(CPU または GPU)。
	non_blocking	データ転送が非ブロッキングであるかどうかを示すブール値(オプション、デフォルトはFalse)。
	prepare_batch	データローダーからバッチを受け取り、適切な形式に変換する関数。
	output_transform	各トレーニングステップの出力を変換する関数(オプション)。
	deterministic	トレーニングを決定的(再現可能)にするかどうかを示すブール値(オプション、デフォルトはFalse)。

■評価結果を記録してログに出力するlog_validation_results()の定義

ここで定義するlog_validation_results()関数は、トレーナーがエポックを完了するたびに呼び出され、トレーニングデータおよび検証データの評価結果を記録し、トレーニングと検証の損失および精度をログに出力します。24番目のセルに次のように入力し、実行します。

▼評価結果を記録してログに出力するlog_validation_results()を定義(swin_transformer_CIFAR10_PyTorch.ipynb)

セル24

```
# トレーナーがエポックを完了したときにこの関数を呼び出すためのデコレーター
@trainer.on(Events.EPOCH_COMPLETED)
def log_validation_results(engine):
    """ エポック完了時にトレーニングと検証の損失および精度を記録してログに出力

    Args:
        engine: トレーナーの状態を保持するエンジンオブジェクト
```

```
    """
    # トレーナーの状態を取得
    train_state = engine.state
    # 現在のエポック数を取得
    epoch = train_state.epoch
    # 最大エポック数を取得
    max_epochs = train_state.max_epochs
    # 現在のエポックのトレーニング損失を取得
    train_loss = train_state.metrics["loss"]
    # トレーニング損失を履歴に追加
    history['train loss'].append(train_loss)
    # トレーニングデータローダーを使用して評価を実行
    train_evaluator.run(train_loader)
    # トレーニング評価の結果メトリクスを取得
    train_metrics = train_evaluator.state.metrics
    # トレーニングデータの精度を取得
    train_acc = train_metrics["accuracy"]
    # トレーニング精度を履歴に追加
    history['train acc'].append(train_acc)
    # テストデータローダーを使用して評価を実行
    evaluator.run(test_loader)
    # 検証評価の結果メトリクスを取得
    val_metrics = evaluator.state.metrics
    # 検証データの損失を取得
    val_loss = val_metrics["loss"]
    # 検証データの精度を取得
    val_acc = val_metrics["accuracy"]
    # 検証損失を履歴に追加
    history['val loss'].append(val_loss)
    # 検証精度を履歴に追加
    history['val acc'].append(val_acc)
    # トレーニングと検証の損失および精度を出力
    print(
        "{}/{} - train:loss {:.3f} accuracy {:.3f}; val:loss {:.3f} accuracy {:.3f}".
        format(
        epoch, max_epochs, train_loss, train_acc, val_loss, val_acc)
        )
```

5.2.16 トレーニングを実行する

プログラムが完成したので、CIFAR-10データセットを用いたクラス分類のトレーニングを実行しましょう。

■トレーニングの実行

Notebookの冒頭3番目のセルでは、次のように設定しています。

▼各設定値
```
DATA_DIR='./data'           # データ保存用のディレクトリ
IMAGE_SIZE = 32             # 入力画像1辺のサイズ
NUM_CLASSES = 10            # 分類先のクラス数
NUM_WORKERS = 2             # データローダーが使用するサブプロセスの数を指定
BATCH_SIZE = 32             # ミニバッチのサイズ
EPOCHS = 100                # 学習回数
LEARNING_RATE = 1e-3        # 学習率
WEIGHT_DECAY = 1e-1         # オプティマイザーの重み減衰率
```

25番目のセルに次のように入力し、実行します。

▼トレーニングを実行(swin_transformer_CIFAR10_PyTorch.ipynb)

セル25
```
%%time
trainer.run(train_loader, max_epochs=EPOCHS);
```

▼出力
```
1/100 - train: loss 1.903 accuracy 0.317; val: loss 1.860 accuracy 0.304
......途中省略......
10/100 - train: loss 1.069 accuracy 0.618; val: loss 1.068 accuracy 0.623
......途中省略......
20/100 - train: loss 0.815 accuracy 0.709; val: loss 0.844 accuracy 0.702
......途中省略......
30/100 - train: loss 0.756 accuracy 0.768; val: loss 0.684 accuracy 0.764
......途中省略......
40/100 - train: loss 0.619 accuracy 0.777; val: loss 0.727 accuracy 0.762
......途中省略......
50/100 - train: loss 0.493 accuracy 0.835; val: loss 0.572 accuracy 0.808
```

```
......途中省略......
70/100 - train: loss 0.274 accuracy 0.915; val: loss 0.387 accuracy 0.872
......途中省略......
90/100 - train: loss 0.043 accuracy 0.990; val: loss 0.335 accuracy 0.908
......途中省略......
100/100 - train: loss 0.020 accuracy 0.997; val: loss 0.339 accuracy 0.908
CPU times: user 1h 44min 44s, sys: 3min 37s, total: 1h 48min 21s
Wall time: 1h 42min 54s
State:
        iteration: 156300
        epoch: 100
        epoch_length: 1563
        max_epochs: 100
......以下省略......
```

Google ColabのGPUを使用して、完了までに約1時間45分を要しました。学習を100回終えた後の結果は、次のようになりました。

・train: loss 0.020 accuracy 0.997
・val:　loss 0.339 accuracy 0.908

■損失の推移をグラフ化

損失の推移をグラフにします。26番目のセルに次のように入力し、実行します。

▼損失の推移をグラフにする (swin_transformer_CIFAR10_PyTorch.ipynb)

```
セル26
# グラフ描画用のFigureオブジェクトを作成
fig = plt.figure()
# Figureにサブプロット(1行1列の1つ目のプロット)を追加
ax = fig.add_subplot(111)
# x軸のデータをエポック数に基づいて作成(1からhistory['train loss']の長さまでの範囲)
xs = np.arange(1, len(history['train loss']) + 1)
# トレーニング損失をプロット
ax.plot(xs, history['train loss'], '.-', label='train')
# 検証損失をプロット
ax.plot(xs, history['val loss'], '.-', label='val')

ax.set_xlabel('epoch')   # x軸のラベルを設定
```

```
ax.set_ylabel('loss')        # y軸のラベルを設定
ax.legend()                  # 凡例を表示
ax.grid()                    # グリッドを表示
plt.show()                   # グラフを表示
```


▼出力された損失の推移を示すグラフ

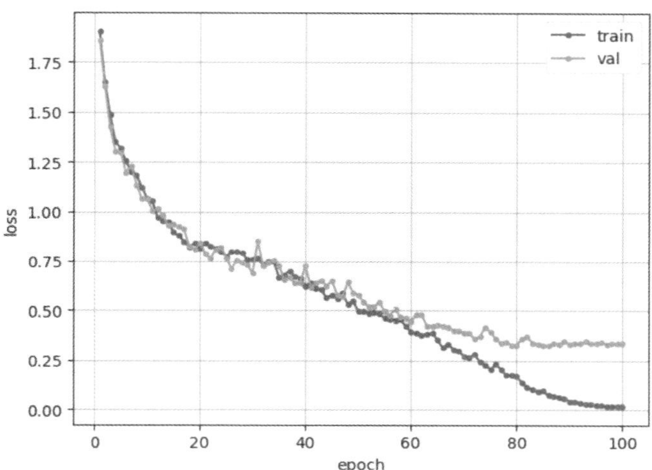

精度の推移をグラフ化

精度の推移をグラフにします。27番目のセルに次のように入力し、実行します。

▼精度の推移をグラフにする（swin_transformer_CIFAR10_PyTorch.ipynb）

セル27

```
# グラフ描画用のFigureオブジェクトを作成
fig = plt.figure()
# Figureにサブプロット（1行1列の1つ目のプロット）を追加
ax = fig.add_subplot(111)
# x軸のデータをエポック数に基づいて作成（1からhistory['val acc']の長さまでの範囲）
xs = np.arange(1, len(history['val acc']) + 1)
# バリデーションデータの正解率をプロット
ax.plot(xs, history['val acc'], label='Validation Accuracy', linestyle='-')
# トレーニングデータの正解率をプロット
ax.plot(xs, history['train acc'], label='Training Accuracy', linestyle='--')
```

```
ax.set_xlabel('Epoch')            # x軸のラベルを設定
ax.set_ylabel('Accuracy')         # y軸のラベルを設定
ax.grid()                         # グリッドを表示
ax.legend()                       # 凡例を追加
plt.show()                        # グラフを表示
```

▼出力された精度の推移を示すグラフ

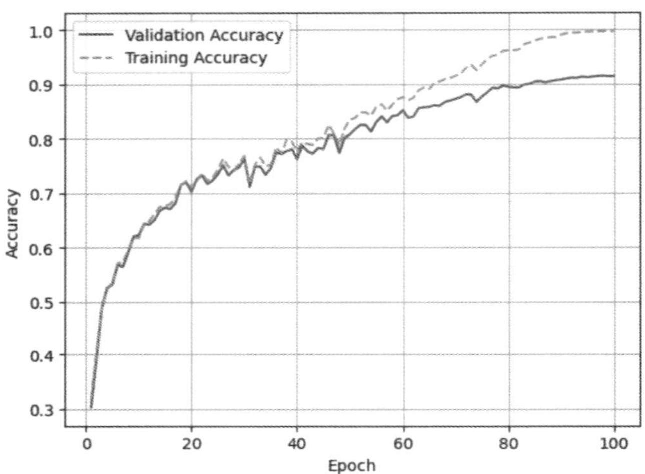

COLUMN Swin Transformerの重みパラメーターや計算量がViTよりも少ない理由④

ここでは、パラメーター数の削減と学習時間についてまとめます。

・少ないパラメーターで学習時間を短縮

Swin Transformerは、ウィンドウベースの自己注意や階層的な構造により、ViTよりも少ないパラメーター数で同等以上の性能を発揮できることが多いです。特に、高解像度の画像を処理する際は、ViTに比べて大幅に計算量が減少するため、1エポック当たりの学習時間が短くなります。

・学習時間の効率化

Swin Transformerは、最初にローカルなウィンドウ内の情報を学習し、その後にシフトウィンドウを用いて広範囲の情報を捉えます。このウィンドウベースの自己注意メカニズムにより、計算コストを抑えながら局所的な特徴とグローバルな特徴の両方を効率的に学習することができます。この段階的なウィンドウ処理が、学習時間の短縮に寄与しています。

章

Swin Transformerを用いた画像分類モデルの実装(Keras編)

6.1 KerasでSwin Transformerモデルを実装する

この章では、TensorFlowフレームワークのKerasを用いてSwin Transformerモデルを構築します*。トレーニングデータにはCIFAR-100データセットを使用し、100クラスの分類予測を行います。CIFAR-100の概要については、「4.1.1 CIFAR-100データセットの概要」をご参照ください。

6.1.1 Kerasのアップデートと必要なライブラリのインポート

tensorflow.keras.opsを使用するにあたって、Kerasのバージョンをアップデートします。

One Point Keras3.0

執筆時点(2024年6月)のColab Notebookで利用できるTensorFlowのバージョンは2.15で、これに含まれるKerasのバージョンは2.15ですので、TensorFlowをアップデートすることで、Kerasのバージョンを3.0以上に引き上げます。

※2024年9月時点で、TensorFlowに含まれるKerasのバージョンは3.2になっているので、アップデートの処理は不要になりました。ただし、アップデートの処理を行っても問題はないのでご了承ください。

*…構築します Keras Documentation,"Image classification with Swin Transformers" Author: Rishit Dagli (2021)を参考に構築。
https://keras.io/examples/vision/swin_transformers/

■pipコマンドによるKerasのアップデート

新規のColab Notebookを作成します。ここでは「Swin_Transformer_CIFAR100_Keras.ipynb」という名前のNotebookを作成しました。Notebookを作成したら、1番目のセルに次のように入力して実行します。

▼pipコマンドによるTensorFlowのアップデート(Swin_Transformer_CIFAR100_Keras.ipynb)

セル1

```
!pip install --upgrade tensorflow
```

▼pipコマンド実行後の出力

```
......冒頭部分省略......
Successfully installed h5py-3.11.0 keras-3.4.1 ml-dtypes-0.3.2 namex-0.0.8
optree-0.11.0 tensorboard-2.16.2 tensorflow-2.16.1
```

結果を見るとKerasのバージョンが3.4.1にアップデートされたことが確認できます。なお、セッションの再接続を促すメッセージが表示された場合は、指示に従って再接続を行ってください。

■必要なライブラリのインポート

2番目のセルに、必要なライブラリをインポートするコードを記述して、実行してください。

▼必要なライブラリをインポートする(Swin_Transformer_CIFAR100_Keras.ipynb)

セル2

```
import tensorflow as tf
import tensorflow.keras as keras
from tensorflow.keras import layers
from tensorflow.keras import ops

import numpy as np
import matplotlib.pyplot as plt
```

6.1.2 パラメーター値を設定する

各種のパラメーターの値を設定します。3番目のセルに次のコードを入力し、実行します。

▼パラメーター値の設定(Swin_Transformer_CIFAR100_Keras.ipynb)

セル3

```
num_classes = 100          # クラス数(分類するカテゴリの数)
input_shape = (32, 32, 3)  # 入力画像の形状(高さ,幅,チャンネル数)
patch_size = (2, 2)        # パッチのサイズ(2×2ピクセル)
dropout_rate = 0.06        # ドロップアウト率
num_heads = 8              # ヘッドの数
embed_dim = 64             # 埋め込み次元(特徴ベクトルの次元数)
num_mlp = 256              # 全結合層のユニット数

qkv_bias = True            # クエリ,キー,バリューに変換する際に学習可能なバイアスを追加
window_size = 2            # ウィンドウのサイズ
shift_size = 1             # ウィンドウのシフト量

image_dimension = 32       # 初期画像サイズ
num_patch_x = input_shape[0] // patch_size[0]   # パッチ数(高さ方向)
num_patch_y = input_shape[1] // patch_size[1]   # パッチ数(幅方向)

learning_rate = 1e-3       # 学習率
batch_size = 128           # バッチサイズ
num_epochs = 300           # エポック
validation_split = 0.1     # 検証用データの割合
weight_decay = 0.0001      # 重み減衰の割合(L2正則化の強さ)
# ラベル平滑化の係数。0から1の値を取り、1に近いほどラベルを平滑化する
label_smoothing = 0.1
```

6.1.3 データセットをダウンロードしてトレーニング用と検証用に分割する

CIFAR-100データセットをダウンロードします。4番目のセルに次のコードを入力し、実行します。

▼CIFAR-100データセットをダウンロード(Swin_Transformer_CIFAR-100_keras.ipynb)

セル4

```
# CIFAR-100データセットを読み込む
(x_train, y_train), (x_test, y_test) = keras.datasets.cifar100.load_data()
# 画像データを0.0-1.0の範囲に正規化
x_train, x_test = x_train / 255.0, x_test / 255.0
# トレーニングラベルをワンホットエンコーディングに変換
y_train = keras.utils.to_categorical(y_train, num_classes)
# テストラベルをワンホットエンコーディングに変換
y_test = keras.utils.to_categorical(y_test, num_classes)
# トレーニングデータのサンプル数を計算
num_train_samples = int(len(x_train) * (1 - validation_split))
# 検証データのサンプル数を計算
num_val_samples = len(x_train) - num_train_samples
# トレーニングデータをトレーニング用と検証用に分割
x_train, x_val = np.split(x_train, [num_train_samples])
# トレーニングラベルをトレーニング用と検証用に分割
y_train, y_val = np.split(y_train, [num_train_samples])
# トレーニングデータとラベルの形状を表示(トレーニング用)
print(f"x_train shape: {x_train.shape} --- y_train shape: {y_train.shape}")
# トレーニングデータとラベルの形状を表示(検証用)
print(f"x_val shape: {x_val.shape} --- y_val shape: {y_val.shape}")
# テストデータとラベルの形状を表示
print(f"x_test shape: {x_test.shape} --- y_test shape: {y_test.shape}")
```

▼出力(print()関数の結果のみを表示)

```
x_train shape: (45000, 32, 32, 3) --- y_train shape: (45000, 100)
x_val shape: (5000, 32, 32, 3) --- y_val shape: (5000, 100)
x_test shape: (10000, 32, 32, 3) --- y_test shape: (10000, 100)
```

6.1.4 画像データをパッチに分割するpatch_extract()関数の定義

1枚の画像をサイズ2×2の小さなパッチに分割するpatch_extract()関数を定義します。Swin Transformerモデルでは、データセットの画像データについて、

・patch_extract()関数でパッチに分割
・PatchEmbeddingレイヤーを利用してパッチごとに位置情報の埋め込み

の処理を行ってから、SwinTransformerブロックでアテンションスコア(Self-Attention)の計算を行う——という流れになります。

■patch_extract()関数の定義

5番目のセルに、次のようにFeedForwardクラスの定義コードを入力し、実行します。

▼patch_extract()関数の定義(Swin_Transformer_CIFAR100_Keras.ipynb)

セル5

```
def patch_extract(images):
    """ 画像データをサイズ2×2のパッチに分割する

    Args:
        images: 入力画像のテンソル:(bs, 32, 32, 3)
    Returns:
        パッチに分割後、再整形したテンソル
        (bs, 256(パッチ数), 12(パッチの次元数))
    """
    # バッチデータのサイズを取得(batch_size=128)
    batch_size = tf.shape(images)[0]
    # 入力画像からパッチを抽出
    # sizeオプションにパッチサイズ(2,2)を設定
    # 32×32×3を2×2のパッチに分割
    # 元の画像は高さ方向16、幅方向16に分割され、合計256個のパッチになる
    # パッチ1個当たりの特徴量次元は2×2×3(チャンネル)=12
    # (bs, 32, 32, 3)--->(bs, 16, 16, 12)
    patches = tf.image.extract_patches(
        # データ拡張後の画像のテンソル
        images=images,
        # 抽出するパッチのサイズ(patch_size = (2, 2))を指定:(1, 2, 2, 1)
        sizes=(1, patch_size[0], patch_size[1], 1),
```

```
        # ストライドサイズはパッチサイズと同じ： 縦方向2、横方向2
        strides=(1, patch_size[0], patch_size[1], 1),
        rates=(1, 1, 1, 1),     # サンプリングレート
        padding="VALID",        # パディングは行わない
    )
    # パッチ1個当たりの次元数を取得(patch_dim=12)
    patch_dim = patches.shape[-1]
    # パッチの縦方向の数を取得(patch_num=16)
    patch_num = patches.shape[1]
    # (bs, パッチの数(patch_num * patch_num), patch_dim)の形状に再整形して返す
    # (bs, 256, 12)
    return tf.reshape(patches, (batch_size, patch_num * patch_num, patch_dim))
```

●パッチへの分割処理

▼tf.image.extract_patches()によるパッチへの分割

```
patches = tf.image.extract_patches(
        images=images, sizes=(1, patch_size[0], patch_size[1], 1),
        strides=(1, patch_size[0], patch_size[1], 1),
        rates=(1, 1, 1, 1),  padding="VALID"
    )
```

サイズ2×2のパッチに分割する処理を行っています。結果、1枚当たりの画像テンソル：

(32, 32, 3)

が、各チャンネルとも縦方向16、横方向16に区切られ、

(16, 16, 12)

の形状のテンソルになります。パッチの数としては、16×16＝256個のパッチに分割されたことになります。なお、チャンネルの次元数は12に増えています。これは、パッチ1個当たりのピクセルデータが2×2＝4なので、パッチ1個当たりのチャンネル次元数は3×4＝12となるためです。これがパッチ1個当たりのデータ数（パッチサイズ）です。

●tf.image.extract_patches()

tf.image.extract_patches()は、TensorFlowのイメージ処理関数の1つで、入力画像からパッチを抽出します。具体的には、入力画像を指定されたサイズの小さなパッチに分割し、それらを1つのテンソルとして返します。

書式	tf.image.extract_patches (images, sizes, strides, rates, padding)	
引数	images	画像の4階テンソル。形状は(バッチ, 高さ, 幅, チャンネル数)です。
	sizes	抽出するパッチのサイズを次の形式で指定します。(1, size_rows, size_cols, 1)
	strides	パッチを抽出する際のストライド(移動量)を次の形式で指定します。 (1, stride_rows, stride_cols, 1)
	rates	入力の空間方向でのディレート(サンプリング間隔)を次の形式で指定します。 (1, rate_rows, rate_cols, 1)
	padding	パディングの種類として、'VALID'(パディングなし)または'SAME'(出力サイズが入力サイズと同じになるよう、画像の端にゼロパディングを追加)のいずれかを指定します。

●**return tf.reshape(patches, (batch_size, patch_num * patch_num, patch_dim))**

戻り値を返す際に、パッチ分割後のテンソル：

(bs, 16, 16, 12)

の第2次元と第3次元を統合して、

(bs, 256, 12)

の形状にします。

6.1.5 位置情報の埋め込みを行うPatchEmbeddingレイヤー

分割直後の各パッチに対し、位置情報の埋め込みを行うPatchEmbeddingクラスを定義します。このクラスは、tf.keras.layers.Layerクラスを継承したカスタムレイヤー(PatchEmbeddingレイヤー)を構築するクラスです。

Swin Transformerモデルのネットワークにおける順伝播処理について見てみると、

・データ拡張などの前処理と、パッチへの分割処理が行われたデータセット
⬇
・最初にPatchEmbeddingレイヤーに入力され、位置情報の埋め込みが行われる
⬇
・SwinTransformerブロックに入力され、アテンションスコアの計算が行われる

の順に処理が行われることになります。

■PatchEmbeddingクラスの定義

6番目のセルに、次のようにPatchEmbeddingクラスの定義コードを入力し、実行します。

▼PatchEmbeddingクラスの定義（Swin_Transformer_CIFAR100_Keras.ipynb）

セル6

```
class PatchEmbedding(layers.Layer):
    """ 全結合層、Embedding層からなるブロックを定義するクラス
        位置情報の埋め込みを行う

    Attributes:
        num_patch: パッチの数
        proj(layers.Dense): パッチデータを拡張する全結合層
        pos_embed(layers.Embedding): パッチの位置埋め込み層
    """
    def __init__(self, num_patch, embed_dim, **kwargs):
        """
        Args:
            num_patch: パッチの数(16*16=256)
            embed_dim: 埋め込み次元数(embed_dim = 64)
            **kwargs: その他のキーワード引数
        """
        super().__init__(**kwargs)
        # 画像1枚当たりのパッチ数を設定
        self.num_patch = num_patch
        # 位置情報を埋め込むためにチャンネル次元を拡張する全結合層
        # ユニット数: embed_dim = 64
        self.proj = layers.Dense(embed_dim)
        # エンベッディング(埋め込み)を行うレイヤー
        # input_dimの次元数に対して、output_dimの数だけ
        # 学習可能なパラメーターが作成される
        # 作成されるパラメーターテンソルの形状: (256, 64)
        # パラメーター数: 256*64=16,384
        self.pos_embed = layers.Embedding(
            input_dim=num_patch,    # 入力の次元数(パッチの数(16*16=256))
            output_dim=embed_dim    # 作成するエンベッディングベクトルの次元数(embed_dim = 64)
        )

    def call(self, patch):
        """ フォワードパス(順伝播処理)
```

```
        Args:
            patch: パッチに分割後のテンソル(bs, num_patch(256), patch_dim(12))
        Returns:
            位置情報埋め込み後のテンソル(bs, num_patch(256), embed_dim(64))
        """
        # Embeddingレイヤーのパラメーター値を取得するためのインデックスとして
        # 要素が[0, 1, 2, ..., 255]、形状が(256,)の1階テンソルを作成
        pos = ops.arange(start=0, stop=self.num_patch)

        # パッチに分割後のテンソルをユニット数(64)の全結合層で
        # (bs, 256, 64)へとチャンネル次元数を64に拡張
        #
        # Embeddingレイヤーにインデックスposを入力してパラメーター値を
        # 形状(256, 64)のテンソルとして取得
        #
        # 変換後の画像データ(bs, 256, 64)に対して、位置情報(256, 64)を加算
        # 戻り値のテンソルの形状:(bs, 256, 64)
        return self.proj(patch) + self.pos_embed(pos)
```

●Embeddingレイヤーの作成

__init__()内において、位置情報を作成するためのEmbeddingレイヤーを作成しています。

▼Embeddingレイヤーの作成

```
self.pos_embed = layers.Embedding(
    input_dim=num_patch,       # 入力の次元数(パッチの数(16*16=256))
    output_dim=embed_dim       # 作成するエンベッディングベクトルの次元数(embed_dim = 64 )
)
```

ここで作成されたEmbeddingレイヤー(pos_embed)は、input_dimで指定した入力次元数に対して、output_dimの数だけ学習可能なパラメーターを作成します。

●keras.layers.Embedding()

カテゴリデータ(通常は整数インデックスで表される)を、高次元の連続的な数値ベクトルに変換します。エンベッディング(embedding)とは、機械学習や自然言語処理において、離散的なデータ(単語やアイテム)を高次元の連続的なベクトル空間に変換する技術のことです。この変換によって、元のデータの関係や意味を反映した数値ベクトルを得ることができます。このベクトルは学習可能なパラメーターであり、トレーニング中にモデルによって適切な値に更新されます。

<table>
<tr><td>書式</td><td colspan="2">keras.layers.Embedding (
  input_dim,
  output_dim,
  embeddings_initializer='uniform', ...以降省略......)</td></tr>
<tr><td rowspan="3">引数</td><td>input_dim</td><td>入力データの次元数。</td></tr>
<tr><td>output_dim</td><td>エンベッディングベクトルの次元数。</td></tr>
<tr><td>embeddings_
initializer</td><td>エンベッディング行列の初期化方法。デフォルトは'uniform'。一様分布(uniform distribution)は、指定された範囲内ですべての値が均等に選ばれる分布のことで、具体的には、重みをある範囲[min, max]でランダムに選びます。Kerasでは、通常[-0.05, 0.05]の範囲で一様分布から重みを初期化します。</td></tr>
</table>

●位置情報の埋め込み

フォワードパス(順伝播処理)を定義するcall()メソッドにおいて、次の手順で位置情報を取得します。

▼Embeddingレイヤーのパラメーター値を取得するためのインデックスを作成

```
pos = ops.arange(start=0, stop=self.num_patch)
```

これによって、要素が[0, 1, 2, ..., 255]、形状が(256,)の1階テンソルが作成されます。これは、パッチの位置を示すインデックスです。

▼インデックスposをEmbeddingレイヤーに入力

```
self.pos_embed(pos)
```

このように、位置インデックスposをEmbeddingレイヤーに入力すると、インデックス値に基づいて、パッチごとの位置情報(学習可能な16個のパラメーター値)が取り出される仕組みです。結果は、

(256, 16)

の形状のテンソルとして返されます。

▼位置情報を埋め込んだテンソルを戻り値として返す

```
return self.proj(patch) + self.pos_embed(pos)
```

self.proj(patch)によって、全結合層によるチャンネル次元の拡張(次元数の増)が行われ、パッチに分割した後のテンソル(bs, 256, 12)が(bs, 256, 64)の形状になります。これに先ほどの位置情報を加算することで、位置情報の埋め込みは完了です。

6.1.6 入力画像をウィンドウに分割する関数

入力画像をウィンドウに分割する関数を定義します。この関数は以下に示す通り、Swin Transformerブロックにおける処理として実行されます。

①augment()関数によるデータセットのバッチデータ化、データ拡張処理

データ形状:(bs, 32, 32, 3)

②patch_extract()関数によるパッチへの分割処理

データ形状:(bs, 256〈パッチ数〉, 12〈パッチの次元数〉)

③PatchEmbeddingブロックによる位置情報の埋め込み

データ形状:(bs, 256, 64)

④SwinTransformerブロックのcall()メソッドにおいてデータ形状を(bs, 16, 16, 64)に変更し、shift処理を行った段階でwindow_partition()を実行

2×2のウィンドウに分割した後の形状:
(bs * 8〈高さ方向ウィンドウ数〉* 8〈幅方向ウィンドウ数〉,
2〈ウィンドウの高さ方向のサイズ〉, 2〈ウィンドウの幅方向のサイズ〉, 64)

■window_partition()関数の定義

7番目のセルに、次のようにwindow_partition()関数の定義コードを入力し、実行します。

▼window_partition()関数の定義(Swin_Transformer_CIFAR100_Keras.ipynb)

セル7

```
def window_partition(x, window_size):
    """ 入力画像をウィンドウに分割する
    Args:
        x: (bs, 16(高さ方向パッチ数), 16(幅方向パッチ数), 64(チャンネル数))
        window_size(int): ウィンドウ1辺のサイズ(window_size = 2)

    Returns:
        ウィンドウに分割後の特徴マップ
        (bs * 8(高さ方向ウィンドウ数) * 8(幅方向ウィンドウ数),
        2(ウィンドウサイズ(高さ方向)), 2(ウィンドウサイズ(幅方向)), 64)
    """
```

```
    # (bs, 16(高さ方向パッチ数), 16(幅方向パッチ数), 64(チャンネル数))から
    # 高さ方向パッチ数、幅方向パッチ数、チャンネル数を取得
    _, height, width, channels = x.shape
    # 高さ方向のウィンドウ数を計算
    patch_num_y = height // window_size
    # 幅方向のウィンドウの数を計算
    patch_num_x = width // window_size

    # 入力画像xをウィンドウサイズに基づいて再整形する
    # 処理後の形状:(bs, 8, 2, 8, 2, 64)
    x = ops.reshape(
        x,                          # 入力テンソル
        (
            -1,                     # bs(バッチサイズ)はそのまま
            patch_num_y,            # 高さ方向のウィンドウ数
            window_size,            # ウィンドウの高さ方向のサイズ
            patch_num_x,            # 幅方向のウィンドウ数
            window_size,            # ウィンドウの幅方向のサイズ
            channels,               # チャンネル数
        ),
    )

    # テンソルxを
    # (bs, ウィンドウ数(高さ方向),
    #      ウィンドウ数(幅方向),
    #      ウィンドウサイズ(高さ方向),
    #      ウィンドウサイズ(幅方向),
    #      チャンネル数)
    # の順に並べ替える。 処理後の形状:(bs, 8, 8, 2, 2, 64)
    x = ops.transpose(x, (0, 1, 3, 2, 4, 5))

    # 並べ替えた次元に沿ってテンソルを再整形(データを新しい形状に再配置)する
    # 形状:(bs * 8(高さ方向ウィンドウ数) * 8(幅方向ウィンドウ数),
    #        2(ウィンドウサイズ(高さ方向)), 2(ウィンドウサイズ(幅方向)), 64)
    windows = ops.reshape(x, (-1, window_size, window_size, channels))
    return windows
```

6.1.7 ウィンドウへの分割を解除する関数

「ウィンドウに分割された状態のテンソルを、ウィンドウ分割前の状態に戻す」関数としてwindow_reverse()を定義します。この関数は、SwinTransformerブロックにおいてアテンションスコアの計算が終わった段階で実行されます。

window_reverse()関数の定義

8番目のセルに、次のようにwindow_reverse()関数の定義コードを入力し、実行します。

▼window_reverse()関数の定義(Swin_Transformer_CIFAR100_Keras.ipynb)

セル8

```
def window_reverse(windows, window_size, height, width, channels):
    """ ウィンドウへの分割を解除して元の特徴マップの形状に戻す
    Args:
        windows: (bs * 8 * 8, 2, 2, 64)
        window_size(int): ウィンドウのサイズ(window_size = 2)
        height(int): 1画像当たりのパッチ数(16(高さ))
        width(int): 1画像当たりのパッチ数(16(幅))
        channels: チャンネル数(64)

    Returns:
        x: ウィンドウ分割を解除したテンソル
           (bs, 16(高さ方向パッチ数), 16(幅方向パッチ数), 64(チャンネル数))
    """
    # 高さ方向のウィンドウ数を計算
    # patch_num_y  = 8
    patch_num_y = height // window_size
    # 幅方向のウィンドウの数を計算
    # patch_num_x = 8
    patch_num_x = width // window_size

    # 入力テンソルwindowsをウィンドウサイズに基づいて再整形する
    # (bs * 8 * 8, 2, 2, 64) -> (bs, 8, 8, 2, 2, 64)
    x = ops.reshape(
        windows,                # 入力テンソル
        (
            -1,                 # 第1次元は自動計算
            patch_num_y,        # 高さ方向のウィンドウ数
```

```
            patch_num_x,        # 幅方向のウィンドウ数
            window_size,        # ウィンドウの高さ
            window_size,        # ウィンドウの幅
            channels,           # チャンネル数
        ),
    )

    # 転置して元の次元の並びに戻す
    # (bs, 8(ウィンドウ数-高さ), 2(サイズ-高さ), 8(ウィンドウ数-幅), 2(サイズ-幅), 64)
    x = ops.transpose(x, (0, 1, 3, 2, 4, 5))

    # ウィンドウ分割前の形状に再整形する
    # (bs, 16(高さ方向パッチ数), 16(幅方向パッチ数), 64(チャンネル数))
    x = ops.reshape(x, (-1, height, width, channels))

    return x
```

COLUMN Kerasの独立性の強化

KerasがTensorFlowに同梱されたのは、TensorFlow 2.0以降のことですが、近年Kerasは再び独立したプロジェクトとして開発と配布が進められています。Kerasは独立したディープラーニングライブラリとしての役割を強化し、将来的にTensorFlowとの分離が進む可能性があります。TensorFlowとの統合はしばらく維持されるでしょうが、将来的にはTensorFlowへの同梱が廃止される可能性もあります。

2024年9月現在、Colab Notebookでpipコマンドを使用してKerasをインストールすると、Keras 3.0以降のバージョンがインストールされます。一方、TensorFlow 2.16以降がインストールされていれば、Keras 3がデフォルトで同梱されます。本章の執筆時点(2024年6月)では、利用できるTensorFlowのバージョンが2.15であったため、TensorFlowを2.16にアップデートしました。2.15にはKeras 2が同梱されているためです。なお、この後の章ではKerasを単体でインポートする箇所が出てきますので、インポート文の書き方については該当箇所を参照していただければと思います。

6.1.8 W-MSA、SW-MSAを実装するWindowAttentionブロック

W-MSA、SW-MSAを実装し、複数のレイヤーで処理を行うWindowAttentionブロックを作成します。

■WindowAttentionクラスの定義

9番目のセルに、次のようにWindowAttentionクラスの定義コードを入力し、実行します。

▼WindowAttentionクラスの定義(Swin_Transformer_CIFAR100_Keras.ipynb)

セル9

```
class WindowAttention(layers.Layer):
    """ layers.Layerを継承したカスタムレイヤー
        W-MSA、SW-MSAベースのSelf-Attention機構を実装する
    Attributes:
        dim(int): 入力特徴量の次元数(位置情報の次元数(embed_dim = 64))
        window_size: ウィンドウの形状(高さ=2, 幅=2)
        num_heads: ヘッドの数(num_heads = 8)
        scale: クエリベクトルをスケーリングするための係数
        qkv: クエリ、キー、バリューを生成するための全結合層
        dropout: ドロップアウト率(dropout_rate = 0.06)
        proj: 出力を生成するための全結合層
    """
    def __init__(
        self,
        dim,
        window_size,
        num_heads,
        qkv_bias=True,
        dropout_rate=0.0,
        **kwargs,
    ):
        """
        Args:
            dim(int): 入力特徴量の次元数(位置情報の次元数(embed_dim = 64))
            window_size(tuple): ウィンドウの形状(2(高さ), 2(幅))
            num_heads(int): ヘッドの数(num_heads = 8)
            qkv_bias(bool): クエリ、キー、バリューにバイアスを追加するかどうか
                                (qkv_bias = True)
```

```
        dropout_rate(float): ドロップアウト率(dropout_rate = 0.06)
        **kwargs(dict): その他のキーワード引数
    """
    super().__init__(**kwargs)
    # 位置情報の次元数(embed_dim = 64)を入力特徴量の次元数として設定
    self.dim = dim
    # ウィンドウの形状(window_size(縦方向=7), window_size(行方向=7))を設定
    self.window_size = window_size
    # ヘッドの数(num_heads = 8)を設定
    self.num_heads = num_heads
    # クエリベクトルをスケーリングする係数を計算
    self.scale = (dim // num_heads) ** -0.5

    # クエリ、キー、バリューを生成する全結合層を作成
    # ユニット数: 入力次元数(64) * 3 = 192
    # バイアスを使用する
    self.qkv = layers.Dense(dim * 3, use_bias=qkv_bias)
    # ドロップアウト(dropout_rate = 0.06)レイヤーを作成
    self.dropout = layers.Dropout(dropout_rate)
    # 出力層を作成
    # ユニット数: 入力次元数=64
    self.proj = layers.Dense(dim)
    # ウィンドウ内パッチ間の相対位置の組み合わせを計算
    # (2 * 2 - 1) * (2 * 2 - 1) = 9
    num_window_elements = (2 * self.window_size[0] - 1) * (
        2 * self.window_size[1] - 1
    )

    # 相対位置エンコーディングを学習するパラメーター(重み)を作成
    # テンソル形状: (9, 8)
    self.relative_position_bias_table = self.add_weight(
        shape=(num_window_elements, self.num_heads),  # パラメーターの形状: (9, 8)
        initializer=keras.initializers.Zeros(),       # パラメーター値をゼロで初期化
        trainable=True,                               # パラメーター値を更新する
    )
    # ウィンドウの高さ方向の座標を生成
    # coords_h = [0, 1]
    coords_h = np.arange(self.window_size[0])

    # ウィンドウの幅方向の座標を生成
```

```
        # coords_w = [0, 1]
        coords_w = np.arange(self.window_size[1])
        # 座標のグリッドを生成
        # coords_matrix[0]: [[0, 0], [1, 1]]  y座標(縦方向)の変化
        # coords_matrix[1]: [[0, 1], [0, 1]]  x座標(横方向)の変化
        coords_matrix = np.meshgrid(coords_h, coords_w, indexing="ij")
        # 座標のグリッドをスタック
        # coordsの形状: (2, 2, 2)
        coords = np.stack(coords_matrix)
        # coordsの形状を再整形する。-1は自動計算される次元のサイズ
        # (2, 2, 2)  --> (2, 4)
        coords_flatten = coords.reshape(2, -1)

        # 相対位置の計算
        # 各座標ペアについて、(x座標, y座標)の差を計算して、
        # ウィンドウ内のすべてのy座標の相対位置とx座標の相対位置を求める
        # relative_coordsの形状: (2, 4, 4)
        relative_coords = coords_flatten[:, :, None] - coords_flatten[:, None, :]
        # 転置して(4, 4, 2)の形状にする
        # 最後の次元で(y座標の相対位置, x座標の相対位置)のように、相対位置のペアを作る
        relative_coords = relative_coords.transpose([1, 2, 0])
        # y座標の相対位置に1を加えることで、y座標の相対位置をすべて正の値にする
        relative_coords[:, :, 0] += self.window_size[0] - 1
        # x座標の相対位置に1を加えることで、x座標の相対位置をすべて正の値にする
        relative_coords[:, :, 1] += self.window_size[1] - 1
        # y座標の相対位置をスケーリング
        relative_coords[:, :, 0] *= 2 * self.window_size[1] - 1
        # 最後の次元の(y座標の相対位置, x座標の相対位置)の合計を求め、一意のインデックスを生成
        relative_position_index = relative_coords.sum(-1)
        # 相対位置インデックスを変数として保存
        self.relative_position_index = keras.Variable(
            initializer=relative_position_index,
            shape=relative_position_index.shape,
            dtype="int",
            trainable=False,
        )

    def call(self, x, mask=None):
        """ フォワードパスを設定
```

```
Args:
    x: ウィンドウ分割後、再整形されたテンソル
        (bs * ウィンドウ数, ウィンドウ内パッチ数, チャンネル数)
        (bs * 8 * 8, 2 * 2, 64)
    mask: マスク(64, 4, 4)

Returns:
    x_qkv: アテンション後の出力テンソル
"""
# ウィンドウ内パッチ数(4)、チャンネル数(64)を取得
_, size, channels = x.shape
# チャンネル次元数をヘッドの数(num_heads = 8)で割って、ヘッドごとの次元数を計算
head_dim = channels // self.num_heads
# クエリ、キー、バリューを生成するための全結合層でチャンネル次元数を拡張
# ユニット数: チャンネル次元数(64) * 3 = 192
# 出力: (bs * 8 * 8, 4(ウィンドウ内パッチ数), 192)
x_qkv = self.qkv(x)

# チャンネル次元数192を順次分割: 192 -> 3(q,k,v) -> ヘッド数(8) -> ヘッドサイズ(8)
#(bs * 64(ウィンドウ数), 4(ウィンドウ内パッチ数),3(q,k,v),8(ヘッド数),8(ヘッドサイズ))
x_qkv = ops.reshape(x_qkv, (-1, size, 3, self.num_heads, head_dim))
# 第1次元をqkvにして、ヘッド(8)に分割
# (3(q,k,v),bs*64(ウィンドウ数),8(ヘッド数),4(ウィンドウ内パッチ数),8(ヘッドサイズ))
x_qkv = ops.transpose(x_qkv, (2, 0, 3, 1, 4))
# クエリ、キー、バリューに分割
# (bs * 64(ウィンドウ数), 8(ヘッド数), 4(ウィンドウ内パッチ数), 8(ヘッドサイズ))
q, k, v = x_qkv[0], x_qkv[1], x_qkv[2]

# クエリをスケーリング
q = q * self.scale
# キーを転置
# (bs * 64(ウィンドウ数), 8(ヘッド数), 8(ヘッドサイズ), 4(ウィンドウ内パッチ数))
k = ops.transpose(k, (0, 1, 3, 2))
# 類似度スコアを計算
# 第2次元はヘッドの数、第3次元と第4次元は、ウィンドウ内の
# すべてのパッチの組み合わせによる類似度を示す
# (bs * 16, 8(ヘッド数), 4, 4)
attn = q @ k
# ウィンドウ内のパッチ数を計算
# num_window_elements = 4
```

```
num_window_elements = self.window_size[0] * self.window_size[1]
# 相対位置インデックスをフラット化
# (4, 4) -> (16,)
relative_position_index_flat = ops.reshape(self.relative_position_index, (-1,))
# 相対位置エンコーディングを取得
# (16(相対位置インデックスの数), 8(ヘッド数))
relative_position_bias = ops.take(
    # 相対位置エンコーディングを学習するパラメーター(9, 8)
    self.relative_position_bias_table,
    # 相対位置インデックス(16,)
    relative_position_index_flat,
    # 第1次元に沿って収集する
    axis=0,
)

# 相対位置エンコーディングの形状を変換
# (16(相対位置インデックスの数), 8(ヘッド数))
#     -->(4(ウィンドウ内パッチ数), 4(ウィンドウ内パッチ数), 8(ヘッド数))
relative_position_bias = ops.reshape(
    relative_position_bias,
    (num_window_elements, num_window_elements, -1),
)
# 次元の並びを入れ替える
# (4, 4, 8) => (8, 4, 4)
relative_position_bias = ops.transpose(relative_position_bias, (2, 0, 1))
# アテンションスコアの計算
# relative_position_biasの形状(8, 4, 4)を(1, 8, 4, 4) に拡張し、
# ブロードキャストで類似度スコアに加算してアテンションスコアにする
# attn形状: (bs * 16, 8(ヘッド数), 4, 4)
attn = attn + ops.expand_dims(relative_position_bias, axis=0)

# マスクの処理
# マスクテンソルの形状: (64, 4, 4)
if mask is not None:
    # マスクのウィンドウ数を取得(nW = 64)
    nW = mask.shape[0]
    print("mask.shape", mask.shape)
    # マスクテンソルの第2次元を追加し、さらに第1次元を追加:(1, 64, 1, 4, 4)
    # テンソルのデータ型をfloat型にキャスト
    mask_float = ops.cast(
```

6 Swin Transformerを用いた画像分類モデルの実装(Keras編)

```
                ops.expand_dims(ops.expand_dims(mask, axis=1), axis=0),
                "float32",
            )
            # アテンションスコアの形状を再整形する
            # (bs * 64, 8, 4, 4) --> (bs, 64, 8, 4, 4)
            # マスク(64, 4, 4)をブロードキャストで加算
            # attn形状:(bs, 64, 8, 4, 4)
            attn = ops.reshape(
                attn, (-1, nW, self.num_heads, size, size)
                ) + mask_float
            # attnの形状を変換
            # (bs, 64, 8, 4, 4) --> (bs * 64, 8, 4, 4)
            attn = ops.reshape(attn, (-1, self.num_heads, size, size))
            # ソフトマックスを適用
            # attn形状:(bs * 64, 8, 4, 4)
            attn = keras.activations.softmax(attn, axis=-1)
        else:
            # ソフトマックスを適用
            # attn形状:(bs * 64, 8, 4, 4)
            attn = keras.activations.softmax(attn, axis=-1)

        # ドロップアウトを適用
        # attn形状:(bs * 64, 8, 4, 4)
        attn = self.dropout(attn)
        # アテンションスコアにバリューを適用
        # 出力:(bs * 64, 8, 4, 8)
        x_qkv = attn @ v
        # x_qkvの次元の並びを変更
        # (bs * 64, 4, 8, 8)
        x_qkv = ops.transpose(x_qkv, (0, 2, 1, 3))
        # x_qkvを再整形
        # (bs * 64, 4, 64)
        x_qkv = ops.reshape(x_qkv, (-1, size, channels))
        # ユニット数64の全結合層に入力して出力を生成
        # (bs * 64, 4, 64)
        x_qkv = self.proj(x_qkv)
        # ドロップアウトを適用
        x_qkv = self.dropout(x_qkv)

        return x_qkv
```

■__init__()における処理

WindowAttentionクラスの__init__()における、処理のポイントについて見ていきます。

●num_window_elements = (2 * self.window_size[0] − 1) * (2 * self.window_size[1] − 1)

ウィンドウ内パッチ間の相対位置の組み合わせを計算します。高さ（行）方向と幅（列）方向が「window_size * window_size」のサイズのウィンドウの場合、各位置を一意に識別するための0から始まるインデックスを用いると、高さ方向および幅方向のインデックスはそれぞれ0からwindow_size − 1までの整数になります。window_size = 2の場合は、インデックス値として0、1が使用されます。この場合、

最小の相対位置：　−(window_size − 1)
最大の相対位置：　+(window_size − 1)

となり、相対位置の範囲は−1から+1なので、合計3個（2 * window_size − 1）の相対位置があります。

- (2 * self.window_size[0] − 1)は、高さ（行）方向の相対位置の数を計算しています。
- (2 * self.window_size[1] − 1)は、幅（列）方向の相対位置の数を計算しています。

これにより、相対位置の組み合わせは、window_size = 2の場合、

(2 * 2 − 1) * (2 * 2 − 1) = 9通り

となります。これは、後ほど作成する相対位置インデックスの値の数が9になることを示しています。

●相対位置エンコーディングを学習するパラメーター（重み）の作成

相対位置エンコーディングを学習するパラメーター（重み）を作成します。

▼対象のソースコード

```
self.relative_position_bias_table = self.add_weight(
    shape=(num_window_elements, self.num_heads), # パラメーターの形状：(9, 8)
    initializer=keras.initializers.Zeros(),      # パラメーター値をゼロで初期化
    trainable=True,                              # パラメーター値を更新する
)
```

コード中のコメントにもありますが、作成される学習可能なパラメーターは、ウィンドウ内パッチ間の相対位置の組み合わせ数9に対して、ヘッドの数8だけ作成されます。パラメーターテンソルの形状は、

(9, 8)

になります。

●tf.keras.layers.Layer.add_weight()メソッド

Kerasのカスタムレイヤー内で、学習可能なパラメーター(重み)を作成します。作成されたパラメーターは、レイヤーの一部として管理されます。

書式	Layer.add_weight(name=None, shape=None, dtype=None, initializer=None, regularizer=None, trainable=True, constraint=None[, **kwargs])	
引数	name	重みの名前。指定しない場合は自動生成されます。
	shape	重みの形状を指定します。
	dtype	重みのデータ型。指定しない場合はデフォルトでtf.float32になります。
	initializer	重みの初期化方法を指定します。 ・tf.keras.initializers.Zeros ・tf.keras.initializers.RandomNormal
	regularizer	重みに対して適用する正則化方法。tf.keras.regularizers.L2などが指定可能です。
	trainable	重みがトレーニング中に更新されるかどうかを指定します。デフォルトはTrue。
	constraint	重みの制約方法を指定します。tf.keras.constraints.NonNegなどが指定可能です。
戻り値	指定された形状とデータ型の重みテンソルが返されます。	

●相対位置を示すグリッドの作成

ウィンドウ内のパッチ間の相対位置を求めるためのグリッドを作成します。

▼対象のソースコード

```
coords_h = np.arange(self.window_size[0])
coords_w = np.arange(self.window_size[1])
coords_matrix = np.meshgrid(coords_h, coords_w, indexing="ij")
```

・coords_h は、ウィンドウの高さ方向の座標:[0, 1]
・coords_w は、ウィンドウの幅方向の座標:[0, 1]

●numpy.meshgrid()

1次元の配列をもとに2次元の格子点を生成します。これにより、任意の範囲内の座標を作成することができます。

書式	numpy.meshgrid(*xi, copy=True, sparse=False, indexing='xy')	
引数	*xi	グリッドを生成するための1次元配列。複数の1次元配列を渡すことができます。 例：numpy.meshgrid(x, y)
	copy	Trueの場合、新しい配列を作成します。デフォルトはTrue。
	sparse	Trueの場合、メモリ効率のよいスパース行列を生成します。デフォルトはFalse。
	indexing	座標系のタイプを指定します。デフォルトは'xy'。 ・indexing＝'xy'の場合 Cartesianインデックス方式でグリッドが生成されます。この場合、Xはx座標の変化を示し、Yはy座標の変化を示します。 ・indexing＝'ij'の場合 行列インデックス方式でグリッドが生成されます。この場合、Xはy座標の変化を示し、Yはx座標の変化を示します。
戻り値	各入力配列に対応する出力グリッド。各グリッドは入力配列の座標に基づいて生成されます。 入力する配列が2個の場合、XグリッドとYグリッドに相当する、2つの2次元配列が（タプルに格納されて）返されます。	

np.meshgrid()関数を使用して、

coords_matrix = np.meshgrid(coords_h, coords_w, indexing="ij")

のように、2次元のグリッドを生成します。coords_matrixは次のようになります。

• coords_matrix[0]（第1のグリッド）

coords_h（高さ方向の座標）の値[0, 1]を行（縦）方向に繰り返しています。各列の要素はy軸（縦方向）の変化を示していることになります。

▼第1のグリッド

```
[[0, 0],  ———列0の各要素はy座標の変化（y＝0, y＝1）を示す
 [1, 1]]  ———列1の各要素もy座標の変化（y＝0, y＝1）を示す
```

• coords_matrix[1]（第2のグリッド）

coords_w（幅方向の座標）の値[0, 1]を列（横）方向に繰り返しています。各行の要素は、x軸（横方向）の変化を示しています。

▼第2のグリッド

```
[[0 , 1] ,   ———行0の各要素はx座標の変化(x=0, x=1)を示す
 [0 , 1]]    ———行1の各要素もx座標の変化(x=0, x=1)を示す
```

この2つのグリッドを利用して、次のような座標の組み合わせ(y座標, x座標)が生成できます。

- (0, 0)
- (0, 1)
- (1, 0)
- (1, 1)

●作成した2つのグリッドを結合する

作成した2つのグリッドを、新しく挿入した第1次元に沿って結合し、3次元配列にします。

▼対象のソースコード

```
coords = np.stack(coords_matrix)
```

結果、coordsは、次のように、(2, 2, 2)の形状の3次元配列になります。

▼coords

```
[[[0 ,0] ,
  [1 ,1]],
 [[0 ,1] ,
  [0 ,1]]]
```

●numpy.stack()

複数の配列を新しい軸に沿って結合します。指定された軸に沿って配列を積み重ねるイメージです。

書式	numpy.stack(arrays, axis=0, out=None)	
引数	arrays	結合する配列のシーケンス。すべての配列は同じ形。
	axis	新しい軸を挿入する位置。デフォルトは0(第1次元)です。
	out	出力配列。指定された場合、結果がこの配列に書き込まれます。形状とデータ型は、stackの結果と一致している必要があります。
戻り値	新しい軸に沿って結合した新しい配列。	

●cordsの形状変更

次に、coordsの形状を(2, 4)に再整形します。-1は自動計算される次元のサイズです。

▼対象のソースコード

```
coords_flatten = coords.reshape(2, -1)
```

結果、coords_flattenの値は次のような2次元配列になります

▼coords_flattenの値

```
[[0,0,1,1],  ———行0: y軸(縦方向)の座標を表す
 [0,1,0,1]]  ———行1: x軸(横方向)の座標を表す
```

・行0(coords_flatten[0]):

y軸(縦方向)の座標を示しています。[0, 0, 1, 1]の各要素は、行1のx座標の各要素とペアになります。

・行1(coords_flatten[1]):

x軸(横方向)の座標を示しています。[0, 1, 0, 1]の各要素は、行0のy座標の各要素とペアになります。

●相対位置の計算

各座標ペア間の相対位置を計算します。具体的には、coords_flattenの各座標ペアについて、各軸(x座標, y座標)の差を計算します。

▼対象のソースコード

```
relative_coords = coords_flatten[:, :, None] - coords_flatten[:, None, :]
```

・coords_flatten[:, :, None]の形状は(2, 4, 1)になります。
・coords_flatten[:, None, :]の形状は(2, 1, 4)になります。

これにより、ブロードキャスト(異なる形状の配列を自動的に同じ形状に揃えて計算を行う仕組み)が可能になります。

各軸(x座標, y座標)の相対位置を計算するために、

coords_flatten [:, :, None] − coords_flatten [:, None, :]

を実行します。結果、relative_coordsの形状は(2, 4, 4)になり、その値は次のようになります。

▼relative_coords の値

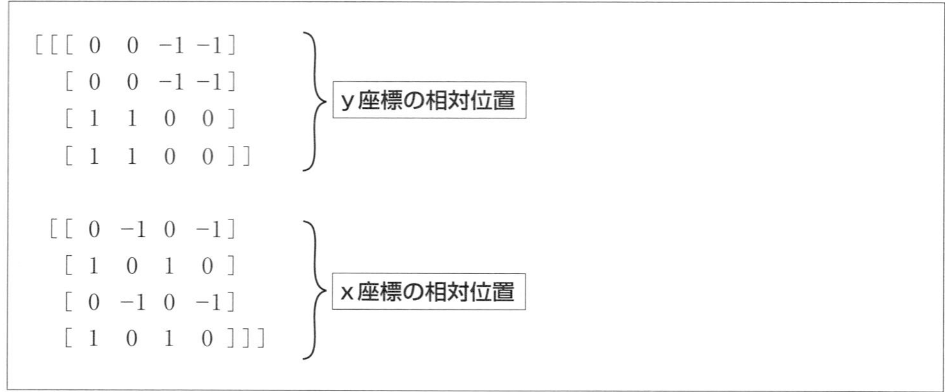

結果として得られるrelative_coordsは、ウィンドウ内のすべてのy座標の相対位置とx座標の相対位置を示しています。

●各次元の意味

第1次元(2):相対位置(y座標の相対位置、x座標の相対位置)
第2次元(4):基準となる座標ペア(y座標、x座標)
第3次元(4):比較対象の座標ペア(y座標、x座標)

●y座標(縦方向)の相対位置(relative_coords [0])

```
[[ 0  0 -1 -1]
 [ 0  0 -1 -1]
 [ 1  1  0  0 ]
 [ 1  1  0  0 ]]
```

- **relative_coords [0, 0, :] ……基準座標が(0, 0)の場合**
  [0, 0, −1, −1] …… (0, 0)と(0, 0)、(0, 1)、(1, 0)、(1, 1)の相対位置
- **relative_coords [0, 1, :] ……基準座標が(0, 1)の場合**
  [0, 0, −1, −1] …… (0, 1)と(0, 0)、(0, 1)、(1, 0)、(1, 1)の相対位置
- **relative_coords [0, 2, :] ……基準座標が(1, 0)の場合**
  [1, 1, 0, 0] …… (1, 0)と(0, 0)、(0, 1)、(1, 0)、(1, 1)の相対位置
- **relative_coords [0, 3, :] ……基準座標が(1, 1)の場合**
  [1, 1, 0, 0] …… (1, 1)と(0, 0)、(0, 1)、(1, 0)、(1, 1)の相対位置

●x座標（横方向）の相対位置（relative_coords [1]）

```
[[ 0 -1  0 -1]
 [ 1  0  1  0 ]
 [ 0 -1  0 -1]
 [ 1  0  1  0 ]]
```

- relative_coords [1, 0, :] …… 基準座標が（0, 0）の場合
  [0, −1, 0, −1] …… (0, 0) と (0, 0)、(0, 1)、(1, 0)、(1, 1) の相対位置
- relative_coords [1, 1, :] …… 基準座標が（0, 1）の場合
  [1, 0, 1, 0] …… (0, 1) と (0, 0)、(0, 1)、(1, 0)、(1, 1) の相対位置
- relative_coords [1, 2, :] ……基準座標が（1, 0）の場合
  [0, −1, 0, −1] …… (1, 0) と (0, 0)、(0, 1)、(1, 0)、(1, 1) の相対位置
- relative_coords [1, 3, :] …… 基準座標が（1, 1）の場合
  [1, 0, 1, 0] …… (1, 1) と (0, 0)、(0, 1)、(1, 0)、(1, 1) の相対位置

●ウィンドウ内の特定の座標ペア間のy軸およびx軸の相対位置を扱いやすい形状にする

前のステップの結果は、各座標ペアのy軸とx軸のそれぞれの相対位置を示していました。ここで、次のようにtranspose()を使用して次元を入れ替えることで、最後の次元で

（y座標の相対位置, x座標の相対位置）

のように、相対位置のペアを作ります。

▼対象のソースコード

```
relative_coords = relative_coords.transpose([1, 2, 0])
```

[1, 2, 0] に従って次元を入れ替えると、relative_coordsの形状は（4, 4, 2）になり、各要素は次のようになります。以下、横長で表記しています。

▼次元を入れ替えた後のrelative_coordsの各要素

```
[[[ 0  0 ],[ 0 -1 ],[ -1  0 ],[ -1 -1 ]],  ― relative_coords [0, :]
 [[ 0  1 ],[ 0  0 ],[ -1  1 ],[ -1  0 ]],  ― relative_coords [1, :]
 [[ 1  0 ],[ 1 -1 ],[ 0  0 ],[ 0 -1 ]],    ― relative_coords [2, :]
 [[ 1  0 ],[ 1  0 ],[ 0  1 ],[ 0  0 ]]]    ― relative_coords [3, :]
```

●各次元の意味

・第1次元（4）は基準となる座標ペアを示しています。
・第2次元（4）は比較対象の座標ペアを示しています。
・第3次元（2）は（y座標の相対位置，x座標の相対位置）を示しています。

●（y座標の相対位置，x座標の相対位置）の意味

• relative_coords [0, :] ……基準座標（0, 0）の場合

・[0, 0]：　(0, 0) → (0, 0)
・[0, −1]：(0, 0) → (0, 1)
・[−1, 0]：(0, 0) → (1, 0)
・[−1, −1]：(0, 0) → (1, 1)

• relative_coords [1, :] ……基準座標（0, 1）の場合

・[0, 1]：　(0, 1) → (0, 0)
・[0, 0]：　(0, 1) → (0, 1)
・[−1, 1]：(0, 1) → (1, 0)
・[−1, 0]：(0, 1) → (1, 1)

• relative_coords [2, :] ……基準座標（1, 0）の場合

・[1, 0]：　(1, 0) → (0, 0)
・[1, −1]：(1, 0) → (0, 1)
・[0, 0]：　(1, 0) → (1, 0)
・[0, −1]：(1, 0) → (1, 1)

• relative_coords [3, :] ……基準座標（1, 1）の場合

・[1, 1]：(1, 1) → (0, 0)
・[1, 0]：(1, 1) → (0, 1)
・[0, 1]：(1, 1) → (1, 0)
・[0, 0]：(1, 1) → (1, 1)

●相対位置をすべて正の値にする

relative_coordsでは、相対位置が負の値になっている箇所があります。そこで、次のようにy座標の相対位置に1を加えることで、y座標の相対位置をすべて正の値（正確には0以上の値）にします。

▼対象のソースコード

```
relative_coords[:, :, 0] += self.window_size[0] - 1
```

self.window_size [0] が2の場合、self.window_size [0] − 1は1になります。y座標の相対位置に1を加えることで、すべての相対位置が正の値にシフトします。結果、relative_coordsの要素は次のようになります。

▼y座標の相対位置を正の値にした結果

```
[[[ 1   0 ],[ 1  -1 ],[ 0   0 ],[ 0  -1 ]],
 [[ 1   1 ],[ 1   0 ],[ 0   1 ],[ 0   0 ]],
 [[ 2   0 ],[ 2  -1 ],[ 1   0 ],[ 1  -1 ]],
 [[ 2   1 ],[ 2   0 ],[ 1   1 ],[ 1   0 ]]]
```

同じように、次のコードを実行して、x座標の相対位置に1を加えることで、x座標の相対位置をすべて正の値にします。

▼対象のソースコード

```
relative_coords[:, :, 1] += self.window_size[1] - 1
```

結果、relative_coordsは、次のようになります。

▼x座標の相対位置も正の値にした結果

```
[[[ 1   1 ],[ 1   0 ],[ 0   1 ],[ 0   0 ]],
 [[ 1   2 ],[ 1   1 ],[ 0   2 ],[ 0   1 ]],
 [[ 2   1 ],[ 2   0 ],[ 1   1 ],[ 1   0 ]],
 [[ 2   2 ],[ 2   1 ],[ 1   2 ],[ 1   1 ]]]
```

❷相対位置ベクトルを一意のインデックスに変換するための準備を行う

relative_coordsは、ウィンドウ内の各座標ペアの相対位置ベクトルを示し、各要素が正の値になるようにシフトされました。次に、この相対位置ベクトルを一意のインデックスに変換するための準備を行います。

▼対象のソースコード

```
relative_coords[:, :, 0] *= 2 * self.window_size[1] - 1
```

self.window_size [1] が2である場合、2 * self.window_size [1] − 1は、3になります。ウィンドウサイズが2の場合、相対位置の組み合わせは次のように計算されます。

$$(2*2-1)*(2*2-1)=9$$

これを利用して、y座標の相対位置を3倍します。この処理は、相対位置の組み合わせが9通りであることと、相対位置インデックスの値が0～8の範囲に収まることを保証します。処理の結果、relative_coordsは次のようになります。

▼y座標の相対位置をスケーリングした後のrelative_coords

```
[[[3 1],[3 0],[0 1],[0 0]],
 [[3 2],[3 1],[0 2],[0 1]],
 [[6 1],[6 0],[3 1],[3 0]],
 [[6 2],[6 1],[3 2],[3 1]]]
```

●相対位置インデックスの生成

これまでの処理で、relative_coords にはウィンドウ内の各座標ペアの相対位置が含まれています。relative_coords の形状は（4, 4, 2）ですので、最後の次元の（y座標の相対位置, x座標の相対位置）の合計を求め、一意のインデックスに変換します。

▼対象のソースコード

```
relative_position_index = relative_coords.sum(-1)
```

sum（－1）を適用して、最後の次元（y座標の相対位置, x座標の相対位置）を合計します。これにより、形状（4, 4）の新しい配列が生成されます。インデックスは0、1、2、3、4、5、6、7、8の9通りの値です。

▼相対位置インデックス

```
[[4 3 1 0]
 [5 4 2 1]
 [7 6 4 3]
 [8 7 5 4]]
```

少し説明が長くなりますが、作成された配列の各要素について確認しておきましょう。

- **[4, 3, 1, 0]**

4……(0, 0)から(0, 0)への相対位置
3……(0, 0)から(0, 1)への相対位置
1……(0, 0)から(1, 0)への相対位置
0……(0, 0)から(1, 1)への相対位置

- **[5, 4, 2, 1]**

5……(0, 1)から(0, 0)への相対位置
4……(0, 1)から(0, 1)への相対位置
2……(0, 1)から(1, 0)への相対位置
1……(0, 1)から(1, 1)への相対位置

- **[7, 6, 4, 3]**

7……(1, 0)から(0, 0)への相対位置
6……(1, 0)から(0, 1)への相対位置
4……(1, 0)から(1, 0)への相対位置
3……(1, 0)から(1, 1)への相対位置

- **[8, 7, 5, 4]**

8……(1, 1)から(0, 0)への相対位置
7……(1, 1)から(0, 1)への相対位置
5……(1, 1)から(1, 0)への相対位置
4……(1, 1)から(1, 1)への相対位置

●相対位置インデックスを変数として保存

作成した相対位置インデックスをtf.Variable型の変数として保存します。trainable=Falseを指定して、トレーニング中に値が更新されないようにしています。

▼対象のソースコード

```
self.relative_position_index = keras.Variable(
    initializer=relative_position_index, shape=relative_position_index.shape,
    dtype="int", trainable=False)
```

●keras.Variable()

tf.Variable()を使用して、トレーニング可能な変数を生成します。

<table>
<tr><td>書式</td><td colspan="2">tf.Variable (
    initial_value=None,
    trainable=True,
    validate_shape=True,
    caching_device=None,
    name=None,
    variable_def=None,
    dtype=None,
    import_scope=None,
    constraint=None,
    synchronization=tf.VariableSynchronization.AUTO,
    aggregation=tf.compat.v1.VariableAggregation.NONE,
    shape=None
)</td></tr>
<tr><td rowspan="13">引数</td><td>initial_value</td><td>初期値として使用するテンソルまたは値。テンソルは、指定された形状とデータ型に基づいて初期化されます。</td></tr>
<tr><td>trainable</td><td>変数をトレーニング可能にするかどうか。デフォルトはTrueで、トレーニング中に最適化されます。</td></tr>
<tr><td>validate_shape</td><td>Trueの場合、変数の形状が初期値の形状と一致しているかどうかを検証します。デフォルトはTrue。</td></tr>
<tr><td>caching_device</td><td>変数をキャッシュするデバイスを指定します。</td></tr>
<tr><td>name</td><td>変数の名前。デフォルトはNoneで、名前が自動的に生成されます。</td></tr>
<tr><td>variable_def</td><td>（オプション）変数のプロトコルバッファの定義。通常は使用しません。</td></tr>
<tr><td>dtype</td><td>（オプション）変数のデータ型。指定しない場合は、initial_valueのデータ型が使用されます。</td></tr>
<tr><td>import_scope</td><td>（オプション）変数をインポートするスコープを指定します。</td></tr>
<tr><td>constraint</td><td>（オプション）変数に適用される制約。</td></tr>
<tr><td>synchronization</td><td>（オプション）変数の同期方法。デフォルトは tf.VariableSynchronization.AUTO。</td></tr>
<tr><td>aggregation</td><td>（オプション）変数の集約方法。デフォルトは tf.compat.v1.VariableAggregation.NONE。</td></tr>
<tr><td>shape</td><td>（オプション）変数の形状。initial_valueから推論される場合は省略可能です。</td></tr>
<tr><td></td><td></td></tr>
<tr><td>戻り値</td><td colspan="2">指定された初期値、形状、データ型などに基づいて初期化されたtf.Variable型の変数。</td></tr>
</table>

■call()メソッドにおけるフォワードパスの設定

フォワードパス(順伝播処理)の設定を行うcall()メソッドの処理について説明します。

●クエリ、キー、バリューを用意する

クエリ、キー、バリューを作成する過程を順番に見ていきます。

▼対象のソースコード

```
_, size, channels = x.shape
head_dim = channels // self.num_heads  # ヘッドの次元数を計算
x_qkv = self.qkv(x) ―――――――――――――――――――――――――――― ①
x_qkv = ops.reshape(x_qkv, (-1, size, 3, self.num_heads, head_dim)) ―― ②
x_qkv = ops.transpose(x_qkv, (2, 0, 3, 1, 4)) ――――――――――――――― ③
q, k, v = x_qkv[0], x_qkv[1], x_qkv[2] ―――――――――――――――――― ④
```

①クエリ、キー、バリューを生成するための全結合層でチャンネル次元数を拡張

ウィンドウ分割後、再整形されたテンソル:

(bs ∗ 64〈ウィンドウ数〉, 4〈ウィンドウ内パッチ数〉, 64)

をユニット数192(チャンネル次元数〈64〉∗3 = 192)の全結合層に入力し、

(bs ∗ 64, 4, 192)

の出力を得ます。

② ①で取得したテンソルの形状をクエリ、キー、バリューの次元とヘッドの次元に分割する

①で取得したテンソル:

(bs ∗ 64, 4, 192)

にクエリ、キー、バリューの次元(次元数3)とヘッド数の次元(次元数8)、ヘッドサイズの次元(次元数8)を追加して、

(bs ∗ 64, 4, 3〈q,k,v〉, 8〈ヘッド数〉, 8〈ヘッドサイズ〉)

のように、元のチャンネル次元を分割します。

③第1次元をqkvにして、ヘッド(8)に分割

②のテンソルの形状を

(3〈q,k,v〉, bs ＊ 64, 8〈ヘッド数〉, 4〈ウィンドウ内パッチ数〉, 8〈ヘッドサイズ〉)

に変更します。

④クエリ、キー、バリューに分割

③のテンソルの第1次元に沿って、クエリ、キー、バリューそれぞれのテンソルを取り出します。取り出したテンソルの形状は、次のようになります。

(bs ＊ 64〈ウィンドウ数〉, 8〈ヘッド数〉, 4〈ウィンドウ内パッチ数〉, 8〈ヘッドサイズ〉)

●クエリをスケーリングして類似度スコアを計算する

次に示すのは、クエリをスケーリングして、類似度スコアを計算するまでのコードです。

▼対象のソースコード

```
q = q * self.scale ―――――――――――― ①
k = ops.transpose(k, (0, 1, 3, 2)) ――― ②
attn = q @ k ―――――――――――――――― ③
```

①クエリをスケーリング

クエリテンソルqに次の係数：

self.scale = (dim // num_heads) ＊＊ −0.5

を掛けてスケーリングします。

②キーを転置

キーの次元の並びを転置します。

(bs ＊ 64〈ウィンドウ数〉, 8〈ヘッド数〉, 4〈ウィンドウ内パッチ数〉, 8〈ヘッドサイズ〉)
⬇
(bs ＊ 64〈ウィンドウ数〉, 8〈ヘッド数〉, 8〈ヘッドサイズ〉, 4〈ウィンドウ内パッチ数〉)

③類似度スコアを計算

クエリテンソルとキーテンソルの行列積を求めます。結果、attnの形状は、

(bs ＊ 16, 8〈ヘッド数〉, 4, 4)

となります。

第2次元はヘッドの数、第3次元と第4次元は、ウィンドウ内のすべてのパッチの組み合わせによる類似度を示します。

●相対位置エンコーディングを取得してアテンションスコアを計算する

次に示すのは、相対位置エンコーディングを取得して、アテンションスコアを計算するコードです。

▼対象のソースコード

```
num_window_elements = self.window_size[0] * self.window_size[1] ――― ①
relative_position_index_flat = ops.reshape(self.relative_position_index, (-1,)) ―― ②
relative_position_bias = ops.take(
    self.relative_position_bias_table, # 相対位置エンコーディングを学習するパラメーター
    relative_position_index_flat,      # 相対位置インデックス(16,)
    axis=0,) ――― ③
relative_position_bias = ops.reshape(
    relative_position_bias,
    (num_window_elements, num_window_elements, -1),) ――― ④
relative_position_bias = ops.transpose(relative_position_bias, (2, 0, 1)) ――― ⑤
attn = attn + ops.expand_dims(relative_position_bias, axis=0) ――― ⑥
```

①ウィンドウ内のパッチ数を計算

ウィンドウ内のパッチ数を計算します。num_window_elements = 4になります。

②相対位置インデックスをフラット化

__init__()内で作成した相対位置インデックスの形状を

(4, 4) → (16,)

にフラット化します。

③相対位置エンコーディングを取得

ops.take()を使って、相対位置エンコーディングを学習するパラメーター:

self.relative_position_bias_table

から、②の相対位置インデックスrelative_position_index_flatのインデックスで示された位置の値を収集します。結果、次の形状のテンソルを取得します。

(16〈相対位置インデックスの数〉, 8〈ヘッド数〉)

- **keras.ops.take()**

テンソルから指定されたインデックスに基づいて値を取得します。

書式	ops.take (a, indices, axis=None, mode='raise')	
引数	a	値を取得するテンソル。
	indices	取得するインデックスのリスト。インデックスは整数の配列またはリストで指定されます。
	axis	値を取得する軸。デフォルトはフラット化された入力配列に基づいています。
	mode	インデックスが範囲外の場合の動作として、'raise'、'wrap'、'clip' のいずれかを指定できます。デフォルトは 'raise' 。 'raise': 範囲外のインデックスがあるとエラーを発生させます。 'wrap': 範囲外のインデックスは配列の終わりから再計算されます。 'clip': 範囲外のインデックスは配列の最小値または最大値にクリップされます。
	戻り値	テンソル a から指定された indices に基づいて取得した値のテンソル。

④相対位置エンコーディングの形状を変更

相対位置エンコーディングrelative_position_biasの形状：

(16〈相対位置インデックスの数〉, 8〈ヘッド数〉)

を次の形状に変更します。

(4〈ウィンドウ内パッチ数〉, 4〈ウィンドウ内パッチ数〉, 8〈ヘッド数〉)

⑤次元の並びを入れ替える

類似度スコアattnの形状は、

(bs ＊ 64, 8〈ヘッド数〉, 4, 4)

です。現在、相対位置エンコーディングrelative_position_biasの形状は、

(16〈相対位置インデックスの数〉, 8〈ヘッド数〉)

なので、類似度スコアattnに合わせて、

(4, 4, 8) => (8, 4, 4)

の形状にします。

⑥アテンションスコアの計算

類似度スコアattnに相対位置エンコーディングrelative_position_biasを加算して、アテンションスコアを求めます。このとき、ops.expand_dims()を使って、relative_position_biasの形状(8, 4, 4)を(1, 8, 4, 4)に拡張し、ブロードキャストの仕組みで類似度スコアattnに加算します。

• keras.ops.expand_dims()

指定された位置に新しい次元を追加します。

書式	ops.expand_dims(input, axis)	
引数	input	次元を追加するテンソル。
	axis	新しい次元を追加する位置。正の値は新しい次元を追加する位置を指定し、負の値は後ろから数えた位置に新しい次元を追加します。
	戻り値	新しい次元が追加されたテンソル。

●マスクの処理

「アテンションスコアのテンソルに、ウィンドウの境界をまたぐアテンションスコアを無視するために生成されたマスクテンソルを適用する」処理について見ていきます。マスクテンソルの形状は、(64, 4, 4)です。

▼対象のソースコード

```
if mask is not None:
    nW = mask.shape[0] ―――――――――――――――――――――――――――――――― ①
    mask_float = ops.cast(
        ops.expand_dims(ops.expand_dims(mask, axis=1), axis=0),
        "float32",) ―――――――――――――――――――――――――――――――――――― ②
    attn = ops.reshape(
        attn, (-1, nW, self.num_heads, size, size)) + mask_float ―― ③
    attn = ops.reshape(attn, (-1, self.num_heads, size, size)) ――― ④
    attn = keras.activations.softmax(attn, axis=-1) ―――――――――――― ⑤
else:
    attn = keras.activations.softmax(attn, axis=-1) ――――――――――――┘
```

①マスクのウィンドウ数を取得

マスクのウィンドウ数(nW = 64)を取得します。

②マスクテンソルの加工

マスクテンソルの第2次元を追加し、さらに第1次元を追加して、

(1, 64, 1, 4, 4)

の形状にした後、テンソルのデータ型をfloat型にキャストします。

③アテンションスコアの形状を変更

アテンションスコアの形状を

(bs * 64, 8, 4, 4) → (bs, 64, 8, 4, 4)

のように変更し、マスクテンソル(64, 4, 4)の値をブロードキャストで加算します。attn形状は、次のようになります。

(bs, 64, 8, 4, 4)

④attnの形状を変換

アテンションスコアattnの形状を次のように再整形します。

(bs, 64, 8, 4, 4) → (bs * 64, 8, 4, 4)

⑤ソフトマックスを適用

アテンションスコアattnに、ソフトマックス関数を適用します。attn形状は、

(bs * 64, 8, 4, 4)

のように変わりはありません。

●フォワードパス(順伝播処理)

これまでの処理は、ネットワークに入力する前段階の処理として、アテンションスコアを求めるものでした。ここからは、ネットワークにおける順伝播処理が開始されます。

▼対象のソースコード

```
attn = self.dropout(attn) ―――――――――――――――――― ①
x_qkv = attn @ v ―――――――――――――――――――――――― ②
x_qkv = ops.transpose(x_qkv, (0, 2, 1, 3)) ――――――― ③
x_qkv = ops.reshape(x_qkv, (-1, size, channels)) ―― ④
x_qkv = self.proj(x_qkv) ―――――――――――――――――― ⑤
x_qkv = self.dropout(x_qkv) ―――――――――――――――― ⑥
return x_qkv
```

①ドロップアウトを適用

アテンションスコアattnに、ドロップアウトを適用します。

attn形状: (bs * 64, 8, 4, 4)

②アテンションスコアにバリューを適用

ソフトマックス関数の適用およびドロップアウトの処理を終えたアテンションスコアattと、バリューvとの行列積を計算します。結果として次の形状のテンソルを得ます。

(bs * 64, 8, 4, 8)

③テンソルx_qkvの次元の並びを変更

アテンションスコアattとバリューvとの行列積が格納されたテンソルx_qkvについて、次元の並びを変更して、次のようにします。

(bs * 64, 4, 8, 8)

④テンソルx_qkvを再整形

③で変更した次元の並びに従って、テンソルの要素を再整形して次の形状にします。

(bs * 64, 4, 64)

⑤出力を生成

ユニット数64の全結合層に入力し、次の出力を得ます。

(bs * 64, 4, 64)

⑥ドロップアウトを適用

最後にドロップアウトを適用し、

(bs * 64, 4, 64)

の形状のテンソルを出力として返します。

6.1.9 SwinTransformerクラスを定義する

SwinTransformerクラスを定義します。このクラスはlayers.Layerクラスのサブクラスで、複数のレイヤーから構成されます。

■__init__()、__build()、call()における処理

以下は、__init__()、__build()、call()で行う、主な処理です。

●__init__()における処理

・正規化レイヤーの作成
・WindowAttentionブロックの作成(インスタンス化)
・2つ目の正規化レイヤーの作成
・MLP(多層パーセプトロン)の作成
・パッチの数(高さ, 幅)がウィンドウの形状(高さ, 幅)より小さい場合の処理

●build()(レイヤーにデータが最初に入力されたときに呼び出される)における処理

・マスクの作成
・マスクをwindow_partition()関数でウィンドウに分割
・マスクテンソルをモデルの変数として保存

●call()メソッド(フォワードパス)

・位置情報埋め込み後の特徴マップにシフト処理を行う
・シフト処理後の特徴マップをwindow_partition()関数でウィンドウに分割
・ウィンドウに分割した後の特徴マップをWindowAttentionブロックに入力し、マスクを適用してアテンションスコアを計算する
・アテンションスコアのウィンドウ分割を解除(ウィンドウ分割前の状態に戻す)
・シフト処理前の状態に戻す
・ドロップアウト、正規化、MLPなどのレイヤーに入力して最終出力を得る

SwinTransformerクラスの定義

10番目のセルに、次のようにSwinTransformerクラスの定義コードを入力し、実行します。

▼SwinTransformerクラスの定義(Swin_Transformer_CIFAR100_Keras.ipynb)

セル10

```
class SwinTransformer(layers.Layer):
    """ layers.Layerを継承したカスタムレイヤー

    ・パッチ分割後の画像データをウィンドウに分割
    ・各ウィンドウに対してW-MSA、SW-MSAによる自己注意機構を適用
    ・ウィンドウに分割されたテンソルを元の形状に戻した状態で
     MLP層を組み合わせて、画像の特徴抽出と表現を学習する

    Attributes:
        dim(int): 入力特徴量の次元数(位置情報の次元数(embed_dim = 64))
        num_patch(tuple): 1画像当たりのパッチ数(高さ=16, 幅=16))
        num_heads(int): ヘッドの数(num_heads = 8)
        window_size(int): ウィンドウのサイズ
        shift_size(int): ウィンドウのシフトサイズ(shift_size = 1)
        num_mlp(int): 全結合層のユニット数(num_mlp = 256)
        norm1: layers.LayerNormalization - 1つ目のLayer Normalization層
        attn: WindowAttention - ウィンドウベースの自己注意層
        drop_path: layers.Dropout - ドロップアウト層
        norm2: layers.LayerNormalization - 2つ目のLayer Normalization層
        mlp: keras.Sequential - MLP層のシーケンシャルモデル
    """
    def __init__(
        self,
        dim,
        num_patch,
        num_heads,
        window_size=7,
        shift_size=0,
        num_mlp=1024,
        qkv_bias=True,
        dropout_rate=0.0,
        **kwargs,
    ):
```

```
        """
        Args:
            dim(int): 位置情報埋め込み後のチャンネル次元数(embed_dim = 64)
            num_patch(tuple): 1画像当たりのパッチ数(高さ=16, 幅=16)
            num_heads(int): ヘッドの数(num_heads = 8)
            window_size(int): ウィンドウのサイズ(window_size = 2)
            shift_size(int): ウィンドウのシフトサイズ(shift_size = 1)
            num_mlp(int): 全結合層のユニット数(num_mlp = 256)
            qkv_bias(bool): クエリ、キー、バリューにバイアスを追加するかどうか
                            (qkv_bias = True)
            dropout_rate(float): ドロップアウト率
            **kwargs(dict): その他のキーワード引数

        """
        super().__init__(**kwargs)
        # 位置情報埋め込み後のチャンネル次元数(embed_dim = 64)を
        # 入力特徴量の次元数として設定
        self.dim = dim
        # 1画像当たりのパッチ数(高さ=16, 幅=16)を設定
        self.num_patch = num_patch
        # ヘッドの数(num_heads = 8)を設定
        self.num_heads = num_heads
        # ウィンドウのサイズ(window_size = 2)を設定
        self.window_size = window_size
        # ウィンドウのシフトサイズ(shift_size = 1)を設定
        self.shift_size = shift_size
        # 全結合層のユニット数(num_mlp = 256)を設定
        self.num_mlp = num_mlp

        # 1つ目の正規化層を作成
        self.norm1 = layers.LayerNormalization(epsilon=1e-5)

        # WindowAttentionブロックを作成
        self.attn = WindowAttention(
            # 位置情報埋め込み後のチャンネル次元数(embed_dim = 64)
            dim,
            # ウィンドウの形状(window_size=2(高さ), window_size=2(幅))
            window_size=(self.window_size, self.window_size),
            # ヘッドの数(num_heads = 8)
            num_heads=num_heads,
```

```
            # クエリ、キー、バリューにバイアスを追加する(qkv_bias = True)
            qkv_bias=qkv_bias,
            # ドロップアウト率(dropout_rate = 0.06)
            dropout_rate=dropout_rate,
        )

        # ドロップアウト層を作成
        self.drop_path = layers.Dropout(dropout_rate)
        # 2つ目のLayer Normalization層を作成
        self.norm2 = layers.LayerNormalization(epsilon=1e-5)

        # MLPを作成
        self.mlp = keras.Sequential(
            [
                layers.Dense(num_mlp),                           # 全結合層(ユニット数:256)
                layers.Activation(keras.activations.gelu),# GELU関数を適用
                layers.Dropout(dropout_rate),                    # ドロップアウト
                layers.Dense(dim),                               # 全結合層(ユニット数:64)
                layers.Dropout(dropout_rate),                    # ドロップアウト
            ]
        )

        # パッチの数(高さ, 幅)がウィンドウの形状(高さ, 幅)より小さい場合
        if min(self.num_patch) < self.window_size:
            self.shift_size = 0                                  # シフトサイズを0に設定
            # ウィンドウサイズをパッチ数に合わせせる
            self.window_size = min(self.num_patch)

    def build(self, input_shape):
        """ レイヤーにデータが最初に入力されたときに呼び出される

        Args:
            input_shape: 入力画像の形状(高さ,幅,チャンネル数)
                          (32, 32, 3)
        """
        # シフトサイズが0の場合
        if self.shift_size == 0:
            # マスクテンソルattn_maskをNoneに設定
            self.attn_mask = None
        else:
```

```
# num_patch(高さ=16, 幅=16)からパッチの高さ方向の数と幅方向の数を取得
height, width = self.num_patch
# 高さ方向のスライスを作成
# (window_size = 2, shift_size = 1と仮定)
h_slices = (
    # 最初の領域：(0, -2)
    slice(0, -self.window_size),
    # 中間の領域：(-2, -1)
    slice(-self.window_size, -self.shift_size),
    # 最後の領域：(-1, None)
    slice(-self.shift_size, None),
)
# 幅方向のスライスを作成
# (window_size = 2, shift_size = 1と仮定)
w_slices = (
    # 最初の領域：(0, -2)
    slice(0, -self.window_size),
    # 中間の領域：(-2, -1)
    slice(-self.window_size, -self.shift_size),
    # 最後の領域：(-1, None)
    slice(-self.shift_size, None),
)
# マスク用のゼロ配列を作成
# ・第1次元：バッチデータの次元(ここでは常に1)
# ・第2次元：パッチの高さ方向の数
# ・第3次元：パッチの幅方向の数
# ・第4次元：チャンネル次元(ここでは常に1)
mask_array = np.zeros((1, height, width, 1))

# 各領域に割り当てる番号を保持するカウンター変数をゼロで初期化
count = 0
# 2重ループを使って2つのスライスを組み合わせ、
# 各領域に対して番号を割り当てる
for h in h_slices:                          # 高さ方向のスライスに対して
    for w in w_slices:                      # 幅方向のスライスに対して
        mask_array[:, h, w, :] = count      # マスク配列にカウント値を設定
        count += 1

# マスク配列をテンソルに変換
# (1, 16, 16, 1)
```

```
        mask_array = ops.convert_to_tensor(mask_array)
        # マスクテンソルをウィンドウに分割
        # (64, 2, 2, 1)
        mask_windows = window_partition(mask_array, self.window_size)
        # 再整形
        # (64, 4)
        mask_windows = ops.reshape(
            mask_windows, [-1, self.window_size * self.window_size]
        )

        # シフトした際のウィンドウ内パッチ間の相対的な位置関係の差分を計算
        # (64, 4, 4)
        attn_mask = ops.expand_dims(
            mask_windows, axis=1) - ops.expand_dims(mask_windows, axis=2)

        # 差がゼロではない領域(シフトによってウィンドウが重なる場合に
        # 発生する境界をまたぐ部分)を-100に設定
        attn_mask = ops.where(attn_mask != 0, -100.0, attn_mask)
        # 差がゼロの領域を0に設定
        attn_mask = ops.where(attn_mask == 0, 0.0, attn_mask)
        # テンソルattn_maskを変数として保存
        self.attn_mask = keras.Variable(
            initializer=attn_mask,
            shape=attn_mask.shape,
            dtype=attn_mask.dtype,
            trainable=False,
        )

def call(self, x, training=False):
    """フォワードパスを設定

    Args:
        x: 位置情報埋め込み後の特徴マップ(bs, 256, 64)
        training(bool): トレーニングモードかどうか
    Returns:
        x: SwinTransformerブロックの出力(bs, 256(パッチ数), 64)
    """
    # num_patch(高さ=16, 幅=16)からパッチの高さ方向の数と幅方向の数を取得
    height, width = self.num_patch
    # 入力の特徴マップからパッチの数とチャンネルの次元数を取得
```

```
        _, num_patches_before, channels = x.shape
        # スキップ接続（残差接続）のために入力を保存
        x_skip = x
        # 入力を正規化
        x = self.norm1(x)
        # 特徴マップを再整形
        # (bs, 16（高さ方向パッチ数）, 16（幅方向パッチ数）, 64)
        x = ops.reshape(x, (-1, height, width, channels))

        # シフト処理
        # shifted_xの形状：(bs, 16, 16, 64)
        if self.shift_size > 0:
            # シフトサイズが0より大きい場合、特徴マップの第2次元（高さ方向パッチ数）
            # と第3次元（幅方向パッチ数）をshift_sizeに従ってシフトする
            shifted_x = ops.roll(
                x,
                shift=[-self.shift_size, -self.shift_size],
                axis=[1, 2]
            )
        else:
             # シフトが0以下の場合は特徴マップをそのままshifted_xに代入
            shifted_x = x

        # shifted_xをウィンドウに分割
        # x_windowsの形状：(bs * 64（ウィンドウ数）,
        #                   2（ウィンドウ内パッチ数（高さ））,
        #                   2（ウィンドウ内パッチ数（幅））,
        #                   64)
        x_windows = window_partition(shifted_x, self.window_size)

        # ウィンドウ内パッチ数の次元をフラット化して再整形
        # x_windowsの形状：(bs * 64（ウィンドウ数）, 4（ウィンドウ内パッチ数）, 64)
        x_windows = ops.reshape(
            x_windows, (-1, self.window_size * self.window_size, channels)
        )

        # x_windowsをWindowAttentionブロックに入力
        # アテンションマスクself.attn_maskを適用してアテンションスコアを取得
        # attn_windowsの形状：(bs * 64, 4, 64)
        attn_windows = self.attn(x_windows, mask=self.attn_mask)
```

```
# attn_windowsを再整形する
# (bs * 64, 2(ウィンドウ高さ), 2(ウィンドウ幅), 64)
attn_windows = ops.reshape(
    attn_windows,
    (-1, self.window_size, self.window_size, channels),
)

# attn_windowsをウィンドウ分割前の形状に戻し、shifted_xに代入
# shifted_xの形状:(bs, 16(高さ方向パッチ数), 16(幅方向パッチ数), 64)
shifted_x = window_reverse(
    attn_windows, self.window_size, height, width, channels
)

# シフト処理を行った場合は、もう一度シフト処理を行ってシフト前の状態に戻す
# xの形状:(bs, 16(高さ方向パッチ数), 16(幅方向パッチ数), 64)
if self.shift_size > 0:
    # シフトサイズが0より大きい場合、shifted_xの第2次元(高さ方向パッチ数)
    # と第3次元(幅方向パッチ数)をshift_sizeに従ってシフトする
    x = ops.roll(
        shifted_x,
        shift=[self.shift_size, self.shift_size],
        axis=[1, 2]
    )
else:
    # シフトを行わなかった場合はshifted_xをそのままxに代入
    x = shifted_x

# xの形状:(bs, 16(高さパッチ数), 16(幅パッチ数), 64)
# 再整形: (bs, 256(パッチ数), 64)
x = ops.reshape(x, (-1, height * width, channels))
# ドロップアウトを適用
x = self.drop_path(x, training=training)
# スキップ接続を適用
x = x_skip + x
# スキップ接続のために入力を保存
x_skip = x
# 正規化を行う
x = self.norm2(x)
# MLPに入力
```

```
        # 最終の全結合層(ユニット数:64)なので、xの形状は変わらない
        x = self.mlp(x)
        # ドロップアウトを適用
        x = self.drop_path(x)
        # スキップ接続を適用
        x = x_skip + x
        # xの形状:(bs, 256(パッチ数), 64)
        return x
```

■build()メソッドにおける処理

build()メソッドは、レイヤーにデータが最初に入力されたときに呼び出されます。build()メソッドにおける処理について見ていきましょう。

▼build()メソッド

```
def build(self, input_shape):
    if self.shift_size == 0: ───────────────────────── ①
        self.attn_mask = None
    else:
        height, width = self.num_patch ─────────────────── ②
        h_slices = (
            slice(0, -self.window_size),
            slice(-self.window_size, -self.shift_size),
            slice(-self.shift_size, None),) ─────────────── ③
        w_slices = (
            slice(0, -self.window_size),
            slice(-self.window_size, -self.shift_size),
            slice(-self.shift_size, None),) ─────────────── ④

        mask_array = np.zeros((1, height, width, 1)) ──────── ⑤
        count = 0                   # 各領域に割り当てる番号を保持するカウンター変数
        for h in h_slices:                  # 高さ方向のスライスに対して ──── ⑥
            for w in w_slices:              # 幅方向のスライスに対して
                mask_array[:, h, w, :] = count   # マスク配列にカウント値を設定
                count += 1
        mask_array = ops.convert_to_tensor(mask_array) ─────── ⑦
        mask_windows = window_partition(mask_array, self.window_size) ── ⑧
        mask_windows = ops.reshape(
            mask_windows, [-1, self.window_size * self.window_size]) ── ⑨
        attn_mask = ops.expand_dims(
```

```
            mask_windows, axis=1) - ops.expand_dims(mask_windows, axis=2) ── ⑩
    attn_mask = ops.where(attn_mask != 0, -100.0, attn_mask) ──────────── ⑪
    attn_mask = ops.where(attn_mask == 0, 0.0, attn_mask) ─────────────── ⑫
    self.attn_mask = keras.Variable(
        initializer=attn_mask,
        shape=attn_mask.shape,
        dtype=attn_mask.dtype,
        trainable=False,) ─────────────────────────────────────────────── ⑬
```


①シフトサイズが0の場合の処理

マスクテンソルattn_maskをNoneに設定します。

②パッチの高さ方向の数と幅方向の数を取得

num_patch（高さ = 16, 幅 = 16）からパッチの高さ方向の数と幅方向の数を取得し、heightとwidthに格納します。

③高さ方向のスライスを作成

高さ方向の3つのスライスを作成します。window_size = 2、shift_size = 1の場合、次のスライスが作成されます。

・最初の領域: (0, −2)
・中間の領域: (−2, −1)
・最後の領域: (−1, None)

④幅方向のスライスを作成

幅方向の3つのスライスを作成します。

・最初の領域: (0, −2)
・中間の領域: (−2, −1)
・最後の領域: (−1, None)

⑤マスク用のゼロ配列を作成

マスクテンソルのもとになる4次元配列を作成し、すべての要素をゼロで初期化します。

・第1次元: バッチデータの次元（ここでは常に1）
・第2次元: パッチの高さ方向の数
・第3次元: パッチの幅方向の数
・第4次元: チャンネル次元（ここでは常に1）

⑥各領域に対して番号を割り当てる

2重ループを使って2つのスライスを組み合わせ、各領域に対して番号（領域番号）を割り当てます。外側のループではhが高さ方向のスライスh_slicesから各スライスを取り、内側のループではwが幅方向のスライスw_slicesから各スライスを取ります。

⑦マスク配列をテンソルに変換

マスク配列mask_arrayをテンソルに変換します。テンソルの形状は次のようになります。

(1, 16, 16, 1)

⑧マスクテンソルをウィンドウに分割

window_partition()関数を使用して、マスクテンソルをウィンドウに分割します。分割後のマスクテンソルの形状は次のようになります。

(64, 2, 2, 1)

⑨マスクテンソルを再整形する

ウィンドウに分割した後のマスクテンソルの形状を

(64, 4)

に再整形します。

⑩シフトによってウィンドウが重なる場合に発生する「境界をまたぐ部分」を検出する

ウィンドウをシフトしたときの各パッチ間の相対的な位置関係の差分を計算します。attn_maskの形状は次のようになります。

(64, 4, 4)

⑪～⑫attn_maskに−100または0を埋め込む

差がゼロではない領域（シフトによってウィンドウが重なる場合に発生する「境界をまたぐ部分」）を−100にして、差がゼロの領域を0にします。

⑬attn_maskを変数として保存

テンソルattn_maskを変数として保存します。モデルのパラメーターになりますが、トレーニング中の更新は行われません。

■call()メソッドにおけるフォワードパスの設定

フォワードパス(順伝播処理)の設定を行うcall()メソッドの処理について見ていきます。

▼call()メソッド

```
def call(self, x, training=False):
    """フォワードパスを設定
    Args:
        x: 位置情報埋め込み後の特徴マップ(bs, 256, 64)
        training(bool): トレーニングモードかどうか
    Returns:
        x: SwinTransformerブロックの出力(bs, 256(パッチ数), 64)
    """
    height, width = self.num_patch                  # パッチの高さ方向の数と幅方向の数を取得
    _, num_patches_before, channels = x.shape       # パッチの数とチャンネルの次元数を取得
    x_skip = x                                      # スキップ接続(残差接続)のために入力を保存
    x = self.norm1(x)                               # 入力を正規化
    x = ops.reshape(x, (-1, height, width, channels))    # 特徴マップを再整形

    if self.shift_size > 0: ──────────────────────── ①
        shifted_x = ops.roll(
            x, shift=[-self.shift_size, -self.shift_size], axis=[1, 2])
    else:
        shifted_x = x

    x_windows = window_partition(shifted_x, self.window_size) ──── ②
    x_windows = ops.reshape(
        x_windows, (-1, self.window_size * self.window_size, channels)) ── ③
    attn_windows = self.attn(x_windows, mask=self.attn_mask) ────── ④
    attn_windows = ops.reshape(
        attn_windows, (-1, self.window_size, self.window_size, channels),) ── ⑤
    shifted_x = window_reverse(
        attn_windows, self.window_size, height, width, channels) ──── ⑥

    if self.shift_size > 0: ──────────────────────── ⑦
        x = ops.roll(
            shifted_x, shift=[self.shift_size, self.shift_size], axis=[1, 2])
    else:
        x = shifted_x
```

```
    x = ops.reshape(x, (-1, height * width, channels)) ―――――――――――― ⑧
    x = self.drop_path(x, training=training)          # ドロップアウトを適用
    x = x_skip + x                                    # スキップ接続を適用
    x_skip = x                                        # スキップ接続のために入力を保存
    x = self.norm2(x)                                 # 正規化を行う
    x = self.mlp(x)                                   # MLPに入力
    x = self.drop_path(x)                             # ドロップアウトを適用
    x = x_skip + x                                    # スキップ接続を適用

    # xの形状:(bs, 256(パッチ数), 64)
    return x
```

①シフト処理

再整形後の特徴マップ:

(bs, 16〈高さ方向パッチ数〉, 16〈幅方向パッチ数〉, 64)

をシフト処理します。シフトサイズが0より大きい場合は、特徴マップの第2次元(高さ方向パッチ数)および第3次元(幅方向パッチ数)に対し、shift_sizeに従ってシフト処理を行います。シフトが0以下の場合は、特徴マップをそのままshifted_xに代入します。

shifted_xの形状:(bs, 16, 16, 64)

●keras.ops.roll()

テンソルの指定した軸に沿って要素をシフトします。このメソッドは、テンソルのデータを回転させることで、要素を循環させることができます。

書式	ops.roll(input, shift, axis)	
引数	input	シフト対象のテンソル。
	shift	整数または整数のリスト。各軸に対してシフトする量。正の値は正方向に、負の値は負方向にシフトします。
	axis	整数または整数のリスト。シフトを適用する軸(次元)。shiftと同じ長さでなければなりません。
戻り値	入力と同じ形状で、指定された軸に沿ってシフトされたテンソル。	

②shifted_xをウィンドウに分割

window_partition()関数を使って、shifted_xをウィンドウに分割します。結果として返されるテンソルx_windowsの形状は次のようになります。

(bs * 64〈ウィンドウ数〉, 2〈ウィンドウ内パッチ数-高さ〉, 2〈ウィンドウ内パッチ数-幅〉, 64)

③ウィンドウ内パッチ数の次元をフラット化して再整形

テンソルx_windowsの第2次元と第3次元をフラット化して次の形状にします。

(bs * 64〈ウィンドウ数〉, 4〈ウィンドウ内パッチ数〉, 64)

④x_windowsをWindowAttentionブロックに入力してアテンションスコアを取得

アテンションマスクself.attn_maskを適用して、WindowAttentionブロックからアテンションスコアが格納されたテンソルattn_windowsを得ます。

attn_windowsの形状:(bs * 64, 4, 64)

⑤attn_windowsを再整形する

attn_windowsを再整形して次の形状にします。

(bs * 64, 2〈ウィンドウ高さ〉, 2〈ウィンドウ幅〉, 64)

⑥attn_windowsをウィンドウ分割前の形状に戻す

window_reverse()関数を利用して、attn_windowsをウィンドウ分割前の形状に戻します。結果として得られたshifted_xの形状は、次のようにウィンドウ分割前の形状になります。

(bs, 16〈高さ方向パッチ数〉, 16〈幅方向パッチ数〉, 64)

⑦シフト処理を行った場合は、もう一度シフト処理を行ってシフト前の状態に戻す

シフト処理が行われた場合は、テンソルshifted_xの第2次元(高さ方向パッチ数)と第3次元(幅方向パッチ数)をshift_sizeに従ってシフトします。

⑧テンソルxを再整形する

xの形状を

(bs, 16〈高さパッチ数〉, 16〈幅パッチ数〉, 64)

から次の形状:

(bs, 256〈パッチ数〉, 64)

に再整形します。以降、この形状のテンソルxが、

ドロップアウト→スキップ接続→正規化→MLP→ドロップアウト→スキップ接続

の各レイヤーの処理を経て、最終出力となります。

6.1.10 複数のパッチを統合するPatch Merging

Patch Mergingの処理を行うレイヤーとして、layers.Layerクラスを継承したPatchMergingクラスを定義します。

■Patch Mergingの目的と処理手順

ここで、Patch Mergingの目的と処理手順を確認しておきましょう。

●Patch Mergingの目的

・空間解像度の低減

・入力画像の空間解像度を下げることで、計算量を削減し、次の層の計算負荷を軽減します。

・空間的な情報を保持しながら、全体の情報を圧縮します。

・抽象的な特徴の学習

パッチを統合し、空間解像度を下げることで、モデルがより抽象的で高次の特徴を学習できるようにします。

●Patch Mergingの処理手順

①パッチの抽出とグループ化

パッチを4個ずつ1グループにまとめて、パッチグループを作成します。それぞれのパッチグループは、異なる位置にあるパッチを含んでいます。

②チャンネル次元の調整

4つのパッチをまとめたことにより、元の空間解像度を保ちながら、チャンネル次元数が4倍になっています。統合されたパッチグループのチャンネル次元を全結合層で線形変換し、必要な次元数に調整します。

■PatchMergingクラスの定義

11番目のセルに、次のようにPatchMergingクラスの定義コードを入力し、実行します。

▼PatchMergingクラスの定義 (Swin_Transformer_CIFAR100_Keras.ipynb)

セル11

```
class PatchMerging(layers.Layer):
    """ layers.Layerを継承したカスタムレイヤー

    パッチを2×2のサイズにグループ化し、パッチグループ1個当たりの
    チャンネル次元数256(64 * 4)を線形変換で1/2の128にする
```

```
    Attributes:
        num_patch(tuple): パッチの数
        embed_dim(int): 埋め込み次元数
        linear_trans(layers.Dense):
            統合されたパッチのチャンネル次元を線形変換する全結合層
    """
    def __init__(self, num_patch, embed_dim):
        """
        Args:
            num_patch(tuple): 1画像当たりのパッチ数(高さ=16, 幅=16))
            embed_dim(int): 埋め込み次元数(embed_dim = 64)
        """
        super().__init__()
        # パッチの数(16, 16)を設定
        self.num_patch = num_patch
        # 埋め込み次元数を設定
        self.embed_dim = embed_dim
        # 統合されたパッチのチャンネル次元を線形変換する全結合層
        # ユニット数: 128(バイアスなし)
        self.linear_trans = layers.Dense(2 * embed_dim, use_bias=False)

    def call(self, x):
        """ フォワードパス
        Args:
            x: SwinTransformerブロックから出力されたテンソル
               (bs, 256, 64)
        Returns:
            x: Patch Merging処理後のテンソル
               (bs, 64, 128)
        """
        # パッチの高さ方向の数(16)と幅方向の数(16)を取得
        height, width = self.num_patch
        # 入力テンソルのチャンネル次元数(64)を取得
        _, _, C = x.shape
        # 入力テンソルを再整形: (bs, 16, 16, 64)
        x = ops.reshape(x, (-1, height, width, C))

        # パッチを2×2の単位でまとめる(グループ化する)ための準備
        x0 = x[:, 0::2, 0::2, :]          # 偶数行・偶数列のパッチを取得:(bs, 8, 8, 64)
```

```
        x1 = x[:, 1::2, 0::2, :]          # 奇数行・偶数列のパッチを取得：(bs, 8, 8, 64)
        x2 = x[:, 0::2, 1::2, :]          # 偶数行・奇数列のパッチを取得：(bs, 8, 8, 64)
        x3 = x[:, 1::2, 1::2, :]          # 奇数行・奇数列のパッチを取得：(bs, 8, 8, 64)

        # 取得したパッチを上下左右2×2の単位でグループ化する
        # 64のパッチグループになる(縦方向8, 幅方向8)
        # xの形状：(bs, 8, 8, 256(チャンネル次元数64 * 4))
        x = ops.concatenate((x0, x1, x2, x3), axis=-1)
        # グループ化された8×8のパッチを64(パッチグループ数)に再整形
        # (bs, 64(当初のパッチ数の1/4), 256(チャンネル次元数64 * 4))
        x = ops.reshape(x, (-1, (height // 2) * (width // 2), 4 * C))
        # 64のパッチグループそれぞれのチャンネル次元数256を全結合層で128にする
        # 線形変換後のテンソル(bs, 64, 128)を返す
        return self.linear_trans(x)
```

▼Patch Mergingの処理

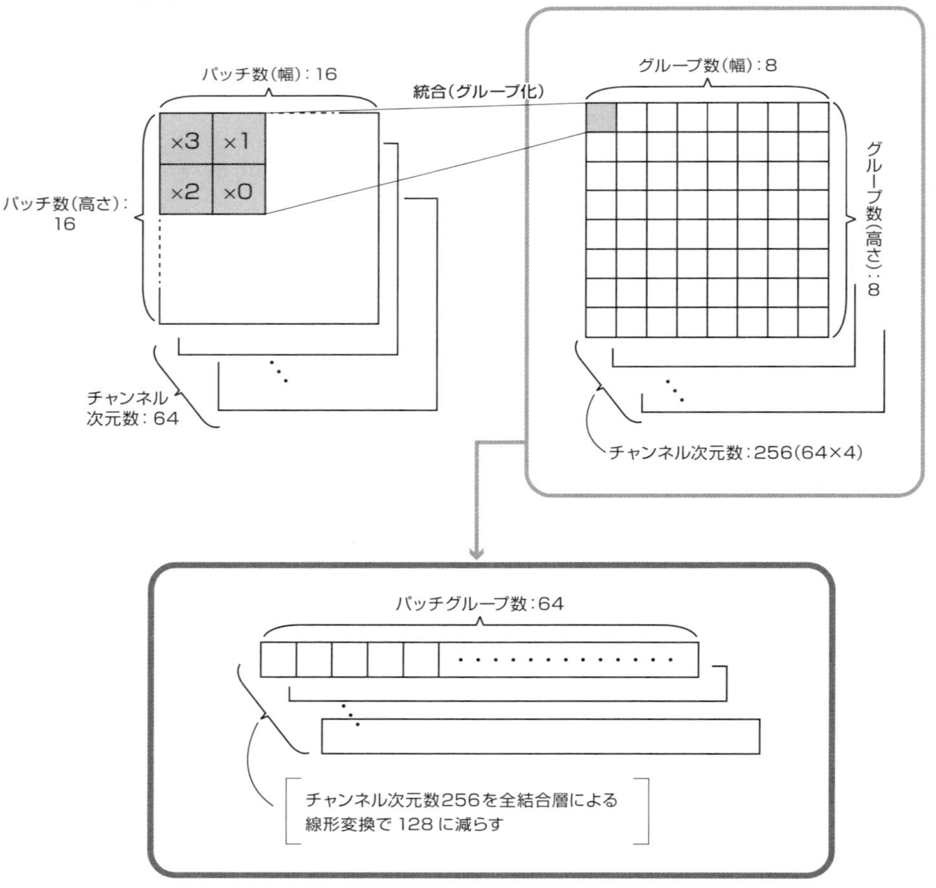

6.1.11 トレーニング、検証、テスト用のデータセットを作成する

Swin Transformerモデルの骨格の部分は完成しましたので、ここからは実際にトレーニングを開始するための準備を行います。まずは、トレーニング用、検証用、テスト用として、3パターンのデータセットを作成します。

■augment()関数の定義とデータセットの作成

データ拡張の処理を行うaugment()関数を定義し、トレーニング用、検証用、テスト用として、3パターンのデータセットを作成します。12番目のセルに次のコードを入力し、実行します。

▼augment()関数の定義とデータセットの作成(Swin_Transformer_CIFAR100_Keras.ipynb)

セル12

```
def augment(x):
    """ 入力画像に対してデータ拡張を行う

    Args:
        x: 入力画像テンソル。(32, 32, 3)
    Returns:
        x: 拡張処理後の画像テンソル。(32, 32, 3)
    """
    # ランダムクロップを適用
    # image_dimension = 32なので、画像のテンソルは(32, 32, 3)のまま
    x = tf.image.random_crop(
        x, size=(image_dimension, image_dimension, 3))
    # 左右反転を適用、画像のテンソルは(32, 32, 3)のまま
    x = tf.image.random_flip_left_right(x)
    return x

""" トレーニングデータセット

"""
dataset = (
    # トレーニングデータセットを入力テンソルx_trainとy_trainのスライスから作成
    tf.data.Dataset.from_tensor_slices((x_train, y_train))
    # augment()関数を適用して画像データを拡張処理
    .map(lambda x, y: (augment(x), y))
    # トレーニングデータをバッチ単位(batch_size=128)に分ける:(bs, 32, 32, 3)
```

```
    .batch(batch_size=batch_size)
    # 画像データにpatch_extract()関数を適用してパッチに分割：(bs, 256, 12)
    .map(lambda x, y: (patch_extract(x), y))
    # データの読み込みと前処理が非同期で行われるようにする
    .prefetch(tf.data.experimental.AUTOTUNE)
)

""" 検証データセット
    検証データセットにはデータ拡張を行わない
"""
dataset_val = (
    # 検証データセットを入力テンソルx_valとy_valのスライスから作成
    tf.data.Dataset.from_tensor_slices((x_val, y_val))
    # 検証データをバッチ単位(batch_size=128)に分ける：(bs, 32, 32, 3)
    .batch(batch_size=batch_size)
    # 画像データにpatch_extract()関数を適用してパッチに分割：(bs, 256, 12)
    .map(lambda x, y: (patch_extract(x), y))
    .prefetch(tf.data.experimental.AUTOTUNE)    # 非同期処理の設定
)


""" テストデータセット
    テストデータセットにはデータ拡張を行わない
"""
dataset_test = (
    # テストデータセットを入力テンソルx_testとy_testのスライスから作成
    tf.data.Dataset.from_tensor_slices((x_test, y_test))
    # テストデータをバッチ単位(batch_size=128)に分ける：(bs, 32, 32, 3)
    .batch(batch_size=batch_size)
    # 画像データにpatch_extract()関数を適用してパッチに分割：(bs, 256, 12)
    .map(lambda x, y: (patch_extract(x), y))
    .prefetch(tf.data.experimental.AUTOTUNE)    # 非同期処理の設定
)
```

●tf.data.Dataset.from_tensor_slices()

テンソルからデータセットを作成します。「入力パイプライン」の処理において、最初に実行するメソッドです。

書式	Dataset.from_tensor_slices (tensors)	
引数	tensors	テンソル、リスト、または辞書。このテンソルは、データセットを作成するためのソースとなります。
戻り値	tf.data.Datasetオブジェクト。入力テンソルの各スライスに対応する要素を持つデータセット。	

●tf.data.Dataset.map()

Datasetオブジェクトの各要素に任意の関数を適用します。

書式	Dataset.map (map_func, num_parallel_calls=None)	
引数	map_func	各要素に適用する関数。この関数は、データセットの各要素を入力として受け取り、変換された要素を返します。
	num_parallel_calls	並列で実行する関数呼び出しの数（オプション）。
戻り値	変換された要素を持つ新しい tf.data.Dataset オブジェクト。	

●tf.data.Dataset.batch()

Datasetオブジェクトの各要素を指定した数のバッチにグループ化します。

書式	Dataset.batch (batch_size, drop_remainder=False)	
引数	batch_size	バッチのサイズ。バッチに含めるデータの数を指定します。
	drop_remainder	バッチサイズに満たない最後のデータを捨てるかどうかのブール値（デフォルトはFalse）。
戻り値	バッチ単位に分割された新しいtf.data.Datasetオブジェクト。	

6.1.12 Swin Transformerモデルの各ブロック（レイヤー）への順伝播処理を定義する

Swin Transformerモデル全体の順伝播処理（フォワードパス）を定義します。順伝播処理は次に示す順序で行います。

▼Swin Transformerモデル全体の順伝播処理

①Inputレイヤー
②PatchEmbeddingブロック
③SwinTransformerブロック1
④SwinTransformerブロック2
⑤PatchMergingレイヤー
⑥GlobalAveragePooling1D（グローバル平均プーリング）
⑦出力層（ユニット数: 100）――ソフトマックス関数を適用し、各クラスの確率を出力

■Swin Transformerモデル全体の順伝播処理の定義

13番目のセルに次のコードを入力し、実行します。

▼Swin Transformerモデル全体の順伝播処理を定義（Swin_Transformer_CIFAR100_Keras.ipynb）

```
セル13
""" Swin Transformerモデルの各ブロック（レイヤー）への順伝播処理を定義

"""
# 入力レイヤー: モデルに入力されるのはパッチ分割後の画像テンソル
# 1画像当たり(256, 12)
input = layers.Input(shape=(256, 12))

# PatchEmbedding: パッチに分割後のテンソル(256, 12)に位置情報を埋め込む
# 位置情報埋め込み後の特徴マップの形状: (bs, 256, 64)
# num_patch_x = input_shape[0] // patch_size[0]          # パッチ数(高さ方向)(16)
# num_patch_y = input_shape[1] // patch_size[1]          # パッチ数(幅方向)(16)
x = PatchEmbedding(num_patch_x * num_patch_y, embed_dim)(input)

# SwinTransformerブロック1:
# ここではシフトサイズが0なので、ウィンドウのシフトは行われない
# 出力xの形状: (bs, 256, 64)
```

```
x = SwinTransformer(
    dim=embed_dim,                          # 位置情報の次元数(embed_dim = 64)
    num_patch=(num_patch_x, num_patch_y), # パッチ数(高さ=16, 幅=16)
    num_heads=num_heads,                    # ヘッドの数(num_heads = 8)
    window_size=window_size,                # ウィンドウのサイズ(window_size = 2)
    shift_size=0,                           # シフトサイズ(シフトなし)
    num_mlp=num_mlp,                        # 全結合層のユニット数(num_mlp = 256)
    qkv_bias=qkv_bias,                      # q、k、vにバイアスを追加する(qkv_bias = True)
    dropout_rate=dropout_rate,              # ドロップアウト率(dropout_rate = 0.06)
)(x)

# SwinTransformerブロック2:
# ここではシフトサイズが設定されているので、ウィンドウのシフトが行われる
# 出力xの形状: (bs, 256, 64)
x = SwinTransformer(
    dim=embed_dim,                          # 位置情報の次元数(embed_dim = 64)
    num_patch=(num_patch_x, num_patch_y), # パッチ数(高さ=16, 幅=16)
    num_heads=num_heads,                    # ヘッドの数(num_heads = 8)
    window_size=window_size,                # ウィンドウのサイズ(window_size = 2)
    shift_size=shift_size,                  # シフトサイズ(shift_size = 1)を設定
    num_mlp=num_mlp,                        # 全結合層のユニット数(num_mlp = 256)
    qkv_bias=qkv_bias,                      # q、k、vにバイアスを追加する(qkv_bias = True)
    dropout_rate=dropout_rate,              # ドロップアウト率(dropout_rate = 0.06)
)(x)

# Patch Merging
# 複数のパッチを統合し、解像度を下げる(チャンネル次元数を減らす)
# 出力xの形状:(bs, 64, 128)
x = PatchMerging((num_patch_x, num_patch_y), embed_dim=embed_dim)(x)

# グローバル平均プーリング:
# 統合したパッチグループのすべてのチャンネル次元を平均化し、チャンネル次元だけにする
# 出力xの形状:(bs, 128)
x = layers.GlobalAveragePooling1D()(x)

# 出力層:
# ユニット数100の全結合層を定義し、ソフトマックス関数を適用して各クラスの確率を出力
# outputの形状: (bs, 100)
output = layers.Dense(num_classes, activation="softmax")(x)
```

6.2 モデルをコンパイルしてトレーニングを開始する

前節においてSwin Transformerに必要なすべての仕組みが完成したので、実際にモデルを作成／コンパイルしてトレーニングを開始します。

6.2.1 モデルの作成／コンパイルとトレーニングの開始

14番目のセルに次のコードを入力し、実行します。最初にモデルのサマリが出力され、トレーニングの進捗が出力されます。なお、エポック数を500にしたので、トレーニング終了までにGPUを使用しても相当程度の時間を要します。

▼モデルの作成／コンパイルとトレーニングの開始（Swin_Transformer_CIFAR100_Keras.ipynb）

セル14

```
%%time
# モデルを作成、コンパイルする
model = keras.Model(input, output)
model.compile(
    # 損失関数としてカテゴリカルクロスエントロピーを設定
    loss=keras.losses.CategoricalCrossentropy(
        # ラベル平滑化の係数を設定(label_smoothing = 0.1)
        label_smoothing=label_smoothing
    ),
    # オプティマイザー(最適化器)にAdamWを使用
    optimizer=keras.optimizers.AdamW(
        # 学習率(learning_rate = 1e-3)
        learning_rate=learning_rate,
        # 重み減衰の割合(weight_decay = 0.0001)
        weight_decay=weight_decay
    ),
    # モデルの評価指標として正解率、トップ5の正解率を設定
    metrics=[
        keras.metrics.CategoricalAccuracy(name="accuracy"),
        keras.metrics.TopKCategoricalAccuracy(5, name="top-5-accuracy"),
    ],
)
# モデルのサマリを出力
model.summary()

# トレーニング開始
```

```
history = model.fit(
    dataset,
    batch_size=batch_size,
    epochs=num_epochs,
    validation_data=dataset_val,
)
```


▼出力されたモデルのサマリ

Model: "functional_2"

Layer (type)	Output Shape	Param #
input_layer (InputLayer)	(None, 256, 12)	0
patch_embedding (PatchEmbedding)	(None, 256, 64)	17,216
swin_transformer (SwinTransformer)	(None, 256, 64)	50,072
swin_transformer_1 (SwinTransformer)	(None, 256, 64)	51,096
patch_merging (PatchMerging)	(None, 64, 128)	32,768
global_average_pooling1d (GlobalAveragePooling1D)	(None, 128)	0
dense_10 (Dense)	(None, 100)	12,900

```
Total params: 164,052 (644.95 KB)
Trainable params: 162,996 (636.70 KB)
Non-trainable params: 1,056 (8.25 KB)
```

トレーニング可能なパラメーターの数が162,996と少なめなので、ViTモデルに比べてかなり速いスピードでトレーニングが進みます。

▼トレーニングの進捗状況

```
Epoch 1/300
352/352 ──── 50s 70ms/step - accuracy: 0.0520 - loss: 4.3609 - top-5-accuracy: 0.1875
 - val_accuracy: 0.1500 - val_loss: 3.8277 - val_top-5-accuracy: 0.3892
......途中省略......
Epoch 50/300
352/352 ──── 4s 10ms/step - accuracy: 0.5395 - loss: 2.3292 - top-5-accuracy: 0.8273
 - val_accuracy: 0.4486 - val_loss: 2.7628 - val_top-5-accuracy: 0.7498
......途中省略......
Epoch 100/300
352/352 ──── 4s 10ms/step - accuracy: 0.6048 - loss: 2.1198 - top-5-accuracy: 0.8731
 - val_accuracy: 0.4536 - val_loss: 2.8212 - val_top-5-accuracy: 0.7516
......途中省略......
```

```
Epoch 150/300
352/352 ──── 4s 10ms/step - accuracy: 0.6389 - loss: 2.0120 - top-5-accuracy: 0.9021
 - val_accuracy: 0.4584 - val_loss: 2.8520 - val_top-5-accuracy: 0.7554
......途中省略......
Epoch 200/300
352/352 ──── 4s 11ms/step - accuracy: 0.6657 - loss: 1.9457 - top-5-accuracy: 0.9113
 - val_accuracy: 0.4580 - val_loss: 2.8700 - val_top-5-accuracy: 0.7554
......途中省略......
Epoch 250/300
352/352 ──── 4s 10ms/step - accuracy: 0.6783 - loss: 1.9031 - top-5-accuracy: 0.9217
 - val_accuracy: 0.4526 - val_loss: 2.9106 - val_top-5-accuracy: 0.7460
......途中省略......
Epoch 300/300
352/352 ──── 4s 11ms/step - accuracy: 0.6917 - loss: 1.8662 - top-5-accuracy: 0.9293
 - val_accuracy: 0.4478 - val_loss: 2.9542 - val_top-5-accuracy: 0.7466
CPU times: user 55min 19s, sys: 4min 39s, total: 59min 59s
Wall time: 19min 1s
```

▼トレーニング終了後の精度（トレーニング終了までの所要時間：19分）

評価の対象	精度	トップ5の精度
トレーニングデータ	0.6917	0.9293
検証データ	0.4478	0.7466

One Point　Swin Transformerの学習時間

Swin TransformerとVision Transformer（ViT）を比較した場合、Swin Transformerの学習時間がViTよりも短いことが多いです。Swin Transformerでは、ViTのグローバルな自己注意機構とは異なり、ローカルなウィンドウ内での自己注意（Self-Attention）を使用しています。この設計により、計算量が大幅に削減され、特に大きな画像での学習や推論時の効率が向上します。

- **ViT**：すべてのパッチ間でグローバルな自己注意を計算するため、パッチの数が増えるほど計算コストが増大します（計算コストはトークン数の２乗に比例）。
- **Swin Transformer**：ローカルなウィンドウ内での自己注意を計算し、計算量を局所的に制限することで、トークン数が増えても効率的に学習を進められます。

6.2.2 損失と精度の推移をグラフにする

損失と精度の推移をグラフにします。トレーニング終了後、15番目のセルに次のコードを入力し、実行します。

▼損失と精度の推移をグラフにする(Swin_Transformer_CIFAR100_Keras.ipynb)

セル15

```
# 損失(loss)のプロット
plt.figure(figsize=(14, 6))

plt.subplot(1, 2, 1)
plt.plot(history.history["loss"], label="train_loss")
plt.plot(history.history["val_loss"], label="val_loss")
plt.xlabel("Epochs")
plt.ylabel("Loss")
plt.title("Train and Validation Losses Over Epochs", fontsize=14)
plt.legend()
plt.grid()

# 正解率(accuracy)のプロット
plt.subplot(1, 2, 2)
plt.plot(history.history["accuracy"], label="train_accuracy")
plt.plot(history.history["val_accuracy"], label="val_accuracy")
plt.xlabel("Epochs")
plt.ylabel("Accuracy")
plt.title("Train and Validation Accuracy Over Epochs", fontsize=14)
plt.legend()
plt.grid()

plt.tight_layout()
plt.show()
```

▼出力された損失と精度の推移を示すグラフ

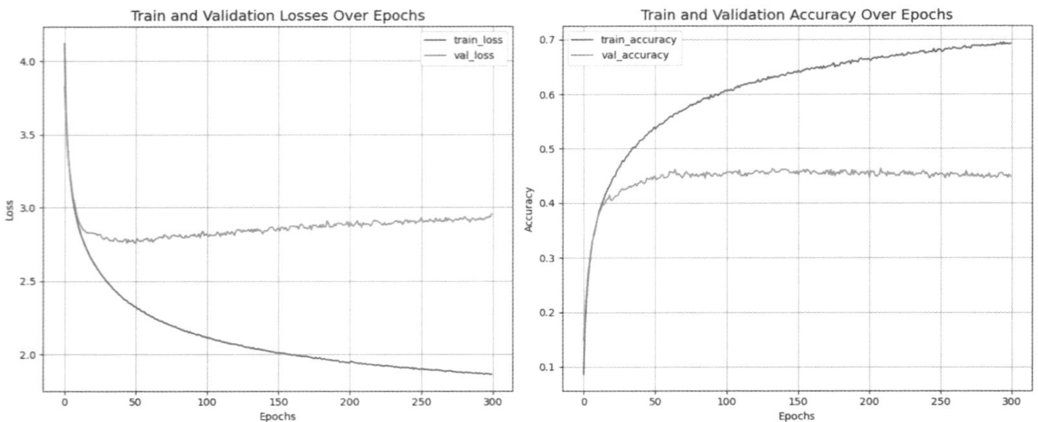

6.2.3 テストデータで評価する

テスト用のデータセットを用いて、トレーニング完了後のモデルを評価します。16番目のセルに次のコードを入力し、実行します。

▼テストデータで評価する (Swin_Transformer_CIFAR100_Keras.ipynb)

セル16

```
loss, accuracy, top_5_accuracy = model.evaluate(dataset_test)
print(f"Test loss: {round(loss, 2)}")
print(f"Test accuracy: {round(accuracy * 100, 2)}%")
print(f"Test top 5 accuracy: {round(top_5_accuracy * 100, 2)}%")
```

▼出力

```
Test loss: 2.89
Test accuracy: 46.88%
Test top 5 accuracy: 74.96%
```

これまでの結果をまとめます。

▼Swin Transformerモデルで300エポックのトレーニング終了後の精度

評価の対象	精度	トップ5の精度
トレーニングデータ	0.6917	0.9293
検証データ	0.4478	0.7466
テストデータ	0.4688	0.7496

ここで、ViTモデルの結果を再掲します。

▼ViTモデルで50エポックのトレーニング終了後の精度(トレーニングに要した時間:約3時間)

評価の対象	精度	トップ5の精度
トレーニングデータ	0.6570	0.9104
検証データ	0.5178	0.8022
テストデータ	0.5221	0.7987

Swin Transformerモデルでは、300エポックのトレーニングに要した時間はわずか19分です。これだけの時間でViTモデルに遜色ない性能が示されたのは驚きです。「Image classification with Swin Transformers」*では、

・学習率減衰スケジュールの設定
・データ拡張処理の追加
・ドロップアウトを少し高くする(初期値0.03)
・埋め込み次元を大きくする

などを行い、150エポックでモデルをトレーニングしたところ、CIFAR-100 でのテスト精度が約 72% にまで向上したことが報告されています。

＊「Image classification with Swin Transformers」 https://keras.io/examples/vision/swin_transformers/

6.3 Swin Transformerモデルの認識精度を上げる

Swin Transformerモデルの認識精度をもう少し上げてみたいと思います。そのため、次の点について強化することにします。

◎強化点

・ドロップアウト率を高める(0.06→0.1)
・位置情報の埋め込み次元数を増やす(64から256へ)
・全結合層のユニット数を増やす(256から1024へ)
・バッチデータの数を減らす(128から64へ)
・SwinTransformerブロックを増やす(2から3へ)
・データ拡張処理を追加:
　ランダムにズーム
　コントラストの変化
　輝度の変化

6.3.1 各種パラメーター値の設定変更とSwinTransformerブロック増、データ拡張処理の追加

本章で作ってきたNotebook「Swin_Transformer_CIFAR100_Keras.ipynb」のコピーを作成し、名前を「Swin_Transformer_CIFAR100_Keras_tuning.ipynb」とします。

■パラメーター値の設定変更

セル1、セル2を実行した後、セル3のパラメーター値の設定を次のように編集し、実行します。

▼パラメーター値の設定(Swin_Transformer_CIFAR100_Keras_tuning.ipynb)

セル3

```
num_classes = 100              # クラス数(分類するカテゴリの数)
input_shape = (32, 32, 3)      # 入力画像の形状(高さ,幅,チャンネル数)
patch_size = (2, 2)            # パッチのサイズ(2×2ピクセル)
dropout_rate = 0.1             # ドロップアウト率
num_heads = 8                  # ヘッドの数
embed_dim = 256                # パッチデータに埋め込む位置情報の次元数
num_mlp = 1024                 # 全結合層のユニット数

qkv_bias = True                # クエリ,キー,バリューに変換する際に学習可能なバイアスを追加
window_size = 2                # ウィンドウのサイズ
```

```
shift_size = 1              # ウィンドウのシフト量

image_dimension = 32        # 初期画像サイズ
num_patch_x = input_shape[0] // patch_size[0]  # パッチ数(高さ方向)
num_patch_y = input_shape[1] // patch_size[1]  # パッチ数(幅方向)

learning_rate = 1e-3        # 学習率
batch_size = 64             # バッチサイズ
num_epochs = 300            # エポック数
validation_split = 0.1      # 検証用データの割合
weight_decay = 0.0001       # 重み減衰の割合(L2正則化の強さ)
# ラベル平滑化の係数。0から1の値を取り、1に近いほどラベルを平滑化する
label_smoothing = 0.1
```


■データ拡張処理の追加

11番目のセルまでを実行した後、12番目のセルに、データ拡張処理を追加するコードを入力します。

▼データ拡張処理を追加する(Swin_Transformer_CIFAR100_Keras_tuning.ipynb)

セル12

```
def augment(x):
    """ 入力画像に対してデータ拡張を行う

    Args:
        x: 入力画像テンソル。(32, 32, 3)
    Returns:
        x: 拡張処理後の画像テンソル。(32, 32, 3)
    """
    # ランダムクロップを適用
    x = tf.image.random_crop(x, size=(image_dimension, image_dimension, 3))
    # 左右反転を適用
    x = tf.image.random_flip_left_right(x)
    # ランダムズームを適用
    scales = tf.random.uniform(shape=[], minval=0.8, maxval=1.2)
    new_height = tf.cast(image_dimension * scales, tf.int32)
    new_width = tf.cast(image_dimension * scales, tf.int32)
    x = tf.image.resize(x, [new_height, new_width])
    x = tf.image.resize_with_crop_or_pad(x, image_dimension, image_dimension)
```

```
    # ランダムコントラストを適用
    x = tf.image.random_contrast(x, 0.8, 1.2)
    # ランダム輝度を適用
    x = tf.image.random_brightness(x, 0.2)

    return x
......以降は変更がないので省略......
```

■SwinTransformerブロックの追加

13番目のセルに3つ目のSwinTransformerブロックを追加するコードを入力します。なお、コメントにある位置情報の埋め込み次元数や全結合層のユニット数は、前回のものと同じですので、逐次読み替えてください。なお、学習率をスケジューリングする関数の定義が冒頭に追加されています。

▼3つ目のSwinTransformerブロックを追加する(Swin_Transformer_CIFAR100_Keras_tuning.ipynb)

セル13

```
from tensorflow.keras import callbacks

# 学習率スケジューラーの定義
def scheduler(epoch, lr):
    if epoch < 50:
        return lr
    elif epoch < 100:
        return float(lr * tf.math.exp(-0.1))
    else:
        return float(lr * tf.math.exp(-0.2))

lr_scheduler = callbacks.LearningRateScheduler(scheduler)

""" Swin Transformerモデルの各ブロック(レイヤー)への順伝播処理を定義

"""
# 入力レイヤー: モデルに入力されるのはパッチ分割後の画像テンソル
# 1画像当たり(256, 12)
input = layers.Input(shape=(256, 12))

# PatchEmbedding: パッチに分割後のテンソル(256, 12)に位置情報を埋め込む
# 位置情報埋め込み後の特徴マップの形状: (bs, 256, 64)
# num_patch_x = input_shape[0] // patch_size[0]          # パッチ数(高さ方向)(16)
```

```
# num_patch_y = input_shape[1] // patch_size[1]          # パッチ数(幅方向)(16)
x = PatchEmbedding(num_patch_x * num_patch_y, embed_dim)(input)

# SwinTransformerブロック1:
# ここではシフトサイズが0なので、ウィンドウのシフトは行われない
# 出力xの形状:(bs, 256, 64)
x = SwinTransformer(
    dim=embed_dim,                              # 位置情報の次元数(embed_dim = 64)
    num_patch=(num_patch_x, num_patch_y),  # パッチ数(高さ=16, 幅=16)
    num_heads=num_heads,                        # ヘッドの数(num_heads = 8)
    window_size=window_size,                    # ウィンドウのサイズ(window_size = 2)
    shift_size=0,                               # シフトサイズ(シフトなし)
    num_mlp=num_mlp,                            # 全結合層のユニット数(num_mlp = 256)
    qkv_bias=qkv_bias,                          # q、k、vにバイアスを追加する(qkv_bias = True)
    dropout_rate=dropout_rate,                  # ドロップアウト率(dropout_rate = 0.1)
)(x)

# SwinTransformerブロック2:
# ここではシフトサイズが設定されているので、ウィンドウのシフトが行われる
# 出力xの形状:(bs, 256, 64)
x = SwinTransformer(
    dim=embed_dim,                              # 位置情報の次元数(embed_dim = 64)
    num_patch=(num_patch_x, num_patch_y),  # パッチ数(高さ=16, 幅=16)
    num_heads=num_heads,                        # ヘッドの数(num_heads = 8)
    window_size=window_size,                    # ウィンドウのサイズ(window_size = 2)
    shift_size=shift_size,                      # シフトサイズ(shift_size = 1)を設定
    num_mlp=num_mlp,                            # 全結合層のユニット数(num_mlp = 256)
    qkv_bias=qkv_bias,                          # q、k、vにバイアスを追加する(qkv_bias = True)
    dropout_rate=dropout_rate,                  # ドロップアウト率(dropout_rate = 0.1)
)(x)

# SwinTransformerブロック3:
# ここではシフトサイズが設定されているので、ウィンドウのシフトが行われる
# 出力xの形状:(bs, 256, 64)
x = SwinTransformer(                            # もう1つのSwinTransformerブロックを適用
    dim=embed_dim,                              # 位置情報の次元数(embed_dim = 64)
    num_patch=(num_patch_x, num_patch_y),  # パッチ数(高さ=16, 幅=16)
    num_heads=num_heads,                        # ヘッドの数(num_heads = 8)
    window_size=window_size,                    # ウィンドウのサイズ(window_size = 2)
    shift_size=shift_size,                      # シフトサイズ(shift_size = 1)を設定
    num_mlp=num_mlp,                            # 全結合層のユニット数(num_mlp = 256)
```

```
    qkv_bias=qkv_bias,                    # q、k、vにバイアスを追加する(qkv_bias = True)
    dropout_rate=dropout_rate,            # ドロップアウト率(dropout_rate = 0.1)
)(x)

# Patch Merging
# 複数のパッチを統合し、解像度を下げる(チャンネル次元数を減らす)
# 出力xの形状:(bs, 64, 128)
x = PatchMerging((num_patch_x, num_patch_y), embed_dim=embed_dim)(x)
......以降は変更がないので省略......
```

6.3.2 トレーニングを実行する

では、14番目のセルを実行して、トレーニングを開始しましょう。

▼最終エポックの出力

```
Epoch 300/300
704/704 ━━━━━━━━━━━━━━━━━━━━ 27s 39ms/step - accuracy: 0.8593 - loss: 1.4185 - top-5-accuracy: 0.9870 - val_accuracy: 0.4504 - val_loss: 3.5771 - val_top-5-accuracy: 0.7070
CPU times: user 3h 50min 27s, sys: 7min 34s, total: 3h 58min 1s
Wall time: 2h 17min 56s
```

15番目のセルを実行して、損失と精度の推移をグラフにした後、16番目のセルを実行してテストデータで評価を行います。

▼テストデータにおける評価

```
Test loss: 3.53
Test accuracy: 46.33%
Test top 5 accuracy: 71.56%
```

トレーニングデータと検証データの精度は改善されましたが、テストデータについては前回とほとんど変わらない結果となりました。

▼Swin Transformerモデルで300エポックのトレーニング終了後の精度

評価の対象	精度	トップ5の精度
トレーニングデータ	0.8593	0.9870
検証データ	0.4504	0.7070
テストデータ	0.4633	0.7156

章

T2T-ViTを用いた画像分類モデルの実装(PyTorch)

7.1 T2T-ViTの概要

T2T-ViT(Tokens-to-Token Vision Transformer)は、画像分類タスクにおけるトランスフォーマーモデルの一種です。このモデルは、画像を小さなパッチ(トークン)に分割し、それらのトークンをトランスフォーマーに入力して画像の特徴を抽出・分類します。T2T-ViTは、特にトークンの変換と自己注意機構(Self-Attention)を用いることで、高い性能を実現しています。

7.1.1 Tokens-to-Token Vision Transformer(T2T-ViT)という名称

Tokens-to-Token Vision Transformer(T2T-ViT)という名称の由来は、「トークンへの分割(トークン化)を段階的に行うことで、画像の局所的な構造情報を保持しつつトークンの長さを減らす」プロセスにあります。プロセスには、次のステップが含まれます。

- **逐次トークン化**
  画像を一度に固定長のトークンに分割するのではなく、段階的にトークン化していくことで、局所的な構造情報(例えばエッジや線)を捉えやすくします。
- **ソフトスプリットと再構成**
  画像をトークン化した後、それを元の画像の状態に再構成し、再びトークンに分割する——というプロセスを繰り返します。このプロセスにより、トークンの長さを段階的に減らしつつ、局所的な構造情報を保持します。
- **ストライド量の変更**
  各トークン化ステップでストライド量を変えることで、トークンの重なりを持たせ、隣接するトークン間の関連性を強化します。これにより、周囲の情報をより一貫して捉えることができます。

7.1.2 論文「Tokens-to-Token ViT: Training Vision Transformers from Scratch on ImageNet」

T2T-ViTの論文に基づいて、その概要を見ておきましょう。

■ViTモデルにおける制限の克服

ViTは、中規模データセット（例えばImageNet）でゼロから学習する場合、次の2つの主な制限のために、同サイズのCNN（例えばResNet）よりも性能が劣ります。

・入力画像の単純なトークン化では、隣接するピクセル間のエッジやラインなどの重要な局所構造をモデル化できず、大量の学習サンプルを必要とする。
・ViTは、視覚タスクに対して最適化されていないので、計算負荷が高い。

このような制限を克服するために、新しい完全トランスフォーマービジョンモデルでは、次の2つの提案がなされています。

・単純なトークン化の代わりに、周囲のトークンを1つのトークンに集約する逐次トークン化モジュール（Tokens-to-Tokenモジュール）を採用。これにより、局所構造情報がトークンに埋め込まれ、トークンの長さを段階的に短縮できる。
・ビジョントランスフォーマーの効率的なバックボーン（モデルにおける主要なネットワーク）として、CNNのアーキテクチャ設計を取り入れ、深層狭幅（deep-narrow）構造を採用。

■ResNet50、ViT、T2T-ViTの特徴マップの比較

次図は、「ResNet50、ViT、T2T-ViTの3つのモデルが、それぞれどのように特徴を学習するか」を示しています。それぞれの特徴マップについて、以下、簡潔に説明します。

• ResNet50のconvの3ブロック

ResNet50の3つの畳み込み層（conv layers）からの特徴マップが示されています。ResNetは低レベルから高レベルまでの特徴（エッジ、線、テクスチャなど）を段階的に学習していることがわかります。

• ViTの3つのブロック

ViTモデルの3つのブロックにおける特徴マップが示されています。ViTは、画像を固定長のトークン（パッチ）に分割し、トランスフォーマーレイヤーを適用してグローバルな関係を学習します。固定長のトークンに依存しているため、局所的な構造（エッジや線など）の的確な把握よりも全体的な関係を重視していることがわかります。

▼ResNet50、ViT、T2T-ViTの特徴マップの比較*

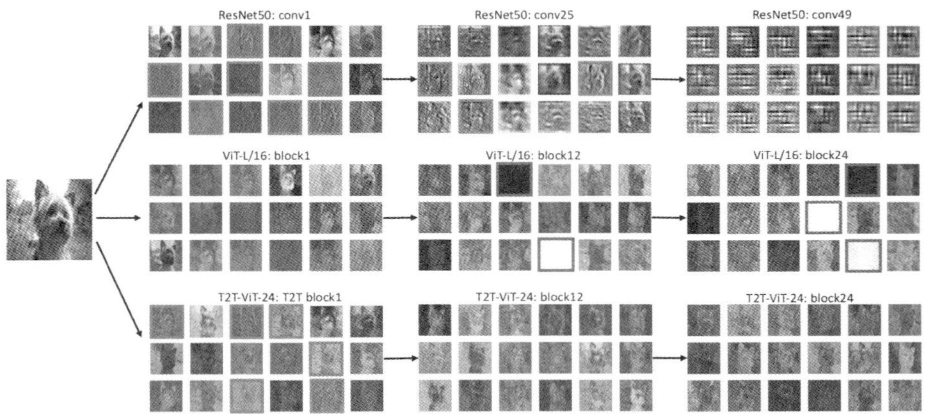

・T2T-ViTの3つのブロック

T2T-ViTは、逐次的なトークン化により、局所的な構造情報を保持しつつ、トークンの長さを段階的に減らします。T2T-ViTは局所的な構造情報を効果的に捉えつつ、グローバルな関係を学習していることがわかります。

T2Tプロセスの各ステップ

次図は、Tokens-to-Token（T2T）モジュールがどのようにして画像を段階的にトークンに変換し、トークンの長さを減らしながら局所的な構造情報を捉えるかを視覚的に示しています。

次ページの図では、T2Tのプロセスが示されています。トークンT_iは、変換および形状変更の後に画像I_iとして再構成され、その後、I_iは重なりを持って再びトークンT_{i+1}に分割されます。具体的には、背景がグレーの部分に示されているように、入力I_iの4つのトークン（1, 2, 4, 5）は連結されてT_{i+1}の1つのトークンを形成します。

・step 1: re-structurization

トークンを再構成して画像に戻すことで、空間的な関係を回復します。

・step 2: soft split

再構成された画像を、重なりを持たせてパッチに分割します。これにより、各パッチは周囲のピクセル情報を保持します。

・next T2T

生成されたトークンを集約し、新しいトークンを形成します。これにより、トークンの長さが減少しつつ、局所的な構造情報が組み込まれます。

＊…特徴マップの比較　引用："Tokens-to-Token ViT: Training Vision Transformers from Scratch on ImageNet"

▼T2Tのプロセス＊

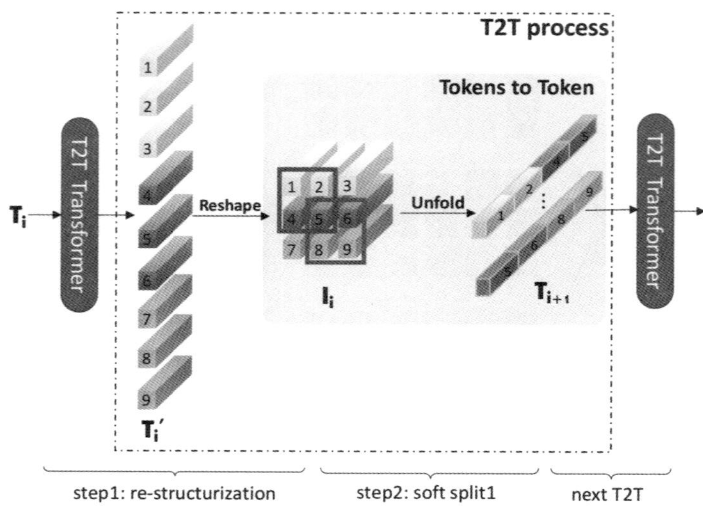

COLUMN T2T-ViTをViT、Swin Transformerと比較してみる

T2T-ViTは、特に画像のトークン化に重点を置いて設計されています。この点について、ViTおよびSwin Transformerと比較してみました。

・ViTとの比較

ViTでは、画像をパッチに分割し、それぞれをトークンとして扱いますが、パッチ分割によって局所的な情報が失われがちです。一方、T2T-ViTはトークン化の際に逐次的に情報を集約し、より精緻な局所的特徴を保持できるため、ViTよりも情報の損失が少ないです。ViTは大規模データセットでないと効果を発揮しにくいのに対し、T2T-ViTは少ないデータでも高いパフォーマンスを発揮する傾向があります。

・Swin Transformerとの比較

Swin Transformerは、ウィンドウベースの局所的な自己注意により計算効率を高めていますが、T2T-ViTはトークン化プロセスそのものを工夫することで情報の集約と圧縮を行っています。どちらも局所情報の扱いに優れていますが、T2T-ViTは「パッチ分割時の情報損失を最小化する」ことに重点を置いている点が異なります。Swin Transformerもパラメーター効率の高いモデルですが、T2T-ViTはそのトークン化プロセスによって、パラメーター数がさらに少なくなる傾向があります。

＊ T2Tのプロセス　引用："Tokens-to-Token ViT: Training Vision Transformers from Scratch on ImageNet"

T2T-ViTの構造

T2T-ViTは、「Tokens-to-Token（T2T）モジュール」ならびに「T2T-ViTバックボーン」という2つの部分で構成されています。

▼T2T-ViTアーキテクチャ*

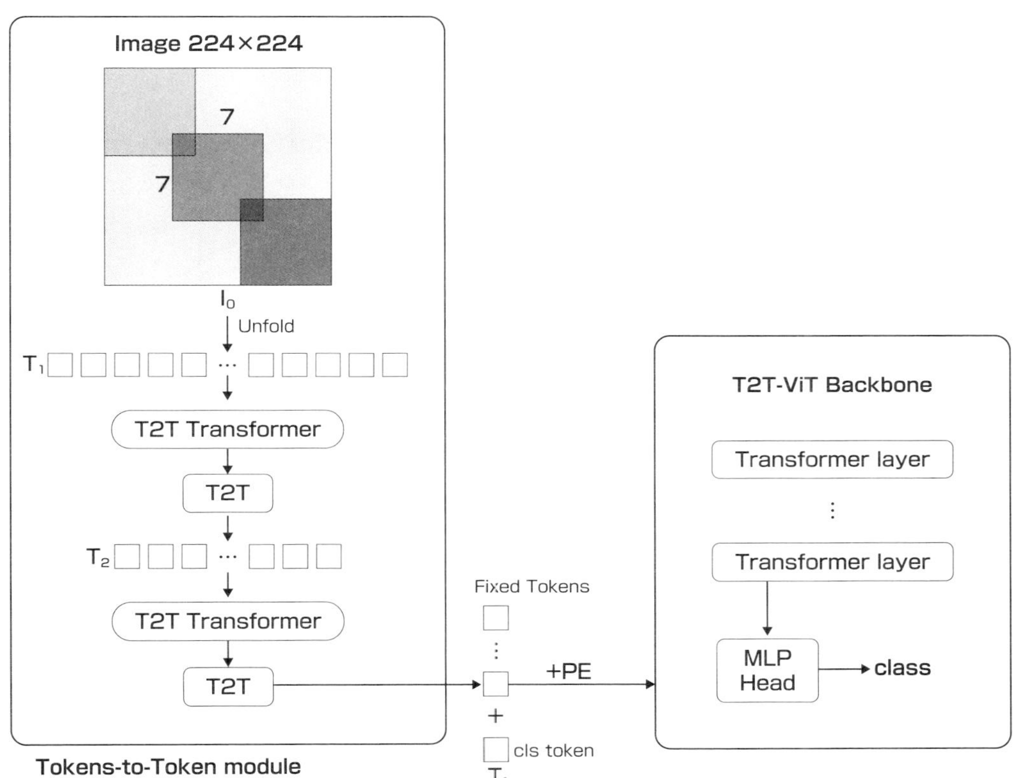

T2TモジュールとT2T-ViTバックボーンの両方で、自己注意機構（Self-Attention）を用いてトークン間の関係性を学習しますが、それぞれ異なる役割と目的があります。

・T2Tモジュールは低レベルの特徴を抽出し、トークン間の基本的な関係性を学習します。
・T2T-ViTバックボーンは、T2Tブロックで抽出された初期特徴をさらに発展させ、より高次の抽象的な特徴を学習します。

*…アーキテクチャ　引用："Tokens-to-Token ViT: Training Vision Transformers from Scratch on ImageNet"

●T2Tモジュールの役割

T2Tモジュールは、主に画像のピクセルレベルの情報をトークンに変換し、初期の低レベルの特徴を抽出することに重点を置いていて、次の処理を行います。

①ピクセルからトークンへの変換（Soft Split）

画像を小さなパッチ（トークン）に分割し、それぞれのパッチを1つのトークンとして扱います。その際に、周囲のトークンを1つのトークンに集約する「逐次トークン化」の処理を行います。

②トークン間の初期関係の学習（TransformerBlock: 図の「T2T Transformer」）

自己注意機構（Self-Attention）を用いて、隣接するトークン間の関係性を学習し、基本的な構造やパターンを捉えます。

③re-structurization（Reconstruct 2D Image）

トークンを再構成して画像に戻すことで、空間的な関係を回復します。

④Soft Split

最後にSoft Splitの処理を行って、画像を再度トークンに分割します。

②～④の処理は、トークンに分割する際のストライド（移動量）を変えて、複数回行われます。図では2回行われることが示されています。

●位置情報の埋め込みとクラス識別トークンの追加

T2Tモジュールから出力されたトークンには、位置情報が埋め込まれ、クラス識別トークンが新たに加えられます。

●T2T-ViTバックボーンの役割

T2T-ViTバックボーンには、CNNのアーキテクチャ設計を取り入れた、深層狭幅（deep-narrow）構造が実装されています。

- **層の深さ（depth）**
  指定された深さ（depth）の複数のTransformerBlock（「T2T-ViTアーキテクチャ」の図ではTransformer Layerと表記）が配置されます。深さを増やすことで、より複雑な特徴を学習できるようにします。
- **狭幅（narrow）**
  TransformerBlockの次元数（dim）や各ヘッドの次元数（head_dim）は、比較的小さく設定されています。これにより、各層が処理する情報量が減り、計算効率が向上します。

7.2 PyTorchでT2T-ViTモデルを実装する

PyTorchを用いて、T2T-ViTモデルの実装*を行います。

7.2.1 データセットの読み込み、データローダーの作成までを行う

必要なライブラリのインポート、各種パラメーターの設定、データセットの読み込み、データローダーの作成までを行います。

■PyTorch-Igniteのインストール

Colab Notebookを作成し、1番目のセルにPyTorch-Igniteのインストールを行うコードを記述し、実行します。

▼PyTorch-Igniteをインストールする(T2T_ViT_CIFAR10_PyTorch.ipynb)

セル1

```
!pip install pytorch-ignite
```

■必要なライブラリ、パッケージ、モジュールのインポート

プログラムの実行に必要なライブラリやパッケージ、モジュールをまとめてインポートしておきます。2番目のセルに次のコードを記述し、実行します。

▼ライブラリやパッケージ、モジュールのインポート(T2T_ViT_CIFAR10_PyTorch.ipynb)

セル2

```
import numpy as np
from collections import defaultdict
import matplotlib.pyplot as plt

import torch
import torch.nn as nn
import torch.optim as optim
import torch.nn.functional as F
from torchvision import datasets, transforms
# 以下、PyTorch-Igniteからのインポート
from ignite.engine import Events, create_supervised_trainer, create_supervised_evaluator
```

* T2T-ViTモデルの実装　Ruseckas, Julius. "T2T-ViT"を参考に実装。
Accessed May 21, 2024. https://juliusruseckas.github.io/ml/t2t-vit.html

```
import ignite.metrics
import ignite.contrib.handlers
```

■パラメーター値の設定

3番目のセルに次のコードを記述し、実行します。

▼パラメーター値の設定 (T2T_ViT_CIFAR10_PyTorch.ipynb)

セル3

```
DATA_DIR='./data'           # データ保存用のディレクトリ
IMAGE_SIZE = 32             # 入力画像1辺のサイズ
NUM_CLASSES = 10            # 分類先のクラス数
NUM_WORKERS = 20            # データローダーが使用するサブプロセスの数を指定
BATCH_SIZE = 32             # ミニバッチのサイズ
LEARNING_RATE = 1e-3        # 学習率
WEIGHT_DECAY = 1e-1         # オプティマイザーの重み減衰率
EPOCHS = 100                # 学習回数
```

■使用可能なデバイスの種類を取得

使用可能なデバイス(CPUまたはGPU)の種類を取得します。4番目のセルに次のコードを記述し、実行します。ここでは、GPUの使用を想定しています。

▼使用可能なデバイスを取得 (T2T_ViT_CIFAR10_PyTorch.ipynb)

セル4

```
DEVICE = torch.device("cuda") if torch.cuda.is_available() else torch.device("cpu")
print("device:", DEVICE)
```

▼出力 (Colab NotebookにおいてGPUを使用するようにしています)

```
device: cuda
```

7.2.2 データ拡張処理の定義とデータローダーの作成

トレーニングデータに適用するデータ拡張処理を定義し、トレーニングデータ用とテストデータ用のデータローダーをそれぞれ作成します。

■トレーニングデータに適用するデータ拡張処理の定義

トレーニングデータに適用する一連の変換操作をtransforms.Compose（コンテナ）にまとめます。5番目のセルに次のコードを記述し、実行します。

▼トレーニングデータに適用する一連の変換操作をtransforms.Compose（コンテナ）にまとめる（T2T_ViT_CIFAR10_PyTorch.ipynb）

セル5
```
# トレーニングデータに適用する一連の変換操作を
# transforms.Compose（コンテナ）にまとめる
train_transform = transforms.Compose([
    transforms.RandomHorizontalFlip(),      # ランダムに左右反転
    # 4ピクセルのパディングを挿入してランダムに切り抜く
    transforms.RandomCrop(IMAGE_SIZE, padding=4),
    # 画像の明るさ、コントラスト、彩度をランダムに変化させる
    transforms.ColorJitter(
        brightness=0.2,                     # 明るさを0.8倍から1.2倍の範囲で変更
        contrast=0.2,                       # コントラストを0.8倍から1.2倍の範囲で変更
        saturation=0.2                      # 彩度を0.8倍から1.2倍の範囲で変更
    ),
    transforms.ToTensor()                   # テンソルに変換
])
```

■トレーニングデータとテストデータをロードして前処理

CIFAR-10データセットからトレーニングデータとテストデータをロード（読み込み）して、前処理を行います。このとき、トレーニングデータに対しては、先ほど定義したデータ拡張処理を適用します。6番目のセルに次のコードを記述し、実行します。

▼トレーニングデータとテストデータをロードして前処理を行う(T2T_ViT_CIFAR10_PyTorch.ipynb)

セル6

```
# CIFAR-10データセットのトレーニングデータを読み込み、データ拡張を適用
train_dset = datasets.CIFAR10(
    root=DATA_DIR, train=True, download=True, transform=train_transform)
# CIFAR-10データセットのテストデータを読み込んで、テンソルに変換する処理のみを行う
test_dset = datasets.CIFAR10(
    root=DATA_DIR, train=False, download=True, transform=transforms.ToTensor())
```

■データローダーの作成

トレーニング用のデータローダーと、テストデータ用のデータローダーを作成します。これらのデータローダーは、モデルへの入力時において、指定されたミニバッチのサイズの数だけ画像データをデータセットから抽出します。7番目のセルに次のコードを記述し、実行します。

▼データローダーの作成(T2T_ViT_CIFAR10_PyTorch.ipynb)

セル7

```
# トレーニング用のデータローダーを作成
train_loader = torch.utils.data.DataLoader(
    train_dset, batch_size=BATCH_SIZE,      # トレーニングデータとバッチサイズを設定
    shuffle=True,                           # 抽出時にシャッフルする
    num_workers=NUM_WORKERS,                # データ抽出時のサブプロセスの数を指定
    pin_memory=True)                        # GPUを使用する場合、データを固定メモリにロードする
# テスト用のデータローダーを作成
test_loader = torch.utils.data.DataLoader(
    test_dset, batch_size=BATCH_SIZE,       # テストデータとバッチサイズを設定
    shuffle=False,                          # 抽出時にシャッフルしない
    num_workers=NUM_WORKERS,                # データ抽出時のサブプロセスの数を指定
    pin_memory=True)                        # GPUを使用する場合、データを固定メモリにロードする
```

7.2.3 モデル用ユーティリティを作成する

モデルの構築や初期化に役立つユーティリティ（関数やクラス）を作成します。

■レイヤーの重みやバイアスの初期値を設定するinit_linear()関数

レイヤーに設定されている重みパラメーターやバイアスの初期値を設定するinit_linear()関数を定義します。8番目のセルに次のコードを記述し、実行します。

▼init_linear()関数の定義（T2T_ViT_CIFAR10_PyTorch.ipynb）

セル8
```
def init_linear(m):
    """ レイヤーの重みとバイアスを初期化する

    Args:
        m (nn.Module): 畳み込み層または全結合層のPyTorchモジュール
    """
    # モジュールが畳み込み層(nn.Conv2d)または全結合層(nn.Linear)であるかチェックする
    if isinstance(m, (nn.Conv2d, nn.Linear)):
        # 重みをKaiming正規分布で初期化する
        nn.init.kaiming_normal_(m.weight)
        # バイアスが存在する場合、バイアスをゼロで初期化する
        if m.bias is not None:
            nn.init.zeros_(m.bias)
```

■残差接続を構築するResidualレイヤー

残差接続を構築するResidualクラスを定義します。9番目のセルに次のコードを記述し、実行します。

▼残差接続を構築するResidualクラスの定義（T2T_ViT_CIFAR10_PyTorch.ipynb）

セル9
```
class Residual(nn.Module):
    "" 残差接続を行うネットワークを定義

    Attributes:
        residual:
```

```
          受け取ったレイヤーをnn.Sequentialで連結したシーケンシャルモデル
      gamma:
          学習可能なパラメーター
    """
    def __init__(self, *layers, shortcut=None):
        """ コンストラクター
        Args:
            *layers: レイヤーのシーケンス
            shortcut: ショートカット経路
        """
        super().__init__()
        # shortcutがNoneの場合、ショートカット経路self.shortにnn.Identityを設定
        # nn.Identityは入力をそのまま出力するモジュール
        self.shortcut = nn.Identity() if shortcut is None else shortcut
        # 受け取ったレイヤーをnn.Sequentialで連結する
        self.residual = nn.Sequential(*layers)
        # 学習可能な初期値ゼロのパラメーターを1個作成
        self.gamma = nn.Parameter(torch.zeros(1))

    def forward(self, x):
        """フォワードパス

        xに残差接続を適用する
        residualの最終レイヤーの出力にスケーリング係数gammaを掛けたものを
        ショートカット経路の出力に加える

        Args:
            x: 入力するテンソル
        """
        return self.shortcut(x) + self.gamma * self.residual(x)
```

●残差接続の処理の流れ

①ショートカット経路

xをショートカット経路（self.shortcut）に通し、そのまま出力します。

②残差接続

xを残差接続（self.residual）に通し、連結された各レイヤーを順伝播します。

③残差接続の結果

残差接続の最終出力にスケーリング係数（self.gamma）を掛けます。

④最終的な出力

ショートカット経路の出力とスケーリングした残差接続の出力を足し合わせて、最終的な出力とします。

■クラス識別トークンを抽出するTakeFirstレイヤー

T2T-ViTモデルの最後のネットワークであるTransformerBackboneの出力から、クラス識別トークンのみを抽出するTakeFirstを定義します。T2T-ViTモデルでは、画像をパッチ（トークン）に分割してからトレーニングを行いますが、最終的にクラス識別トークン1個のみを抽出し、最終のレイヤーHeadにおいてクラス分類を実施します。10番目のセルにTakeFirstの定義コードを記述し、実行します。

▼入力テンソルのチャンネル次元を抽出するTakeFirstクラスの定義（T2T_ViT_CIFAR10_PyTorch.ipynb）

セル10

```
class TakeFirst(nn.Module):
    """ TransformerBackboneの出力テンソルから
        クラス識別トークンを抽出する

    """
    def forward(self, x):
        """ フォワードパス

        Args:
            x: 入力テンソル(bs, クラス識別トークン+トークン数, 埋め込み次元数)
                                (bs, 257, 256)

        Returns:
            xの第2次元の先頭要素(クラス識別トークン)を抽出して返す
            形状: (bs, 256)
        """
        return x[:, 0]
```

7.2.4 Multi-Head Self-Attentionを実装する SelfAttentionネットワーク

Multi-Head Self-Attention機構を実装するネットワークを、nn.ModuleのサブクラスであるSelfAttentionクラスとして定義します。

■SelfAttentionクラスの処理

SelfAttentionクラスの処理について確認しておきましょう。

●コンストラクター

コンストラクター（初期化メソッド）では、次の処理が行われます。

- 入力次元（dim、head_dim、heads、p_drop）の設定
- 内部次元の計算（head_dim * heads で計算される）
- self.head_shapeにヘッドの形状（heads, head_dim）を格納
- self.scaleにスケーリング係数（head_dim ** −0.5）を格納
- 全結合層とドロップアウト層の作成：
  - ・self.to_keys：入力からキーを作成するための全結合層
  - ・self.to_queries：入力からクエリを作成するための全結合層
  - ・self.to_values：入力からバリューを作成するための全結合層
  - ・self.unifyheads：ヘッドの出力を統合する全結合層
  - ・self.drop：ドロップアウト層

●forward()

forward()では、次の処理が行われます。

①キー、クエリ、バリューの作成

入力xからキー、クエリ、バリューを、それぞれ self.to_keys（x），self.to_queries（x），self.to_values（x） を適用して作成します。それぞれの出力形状は（bs〈バッチサイズ〉，トークン数，inner_dim）です。

②形状の変換

①の各出力について、view（q_shape） で形状変換します。q_shapeは（bs, トークン数, heads, head_dim）です。

③次元の入れ替え

次に、transpose（1, 2）を適用して、最終形状を（bs, heads, トークン数, head_dim）にします。なお、①～③の処理は1行のコードで処理されます。

④アテンションスコアの計算

クエリとキーのドット積を計算し、スケーリング係数 self.scale を掛けてアテンションスコアを得ます。

⑤アテンション重みの計算

アテンションスコアをソフトマックス関数で正規化し、アテンション重みを得ます。アテンションスコアは各クエリに対するキーの関連度を表しますが、ソフトマックス関数を適用することで、スコアが正規化され、各クエリに対するキーの関連度が確率として表現されるため、ここでは「アテンション重み」という表現を使いました。各クエリに対するすべてのキーの重みの合計は1になります。

⑥コンテキストの計算

アテンション重みとバリューのドット積を計算し、コンテキストベクトルを得ます。コンテキストベクトルとは、トークンと他のトークンとの関連性を考慮して生成されるベクトルのことです。

⑦形状の復元と統合

コンテキストベクトルの形状を元に戻し、(bs, トークン数, heads * head_dim) の形状にします。

⑧各ヘッドの出力を統合

self.unifyheads (out) で各ヘッドの出力を統合し、最終的な出力を得ます。

⑨ドロップアウトの適用

最後に、ドロップアウト層を適用し、最終出力とします。

■SelfAttentionクラスの定義

11番目のセルに次のコードを記述し、実行します。

▼SelfAttentionクラスの定義(T2T_ViT_CIFAR10_PyTorch.ipynb)

セル11

```
class SelfAttention(nn.Module):
    """ Multi-Head Self-Attention機構を実装するネットワーク

    Attributes:
        head_shape (tuple): ヘッドの形状(heads, head_dim)
        scale (float): スケーリング係数
        to_keys (nn.Linear): キーを計算する全結合層
        to_queries (nn.Linear): クエリを計算する全結合層
        to_values (nn.Linear): バリューを計算する全結合層
        unifyheads (nn.Linear): ヘッドを統合する全結合層
        drop (nn.Dropout): ドロップアウトレイヤー
```

```
    """
    def __init__(self, dim, head_dim, heads=8, p_drop=0.):
        """ コンストラクター

        Args:
            dim (int): 埋め込み次元数(dim=64またはdim=256)
            head_dim (int): ヘッドの次元数(head_dim=64)
            heads (int): ヘッドの数(heads=1またはheads=4)
            p_drop (float): ドロップアウト率(0.3)
        """
        super().__init__()
        # head_dim(64)とheads(1または4)を掛けて入力の次元数を計算
        inner_dim = head_dim * heads
        # ヘッドの形状(1または4, 64)を保持
        self.head_shape = (heads, head_dim)
        # スケーリング係数を計算
        self.scale = head_dim**-0.5

        # キーを生成する全結合層(ユニット数: head_dim * heads)
        self.to_keys = nn.Linear(dim, inner_dim)
        # クエリを計算する全結合層(ユニット数: head_dim * heads)
        self.to_queries = nn.Linear(dim, inner_dim)
        # クエリを計算する全結合層(ユニット数: head_dim * heads)
        self.to_values = nn.Linear(dim, inner_dim)
        # ヘッドを統合する全結合層
        # 入力次元数: head_dim * heads
        # ユニット数: dim=64またはdim=256
        self.unifyheads = nn.Linear(inner_dim, dim)
        # ドロップアウトレイヤーを初期化
        self.drop = nn.Dropout(p_drop)

    def forward(self, x):
        """ フォワードパス

        Args:
            x: 入力テンソル(bs, トークン数, 埋め込み次元数)
        Returns:
            out: Multi-Head Self-Attention適用後のテンソル
                形状: (bs, トークン数, dim)
                - dim: コンテキストベクトルの次元数
```

```
        """
        # 入力テンソルの形状からx.shape[:-1]で埋め込み次元を除いた形状に
        # ヘッドの形状(heads, head_dim)を追加して
        # (bs, トークン数, heads, head_dim)の形状を作る
        q_shape = x.shape[:-1] + self.head_shape

        # キーを作成
        # 入力テンソルxをto_keysレイヤーに入力し、埋め込み次元数を
        # 「head_dim * heads」に拡張した後、形状を
        # (bs, トークン数, heads, head_dim)に変換
        # 第2次元と第3次元を入れ替えて
        # (bs, heads, トークン数, head_dim)にする
        keys = self.to_keys(x).view(q_shape).transpose(1, 2)
        # クエリを作成(キー作成と同じ処理)
        # (bs,  heads, トークン数, head_dim)
        queries = self.to_queries(x).view(q_shape).transpose(1, 2)
        # バリューを作成(キー作成と同じ処理)
        # (bs,  heads, トークン数, head_dim)
        values = self.to_values(x).view(q_shape).transpose(1, 2)

        # クエリとキー(トークン数とhead_dimの次元を転置)のドット積を計算して
        # アテンションスコアを得る
        att = queries @ keys.transpose(-2, -1)

        # アテンションスコアをスケーリングしてソフトマックス関数で正規化し、
        # アテンション重みを得る
        att = F.softmax(att * self.scale, dim=-1)
        # アテンション重みとバリューのドット積を計算して出力を得る
        # outの形状:(bs, heads, トークン数, head_dim)
        out = att @ values

        # outの第2次元と第3次元を入れ替え(bs,トークン数, heads, head_dim)
        # contiguous()適用後、第3次元以降をフラット化
        # outの形状:(bs, トークン数, heads * head_dim)
        out = out.transpose(1, 2).contiguous().flatten(2)
        print("SelfAttention-out2", out.shape)

        # ヘッドを統合する
        # unifyheadsレイヤーでheads * head_dimの次元を
        # dim(dim=64またはdim=256)に線形変換
```

```
        # outの形状：(bs, トークン数, dim)
        out = self.unifyheads(out)
        print("SelfAttention-out3", out.shape)

        out = self.drop(out)    # ドロップアウトを適用

        return out
```

7.2.5 フィードフォワードニューラルネットワーク——FeedForwardを定義する

入力層、隠れ層、出力層からなるフィードフォワードニューラルネットワーク(MLP)を、nn.Sequentialクラスを継承したFeedForwardクラスとして定義します。このネットワークは、TransformerBlockを構成する要素として、SelfAttentionネットワークの次に配置されます。

■FeedForwardクラスの定義

12番目のセルに次のコードを記述し、実行します。

▼FeedForwardクラスの定義(T2T_ViT_CIFAR10_PyTorch.ipynb)

セル12

```
class FeedForward(nn.Sequential):
    """ フィードフォワードニューラルネットワーク(MLP)を定義

    """
    def __init__(self, dim, mlp_mult=4, p_drop=0.):
        """ コンストラクター

            Args:
                dim (int): 埋め込み次元数(dim=64またはdim=256)
                mlp_mult (int): 中間層の次元数を決定する倍率(1または4)
                p_drop (float): ドロップアウト率(0.3)
        """
        # 隠れ層の次元数を決定
        hidden_dim = dim * mlp_mult

        # スーパークラスのコンストラクターを実行
        super().__init__(
```

```
            # 隠れ層(ユニット数:dim * mlp_mult)
            nn.Linear(dim, hidden_dim),
            nn.GELU(), # 非線形活性化関数GELUを適用
            # 出力層(ユニット数:dim)
            nn.Linear(hidden_dim, dim),
            # ドロップアウトを適用
            nn.Dropout(p_drop)
        )
```


7.2.6 TransformerBlockを作成する

T2T-ViTモデルの基本的なブロックであるTransformerBlockについて、nn.Sequentialを継承したTransformerBlockクラスとして定義します。

TransformerBlockは、2つの主要な部分で構成されます。1つは自己注意機構(Multi-Head Self-Attention)で、もう1つはフィードフォワードネットワーク(FeedForward)です。これらのネットワークには、それぞれ残差接続が含まれています。

■TransformerBlockクラスの定義

13番目のセルに次のコードを記述し、実行します。

▼TransformerBlockクラスの定義(T2T_ViT_CIFAR10_PyTorch.ipynb)

セル13

```
class TransformerBlock(nn.Sequential):
    """ Transformerブロックを定義

    """
    def __init__(self, dim, head_dim, heads, mlp_mult=4, p_drop=0.):
        """ コンストラクター
            Args:
                dim (int): 埋め込み次元数(dim=64またはdim=256)
                head_dim (int): ヘッドの次元数(head_dim=64)
                heads (int): ヘッドの数(heads=1またはheads=4)
                mlp_mult (int): 隠れ層の次元数を決定する倍率(1または4)
                p_drop (float): ドロップアウト率(0.3)
        """
        # スーパークラスのコンストラクターを実行
        super().__init__(
```

```
        # 残差接続付きSelfAttentionネットワークを構築
        Residual(
            nn.LayerNorm(dim),      # 正規化レイヤー
            SelfAttention(dim, head_dim, heads, p_drop)    # SelfAttention
        ),
        # 残差接続付きフィードフォワードネットワークを構築
        Residual(
            nn.LayerNorm(dim),      # 正規化レイヤー
            FeedForward(dim, mlp_mult, p_drop=p_drop)      # FeedForward
        )
    )
```

▼TransformerBlockクラスの構造

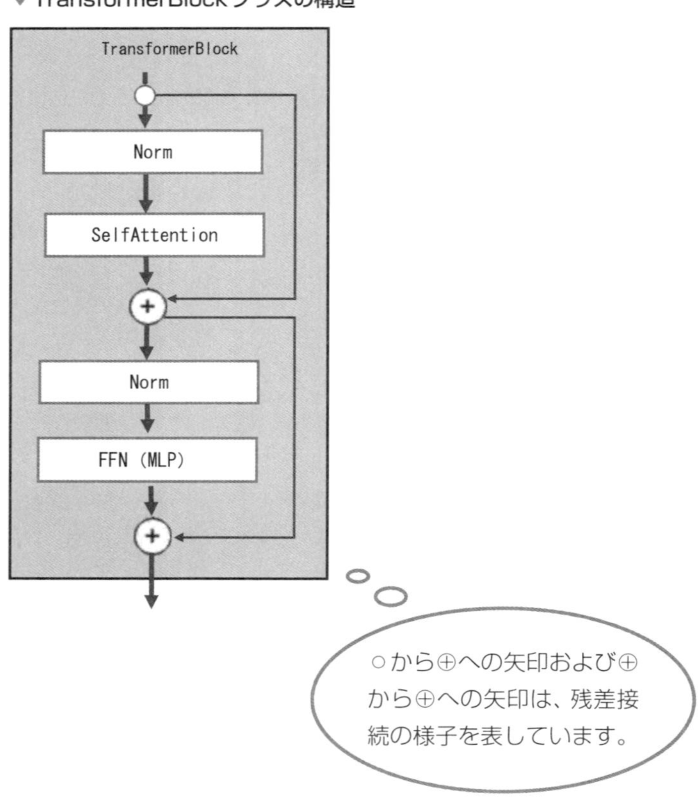
TransformerBlock
Norm
SelfAttention
Norm
FFN (MLP)
○から⊕への矢印および⊕から⊕への矢印は、残差接続の様子を表しています。

7.2.7 入力画像をパッチに分割し、トークン化する SoftSplitネットワーク

入力テンソルを小さなパッチに分割し、それぞれのパッチに対してプロジェクションレイヤーを適用してトークンに変換するネットワークとして、nn.Moduleクラスを継承したSoftSplitクラスを定義します。

■SoftSplitクラスの定義

14番目のセルに次のコードを記述し、実行します。

▼SoftSplitクラスの定義(T2T_ViT_CIFAR10_PyTorch.ipynb)

セル14

```
class SoftSplit(nn.Module):
    """ 入力テンソルをパッチに分割し、プロジェクションを適用して
        トークンに変換するネットワーク

    Attributes:
        unfold (nn.Unfold): 画像を小さなトークンに分割するためのモジュール
        project (nn.Linear): トークンごとにプロジェクションを行うための全結合層
    """
    def __init__(self, in_channels, dim, kernel_size=3, stride=2):
        """ コンストラクター

        Args:
            in_channels (int): 入力テンソルのチャンネル数(3)
            dim (int): 埋め込み次元数(64または256)
            kernel_size (int): トークンのサイズを決定するカーネルサイズ(3)
            stride (int): 分割する際のストライド(移動量)
                                    (stride=1またはstride=2)
        """
        super().__init__()
        # パディングを計算
        # 入力と出力の空間サイズを一致させるために使用
        padding = (kernel_size - 1) // 2
        # トークンに分割するモジュールを定義
        self.unfold = nn.Unfold(
            kernel_size,                        # 分割するトークンのサイズ(高さと幅)
            stride=stride,                      # 分割する際のストライド(移動量)
            padding=padding                     # パディングのサイズ
```

```
        )
        # プロジェクションレイヤーを定義
        # トークンのデータ次元数を埋め込み次元数dimに変換する全結合層
        self.project = nn.Linear(
            in_channels * kernel_size**2,      # 入力の次元数
            dim                                # 埋め込み次元数
            )

    def forward(self, x):
        """ フォワードパス

        Args:
            x: 入力画像のテンソル(bs, チャンネル次元数, 高さ, 幅):(bs, 3, 32, 32)
               またはSelfAttentionによるコンテキスト計算後のテンソル
               (bs, トークン数, コンテキスト次元数):(32, 64, 32, 32)

        Returns:
            out: トークン分割とプロジェクションを適用した出力テンソル
            (bs, トークン数, 埋め込み次元数(64または256))
            in:(bs, 3, 32, 32) --> out:(bs, 1024, 64)
            in:(bs, 64, 32, 32) --> out:(bs, 256, 256)
        """
        # 入力テンソルをパッチに分割し、次元を変換
        # unfold(x)適用後の形状:
        # (bs, kernel_size * kernel_size * in_channels, トークンの数)
        # transpose(1, 2)適用後の形状:
        # (bs, トークンの数, kernel_size * kernel_size * in_channels)
        out = self.unfold(x).transpose(1, 2)

        # プロジェクションレイヤーを適用し、トークンのデータ次元数を埋め込み次元数に変換
        # outの形状:(bs, トークン数, 埋め込み次元数)
        out = self.project(out)

        return out
```

7.2.8 テンソルの形状変更を行うReshapeレイヤー

この後で作成するT2TBlock内の処理において、テンソルの形状変更を行うReshapeレイヤーを定義します。トークンに分割された画像を、元の画像データの形状に戻す処理を行います。

■Reshapeクラスの定義

15番目のセルに次のコードを記述し、実行します。

▼Reshapeクラスの定義(T2T_ViT_CIFAR10_PyTorch.ipynb)

セル15

```
class Reshape(nn.Module):
    """ 入力テンソルの形状を変更する処理を行うレイヤー

    Attributes:
        shape (tuple): 再構成する新しい形状
    """
    def __init__(self, shape):
        """ コンストラクター

        Args:
            shape (tuple): 再構成する新しい形状(例:(32, 32))
        """
        super().__init__()
        self.shape = shape      # 新しい形状を保存

    def forward(self, x):
        """ フォワードパス

        Args:
            x: 入力テンソル(bs, トークン数, コンテキスト次元数)
        Returns:
            out: 形状が再構成されたテンソル
                (bs, コンテキスト次元数, shape[0], shape[1])
        """
        # 入力x(bs, トークン数, コンテキスト次元数)の第2次元と第3次元次元を入れ替えて
        # トークン数の次元をshape(例:(32, 32))に展開する
        # outの形状:(bs, コンテキスト次元数, shape[0], shape[1])
        out = x.transpose(1, 2).unflatten(2, self.shape)

        return out
```

7.2.9 SoftSplitとTransformerBlockを組み合わせて、段階的にトークンを変換するT2TBlock

SoftSplitとTransformerBlockを組み合わせて、段階的にトークンを変換していくブロックとして、T2TBlockを定義します。

T2TBlockクラスの定義

16番目のセルに次のコードを記述し、実行します。

▼T2TBlockクラスの定義(T2T_ViT_CIFAR10_PyTorch.ipynb)

セル16

```
class T2TBlock(nn.Sequential):
    """ SoftSplitとTransformerBlockを組み合わせて
     段階的にトークンを変換するブロック

    """
    def __init__(self, image_size, token_dim, embed_dim,
                 heads=1, mlp_mult=1, stride=2, p_drop=0.):
        """
        コンストラクター

        Args:
            image_size (int): 入力画像のサイズ(32)
            token_dim (int): トークンの次元数(64)
            embed_dim (int): 埋め込み次元数(64または256)
            heads (int): ヘッドの数(1)
            mlp_mult (int): MLPの次元数を決定する倍率(1)
            stride (int): パッチのストライド(1または2)
            p_drop (float): ドロップアウト率(0.3)
        """
        # スーパークラス(nn.Sequential)のコンストラクターを呼び出す
        super().__init__(
            # 自己注意機構を適用するTransformerBlockを配置
            TransformerBlock(
                token_dim,                  # トークンの次元数(64)
                token_dim // heads,         # ヘッドの次元数(64)
                heads,                      # ヘッドの数(1)
                mlp_mult,                   #  MLPの次元倍率(1)
                p_drop                      # ドロップアウト率(0.3)
```

```
            ),
            # 入力テンソル(bs, トークン数, コンテキスト次元数)の形状を
            # (bs, トークン次元数, image_size, image_size)に変更
            Reshape(
                (image_size, image_size)
            ),
            # 入力テンソルをトークンに分割し、プロジェクションを適用
            SoftSplit(
                token_dim, embed_dim, stride=stride
            )
        )
```


7.2.10 T2TBlockを3段スタックにするT2TModule

T2TBlockを3段スタック(積み重ね)にして、3ステージの処理に相当するブロックを作成するT2TModuleを定義します。

■T2TModuleクラスの定義

17番目のセルに次のコードを記述し、実行します。

▼T2TModuleクラスの定義(T2T_ViT_CIFAR10_PyTorch.ipynb)

セル17

```
class T2TModule(nn.Sequential):
    """ T2TBlockを3段スタックにしたネットワークを構築
        段階的にトークンを生成し、トークン間の関係を学習する
    """
    def __init__(self, in_channels, image_size,
                 strides, token_dim, embed_dim, p_drop=0.):
        """
        Args:
            in_channels (int): 入力画像のチャンネル数(3)
            image_size (int): 入力画像のサイズ(32)
            strides (list): 各 `T2TBlock` のストライドのリスト[1, 1, 2]
            token_dim (int): トークンの次元数(64)
            embed_dim (int): 最終的な埋め込み次元数(256)
            p_drop (float): ドロップアウト率(0.3)
        """
```

```
# 最初のストライド(1)を取得
stride = strides[0]
# 最初のSoftSplitネットワークを配置
# 入力画像のテンソル(bs, チャンネル次元数, 高さ, 幅):(bs, 3, 32, 32)
# トークン分割後: (bs, トークン数, 埋め込み次元数(64)):(bs, 1024, 64)
layers = [SoftSplit(in_channels, token_dim, stride=stride)]

# 画像サイズをストライドで割る
image_size = image_size // stride

# 残りのストライド(1と2)を処理するT2TBlockを2ブロック配置
for stride in strides[1:-1]:
    # 各ストライドに対してT2TBlockを追加
    layers.append(
        T2TBlock(
            image_size,             # 32-->16
            token_dim,              # 64-->64
            token_dim,              # 64-->64
            stride=stride,          # 1-->2
            p_drop=p_drop
        )
    )
    # 画像サイズをストライドで割る
    image_size = image_size // stride

# 最後のストライドを取得
stride = strides[-1]
# 3番目のT2TBlockを配置
layers.append(
    T2TBlock(
        image_size,                 # 32
        token_dim,                  # 64
        embed_dim,                  # 256
        stride=stride,              # 2
        p_drop=p_drop
    )
)

# スーパークラス(nn.Sequential)のコンストラクターを呼び出し、レイヤーを渡す
super().__init__(*layers)
```

7.2.11 位置情報を埋め込んでクラス識別トークンを追加するPositionEmbedding

自己注意機構を適用した後のテンソルに位置情報を埋め込み、クラス識別トークンをトークン次元の先頭に追加するPositionEmbeddingネットワークを作成します。

■PositionEmbeddingの処理

PositionEmbeddingのコンストラクターとforward()メソッドの処理内容を見ておきましょう。

●コンストラクター：__init__()

・self.pos_embedding = nn.Parameter(torch.zeros(1, image_size ** 2, dim))

位置情報として、学習可能なパラメーターを作成し、ゼロで初期化します。パラメーターテンソルの形状は(1, image_size**2, dim)なので、実際には

(1, 256, 256)

となります。

・self.cls_token = nn.Parameter(torch.zeros(1, 1, dim))

クラス識別トークンとして、学習可能なパラメーターを作成し、ゼロで初期化します。パラメーターテンソルの形状は(1, 1, dim)なので、実際には

(1, 1, 256)

となります。

●フォワードパス：forward()

・x = x + self.pos_embedding

入力されるテンソルxは、SelfAttentionによるコンテキスト計算後のテンソルにトークン分割とプロジェクションを適用したもので、

(bs, トークン数, 埋め込み次元数)

の形状をしています。実際には、

(bs, 256, 256)

となります。

ここでは、入力テンソルxに対して位置情報を加算することで、位置情報が埋め込まれたテンソルを得ます。xの形状は変わらず、

(bs, 256, 256)

となります。

- cls_tokens = self.cls_token.expand(x.shape[0], −1, −1)

expand()メソッドを使用して、バッチサイズ分のクラス識別トークンを作成し、

(bs, 1, 256)

の形状のテンソルを得ます。

- x = torch.cat((cls_tokens, x), dim=1)

クラス識別トークンを、位置情報埋め込み後のテンソルxの第2次元(トークン数)の先頭に連結します。これにより、テンソルxの形状は、

(bs, トークン数 + 1, dim)

となり、先頭のトークンがクラス識別トークンとして扱われます。実際の形状は、

(bs, 257, 256)

となります。

■PositionEmbeddingクラスの定義

18番目のセルに次のコードを記述し、実行します。

▼PositionEmbeddingクラスの定義(T2T_ViT_CIFAR10_PyTorch.ipynb)

セル18

```
class PositionEmbedding(nn.Module):
    """ 位置埋め込みとクラス識別トークンの追加
        自己注意機構適用後のテンソルに位置情報を埋め込み、
        クラス識別トークンをトークン次元の先頭に追加する

    Attributes:
        pos_embedding: 位置情報を学習するパラメーター
        cls_token: クラス識別トークンとしての学習可能なパラメーター
    """
    def __init__(self, image_size, dim):
```

```
        """
        コンストラクター

        Args:
            image_size (int): 入力画像のサイズ(16)
            dim (int): 埋め込み次元数(256)
        """
        super().__init__()
        # 位置情報を学習するパラメーターを初期化
        # 形状:(1, image_size**2, dim):(1, 256, 256)
        self.pos_embedding = nn.Parameter(torch.zeros(1, image_size**2, dim))
        # クラス識別トークンを初期化
        # 形状:(1, 1, dim):(1, 1, 256)
        self.cls_token = nn.Parameter(torch.zeros(1, 1, dim))

    def forward(self, x):
        """ フォワードパス

        Args:
            x: SelfAttentionによるコンテキスト計算後のテンソルに
               トークン分割とプロジェクションを適用した後のテンソル
               (bs,トークン数, 埋め込み次元数):(bs, 256, 256)

        Returns:
            x: 位置埋め込み、クラス識別トークンの追加がなされた出力テンソル
        """
        # 入力テンソルに位置埋め込みを加算
        # x: (bs, 256, 256)
        x = x + self.pos_embedding
        # クラス識別トークンをバッチサイズに合わせて展開
        # cls_tokens: (bs, 1, 256)
        cls_tokens = self.cls_token.expand(x.shape[0], -1, -1)
        # クラス識別トークンを入力テンソルの先頭に連結
        # x: (bs, 257, 256)
        x = torch.cat((cls_tokens, x), dim=1)

        return x
```

7.2.12 T2T-ViTモデルのバックボーンを実装する TransformerBackbone

TransformerBackboneは、T2T-ViTモデルのバックボーン（主要な処理部分）を実装するクラスです。内部には、複数のTransformerBlockが配置されます。

■TransformerBackboneの処理

このブロックには、

- SelfAttentionによるコンテキスト計算後のテンソル
  ↓
- トークン分割とプロジェクションを適用
  ↓
- 位置情報を埋め込み、クラス識別トークンを追加

の処理を経て、形状が

(bs, トークン数＋クラス識別トークン, 埋め込み次元数)

となったテンソルが入力され、複数のTransformerBlockが順次適用されます。

実際には、各TransformerBlockに

(bs, 257, 256)

という形状のテンソルが入力され、

(bs, 257, 256)

のように同じ形状をしたテンソルを出力として得ます。なお、TransformerBlockには、残差接続付きの

・SelfAttentionネットワーク
・FeedForwardネットワーク

が含まれています。

■TransformerBackboneクラスの定義

19番目のセルに次のコードを記述し、実行します。

▼TransformerBackboneクラスの定義(T2T_ViT_CIFAR10_PyTorch.ipynb)

セル19

```
class TransformerBackbone(nn.Sequential):
    """ 位置情報の埋め込みとクラス識別トークン追加後に
        複数のTransformerBlockを適用する

    """
    def __init__(self, dim, head_dim, heads, depth, mlp_mult=4, p_drop=0.):
        """ コンストラクター

        Args:
            dim (int): 入力テンソルの次元数(256)
            head_dim (int): 各ヘッドの次元数(64)
            heads (int): ヘッドの数(4)
            depth (int): TransformerBlockの数(8)
            mlp_mult (int): MLPの次元数を決定する倍率(4)
            p_drop (float): ドロップアウト率(0.3)
        """
        # 指定された数(8)のTransformerBlockを配置
        # 各TransformerBlockは、
        # 入力テンソル(bs, 257, 256)に対し、(bs, 257, 256)を出力
        layers = [
            TransformerBlock(
                dim, head_dim, heads, mlp_mult, p_drop) for _ in range(depth)
        ]

        # スーパークラス(nn.Sequential)のコンストラクターを呼び出し、レイヤーを渡す
        super().__init__(*layers)
```


7.2.13 最終層Headの作成とT2T-ViTモデルの構築

T2T-ViTモデルの最後に位置するネットワークとして、Headクラスを作成します。ここには、クラス識別トークンのみが入力され、クラス分類が行われることになります。

最後に、T2T-ViTモデル全体を構築するT2TViTクラスを定義して、モデルを完成させます。

Headクラスの定義

20番目のセルに次のコードを記述し、実行します。

▼Headクラスの作成

```
セル20
class Head(nn.Sequential):
    """ T2T-ViTモデルの最終層、クラス分類を行う

    """
    def __init__(self, dim, classes, p_drop=0.):
        """
        Args:
            dim (int): 埋め込み次元数(256)
            classes (int): 分類するクラスの数(10)
            p_drop (float): ドロップアウト率(0.3)
        """
        # スーパークラス(nn.Sequential)のコンストラクターを呼び出し、レイヤーを渡す
        super().__init__(
            nn.LayerNorm(dim),          # 正規化レイヤー
            nn.Dropout(p_drop),         # ドロップアウトを適用
            # ユニット数classesの全結合層で線形変換を適用して出力
            nn.Linear(dim, classes)
        )
```

■T2TViTクラスの定義

21番目のセルに次のコードを記述し、実行します。

▼T2TViTクラスの定義(T2T_ViT_CIFAR10_PyTorch.ipynb)

```
セル21
class T2TViT(nn.Sequential):
    """ T2T-ViT(Tokens-to-Token Vision Transformer)モデル

    """
    def __init__(self, classes, image_size, strides, token_dim,
                 dim, head_dim, heads, backbone_depth, mlp_mult,
                 in_channels=3, trans_p_drop=0., head_p_drop=0.):
        """
        Args:
            classes (int): 出力クラス数(10)
            image_size (int): 入力画像のサイズ(32)
            strides (list): 各'T2TBlock'のストライドのリスト[1, 1, 2]
```

```
        token_dim (int): トークンの次元数(64)
        dim (int): 埋め込み次元数(256)
        head_dim (int): 各ヘッドの次元数(64)
        heads (int): ヘッドの数(4)
        backbone_depth (int): トランスフォーマーバックボーンの深さ(8)
        mlp_mult (int): MLPの次元数を決定する倍率
        in_channels (int): 入力画像のチャンネル数(3)
        trans_p_drop (float): トランスフォーマーブロック内のドロップアウト率(0.3)
        head_p_drop (float): Headレイヤーのドロップアウト率(0.3)
    """
    # ストライドを適用した後の画像サイズを計算
    reduced_size = image_size // np.prod(strides)
    # スーパークラス(nn.Sequential)のコンストラクターを呼び出す
    super().__init__(
        # T2TModuleを配置
        T2TModule(
            in_channels,
            image_size, strides,
            token_dim,
            dim,
            p_drop=trans_p_drop
        ),
        # 位置情報の埋め込みとクラス識別トークンを追加
        PositionEmbedding(reduced_size, dim),
        # TransformerBackboneを配置
        TransformerBackbone(
            dim,
            head_dim,
            heads,
            backbone_depth,
            p_drop=trans_p_drop
        ),
        # クラス識別トークンを抽出
        TakeFirst(),
        # 最終レイヤーにクラス識別トークンを入力してクラス分類を実施
        Head(
            dim,
            classes,
            p_drop=head_p_drop
        )
    )
```

■モデルの構造

次図は、T2T-ViTモデルの構造と処理の流れを示した図です。

▼T2T-ViTモデルの構造と処理の流れ

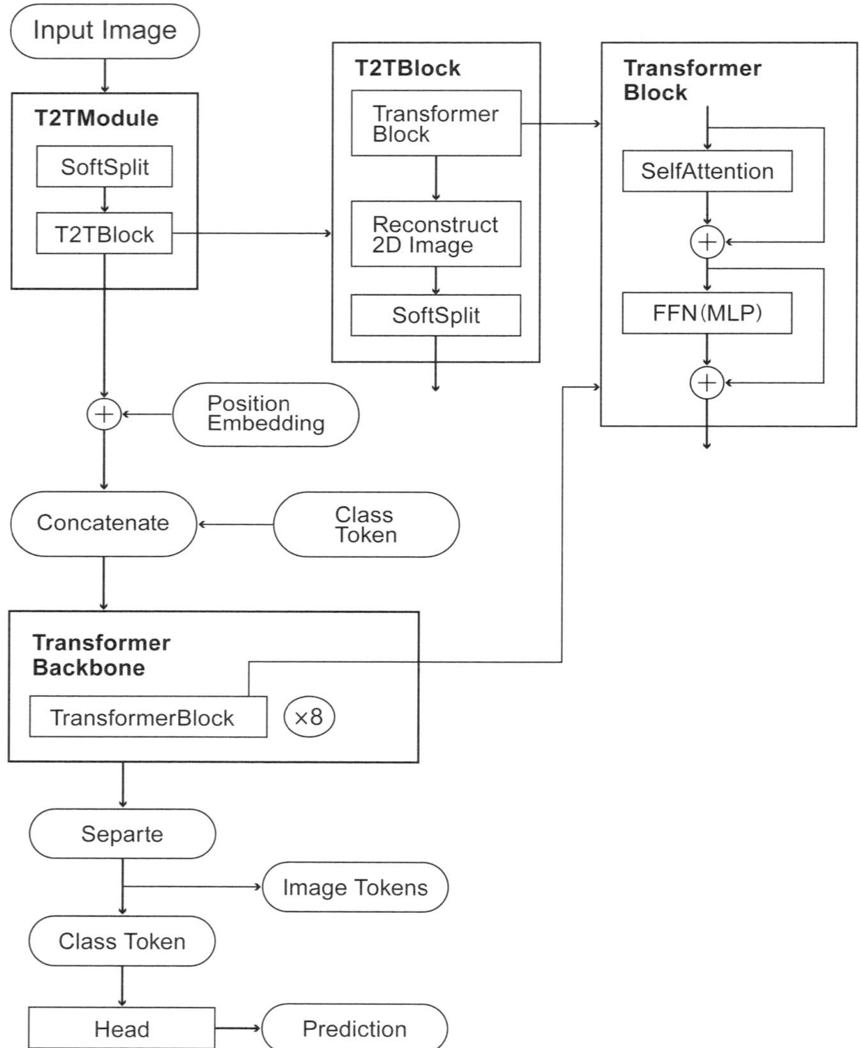

7.3 モデルをインスタンス化し、トレーニングと評価を行う

T2T-ViTモデルをインスタンス化し、トレーニングの実行、評価までを行います。

7.3.1 T2TViTモデルのインスタンス化とサマリの表示

T2TViTモデルをインスタンス化し、重みとバイアスを初期化して、モデルのサマリを出力します。

■T2TViTモデルのインスタンス化

22番目のセルに次のコードを記述し、実行します。

▼T2TViTモデルのインスタンス化(T2T_ViT_CIFAR10_PyTorch.ipynb)

セル22

```
model = T2TViT(
    NUM_CLASSES,              # クラスの数
    IMAGE_SIZE,               # 入力画像のサイズ
    strides=[1, 1, 2],        # 各T2TBlockのストライドのリスト
    token_dim=64,             # トークンの次元数
    dim=256,                  # 埋め込み次元数
    head_dim=64,              # ヘッドの次元数
    heads=4,                  # ヘッドの数
    backbone_depth=8,         # TransformerBackboneにおけるTransformerBlockの数
    mlp_mult=2,               # MLPの次元数を決定する倍率
    trans_p_drop=0.3,         # TransformerBlockのドロップアウト率
    head_p_drop=0.3           # Headレイヤーのドロップアウト率
)
```

■モデルの重みとバイアスを初期化

23番目のセルに次のコードを記述し、実行します。

▼モデルの重みとバイアスを初期化する(T2T_ViT_CIFAR10_PyTorch.ipynb)

セル23

```
# モデルのすべてのネットワークに対してinit_linear()関数を適用し、
```

```
# 重みとバイアスを初期化する
model.apply(init_linear);
```

■モデルを指定されたデバイス(DEVICE)に移動してモデルのサマリを出力

24番目のセルに次のコードを記述し、実行します。

▼指定されたデバイスへの移動とサマリの出力(T2T_ViT_CIFAR10_PyTorch.ipynb)

セル24

```
from torchsummary import summary

# モデルを指定されたデバイス(DEVICE)に移動
model.to(DEVICE);
# モデルのサマリを表示
summary(model, (3, IMAGE_SIZE, IMAGE_SIZE))
```

▼出力

```
----------------------------------------------------------------
        Layer (type)               Output Shape         Param #
================================================================
            Unfold-1             [-1, 27, 1024]               0
            Linear-2             [-1, 1024, 64]           1,792
         SoftSplit-3             [-1, 1024, 64]               0
          Identity-4             [-1, 1024, 64]               0
         LayerNorm-5             [-1, 1024, 64]             128
            Linear-6             [-1, 1024, 64]           4,160
            Linear-7             [-1, 1024, 64]           4,160
            Linear-8             [-1, 1024, 64]           4,160
            Linear-9             [-1, 1024, 64]           4,160
          Dropout-10             [-1, 1024, 64]               0
    SelfAttention-11             [-1, 1024, 64]               0
         Residual-12             [-1, 1024, 64]               0
         Identity-13             [-1, 1024, 64]               0
        LayerNorm-14             [-1, 1024, 64]             128
           Linear-15             [-1, 1024, 64]           4,160
             GELU-16             [-1, 1024, 64]               0
           Linear-17             [-1, 1024, 64]           4,160
          Dropout-18             [-1, 1024, 64]               0
         Residual-19             [-1, 1024, 64]               0
```

```
            Reshape-20            [-1, 64, 32, 32]               0
             Unfold-21              [-1, 576, 1024]               0
             Linear-22               [-1, 1024, 64]          36,928
          SoftSplit-23               [-1, 1024, 64]               0
           Identity-24               [-1, 1024, 64]               0
          LayerNorm-25               [-1, 1024, 64]             128
             Linear-26               [-1, 1024, 64]           4,160
             Linear-27               [-1, 1024, 64]           4,160
             Linear-28               [-1, 1024, 64]           4,160
             Linear-29               [-1, 1024, 64]           4,160
            Dropout-30               [-1, 1024, 64]               0
      SelfAttention-31               [-1, 1024, 64]               0
           Residual-32               [-1, 1024, 64]               0
           Identity-33               [-1, 1024, 64]               0
          LayerNorm-34               [-1, 1024, 64]             128
             Linear-35               [-1, 1024, 64]           4,160
               GELU-36               [-1, 1024, 64]               0
             Linear-37               [-1, 1024, 64]           4,160
            Dropout-38               [-1, 1024, 64]               0
           Residual-39               [-1, 1024, 64]               0
            Reshape-40            [-1, 64, 32, 32]               0
             Unfold-41               [-1, 576, 256]               0
             Linear-42               [-1, 256, 256]         147,712
          SoftSplit-43               [-1, 256, 256]               0
  PositionEmbedding-44               [-1, 257, 256]               0
           Identity-45               [-1, 257, 256]               0
          LayerNorm-46               [-1, 257, 256]             512
             Linear-47               [-1, 257, 256]          65,792
             Linear-48               [-1, 257, 256]          65,792
             Linear-49               [-1, 257, 256]          65,792
             Linear-50               [-1, 257, 256]          65,792
            Dropout-51               [-1, 257, 256]               0
      SelfAttention-52               [-1, 257, 256]               0
           Residual-53               [-1, 257, 256]               0
           Identity-54               [-1, 257, 256]               0
          LayerNorm-55               [-1, 257, 256]             512
             Linear-56              [-1, 257, 1024]         263,168
               GELU-57              [-1, 257, 1024]               0
             Linear-58               [-1, 257, 256]         262,400
            Dropout-59               [-1, 257, 256]               0
```

```
         Residual-60             [-1, 257, 256]               0
         Identity-61             [-1, 257, 256]               0
        LayerNorm-62             [-1, 257, 256]             512
           Linear-63             [-1, 257, 256]          65,792
           Linear-64             [-1, 257, 256]          65,792
           Linear-65             [-1, 257, 256]          65,792
           Linear-66             [-1, 257, 256]          65,792
          Dropout-67             [-1, 257, 256]               0
    SelfAttention-68             [-1, 257, 256]               0
         Residual-69             [-1, 257, 256]               0
         Identity-70             [-1, 257, 256]               0
        LayerNorm-71             [-1, 257, 256]             512
           Linear-72            [-1, 257, 1024]         263,168
             GELU-73            [-1, 257, 1024]               0
           Linear-74             [-1, 257, 256]         262,400
          Dropout-75             [-1, 257, 256]               0
         Residual-76             [-1, 257, 256]               0
         Identity-77             [-1, 257, 256]               0
        LayerNorm-78             [-1, 257, 256]             512
           Linear-79             [-1, 257, 256]          65,792
           Linear-80             [-1, 257, 256]          65,792
           Linear-81             [-1, 257, 256]          65,792
           Linear-82             [-1, 257, 256]          65,792
          Dropout-83             [-1, 257, 256]               0
    SelfAttention-84             [-1, 257, 256]               0
         Residual-85             [-1, 257, 256]               0
         Identity-86             [-1, 257, 256]               0
        LayerNorm-87             [-1, 257, 256]             512
           Linear-88            [-1, 257, 1024]         263,168
             GELU-89            [-1, 257, 1024]               0
           Linear-90             [-1, 257, 256]         262,400
          Dropout-91             [-1, 257, 256]               0
         Residual-92             [-1, 257, 256]               0
         Identity-93             [-1, 257, 256]               0
        LayerNorm-94             [-1, 257, 256]             512
           Linear-95             [-1, 257, 256]          65,792
           Linear-96             [-1, 257, 256]          65,792
           Linear-97             [-1, 257, 256]          65,792
           Linear-98             [-1, 257, 256]          65,792
          Dropout-99             [-1, 257, 256]               0
```

```
   SelfAttention-100          [-1, 257, 256]               0
        Residual-101          [-1, 257, 256]               0
        Identity-102          [-1, 257, 256]               0
       LayerNorm-103          [-1, 257, 256]             512
          Linear-104         [-1, 257, 1024]         263,168
            GELU-105         [-1, 257, 1024]               0
          Linear-106          [-1, 257, 256]         262,400
         Dropout-107          [-1, 257, 256]               0
        Residual-108          [-1, 257, 256]               0
        Identity-109          [-1, 257, 256]               0
       LayerNorm-110          [-1, 257, 256]             512
          Linear-111          [-1, 257, 256]          65,792
          Linear-112          [-1, 257, 256]          65,792
          Linear-113          [-1, 257, 256]          65,792
          Linear-114          [-1, 257, 256]          65,792
         Dropout-115          [-1, 257, 256]               0
   SelfAttention-116          [-1, 257, 256]               0
        Residual-117          [-1, 257, 256]               0
        Identity-118          [-1, 257, 256]               0
       LayerNorm-119          [-1, 257, 256]             512
          Linear-120         [-1, 257, 1024]         263,168
            GELU-121         [-1, 257, 1024]               0
          Linear-122          [-1, 257, 256]         262,400
         Dropout-123          [-1, 257, 256]               0
        Residual-124          [-1, 257, 256]               0
        Identity-125          [-1, 257, 256]               0
       LayerNorm-126          [-1, 257, 256]             512
          Linear-127          [-1, 257, 256]          65,792
          Linear-128          [-1, 257, 256]          65,792
          Linear-129          [-1, 257, 256]          65,792
          Linear-130          [-1, 257, 256]          65,792
         Dropout-131          [-1, 257, 256]               0
   SelfAttention-132          [-1, 257, 256]               0
        Residual-133          [-1, 257, 256]               0
        Identity-134          [-1, 257, 256]               0
       LayerNorm-135          [-1, 257, 256]             512
          Linear-136         [-1, 257, 1024]         263,168
            GELU-137         [-1, 257, 1024]               0
          Linear-138          [-1, 257, 256]         262,400
         Dropout-139          [-1, 257, 256]               0
```

```
       Residual-140           [-1, 257, 256]               0
       Identity-141           [-1, 257, 256]               0
      LayerNorm-142           [-1, 257, 256]             512
         Linear-143           [-1, 257, 256]          65,792
         Linear-144           [-1, 257, 256]          65,792
         Linear-145           [-1, 257, 256]          65,792
         Linear-146           [-1, 257, 256]          65,792
        Dropout-147           [-1, 257, 256]               0
  SelfAttention-148           [-1, 257, 256]               0
       Residual-149           [-1, 257, 256]               0
       Identity-150           [-1, 257, 256]               0
      LayerNorm-151           [-1, 257, 256]             512
         Linear-152          [-1, 257, 1024]         263,168
           GELU-153          [-1, 257, 1024]               0
         Linear-154           [-1, 257, 256]         262,400
        Dropout-155           [-1, 257, 256]               0
       Residual-156           [-1, 257, 256]               0
       Identity-157           [-1, 257, 256]               0
      LayerNorm-158           [-1, 257, 256]             512
         Linear-159           [-1, 257, 256]          65,792
         Linear-160           [-1, 257, 256]          65,792
         Linear-161           [-1, 257, 256]          65,792
         Linear-162           [-1, 257, 256]          65,792
        Dropout-163           [-1, 257, 256]               0
  SelfAttention-164           [-1, 257, 256]               0
       Residual-165           [-1, 257, 256]               0
       Identity-166           [-1, 257, 256]               0
      LayerNorm-167           [-1, 257, 256]             512
         Linear-168          [-1, 257, 1024]         263,168
           GELU-169          [-1, 257, 1024]               0
         Linear-170           [-1, 257, 256]         262,400
        Dropout-171           [-1, 257, 256]               0
       Residual-172           [-1, 257, 256]               0
      TakeFirst-173                [-1, 256]               0
      LayerNorm-174                [-1, 256]             512
        Dropout-175                [-1, 256]               0
         Linear-176                 [-1, 10]           2,570
================================================================
Total params: 6,558,026
Trainable params: 6,558,026
```

```
Non-trainable params: 0
----------------------------------------------------------------
Input size (MB): 0.01
Forward/backward pass size (MB): 114.69
Params size (MB): 25.02
Estimated Total Size (MB): 139.72
----------------------------------------------------------------
```


7.3.2 モデルのトレーニング方法と評価方法を設定する

モデルのトレーニング直前の準備として、次に示す処理や設定、関数の定義などを行います。

▼この項で行うこと

- モデルのパラメーターを、重み減衰を適用するものと適用しないものに分離する
- モデルのパラメーターに基づいてオプティマイザーを取得する関数を定義
- 損失関数、オプティマイザー、トレーナー、学習率スケジューラー、評価器を設定
- 評価結果を記録してログに出力するlog_validation_results()関数を定義

■パラメーターを、重み減衰を適用するものと適用しないものに分離

25番目のセルに次のコードを記述し、実行します。

▼パラメーターを、重み減衰を適用するものと適用しないものに分離（T2T_ViT_CIFAR10_PyTorch.ipynb）

セル25

```
def separate_parameters(model):
    """ モデルのパラメーターを、重み減衰を適用するものと適用しないものに分離する

    Args:
        model (nn.Module): パラメーターを分離する対象のPyTorchモデル
    """
    # 重み減衰を適用するパラメーターのセット
    parameters_decay = set()
    # 重み減衰を適用しないパラメーターのセット
    parameters_no_decay = set()
    # 重み減衰を適用するモジュールのタプル
    modules_weight_decay = (nn.Linear, nn.Conv2d)
    # 重み減衰を適用しないモジュールのタプル
```

```
    modules_no_weight_decay = (nn.LayerNorm, PositionEmbedding)

    # モデル内のすべてのモジュールを名前と共に反復処理
    for m_name, m in model.named_modules():
        # 各モジュールのすべてのパラメーターを名前と共に反復処理
        for param_name, param in m.named_parameters():
            # フルパラメーター名を作成
            full_param_name = f"{m_name}.{param_name}" if m_name else param_name
            # モジュールが重み減衰を適用しないモジュールに含まれる場合
            if isinstance(m, modules_no_weight_decay):
                # パラメーターを、重み減衰を適用しないセットに追加
                parameters_no_decay.add(full_param_name)
            # パラメーター名が"bias"で終わる場合
            elif param_name.endswith("bias"):
                # パラメーターを、重み減衰を適用しないセットに追加
                parameters_no_decay.add(full_param_name)
            # モジュールがResidualでパラメーター名が"gamma"で終わる場合
            elif isinstance(m, Residual) and param_name.endswith("gamma"):
                # パラメーターを、重み減衰を適用しないセットに追加
                parameters_no_decay.add(full_param_name)
            # モジュールが重み減衰を適用するモジュールに含まれる場合
            elif isinstance(m, modules_weight_decay):
                # パラメーターを、重み減衰を適用するセットに追加
                parameters_decay.add(full_param_name)

    # 重み減衰を適用するパラメーターと適用しないパラメーターが重複していないことを確認
    assert len(parameters_decay & parameters_no_decay) == 0
    # すべてのパラメーターがいずれかのセットに含まれていることを確認
    assert len(parameters_decay) + len(parameters_no_decay) == len(list(model.parameters()))

    # 重み減衰を適用するパラメーターと適用しないパラメーターのセットを返す
    return parameters_decay, parameters_no_decay
```

■パラメーターに基づいてオプティマイザーを取得する関数を定義

26番目のセルに次のコードを記述し、実行します。

▼オプティマイザーを取得する関数(T2T_ViT_CIFAR10_PyTorch.ipynb)

セル26

```
def get_optimizer(model, learning_rate, weight_decay):
    """ モデルのパラメーターに基づいてオプティマイザーを取得する

    Args:
        model (nn.Module): 最適化するPyTorchモデル
        learning_rate (float): オプティマイザーの学習率
        weight_decay (float): 重み減衰の率

    Returns:
        optimizer (torch.optim.Optimizer): AdamWオプティマイザー
    """
    # モデルの全パラメーターを名前と共に辞書に格納
    param_dict = {pn: p for pn, p in model.named_parameters()}
    # 重み減衰を適用するパラメーターと適用しないパラメーターに分離
    parameters_decay, parameters_no_decay = separate_parameters(model)
    # 最適化するパラメーターのグループを定義
    optim_groups = [
        # 重み減衰を適用するパラメーター
        {"params": [param_dict[pn] for pn in parameters_decay],
         "weight_decay": weight_decay},
         # 重み減衰を適用しないパラメーター
        {"params": [param_dict[pn] for pn in parameters_no_decay],
         "weight_decay": 0.0},
    ]

    # AdamWオプティマイザーを作成
    optimizer = optim.AdamW(optim_groups, lr=learning_rate)
    return optimizer   # オプティマイザーを返す
```

■損失関数、オプティマイザー、トレーナー、学習率スケジューラー、評価器を設定

27番目のセルに次のコードを記述し、実行します。

▼損失関数、オプティマイザー、トレーナー、学習率スケジューラー、評価器を設定（T2T_ViT_CIFAR10_PyTorch.ipynb）

セル27

```
# 損失関数としてクロスエントロピー損失を定義
loss = nn.CrossEntropyLoss()

# オプティマイザーを取得
optimizer = get_optimizer(
    model,                                  # 学習対象のモデル
    learning_rate=1e-6,                     # 学習率
    weight_decay=WEIGHT_DECAY               # 重み減衰（正則化）の係数
)

# 教師あり学習用トレーナーを定義
trainer = create_supervised_trainer(
    model, optimizer, loss, device=DEVICE
)

# 学習率スケジューラーを定義
lr_scheduler = optim.lr_scheduler.OneCycleLR(
    optimizer,                              # オプティマイザー
    max_lr=LEARNING_RATE,                   # 最大学習率
    steps_per_epoch=len(train_loader),      # 1エポック当たりのステップ数
    epochs=EPOCHS                           # 総エポック数
)

# トレーナーにイベントハンドラーを追加
# トレーナーの各イテレーション終了時に学習率スケジューラーを更新
trainer.add_event_handler(
    Events.ITERATION_COMPLETED,             # イテレーション終了時のイベント
    lambda engine: lr_scheduler.step()      # 学習率スケジューラーのステップを進める
)

# トレーナーにランニングアベレージメトリクスを追加
# トレーニングの損失をランニング平均で保持
```

```
ignite.metrics.RunningAverage(
    output_transform=lambda x: x                # 出力をそのまま使用
    ).attach(trainer, "loss")                   # トレーナーに"loss"としてアタッチ

# 検証用のメトリクス(評価指標)を定義
val_metrics = {
    "accuracy": ignite.metrics.Accuracy(),      # 精度
    "loss": ignite.metrics.Loss(loss)           # 損失
}

# トレーニングデータ用の評価器を定義
train_evaluator = create_supervised_evaluator(
    model,                                      # 評価対象のモデル
    metrics=val_metrics,                        # 評価指標
    device=DEVICE                               # 実行デバイス(GPUを想定)
)

# バリデーションデータ用の評価器を定義
evaluator = create_supervised_evaluator(
    model,                                      # 評価対象のモデル
    metrics=val_metrics,                        # 評価指標
    device=DEVICE                               # 実行デバイス(GPUを想定)
)

# トレーニング履歴を保持するための辞書を初期化
history = defaultdict(list)
```


■評価結果を記録してログに出力するlog_validation_results()関数の定義

28番目のセルに次のコードを記述し、実行します。

▼評価結果を記録してログに出力するlog_validation_results()関数(T2T_ViT_CIFAR10_PyTorch.ipynb)

セル28

```
# トレーナーがエポックを完了したときにこの関数を呼び出すためのデコレーター
@trainer.on(Events.EPOCH_COMPLETED)
def log_validation_results(engine):
    """ エポック完了時にトレーニングと検証の損失および精度を記録してログに出力

```

```
Args:
    engine: トレーナーの状態を保持するエンジンオブジェクト
"""
# トレーナーの状態を取得
train_state = engine.state
# 現在のエポック数を取得
epoch = train_state.epoch
# 最大エポック数を取得
max_epochs = train_state.max_epochs
# 現在のエポックのトレーニング損失を取得
train_loss = train_state.metrics["loss"]
# トレーニング損失を履歴に追加
history['train_loss'].append(train_loss)
# トレーニングデータローダーを使用して評価を実行
train_evaluator.run(train_loader)
# トレーニング評価の結果メトリクスを取得
train_metrics = train_evaluator.state.metrics
# トレーニングデータの精度を取得
train_acc = train_metrics["accuracy"]
# トレーニング精度を履歴に追加
history['train_acc'].append(train_acc)
# テストデータローダーを使用して評価を実行
evaluator.run(test_loader)

# 検証評価の結果メトリクスを取得
val_metrics = evaluator.state.metrics
# 検証データの損失を取得
val_loss = val_metrics["loss"]
# 検証データの精度を取得
val_acc = val_metrics["accuracy"]
# 検証損失を履歴に追加
history['val_loss'].append(val_loss)
# 検証精度を履歴に追加
history['val_acc'].append(val_acc)

# トレーニングと検証の損失および精度を出力
print(
    "{}/{} - train:loss {:.3f} accuracy {:.3f}; val:loss {:.3f} accuracy {:.3f}".format(
    epoch, max_epochs, train_loss, train_acc, val_loss, val_acc)
    )
```

7.3.3 トレーニングを実行して結果を評価する

トレーニングを実行し、モデルを評価します。トレーニング終了後、損失と正解率の推移をグラフにします。

■トレーニングの開始

29番目のセルに次のコードを記述し、実行しましょう。すぐにトレーニングが開始されます。

▼トレーニングを開始 (T2T_ViT_CIFAR10_PyTorch.ipynb)

セル29
```
trainer.run(train_loader, max_epochs=EPOCHS);
```

▼出力
```
1/100 - train:loss 1.709 accuracy 0.393; val:loss 1.585 accuracy 0.408
......途中省略......
50/100 - train:loss 0.461 accuracy 0.853; val:loss 0.475 accuracy 0.836
......途中省略......
98/100 - train:loss 0.016 accuracy 0.998; val:loss 0.362 accuracy 0.924
99/100 - train:loss 0.017 accuracy 0.998; val:loss 0.363 accuracy 0.924
100/100 - train:loss 0.023 accuracy 0.998; val:loss 0.362 accuracy 0.924
CPU times: user 7h 37min 2s, sys: 4min 45s, total: 7h 41min 47s
Wall time: 7h 34min 9s
```

■損失と精度の推移をグラフ化

トレーニングが終了したら、損失と精度の推移をグラフにしてみましょう。

▼損失の推移をグラフにする (T2T_ViT_CIFAR10_PyTorch.ipynb)

セル30
```
# グラフ描画用のFigureオブジェクトを作成
fig = plt.figure()
# Figureにサブプロット(1行1列の1つ目のプロット)を追加
ax = fig.add_subplot(111)
# x軸のデータをエポック数に基づいて作成(1からhistory['train loss']の長さまでの範囲)
xs = np.arange(1, len(history['train loss']) + 1)
# トレーニングデータの損失をプロット
```

```
ax.plot(xs, history['train loss'], '.-', label='train')
# バリデーションデータの損失をプロット
ax.plot(xs, history['val loss'], '.-', label='val')

ax.set_xlabel('epoch')          # x軸のラベルを設定
ax.set_ylabel('loss')           # y軸のラベルを設定
ax.legend()                     # 凡例を表示
ax.grid()                       # グリッドを表示
plt.show()                      # グラフを表示
```

▼精度の推移をグラフにする(T2T_ViT_CIFAR10_PyTorch.ipynb)

```
セル31
# グラフ描画用のFigureオブジェクトを作成
fig = plt.figure()
# Figureにサブプロット(1行1列の1つ目のプロット)を追加
ax = fig.add_subplot(111)
# x軸のデータをエポック数に基づいて作成(1からhistory['val acc']の長さまでの範囲)
xs = np.arange(1, len(history['val acc']) + 1)
# バリデーションデータの正解率をプロット
ax.plot(xs, history['val acc'], label='Validation Accuracy', linestyle='-')
# トレーニングデータの正解率をプロット
ax.plot(xs, history['train acc'], label='Training Accuracy', linestyle='--')
ax.set_xlabel('Epoch')              # x軸のラベルを設定
ax.set_ylabel('Accuracy')           # y軸のラベルを設定
ax.grid()                           # グリッドを表示
ax.legend()                         # 凡例を追加
plt.show()                          # グラフを表示
```

▼出力されたグラフ

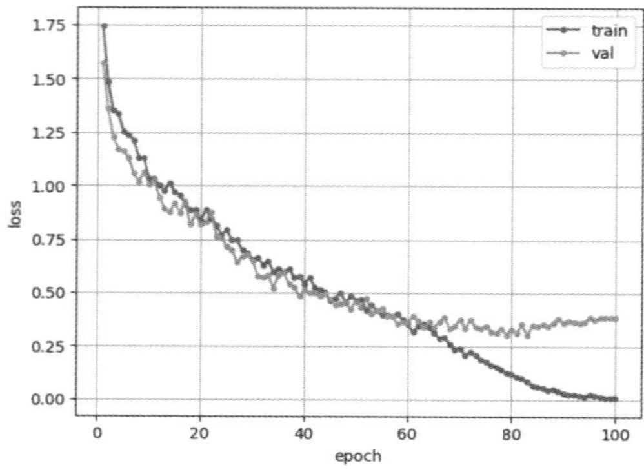

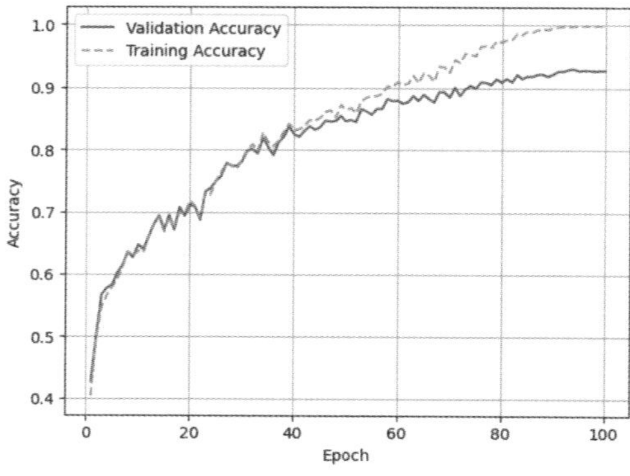

章 CoAtNetを用いた画像分類モデルの実装(PyTorch)

8.1 CoAtNetの概要

CoAtNet*は、CNNの局所的な処理能力と、トランスフォーマーの長距離依存関係を捉える能力を統合したモデルです。ViTモデルでは、自己注意機構を通じてパッチ間の関係を効果的に捉えることで長距離依存関係を実現しています。CoAtNetは、このViTの特性とCNNを組み合わせることで、優れた性能を発揮します。

8.1.1 CoAtNet登場の経緯

CoAtNetはどういう経緯で登場したのでしょうか。

●畳み込みニューラルネットワーク(CNN)の支配的地位

- AlexNetの成功

2012年に登場したAlexNetは、畳み込みニューラルネットワーク(CNN)の性能を証明し、コンピュータビジョンにおける主要なモデルアーキテクチャとなりました。AlexNetは、ImageNetデータセットで他の競争相手を大きく上回る性能を示しました。

- ConvNets(CNN)の進化

AlexNet以降、VGGNet、GoogLeNet、ResNet、EfficientNetなど、数多くのConvNetsが登場し、画像認識や分類タスクでの性能を次々と向上させてきました。

●自己注意(Self-Attention)モデルの台頭

- Transformersの成功

自然言語処理(NLP)分野では、2017年に登場したTransformerモデルが大成功を収めました。特に、BERTやGPTなどのモデルは、さまざまなNLPタスクで最先端の性能を達成しました。

---

* CoAtNet　Zihang Dai, Hanxiao Liu, Quoc V. Le, Mingxing Tan (2021) "CoAtNet: Marrying Convolution and Attention for All Data Sizes" arXiv:2106.04803

- **Vision Transformer（ViT）**

自然言語処理での成功を受けて、自己注意（Self-Attention）機構をコンピュータビジョンに応用する試みが進んだことは、この本で何度か触れました。中でもVision Transformer（ViT）は、ほぼ純粋なTransformerレイヤーのみを用いて、ImageNet-1Kデータセットで優れた性能を示しました。

●自己注意モデルの限界

- **データ量の影響**

ViTは、巨大なJFT-300Mデータセットで事前学習した場合に高い性能を発揮しましたが、データ量が少ない場合にはConvNetsに劣ることが明らかになりました。例えば、ViTは追加のJFT-300M事前学習なしでは、同等のモデルサイズのConvNetsよりもImageNetの精度が低いことが示されました。

- **特定のバイアスの欠如**

ConvNetsは、「入力データ（画像）の上下または左右への移動に対する不変性」という特性を持ち、少ないデータでも高い汎化能力を示します。一方、標準的なTransformer（ViT）は位置埋め込みを使用するため、この特性を欠いています。

●畳み込みと自己注意の融合

- **ハイブリッドモデルの登場**

上記のような状況の中で、畳み込み層と自己注意機構の両方の強みを活かしたハイブリッドモデルの開発が進みました。例えば、局所的な情報にも反応する能力を持つ自己注意機構や、畳み込み操作を組み込んだFFN層などが提案されました。

- **CoAtNetの提案**

CoAtNetは、この流れの中で登場したモデルであり、「畳み込み層と自己注意機構を効果的に組み合わせることで、両者の長所を最大限に引き出す」ことを目指しています。CoAtNetは、畳み込み層の強力な局所特徴抽出能力と、自己注意機構の能力を統合することで、異なるデータサイズに対して高い性能を発揮するよう設計されています。

8.1.2 CoAtNetの仕組み

CoAtNetモデルでは、画像をパッチに分割する操作は行われません。代わりに、畳み込み層を使用して特徴量を抽出し、その後自己注意（Self-Attention）機構を適用します。

●Stem（ステム）

役割：入力画像を最初に処理する部分で、特徴抽出の初期段階を担当します。

構造：畳み込み層とプーリング層で構成され、画像の解像度を低減しながら重要な特徴を抽出します。

▼CoAtNetモデルの構造*

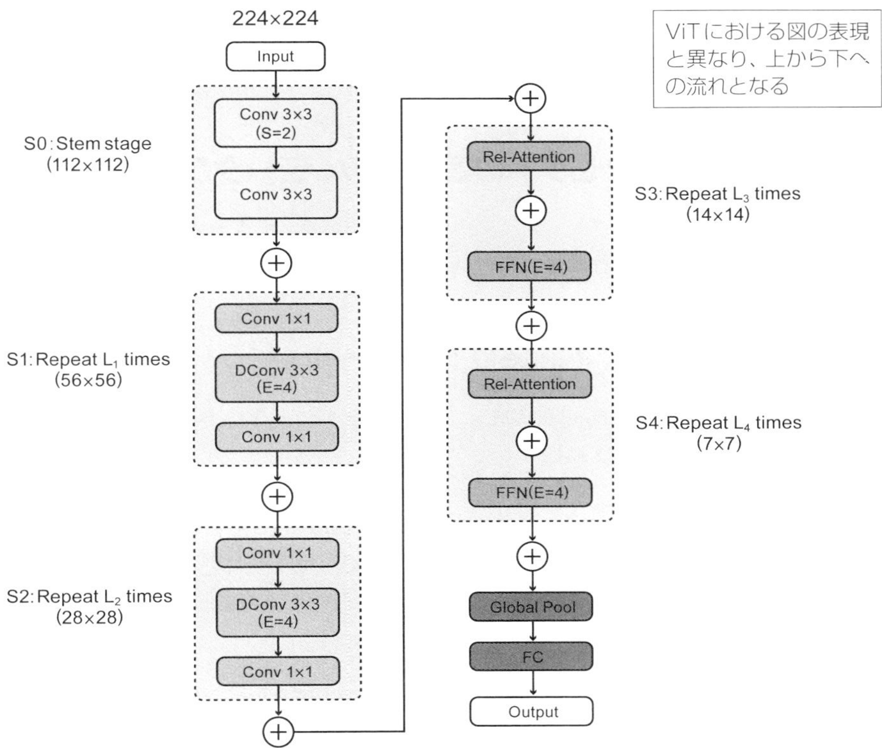

●Stages(ステージ)

・Stage 1 & 2

役割:畳み込みベースのブロック(MBConv)を使用して特徴を抽出します。

構造:各ステージは複数のMBConvブロックで構成されており、深度方向の畳み込みを使用して空間的な情報を効果的に捉えます。

・Stage 3 & 4

役割:Transformerベースのブロックを使用して特徴をさらに抽出し、グローバルな情報を取り込みます。

構造:各ステージは複数のTransformerブロックで構成されており、自己注意メカニズムを使用して広範な特徴を学習します。

●Head(ヘッド)

役割:最終的な分類を行う部分で、全結合層を含みます。

構造:平均プーリングやドロップアウトなどを経て、全結合層に接続され、最終的なクラス予測を行います。

*…の構造　引用:Hu, J. et al.(2017). "Squeeze-and-Excitation Networks"

8.2 PyTorchによるCoAtNetモデルの実装

PyTorchを用いて、CoAtNetモデルの実装*を行い、CIFAR-10データセットを利用した画像分類を行います。

8.2.1 データセットの読み込み、データローダーの作成までを行う

必要なライブラリのインポート、各種パラメーターの設定、データセットの読み込み、データローダーの作成までを行います。

■PyTorch-Igniteのインストール

Colab Notebookを作成し、1番目のセルにPyTorch-Igniteのインストールを行うコードを記述し、実行します。

▼PyTorch-Igniteをインストールする（CoAtNet_CIFAR10_PyTorch.ipynb）

セル1

```
!pip install pytorch-ignite
```

■必要なライブラリ、パッケージ、モジュールのインポート

2番目のセルに次のコードを記述し、実行します。

▼ライブラリやパッケージ、モジュールのインポート（CoAtNet_CIFAR10_PyTorch.ipynb）

セル2

```
import numpy as np
from collections import defaultdict
import matplotlib.pyplot as plt

import torch
import torch.nn as nn
import torch.optim as optim
import torch.nn.functional as F
from torchvision import datasets, transforms
# 以下、PyTorch-Igniteからのインポート
from ignite.engine import Events, create_supervised_trainer, create_supervised_evaluator
```

* CoAtNetモデルの実装　Julius Ruseckas. "CoAtNet"を参考に実装。
Accessed May 21, 2024.　https://juliusruseckas.github.io/ml/coatnet.html

```
import ignite.metrics
import ignite.contrib.handlers
```

■パラメーター値の設定

3番目のセルに次のコードを記述し、実行します。

▼パラメーター値の設定(CoAtNet_CIFAR10_PyTorch.ipynb)

```
セル3
DATA_DIR='./data'            # データ保存用のディレクトリ
IMAGE_SIZE = 32              # 入力画像1辺のサイズ
NUM_CLASSES = 10             # 分類先のクラス数
NUM_WORKERS = 12             # データローダーが使用するサブプロセスの数を指定
BATCH_SIZE = 32              # ミニバッチのサイズ
LEARNING_RATE = 1e-3         # 学習率
WEIGHT_DECAY = 1e-1          # オプティマイザーの重み減衰率
EPOCHS = 100                 # 学習回数
```

■使用可能なデバイスの種類を取得

使用可能なデバイス(CPUまたはGPU)の種類を取得します。4番目のセルに次のコードを記述し、実行します。ここでは、GPUの使用を想定しています。

▼使用可能なデバイスを取得(CoAtNet_CIFAR10_PyTorch.ipynb)

```
セル4
DEVICE = torch.device("cuda") if torch.cuda.is_available() else torch.device("cpu")
print("device:", DEVICE)
```

▼出力(Colab NotebookにおいてGPUを使用するようにしています)

```
device: cuda
```

8.2.2 データ拡張処理の定義とデータローダーの作成

データ拡張処理を定義し、データローダーを作成します。

■トレーニングデータに適用するデータ拡張処理の定義

トレーニングデータに適用する一連の変換操作をtransforms.Compose（コンテナ）にまとめます。5番目のセルに次のコードを記述し、実行します。

▼トレーニングデータに適用する変換操作をtransforms.Composeにまとめる（CoAtNet_CIFAR10_PyTorch.ipynb）

セル5

```
# トレーニングデータに適用する一連の変換操作をtransforms.Composeにまとめる
train_transform = transforms.Compose([
    transforms.RandomHorizontalFlip(),      # ランダムに左右反転
    # 4ピクセルのパディングを挿入してランダムに切り抜く
    transforms.RandomCrop(IMAGE_SIZE, padding=4),
    # 画像の明るさ、コントラスト、彩度をランダムに変化させる
    transforms.ColorJitter(brightness=0.2, contrast=0.2, saturation=0.2),
    transforms.ToTensor()                   # テンソルに変換
])
```

■トレーニングデータとテストデータをロードして前処理

CIFAR-10データセットからトレーニングデータとテストデータをロードして、前処理を行います。6番目のセルに次のコードを記述し、実行します。

▼トレーニングデータとテストデータをロードして前処理を行う（CoAtNet_CIFAR10_PyTorch.ipynb）

セル6

```
# CIFAR-10データセットのトレーニングデータを読み込み、データ拡張を適用
train_dset = datasets.CIFAR10(
    root=DATA_DIR, train=True, download=True, transform=train_transform)
# CIFAR-10データセットのテストデータを読み込んでテンソルに変換する処理のみを行う
test_dset = datasets.CIFAR10(
    root=DATA_DIR, train=False, download=True, transform=transforms.ToTensor())
```

■データローダーの作成

トレーニング用のデータローダーと、テストデータ用のデータローダーを作成します。7番目のセルに次のコードを記述し、実行します。

▼データローダーの作成 (CoAtNet_CIFAR10_PyTorch.ipynb)

セル7
```
# トレーニング用のデータローダーを作成
train_loader = torch.utils.data.DataLoader(
    train_dset,
    batch_size=BATCH_SIZE,
    shuffle=True,               # 抽出時にシャッフルする
    num_workers=NUM_WORKERS,    # データ抽出時のサブプロセスの数を指定
    pin_memory=True             # データを固定メモリにロード
    )

# テスト用のデータローダーを作成
test_loader = torch.utils.data.DataLoader(
    test_dset,
    batch_size=BATCH_SIZE,
    shuffle=False,              # 抽出時にシャッフルしない
    num_workers=NUM_WORKERS,    # データ抽出時のサブプロセスの数を指定
    pin_memory=True             # データを固定メモリにロード
    )
```


8.2.3 モデル用ユーティリティを作成する

モデルの構築や初期化に役立つユーティリティ (関数やクラス) を作成します。

■レイヤーの重みやバイアスの初期値を設定するinit_linear()関数

レイヤーに設定されている重みパラメーターやバイアスの初期値を設定するinit_linear()関数を定義します。8番目のセルに次のコードを記述し、実行します。

▼init_linear()関数の定義 (CoAtNet_CIFAR10_PyTorch.ipynb)

セル8
```
def init_linear(m):
    """ レイヤーの重みとバイアスを初期化する

```

```
    Args:
        m (nn.Module): 畳み込み層または全結合層のPyTorchモジュール
    """
    # モジュールが畳み込み層(nn.Conv2d)または全結合層(nn.Linear)であるかチェックする
    if isinstance(m, (nn.Conv2d, nn.Linear)):
        # 重みをKaiming正規分布で初期化する
        nn.init.kaiming_normal_(m.weight)
        # バイアスが存在する場合、バイアスをゼロで初期化する
        if m.bias is not None:
            nn.init.zeros_(m.bias)
```

■事前に設定された引数と追加の引数を組み合わせてモジュールを実行するPartialクラス

ユーティリティクラスとして、Partialクラスを定義します。9番目のセルに次のコードを記述し、実行します。

▼ユーティリティクラスPartialの定義(CoAtNet_CIFAR10_PyTorch.ipynb)

セル9

```
class Partial:
    """ 引数をバインドしてモジュールを実行するためのユーティリティクラス

    Attributes:
        module (Callable): 部分的に引数をバインドする対象のモジュール(関数やクラス)
        args (tuple): 事前にバインドする位置引数
        kwargs (dict): 事前にバインドするキーワード引数
    """
    def __init__(self, module, *args, **kwargs):
        """ コンストラクター

        Args:
            module (Callable): 部分的に引数をバインドする対象のモジュール(クラスなど)
            *args: 事前にバインドする位置引数のリスト
            **kwargs: 事前にバインドするキーワード引数の辞書
        """
        self.module = module  # モジュールを設定
        self.args = args      # 事前にバインドする位置引数を設定
        self.kwargs = kwargs  # 事前にバインドするキーワード引数を設定
```

```
    def __call__(self, *args_c, **kwargs_c):
        """ Partialのインスタンスが実行された際に
            事前の引数と追加の引数を組み合わせてモジュールを実行する

        Args:
            *args_c: 呼び出し時に渡される追加の位置引数
            **kwargs_c: 呼び出し時に渡される追加のキーワード引数

        Returns:
            モジュールの実行結果
        """
        # 事前に設定された引数と追加の引数を組み合わせてモジュールを実行
        return self.module(
            *args_c,              # 呼び出し時の位置引数を展開
            *self.args,           # 事前の位置引数を展開
            **kwargs_c,           # 呼び出し時のキーワード引数を展開
            **self.kwargs         # 事前のキーワード引数を展開
        )
```


●Partialクラスの処理の流れ

Partialクラスの使い方を確認しておきましょう。

①Partialクラスのインスタンスを作成します。

▼Partialクラスのインスタンスを作成

```
partial_instance = Partial(TransformerBlock, head_channels, p_drop=trans_p_drop)
```

Partialクラスをインスタンス化すると、Partialのコンストラクターすなわち__init__()メソッドが呼び出され、

・moduleにTransformerBlockが渡され、self.moduleに保存されます。
・*argsにhead_channelsが渡され、self.argsにタプルとして保存されます。
・**kwargsにp_drop = trans_p_dropが渡され、self.kwargsに辞書{'p_drop': trans_p_drop}として保存されます。

②Partialクラスのインスタンスを関数として呼び出します。

▼Partialのインスタンスを実行

```
result = partial_instance(some_other_arg, another_kwarg=another_value)
```

インスタンスを関数として呼び出すと、Partialクラスの__call__()メソッドが実行されます。__call__()メソッドは、事前に保存された引数(self.args、self.kwargs)と、新たに渡された引数(args_c、kwargs_c)を組み合わせて、self.module(この場合はTransformerBlock)を呼び出します。

このように、Partialクラスを使えば「モジュール(関数やクラス)に対して事前に引数をバインドし、その後、追加の引数と共に呼び出す」ことが可能になります。

■チャンネル次元に正規化を適用するLayerNormChannels

チャンネル次元に正規化を適用するネットワークとして、LayerNormChannelsクラスを定義します。10番目のセルに次のコードを記述し、実行します。

▼LayerNormChannelsクラスの定義(CoAtNet_CIFAR10_PyTorch.ipynb)

セル10

```
class LayerNormChannels(nn.Module):
    """ チャンネル次元に正規化を適用するネットワーク

    Attributes:
        norm (nn.LayerNorm): 正規化レイヤー
    """
    def __init__(self, channels):
        """ チャンネル数を指定してLayerNormを初期化する

        Args:
            channels (int): 正規化を適用するチャンネル次元数。128, 256, 512,
        """
        super().__init__()
        # 入力次元数をチャンネル次元数にしてLayerNormを初期化
        self.norm = nn.LayerNorm(channels)

    def forward(self, x):
        """ フォワードパス
            入力テンソルに対して正規化レイヤーを適用する

```

```
        Args:
            x: (bs, チャンネル次元, 特徴マップ高さ, 特徴マップ幅)
               (bs, 128, 16, 16)
               (bs, 256, 8, 8)
               (bs, 512, 4, 4)

        Returns:
            LayerNormを適用したテンソル
               (bs, 128, 16, 16)
               (bs, 256, 8, 8)
               (bs, 512, 4, 4)
        """
        x = x.transpose(1, -1)       # チャンネル次元を最後の次元に移動
        x = self.norm(x)             # 正規化レイヤーを適用
        x = x.transpose(-1, 1)       # チャンネル次元を元の位置に戻す

        return x
```


■畳み込み層、バッチ正規化層、GELU関数のネットワークを構築するConvBlock

畳み込み層、バッチ正規化層を配置し、GELU活性化関数を適用するネットワークとして、ConvBlockクラスを定義します。11番目のセルに次のコードを記述し、実行します。

▼ConvBlockクラスの定義(CoAtNet_CIFAR10_PyTorch.ipynb)

セル11

```
class ConvBlock(nn.Sequential):
    """ 畳み込み層、バッチ正規化層、GELU関数で構成されるネットワーク
    """
    def __init__(self, in_channels, out_channels, kernel_size=3, stride=1, groups=1):
        """ ネットワークを初期化する

        Args:
            in_channels (int): チャンネル次元数。3, 64, 256, 128,
            out_channels (int): 出力チャンネル次元数。64, 256, 512,
            kernel_size (int, optional): 畳み込みカーネルのサイズ。3, 1,
            stride (int, optional): 畳み込みのストライド。1, 2,
            groups (int, optional): グループ数。1, 256,

        Returns:
```

```
        None
    """
    # パディングのサイズを計算
    padding = (kernel_size - 1) // 2
    # nn.Sequentialのコンストラクターを呼び出し、各レイヤーを配置
    super().__init__(
        nn.Conv2d(
            in_channels,                    # 入力チャンネル次元数
            out_channels,                   # 出力チャンネル次元数
            kernel_size,                    # カーネルサイズ
            stride=stride,                  # ストライド
            padding=padding,                # パディング
            groups=groups,                  # グループ数
            bias=False                      # バイアス項は使用しない
        ),
        nn.BatchNorm2d(out_channels),       # 出力チャンネルにバッチ正規化を適用
        nn.GELU()                           # GELU活性化関数
    )
```

● torch.nn.Conv2d()

畳み込みニューラルネットワーク層を作成し、2D畳み込みを実行します。フィルター(カーネル)を入力画像に適用して特徴マップを生成します。

書式	torch.nn.Conv2d(in_channels, out_channels, kernel_size, stride=1, padding=0, dilation=1, groups=1, bias=True, padding_mode='zeros')	
引数	in_channels	入力チャンネル数。
	out_channels	出力チャンネル数。畳み込み層の出力チャンネル数は、カーネル(フィルター)の数を表します。
	kernel_size	畳み込みを行うカーネル(フィルター)のサイズ。例えば、3×3カーネルの場合は3または(3, 3)。
	stride	カーネルのストライド(スライドさせる量)。デフォルトは1。
	padding	入力画像の周囲に追加するパディングのサイズ。デフォルトは0。
	dilation	畳み込みカーネルの拡張率。デフォルトは1。
	groups	グループ数。入力チャンネルと出力チャンネルを、指定した数のグループに分割します。デフォルトは1。
	bias	バイアス項を使用するかどうか。デフォルトはTrue。
	padding_mode	パディングのモード。'zeros', 'reflect', 'replicate', 'circular' のいずれか。デフォルトは'zeros'。

●nn.Conv2dのgroupsオプション

groupsオプションは、畳み込み層の動作を変更するための重要なパラメーターです。このオプションは、「入力チャンネルと出力チャンネルを指定した数のグループに分割し、それぞれのグループに対して独立した畳み込みを適用する」ことを可能にします。

• groups＝1〈デフォルト〉

通常の畳み込みを実行します。すべての入力チャンネルがすべての出力チャンネルと接続されます。

例えば、in_channels = 4、out_channels = 8の場合、各出力チャンネルは4つの入力チャンネルのすべてに対して畳み込みを行います。

• groups>1

入力チャンネルと出力チャンネルを指定した数のグループに分割し、それぞれのグループで独立した畳み込みを実行します。例えば、in_channels = 4、out_channels = 8、groups = 2の場合、入力チャンネルを2つのグループ（各グループ2チャンネル）に分け、各グループに対して独立した畳み込みを行い、合計8つの出力チャンネルを生成します。各グループ内でのみ畳み込みが行われるため、計算量が削減され、異なる特徴を学習することができます。

• groups＝in_channels〈Depthwise Convolution〉

入力チャンネルごとに独立した畳み込みを実行します。これを「深度方向の畳み込み」（Depthwise Convolution）と呼びます。例えば、in_channels = 4、out_channels = 4、groups = 4の場合、各入力チャンネルに対して独立した畳み込みが行われ、それぞれの入力チャンネルから1つの出力チャンネルが生成されます。

●torch.nn.BatchNorm2d()

2次元のバッチ正規化を行います。正規化は、各ミニバッチ内の画像データ（チャンネル、高さ、幅）の平均と分散を計算することで行われます。

書式	torch.nn.BatchNorm2d(num_features, eps=1e−5, momentum=0.1, affine=True, track_running_stats=True)	
引数	num_features	正規化する特徴量の数。通常は入力チャンネル数に対応します。
	eps	数値安定性のために加える小さな値。デフォルトは1e−5。
	momentum	バッチの平均と分散の移動平均を計算する際のモメンタム。デフォルトは0.1。モメンタムとは、移動平均の計算における過去の情報を考慮するためのもので、勾配降下法におけるパラメーターの更新をスムーズにする役割があります。
	affine	このレイヤーが学習可能なパラメーターを持つかどうか。デフォルトはTrue。
	track_running_stats	バッチごとの統計（平均と分散）を追跡するかどうか。デフォルトはTrue。

●畳み込みニューラルネットワークの仕組み

次図は、畳み込みニューラルネットワーク(CNN)における「畳み込み演算」のイメージです。

▼1個のニューロンに2次元空間の情報を学習させる「畳み込み演算」

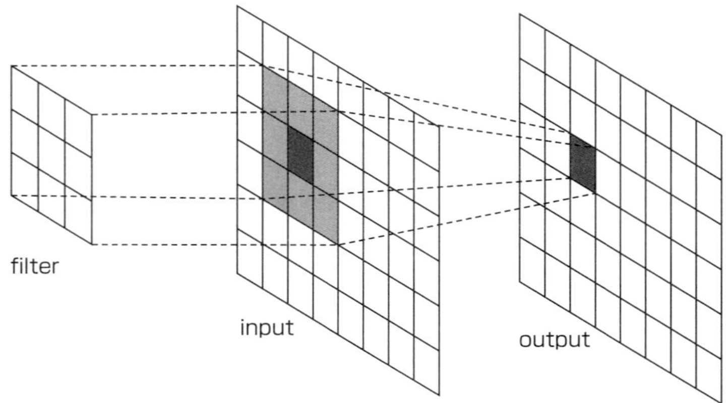

2次元空間の情報を取り出す方法として、「フィルター」と呼ばれる処理があります。ここでは話を簡単にするため、「3×3のサイズのフィルターを用いて、5×5の画像の畳み込み演算をする」例を見ていきます。フィルターには学習可能なパラメーター(重み)が設定され、トレーニング中に値が更新されます。その演算内容を見るため、次図のように0と1の値が設定されているものとします。

▼3×3のフィルター

0	1	1
0	1	1
0	1	1

5×5の図にも、ピクセル値として単純に0と1の値が埋め込まれています。次図にあるように、フィルターを画像の左上隅に重ねて、同じ位置にある画像のピクセル値とフィルターの値(重み)との積を求め、その結果を足し合わせて1つの値にします。このようにして求めた1つの値を、フィルターの中心の位置に書き込みます。この作業を、フィルターを1ピクセルずつスライドさせながら、画像全体に対して行っていきます。これが**畳み込み演算**です。なお、フィルターをスライドさせる量のことを「**ストライド**」と呼びます。

▼畳み込み演算による処理

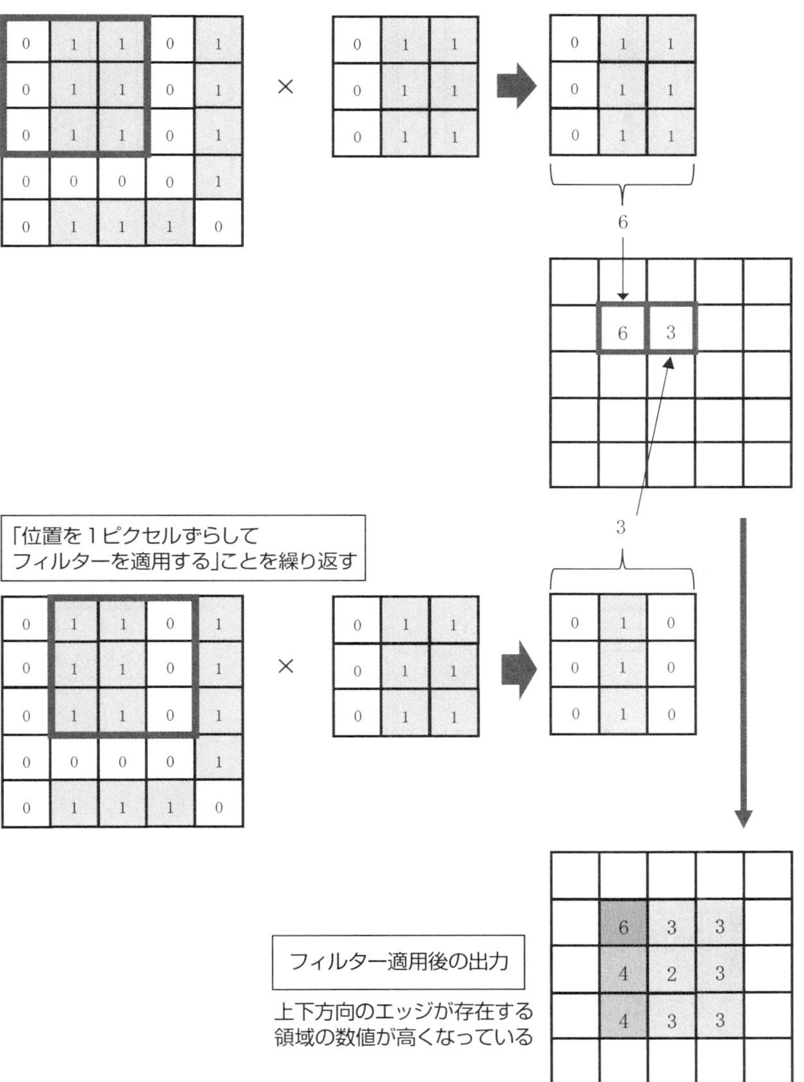
「位置を1ピクセルずらして
フィルターを適用する」ことを繰り返す
フィルター適用後の出力
上下方向のエッジが存在する
領域の数値が高くなっている

ここでは、3×3のフィルターをストライド1で適用していますが、畳み込み演算の結果、元の画像よりも小さい3×3のサイズになりました。このような、フィルター適用による画像のサイズ減を防止する処理として、「ゼロパディング」があります。ゼロパディングでは、あらかじめ元の画像の周りをゼロで埋めてからフィルターを適用します。そうすることで、畳み込み演算の結果として元の画像と同じサイズの画像が出力されるようになります。

▼フィルターを適用すると、元の画像よりも小さいサイズになる

0	1	1	0	1
0	1	1	0	1
0	1	1	0	1
0	0	0	0	1
0	1	1	1	0

×

0	1	1
0	1	1
0	1	1

➡

	6	3	3	
	4	2	3	
	4	3	3	

▼画像の周りを0でパディング（埋め込み）する

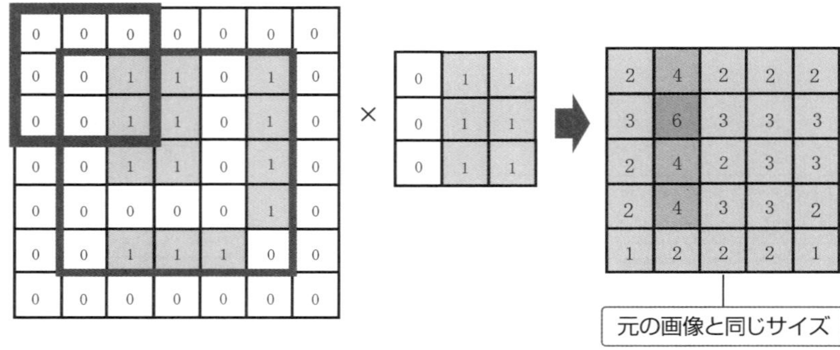

この例では、画像のピクセル値が1値（チャンネル次元数1）でしたが、カラー画像の場合は、1ピクセル当たりRGBの3値（チャンネル次元数3）になります。次図は、32×32のカラー画像にサイズ3×3のフィルター32枚を適用する例です。

COLUMN CNNのフィルターサイズ

中心ピクセルが存在し、畳み込みの際にパディングを均等に適用できることから、奇数サイズのフィルターが用いられます。

- **1×1フィルター**
  チャンネル間の情報を圧縮するために使用されます。空間的なサイズを変えずに、計算量を減らすことができます。
- **3×3 フィルター**
  最も多く使われており、細かい特徴を捉えやすいサイズです。
- **5×5フィルター**
  3×3に比べて計算コストは高くなりますが、細かいディテールだけでなく、少し広めの特徴を抽出したい場合に有効です。

▼32×32のカラー画像（チャンネル次元数3）に、フィルター32枚を用いて畳み込み演算を行う

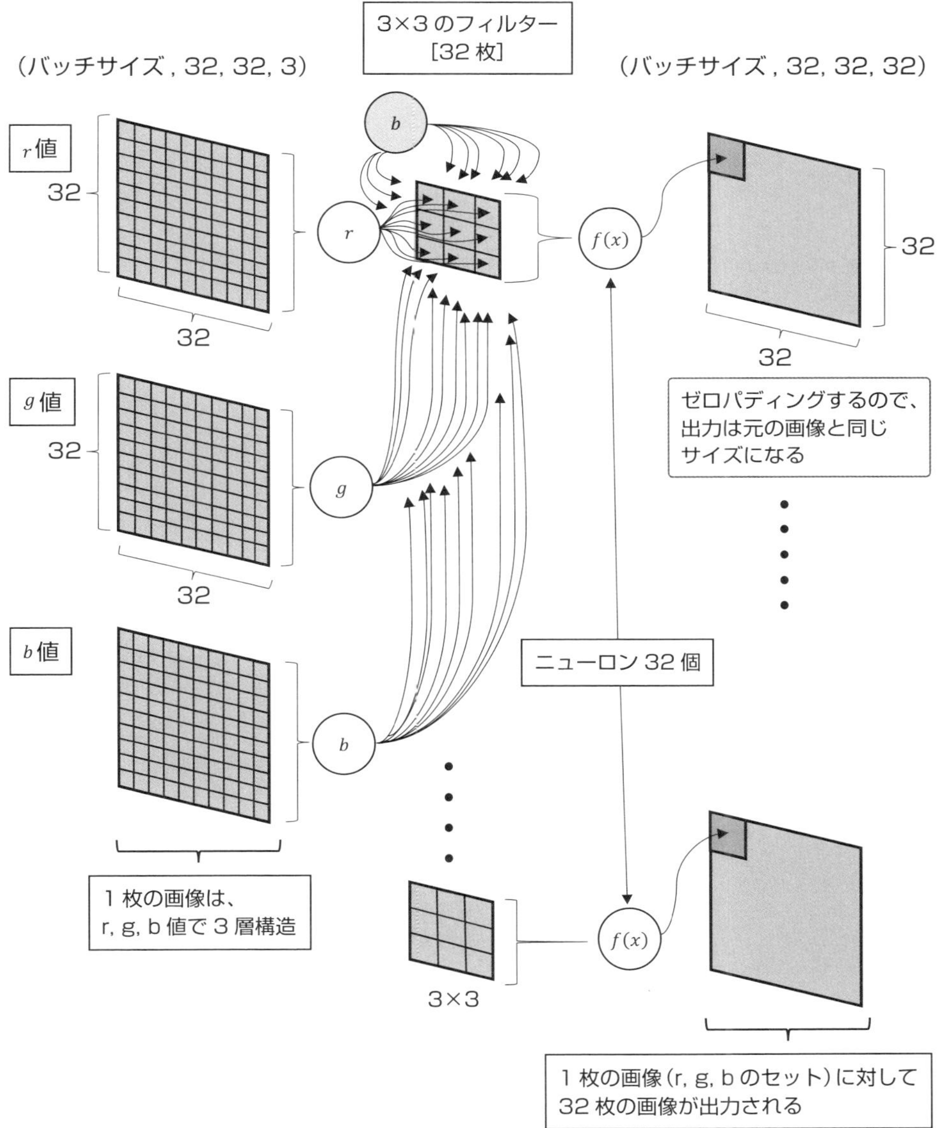

■残差接続のための仕組みを作る：get_shortcut()関数、Residualクラス

残差接続に必要なショートカットを作成するget_shortcut()関数、および残差接続を行うネットワークとしてResidualクラスを定義します。

●get_shortcut()関数の定義

12番目のセルに次のコードを記述し、実行します。

▼get_shortcut()関数の定義（CoAtNet_CIFAR10_PyTorch.ipynb）

```
セル12
def get_shortcut(in_channels, out_channels, stride):
    """ 残差接続におけるショートカット経路を作成する

    Args:
        in_channels (int): 入力チャンネル次元数。64, 128, 256, 512
        out_channels (int): 出力チャンネル次元数。64, 128, 256, 512
        stride (int): ストライド。1, 2,

    Returns:
        nn.Module: ショートカット経路(モジュール)
    """

    # 入力チャンネル次元数と出力チャンネル次元数が同じで、ストライドが1の場合は
    # Identityレイヤーをショートカットとして設定
    if (in_channels == out_channels and stride == 1):
        shortcut = nn.Identity()         # 入力をそのまま出力するIdentityレイヤー
    else:
        # それ以外の場合は、カーネルサイズ1×1の畳み込み層をショートカットとして設定
        # 残差接続を行うレイヤーからの出力テンソルのチャンネル数に合わせせる
        shortcut = nn.Conv2d(in_channels, out_channels, 1)

    # ストライドが1より大きい場合は、ダウンサンプリングのためのMaxPool2dレイヤーを配置し、
    # その後にショートカット(Conv2dまたはIdentity)を配置する
    if stride > 1:
        shortcut = nn.Sequential(
            nn.MaxPool2d(stride),        # 最大値プーリングを配置
            shortcut                     # ショートカットを配置
        )

    return shortcut
```

●処理の流れ

①入力チャンネル数と出力チャンネル数が同じで、ストライドが1の場合

入力テンソルをそのまま出力するnn.Identityレイヤーをショートカット経路に設定します。これにより、入力テンソルは変更されず、残差接続を行うレイヤーからの出力テンソルと形状が一致します。

②それ以外の場合

チャンネル数を調整するため、1×1のカーネルで畳み込みを行うnn.Conv2dレイヤーをショートカット経路に設定します。これにより、ショートカット経路の出力テンソルのチャンネル数が、残差接続を行うレイヤーからの出力テンソルのチャンネル数に一致するようになります。言い換えると、メインパスの出力チャンネル数とショートカットパスの出力チャンネル数が一致します。

③ストライドが1より大きい場合

メインパス（残差接続する側）においてストライドが1より大きい場合、メインパスの出力の空間的なサイズ（高さと幅）が縮小されます。これに対処するため、ショートカットパスでも同様にサイズを縮小することで、メインパスの出力とショートカットパスの出力のサイズが一致するようにします。

・ストライドの値に応じて空間的なサイズを縮小するためのnn.MaxPool2dレイヤーを配置します。
・nn.MaxPool2dレイヤーとショートカットをnn.Sequentialで連結することにより、「最初に最大値プーリングが行われ、その後にショートカットの処理（nn.Conv2dレイヤーまたはIdentityレイヤー）が適用される」ようにします。

●torch.nn.MaxPool2d()

2次元データ（通常は画像）の最大プーリングを行います。最大プーリングは、指定されたカーネルサイズごとに各ウィンドウ内の最大値を取得し、ダウンサンプリングを行う操作です。例えば、入力画像のサイズが4×4の場合、プーリングウィンドウが2×2、ストライドが2の最大プーリングを行うと、各ウィンドウの最大値が出力として使用されるので、画像のサイズが2×2にダウンサンプリング（次元数縮小）されます。

書式	torch.nn.MaxPool2d (kernel_size, stride=None, padding=0, dilation=1, return_indices=False, ceil_mode=False)	
引数	kernel_size	プーリングウィンドウのサイズ。1つの整数を指定すると、縦と横の両方に同じサイズが適用されます。タプルを指定すると、それぞれの次元に異なるサイズを適用できます。
	stride	プーリングウィンドウのストライド(移動量)。指定しない場合は、kernel_sizeと同じ値になります。
	padding	プーリングウィンドウの周囲に追加されるゼロパディングのサイズ。デフォルトは0です。
	dilation	プーリングウィンドウ内の要素間の間隔。デフォルトは1です。
	return_indices	Trueに設定すると、最大値のインデックスを返します。これは、nn.MaxUnpool2dと組み合わせて使用するためのものです。デフォルトはFalseです。
	ceil_mode	Trueに設定すると、出力サイズの計算において端数を切り上げます。デフォルトはFalseです。

●残差接続を行うResidual

残差接続を行うネットワークとして、Residualクラスを定義します。13番目のセルに次のコードを記述し、実行します。

▼残差接続を構築するResidualクラスの定義 (CoAtNet_CIFAR10_PyTorch.ipynb)

セル13
```
class Residual(nn.Module):
    """ 残差接続を行うネットワーク

    Attributes:
        shortcut: ショートカット経路
        residual: 受け取ったレイヤーを連結したメインの経路
        gamma: メインパスの出力をスケーリングするための学習可能なパラメーター
    """
    def __init__(self, *layers, shortcut=None):
        """ コンストラクター
        Args:
            *layers: レイヤーのシーケンス
            shortcut: ショートカット経路
        """
        super().__init__()
        # shortcutがNoneの場合、ショートカット経路にnn.Identityを設定
        # nn.Identityは入力をそのまま出力するモジュール
        self.shortcut = nn.Identity() if shortcut is None else shortcut
        # 受け取ったレイヤーをnn.Sequentialで連結する
        self.residual = nn.Sequential(*layers)
```

```
        # 学習可能な初期値ゼロのパラメーターを1個作成
        self.gamma = nn.Parameter(torch.zeros(1))

    def forward(self, x):
        """
        Args:
            x: 入力テンソル (bs, 64, 32, 32)
                        (bs, 128, 16, 16)
                        (bs, 256, 8, 8)
                        (bs, 512, 4, 4)
        Returns:
            ショートカット経路の出力とスケーリングしたメインパスの出力を足し合わせた結果
        """
        return self.shortcut(x) + self.gamma * self.residual(x)
```

●残差接続の処理の流れ

①ショートカット経路

xをショートカット経路（self.shortcut）に通し、そのまま出力します。

②メインパスへの入力

xを残差接続のメインパス（self.residual）に通し、連結された各レイヤーを順伝播します。

③メインパスの出力

メインパスの最終出力にスケーリング係数（self.gamma）を掛けます。

④残差接続の実行

「ショートカット経路の出力」と「スケーリングしたメインパスの出力」を足し合わせて、最終的な出力とします。

8.2.4 Squeeze-and-Excitation (SE) ブロックを実装する SqueezeExciteBlockクラス

Squeeze-and-Excitation (SE) ブロック*を実装するSqueezeExciteBlockクラスを定義します。SEブロックは、CNN (畳み込みニューラルネットワーク) の性能を向上させるために導入されたモジュールです。各チャンネルの重要度を学習し、チャンネルごとに重み付けを行うことで、重要な特徴を強調し、無駄な情報を抑制します。これにより、ネットワーク全体の表現力が高まり、精度が向上します。

■SEブロックの基本的なアイデア

SEブロックは、次の3つのステップから構成されます:

- **Squeeze (スクイーズ)**
  入力特徴マップの空間次元をグローバルプーリングすることで、各チャンネルのグローバルな情報を集約します。これにより、各チャンネルの全体的な情報を得ることができます。
- **Excitation (エキサイト)**
  Squeezeステップで得られたチャンネルごとのグローバルな情報を用いて、チャンネルの重要度を計算します。これは、1×1のフィルターを用いる畳み込み層と非線形活性化関数を使用して実行されます。
  計算後、再度1×1のフィルターを用いる畳み込み層を適用してチャンネル次元数を元に戻し、シグモイド関数を適用して各チャンネルのスケールを0〜1の範囲に収めます。これにより、各チャンネルの重要度を調整するためのスケール係数が得られます。
- **Recalibration (再調整)**
  Excitationステップで計算されたスケール係数で、入力特徴マップの各チャンネルを再調整 (重み付け) します。これにより、重要なチャンネルが強調され、重要度の低いチャンネルが抑制されます。

---

*…ブロック　Jie Hu, Li Shen, Samuel Albanie, Gang Sun, Enhua Wu (2017). "Squeeze-and-Excitation Networks" arXiv:1709.01507

▼SEネットワークの概要図*

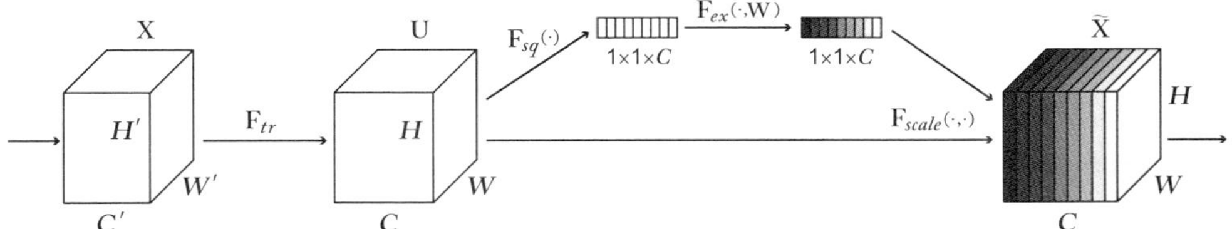

▼SEネットワークの構造*

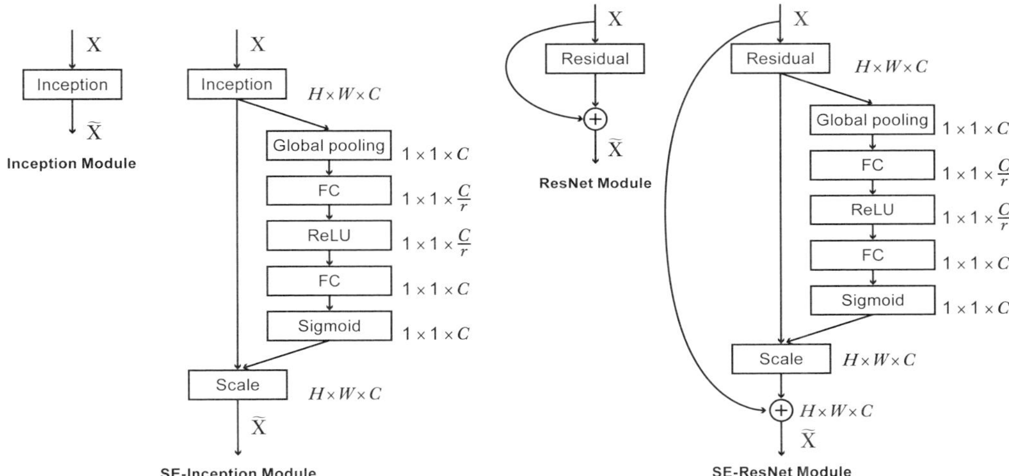

The schema of the original Inception module (left) and the SE-Inception module (right).

The schema of the original Residual module (left) and the SE-ResNet module (right).

＊…の概要図　引用：Hu, J. et al. (2017). "Squeeze-and-Excitation Networks"
＊…の構造　引用：(同上)

■SqueezeExciteBlockクラスの定義

SqueezeExciteBlockクラスを定義します。14番目のセルに次のコードを記述し、実行します。

▼SqueezeExciteBlockクラスの定義(CoAtNet_CIFAR10_PyTorch.ipynb)

セル14
```
class SqueezeExciteBlock(nn.Module):
    """ Squeeze-and-Excitationブロック

    Attributes:
        out_channels (int): 出力チャンネル数
        se (nn.Sequential): SEブロックを構成するシーケンシャルモジュール
    """
    def __init__(self, channels, reduction=4):
        """ SEブロックを初期化する

        Args:
            channels (int): 入力チャンネルの次元数。256, 512,
            reduction (int): チャンネル次元数の縮小率。デフォルトは4
        """
        super().__init__()
        self.out_channels = channels                # 出力チャンネル次元数(入力と同じ)
        channels_r = channels // reduction          # 縮小後のチャンネル次元数を計算

        # SEブロックを構成するレイヤー、モジュールを配置
        self.se = nn.Sequential(
            # 各チャンネルごとの全空間の平均を計算し、1×1の特徴マップに変換
            nn.AdaptiveAvgPool2d(1),
            # 1×1の畳み込みでチャンネル次元数をchannels_rに縮小
            nn.Conv2d(channels, channels_r, kernel_size=1),
            nn.GELU(),                              # GELU活性化関数を適用
            # 1×1の畳み込みでチャンネル数を元に戻す
            nn.Conv2d(channels_r, channels, kernel_size=1),
            nn.Sigmoid()                  # シグモイド関数を適用して各チャンネルのスケールを計算する
        )

    def forward(self, x):
        """ フォワードパス

        Args:
```

```
        x: 形状:(bs, channels, height, width)
            (32, 256, 32, 32)
            (32, 256, 16, 16)
            (32, 512, 16, 16)
    Returns:
        SEブロックを適用した出力テンソル。形状は入力と同じ
    """
    # 入力テンソルとself.se(x)の出力との要素ごとの積を求めることで、
    # ブロードキャストによってテンソルの形状を一致させる
    # ブロードキャスト規則により、どちらかの次元のサイズが1の場合、
    # その次元は対応する次元のサイズに自動的に拡張される
    # 具体的には、self.se(x)の形状 (bs, channels, 1, 1) が、
    # 入力テンソルxの形状 (bs, channels, height, width) にブロードキャストされる
    # これにより、self.se(x)がxと同じ形状に拡張され、
    # 各チャンネルごとにスケーリングが適用される
    return x * self.se(x)
```


●処理の流れ

①nn.AdaptiveAvgPool2d(1)

入力テンソルの各チャンネルに対してグローバル平均プーリングを行い、1×1の特徴マップに変換します。チャンネル次元を縮小することで、全体の計算量を減らします。これにより、パラメーター数と計算負荷が軽減されます。Squeeze(スクイーズ)に相当する処理です。

②nn.Conv2d(channels, channels_r, kernel_size=1)

1×1の畳み込みフィルターを使用して、チャンネル数をchannels_rに縮小(圧縮)します。これは、情報の要約と重要な特徴をより効果的に抽出するのに役立ちます。ここから⑤までが、Excitation(エキサイト)に相当する処理です。

③nn.GELU()

GELU(Gaussian Error Linear Unit)活性化関数を適用することで、チャンネルの重要度をより効果的に学習できるようにします。

④nn.Conv2d(channels_r, channels, kernel_size=1)

もう一度1×1の畳み込みフィルターを適用して、チャンネルを元に戻します。チャンネルを元に戻すことで、元の入力テンソルと形状が一致した特徴マップが生成されます。

⑤nn.Sigmoid()

シグモイド関数を適用して、各チャンネルのスケールを0～1の範囲に収めます。これにより、各チャンネルの重要度を調整するためのスケール係数が得られます。

⑥return x * self.se (x)

①のnn.AdaptiveAvgPool2d (1) の処理によって、self.se (x) の出力は

(bs, channels, 1, 1)

の形状になっています。ここでは、入力テンソルxとの要素ごとの積を求めることで、ブロードキャストによってテンソルの形状を

(bs, channels, height, width)

のように、xと同じ形状に拡張しています。

ブロードキャストにより、self.se (x) はxと同じ形状に拡張されるため、各チャンネルごとにスケーリングが適用されることになります。

●torch.nn.AdaptiveAvgPool2d ()

入力テンソルを、指定された出力サイズに適応的に（従って）平均プーリングします。通常の平均プーリングは違って、出力サイズを明示的に指定できる点が特徴です。任意のサイズの入力テンソルを固定されたサイズの出力テンソルに変換できるので、特に全結合層に接続する際の前処理として有用です。

書式	torch.nn.AdaptiveAvgPool2d (output_size)	
引数	output_size	出力テンソルの空間的なサイズ（高さと幅）。1つの整数を指定すると、縦横同じサイズになります。タプルを指定すると、それぞれの次元に異なるサイズを指定できます。

COLUMN 重みパラメーターの数を少なくして学習時間を短縮

CoAtNetの重みパラメーターの数は、他のモデル（例えばViTなど）と比較すると、同等または少なくなります。CoAtNetは、畳み込みニューラルネットワーク（CNN）の特徴とTransformerの特徴を組み合わせたハイブリッドアーキテクチャで、特に効率性に注力しているためです。

• CNNブロック

モデルの前半のブロックでは、CNNを使用して局所的な特徴を抽出します。CNNは、トランスフォーマーよりもパラメーター数が少なくなる傾向があります。

• Transformerブロック

後半のブロックでは、自己注意機構を用いて、画像全体における要素同士のつながりや関連性を学習します。この段階で使用される重みパラメーターの数は、Transformerベースのモデルと同等です。

8.2.5 MBConvブロックを実装するMBConvクラス

MBConvは、MobileNetV2*で提案されたもので、「計算効率を向上させながら高い性能を発揮する」ことを目的としています。特徴的な要素として、深さ方向の畳み込み（Depthwise Convolution）と逆残差構造（Inverted Residual Structure）を採用しています。

●逆残差接続（Inverted Residual Connection）

「逆残差接続」は、MobileNetV2のアーキテクチャに特有の概念です。従来の残差接続（Residual Connection）との違いは、主にブロック内でのチャンネル数の変化にあります。以下の説明のように、残差ブロックが「入力の次元を縮小し、その後拡大して元に戻す」のに対し、MBConvは「次元を拡張し、その後縮小して元に戻す」という逆の処理を行います。

・従来の残差接続

①チャンネル次元数の縮小

入力のチャンネル数を、1×1のフィルターを用いた畳み込みで縮小します。

②畳み込み

3×3のフィルターを用いた畳み込みで、空間的な特徴を抽出します。

③チャンネル次元数を元に戻す

再び1×1のフィルターを用いた畳み込みで、チャンネル次元数を元に戻します。

④残差接続

③の出力に、ショートカットパスによる入力の加算が行われます。

・逆残差接続

①チャンネル次元数の拡張

入力チャンネルの次元数を、1×1のフィルターを用いた畳み込みで大幅に拡張します。

②深さ方向の畳み込み

「チャンネルごとに」あるいは「チャンネルを任意の数のグループに分け、グループごとに独立して」3×3のフィルターで畳み込みを行い、空間的な特徴を抽出します。通常の畳み込みのように「すべてのチャンネルに対し、複数枚のフィルターがまんべんなく適用される」のではなく、「チャンネルごと、またはチャンネルグループごとに分けた上で、それぞれ独立して畳み込みが行われる」形となります。

③Squeeze-and-Excitation（SE）ブロックの適用

SEブロックを適用して、各チャンネルの重要度を調整します。

④チャンネル次元数を元に戻す

1×1のフィルターを用いた畳み込みで、チャンネル次元数を元に戻します。

＊MobileNetV2　Mark Sandler, Andrew Howard, Menglong Zhu, Andrey Zhmoginov, Liang-Chieh Chen "MobileNetV2: Inverted Residuals and Linear Bottlenecks" arXiv:1801.04381

⑤逆残差接続

④の出力に、ショートカットパスによる入力の加算が行われます。

●図で見る残差ブロックと逆残差ブロックの違い

MobileNetV2の論文に掲載された図において、Residual Block（残差ブロック）とInverted Residual Block（逆残差ブロック）の違いが示されています。

▼残差ブロックと逆残差ブロック*

(a) Residual block

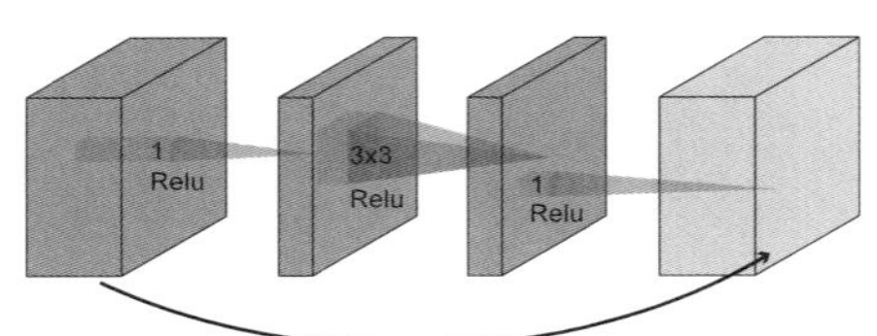

(b) Inverted residual block

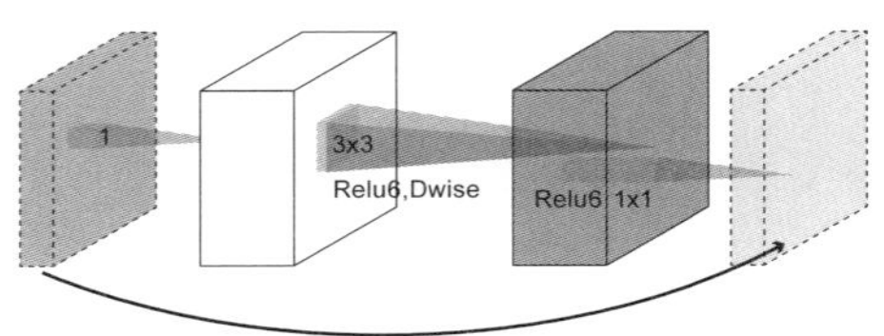

(a) Residual Blockの説明

従来のResidual Blockの構造を示しています。

・最初に、1×1の畳み込みを使用してチャンネル数（次元数）を減少させます。
・次に、3×3の畳み込みを適用して空間的な特徴を抽出します。
・最後に、再び1×1の畳み込みを使用してチャンネル数を元に戻します。
・入力テンソルをそのまま出力に加算します。これにより、残差接続が形成されます。

(b) Inverted Residual Blockの説明

MobileNetV2で導入された逆残差ブロックの構造を示しています。従来の残差ブロックとは逆の順序でチャンネル数を操作することで、計算コストを削減しつつ、高い性能を実現することが説明されています。

・最初に、1×1の畳み込みを使用してチャンネル数を大幅に拡張します。
・次に、各チャンネルごとに独立して3×3の深さ方向の畳み込みを適用し、空間的な特徴を抽出します。
・最後に、再び1×1の畳み込みを使用してチャンネル数を元に戻します。
・入力テンソルをそのまま出力に加算します。これにより、逆残差接続が形成されます。

*…逆残差ブロック　引用：Sandler, M. et al. (2018-2019). "MobileNetV2: Inverted Residuals and Linear Bottlenecks". Figure 3

●線形ボトルネック

線形ボトルネック（Linear Bottleneck）は、MobileNetV2で提案されたアーキテクチャの中核となる概念の1つです。具体的には、逆残差接続のブロックの中の一部として、線形ボトルネックが使用されています。

従来の残差ブロックでは、非線形活性化関数（例えばReLU）が各層の出力に適用されます。これにより、出力テンソルの値が非負になり、特徴の表現力が制限される可能性があり、特に次元を削減する際に情報損失が発生しやすくなります。線形ボトルネックは、この問題に対処するために、逆残差接続における処理の一部として、次のような設計を採用しています。

- **チャンネル次元数の拡張**
  入力テンソルのチャンネル次元数を、1×1の畳み込みを使用して大幅に拡張します。
- **深さ方向の畳み込み**
  各チャンネルごとに独立して3×3の深さ方向の畳み込みを適用し、空間的な特徴を抽出します。
- **チャンネルの縮小**
  再び1×1の畳み込みを使用して、チャンネル数を元に戻します。このとき、非線形活性化関数を適用せず、線形のまま出力することにより、情報の損失を防ぎます。このことは、線形活性化関数が使われるという意味ではありません。線形・非線形を問わず、活性化関数は適用されないのです。

MobileNetV2の論文では、図（次ページ参照）を用いて、分離可能な畳み込みブロックの進化を視覚的に説明しています。

(a) Regular (Regular Convolution)の説明

通常の畳み込み操作です。3×3のフィルターを使用し、入力テンソルに対して畳み込みを行い、出力テンソルを生成します。シンプルな畳み込み操作ですが、計算コストが高くなります。

(b) Separable (Separable Convolution Block)の説明

畳み込み操作を2段階に分けます。最初に各チャンネルごとに独立して深さ方向の畳み込みを行い、次に1×1のフィルターを使月した畳み込みで、チャンネル間の情報を統合します。計算コストが低下し、効率的な特徴抽出が期待できます。

(c) Separable with linear bottleneckの説明

最終的な畳み込みの後、情報の損失を防ぐために非線形活性化関数を適用していません。

▼分離可能な畳み込みブロックの進化*

(a) Regular

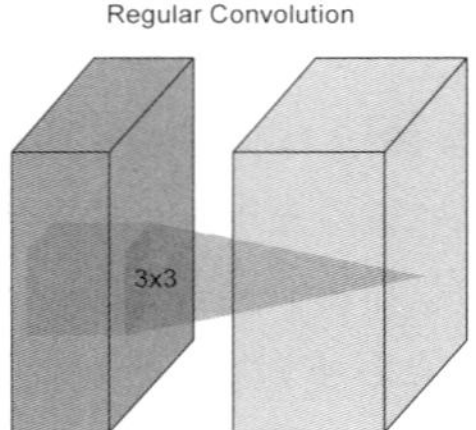

(b) Separable

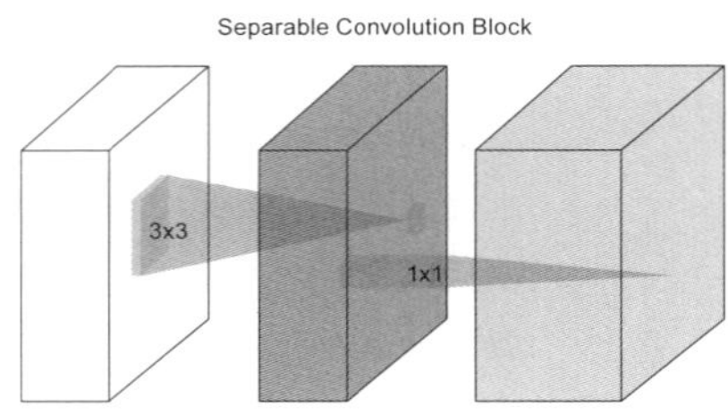

(c) Separable with linear bottleneck

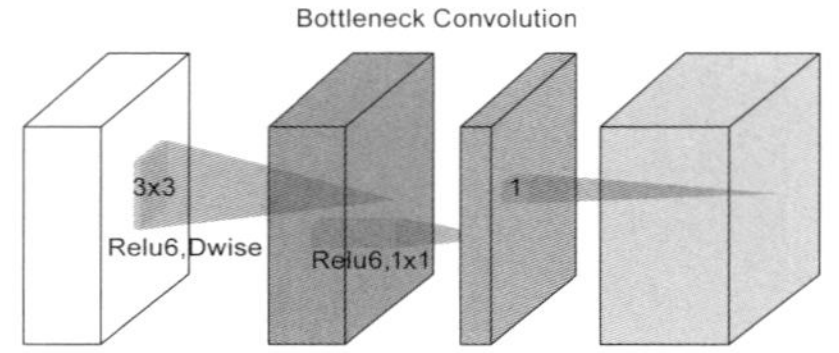

(d) Bottleneck with expansion layer

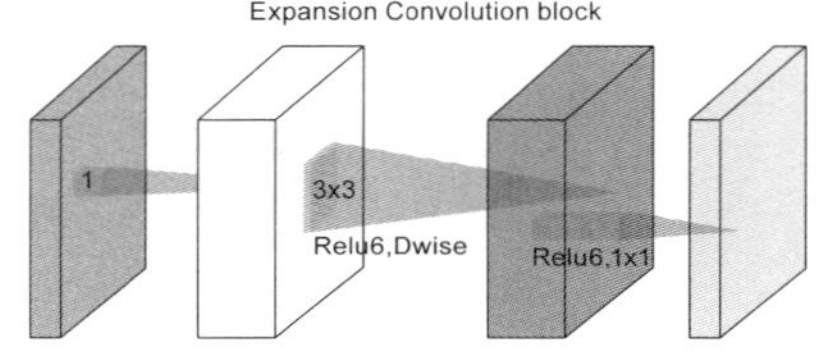

(d) Bottleneck with expansion layerの説明

チャンネル数を一度拡張し、深さ方向の畳み込みを行った後で、再び縮小します。チャンネル数の拡張と縮小を組み合わせることで、計算効率と性能を両立させます。最終的な畳み込みの後、非線形活性化関数は適用されません。

なお、MBConvの構造を426ページの図にまとめました。

■MBConvクラスの定義

MBConvクラスをResidualのサブクラスとして定義します。15番目のセルに次のコードを記述し、実行します。

*…の進化　引用：Sandler, M. et al. (2018-2019). "MobileNetV2: Inverted Residuals and Linear Bottlenecks". Figure 2

▼MBConvクラスの定義(CoAtNet_CIFAR10_PyTorch.ipynb)

セル15

```
class MBConv(Residual):
    """ Mobile Inverted Residual Bottleneck Convolution (MBConv) ブロック
        Residualのサブクラス
    """
    def __init__(self, in_channels, out_channels, shape,
                 kernel_size=3, stride=1, expansion_factor=4):
        """
        Args:
            in_channels (int): 入力チャンネル数。64,128,
            out_channels (int): 出力チャンネル数。64,128,
            shape (tuple): 入力テンソルの形状。(32,32),(16,16)
            kernel_size (int, optional): 畳み込みカーネルのサイズ。3,
            stride (int, optional): 畳み込みのストライド。1,2,
            expansion_factor (int, optional): チャンネル数を拡張する係数。4,
        """
        # 拡張するチャンネル次元数を計算
        mid_channels = in_channels * expansion_factor
        # Residualクラスのコンストラクターを実行
        super().__init__(
            # 入力チャンネル次元に対するバッチ正規化
            nn.BatchNorm2d(in_channels),
            nn.GELU(),          # GELU活性化関数
            # 第1のConvBlockを配置
            # 1×1のフィルターを使用した畳み込みで、チャンネル次元数を拡張
            ConvBlock(in_channels, mid_channels, 1),
            # 第2のConvBlockを配置
            # groupsに拡張後のチャンネル次元数を設定、チャンネルごとに畳み込みを行う
            ConvBlock(
                mid_channels, mid_channels, kernel_size, stride=stride,
                groups=mid_channels),
            # Squeeze-and-Excitationブロックで各チャンネルの重要度を学習、重み付けを行う
            SqueezeExciteBlock(mid_channels),
            # 1×1のフィルターを使用した畳み込みで、チャンネル次元数を縮小、元に戻す
            nn.Conv2d(mid_channels, out_channels, 1),
            # ショートカット接続を配置
            shortcut = get_shortcut(in_channels, out_channels, stride)
        )
```

▼MBConvの構造

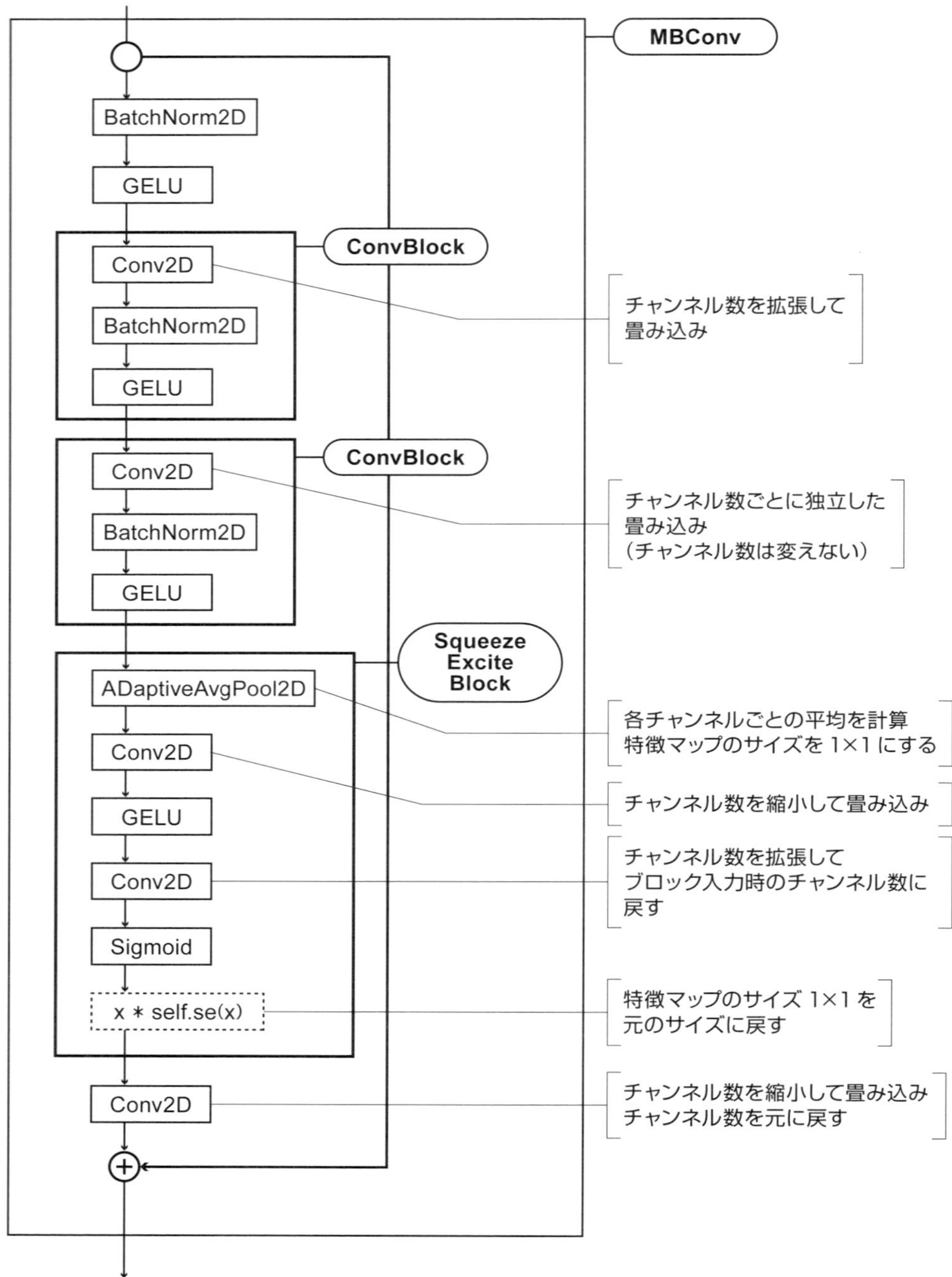
MBConv
BatchNorm2D
GELU
ConvBlock
Conv2D
BatchNorm2D
GELU
チャンネル数を拡張して
畳み込み
ConvBlock
Conv2D
BatchNorm2D
GELU
チャンネル数ごとに独立した
畳み込み
(チャンネル数は変えない)
Squeeze
Excite
Block
ADaptiveAvgPool2D
Conv2D
GELU
Conv2D
Sigmoid
x * self.se(x)
各チャンネルごとの平均を計算
特徴マップのサイズを 1×1 にする
チャンネル数を縮小して畳み込み
チャンネル数を拡張して
ブロック入力時のチャンネル数に
戻す
特徴マップのサイズ 1×1 を
元のサイズに戻す
Conv2D
チャンネル数を縮小して畳み込み
チャンネル数を元に戻す

8.2.6 畳み込みを用いたSelf-Attention機構を実装するSelfAttention2dクラス

CoAtNetモデルでは、Multi-Head Self-Attention機構に畳み込みニューラルネットワーク(CNN)が組み込まれます。

■CoAtNetモデルにおけるSelf-Attention機構の仕組み

CoAtNetモデルにおけるMulti-Head Self-Attention機構では、1×1のフィルターを使用する畳み込み層を用いてキー、クエリ、バリューの生成を行います。

ここで、従来のSelf-Attention機構の基本的な流れを確認しておきましょう。

●従来のSelf-Attention機構の基本的な流れ

①入力ベクトルの生成

各トークン(パッチ)は固定長のベクトルに拡張(次元数を増やす)されます。これらのベクトルは、位置エンコーディングなどの追加情報を持つこともあります。

②キー、クエリ、バリューの生成

拡張されたベクトルから、キー、クエリ、バリューの3種類のベクトルが線形変換を通じて生成されます。具体的には、各入力ベクトルに対して重み行列を乗算して、キー、クエリ、バリューを得ます。

③アテンションスコアの計算

クエリとキーの内積(行列積)を取り、その結果をスケーリングし、ソフトマックス関数を適用してアテンションスコアを計算します。

④出力の計算

バリューにアテンションスコアを掛け合わせて、新たな特徴表現を得ます。

このプロセスでは、すべてのベクトルが完全に結合されているため、計算コストが高くなります。特に、入力シーケンスが長い場合には、計算の複雑さが大幅に増加します。

一方、CoAtNetにおけるSelf-Attention機構は、2次元の画像データに対して適用されます。

①入力テンソルの生成

画像データは、初期段階で畳み込み層によって局所的な特徴が抽出されます。畳み込み層では、画像全体をスライドするフィルターを使用して特徴マップを生成します。特徴マップは、形状が

(bs, チャンネル次元数, 画像の高さ, 画像の幅)

のテンソルとして表現されます。

②**キー、クエリ、バリューの生成**

1×1のフィルターを使用する畳み込み層(Conv2d)を用いて、キー、クエリ、バリューを生成します。

具体的には、入力テンソルに対して1×1の畳み込みを適用することで、チャンネル数を変換しつつキー、クエリ、バリューを得ます。

③**アテンションスコアの計算**

クエリとキーの内積を計算してその結果をスケーリングし、ソフトマックス関数を適用することでアテンションスコアを得ます。

④**出力の計算**

バリューにアテンションスコアを掛け合わせて、新たな特徴表現を得ます。

この方法の主なメリットは、1×1の畳み込みの使用により計算効率が向上することです。従来のSelf-Attentionがシーケンスデータ(パッチの次元)に対して適用されるのに対し、1×1の畳み込み層は画像データ(2次元テンソル)に対して適用されるので、空間的な情報を保持しながら、計算量を大幅に削減します。

■SelfAttention2dクラスの定義

SelfAttention2dクラスを定義します。16番目のセルに次のコードを記述し、実行します。

▼SelfAttention2dクラスの定義(CoAtNet_CIFAR10_PyTorch.ipynb)

セル16

```
class SelfAttention2d(nn.Module):
    """ 2次元自己注意機構(2D Multi-Head Self-Attention)

    Attributes:
        heads: ヘッドの数
        head_channels: ヘッドのチャンネル数
        scale: Attentionスコアをスケーリングするための係数
        to_keys: キーを計算するための1×1畳み込み層
        to_queries: クエリを計算するための1×1畳み込み層
        to_values: バリューを計算するための1×1畳み込み層
        unifyheads: ヘッドを統合するための1×1畳み込み層
        pos_enc: 相対位置エンコーディングのパラメーター
        register_buffer: 相対位置インデックスを保存するバッファ
        drop: ドロップアウトレイヤー
    """
    def __init__(self, in_channels, out_channels, head_channels, shape, p_drop=0.):
        """
```

```
        Args:
            in_channels: 入力チャンネル数。128, 256, 512のいずれか
            out_channels: 出力チャンネル数。256, 512のいずれか
            head_channels: ヘッドのチャンネル数。32
            shape: 特徴マップの高さと幅。(8,8), (4,4)のいずれか
            p_drop: ドロップアウト率。0.3
        """
        super().__init__()
        # out_channelsをhead_channelsで割ってヘッドの数を計算
        # out_channels=256の場合、self.heads=8
        # out_channels=512の場合、self.heads=16
        self.heads = out_channels // head_channels
        # ヘッドのチャンネル数(32)を設定
        self.head_channels = head_channels
        # スケーリング係数としてhead_channelsの平方根の逆数を計算
        self.scale = head_channels**-0.5

        # 特徴マップからキーを生成する1×1畳み込み層
        self.to_keys = nn.Conv2d(in_channels, out_channels, 1)
        # クエリを生成する1×1畳み込み層
        self.to_queries = nn.Conv2d(in_channels, out_channels, 1)
        # バリューを生成する1×1畳み込み層
        self.to_values = nn.Conv2d(in_channels, out_channels, 1)
        # ヘッドを統合する1×1畳み込み層
        self.unifyheads = nn.Conv2d(out_channels, out_channels, 1)

        # 入力特徴マップの高さと幅を取得
        # self.heads=8の場合: height=8, width=8
        # self.heads=16の場合: height=4, width=4
        height, width = shape
        # 相対位置エンコーディングを学習するための学習可能なパラメーターを作成
        # self.heads=8の場合: height=8, width=8なので、
        #(2 * 8 - 1)*(2 * 8 - 1) = 225通りの相対位置 -> テンソル形状:(8, 225)
        # self.heads=16の場合: height=4, width=4なので、
        #(2 * 4 - 1)*(2 * 4 - 1) = 49通りの相対位置 -> テンソル形状:(16, 49)
        self.pos_enc = nn.Parameter(
            # 標準正規分布に従うランダムな値を生成
            torch.randn(
                # 第1次元はヘッド数
                self.heads,
                # 第2次元は相対位置の組み合わせ数
```

```
                (2 * height - 1) * (2 * width - 1)))

        # 相対位置インデックスを取得し、バッファに登録
        # height,width = 8の場合の形状：(4096,)
        # height,width = 4の形状：(256,)
        self.register_buffer("relative_indices", self.get_indices(height, width))

        self.drop = nn.Dropout(p_drop)       # ドロップアウトレイヤー

    def forward(self, x):
        """ フォワードパス
        Args:
            x: 入力テンソル
                (bs, 128, 8, 8), (bs, 256, 8, 8), (bs, 256, 4, 4),(bs, 512, 4, 4)
        Returns:
            out: 出力テンソル
        """
        b, _, h, w = x.shape                 # バッチサイズと入力の高さ、幅を取得

        # キー、クエリ、バリューの形状：
        #  (bs, ヘッドの数, ヘッドのチャンネル数, 高さ * 幅)
        #  self.heads=8の場合：(bs, 8, 32, 64)
        #  self.heads=16の場合：(bs, 16, 32, 16)
        #
        # キーを計算し、形状を変換
        keys = self.to_keys(x).view(b, self.heads, self.head_channels, -1)
        # バリューを計算し、形状を変換
        values = self.to_values(x).view(b, self.heads, self.head_channels, -1)
        # クエリを計算し、形状を変換
        queries = self.to_queries(x).view(b, self.heads, self.head_channels, -1)

        # キーとクエリの行列積を計算してアテンションスコアを得る
        # attの形状：(bs, ヘッドの数, h * w, h * w)
        # (bs, 8, 64, 32)@(bs, 8, 32, 64)の場合：(bs, 8, 64, 64)
        # (bs, 16, 16, 32)@(bs, 16, 32, 16)の場合：(bs, 16, 16, 16)
        att = keys.transpose(-2, -1) @ queries

        # 相対位置インデックスを拡張して、ヘッドの数だけ用意する
        # h,w = 8の場合の形状(4096,)が(8, 4096)に拡張
        # h,w = 4の場合の形状(256,)が(16, 256)に拡張
        indices = self.relative_indices.expand(self.heads, -1)
```

```
        # 相対位置エンコーディングをインデックスに基づいて取得
        # rel_pos_encの形状: h,w = 8の場合: (8, 4096)
        #                     h,w = 4の場合: (16, 256)
        rel_pos_enc = self.pos_enc.gather(-1, indices)

        # rel_pos_encの最後の次元を特徴マップの位置数 (h * w) に基づいて
        # (h * w, h * w) の2次元形状に再構成する
        # rel_pos_encの形状: h,w = 8の場合: (8, 64, 64)
        #                     h,w = 4の場合: (16, 16, 16)
        rel_pos_enc = rel_pos_enc.unflatten(-1, (h * w, h * w))

        # アテンションスコアをスケーリングし、相対位置エンコーディングを加える
        # attの形状: (bs, ヘッドの数, h * w, h * w)
        # h,w = 8の場合: (bs, 8, 64, 64)
        # h,w = 4の場合: (bs, 16, 16, 16)
        att = att * self.scale + rel_pos_enc

        # ソフトマックスを適用して正規化
        att = F.softmax(att, dim=-2)

        # バリューとアテンションスコアの行列積を計算する
        # outの形状:(bs, ヘッドの数, ヘッドのチャンネル数, h * w)
        # (bs, 8, 32, 64)@(bs, 8, 64, 64)の場合: (bs, 8, 32, 64)
        # (bs, 16, 32, 16)@(bs, 16, 16, 16)の場合: (bs, 16, 32, 16)
        out = values @ att

        # 形状を元の形状(bs, heads * head_channels, h, w)に戻す
        # (bs, 8, 32, 64)の場合: (bs, 256, 8, 8)
        # (bs, 16, 32, 16)の場合: (bs, 512, 4, 4)
        out = out.view(b, -1, h, w)

        # outの形状: (bs, 256, 8, 8)または(bs, 512, 4, 4)
        out = self.unifyheads(out)          # ヘッドを統合

        out = self.drop(out)                # ドロップアウトを適用
        return out                          # 出力を返す

    @staticmethod
    def get_indices(h, w):
        """ 相対位置インデックスを作る
```

```
        Args:
            h: 特徴マップの高さ。8, 4のいずれか
            w: 特徴マップの幅。8, 4のいずれか
        Returns:
            indices: 相対位置のインデックス
        """

        # 0からh - 1までの高さ方向のインデックス値を作成
        y = torch.arange(h, dtype=torch.long)
        # 0からw - 1までの幅方向のインデックス値を作成
        x = torch.arange(w, dtype=torch.long)

        # y、xの要素を使って4次元のグリッドを生成
        # h,w = 8のときのグリッド形状:(8, 8, 8, 8)
        # h,w = 4のときのグリッド形状:(4, 4, 4, 4)
        y1, x1, y2, x2 = torch.meshgrid(y, x, y, x, indexing='ij')

        # (8, 8, 8, 8),(4, 4, 4, 4)
        # ①y方向の相対位置差に基づいてインデックスの一部を生成
        # (y1 - y2)でy方向の相対位置差を計算し、非負にするためh - 1を加算
        # これにx座標の相対位置差の範囲(2 * w - 1)を掛けることで、
        # 相対位置差を一意のインデックスに変換
        #
        # ②x方向の相対位置差に基づいてインデックスの残りの部分を生成
        # x1 - x2でx方向の相対位置差を計算し、非負にするためw - 1を加算
        # これにx座標の相対位置差の範囲(2 * w - 1)を掛けることで、
        # 相対位置差を一意のインデックスに変換
        #
        # h,w = 8の場合: 形状(8, 8, 8, 8)のテンソルに
        # 0から224(= 15 * 15 - 1 = 225 - 1)までのインデックスが格納される
        # h,w = 4の場合: 形状(4, 4, 4, 4)のテンソルに
        # 0から48(= 7 * 7 - 1 = 49 - 1)までのインデックスが格納される
        indices = (y1 - y2 + h - 1) * (2 * w - 1) + x1 - x2 + w - 1

        # フラット化
        # h,w = 8の場合:(4096,),  h,w = 4の場合:(256,)
        indices = indices.flatten()

        return indices                      # インデックスを返す
```

8.2.7 CoAtNetモデルのブロック（ネットワーク）を構築する

CoAtNetモデルのブロックおよびブロックを構成するネットワークとして、以下のものを作成します。

- FFN
  Transformerブロックにおいて、2番目の残差接続ブロックに配置するフィードフォワードネットワークです（1番目の残差接続ブロックにはSelfAttention2Dブロックが配置されます）。
- Transformer
  ViTモデルにおけるEncoderに相当するブロックです。
- Stem
  入力画像を最初に処理するブロックです。
- Head
  CoAtNetモデルの最終層です。クラス分類予測を行います。
- BlockStack
  指定されたブロックまたはネットワークを、指定された数だけスタック（積み重ね）します。

■FFN（フィードフォワードネットワーク）を構築するFeedForwardクラス

Transformerブロックにおいて、SelfAttention2Dのネットワークからの出力を処理するフィードフォワードネットワークとしてFeedForwardクラスを定義します。

●FeedForwardの構造

FeedForwardネットワークは、次に示す順序で、特徴マップのチャンネル数を変更しながら非線形変換を行います。

①1×1の畳み込み層（Conv2d）
入力チャンネル数（次元数）を中間チャンネル数（hidden_channels）に変換します。この操作により、空間的な情報を保持しつつ、チャンネル間の相互作用を学習します。

②GELU活性化関数（GELU）
非線形変換を適用して、ネットワークの表現力を向上させます。

③1×1の畳み込み層（Conv2d）
中間チャンネル数を出力チャンネル数に変換します。これにより、最初の入力時のチャンネル数に戻します。

④ドロップアウト（Dropout）
過学習を防ぐため、指定された確率でランダムに一部のニューロン（ユニット）を無効にします。

●FeedForwardクラスを定義する

FeedForwardクラスを定義します。17番目のセルに次のコードを記述し、実行します。

▼FeedForwardクラスの定義(CoAtNet_CIFAR10_PyTorch.ipynb)

セル17

```
class FeedForward(nn.Sequential):
    """ フィードフォワードネットワーク層を実装するクラス

    1×1の畳み込み層、GELU活性化関数、1×1の畳み込み層、
    ドロップアウト層で構成される
    """
    def __init__(self, in_channels, out_channels, mult=4, p_drop=0.):
        """
        Args:
            in_channels (int): 入力チャンネル数。256, 512
            out_channels (int): 出力チャンネル数。256, 512
            mult (int): 中間層のチャンネル数を決定するための倍率。4,
            p_drop (float, optional): ドロップアウトの確率。0.3,
        """
        hidden_channels = in_channels * mult    # 中間層のチャンネル数を計算
        super().__init__(
            # 1×1の畳み込み層でチャンネル次元数をhidden_channelsに増やす
            nn.Conv2d(in_channels, hidden_channels, 1),
            nn.GELU(),                          # GELU活性化関数を適用
            # 再び1×1の畳み込み層でチャンネル次元数を元の次元数に戻す
            nn.Conv2d(hidden_channels, out_channels, 1),
            nn.Dropout(p_drop)                  # ドロップアウト
        )
```

■Transformerブロックの構築

Vision Transformer(ViT)におけるEncoderに相当するTransformerブロックを構築します。ViTモデルにおけるEncoderブロックは、自己注意(Self-Attention)機構とフィードフォワードネットワークを組み合わせた構造を持っています。Transformerブロックでも同様の処理を行い、入力データの特徴を抽出し、重要な情報を強調します。

■Transformerブロックの構造

Transformerブロックは、2つの残差接続ブロックで構成されます。

●第1の残差接続ブロック

①LayerNormChannelsレイヤー

入力特徴量のチャンネル次元を正規化するレイヤー。

②MaxPool2dレイヤー、またはIdentityレイヤー

ストライドが1より大きい場合は、MaxPool2dレイヤーで最大プーリングを行って特徴マップのサイズを縮小します。それ以外の場合はIdentityレイヤーを配置して、入力テンソルをそのまま出力します。

③SelfAttention2dブロック

SelfAttention2dブロックを配置し、入力特徴マップの各部分間の空間的な相互関係を学習し、重要な情報を強調します。

●第2の残差接続ブロック

①LayerNormChannelsレイヤー

入力特徴量のチャンネル次元を正規化するレイヤー。

②FFNの配置

1×1の畳み込み層、GELU活性化関数、再び1×1の畳み込み層、ドロップアウト層で構成されるFFNを配置します。

▼TransformerBlockの構造

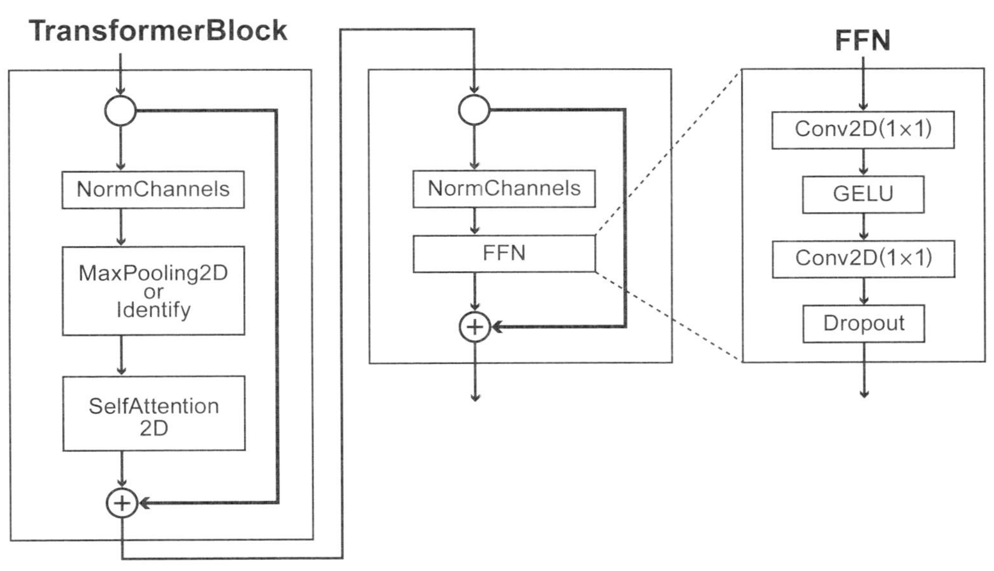

●TransformerBlockクラスを定義する

TransformerBlockクラスを定義します。18番目のセルに次のコードを記述し、実行します。

▼TransformerBlockクラスの定義(CoAtNet_CIFAR10_PyTorch.ipynb)

セル18

```
class TransformerBlock(nn.Sequential):
    """ CoAtNetにおけるTransformerの基本ブロックを実装するクラス

        SelfAttention2Dを含む第1残差接続ブロックおよび
        FFNを持つ第2残差接続ブロックで構成される
    """
    def __init__(self, in_channels, out_channels,
                 head_channels, shape, stride=1, p_drop=0.):
        """
        Args:
            in_channels (int): 入力チャンネル数。128, 256, 512,
            out_channels (int): 出力チャンネル数。256, 512,
            head_channels (int): 各ヘッドのチャンネル数。32,
            shape (tuple): 特徴マップの高さと幅のタプル。(16,16), (8,8), (4,4),
            stride (int, optional): ストライド。2, 1,
            p_drop (float, optional): ドロップアウトの確率。0.3
        """
        # 特徴マップの形状をストライドに応じて更新
        shape = (shape[0] // stride, shape[1] // stride)
        super().__init__(
            # 第1残差接続ブロック
            Residual(
                # 入力特徴量のチャンネル次元を正規化するレイヤー
                LayerNormChannels(in_channels),
                # ストライドが1より大きい場合はストライドをstrideにして、
                # MaxPool2dで特徴マップのサイズを縮小する
                # ストライドが2の場合は高さと幅が半分になる
                nn.MaxPool2d(stride) if stride > 1 else nn.Identity(),
                # SelfAttention2dネットワークを配置
                SelfAttention2d(
                    in_channels, out_channels, head_channels, shape, p_drop=p_drop),
                # ショートカット接続(経路)
                shortcut = get_shortcut(in_channels, out_channels, stride)
            ),
            # 第2残差接続ブロック
```

```
        Residual(
            # 入力のチャンネル次元をLayerNormChannelsで正規化
            LayerNormChannels(out_channels),
            # フィードフォワードネットワーク(FFN)を配置
            FeedForward(out_channels, out_channels, p_drop=p_drop)
        )
    )
```


■Stemブロックの構築

CoAtNetの初期段階で使用される特徴抽出ブロックとしてStemを定義します。一般に「ステム」と呼ばれるこのブロックは、「入力画像データを最初に処理して基本的な特徴を抽出する」役割を持ちます。

■Stemブロックの構造

Stemブロックは、ConvBlockと追加のConv2Dレイヤーで構成されます。

▼Stemブロックの構造

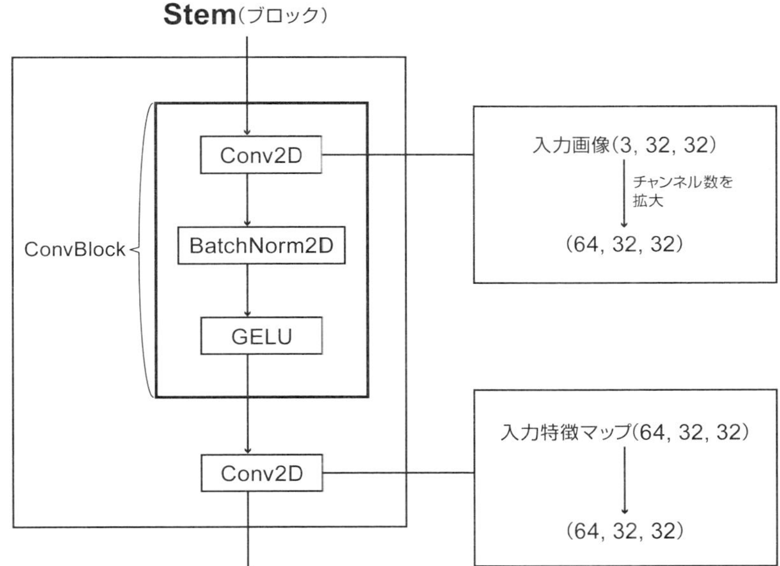

●Stemクラスを定義する

Stemクラスを定義します。19番目のセルに次のコードを記述し、実行します。

▼Stemクラスの定義 (CoAtNet_CIFAR10_PyTorch.ipynb)

```
セル19
class Stem(nn.Sequential):
    """ CoAtNetの初期段階で使用される特徴抽出ブロックを実装するクラス
        ConvBlockと1層のConv2dで構成される
    """
    def __init__(self, in_channels, out_channels, stride=1):
        """
        Args:
            in_channels (int): 入力チャンネル数(3)
            out_channels (int): 出力チャンネル数(64)
            stride (int, optional): ストライド(1)
        """
        super().__init__(
            # ConvBlockを配置
            ConvBlock(in_channels, out_channels, 3, stride=stride),
            # 3×3の畳み込み層を配置、出力チャンネル数は維持する
            # カーネルサイズが3でパディングが1、ストライドが1なので
            # 入力特徴マップの高さと幅は変わらない
            nn.Conv2d(out_channels, out_channels, 3, padding=1)
        )
```

COLUMN Stemブロックの役割

Stemブロックは、CNNの特徴抽出とトランスフォーマーによる長距離依存関係の学習を効果的に結びつける重要な部分です。

• ConvBlock

最初に配置されるConvBlockは、畳み込み層と活性化関数(GELU)、正規化層(BatchNorm2d)を含むユニットです。これにより、入力画像の特徴を効率的に学習し、画像の局所的な情報(小さなパターンやエッジ)を捉えます。画像は3チャネルから64チャンネルの特徴マップに変換され、次の段階で扱いやすい形式に変換されます。

• 3×3 畳み込み層

パディング1を使用することで、出力チャンネル数を保持しながら、さらなる特徴抽出を行います。

■CoAtNetモデルの出力層——Headブロックの構築

CoAtNetモデルの出力層として、Headブロックを構築します。このブロックは、入力された特徴マップを分類タスクに適用できる形式に変換し、最終的なクラス予測を行うための処理を行います。

■Headクラスの定義

Headクラスを定義します。20番目のセルに次のコードを記述し、実行します。

▼Headクラスの定義(CoAtNet_CIFAR10_PyTorch.ipynb)

セル20

```
class Head(nn.Sequential):
    """ CoAtNetモデルの出力層
        クラス分類を行う
    """
    def __init__(self, channels, classes, p_drop=0.):
        """
        Args:
            channels (int): 入力特徴マップのチャンネル数(512)
            classes (int): 分類するクラス数(10)
            p_drop (float, optional): ドロップアウトの確率(0.3)
        """
        super().__init__(
            LayerNormChannels(channels),        # 入力特徴マップのチャンネル次元を正規化
            # 特徴マップの第1次元(チャンネル次元)を平均値でプーリングする
            # 結果のテンソル: (bs, チャンネル次元数, 1, 1)
            nn.AdaptiveAvgPool2d(1),
            # nn.Flatten()でバッチ次元を維持しながら残りの次元を1次元に変換
            # 変換後: (bs, チャンネル次元数)
            nn.Flatten(),
            nn.Dropout(p_drop),         # ドロップアウトを適用
            # 全結合層: ユニット数=クラス数(10)
            # クラス分類を実施
            nn.Linear(channels, classes)
        )
```

■指定された数のブロックを連続して適用するBlockStack

「指定された数のブロックを連続して適用し、特徴マップを逐次変換する」処理を担うBlockStackクラスを定義します。

■BlockStackクラスの定義

BlockStackクラスを定義します。21番目のセルに次のコードを記述し、実行します。

▼BlockStackクラスの定義（CoAtNet_CIFAR10_PyTorch.ipynb）

セル21

```
class BlockStack(nn.Sequential):
    """ 複数のブロックを積み重ねる
        指定された数のブロックを連続して適用し、特徴マップを逐次変換する処理を行う
    """
    def __init__(self, num_blocks, shape,
                 in_channels, out_channels, stride, block):
        """
        Args:
            num_blocks (int): ブロックの数。 2,
            shape (tuple): 特徴マップの高さと幅。(32,32), (16,16), (8,8)
            in_channels (int): 入力チャンネル数。64, 128, 256,
            out_channels (int): 出力チャンネル数。64, 128, 256, 512,
            stride (int): ストライド。 1, 2,
            block (nn.Module): ブロックのクラス。MBConv, Partial,
        """
        layers = []      # ブロックを格納するリストを初期化
        for _ in range(num_blocks):
            # ブロックを生成し、リストに追加
            layers.append(
                block(in_channels, out_channels, shape=shape, stride=stride))
            # 特徴マップの形状をストライドに応じて更新
            shape = (shape[0] // stride, shape[1] // stride)
            # 次のブロックの入力チャンネル数を更新
            in_channels = out_channels
            # 最初のブロック以降はストライドを1に設定
            stride = 1
        # nn.Sequentialにブロックを登録
        super().__init__(*layers)
```

8.2.8 CoAtNetモデルを定義する

CoAtNetアーキテクチャ全体を実装するためのクラスとして、CoAtNetクラスを定義します。このクラスは、異なる種類のブロック（MBConvブロックとTransformerブロック）を使用して、画像を分類するためのディープニューラルネットワークを構築します。

CoAtNetモデルの全体像

CoAtNetで構築されるモデルの全体的な構造を見るため、処理が行われる順にブロックやレイヤーを並べると、次のようになります。

①システムブロック（Stem）
初期段階の特徴抽出を行います。

②ステージ1（MBConvブロック）
複数のMBConvブロックで構成され、特徴抽出を行います。

③ステージ2（MBConvブロック）
複数のMBConvブロックで構成され、より深い特徴抽出を行います。

④ステージ3（Transformerブロック）
複数のTransformerブロックで構成され、SelfAttention2Dを用いてグローバルな特徴を抽出します。

⑤ステージ4（Transformerブロック）
複数のTransformerブロックで構成され、さらにグローバルな特徴を強調します。

⑥ヘッド（Head）
最終的なクラス分類を行うための出力層です。

CoAtNetクラスの定義

CoAtNetクラスを定義します。22番目のセルに次のコードを記述し、実行します。

▼CoAtNetクラスの定義（CoAtNet_CIFAR10_PyTorch.ipynb）

セル22

```
class CoAtNet(nn.Sequential):
    """ CoAtNetアーキテクチャ全体を実装するクラス

    異なる種類のブロック(MBConvブロックとTransformerブロック)を使用して、
    画像を分類するためのディープニューラルネットワークを構築
    """
```

```
def __init__(self, classes, image_size, head_channels,
             channel_list, num_blocks, strides=None,
             in_channels=3, trans_p_drop=0., head_p_drop=0.):
    """
    Args:
        classes (int): 分類するクラス数 (10)
        image_size (int): 入力画像のサイズ (32)
        head_channels (int): Transformerブロックにおけるヘッドのチャンネル数 (32)
        channel_list (list of int): 各ステージの出力チャンネル数のリスト
                                    [64, 64, 128, 256, 512]
        num_blocks (list of int): 各ステージのブロック数のリスト
                                  [2, 2, 2, 2, 2]
        strides (list of int): 各ステージのストライドのリスト
                               [1, 1, 2, 2, 2]
        in_channels (int): 入力画像のチャンネル数 (3)
        trans_p_drop (float): Transformerブロックにおけるドロップアウトの確率 (0.3)
        head_p_drop (float): ヘッド(最終出力層)におけるドロップアウトの確率 (0.3)
    """
    # ストライドが指定されていない場合、各ステージでデフォルトのストライドを2に設定
    if strides is None: strides = [2] * len(num_blocks)

    # 各ステージで使用するブロックのリストを定義
    block_list = [
        MBConv,      # ステージ1: MBConvブロックを配置
        MBConv,      # ステージ2: MBConvブロックを配置
        # ステージ3: TransformerBlockを配置(インスタンス化するPartialオブジェクト)
        Partial(
            TransformerBlock, head_channels, p_drop=trans_p_drop
        ),
        # ステージ4: TransformerBlockを配置(インスタンス化するPartialオブジェクト)
        Partial(
            TransformerBlock, head_channels, p_drop=trans_p_drop
        )
    ]


    # 画像を最初に処理するステムブロックを配置(ステージ0)
    # Stem(in_channels, channel_list[0]=64, strides[0]=1)
    layers = [
        Stem(in_channels, channel_list[0], strides[0])
        ]
```

```
        # ステムブロックの出力チャンネル数を設定
        in_channels = channel_list[0]
        # 画像の初期サイズを設定
        shape = (image_size, image_size)

        # 各ステージのブロック数、出力チャンネル数、ストライド、
        # 使用するブロックの種類を取り出し、BlockStackを使って積み重ねる
        #
        # Stage 1:BlockStack(
        # num_blocks[0]=2, shape, in_channels, channel_list[1]=64, strides[1]=1, MBConv)
        # Stage 2:BlockStack(
        # num_blocks[1]=2, shape, in_channels, channel_list[2]=128, strides[2]=2, MBConv)
        # Stage 3:BlockStack(
        # num_blocks[2]=2, shape, in_channels, channel_list[3]=256, strides[3]=2)
        # Partial(TransformerBlock, head_channels, p_drop=trans_p_drop))
        # Stage 4:BlockStack(
        # num_blocks[3]=2, shape, in_channels, channel_list[4]=512, strides[4]=2)
        # Partial(TransformerBlock, head_channels, p_drop=trans_p_drop))
        for num, out_channels, stride, block in zip(num_blocks,
                                                     channel_list[1:],
                                                     strides[1:],
                                                     block_list):
            # 各ステージのBlockStackを追加
            layers.append(BlockStack(
                num, shape, in_channels, out_channels, stride, block))
            # 形状を更新
            shape = (shape[0] // stride, shape[1] // stride)
            # 次のステージの入力チャンネル数を更新
            in_channels = out_channels

        # 最終層のHeadを追加
        layers.append(
            Head(in_channels, classes, p_drop=head_p_drop))

        # nn.Sequentialにすべてのブロックを登録
        super().__init__(*layers)
```

8.3 CoAtNetモデルを生成してトレーニングを実行する

CoAtNetモデルをインスタンス化し、各種の設定を行ってトレーニングを実行します。

8.3.1 CoAtNetモデルのインスタンス化とサマリの表示

CoAtNetモデルをインスタンス化し、重みとバイアスを初期化して、モデルのサマリを出力します。

■CoAtNetモデルのインスタンス化

23番目のセルに次のコードを記述し、実行します。

▼CoAtNetモデルのインスタンス化 (CoAtNet_CIFAR10_PyTorch.ipynb)

セル23

```
model = CoAtNet(
    NUM_CLASSES,                # モデルが分類するクラスの数(10)
    IMAGE_SIZE,                 # 入力画像のサイズ(32)
    head_channels=32,           # Transformerブロックのヘッドチャンネル数(各ヘッドの特徴量次元数)
    channel_list=[64, 64, 128, 256, 512],  # 各ステージの出力チャンネル数のリスト
    num_blocks=[2, 2, 2, 2, 2],  # 各ステージのブロック数のリスト
    strides=[1, 1, 2, 2, 2],    # 各ステージのストライドのリスト
    trans_p_drop=0.3,           # Transformerブロックのドロップアウト率
    head_p_drop=0.3             # ヘッド(最終出力層)のドロップアウト率
)
```

■モデルの重みとバイアスの初期化

24番目のセルに次のコードを記述し、実行します。

▼モデルの重みとバイアスの初期化 (CoAtNet_CIFAR10_PyTorch.ipynb)

セル24

```
# モデルのすべてのネットワークに対してinit_linear()関数を適用し、
# 重みとバイアスを初期化する
model.apply(init_linear)
```

■モデルを指定されたデバイス(DEVICE)に移動し、モデルのサマリを出力

25番目のセルに次のコードを記述し、実行します。

▼指定されたデバイスへの移動とサマリの出力(CoAtNet_CIFAR10_PyTorch.ipynb)

セル25

```
from torchsummary import summary

# モデルを指定されたデバイス(DEVICE)に移動
model.to(DEVICE)
# モデルのサマリを表示
summary(model, (3, IMAGE_SIZE, IMAGE_SIZE))
```

▼CoAtNetモデルのサマリ(構造の説明付き)

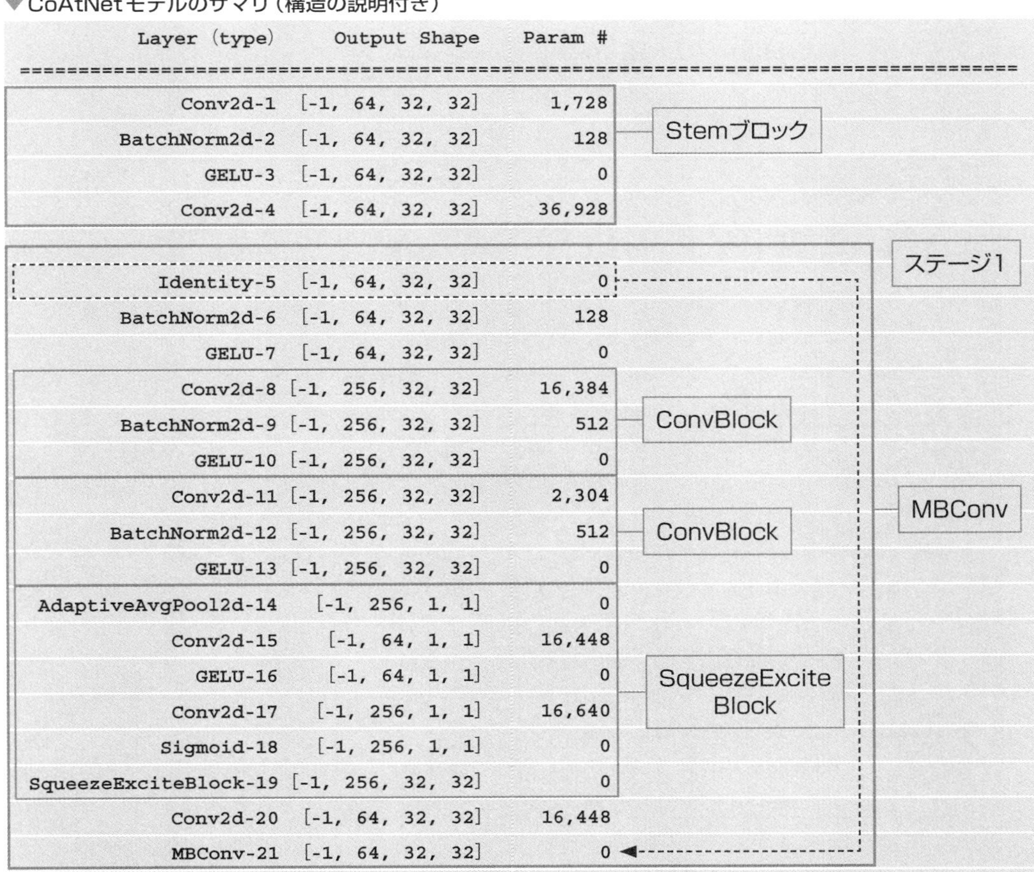

```
        Layer (type)        Output Shape       Param #
================================================================
            Conv2d-1     [-1, 64, 32, 32]        1,728
       BatchNorm2d-2     [-1, 64, 32, 32]          128
              GELU-3     [-1, 64, 32, 32]            0
            Conv2d-4     [-1, 64, 32, 32]       36,928
          Identity-5     [-1, 64, 32, 32]            0
       BatchNorm2d-6     [-1, 64, 32, 32]          128
              GELU-7     [-1, 64, 32, 32]            0
            Conv2d-8    [-1, 256, 32, 32]       16,384
       BatchNorm2d-9    [-1, 256, 32, 32]          512
             GELU-10    [-1, 256, 32, 32]            0
           Conv2d-11    [-1, 256, 32, 32]        2,304
      BatchNorm2d-12    [-1, 256, 32, 32]          512
             GELU-13    [-1, 256, 32, 32]            0
AdaptiveAvgPool2d-14      [-1, 256, 1, 1]            0
           Conv2d-15       [-1, 64, 1, 1]       16,448
             GELU-16       [-1, 64, 1, 1]            0
           Conv2d-17      [-1, 256, 1, 1]       16,640
          Sigmoid-18      [-1, 256, 1, 1]            0
SqueezeExciteBlock-19  [-1, 256, 32, 32]             0
           Conv2d-20     [-1, 64, 32, 32]       16,448
           MBConv-21     [-1, 64, 32, 32]            0
```

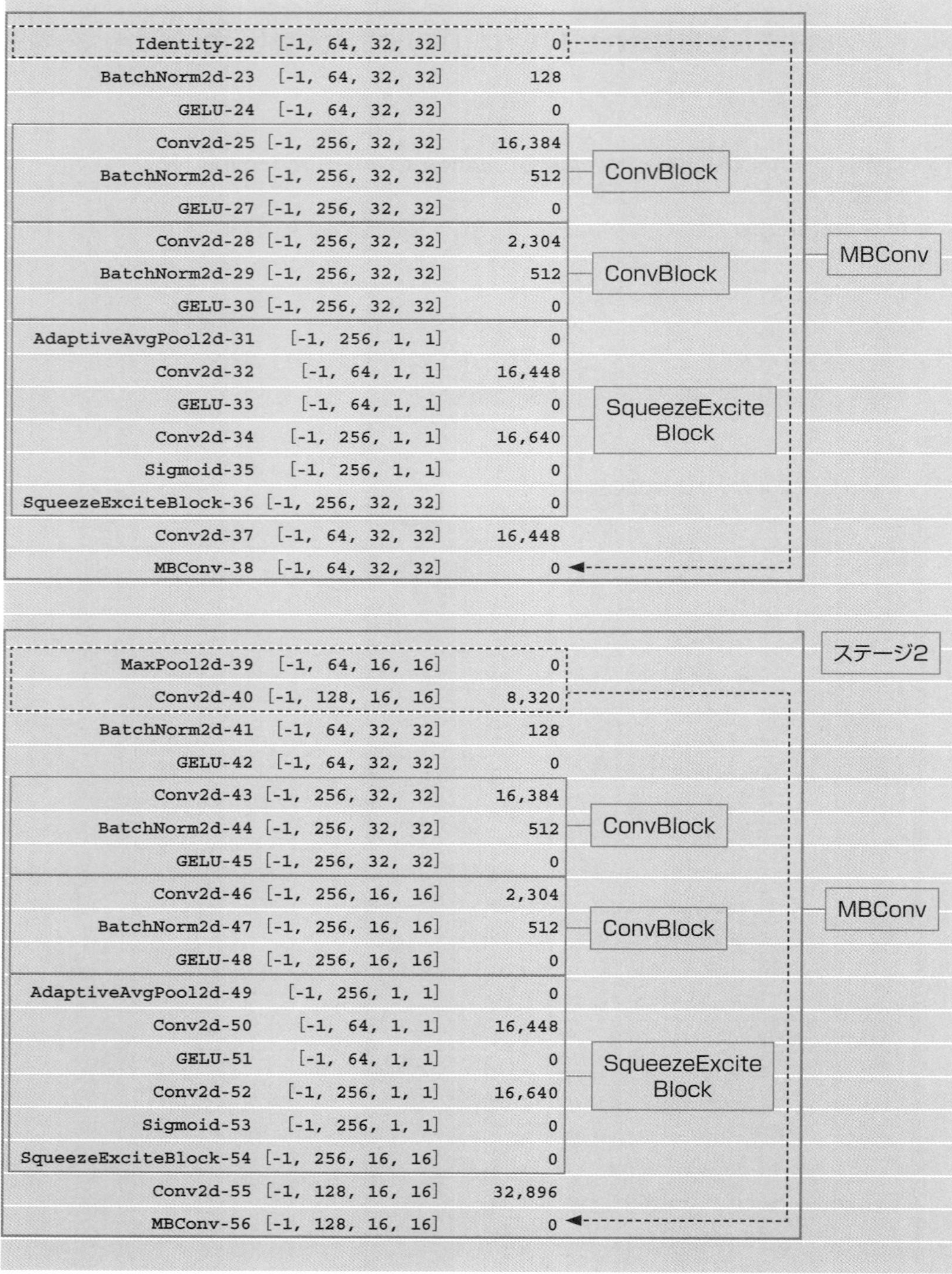

```
            Identity-22   [-1, 64, 32, 32]               0
         BatchNorm2d-23   [-1, 64, 32, 32]             128
                GELU-24   [-1, 64, 32, 32]               0
              Conv2d-25  [-1, 256, 32, 32]          16,384
         BatchNorm2d-26  [-1, 256, 32, 32]             512
                GELU-27  [-1, 256, 32, 32]               0
              Conv2d-28  [-1, 256, 32, 32]           2,304
         BatchNorm2d-29  [-1, 256, 32, 32]             512
                GELU-30  [-1, 256, 32, 32]               0
   AdaptiveAvgPool2d-31    [-1, 256, 1, 1]               0
              Conv2d-32     [-1, 64, 1, 1]          16,448
                GELU-33     [-1, 64, 1, 1]               0
              Conv2d-34    [-1, 256, 1, 1]          16,640
             Sigmoid-35    [-1, 256, 1, 1]               0
 SqueezeExciteBlock-36  [-1, 256, 32, 32]               0
              Conv2d-37   [-1, 64, 32, 32]          16,448
              MBConv-38   [-1, 64, 32, 32]               0
           MaxPool2d-39   [-1, 64, 16, 16]               0
              Conv2d-40  [-1, 128, 16, 16]           8,320
         BatchNorm2d-41   [-1, 64, 32, 32]             128
                GELU-42   [-1, 64, 32, 32]               0
              Conv2d-43  [-1, 256, 32, 32]          16,384
         BatchNorm2d-44  [-1, 256, 32, 32]             512
                GELU-45  [-1, 256, 32, 32]               0
              Conv2d-46  [-1, 256, 16, 16]           2,304
         BatchNorm2d-47  [-1, 256, 16, 16]             512
                GELU-48  [-1, 256, 16, 16]               0
   AdaptiveAvgPool2d-49    [-1, 256, 1, 1]               0
              Conv2d-50     [-1, 64, 1, 1]          16,448
                GELU-51     [-1, 64, 1, 1]               0
              Conv2d-52    [-1, 256, 1, 1]          16,640
             Sigmoid-53    [-1, 256, 1, 1]               0
 SqueezeExciteBlock-54  [-1, 256, 16, 16]               0
              Conv2d-55  [-1, 128, 16, 16]          32,896
              MBConv-56  [-1, 128, 16, 16]               0
```

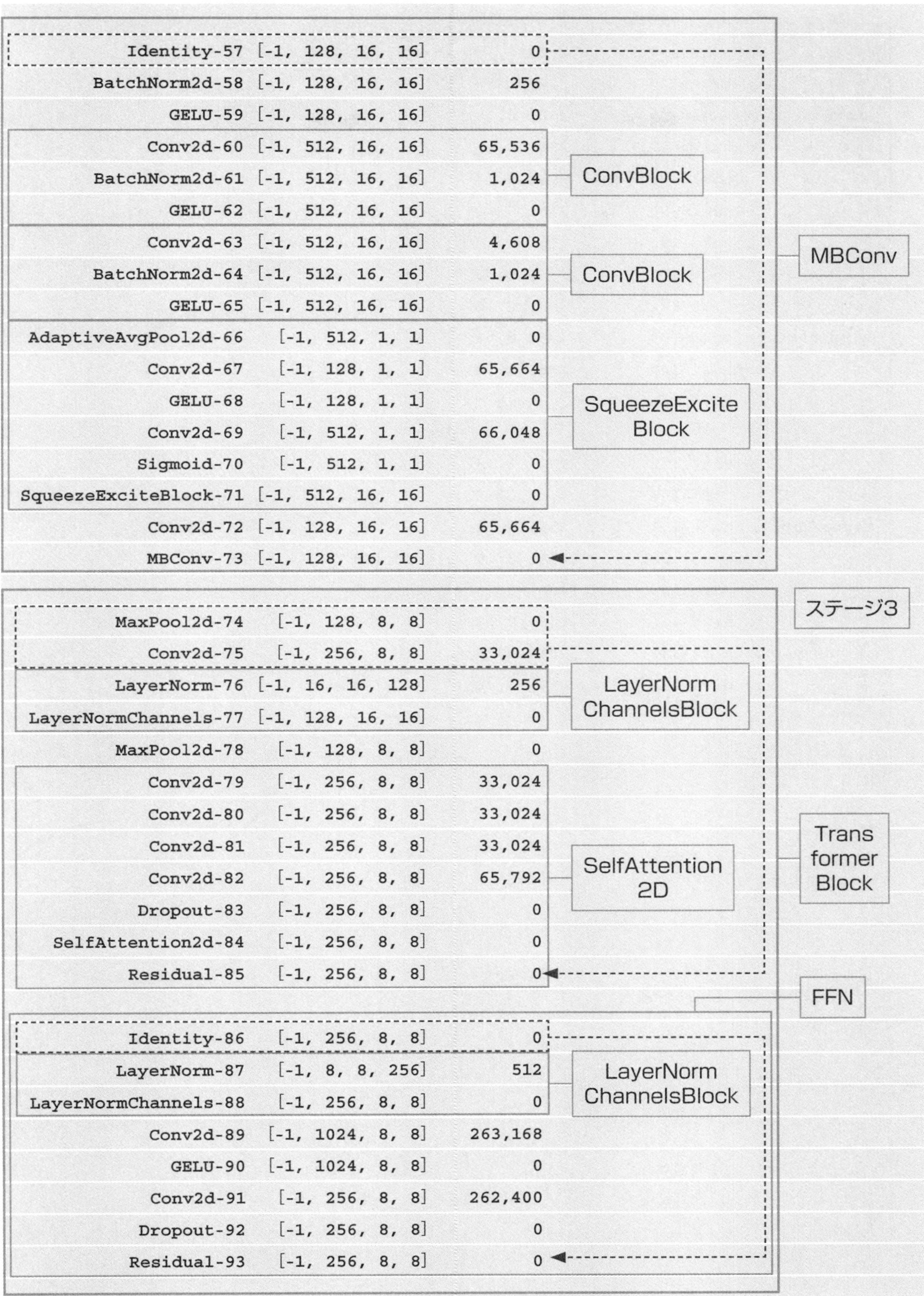
Identity-57 [-1, 128, 16, 16] 0
BatchNorm2d-58 [-1, 128, 16, 16] 256
GELU-59 [-1, 128, 16, 16] 0
Conv2d-60 [-1, 512, 16, 16] 65,536
BatchNorm2d-61 [-1, 512, 16, 16] 1,024
GELU-62 [-1, 512, 16, 16] 0
Conv2d-63 [-1, 512, 16, 16] 4,608
BatchNorm2d-64 [-1, 512, 16, 16] 1,024
GELU-65 [-1, 512, 16, 16] 0
AdaptiveAvgPool2d-66 [-1, 512, 1, 1] 0
Conv2d-67 [-1, 128, 1, 1] 65,664
GELU-68 [-1, 128, 1, 1] 0
Conv2d-69 [-1, 512, 1, 1] 66,048
Sigmoid-70 [-1, 512, 1, 1] 0
SqueezeExciteBlock-71 [-1, 512, 16, 16] 0
Conv2d-72 [-1, 128, 16, 16] 65,664
MBConv-73 [-1, 128, 16, 16] 0
ConvBlock
ConvBlock
MBConv
SqueezeExcite Block
ステージ3
MaxPool2d-74 [-1, 128, 8, 8] 0
Conv2d-75 [-1, 256, 8, 8] 33,024
LayerNorm-76 [-1, 16, 16, 128] 256
LayerNormChannels-77 [-1, 128, 16, 16] 0
MaxPool2d-78 [-1, 128, 8, 8] 0
Conv2d-79 [-1, 256, 8, 8] 33,024
Conv2d-80 [-1, 256, 8, 8] 33,024
Conv2d-81 [-1, 256, 8, 8] 33,024
Conv2d-82 [-1, 256, 8, 8] 65,792
Dropout-83 [-1, 256, 8, 8] 0
SelfAttention2d-84 [-1, 256, 8, 8] 0
Residual-85 [-1, 256, 8, 8] 0
LayerNorm ChannelsBlock
SelfAttention 2D
Trans former Block
FFN
Identity-86 [-1, 256, 8, 8] 0
LayerNorm-87 [-1, 8, 8, 256] 512
LayerNormChannels-88 [-1, 256, 8, 8] 0
Conv2d-89 [-1, 1024, 8, 8] 263,168
GELU-90 [-1, 1024, 8, 8] 0
Conv2d-91 [-1, 256, 8, 8] 262,400
Dropout-92 [-1, 256, 8, 8] 0
Residual-93 [-1, 256, 8, 8] 0
LayerNorm ChannelsBlock

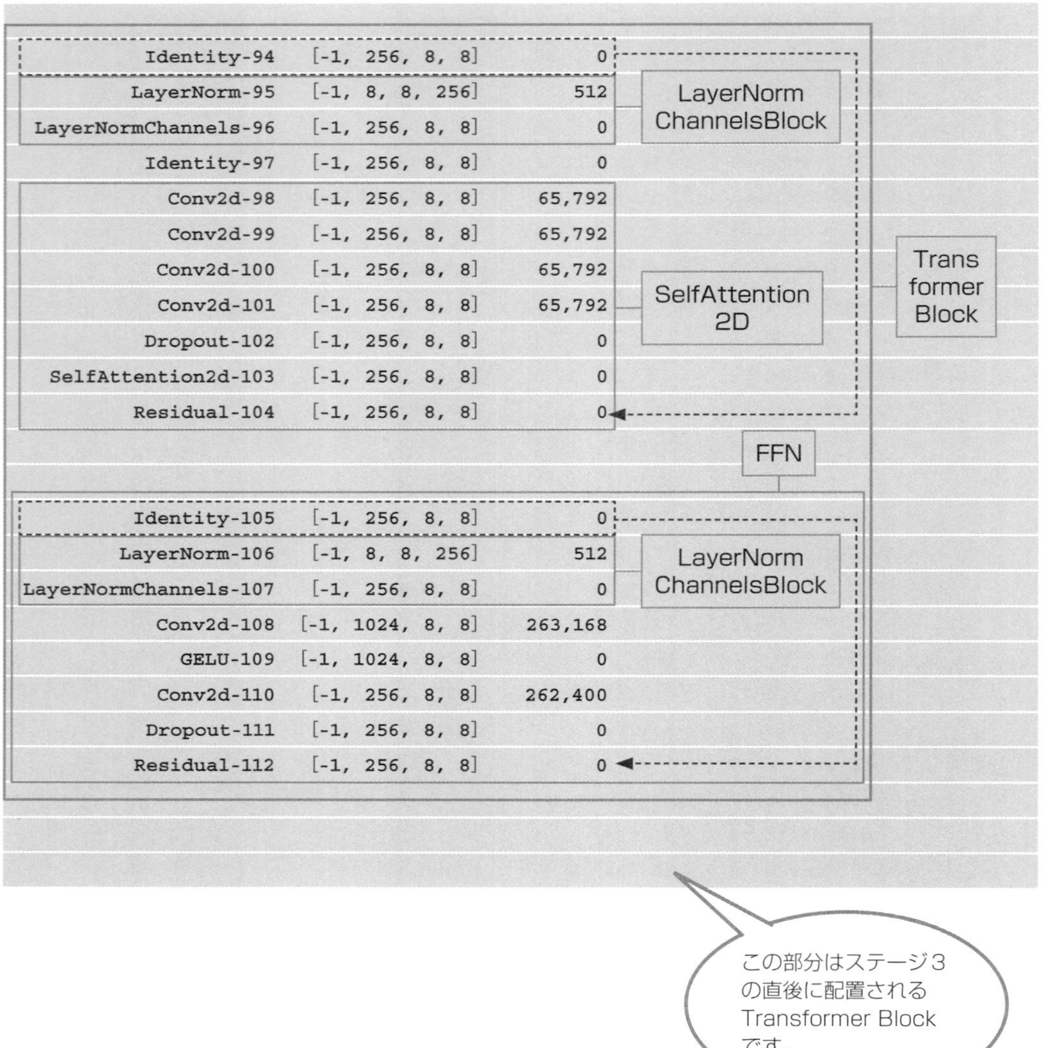

Layer	Output Shape	Param
Identity-94	[-1, 256, 8, 8]	0
LayerNorm-95	[-1, 8, 8, 256]	512
LayerNormChannels-96	[-1, 256, 8, 8]	0
Identity-97	[-1, 256, 8, 8]	0
Conv2d-98	[-1, 256, 8, 8]	65,792
Conv2d-99	[-1, 256, 8, 8]	65,792
Conv2d-100	[-1, 256, 8, 8]	65,792
Conv2d-101	[-1, 256, 8, 8]	65,792
Dropout-102	[-1, 256, 8, 8]	0
SelfAttention2d-103	[-1, 256, 8, 8]	0
Residual-104	[-1, 256, 8, 8]	0
Identity-105	[-1, 256, 8, 8]	0
LayerNorm-106	[-1, 8, 8, 256]	512
LayerNormChannels-107	[-1, 256, 8, 8]	0
Conv2d-108	[-1, 1024, 8, 8]	263,168
GELU-109	[-1, 1024, 8, 8]	0
Conv2d-110	[-1, 256, 8, 8]	262,400
Dropout-111	[-1, 256, 8, 8]	0
Residual-112	[-1, 256, 8, 8]	0

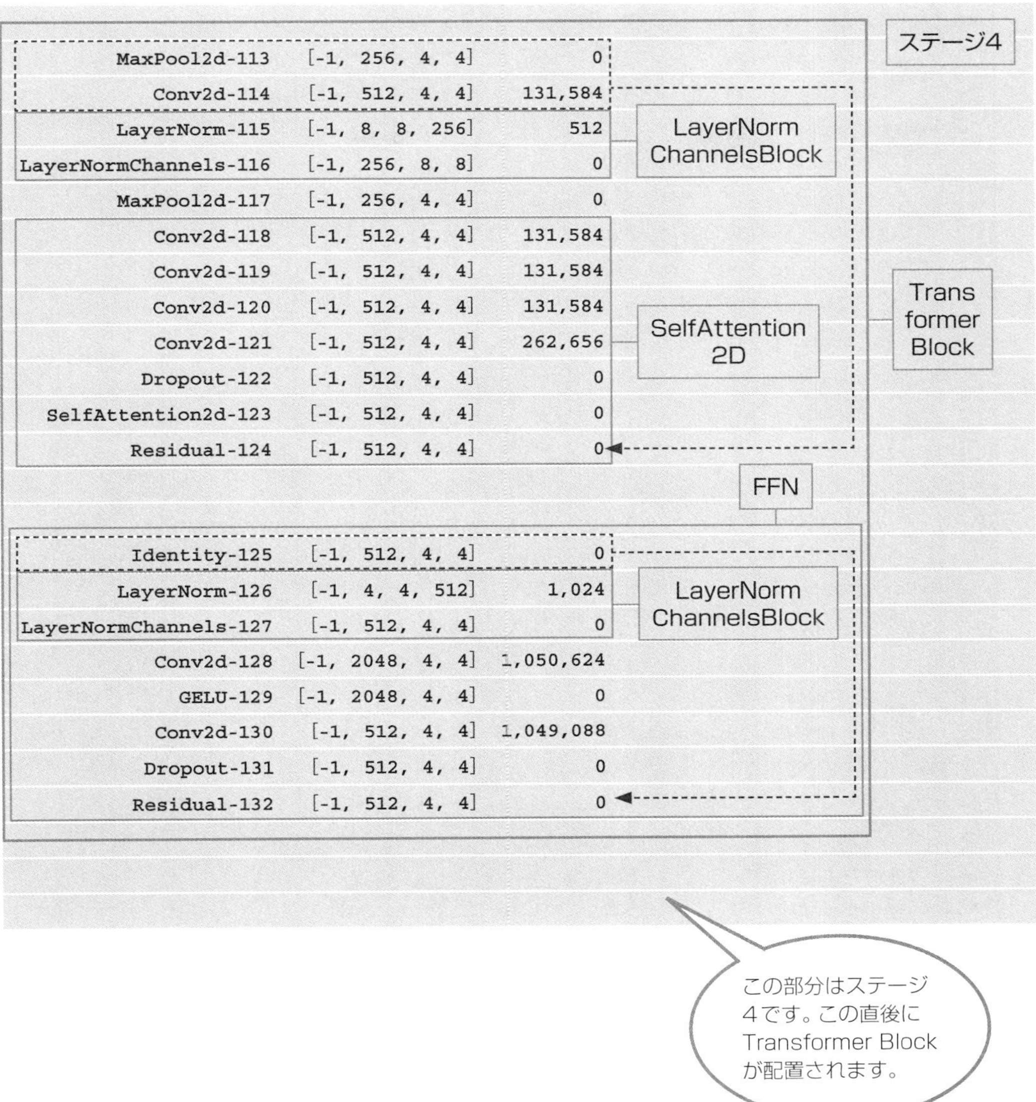
ステージ4
MaxPool2d-113 [-1, 256, 4, 4] 0
Conv2d-114 [-1, 512, 4, 4] 131,584
LayerNorm-115 [-1, 8, 8, 256] 512
LayerNormChannels-116 [-1, 256, 8, 8] 0
LayerNorm ChannelsBlock
MaxPool2d-117 [-1, 256, 4, 4] 0
Conv2d-118 [-1, 512, 4, 4] 131,584
Conv2d-119 [-1, 512, 4, 4] 131,584
Conv2d-120 [-1, 512, 4, 4] 131,584
Conv2d-121 [-1, 512, 4, 4] 262,656
Dropout-122 [-1, 512, 4, 4] 0
SelfAttention2d-123 [-1, 512, 4, 4] 0
Residual-124 [-1, 512, 4, 4] 0
SelfAttention 2D
Trans former Block
FFN
Identity-125 [-1, 512, 4, 4] 0
LayerNorm-126 [-1, 4, 4, 512] 1,024
LayerNormChannels-127 [-1, 512, 4, 4] 0
LayerNorm ChannelsBlock
Conv2d-128 [-1, 2048, 4, 4] 1,050,624
GELU-129 [-1, 2048, 4, 4] 0
Conv2d-130 [-1, 512, 4, 4] 1,049,088
Dropout-131 [-1, 512, 4, 4] 0
Residual-132 [-1, 512, 4, 4] 0
この部分はステージ4です。この直後にTransformer Blockが配置されます。

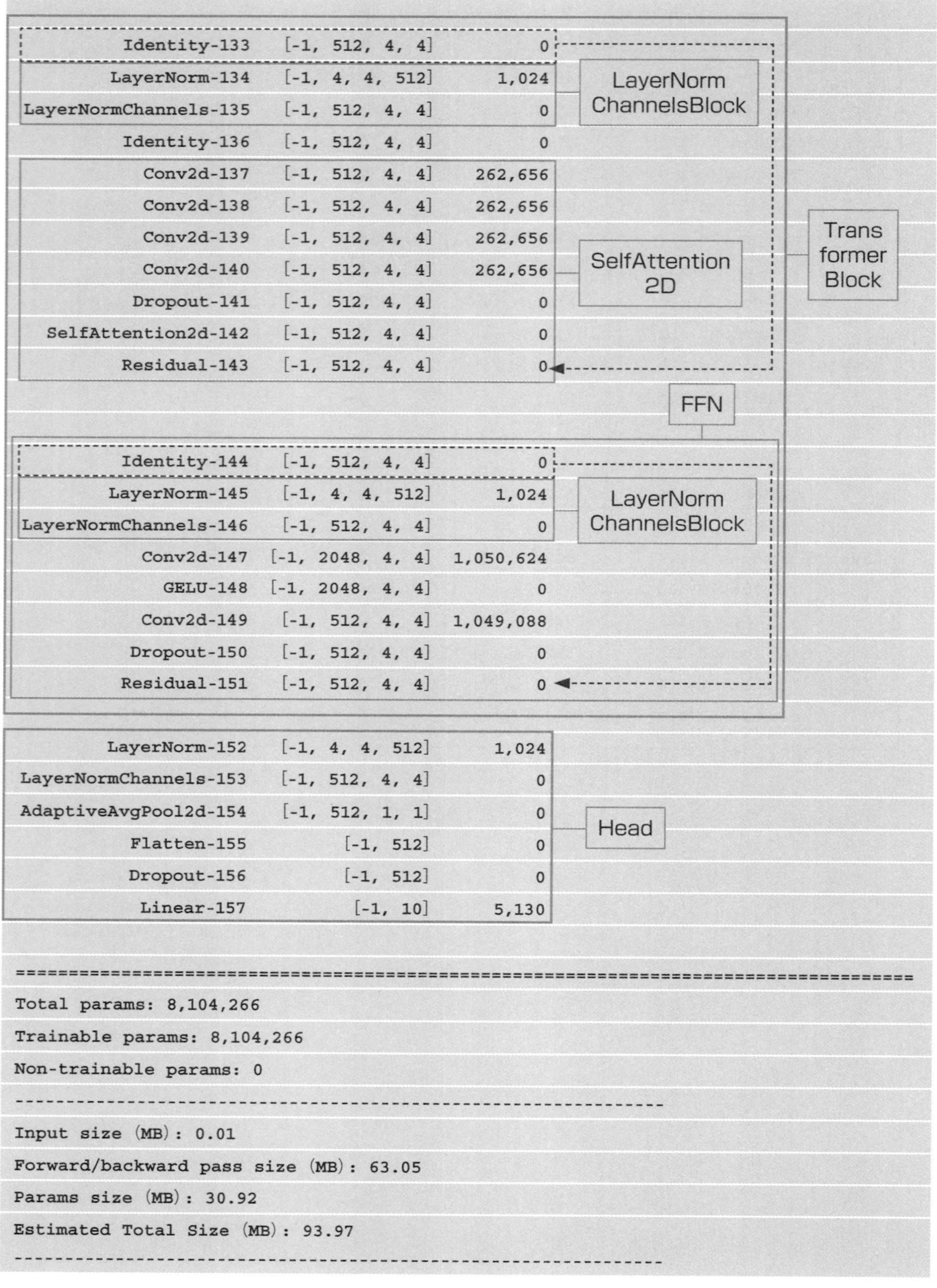

```
          Identity-133      [-1, 512, 4, 4]             0
         LayerNorm-134      [-1, 4, 4, 512]         1,024   LayerNorm ChannelsBlock
LayerNormChannels-135       [-1, 512, 4, 4]             0
          Identity-136      [-1, 512, 4, 4]             0
            Conv2d-137      [-1, 512, 4, 4]       262,656
            Conv2d-138      [-1, 512, 4, 4]       262,656
            Conv2d-139      [-1, 512, 4, 4]       262,656                               Trans former Block
            Conv2d-140      [-1, 512, 4, 4]       262,656   SelfAttention 2D
           Dropout-141      [-1, 512, 4, 4]             0
   SelfAttention2d-142      [-1, 512, 4, 4]             0
          Residual-143      [-1, 512, 4, 4]             0
                                                                       FFN
          Identity-144      [-1, 512, 4, 4]             0
         LayerNorm-145      [-1, 4, 4, 512]         1,024   LayerNorm ChannelsBlock
LayerNormChannels-146       [-1, 512, 4, 4]             0
            Conv2d-147     [-1, 2048, 4, 4]     1,050,624
              GELU-148     [-1, 2048, 4, 4]             0
            Conv2d-149      [-1, 512, 4, 4]     1,049,088
           Dropout-150      [-1, 512, 4, 4]             0
          Residual-151      [-1, 512, 4, 4]             0
         LayerNorm-152      [-1, 4, 4, 512]         1,024
LayerNormChannels-153       [-1, 512, 4, 4]             0
AdaptiveAvgPool2d-154       [-1, 512, 1, 1]             0
           Flatten-155            [-1, 512]             0   Head
           Dropout-156            [-1, 512]             0
            Linear-157             [-1, 10]         5,130
================================================================================
Total params: 8,104,266
Trainable params: 8,104,266
Non-trainable params: 0
------------------------------------------------------------
Input size (MB): 0.01
Forward/backward pass size (MB): 63.05
Params size (MB): 30.92
Estimated Total Size (MB): 93.97
------------------------------------------------------------
```

8.3.2 モデルのトレーニング方法と評価方法を設定する

モデルのトレーニング直前の準備をします。

■モデルのパラメーターを、重み減衰を適用するものと適用しないものに分離

26番目のセルに次のコードを記述し、実行します。

▼パラメーターを重み減衰ありとなしに分離(CoAtNet_CIFAR10_PyTorch.ipynb)

セル26

```
def separate_parameters(model):
    """
    モデルのパラメーターを重み減衰ありとなしに分離する関数

    Args:
        model: 分離するパラメーターを持つモデル

    Returns:
        parameters_decay: 重み減衰が適用されるパラメーターのセット
        parameters_no_decay: 重み減衰が適用されないパラメーターのセット
    """
    parameters_decay = set()                                      # 重み減衰が適用されるパラメーターのセット
    parameters_no_decay = set()                                   # 適用されないパラメーターのセット
    modules_weight_decay = (nn.Linear, nn.Conv2d)                 # 重み減衰を適用するモジュール
    modules_no_weight_decay = (nn.LayerNorm, nn.BatchNorm2d)      # 適用しないモジュール

    # モデル内のすべてのモジュールを名前付きでループ
    for m_name, m in model.named_modules():
        # モジュール内のすべてのパラメーターを名前付きでループ
        for param_name, param in m.named_parameters():
            # フルパラメーター名を生成(モジュール名があれば付加)
            full_param_name = f"{m_name}.{param_name}" if m_name else param_name

            # モジュールが重み減衰なしのモジュールかどうか
            if isinstance(m, modules_no_weight_decay):
                parameters_no_decay.add(full_param_name)          # 重み減衰なしに追加
            # パラメーター名が"bias"で終わるかどうか
            elif param_name.endswith("bias"):
                parameters_no_decay.add(full_param_name)          # 重み減衰なしに追加
```

```
            # モジュールがResidualでパラメーター名が"gamma"で終わるかどうか
            elif isinstance(m, Residual) and param_name.endswith("gamma"):
                parameters_no_decay.add(full_param_name)       # 重み減衰なしに追加
            # モジュールがSelfAttention2dでパラメーター名が"pos_enc"で終わるかどうか
            elif isinstance(m, SelfAttention2d) and param_name.endswith("pos_enc"):
                parameters_no_decay.add(full_param_name)       # 重み減衰なしのセットに追加
            # モジュールが重み減衰ありのモジュールかどうかをチェック
            elif isinstance(m, modules_weight_decay):
                parameters_decay.add(full_param_name)          # 重み減衰ありのセットに追加

    # 重み減衰ありとなしのセットが交差しないことを確認
    assert len(parameters_decay & parameters_no_decay) == 0
    # モデル内のすべてのパラメーターがいずれかのセットに含まれていることを確認
    assert len(parameters_decay) + len(parameters_no_decay) == len(list(model.parameters()))

    # 重み減衰ありとなしのパラメーターのセットを返す
    return parameters_decay, parameters_no_decay
```

■モデルのパラメーターに基づいてオプティマイザーを取得する関数の定義

27番目のセルに次のコードを記述し、実行します。

▼オプティマイザーを取得する関数(CoAtNet_CIFAR10_PyTorch.ipynb)

セル27

```
def get_optimizer(model, learning_rate, weight_decay):
    """ モデルのパラメーターに基づいてオプティマイザーを取得する

    Args:
        model (nn.Module): 最適化するPyTorchモデル
        learning_rate (float): オプティマイザーの学習率
        weight_decay (float): 重み減衰の率

    Returns:
        optimizer (torch.optim.Optimizer): AdamWオプティマイザー
    """
    # モデルの全パラメーターを名前と共に辞書に格納
    param_dict = {pn: p for pn, p in model.named_parameters()}
    # 重み減衰を適用するパラメーターと適用しないパラメーターに分離
    parameters_decay, parameters_no_decay = separate_parameters(model)
    # 最適化するパラメーターのグループを定義
```

```
    optim_groups = [
        # 重み減衰を適用するパラメーター
        {"params": [param_dict[pn] for pn in parameters_decay],
         "weight_decay": weight_decay},
         # 重み減衰を適用しないパラメーター
        {"params": [param_dict[pn] for pn in parameters_no_decay],
         "weight_decay": 0.0},
    ]

    # AdamWオプティマイザーを作成
    optimizer = optim.AdamW(optim_groups, lr=learning_rate)
    return optimizer                                    # オプティマイザーを返す
```


損失関数、オプティマイザー、トレーナー、学習率スケジューラー、評価器を設定

28番目のセルに次のコードを記述し、実行します。

▼損失関数、オプティマイザー、トレーナー、学習率スケジューラー、評価器を設定 (CoAtNet_CIFAR10_PyTorch.ipynb)

セル28

```
# 損失関数としてクロスエントロピー損失を定義
loss = nn.CrossEntropyLoss()

# オプティマイザーを取得
optimizer = get_optimizer(
    model,                                  # 学習対象のモデル
    learning_rate=1e-6,                     # 学習率
    weight_decay=WEIGHT_DECAY               # 重み減衰(正則化)の係数
)

# 教師あり学習用トレーナーを定義
trainer = create_supervised_trainer(
    model, optimizer, loss, device=DEVICE
)
# 学習率スケジューラーを定義
lr_scheduler = optim.lr_scheduler.OneCycleLR(
    optimizer,                                          # オプティマイザー
    max_lr=LEARNING_RATE,                               # 最大学習率
```

```
    steps_per_epoch=len(train_loader),          # 1エポック当たりのステップ数
    epochs=EPOCHS                               # 総エポック数
)

# トレーナーにイベントハンドラーを追加
# トレーナーの各イテレーション終了時に学習率スケジューラーを更新
trainer.add_event_handler(
    Events.ITERATION_COMPLETED,                 # イテレーション終了時のイベント
    lambda engine: lr_scheduler.step()          # 学習率スケジューラーのステップを進める
)

# トレーナーにランニングアベレージメトリクスを追加
# トレーニングの損失をランニング平均で保持
ignite.metrics.RunningAverage(
    output_transform=lambda x: x                # 出力をそのまま使用
    ).attach(trainer, "loss")                   # トレーナーに"loss"としてアタッチ

# 検証用のメトリクス(評価指標)を定義
val_metrics = {
    "accuracy": ignite.metrics.Accuracy(),      # 精度
    "loss": ignite.metrics.Loss(loss)           # 損失
}

# トレーニングデータ用の評価器を定義
train_evaluator = create_supervised_evaluator(
    model,                                      # 評価対象のモデル
    metrics=val_metrics,                        # 評価指標
    device=DEVICE                               # 実行デバイス(GPUを想定)
)

# バリデーションデータ用の評価器を定義
evaluator = create_supervised_evaluator(
    model,                                      # 評価対象のモデル
    metrics=val_metrics,                        # 評価指標
    device=DEVICE                               # 実行デバイス(CPUまたはGPU)
)

# トレーニング履歴を保持するための辞書を初期化
history = defaultdict(list)
```

■評価結果を記録してログに出力するlog_validation_results()関数の定義

29番目のセルに次のコードを記述し、実行します。

▼評価結果を記録してログに出力するlog_validation_results()関数
(CoAtNet_CIFAR10_PyTorch.ipynb)

セル29

```
# トレーナーがエポックを完了したときにこの関数を呼び出すためのデコレーター
@trainer.on(Events.EPOCH_COMPLETED)
def log_validation_results(engine):
    """ エポック完了時にトレーニングと検証の損失および精度を記録してログに出力

    Args:
        engine: トレーナーの状態を保持するエンジンオブジェクト
    """
    # トレーナーの状態を取得
    train_state = engine.state
    # 現在のエポック数を取得
    epoch = train_state.epoch
    # 最大エポック数を取得
    max_epochs = train_state.max_epochs
    # 現在のエポックのトレーニング損失を取得
    train_loss = train_state.metrics["loss"]
    # トレーニング損失を履歴に追加
    history['train loss'].append(train_loss)
    # トレーニングデータローダーを使用して評価を実行
    train_evaluator.run(train_loader)
    # トレーニング評価の結果メトリクスを取得
    train_metrics = train_evaluator.state.metrics
    # トレーニングデータの精度を取得
    train_acc = train_metrics["accuracy"]
    # トレーニング精度を履歴に追加
    history['train acc'].append(train_acc)
    # テストデータローダーを使用して評価を実行
    evaluator.run(test_loader)
    # 検証評価の結果メトリクスを取得
    val_metrics = evaluator.state.metrics
    # 検証データの損失を取得
    val_loss = val_metrics["loss"]
    # 検証データの精度を取得
```

```
    val_acc = val_metrics["accuracy"]
    # 検証損失を履歴に追加
    history['val_loss'].append(val_loss)
    # 検証精度を履歴に追加
    history['val_acc'].append(val_acc)

    # トレーニングと検証の損失および精度を出力
    print(
        "{}/{} - train:loss {:.3f} accuracy {:.3f}; val:loss {:.3f} accuracy {:.3f}".format(
        epoch, max_epochs, train_loss, train_acc, val_loss, val_acc)
        )
```

COLUMN 残差接続と逆残差接続

残差接続と逆残差接続は、ディープラーニングモデルの層からの出力に対する設計手法です。残差接続は出力に入力を足し合わせることで、元の入力情報を維持しつつ、出力を調整します。これに対し、逆残差接続は高次元空間で処理を行った後、元の低次元に戻して元の入力との間の差（残差）を計算し、それを出力に加えます。特徴量の次元が拡張されてから縮小されるという逆の構造です。

▼残差接続と逆残差接続の比較

項目	残差接続	逆残差接続
勾配消失問題の緩和	強い	ある程度
計算効率	高くはない	高い
パフォーマンス向上	層が深いモデルに有効	軽量なモデルに有効
低リソース環境への適応	適していない	非常に適している
メモリ使用量	比較的多い	少ない

8.3.3 トレーニングを実行して結果を評価する

トレーニングを実行し、モデルを評価します。トレーニング終了後、損失と正解率の推移をグラフにします。

■トレーニングの開始

30番目のセルに次のコードを記述し、実行しましょう。すぐにトレーニングが開始されます。

▼トレーニングを開始(CoAtNet_CIFAR10_PyTorch.ipynb)

セル30

```
%%time
trainer.run(train_loader, max_epochs=EPOCHS);
```

▼出力

```
1/100 - train:loss 1.673 accuracy 0.451; val:loss 1.480 accuracy 0.466
......途中省略......
50/100 - train:loss 0.321 accuracy 0.911; val:loss 0.359 accuracy 0.884
......途中省略......
100/100 - train:loss 0.004 accuracy 0.999; val:loss 0.312 accuracy 0.945
CPU times: user 2h 10min 54s, sys: 4min 57s, total: 2h 15min 51s
Wall time: 2h 9min 59s
```

■損失と精度の推移をグラフにする

トレーニングが終了したら、損失と精度の推移をグラフにしてみましょう。

▼損失の推移をグラフにする(CoAtNet_CIFAR10_PyTorch.ipynb)

セル31

```
# グラフ描画用のFigureオブジェクトを作成
fig = plt.figure()
# Figureにサブプロット(1行1列の1つ目のプロット)を追加
ax = fig.add_subplot(111)
# x軸のデータをエポック数に基づいて作成(1からhistory['train loss']の長さまでの範囲)
xs = np.arange(1, len(history['train loss']) + 1)
# トレーニングデータの損失をプロット
ax.plot(xs, history['train loss'], '.-', label='train')
# バリデーションデータの損失をプロット
ax.plot(xs, history['val loss'], '.-', label='val')
```

```
ax.set_xlabel('epoch')      # x軸のラベルを設定
ax.set_ylabel('loss')       # y軸のラベルを設定
ax.legend()                 # 凡例を表示
ax.grid()                   # グリッドを表示
plt.show()                  # グラフを表示
```

▼精度の推移をグラフにする (CoAtNet_CIFAR10_PyTorch.ipynb)

セル32

```
# グラフ描画用のFigureオブジェクトを作成
fig = plt.figure()
# Figureにサブプロット(1行1列の1つ目のプロット)を追加
ax = fig.add_subplot(111)
# x軸のデータをエポック数に基づいて作成(1からhistory['val_acc']の長さまでの範囲)
xs = np.arange(1, len(history['val_acc']) + 1)
# バリデーションデータの正解率をプロット
ax.plot(xs, history['val_acc'], label='Validation Accuracy', linestyle='-')
# トレーニングデータの正解率をプロット
ax.plot(xs, history['train_acc'], label='Training Accuracy', linestyle='--')
ax.set_xlabel('Epoch')          # x軸のラベルを設定
ax.set_ylabel('Accuracy')       # y軸のラベルを設定
ax.grid()                       # グリッドを表示
ax.legend()                     # 凡例を追加
plt.show()                      # グラフを表示
```

▼出力

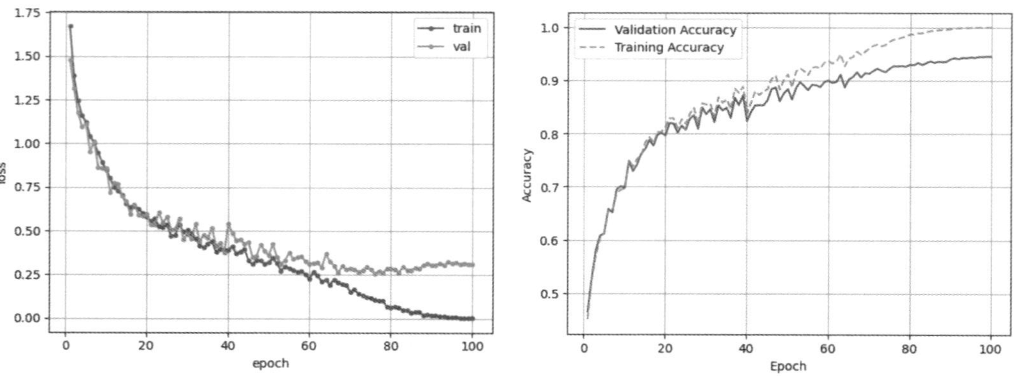

8.4 CoAtNetモデルでCIFAR-100のクラス分類を実施する

CoAtNetモデルは、学習に要する時間が少ないにもかかわらず、これまでのモデルで最高の精度を達成しました。そこで、データセットをCIFAR-100に変えて、100クラスの分類予測を行ってみることにします。

8.4.1 CNNとTransformerを融合したCoAtNet

CoAtNetは、ステージ0(Stem)において事前処理として畳み込みニューラルネットワークによる特徴の抽出を行い、続くステージ1、2では畳み込みベースのブロック(MBConv)を使用して特徴を抽出します。そしてステージ3、4において、Transformerベースのブロックを使用して特徴をさらに抽出します。

SelfAttention2dにおける畳み込みの使用

CoAtNetでは、ステージ3、4のTransformerベースのブロックにおいても畳み込み層が使用されます。具体的には、SelfAttention2dブロックにおけるキー、クエリ、バリューを生成する箇所です。

次図では、単純な例を用いて、キー、クエリ、バリューを生成する過程を示しました。この図では、(チャンネル数=1, 高さ=3, 幅=3)の形状の特徴マップに、1×1のサイズの畳み込みフィルターを3チャンネル(フィルターの数)使用して、キー、クエリ、バリューを生成する様子を表しています。

COLUMN CoAtNetモデルはCIFAR-100に適している?

CIFAR-100はクラスが100に分かれており、クラス間の微細な違いの検出がポイントになります。ここでは、CoAtNetならではの有効性について考えてみます。

・CNNの局所的な特徴抽出

CoAtNetの前半部分はCNNベースの畳み込み層です。CNNは、画像の局所的なパターンや特徴(エッジ、テクスチャ)を捉えるのに優れているため、クラス間の微細な違いを正確に学習できます。特にCIFAR-100のように、小さな画像の中で細かい違いを捉える必要がある場合、CNNの局所的な処理が効果的です。

・トランスフォーマーによるグローバルな特徴抽出

CoAtNetの後半、Transformerブロックでは、長距離の依存関係や広範囲の特徴を捉えます。似たクラス間の違いを正確に捉えることが期待できるので、CIFAR-100のようなデータセットでの微細な分類に役立つと考えられます。

▼1×1のサイズのフィルターを3チャンネル使用して、キー、クエリ、バリューを生成する

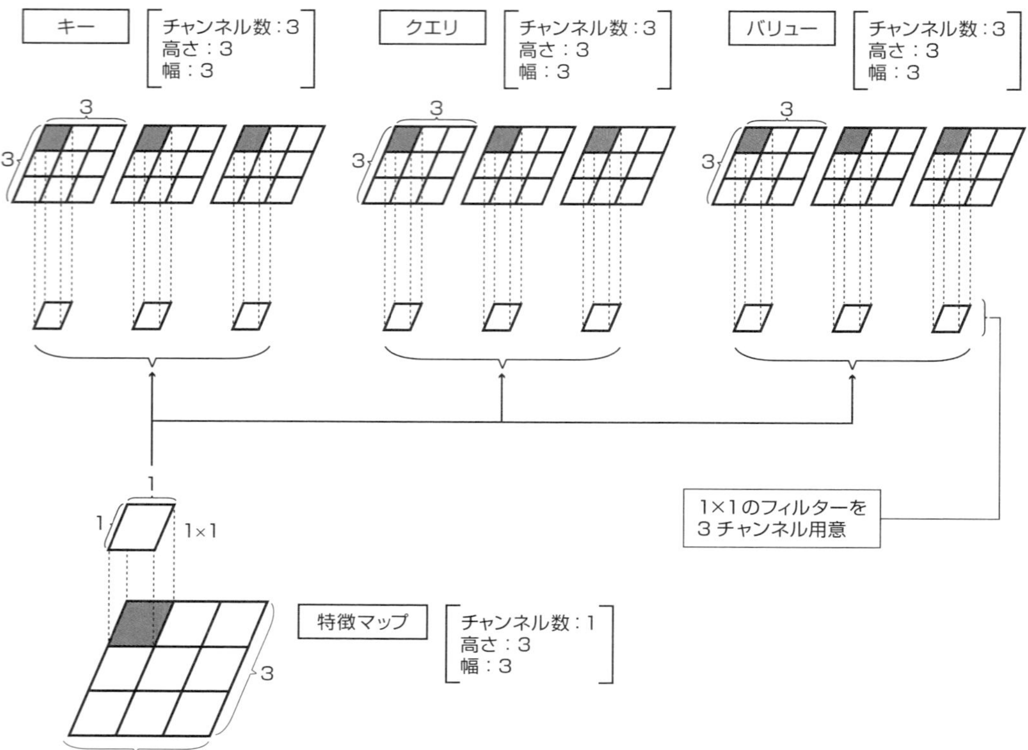

8.4.2 作成済みのCoAtNetモデルを使用してCIFAR-100のクラス分類を実施する

ここでは、8.2節で作成したNotebook「CoAtNet_CIFAR10_PyTorch.ipynb」のコピーを作成し、名前を「CoAtNet_CIFAR100_PyTorch.ipynb」にして、CIFAR-100のクラス分類を行うことにします。

■学習回数（トレーニングエポック数）とクラス数の変更

学習回数を「150」に変更し、分類先のクラスの数を「100」に変更します。3番目のセルについて次のように書き換えてください。

▼学習回数と分類先クラス数を変更(CoAtNet_CIFAR100_PyTorch.ipynb)

セル3
```
DATA_DIR='./data'           # データ保存用のディレクトリ
IMAGE_SIZE = 32             # 入力画像1辺のサイズ
NUM_CLASSES = 100           # 分類先のクラス数
NUM_WORKERS = 12            # データローダーが使用するサブプロセスの数を指定
BATCH_SIZE = 32             # ミニバッチのサイズ
LEARNING_RATE = 1e-3        # 学習率
WEIGHT_DECAY = 1e-1         # オプティマイザーの重み減衰率
EPOCHS = 150                # 学習回数
```


■読み込みを行うデータセットを「CIFAR-100」に変更

使用するデータセットを「CIFAR-10C」に変更します。6番目のセルの内容を次のように書き換えます。

▼使用するデータセットを「CIFAR-100」に変更する(CoAtNet_CIFAR100_PyTorch.ipynb)

セル6
```
# CIFAR-100データセットのトレーニングデータを読み込み、データ拡張を適用
train_dset = datasets.CIFAR100(
    root=DATA_DIR, train=True, download=True, transform=train_transform)

# CIFAR-100データセットのテストデータを読み込んでテンソルに変換する処理のみを行う
test_dset = datasets.CIFAR100(
    root=DATA_DIR, train=False, download=True, transform=transforms.ToTensor())
```

■トレーニングの開始

上述のように2カ所のセルを書き換えれば、後は変更する箇所はありません。では、冒頭のセルからすべてのセルを実行して、CIFAR-100データセットを用いたトレーニング、トレーニング結果のグラフ化までを行ってみましょう。

▼トレーニングを開始するセル(CoAtNet_CIFAR100_PyTorch.ipynb)

セル30
```
%%time
trainer.run(train_loader, max_epochs=EPOCHS);
```

▼出力

```
1/150 - train:loss 4.031 accuracy 0.126; val:loss 3.807 accuracy 0.126
......途中省略......
50/150 - train:loss 1.181 accuracy 0.688; val:loss 1.510 accuracy 0.610
......途中省略......
100/150 - train:loss 0.450 accuracy 0.917; val:loss 1.481 accuracy 0.682
......途中省略......
100/150 - train:loss 0.450 accuracy 0.917; val:loss 1.481 accuracy 0.682
......途中省略......
100/150 - train:loss 0.450 accuracy 0.917; val:loss 1.481 accuracy 0.682
......途中省略......
140/150 - train:loss 0.009 accuracy 0.999; val:loss 1.581 accuracy 0.743
141/150 - train:loss 0.006 accuracy 1.000; val:loss 1.591 accuracy 0.744
142/150 - train:loss 0.004 accuracy 1.000; val:loss 1.582 accuracy 0.748
143/150 - train:loss 0.004 accuracy 1.000; val:loss 1.578 accuracy 0.747
144/150 - train:loss 0.004 accuracy 1.000; val:loss 1.583 accuracy 0.745
145/150 - train:loss 0.004 accuracy 1.000; val:loss 1.589 accuracy 0.746
146/150 - train:loss 0.003 accuracy 1.000; val:loss 1.581 accuracy 0.748
147/150 - train:loss 0.003 accuracy 1.000; val:loss 1.574 accuracy 0.750
148/150 - train:loss 0.003 accuracy 1.000; val:loss 1.580 accuracy 0.747
149/150 - train:loss 0.002 accuracy 1.000; val:loss 1.578 accuracy 0.748
150/150 - train:loss 0.002 accuracy 1.000; val:loss 1.575 accuracy 0.748
CPU times: user 3h 17min 16s, sys: 7min 8s, total: 3h 24min 25s
Wall time: 3h 15min 53s
```

▼出力

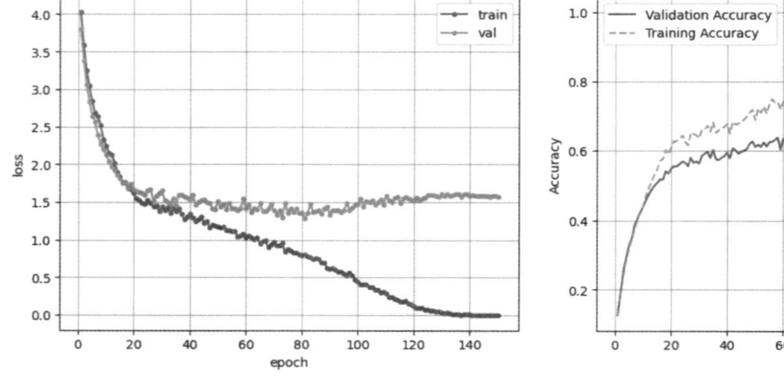

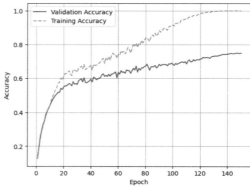

章

BoTNetを用いた画像分類モデルの実装(PyTorch)

9.1 Bottleneck Transformer(BoTNet)の概要

「Bottleneck Transformers for Visual Recognition」*という論文において提案されたBoTNet(Bottleneck Transformer Network)は、Google Researchのプロジェクトとして発表されました。

9.1.1 Bottleneck Transformer(BoTNet)

BoTNetは、Transformerアーキテクチャの優れた特性を、画像認識タスクに適用する試みの一環として登場しました。従来の畳み込みニューラルネットワーク(CNN)は、局所的な特徴抽出に優れている一方で、グローバルな特徴抽出に限界がありました。一方、Transformerの自己注意(Self-Attention)機構は、グローバルな特徴を効果的に抽出する能力があるため、これを画像認識に応用することで精度向上が期待される中、CNNとViTのハイブリッドモデルとして登場したのがBoTNetです。

■CNNとViTのハイブリッド

CNNとViTのハイブリッドとは、どういうことでしょう。

・CNNの導入

CNNは、畳み込み層を使って入力画像から局所的な特徴を抽出します。これにより、画像内のパターンやエッジなどの詳細な情報を捉えることが得意です。BoTNetでは、ResNetの畳み込み層がこの役割を担います。

＊…Recognition　Aravind Srinivas, Tsung-Yi Lin, Niki Parmar, Jonathon Shlens, Pieter Abbeel, Ashish Vaswani. "Bottleneck Transformers for Visual Recognition" arXiv:2101.11605

・**ViTの導入**

ViTは、自己注意機構（Self-Attention Mechanism）を使って画像全体のグローバルな情報を捉えます。これにより、画像の離れた領域同士の関係をモデル化することができます。BoTNetでは、ResNetの一部の3×3畳み込み層をViTのMulti-Head Self-Attention（MHSA）ブロックに置き換えることで、グローバルな特徴抽出能力を取り入れています。

BoTNetの特徴

CNNとViTのハイブリッドと言えば、前章で紹介したCoAtNetがあります。両者の違いは何でしょうか。

・**BoTNet**

BoTNetは、主にResNetアーキテクチャにTransformerのMHSAを組み込むことで、従来のCNNの性能を向上させることを目指しています。

・**CoAtNet**

CoAtNetは、CNNとTransformerを交互に使用する階層構造を持ち、初期段階ではCNNブロックを使用し、後半ではTransformerのMHSAブロックを使用します。初期段階で詳細な局所特徴を抽出し、後半で画像全体の特徴を抽出します。

BoTNetは、ResNetの基本的なブロック構造を保持しつつ、以下のようにTransformerのMHSAブロックを導入しています。

・**ボトルネック構造**

1×1の畳み込み層でチャンネル次元を圧縮し、その後3×3の畳み込み層で特徴抽出を行い、再度1×1の畳み込み層でチャンネル次元を元に戻す構造。このボトルネック構造により、計算効率を維持しつつ高い表現力を持たせています。

・**MHSA（Multi-Head Self-Attention）ブロック**

従来の3×3畳み込み層の一部をMHSAブロックに置き換え、ViTの自己注意機構を導入。これにより、局所的な特徴抽出に加えて、画像全体のグローバルな文脈を捉えることが可能になります。

ResNet

上述の通りBoTNetでは、ResNetアーキテクチャにMHSAブロックが組み込まれます。ResNetについては2章の冒頭で説明しましたが、改めて確認しておきましょう。

ResNet (Residual Network)* は、深層ニューラルネットワークの一種であり、Microsoft ResearchのKaiming Heらによって提案されました。ResNetの主要な目的は、深いニューラルネットワークにおける学習の難しさ、特に勾配消失問題に対処することです。そのために、著者たちは「残差学習」(Residual Learning) という新しいアプローチを提案しました。

●残差ブロック (Residual Block) の導入

ResNetの核心となる要素は、残差接続の機能を担う残差ブロックです。これは、通常の畳み込み層に加え、入力を直接出力に加算するショートカット接続 (スキップ接続) を持つ構造です。ショートカット接続は、入力を直接出力に加算することで、情報をスキップさせます。ショートカット接続により、勾配消失問題が軽減され、非常に深いネットワークでも効果的に学習を行うことが可能になりました。

▼残差ブロックの構造*

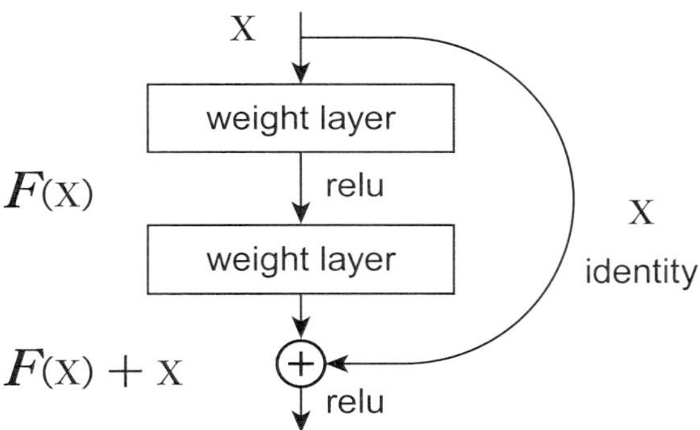

◎非常に深いネットワークの実現

ResNetは、50層、101層、152層などの非常に深いネットワークを訓練し、高い性能を達成しました。深さに応じてResNet-50、ResNet-101、ResNet-152などのバリエーションがあります。

* ResNet　Kaiming He, Xiangyu Zhang, Shaoqing Ren, Jian Sun. "Deep Residual Learning for Image Recognition" arXiv:1512.03385
* …の構造　引用：He, K. et al. (2015). "Deep Residual Learning for Image Recognition". Figure 2

9.1.2 BoTNetの仕組みと構造

BoTNetの論文では、いくつかの図を用いてBoTNetの仕組みや構造を説明しています。ここでは3つの図を引用しつつ、どのようなことが示されているのか見ていきます。

■ResNetのボトルネックアーキテクチャにTransformerを統合

BoTNetはどのようにして、ResNetの基本的なブロック構造を保持しつつ、TransformerのMHSAブロックを導入したのでしょうか。論文の「Figure 1」の図において、そのことが説明されています。

▼ResNetのボトルネックブロックとBoTNetのボトルネックトランスフォーマーブロック*

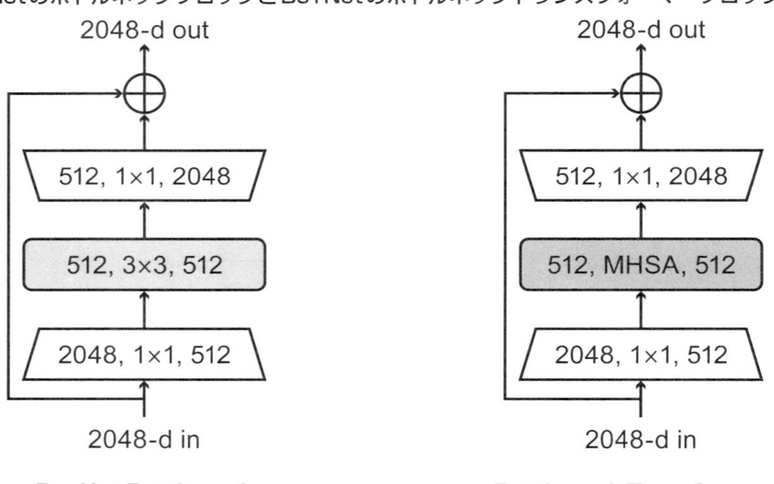

「Figure 1」の図では、BoTNetの基本的なアイデアとResNetとの違い、Transformerの導入による性能向上のメカニズムが示されています。

●ResNet Block (左側)

標準的なResNetのボトルネックブロックを示しています。

・1×1 Convolution

入力チャンネル数を減らし、計算量を削減します。

*…ブロック　引用: Srinivas, A. et al. (2021). "Bottleneck Transformers for Visual Recognition". Figure 1

- **3×3 Convolution**

  空間的な特徴を学習するための主要な畳み込み層です。

- **1×1 Convolution**

  チャンネル数を元に戻して出力します。

- **BatchNormとReLUの適用**

  各畳み込み層の後にバッチ正規化とReLU活性化関数を適用し、学習を安定させます。

- **Skip Connection**

  入力と出力を直接加算するショートカット接続(残差接続)が含まれています。これにより、勾配消失問題を緩和し、ネットワークの学習を容易にします。

●Bottleneck Transformer Block(右側)

BoTNetのボトルネックトランスフォーマーブロックを示しています。ResNetブロックと同様に、1×1、3×3、1×1の畳み込み層がありますが、真ん中の3×3の畳み込み層がMulti-Head Self-Attention(MHSA)に置き換えられています。この置き換えにより、局所的な特徴抽出とグローバルな特徴抽出の両方が可能になります。

- **1×1 Convolution**

  入力チャンネル数を減らし、計算量を削減します。

- **Multi-Head Self-Attention(MHSA)**

  3×3の畳み込み層をMHSAに置き換えます。

- **1×1 Convolution**

  チャンネル数を元に戻して出力します。

- **BatchNormとReLUの適用**

  各畳み込み層とMHSAの後にバッチ正規化とReLU活性化関数を適用します。

- **Skip Connection**

  ResNetブロックと同様に、入力と出力を直接加算するショートカット接続が含まれています。

■標準的なTransformerブロックとの比較

論文の「Figure 2」の図において、標準的なTransformerブロックとの比較説明がなされています。

▼標準的なTransformerとBottleneck Transformeの比較*

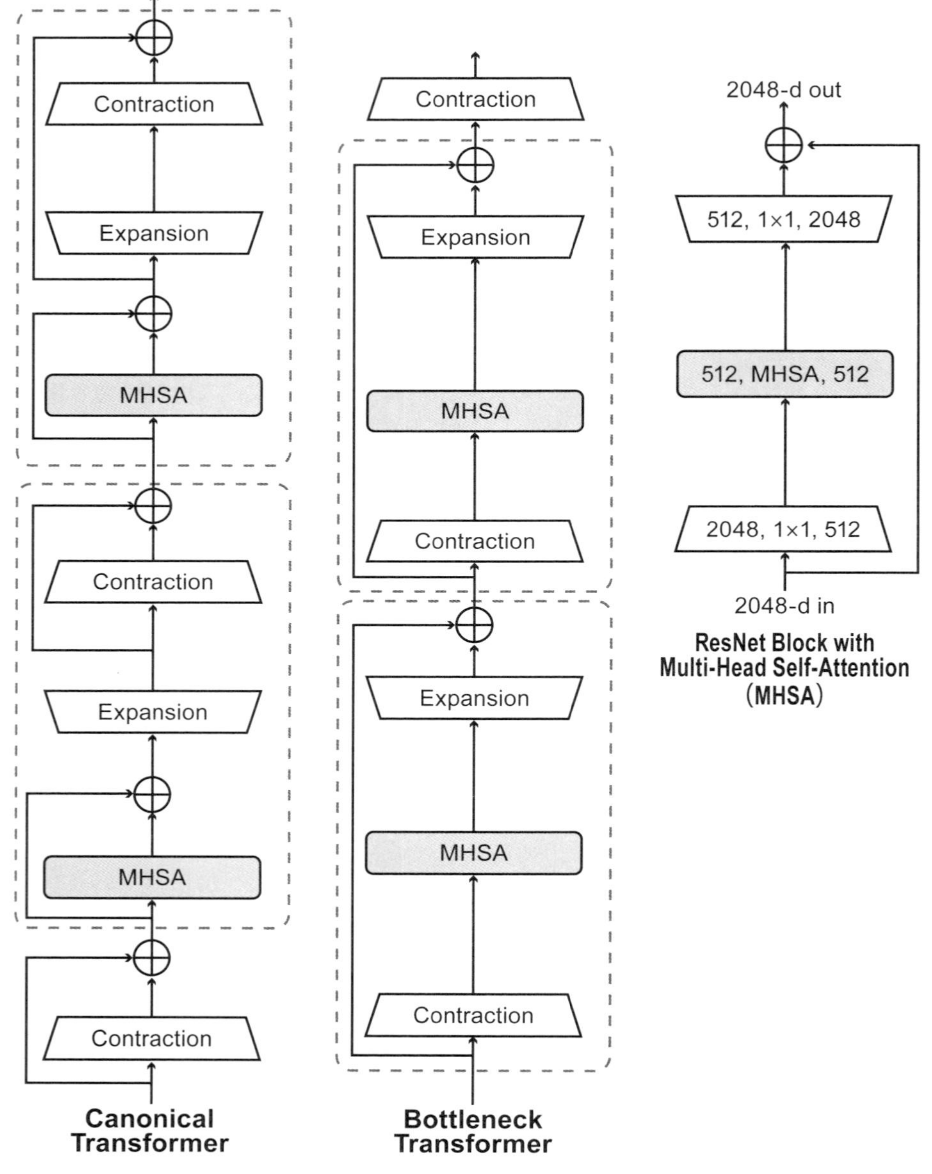

*…の比較　引用：Srinivas, A. et al. (2021). "Bottleneck Transformers for Visual Recognition". Figure 2

●左側の図：標準的なTransformerブロックの構造

Vaswaniらの論文「Attention is All You Need」*で提案された標準的なTransformerブロックの構造を示しています。以下は主要なコンポーネントの説明ですが、論文の本文の説明をもとに、図に明示されていないコンポーネントも追加してあります。

- **Multi-Head Self-Attention (MHSA)**
  マルチヘッド化された自己注意機構であり、複数の注意ヘッドを使用して、入力シーケンスの各要素間の 関係をモデリングします。各注意ヘッドは、異なる部分の特徴を学習します。
- **Add & Norm**
  MHSAの出力に元の入力を加算（残差接続）し、その後にLayer Normalizationを適用します。これにより、勾配消失問題を緩和し、学習を安定させます。
- **Feed-Forward Network (FFN)**
  位置ごとに適用される全結合層（通常は2層）で構成されています。入力の次元を拡張し、再び元の次元に戻す操作を行います。活性化関数（ReLUなど）を適用し、非線形性を導入します。
- **Add & Norm**
  FFNの出力に残差接続を行い、その後Layer Normalizationを適用します。

●真ん中の図：BoTNetのTransformerブロックの構造

BoTNetにおけるTransformerブロックの構造を示しています。

- **Input Image**
  入力画像は、標準的なCNNと同様に扱われます。
- **Convolutional Layers**
  入力画像に対して複数の畳み込み層を適用し、初期特徴を抽出します。これにより、空間的な情報を捉えます。
- **Multi-Head Self-Attention (MHSA)**
  標準的なTransformerブロックと同様に、MHSAを適用してグローバルな情報を抽出します。畳み込み層で抽出された特徴に対して適用されます。
- **Add & Norm**
  MHSAの出力に元の特徴マップを加算し、Layer Normalizationを適用します。標準的なTransformerブロックと同様の効果を持たせるのが目的です。

＊「Attention is All You Need」 Ashish Vaswani, Noam Shazeer, Niki Parmar, Jakob Uszkoreit, Llion Jones, Aidan N. Gomez, Lukasz Kaiser, Illia Polosukhin (2017). arXiv:1706.03762

• Feed-Forward Network (FFN)

FFNを適用し、入力の次元を拡張して再び縮小する操作を行います。活性化関数により非線形性を導入し、複雑な特徴を学習します。

• Add & Norm

FFNの出力に対して残差接続を行い、Layer Normalizationを適用します。

● 右側の図: BoTNetにおけるTransformerブロックの具体的な実装

BoTNetにおけるTransformerブロックの具体的な実装を示しています。

BoTNetのSelf-Attention Layerの内部構造

論文の「Figure 3」の図において、BoTNetのSelf-Attention Layerの内部構造が示されています。

▼Self-Attention Layerの内部構造*

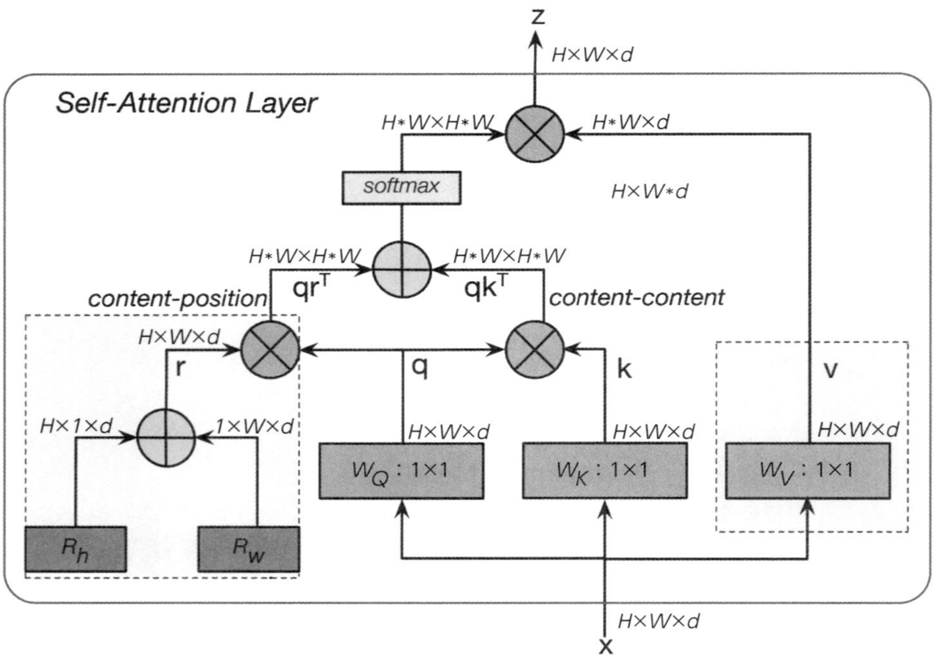

● 入力テンソル

図の右下のxは、入力テンソルを表しています。形状は (H〈高さ〉, W〈幅〉, d〈チャンネル〉) です。

*…の内部構造　引用: Srinivas, A. et al. (2021). "Bottleneck Transformers for Visual Recognition". Figure 3

●クエリ、キー、バリューの生成

入力テンソル (H, W, d) が3つの畳み込み層を通過することで、クエリ (q)、キー (k)、バリュー (v) が生成されます。これらの畳み込み層は、それぞれ1×1のカーネルを持ち、入力の各位置に対して異なる変換を適用します。クエリ、キー、バリューは、それぞれ異なる出力チャンネル数を持ち、形状は (H, W, d) となります (d は変換後のチャンネル数)。

●位置エンコーディングの追加 (図の左下のブロック)

クエリ、キー、バリューに対して、相対位置エンコーディング (Relative Positional Encoding) が追加されます。これにより、入力特徴マップの空間的な位置情報が保持されます。

●クエリとキーの積を計算してソフトマックス関数を適用

クエリとキーのドット積を計算し、その結果をスケーリング (スケール因子は$\sqrt{d}$) します。この、スケーリングされたドット積に対してソフトマックス関数を適用し、注意マップ (Attention Map) を生成します。注意マップは、クエリとキーの関連性を表し、形状は (HW, HW) となります。

●注意マップをバリューに適用

注意マップをバリューに適用し、加重平均を計算します。この操作により、入力特徴マップの各位置が、他の位置との関係性を考慮して更新されます。出力の形状は (H*W, d) です。

●出力テンソル

最後に、出力テンソルは元の形状 (H, W, d) に再形成され、次の層に渡されます。

COLUMN 「ボトルネック」という名前の由来

「ボトルネック」とは、広い入力層から細く絞られた層 (狭い層) を通り、再び広がるという形状を表しています。ボトルの首 (ボトルネック) のように、一度絞り込んで情報を圧縮し、その後に再び情報を拡張することが名前の由来です。ボトルネック構造では、まず次元削減が行われ、その後次元拡大が行われます。

①次元削減 (縮小層) : 1×1の畳み込み層を使用して入力特徴マップの次元を減らします。これにより、計算量が大幅に削減されます。
②処理 (中間層) : 削減された次元の空間で、MHSA (マルチヘッド自己注意) の処理を行います。
③次元拡大 (復元層) : 最後に、もう一度1×1の畳み込みや線形層を使って、次元を元に戻し、元の入力サイズに合わせます。

9.2 PyTorchによるBoTNetモデルの実装

PyTorchを用いて、BoTNetモデルの実装*を行い、CIFAR-100データセットを利用した画像分類を行います。

9.2.1 データセットの読み込み、データローダーの作成までを行う

必要なライブラリのインポート、各種パラメーターの設定、データセットの読み込み、データローダーの作成までを行います。

■PyTorch-Igniteのインストール

Colab Notebookを作成し、1番目のセルにPyTorch-Igniteのインストールを行うコードを記述し、実行します。

▼PyTorch-Igniteをインストールする(BoTNet_PyTorch.ipynb)

セル1

```
!pip install pytorch-ignite -q
```

■必要なライブラリ、パッケージ、モジュールのインポート

2番目のセルに次のコードを記述し、実行します。

▼ライブラリやパッケージ、モジュールのインポート(BoTNet_PyTorch.ipynb)

セル2

```
import numpy as np
from collections import defaultdict
import matplotlib.pyplot as plt

import torch
import torch.nn as nn
import torch.optim as optim
import torch.nn.functional as F
from torchvision import datasets, transforms
```

*…BoTNetモデルの実装　以下を参考に実装。Julius Ruseckas. "Bottleneck Transformer" Accessed May 21, 2024. https://juliusruseckas.github.io/ml/botnet.html
Aravind Srinivas. "Bottleneck Transformers for Visual Recognition." GitHub Gist, 2021, https://gist.github.com/aravindsrinivas/56359b79f0ce4449bcb04ab4b56a57a2

```
from ignite.engine import Events, create_supervised_trainer, create_supervised_evaluator
import ignite.metrics
import ignite.contrib.handlers
```

■パラメーター値の設定

3番目のセルに次のコードを記述し、実行します。

▼パラメーター値の設定(BoTNet_PyTorch.ipynb)

セル3

```
DATA_DIR='./data'           # データ保存用のディレクトリ
IMAGE_SIZE = 32             # 入力画像1辺のサイズ
NUM_CLASSES = 100           # 分類するクラスの数
NUM_WORKERS = 8             # データローダーが使用するサブプロセスの数を指定
BATCH_SIZE = 32             # ミニバッチのサイズ
LEARNING_RATE = 1e-3        # 最大学習率
WEIGHT_DECAY = 1e-2         # オプティマイザーの重み減衰率
EPOCHS = 150                # 学習回数
```

■使用可能なデバイスの種類を取得

使用可能なデバイス(CPUまたはGPU)の種類を取得します。4番目のセルに次のコードを記述し、実行します。ここでは、GPUの使用を想定しています。

▼使用可能なデバイスを取得(BoTNet_PyTorch.ipynb)

セル4

```
DEVICE = torch.device("cuda") if torch.cuda.is_available() else torch.device("cpu")
print("device:", DEVICE)
```

▼出力(Colab NotebookにおいてGPUを使用するようにしています)

```
device: cuda
```

■トレーニングデータに適用するデータ拡張処理の定義

トレーニングデータに適用する一連の変換操作をtransforms.Compose（コンテナ）にまとめます。5番目のセルに次のコードを記述し、実行します。

▼トレーニングデータに適用する変換操作をtransforms.Composeにまとめる（BoTNet_PyTorch.ipynb）

セル5

```
# トレーニングデータに適用する一連の変換操作をtransforms.Composeにまとめる
train_transform = transforms.Compose([
    transforms.RandomHorizontalFlip(),       # ランダムに左右反転
    # 4ピクセルのパディングを挿入してランダムに切り抜く
    transforms.RandomCrop(IMAGE_SIZE, padding=4),
    # 画像の明るさ、コントラスト、彩度をランダムに変化させる
    transforms.ColorJitter(brightness=0.2, contrast=0.2, saturation=0.2),
    transforms.ToTensor()                    # テンソルに変換
])
```

■トレーニングデータとテストデータをロードして前処理

CIFAR-100データセットからトレーニングデータとテストデータをロードして、前処理を行います。6番目のセルに次のコードを記述し、実行します。

▼トレーニングデータとテストデータをロードして前処理を行う（BoTNet_PyTorch.ipynb）

セル6

```
# CIFAR-100データセットのトレーニングデータを読み込み、データ拡張を適用
train_dset = datasets.CIFAR100(
    root=DATA_DIR, train=True, download=True, transform=train_transform)
# CIFAR-100データセットのテストデータを読み込んで、テンソルに変換する処理のみを行う
test_dset = datasets.CIFAR100(
    root=DATA_DIR, train=False, download=True, transform=transforms.ToTensor())
```

■データローダーの作成

トレーニング用のデータローダーと、テストデータ用のデータローダーを作成します。7番目のセルに次のコードを記述し、実行します。

▼データローダーの作成(BoTNet_PyTorch.ipynb)

セル7

```
# トレーニング用のデータローダーを作成
train_loader = torch.utils.data.DataLoader(
    train_dset,
    batch_size=BATCH_SIZE,
    shuffle=True,                    # 抽出時にシャッフルする
    num_workers=NUM_WORKERS,         # データ抽出時のサブプロセスの数を指定
    pin_memory=True                  # データを固定メモリにロード
    )

# テスト用のデータローダーを作成
test_loader = torch.utils.data.DataLoader(
    test_dset,
    batch_size=BATCH_SIZE,
    shuffle=False,                   # 抽出時にシャッフルしない
    num_workers=NUM_WORKERS,         # データ抽出時のサブプロセスの数を指定
    pin_memory=True                  # データを固定メモリにロード
    )
```


COLUMN BoTNetとCoAtNet、実装しやすいのは?

CoAtNetは前半部分にCNNを配置し、後半部分にTransformerの自己注意機構を配置するハイブリッド型モデルです。両者が明確に分離されているため、モデルの構造が理解しやすく、CNNの実装に慣れている場合は扱いやすいモデルです。また、CoAtNetで使用される自己注意機構は、局所的な領域で自己注意を計算する設計がなされていることから、グローバルな自己注意を計算するモデルと比較して計算効率が高いといわれています。

一方、BoTNetは各ボトルネック機構でCNNとSelf-Attentionが一体となって動作するため、早い段階から画像全体にわたる広範なつながりや関係性といったグローバルな情報をモデルに取り込みます。これは、局所的な特徴とグローバルな特徴が常に密接に結び付くという点で優れています。実装の難易度は上がりますが、このような特性があることを覚えておくとよいでしょう。

9.2.2 相対位置情報を絶対位置情報に変換して埋め込みを行うRelativePosEncの定義

相対位置情報（相対位置エンコーディング）を作成し、特徴マップに埋め込む処理を行うRelativePosEncを、nn.Moduleのサブクラスとして定義します。このクラス（モジュール）は、相対位置インデックスを用いる仕組みは使わずに、相対位置エンコーディングが格納されたテンソルの形状の変換を繰り返すことで、絶対位置の情報（エンコーディング）に変換します。

■RelativePosEncモジュールの定義

8番目のセルに次のコードを記述し、実行します。

▼RelativePosEncモジュールの定義（BoTNet_PyTorch.ipynb）

セル8

```
class RelativePosEnc(nn.Module):
    """ 特徴マップへの相対位置エンコーディングの埋め込みを行うモジュール

    Attributes:
        pos_h (nn.Parameter): 高さ方向の相対位置エンコーディング
        pos_w (nn.Parameter): 幅方向の相対位置エンコーディング
    """
    def forward(self, q):
        """
        Args:
            q: 入力される特徴マップ
                (bs, ヘッド数, チャンネル数, 高さ, 幅)
                (bs, 4, 64, 8, 8), (bs, 4, 128, 4, 4)
        Returns:
            pos_enc: 相対位置エンコーディングが適用されたテンソル
        """
        # 相対位置エンコーディングとして学習可能なパラメーターを作成
        # RelativePosEncのインスタンスにpos_h属性が存在しない場合に作成する
        # pos_hとpos_wの形状: チャンネル数=64, 高さ,幅=8の場合は(15, 64)
        #                     チャンネル数=128, 高さ,幅=4の場合は(7, 128)
        if not hasattr(self, 'pos_h'):
            c, h, w = q.shape[-3:]          # 入力のチャンネル数、高さ、幅を取得
            # 高さ方向の相対位置エンコーディングの初期化
            self.pos_h = nn.Parameter(torch.zeros(2 * h - 1, c, device=q.device)) ―①
            # 幅方向の相対位置エンコーディングの初期化
            self.pos_w = nn.Parameter(torch.zeros(2 * w - 1, c, device=q.device)) ―②
```

```
        # 入力テンソルqの高さの次元に相対位置エンコーディングを適用
        # rel_h: (bs, ヘッド数, 幅, 2 * 高さ - 1, 高さ)
        #        (bs, 4, 8, 15, 8), (bs, 4, 4, 7, 4)
        rel_h = self.pos_h @ q.movedim(4, 2) ――――――――――――― ③
        # 入力テンソルqの幅の次元に相対位置エンコーディングを適用
        # rel_w: (bs, ヘッド数, 高さ, 2 * 幅 - 1, 幅)
        #        (bs, 4, 8, 15, 8), (bs, 4, 4, 7, 4)
        rel_w = self.pos_w @ q.movedim(3, 2) ――――――――――――― ④

        # 相対位置エンコーディングを絶対位置エンコーディングに変換
        # rel_h,rel_wの形状: (bs, 4, 8, 8, 8), (bs, 4, 4, 4, 4)
        rel_h = self.rel_to_abs(rel_h).movedim(2, 4) ――――――――― ⑤
        rel_w = self.rel_to_abs(rel_w).movedim(2, 3) ――――――――― ⑥

        # 高さ方向と幅方向のエンコーディングを組み合わせる
        # pos_encの形状: (bs, 4, 8, 8, 8, 8), (bs, 4, 4, 4, 4, 4)
        pos_enc = rel_h[:, :, :, None] + rel_w[:, :, None, :] ――――― ⑦

        # 最後の2つの次元をフラット化した後、
        # テンソルの第3次元と第4次元を1つに結合
        # pos_enc: (bs, 4, 8, 8, 8, 8)->(32, 4, 64, 64)
        #          (bs, 4, 4, 4, 4, 4)->(32, 4, 16, 16)
        pos_enc = pos_enc.flatten(-2).flatten(2, 3) ―――――――― ⑧

        return pos_enc

    @staticmethod
    def rel_to_abs(x):
        """ 相対位置エンコーディングを絶対位置に基づいたエンコーディングに変換する

        Args:
            x : 相対位置エンコーディングが適用されたテンソル
                ・(bs, ヘッド数, 幅, 2 * 高さ - 1, 高さ)
                ・(bs, ヘッド数, 高さ, 2 * 幅 - 1, 幅)
                 (bs, 4, 8, 15, 8), (bs, 4, 4, 7, 4),
        Returns:
            x: 絶対位置エンコーディングに変換したたテンソル
               (bs, 4, 8, 8, 8), (bs, 4, 4, 4, 4),
        """
```

9 BoTNetを用いた画像分類モデルの実装（PyTorch）

```
        shape = x.shape                         # 入力テンソルの形状を取得
        length = shape[-1]                      # 最後の次元(高さまたは幅)のサイズを取得

        # 入力テンソルxの第2次元にゼロパディングを追加
        # (bs, ヘッド数, 高さ(または幅), 2 * length - 1, length)から
        # (bs, ヘッド数, 高さ(または幅), 2 * length, length) へ変換
        # (bs, 4, 8, 15, 8)-->(32, 4, 8, 16, 8)
        # (bs, 4, 4, 7, 4)-->(32, 4, 4, 8, 4)
        x = F.pad(x, (0, 0, 0, 1)) ──────────────────────────── ⑨

        # (..., 2 * length, length)から(..., 2 * length ** 2)へ変換
        # (32, 4, 8, 16, 8)-->(bs, 4, 8, 128)
        # (32, 4, 4, 8, 4)-->(bs, 4, 4, 32)
        x = x.flatten(-2) ──────────────────────────────────── ⑩

        # (..., 2 * length ** 2) から (..., 2 * length ** 2 + length - 1) へパディング
        # (bs, 4, 8, 128)-->(bs, 4, 8, 135)
        # (bs, 4, 4, 32)-->(bs, 4, 4, 35)
        x = F.pad(x, (0, length-1)) ─────────────────────────── ⑪

        # (..., 2*length**2 + length - 1)から(..., 2*length - 1, length + 1)へリシェイプ
        # (bs, 4, 8, 135)-->(bs, 4, 8, 15, 9)
        # (bs, 4, 4, 35)-->(bs, 4, 4, 7, 5)
        x = x.view(*shape[:-1], length + 1) ─────────────────── ⑫

        # テンソル x の最後の2つの次元に対してスライシングを行い、
        # 相対位置エンコーディングから絶対位置エンコーディングにするために
        # 必要な部分を抽出
        # スライシング後の形状:(bs, ヘッド数, length, length)
        # (bs, 4, 8, 15, 9)-->(bs, 4, 8, 8, 8)
        # (bs, 4, 4, 7, 5)-->(bs, 4, 4, 4, 4)
        x = x[..., length-1:, :length] ──────────────────────── ⑬

        return x
```

[forward()メソッドの解説]

forward()メソッドにおける処理について見ていきます。

①self.pos_h = nn.Parameter(torch.zeros(2 * h - 1, c, device=q.device))

高さ方向における相対位置の組み合わせの数だけパラメーターを作成します。

torch.zeros(2 * h - 1, c, device=q.device)

において、形状が

(2 * 高さ - 1, チャンネル数)

のゼロテンソルを作成します。高さとチャンネル数は、入力テンソルqの高さ、チャンネル数です。

2 * 高さ - 1

は、各位置間の相対的な距離のすべての組み合わせをカバーします。例えば、高さが8ピクセルであれば、相対距離は −7 から +7 までの 15 通りとなります。

device=q.device

により、作成したテンソルがqと同じデバイス(CPUまたはGPU)に配置されます。

このようにして作成したテンソルは、torch.nn.Parameter()によって、学習可能なパラメーターとして定義されます。

②self.pos_w = nn.Parameter(torch.zeros(2 * w - 1, c, device=q.device))

幅方向における相対位置の組み合わせの数だけパラメーターを作成します。

③rel_h = self.pos_h @ q.movedim(4, 2)

q.movedim(4, 2) の処理では、qの形状が

(bs, ヘッド数, チャンネル数, 高さ, 幅)

において、第5次元(インデックス4)の幅の次元を第3次元(インデックス2)に移動させます。結果、

(bs, ヘッド数, 幅, チャンネル数, 高さ)

の形状になります。

一方、self.pos_h の形状は

(2 * 高さ - 1, チャンネル数)

なので、q.movedim (4, 2) のテンソルとの行列積の結果、rel_hの形状は、

(bs, ヘッド数, 幅, 2 * 高さ - 1, 高さ)

となります。

④rel_w = self.pos_w @ q.movedim (3, 2)

q.movedim (3, 2) の処理では、qの形状が

(bs, ヘッド数, チャンネル数, 高さ, 幅)

において、第4次元（インデックス3）の高さの次元を第3次元（インデックス2）に移動させます。結果、

(bs, ヘッド数, 高さ, チャンネル数, 幅)

の形状になります。一方、self.pos_wの形状は

(2 * 幅 - 1, チャンネル数)

なので、q.movedim (3, 2) のテンソルとの行列積の結果、rel_wの形状は、

(bs, ヘッド数, 高さ, 2 * 幅 - 1, 幅)

となります。

⑤rel_h = self.rel_to_abs (rel_h) .movedim (2, 4)

相対位置エンコーディングを適用した後のテンソルrel_h：

(bs, ヘッド数, 幅, 2 * 高さ - 1, 高さ)

をrel_to_abs () メソッドに渡して、絶対位置エンコーディングへの変換を行います。結果、

(bs, ヘッド数, 幅, 高さ, 高さ)

の形状のテンソルが返されます。これにmovedim (2, 4) を適用して、第3次元（インデックス2）の幅を第5次元の位置に移動させた後、残りの次元を左側の位置に順次シフトさせます。結果、テンソルの形状は、

(bs, ヘッド数, 高さ, 高さ, 幅)

となります。

相対位置エンコーディング適用後のテンソルrel_hは、高さ方向の相対位置エンコーディングを含むため、絶対位置エンコーディングに変換した後のテンソルにmovedim (2, 4) を適用して、ヘッド数次元の次の位置に高さの次元を配置するようにしています。

⑥rel_w = self.rel_to_abs (rel_w) .movedim (2, 3)

相対位置エンコーディングを適用した後のテンソルrel_w：

(bs, ヘッド数, 高さ, 2 * 幅 − 1, 幅)

をrel_to_abs () メソッドに渡して、絶対位置エンコーディングへの変換を行います。結果、

(bs, ヘッド数, 高さ, 幅, 幅)

の形状のテンソルが返されます。これにmovedim (2, 3) を適用して、第3次元（インデックス2）の高さを第4次元の位置に移動させます。結果、テンソルの形状は、

(bs, ヘッド数, 幅, 高さ, 幅)

となります。

相対位置エンコーディング適用後のテンソルrel_wは、幅方向の相対位置エンコーディングを含むため、絶対位置エンコーディングに変換した後のテンソルにmovedim (2, 3) を適用して、ヘッド数次元の次の位置に幅の次元を配置するようにしています。

⑦pos_enc = rel_h [:, :, :, None] + rel_w [:, :, None, :]

テンソルrel_hとrel_wの絶対位置エンコーディングを組み合わせて、最終的な位置エンコーディングpos_encを生成します。

• スライシングの処理1——rel_h [:, :, :, None]

rel_h の第4次元に新しい次元を追加します。結果として、rel_hの形状は

(bs, ヘッド数, 高さ, 1, 高さ, 幅)

になります。

• スライシングの処理2——rel_w [:, :, None, :]

rel_wの第3次元に新しい次元を追加します。結果として、rel_wの形状は

(bs, ヘッド数, 1, 幅, 高さ, 幅)

になります。

・ブロードキャスト
テンソルの形状を合わせるために追加された次元（None）によってブロードキャストが行われ、rel_h とrel_wの各要素が対応する位置で足し合わされます。結果として得られたpos_encの形状は、

（bs, ヘッド数, 高さ, 幅, 高さ, 幅）

です。

⑧pos_enc = pos_enc.flatten（−2）.flatten（2, 3）
テンソル pos_enc の形状を変換します。

・flatten（−2）の処理
テンソルの最後の2つの次元を1つに結合します。具体的には次のように形状が変わります。

（bs, ヘッド数, 高さ, 幅, 高さ ＊ 幅）

・flatten（2, 3）の処理
この処理は、テンソルの第3次元と第4次元を1つに結合します。具体的には次のように形状が変わります。

・flatten（−2）後の形状：（bs, ヘッド数, 高さ, 幅, 高さ ＊ 幅）
・flatten（2, 3）後の形状：（bs, ヘッド数, 高さ ＊ 幅, 高さ ＊ 幅）

・相対位置エンコーディングと絶対位置エンコーディングの違い
相対位置エンコーディングでは各要素が他の要素との相対的な位置関係を表し、絶対位置エンコーディングでは各要素が特定の位置に固定された状態を表します。

[rel_to_abs()メソッドの解説]
このメソッドは、相対位置エンコーディングを絶対位置エンコーディングに変換するために、まずパディングを追加し、次にフラット化して、再びパディングを追加した後、最終的に形状を調整して必要な部分を抽出します。この一連の処理によって、相対位置情報（エンコーディング）を絶対位置情報（エンコーディング）に変換します。

⑨x = F.pad (x, (0, 0, 0, 1))

torch.nn.functional.pad () 関数は、テンソルにパディングを追加するための関数です。例えば、2次元テンソルにパディングを追加する場合、padの長さは4 (上下左右のパディング量) でなければなりません。実際にどうなるか、例を示します。次に示すコードは、

(バッチサイズの次元数2、チャンネルの次元数2、高さの次元数2、幅の次元数2)

を前提とした4階テンソルの作成およびパディング追加の例です。

▼ (2, 2, 2, 2) の形状の4階テンソルを作成

```
x = torch.tensor([[[[1, 2], [3, 4]],
                   [[5, 6], [7, 8]]],

                  [[[9, 10], [11, 12]],
                   [[13, 14], [15, 16]]]])
```

▼パディングを追加 (高さ方向に1つゼロパディングを追加)

```
padded_x = F.pad(x, (0, 0, 0, 1))
```

テンソルxの高さの次元にゼロパディングが埋め込まれ、高さの次元数が3になります。

▼テンソルpadded_xの形状: (2, 2, 3, 2)

```
[[[[ 1,  2], [ 3,  4], [ 0,  0]],
  [[ 5,  6], [ 7,  8], [ 0,  0]]],

 [[[ 9, 10], [11, 12], [ 0,  0]],
  [[13, 14], [15, 16], [ 0,  0]]]])
```

x = F.pad (x, (0, 0, 0, 1))

においては、元のxの形状が

(bs, ヘッド数, 高さ〈または幅〉, 2 * length - 1, length)

ですので、第4次元にゼロパディングが追加されます。結果、第4次元の次元数が (2*length - 1) から1増えて (2*length) になり、テンソルxの形状は

(bs, ヘッド数, 高さ〈または幅〉, 2 * length, length)

になります。このパディングは、相対位置エンコーディングのテンソル形状を調整し、元の特徴マップの形状に近づけるための準備として行われます。

⑩x = x.flatten(−2)

テンソルxの最後から2番目の次元(第4次元)以降をフラット化して、

(bs, ヘッド数, 高さ〈または幅〉, 2*length2)**

の形状をした4階テンソルにします。

⑪x = F.pad(x, (0, length−1))

F.pad()関数を使って、テンソルxの最後の次元にパディングを追加します。(0, length − 1)は、追加するパディングの量を指定するタプルです。具体的には、以下の意味があります:

・0:最後の次元の先頭に追加するパディングの量(ここでは0)
・length − 1:最後の次元の末尾に追加するパディングの量(ここではlength − 1)

この操作により、最後の次元の末尾にlength − 1個のゼロが追加されます。xの形状が

(bs, ヘッド数, 高さ〈または幅〉, 2*length2)**

ですので、この操作により形状が

(bs, ヘッド数, 高さ〈または幅〉, 2*length2 + length − 1)**

になります。

この操作は、相対位置エンコーディングのテンソル形状を元の特徴マップの形状にするために必要な最後のパディングです。後続の処理においてテンソルの形状を変換し、最終的な絶対位置エンコーディングの形状を得るためのステップとなります。

最後の次元の末尾にパディングを追加する簡単な例を見てみましょう。

▼(2, 2, 2, 2)の4階テンソルについて、最後の次元の末尾にlength−1個のパディングを追加する例

```
# (2, 2, 2, 2)の4階テンソルを作成
x = torch.tensor([[[[1, 2], [3, 4]],
                   [[5, 6], [7, 8]]],

                  [[[9, 10], [11, 12]],
                   [[13, 14], [15, 16]]]])
# パディングのためにlengthを取得
length = x.shape[-1]
# パディングを追加(最後の次元の末尾にlength - 1個のパディングを追加)
padded_x = F.pad(x, (0, length-1))
```

▼処理後のpadded_x

```
[[[[ 1,  2,  0], [ 3,  4,  0]],
  [[ 5,  6,  0], [ 7,  8,  0]]],

 [[[ 9, 10,  0], [11, 12,  0]],
  [[13, 14,  0], [15, 16,  0]]]]
```

⑫x = x.view(*shape[:−1], length＋1)

ここで、

*shape[:−1]

は、元の形状shapeから最後の次元を除いたすべての次元を取得します。これは元の形状：

(bs, ヘッド数, 高さ〈または幅〉, 2*length**2 + length − 1)

における

(bs, ヘッド数, 高さ〈または幅〉)

の部分を意味します。*shape[:−1]の先頭の「*」はアンパック演算子であり、タプルshape[:−1]の各要素を個別の引数として展開する役割を果たします。実際に、*shape[:−1]は、上で述べたように展開されます。

x = x.view(*shape[:−1], length＋1)

全体の処理として見ると、

x = x.view(bs, ヘッド数, 高さ〈または幅〉, length + 1)

のようになります。view()メソッドの第2引数のlength + 1は、新しいテンソルの最後の次元がlength + 1であることを示します。この結果、テンソルxの形状が

(bs, ヘッド数, 高さ〈または幅〉, 2*length − 1, length + 1)

に変わります。第4次元の2*length − 1は、第5次元にlength + 1が指定されたことで、自動計算された結果です。

⑬x = x[..., length−1:, :length]

テンソルxの最後の2つの次元に対してスライシングを行い、相対位置エンコーディングから絶対位置エンコーディングに変換するための必要な部分を抽出します。具体的には、ゼロパディングを行った部分を除外し、元のデータを抽出します。この操作により、テンソルの形状が調整され、最終的な絶対位置エンコーディングが得られます。

・...

先行するすべての次元をそのまま維持します。

・length－1:

最後から2番目の次元（2 ＊ length － 1）に対して、インデックスがlength－1の位置から最後までの範囲を指定します。

・:length

最後の次元（length ＋ 1）に対して、先頭からインデックスlengthの位置までの範囲を指定します。

スライス後の形状は、

(bs, ヘッド数, length, length, length)

となります。length ＝ 8の場合の具体例は次のようになります。

・最後から2番目の次元（第4次元）のインデックスlength－1（＝7）の位置から最後までの範囲を取得します。
・最後の次元（第5次元）の最初からlength（＝8）までの範囲を取得します。

したがって、スライシング後の形状は

(bs, ヘッド数, 8, 8, 8)

になります。

COLUMN 「ボトルネック構造」と「線形ボトルネック」①

●ボトルネック構造を使用するモデル

ResNet、BoTNetなど。

●ボトルネック構造に配置される畳み込み層

・1×1の畳み込み層（次元削減）
・3×3の畳み込み層（主要な特徴抽出）
・1×1の畳み込み層（次元拡張）

入力チャンネル数を1×1の畳み込みで減らした後、3×3畳み込みを行い、再び1×1畳み込みでチャンネル数を元に戻すことで、計算コストを抑えながらも有効な特徴抽出を行います。BoTNetでは、この構造をもとにして、3×3畳み込みの代わりにSelf-Attention層（AttentionBlock）を配置しています。

9.2.3 絶対位置エンコーディングを適用するAbsolutePosEnc

絶対位置エンコーディングを適用するAbsolutePosEncを、nn.Moduleを継承するサブクラスとして定義します。

■AbsolutePosEncモジュールの定義

9番目のセルにAbsolutePosEncモジュールの定義コードを記述し、実行します。

▼AbsolutePosEncクラスの定義(BoTNet_PyTorch.ipynb)

セル9

```
class AbsolutePosEnc(nn.Module):
    """ 入力テンソルに対して絶対位置エンコーディングを適用するモジュール

    Attributes:
        pos_h (nn.Parameter): 高さ方向の絶対位置エンコーディング
        pos_w (nn.Parameter): 幅方向の絶対位置エンコーディング
    """
        def forward(self, q):
        """
        Args:
            q (torch.Tensor): 入力される特徴マップ
                (bs, ヘッド数, チャンネル数, 高さ, 幅)
        Returns:
            pos_enc: 絶対位置エンコーディングが適用されたテンソル
        """
        # 高さ方向と幅方向の絶対位置エンコーディングが未定義の場合に作成
        if not hasattr(self, 'pos_h'):
            # 入力のチャンネル数、高さ、幅を取得
            c, h, w = q.shape[-3:]
            # 高さ方向の絶対位置エンコーディングの初期化
            self.pos_h = nn.Parameter(torch.zeros(h, c, device=q.device))
            # 幅方向の絶対位置エンコーディングの初期化
            self.pos_w = nn.Parameter(torch.zeros(w, c, device=q.device))

        # 高さ方向と幅方向の絶対位置エンコーディングを加算して pos_enc を作成
        pos_enc = self.pos_h[:, None] + self.pos_w[None, :]
        # pos_enc をフラット化し、q をフラット化して行列積を計算
        pos_enc = pos_enc.flatten(0, 1) @ q.flatten(-2)
```

```
        # 結果のpos_encを返す
        return pos_enc
```

9.2.4 自己注意機構(MHSA)を実装するSelfAttention2d

畳み込み層(CNN)を利用した自己注意機構(Multi-Head Self-Attention)の実装として、SelfAttention2dモジュールを定義します。

■SelfAttention2dモジュールの定義

10番目のセルにSelfAttention2dモジュールの定義コードを記述し、実行します。

▼SelfAttention2dモジュールの定義(BoTNet_PyTorch.ipynb)

セル10

```
class SelfAttention2d(nn.Module):
    """ 2次元の自己注意機構(Multi-Head Self-Attention)を実装するモジュール

    Attributes:
        heads (int): 注意ヘッドの数
        q_channels (int): クエリのチャンネル数
        scale (float): スケール因子
        to_pos_enc (nn.Module): 位置エンコーディングを生成するモジュール
        to_keys (nn.Conv2d): 入力をキーに変換する畳み込み層
        to_queries (nn.Conv2d): 入力をクエリに変換する畳み込み層
        to_values (nn.Conv2d): 入力をバリューに変換する畳み込み層
        unifyheads (nn.Conv2d): 注意ヘッドを統合するための畳み込み層
        attn_drop (nn.Dropout): 注意マップに適用するドロップアウト
        resid_drop (nn.Dropout): 出力に適用するドロップアウト
    """
    def __init__(self, in_channels, out_channels,
                 q_channels, v_channels, heads, pos_enc, p_drop=0.):
        """
        Args:
            in_channels (int): 入力のチャンネル数
            out_channels (int): 出力のチャンネル数
            q_channels (int): クエリのチャンネル数
            v_channels (int): バリューのチャンネル数
```

```
            heads (int): ヘッドの数
            pos_enc (nn.Module): 位置エンコーディング(位置情報)を生成するモジュール
                                 RelativePosEncモジュールが渡される
            p_drop (float): ドロップアウト率
        """
        super().__init__()
        self.heads = heads                  # ヘッドの数を設定
        self.q_channels = q_channels        # クエリのチャンネル数を設定
        self.scale = q_channels ** -0.5     # スケーリングのための係数を計算
        self.to_pos_enc = pos_enc()         # 位置エンコーディングのモジュールを初期化

        # キーを生成するための1×1畳み込み層
        # 入力チャンネル数: in_channels
        # 出力チャンネル数(フィルターの数): q_channels * heads
        self.to_keys = nn.Conv2d(in_channels, q_channels * heads, 1)
        # クエリを生成するための1×1畳み込み層
        # 入力チャンネル数: in_channels
        # 出力チャンネル数(フィルターの数): q_channels * heads
        self.to_queries = nn.Conv2d(in_channels, q_channels * heads, 1)
        # バリューを生成するための1×1畳み込み層
        # 入力チャンネル数: in_channels
        # 出力チャンネル数(フィルターの数): v_channels * heads
        self.to_values = nn.Conv2d(in_channels, v_channels * heads, 1)
        # 複数のヘッドの出力を統合するための1×1畳み込み層
        # 入力チャンネル数: heads * v_channels
        # 出力チャンネル数(フィルターの数): out_channels
        self.unifyheads = nn.Conv2d(v_channels * heads, out_channels, 1)

        # ドロップアウトを初期化
        self.attn_drop = nn.Dropout(p_drop)
        self.resid_drop = nn.Dropout(p_drop)

    def forward(self, x):
        """ フォワードパス

        Args:
            x: 入力テンソル(bs, チャンネル数, 高さ, 幅)
                           (bs, 256, 8, 8)
                           (bs, 512, 4, 4)
        Returns:
```

```
        out: MHSAによって生成された新しい特徴
            (bs, 256, 8, 8)
            (bs, 512, 4, 4)
    """
    b, _, h, w = x.shape  # 入力テンソルの形状を取得

    # 入力テンソルxからキー、クエリ、バリューを生成
    # keysの形状:  h,w=8の場合(bs, 4, 64, 64)
    #              h,w=4の場合(bs, 4, 128, 16)
    keys = self.to_keys(x).view(b, self.heads, self.q_channels, h * w)
    # queriesの形状: h,w=8の場合(bs, 4, 64, 8, 8)
    #                h,w=4の場合(bs, 4, 128, 4, 4)
    queries = self.to_queries(x).view(b, self.heads, self.q_channels, h, w)
    # valuesの形状: h,w=8の場合(bs, 4, 64, 64)
    #               h,w=4の場合(bs, 4, 128, 16)
    values = self.to_values(x).view(b, self.heads, -1, h * w)

    # RelativePosEncモジュールを利用して
    # 位置エンコーディングを生成し、クエリに追加
    # pos_encの形状:h,w=8の場合(bs, 4, 64, 64)
    #               h,w=4の場合(bs, 4, 16, 16)
    pos_enc = self.to_pos_enc(queries)

    # queriesの高さと幅の次元をフラット化して1つの次元にまとめる
    # queriesの形状: h,w=8の場合(bs, 4, 64, 64)
    #                h,w=4の場合(bs, 4, 128, 16)
    queries = queries.flatten(-2)

    # クエリに位置エンコーディングを埋め込み、
    # キーとの行列積で注意マップ(アテンションスコアに相当)を計算
    # attの形状:h,w=8の場合(bs, 4, 64, 64)
    #           h,w=4の場合(bs, 4, 16, 16)
    # (32, 4, 64, 64)(32, 4, 16, 16)
    att = keys.transpose(-2, -1) @ queries + pos_enc

    # 注意マップをスケーリングし、チャンネル次元にソフトマックスを適用
    # クエリとキーとの相関値を確率分布に変換
    # attの形状: h,w=8の場合(bs, 4, 64, 64)
    #            h,w=4の場合(bs, 4, 16, 16)
    att = F.softmax(att * self.scale, dim=-2)
```

```
        # ドロップアウト
        # (32, 4, 64, 64)(32, 4, 16, 16)
        att = self.attn_drop(att)

        # バリューと注意マップの行列積を計算
        # outの形状:h,w=8の場合(bs, 4, 64, 64)
        #           h,w=4の場合(bs, 4, 128, 16)
        out = values @ att

        # outの形状:(bs, ヘッド数, チャンネル数, h * w)を
        # (bs, チャンネル数(自動計算), h, w)にすることでヘッド数を統合する
        #
        # outの形状:h,w=8の場合(bs, 256, 8, 8)
        #           h,w=4の場合(bs, 512, 4, 4)
        out = out.view(b, -1, h, w)

        # Conv2dレイヤーで複数のヘッドからの出力を統合する
        # outの形状:h,w=8の場合(bs, 256, 8, 8)
        #           h,w=4の場合(bs, 512, 4, 4)
        out = self.unifyheads(out)
        # ドロップアウトを適用
        out = self.resid_drop(out)

        return out
```


COLUMN 「ボトルネック構造」と「線形ボトルネック」②

●線形ボトルネックを使用するモデル

MobileNetV2、CoAtNetなど。

●線形ボトルネックに配置される畳み込み層

・1×1の畳み込み層(次元拡張)
・Depthwise 3×3の畳み込み層(空間的特徴抽出)
・1×1の畳み込み層(次元削減)

効率的な特徴抽出とモデルの軽量化のために、畳み込み層で非線形な活性化関数を使用せず、線形のままで次元削減を行います。特徴の低次元表現に対してReLUなどの活性化関数を使用すると、情報損失が発生することがあるためです。

9.2.5 自己注意機構（MHSA）のブロックを構築する AttentionBlock

畳み込み層を搭載した自己注意機構SelfAttention2dを配置し、バッチ正規化、活性化関数を順に適用するブロックとして、AttentionBlockクラスを定義します。

■AttentionBlockの定義

11番目のセルにAttentionBlockクラスの定義コードを記述し、実行します。

▼AttentionBlockクラスの定義（BoTNet_PyTorch.ipynb）

セル11

```
class AttentionBlock(nn.Sequential):
    """ 自己注意機構(SelfAttention2d)のブロック化

    SelfAttention2dモジュール、バッチ正規化層、
    ReLU活性化関数を配置
    """
    def __init__(self, channels, heads=4, p_drop=0.):
        """
        Args:
            channels (int): 入力および出力のチャンネル数
            heads (int): ヘッドの数(デフォルトは4)
            p_drop (float): ドロップアウト率(デフォルトは0)
        """
        # 入力チャンネル数を注意ヘッドの数で割り、クエリのチャンネル数を計算
        q_channels = channels // heads
        super().__init__(
            # SelfAttention2dモジュールを配置
            # 位置エンコーディングを生成するモジュールとしてRelativePosEncを渡す
            SelfAttention2d(
                channels, channels, q_channels, q_channels, heads,
                RelativePosEnc, p_drop),
            nn.BatchNorm2d(channels), # バッチ正規化層を配置
            nn.ReLU(inplace=True)      # ReLU活性化関数を適用
        )
```

One Point 位置エンコーディングを生成するモジュールの指定

AttentionBlockクラスのsuper().__init__()では、次のように、位置エンコーディングを生成するモジュールとしてRelativePosEncを渡すようにしています。

▼AttentionBlockクラスのsuper().__init__()

```
super().__init__(
    # SelfAttention2dモジュールを配置
    # 位置エンコーディングを生成するモジュールとしてRelativePosEncを渡す
    SelfAttention2d(
        channels, channels, q_channels, q_channels, heads,
        RelativePosEnc, p_drop),
    nn.BatchNorm2d(channels),  # バッチ正規化層を配置
    nn.ReLU(inplace=True)      # ReLU活性化関数を適用
)
```

位置エンコーディングを作成するモジュールとしては、別に「9.2.3　絶対位置エンコーディングを適用するAbsolutePosEnc」で作成したAbsolutePosEncがあります。興味があれば、RelativePosEncでひととおりのトレーニングと評価を済ませた後、上記のコード中の枠で示した部分「RelativePosEnc」を「AbsolutePosEnc」に書き換えて、トレーニングと評価を行ってみるとよいでしょう。

実際に位置エンコーディングをAbsolutePosEncに変えて試したところ、RelativePosEncとの明確な差は確認できませんでした。実際に100エポックをトレーニングした結果が、サンプルファイル「BoTNet_PyTorch_use_AbsolutePosEnc.ipynb」にありますので、興味があればご参照ください。

9.2.6 ボトルネックと残差接続の仕組みを作る

ResNetの「ボトルネック」アーキテクチャを実装するモジュール（複数のレイヤーで構成される）と、ボトルネックに対して残差接続を適用するためのモジュールを作成します。

●ボトルネック（Bottleneck）

ボトルネック構造は、ResNet（Residual Network）で導入されたアーキテクチャの一部です。この構造は、1×1の畳み込み層で次元を圧縮し、次に3×3の畳み込み層で特徴を抽出し、最後に再び1×1の畳み込み層で次元を元に戻す形式を取ります。これにより、計算コストを削減しながら、モデルの表現力を維持します。

▼ボトルネックの構造

- 1×1の畳み込み層：チャンネル数を減らして次元を圧縮します。
- 3×3の畳み込み層：特徴量を抽出します。
- 1×1の畳み込み：チャンネル数を元に戻します。

●ボトルネック構造への残差接続の適用

・ショートカットパス

ショートカットパスにおいて、入力と出力のチャンネル数が異なる場合は、1×1の畳み込み層を使って入力のチャンネル数を変換します。

・残差への加算

メインパスとなるボトルネック構造からの出力（残差）に、ショートカットパスの出力を加算します。

■ボトルネックにおける畳み込み層――ConvBlockモジュールの定義

ボトルネック構造における畳み込み層として、畳み込み層、バッチ正規化層、ReLU活性化関数で構成されるブロックをConvBlockモジュールとして定義します。12番目のセルにConvBlockモジュールの定義コードを記述し、実行します。

▼ConvBlockモジュールの定義（BoTNet_PyTorch.ipynb）

セル12

```
class ConvBlock(nn.Sequential):
    """ ボトルネック構造に用いる畳み込みブロック
        畳み込み層、バッチ正規化層、ReLU活性化関数で構成される
    """
    def __init__(self, in_channels, out_channels,
```

```
            kernel_size=3, stride=1, act=True):
        """
        Args:
            in_channels (int): 入力チャンネル数
            out_channels (int): 出力チャンネル数
            kernel_size (int): 畳み込みカーネルのサイズ(デフォルトは3)
            stride (int): 畳み込みのストライド(デフォルトは1)
            act (bool): ReLU活性化関数を適用するかどうか(デフォルトはTrue)
        """
        # パディングを計算してカーネルサイズが奇数の場合に出力のサイズを保持
        padding = (kernel_size - 1) // 2
        layers = [
            # 畳み込み層を配置
            nn.Conv2d(
                in_channels, out_channels,
                kernel_size, stride=stride, padding=padding, bias=False),
            # バッチ正規化層を配置
            nn.BatchNorm2d(out_channels)
        ]
        if act:
            # actがTrueの場合、ReLU活性化関数を追加
            layers.append(nn.ReLU(inplace=True))

        # スーパークラスnn.Sequentialのコンストラクターにlayersを渡す
        super().__init__( * layers)
```


■ボトルネックに自己注意機構を組み込むBoTResidualの定義

先に、自己注意機構(SelfAttention2d)を組み込んだブロックAttentionBlockを定義しました。このAttentionBlockをボトルネック構造で処理するためのBoTResidualブロックを作成します。BoTResidualブロックは、nn.Sequentialのサブクラスです。13番目のセルにBoTResidualの定義コードを記述し、実行します。

▼BoTResidualクラスの定義(BoTNet_PyTorch.ipynb)

セル13

```
class BoTResidual(nn.Sequential):
    """ 自己注意機構を組み込んだボトルネック構造を構築する

    ・ConvBlockを配置し、特徴マップのチャンネル数を減らす
    ・自己注意機構(SelfAttention2d)を組み込んだブロックAttentionBlockを配置
```

```
    ・ConvBlockを配置し、チャンネル数を増やす
    """
    def __init__(self, in_channels, out_channels,
                 expansion=4, heads=4, p_drop=0.):
        """
        Args:
            in_channels (int): 入力チャンネル数
            out_channels (int): 出力チャンネル数
            expansion (int): 拡張率(デフォルトは4)
            heads (int): 注意ヘッドの数(デフォルトは4)
            p_drop (float): ドロップアウト率(デフォルトは0.)
        """
        # ボトルネックにおけるチャンネル数を計算
        bottl_channels = out_channels // expansion
        super().__init__(
            # ConvBlockを配置、1×1の畳み込みでチャンネル数を減らす
            ConvBlock(in_channels, bottl_channels, 1),
            # 自己注意機構AttentionBlockを配置
            AttentionBlock(bottl_channels, heads, p_drop),
            # ConvBlockを配置、1×1の畳み込みでチャンネル数を増やす
            #(ReLU活性化関数は適用しない)
            ConvBlock(bottl_channels, out_channels, 1, act=False)
        )
```

■基本的なボトルネック構造を実装するBottleneckResidualクラスの定義

ボトルネックの基本構造のみを実装するブロックとして、BottleneckResidualクラスを定義します。14番目のセルにBottleneckResidualの定義コードを記述し、実行します。

▼BottleneckResidualクラスの定義(BoTNet_PyTorch.ipynb)

セル14

```
class BottleneckResidual(nn.Sequential):
    """ ResNetの基本的なボトルネック構造を実装するブロック

    """
    def __init__(self, in_channels, out_channels, expansion=4):
        """
        Args:
            in_channels (int): 入力チャンネル数
            out_channels (int): 出力チャンネル数
```

```
        expansion (int): 拡張率(デフォルトは4)
    """
    # ボトルネックにおけるチャンネル数を計算
    res_channels = out_channels // expansion
    super().__init__(
        # ConvBlockで1×1の畳み込みを行い、チャンネル数を減らす
        ConvBlock(in_channels, res_channels, 1),
        # ConvBlockで3×3の畳み込みを行い、特徴量を抽出
        ConvBlock(res_channels, res_channels),
        # ConvBlockで1×1の畳み込みを行い、チャンネル数を増やす
        #(ReLU活性化関数は適用しない)
        ConvBlock(res_channels, out_channels, 1, act=False)
    )
```


■残差接続を適用するResidualBlockモジュールの定義

指定されたモジュールに対し、残差接続を適用するResidualBlockモジュールを作成します。ResidualBlockは、nn.Moduleを継承したサブクラスとして定義します。15番目のセルにResidualBlockの定義コードを記述し、実行します。

▼ResidualBlockモジュールの定義(BoTNet_PyTorch.ipynb)

セル15

```
class ResidualBlock(nn.Module):
    """ 残差接続を適用するモジュール

    インスタンス化の際に受け取ったモジュールをメインパスに設定し、
    ショートカットパスの出力を加算する
    """
    def __init__(self, in_channels, out_channels, residual):
        """
        Args:
            in_channels (int): 入力チャンネル数
            out_channels (int): 出力チャンネル数
            residual (callable): 残差ブロックのメインパスに使用するモジュール
        """
        super().__init__()
        # ショートカットパスに使用するモジュールを取得
        self.shortcut = self.get_shortcut(in_channels, out_channels)
        # 残差接続ブロックのメインパスのモジュールを初期化
        self.residual = residual(in_channels, out_channels)
```

```
        # ReLU活性化関数を初期化
        self.act = nn.ReLU(inplace=True)
        # スケーリングのためのパラメーターを初期化
        self.gamma = nn.Parameter(torch.zeros(1))

    def forward(self, x):
        """ フォワードパス

        Args:
            x: 入力テンソル
        Returns:
            残差接続後の出力(活性化関数適用)
        """
        # ショートカットパスの出力をスケーリングされたメインパスの出力に加算
        out = self.shortcut(x) + self.gamma * self.residual(x)
        # 活性化関数を適用して出力
        return self.act(out)

    def get_shortcut(self, in_channels, out_channels):
        """ ショートカットパスに使用するモジュールを作成する

        Args:
            in_channels (int): 入力チャンネル数
            out_channels (int): 出力チャンネル数
        Returns:
            nn.Module: ショートカット接続のモジュール
        """
        if in_channels != out_channels:
            # in_channelsとout_channelsが異なる場合、
            # 1×1の畳み込みでチャンネル数を調整するConvBlockを設定
            shortcut = ConvBlock(in_channels, out_channels, 1, act=False)
        else:
            # 同じチャンネル数の場合、入力をそのまま出力するIdentityレイヤーを設定
            shortcut = nn.Identity()
        return shortcut
```

■残差接続モジュールを積み重ねて残差接続スタックを構築する ResidualStackの定義

残差接続モジュールResidualStackを複数個積み重ねて残差接続スタックを作成するResidualStackを定義します。ResidualStackは、残差接続モジュールの作成に必要な情報を受け取り、それらを順番に適用し、残差接続モジュールのスタックを複数作成します。16番目のセルにResidualStackの定義コードを記述し、実行します。

▼ResidualStackモジュールの定義 (BoTNet_PyTorch.ipynb)

セル16

```
class ResidualStack(nn.Sequential):
    """ 複数の残差接続モジュールResidualBlockを積み重ねた
        残差接続スタックを構築する
    """
    def __init__(self, in_channels, out_channels, repetitions, strides, residual):
        """
        Args:
            in_channels (int): 入力チャンネル数
            out_channels (int): 出力チャンネル数
            repetitions (list of int): 各スタックの残差ブロックの繰り返し回数
            strides (list of int): 各スタック内のストライド
            residual (callable): 残差ブロックのメインパスに使用するモジュール
        """
        layers = []  # レイヤーを格納するリストを初期化
        # 残差ブロックの繰り返し回数とストライドを組み合わせてループ
        for rep, stride in zip(repetitions, strides):
            if stride > 1:
                # ストライドが1より大きい場合、プーリング層を追加
                layers.append(nn.MaxPool2d(stride))
            # 繰り返し回数に基づいて残差ブロックを追加する
            for _ in range(rep):
                # 残差接続モジュールResidualBlockを追加
                layers.append(ResidualBlock(in_channels, out_channels, residual))
                # 入力チャンネル数を更新
                in_channels = out_channels
            # 出力チャンネル数を2倍に更新
            out_channels = out_channels * 2

        # スーパークラス nn.Sequentialのコンストラクターにレイヤーを渡す
        super().__init__(*layers)
```

9.2.7 StemブロックとHeadブロックを作成する

BoTNetモデルにおいて、入力画像を受け取り、初期の特徴マップを生成するStemブロックと、BoTNetの出力層に当たるHeadブロックを作成します。

■Stemブロックの作成

BoTNetモデルの最初の位置に配置され、データセットからの入力画像に対して畳み込みを適用し、初期の特徴マップを生成するStemブロックを作成します。17番目のセルにStemの定義コードを記述し、実行します。

▼Stemクラスの定義(BoTNet_PyTorch.ipynb)

セル17

```
class Stem(nn.Sequential):
    """ BoTNetモデルにおいて先頭に配置される複数の畳み込みブロック
        データセットの画像を入力し、初期の特徴マップを生成

    """
    def __init__(self, in_channels=3, channel_list=[32, 32, 64], stride=2):
        """
        Args:
            in_channels (int): 入力チャンネル数(デフォルトは3、RGB画像を想定)
            channel_list (list of int): 各畳み込み層の出力チャンネル数のリスト
            stride (int): 最初の畳み込み層のストライド(デフォルトは2)
        """
        # 最初の畳み込みブロックConvBlockを追加
        layers = [ConvBlock(in_channels, channel_list[0], stride=stride)]
        # 残りの畳み込みブロックConvBlockを2個追加
        # 最初のイテレーション: in_channels = 32, out_channels = 32
        # 次のイテレーション: in_channels = 32, out_channels = 64
        for in_channels, out_channels in zip(channel_list, channel_list[1:]):
            layers.append(ConvBlock(in_channels, out_channels))

        # スーパークラスnn.Sequentialのコンストラクターにレイヤーを渡す
        super().__init__(*layers)
```

BoTNetモデルの最終ブロックHeadを作成

BoTNetモデルの最終ブロックとして、Headを作成します。Headでは、適応的平均プーリング、フラット化、ドロップアウト、全結合層を連続して適用してクラス分類を行います。18番目のセルにHeadの定義コードを記述し、実行します。

▼Headクラスの定義(BoTNet_PyTorch.ipynb)

セル18

```
class Head(nn.Sequential):
    """ クラス分類を実施する最終ブロック

    """
    def __init__(self, in_channels, classes, p_drop=0.):
        """
        Args:
            in_channels (int): 入力チャンネル数
            classes (int): クラス数(出力ユニット数)
            p_drop (float): ドロップアウト率(デフォルトは0.)
        """
        super().__init__(
            # 空間次元(高さと幅)を1×1に縮小
            # 入力テンソルの形状: (bs, チャンネル数, 高さ, 幅)
            # 出力テンソルの形状: (bs, チャンネル数, 1, 1)
            nn.AdaptiveAvgPool2d(1),
            # 1×1の特徴マップをフラット化
            # 形状: (bs, チャンネル数)
            nn.Flatten(),
            nn.Dropout(p_drop),         # ドロップアウトを適用
            # ユニット数=クラス数の全結合層を配置し、クラス分類を実施
            nn.Linear(in_channels, classes)
        )
```

9.2.8 BoTNetモデルを定義する

BoTNetアーキテクチャ全体を実装するためのクラスとして、BoTNetクラスを定義します。

■BoTNetクラスの定義

BoTNetクラスを定義します。19番目のセルに次のコードを記述し、実行します。

▼BoTNetクラスの定義(BoTNet_PyTorch.ipynb)

セル19

```
class BoTNet(nn.Sequential):
    """ BoTNetモデルを構築するクラス

    """
    def __init__(self, repetitions_conv,
                 repetitions_trans, classes, strides, p_drop=0.):
        """
        Args:
            repetitions_conv (list): 各残差スタック内のBottleneckResidualの繰り返し回数
            repetitions_trans (list): 各残差スタック内のBoTResidualの繰り返し回数
            classes (int): 分類するクラスの数
            strides (list of int): 各スタック内のストライド
            p_drop (float): ドロップアウト率
        """
        # 畳み込みボトルネックBottleneckResidual、
        # および自己注意機構組み込みのボトルネックBoTResidualの数を取得
        num_conv, num_trans = len(repetitions_conv), len(repetitions_trans)
        # 畳み込みボトルネックBottleneckResidualのストライドを取得
        strides_conv = strides[1:1+num_conv]
        # 自己注意機構組み込みのボトルネックBoTResidualのストライドを取得
        strides_trans = strides[1+num_conv:1+num_conv+num_trans]
        # 畳み込みボトルネックBottleneckResidualの残差接続ブロックにおける
        # 入力チャンネル数を設定
        out_ch0 = 64
        # 畳み込みボトルネックBottleneckResidualの残差接続ブロックにおける
        # 出力チャンネル数を設定
        out_ch1 = out_ch0 * 4
        # 自己注意機構組み込みのボトルネックBoTResidualの残差接続ブロックにおける
        # 入力チャンネル数を設定
        out_ch2 = out_ch1 * 2**(num_conv - 1)
```

```
# Headブロックへの入力チャンネル数を設定
out_ch3 = out_ch2 * 2**num_trans

# スーパークラス nn.Sequentialのコンストラクターに以下のレイヤー(モジュール)を渡す
super().__init__(
    # Stemブロックを配置
    Stem(stride=strides[0]),
    # 畳み込みボトルネックBottleneckResidualに
    # 残差接続を適用してスタックする
    ResidualStack(
        out_ch0, out_ch1,
        repetitions_conv, strides_conv, BottleneckResidual
        ),
    # 自己注意機構組み込みのボトルネックBoTResidualに
    # 残差接続を適用してスタックする
    ResidualStack(
        out_ch2, out_ch2 * 2,
        repetitions_trans, strides_trans, BoTResidual
        ),  # トランス残差スタックを追加
    # Headブロックを配置
    Head(out_ch3, classes, p_drop)
)
```


COLUMN SDG*(確率的勾配降下法)について

オプティマイザー(Optimizer)は、機械学習モデルが学習する際に、重みやバイアスなどのパラメーターを更新する役割を果たすアルゴリズムです。モデルが学習データから得られる誤差(損失)を最小化するために、オプティマイザーはパラメーターを少しずつ調整し、目標とするパフォーマンスに近づけます。

確率的勾配降下法(SDG)は、最も基本的なオプティマイザーです。勾配降下法は損失関数の勾配を用いてパラメーターを調整しますが、SDGはデータセット全体ではなく、少数のデータ(ミニバッチ)単位で勾配を計算する点が異なります。SGDの更新式は次の通りです。

▼確率的勾配降下法の更新式

$$\theta = \theta - \eta \cdot \nabla J(\theta)$$

θ:調整するパラメーター(重みなど)
η:学習率(勾配に基づく更新量を制御するパラメーター)
$\nabla J(\theta)$:損失関数の勾配

* SDG　Stochastic Gradient Descentの略。

9.3 BoTNetモデルを生成してトレーニングを実行する

BoTNetモデルをインスタンス化し、各種の設定を行ってトレーニングを実行します。

9.3.1 BoTNetモデルのインスタンス化とサマリの表示

BoTNetモデルをインスタンス化し、重みとバイアスを初期化して、モデルのサマリを出力します。

■BoTNetモデルのインスタンス化

20番目のセルに次のコードを記述し、実行します。

▼BoTNetモデルのインスタンス化 (BoTNet_PyTorch.ipynb)

```
セル20
# BoTNetモデルを生成する
# 引数として、畳み込み残差スタックとトランス残差スタックの繰り返し回数、
# クラス数、各スタックのストライド、およびドロップアウト率を指定する
model = BoTNet(
    repetitions_conv=[2, 2],   # 畳み込み残差スタック内のBottleneckResidualの繰り返し回数
    repetitions_trans=[2, 2],  # トランス残差スタック内のBoTResidualの繰り返し回数
    classes=NUM_CLASSES,       # 分類するクラスの数
    strides=[1, 1, 2, 2, 2],   # 各スタックのストライド(1つのストライドはStemブロック用)
    p_drop=0.3                 # ドロップアウト率
)
```

■モデルの重みとバイアスを初期化

21番目のセルに次のコードを記述し、実行します。

▼モデルの重みとバイアスを初期化する関数 (BoTNet_PyTorch.ipynb)

```
セル21
@torch.no_grad()
def init_linear(m):
    """ 畳み込み層(nn.Conv2d)および線形層(nn.Linear)の
        重みとバイアスを初期化する

```

```
    デコレーターは、勾配計算を行わずに関数内の操作を実行するためのもの

    Args:
        m (torch.nn.Module): 初期化対象のモジュール
    """
    # 入力モジュールが畳み込み層または線形層であるかどうかを確認
    if isinstance(m, (nn.Conv2d, nn.Linear)):
        # 重みをKaimingの方法で初期化(He初期化)
        nn.init.kaiming_normal_(m.weight)
        # バイアスが存在する場合はゼロで初期化
        if m.bias is not None:
            nn.init.zeros_(m.bias)
```

22番目のセルに次のコードを記述し、実行します。

▼モデル内のモジュールにinit_linear()関数を適用(BoTNet_PyTorch.ipynb)

```
セル22
model.apply(init_linear);
```

■モデルを指定されたデバイス(DEVICE)に移動してモデルのサマリを出力

23番目のセルに次のコードを記述し、実行します。

▼モデルを指定されたデバイス(DEVICE)に移動(BoTNet_PyTorch.ipynb)

```
セル23
model.to(DEVICE);
```

24番目のセルに次のコードを記述し、実行します。

▼モデルのサマリを出力(BoTNet_PyTorch.ipynb)

```
セル24
from torchsummary import summary
summary(model, (3, IMAGE_SIZE, IMAGE_SIZE))
```

出力されたサマリを次に示します。モデル全体の処理の流れを俯瞰(ふかん)できるように、どのブロックによる処理なのか、説明を加えました。

▼BotNetモデルのサマリ(構造の説明付き)

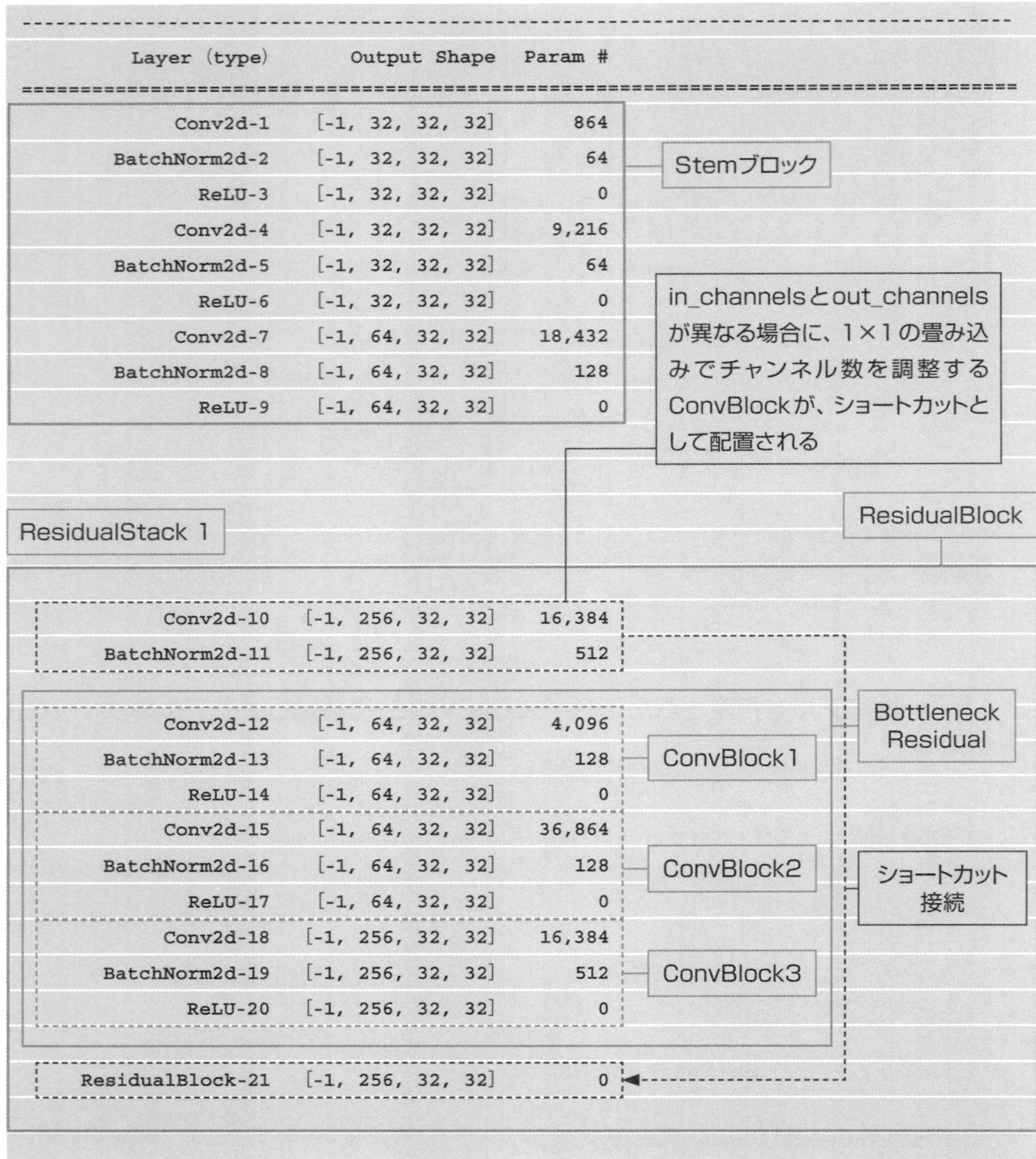

```
----------------------------------------------------------------
        Layer (type)               Output Shape         Param #
================================================================
            Conv2d-1           [-1, 32, 32, 32]             864
       BatchNorm2d-2           [-1, 32, 32, 32]              64
              ReLU-3           [-1, 32, 32, 32]               0
            Conv2d-4           [-1, 32, 32, 32]           9,216
       BatchNorm2d-5           [-1, 32, 32, 32]              64
              ReLU-6           [-1, 32, 32, 32]               0
            Conv2d-7           [-1, 64, 32, 32]          18,432
       BatchNorm2d-8           [-1, 64, 32, 32]             128
              ReLU-9           [-1, 64, 32, 32]               0
           Conv2d-10          [-1, 256, 32, 32]          16,384
      BatchNorm2d-11          [-1, 256, 32, 32]             512
           Conv2d-12           [-1, 64, 32, 32]           4,096
      BatchNorm2d-13           [-1, 64, 32, 32]             128
             ReLU-14           [-1, 64, 32, 32]               0
           Conv2d-15           [-1, 64, 32, 32]          36,864
      BatchNorm2d-16           [-1, 64, 32, 32]             128
             ReLU-17           [-1, 64, 32, 32]               0
           Conv2d-18          [-1, 256, 32, 32]          16,384
      BatchNorm2d-19          [-1, 256, 32, 32]             512
             ReLU-20          [-1, 256, 32, 32]               0
    ResidualBlock-21          [-1, 256, 32, 32]               0
```

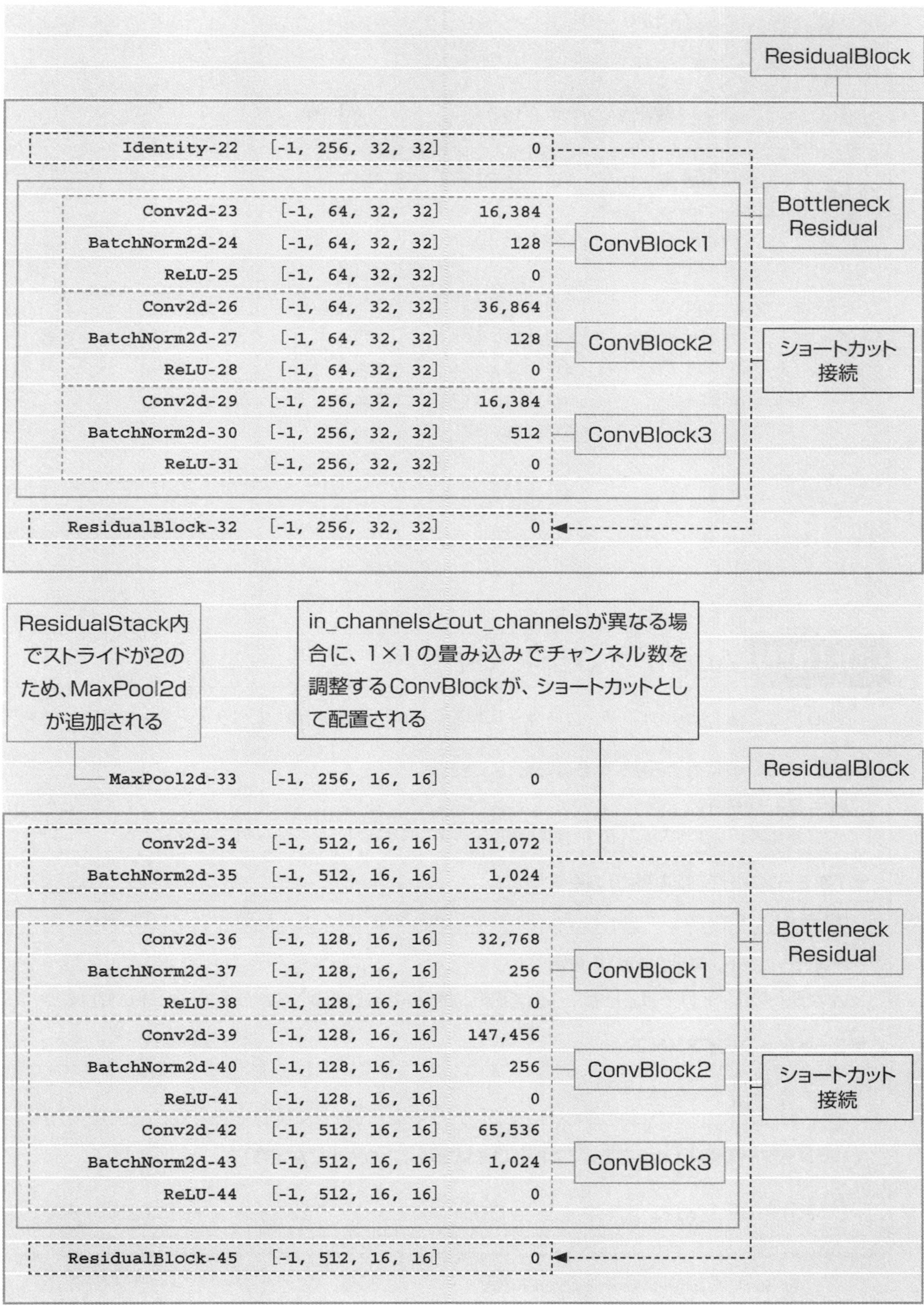
ResidualBlock
Identity-22 [-1, 256, 32, 32] 0
Conv2d-23 [-1, 64, 32, 32] 16,384
BatchNorm2d-24 [-1, 64, 32, 32] 128
ReLU-25 [-1, 64, 32, 32] 0
Conv2d-26 [-1, 64, 32, 32] 36,864
BatchNorm2d-27 [-1, 64, 32, 32] 128
ReLU-28 [-1, 64, 32, 32] 0
Conv2d-29 [-1, 256, 32, 32] 16,384
BatchNorm2d-30 [-1, 256, 32, 32] 512
ReLU-31 [-1, 256, 32, 32] 0
ResidualBlock-32 [-1, 256, 32, 32] 0
ConvBlock1
ConvBlock2
ConvBlock3
Bottleneck Residual
ショートカット接続
ResidualStack内でストライドが2のため、MaxPool2dが追加される
in_channelsとout_channelsが異なる場合に、1×1の畳み込みでチャンネル数を調整するConvBlockが、ショートカットとして配置される
MaxPool2d-33 [-1, 256, 16, 16] 0
ResidualBlock
Conv2d-34 [-1, 512, 16, 16] 131,072
BatchNorm2d-35 [-1, 512, 16, 16] 1,024
Conv2d-36 [-1, 128, 16, 16] 32,768
BatchNorm2d-37 [-1, 128, 16, 16] 256
ReLU-38 [-1, 128, 16, 16] 0
Conv2d-39 [-1, 128, 16, 16] 147,456
BatchNorm2d-40 [-1, 128, 16, 16] 256
ReLU-41 [-1, 128, 16, 16] 0
Conv2d-42 [-1, 512, 16, 16] 65,536
BatchNorm2d-43 [-1, 512, 16, 16] 1,024
ReLU-44 [-1, 512, 16, 16] 0
ResidualBlock-45 [-1, 512, 16, 16] 0
ConvBlock1
ConvBlock2
ConvBlock3
Bottleneck Residual
ショートカット接続

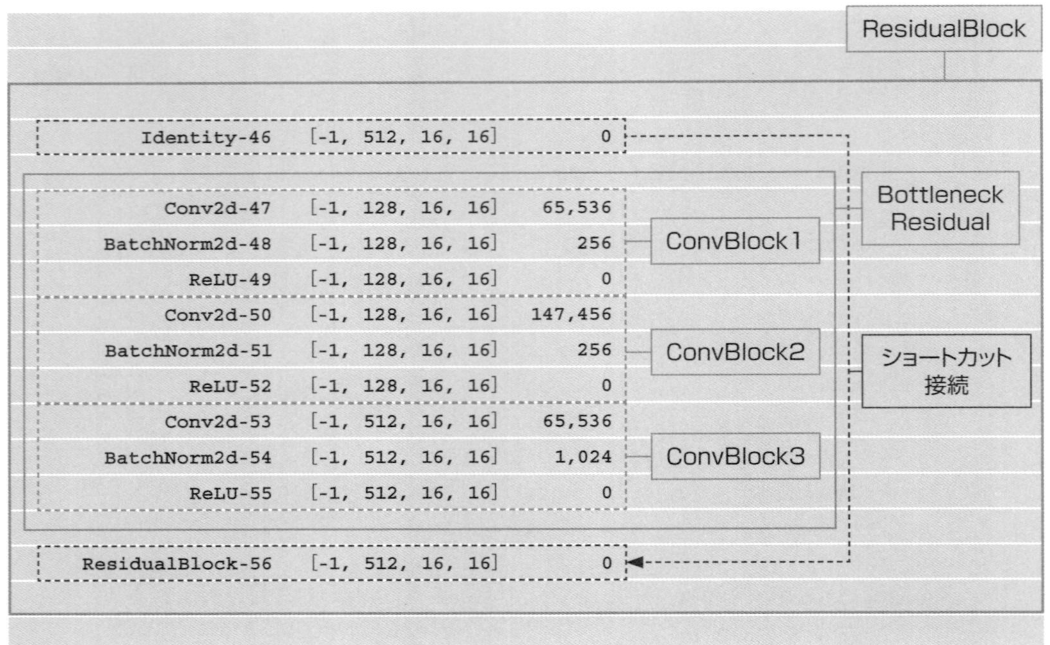

COLUMN Adam*オプティマイザー

SGDの改良版、Adamオプティマイザーは勾配の平均と分散を用いてパラメーターを更新します。

▼パラメーターθに対する損失関数の勾配(g_t)を計算

$$g_t = \nabla_\theta J(\theta_t)$$

t:更新ステップ　$\nabla_\theta J(\theta_t)$:損失関数$J(\theta_t)$に対するパラメーター$\theta$についての勾配

▼1次モーメント(勾配の平均)の更新

$$m_t = \beta_1 \cdot m_{t-1} + (1-\beta_1) \cdot g_t$$

m_t:勾配の指数移動平均　β_1:1次モーメントの減衰率

▼2次モーメント(勾配の分散)の更新

$$v_t = \beta_2 \cdot v_{t-1} + (1-\beta_2) \cdot g_t^2$$

v_t:勾配の二乗の指数移動平均　β_2:2次モーメントの減衰率

▼モーメントのバイアス補正

$$\hat{m}_t = \frac{m_t}{1-\beta_1^t} \qquad \hat{v}_t = \frac{v_t}{1-\beta_2^t}$$

▼パラメーターの更新(ηは学習率、εはゼロ除算を防ぐための小さな定数)

$$\theta_{t+1} = \theta_t - \eta \cdot \frac{\hat{m}_t}{\sqrt{\hat{v}_t} + \varepsilon}$$

* Adam　Adaptive Moment Estimationの略。

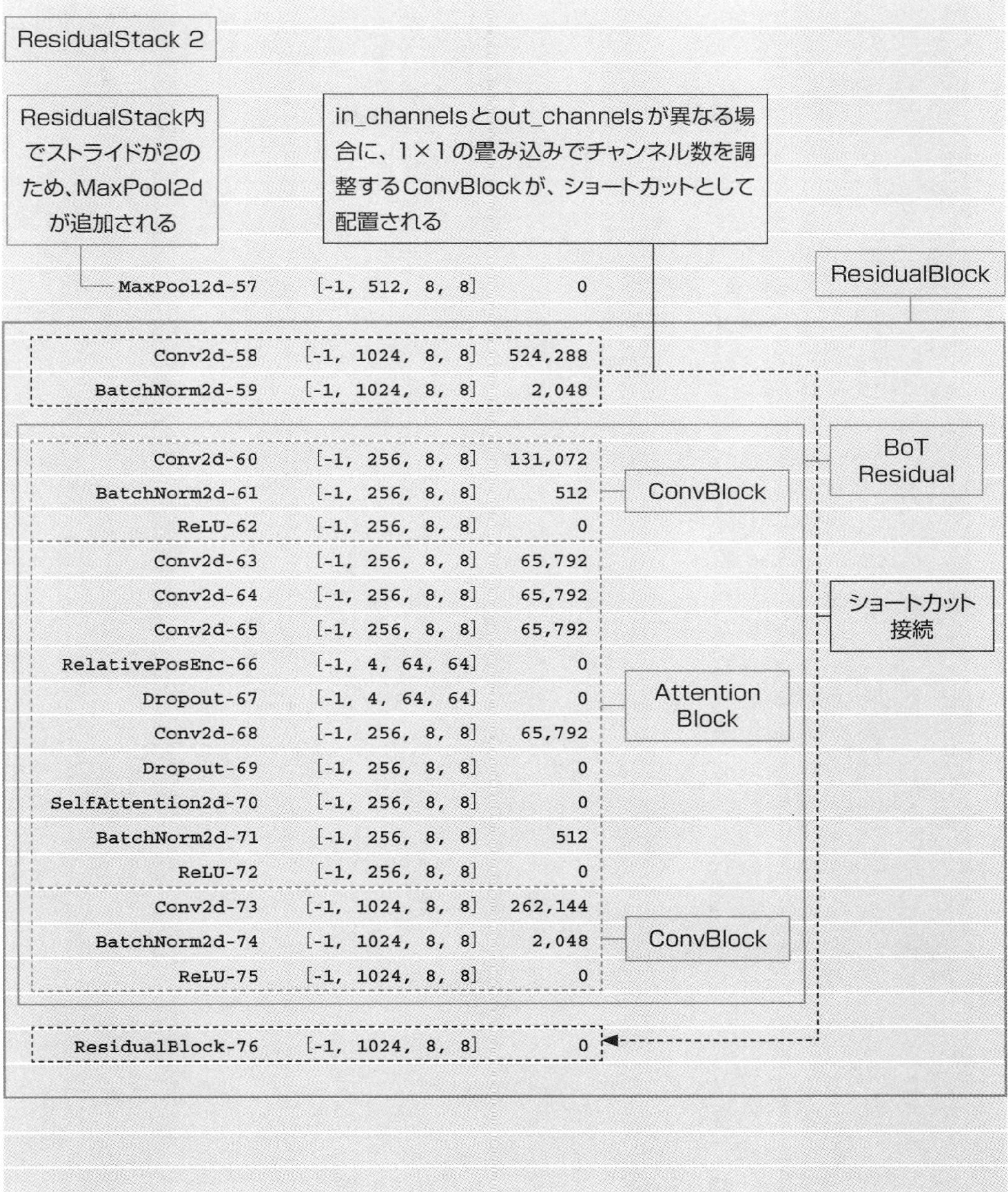
ResidualStack 2
ResidualStack内でストライドが2のため、MaxPool2dが追加される
in_channelsとout_channelsが異なる場合に、1×1の畳み込みでチャンネル数を調整するConvBlockが、ショートカットとして配置される
ResidualBlock
BoT Residual
ConvBlock
ショートカット接続
Attention Block
ConvBlock
MaxPool2d-57 [-1, 512, 8, 8] 0
Conv2d-58 [-1, 1024, 8, 8] 524,288
BatchNorm2d-59 [-1, 1024, 8, 8] 2,048
Conv2d-60 [-1, 256, 8, 8] 131,072
BatchNorm2d-61 [-1, 256, 8, 8] 512
ReLU-62 [-1, 256, 8, 8] 0
Conv2d-63 [-1, 256, 8, 8] 65,792
Conv2d-64 [-1, 256, 8, 8] 65,792
Conv2d-65 [-1, 256, 8, 8] 65,792
RelativePosEnc-66 [-1, 4, 64, 64] 0
Dropout-67 [-1, 4, 64, 64] 0
Conv2d-68 [-1, 256, 8, 8] 65,792
Dropout-69 [-1, 256, 8, 8] 0
SelfAttention2d-70 [-1, 256, 8, 8] 0
BatchNorm2d-71 [-1, 256, 8, 8] 512
ReLU-72 [-1, 256, 8, 8] 0
Conv2d-73 [-1, 1024, 8, 8] 262,144
BatchNorm2d-74 [-1, 1024, 8, 8] 2,048
ReLU-75 [-1, 1024, 8, 8] 0
ResidualBlock-76 [-1, 1024, 8, 8] 0

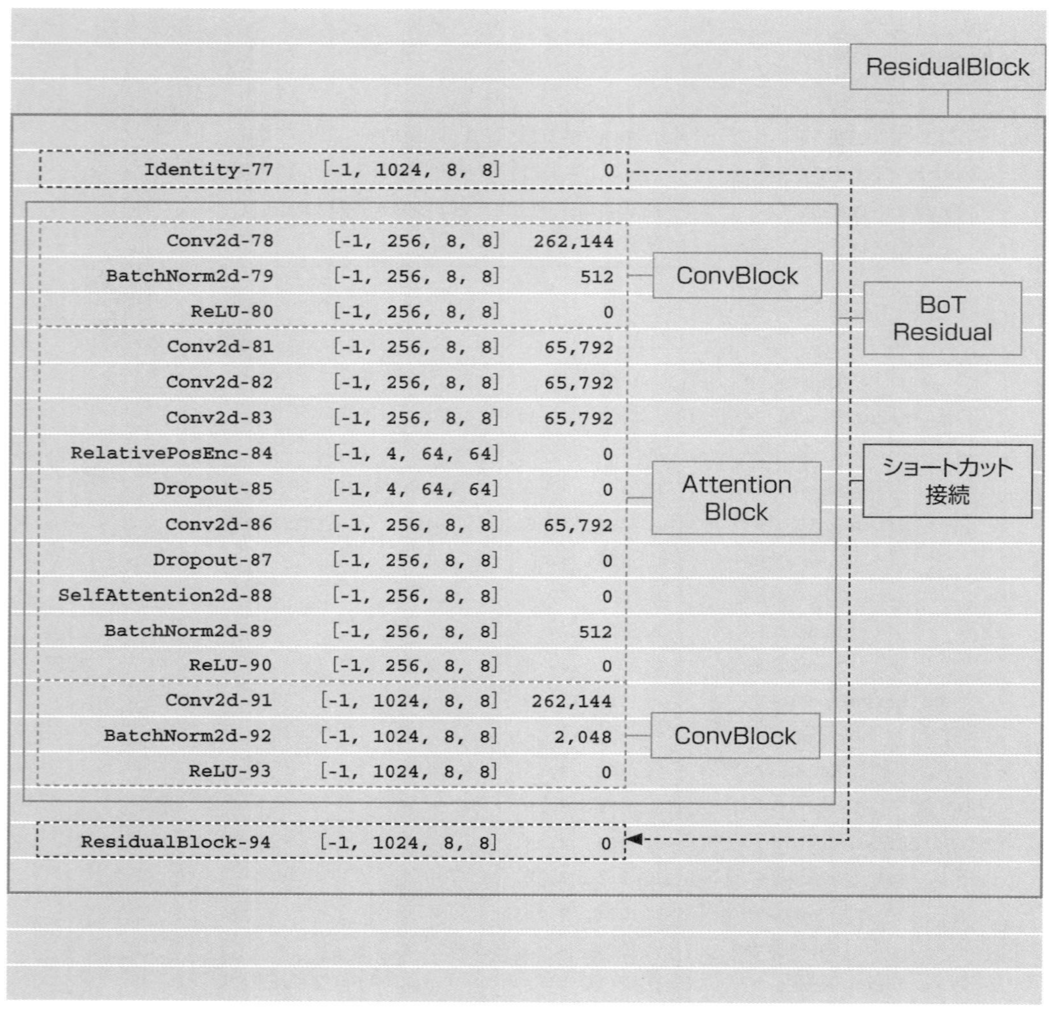

One Point　ショートカット接続

BoTNetモデルで使用されるショートカット接続は、残差接続（Residual Connection）と同じ概念です。両者は、深層ニューラルネットワークにおける勾配消失問題や過学習を緩和し、学習の収束を早める効果があり、具体的には「各ブロックの出力に、その入力を直接加算する」処理を行います。

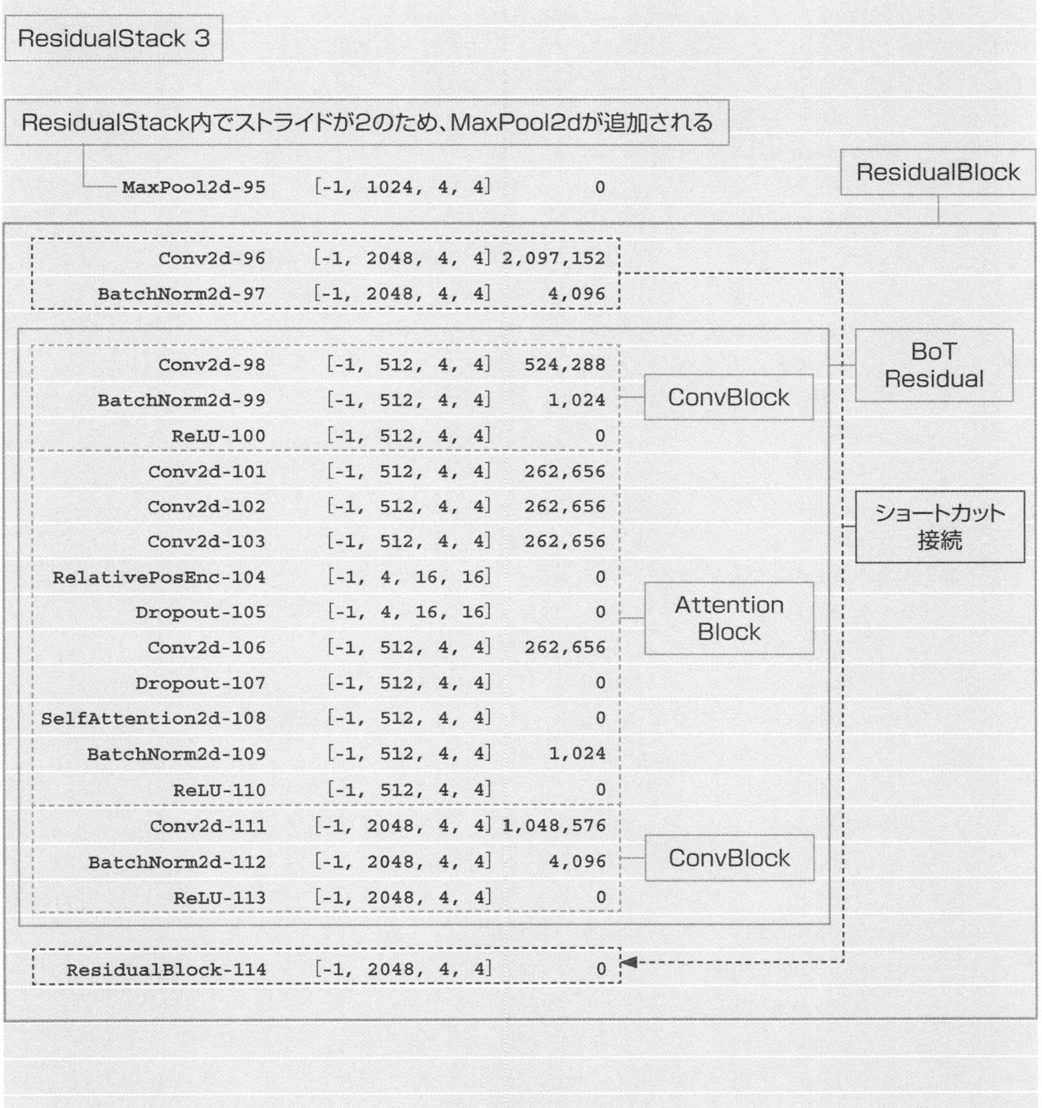
ResidualStack 3
ResidualStack内でストライドが2のため、MaxPool2dが追加される
MaxPool2d-95 [-1, 1024, 4, 4] 0
ResidualBlock
Conv2d-96 [-1, 2048, 4, 4] 2,097,152
BatchNorm2d-97 [-1, 2048, 4, 4] 4,096
Conv2d-98 [-1, 512, 4, 4] 524,288
BatchNorm2d-99 [-1, 512, 4, 4] 1,024
ReLU-100 [-1, 512, 4, 4] 0
Conv2d-101 [-1, 512, 4, 4] 262,656
Conv2d-102 [-1, 512, 4, 4] 262,656
Conv2d-103 [-1, 512, 4, 4] 262,656
RelativePosEnc-104 [-1, 4, 16, 16] 0
Dropout-105 [-1, 4, 16, 16] 0
Conv2d-106 [-1, 512, 4, 4] 262,656
Dropout-107 [-1, 512, 4, 4] 0
SelfAttention2d-108 [-1, 512, 4, 4] 0
BatchNorm2d-109 [-1, 512, 4, 4] 1,024
ReLU-110 [-1, 512, 4, 4] 0
Conv2d-111 [-1, 2048, 4, 4] 1,048,576
BatchNorm2d-112 [-1, 2048, 4, 4] 4,096
ReLU-113 [-1, 2048, 4, 4] 0
ResidualBlock-114 [-1, 2048, 4, 4] 0
ConvBlock
Attention Block
ConvBlock
BoT Residual
ショートカット接続

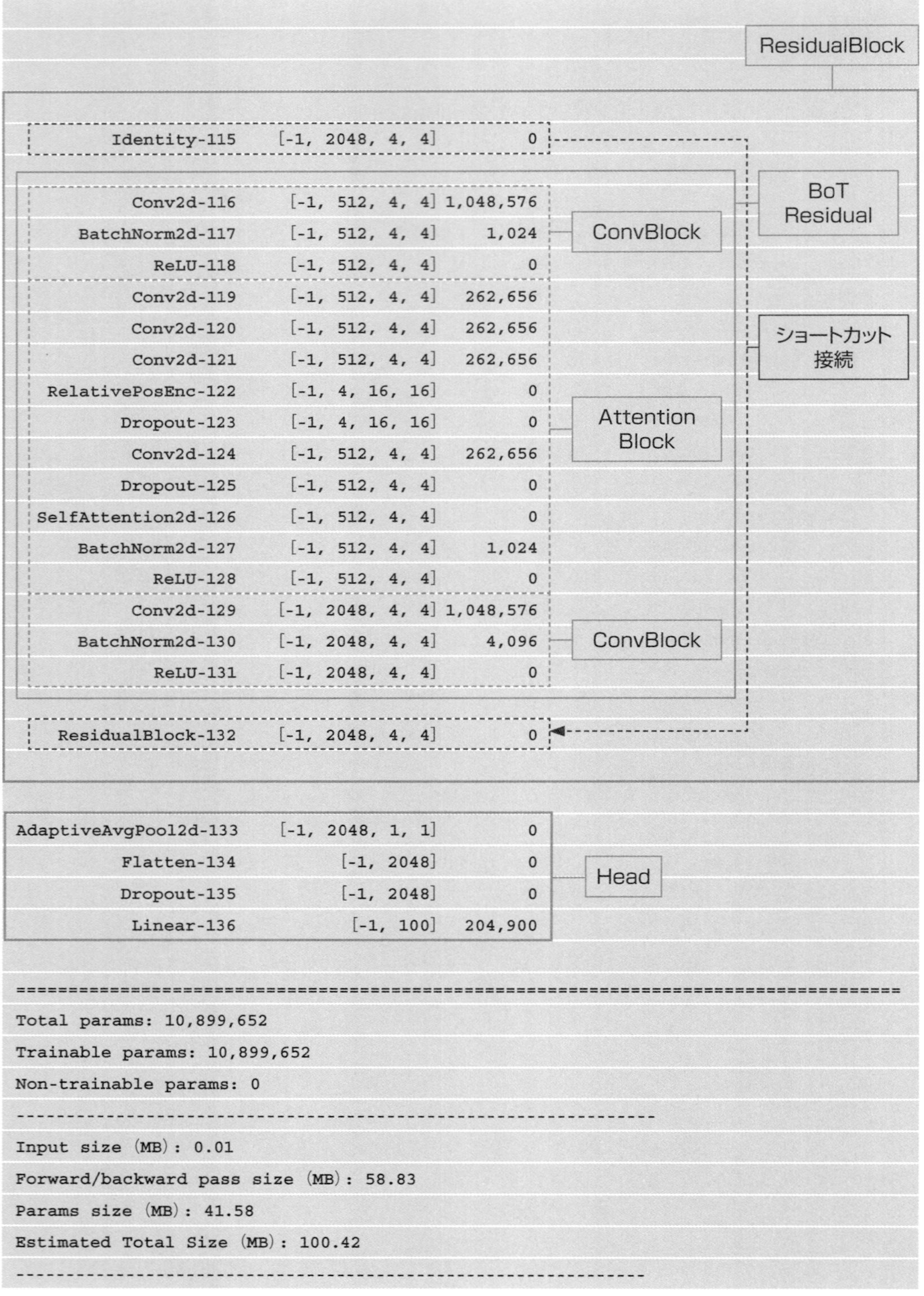

```
         Identity-115     [-1, 2048, 4, 4]               0
           Conv2d-116      [-1, 512, 4, 4] 1,048,576
      BatchNorm2d-117      [-1, 512, 4, 4]           1,024
             ReLU-118      [-1, 512, 4, 4]               0
           Conv2d-119      [-1, 512, 4, 4]         262,656
           Conv2d-120      [-1, 512, 4, 4]         262,656
           Conv2d-121      [-1, 512, 4, 4]         262,656
   RelativePosEnc-122      [-1, 4, 16, 16]               0
          Dropout-123      [-1, 4, 16, 16]               0
           Conv2d-124      [-1, 512, 4, 4]         262,656
          Dropout-125      [-1, 512, 4, 4]               0
  SelfAttention2d-126      [-1, 512, 4, 4]               0
      BatchNorm2d-127      [-1, 512, 4, 4]           1,024
             ReLU-128      [-1, 512, 4, 4]               0
           Conv2d-129     [-1, 2048, 4, 4] 1,048,576
      BatchNorm2d-130     [-1, 2048, 4, 4]           4,096
             ReLU-131     [-1, 2048, 4, 4]               0
    ResidualBlock-132     [-1, 2048, 4, 4]               0
AdaptiveAvgPool2d-133     [-1, 2048, 1, 1]               0
          Flatten-134           [-1, 2048]               0
          Dropout-135           [-1, 2048]               0
           Linear-136            [-1, 100]         204,900
================================================================================
Total params: 10,899,652
Trainable params: 10,899,652
Non-trainable params: 0
------------------------------------------------------------
Input size (MB): 0.01
Forward/backward pass size (MB): 58.83
Params size (MB): 41.58
Estimated Total Size (MB): 100.42
------------------------------------------------------------
```

9.3.2 モデルのトレーニング方法と評価方法を設定する

モデルのトレーニング直前の準備をします。

■モデルのパラメーターを、重み減衰を適用するものと適用しないものに分離

25番目のセルに次のコードを記述し、実行します。

▼パラメーターを重み減衰ありとなしに分離 (BoTNet_PyTorch.ipynb)

セル25

```
def separate_parameters(model):
    """
    モデルのパラメーターを重み減衰ありとなしに分離する関数

    Args:
        model: 分離するパラメーターを持つモデル

    Returns:
        parameters_decay: 重み減衰が適用されるパラメーターのセット
        parameters_no_decay: 重み減衰が適用されないパラメーターのセット
    """
    parameters_decay = set()                          # 重み減衰が適用されるパラメーターのセット
    parameters_no_decay = set()                       # 適用されないパラメーターのセット
    modules_weight_decay = (nn.Linear, nn.Conv2d)    # 重み減衰を適用するモジュール
    modules_no_weight_decay = (nn.BatchNorm2d,)       # 適用しないモジュール

    # モデル内のすべてのモジュールを名前付きでループ
    for m_name, m in model.named_modules():
        # モジュール内のすべてのパラメーターを名前付きでループ
        for param_name, param in m.named_parameters():
            # フルパラメーター名を生成(モジュール名があれば付加)
            full_param_name = f"{m_name}.{param_name}" if m_name else param_name

            # モジュールが重み減衰なしのモジュールかどうか
            if isinstance(m, modules_no_weight_decay):
                parameters_no_decay.add(full_param_name)       # 重み減衰なしに追加
            # パラメーター名が"bias"で終わるかどうか
            elif param_name.endswith("bias"):
                parameters_no_decay.add(full_param_name)       # 重み減衰なしに追加
```

```
            # モジュールがResidualBlockでパラメーター名が"gamma"で終わるかどうか
            elif isinstance(m, ResidualBlock) and param_name.endswith("gamma"):
                parameters_no_decay.add(full_param_name)      # 重み減衰なしに追加
            # モジュールがRelativePosEncまたはAbsolutePosEncでパラメーター名が"pos_h"
            # または"pos_w"で終わるかどうか
            elif isinstance(m, (RelativePosEnc, AbsolutePosEnc)) and (
                    param_name.endswith("pos_h") or param_name.endswith("pos_w")):
                parameters_no_decay.add(full_param_name)      # 重み減衰なしのセットに追加
            # モジュールが重み減衰ありのモジュールかどうかをチェック
            elif isinstance(m, modules_weight_decay):
                parameters_decay.add(full_param_name)         # 重み減衰ありのセットに追加

    # 重み減衰ありとなしのパラメーターのセットを返す
    return parameters_decay, parameters_no_decay
```

■モデルのパラメーターに基づいてオプティマイザーを取得する関数の定義

26番目のセルに次のコードを記述し、実行します。

▼オプティマイザーを取得する関数(BoTNet_PyTorch.ipynb)

セル26

```
def get_optimizer(model, learning_rate, weight_decay):
    """ モデルのパラメーターに基づいてオプティマイザーを取得する

    Args:
        model (nn.Module): 最適化するPyTorchモデル
        learning_rate (float): オプティマイザーの学習率
        weight_decay (float): 重み減衰の率

    Returns:
        optimizer (torch.optim.Optimizer): AdamWオプティマイザー
    """
    # モデルの全パラメーターを名前と共に辞書に格納
    param_dict = {pn: p for pn, p in model.named_parameters()}
    # 重み減衰を適用するパラメーターと適用しないパラメーターに分離
    parameters_decay, parameters_no_decay = separate_parameters(model)
    # 最適化するパラメーターのグループを定義
    optim_groups = [
        # 重み減衰を適用するパラメーター
        {"params": [param_dict[pn] for pn in parameters_decay],
```

```
        "weight_decay": weight_decay},
        # 重み減衰を適用しないパラメーター
       {"params": [param_dict[pn] for pn in parameters_no_decay],
        "weight_decay": 0.0},
    ]

    # AdamWオプティマイザーを作成
    optimizer = optim.AdamW(optim_groups, lr=learning_rate)
    return optimizer   # オプティマイザーを返す
```


■損失関数、オプティマイザー、トレーナー、学習率スケジューラー、評価器を設定

27番目のセルに次のコードを記述し、実行します。

▼損失関数、オプティマイザー、トレーナー、学習率スケジューラー、評価器を設定(BoTNet_PyTorch.ipynb)

セル27

```
# 損失関数としてクロスエントロピー損失を定義
loss = nn.CrossEntropyLoss()

# オプティマイザーを取得
optimizer = get_optimizer(
    model,                                  # 学習対象のモデル
    learning_rate=1e-6,                     # 学習率
    weight_decay=WEIGHT_DECAY               # 重み減衰(正則化)の係数
)

# 教師あり学習用トレーナーを定義
trainer = create_supervised_trainer(
    model, optimizer, loss, device=DEVICE
)
# 学習率スケジューラーを定義
lr_scheduler = optim.lr_scheduler.OneCycleLR(
    optimizer,                              # オプティマイザー
    max_lr=LEARNING_RATE,                   # 最大学習率
    steps_per_epoch=len(train_loader),      # 1エポック当たりのステップ数
    epochs=EPOCHS                           # 総エポック数
)

# トレーナーにイベントハンドラーを追加
# トレーナーの各イテレーション終了時に学習率スケジューラーを更新
```

```
trainer.add_event_handler(
    Events.ITERATION_COMPLETED,                    # イテレーション終了時のイベント
    lambda engine: lr_scheduler.step()             # 学習率スケジューラーのステップを進める
)

# トレーナーにランニングアベレージメトリクスを追加
# トレーニングの損失をランニング平均で保持
ignite.metrics.RunningAverage(
    output_transform=lambda x: x                   # 出力をそのまま使用
    ).attach(trainer, "loss")                      # トレーナーに"loss"としてアタッチ

# 検証用のメトリクス(評価指標)を定義
val_metrics = {
    "accuracy": ignite.metrics.Accuracy(),         # 精度
    "loss": ignite.metrics.Loss(loss)              # 損失
}

# トレーニングデータ用の評価器を定義
train_evaluator = create_supervised_evaluator(
    model,                                         # 評価対象のモデル
    metrics=val_metrics,                           # 評価指標
    device=DEVICE                                  # 実行デバイス(GPUを想定)
)

# バリデーションデータ用の評価器を定義
evaluator = create_supervised_evaluator(
    model,                                         # 評価対象のモデル
    metrics=val_metrics,                           # 評価指標
    device=DEVICE                                  # 実行デバイス(CPUまたはGPU)
)

# トレーニング履歴を保持するための辞書を初期化
history = defaultdict(list)
```

■評価結果を記録してログに出力するlog_validation_results()関数の定義

28番目のセルに次のコードを記述し、実行します。

▼評価結果を記録してログに出力するlog_validation_results()関数(BoTNet_PyTorch.ipynb)

セル28

```
# トレーナーがエポックを完了したときにこの関数を呼び出すためのデコレーター
@trainer.on(Events.EPOCH_COMPLETED)
def log_validation_results(engine):
    """ エポック完了時にトレーニングと検証の損失および精度を記録してログに出力

    Args:
        engine: トレーナーの状態を保持するエンジンオブジェクト
    """
    # トレーナーの状態を取得
    train_state = engine.state
    # 現在のエポック数を取得
    epoch = train_state.epoch
    # 最大エポック数を取得
    max_epochs = train_state.max_epochs
    # 現在のエポックのトレーニング損失を取得
    train_loss = train_state.metrics["loss"]
    # トレーニング損失を履歴に追加
    history['train loss'].append(train_loss)
    # トレーニングデータローダーを使用して評価を実行
    train_evaluator.run(train_loader)
    # トレーニング評価の結果メトリクスを取得
    train_metrics = train_evaluator.state.metrics
    # トレーニングデータの精度を取得
    train_acc = train_metrics["accuracy"]
    # トレーニング精度を履歴に追加
    history['train acc'].append(train_acc)
    # テストデータローダーを使用して評価を実行
    evaluator.run(test_loader)
    # 検証評価の結果メトリクスを取得
    val_metrics = evaluator.state.metrics
    # 検証データの損失を取得
    val_loss = val_metrics["loss"]
    # 検証データの精度を取得
```

```
    val_acc = val_metrics["accuracy"]
    # 検証損失を履歴に追加
    history['val loss'].append(val_loss)
    # 検証精度を履歴に追加
    history['val acc'].append(val_acc)

    # トレーニングと検証の損失および精度を出力
    print(
        "{}/{} - train:loss {:.3f} accuracy {:.3f}; val:loss {:.3f} accuracy {:.3f}".format(
        epoch, max_epochs, train_loss, train_acc, val_loss, val_acc)
        )
```

9.3.3 トレーニングを実行して結果を評価する

トレーニングを実行し、モデルを評価します。トレーニング終了後、損失と正解率の推移をグラフにします。

■トレーニングの開始

29番目のセルに次のコードを記述し、実行しましょう。すぐにトレーニングが開始されます。

▼トレーニングを開始(BoTNet_PyTorch.ipynb)

```
セル29
%%time
trainer.run(train_loader, max_epochs=EPOCHS);
```

▼出力

```
1/150 - train:loss 3.700 accuracy 0.184; val:loss 3.445 accuracy 0.190
......途中省略......
50/150 - train:loss 0.428 accuracy 0.928; val:loss 1.409 accuracy 0.681
......途中省略......
100/150 - train:loss 0.074 accuracy 0.994; val:loss 1.660 accuracy 0.722
......途中省略......
150/150 - train:loss 0.003 accuracy 1.000; val:loss 1.740 accuracy 0.757
CPU times: user 3h 23min 5s, sys: 6min 3s, total: 3h 29min 9s
Wall time: 3h 20min 32s
```

■損失と精度の推移をグラフ化

損失と精度の推移をグラフにしてみましょう。

▼損失の推移をグラフにする(BoTNet_PyTorch.ipynb)

セル30

```
# グラフ描画用のFigureオブジェクトを作成
fig = plt.figure()
# Figureにサブプロット(1行1列の1つ目のプロット)を追加
ax = fig.add_subplot(111)
# x軸のデータをエポック数に基づいて作成(1からhistory['train loss']の長さまでの範囲)
xs = np.arange(1, len(history['train loss']) + 1)
# トレーニングデータの損失をプロット
ax.plot(xs, history['train loss'], '.-', label='train')
# バリデーションデータの損失をプロット
ax.plot(xs, history['val loss'], '.-', label='val')

ax.set_xlabel('epoch')  # x軸のラベルを設定
ax.set_ylabel('loss')   # y軸のラベルを設定
ax.legend()             # 凡例を表示
ax.grid()               # グリッドを表示
plt.show()              # グラフを表示
```

▼精度の推移をグラフにする(BoTNet_PyTorch.ipynb)

セル31

```
# グラフ描画用のFigureオブジェクトを作成
fig = plt.figure()
# Figureにサブプロット(1行1列の1つ目のプロット)を追加
ax = fig.add_subplot(111)
# x軸のデータをエポック数に基づいて作成(1からhistory['val acc']の長さまでの範囲)
xs = np.arange(1, len(history['val acc']) + 1)
# バリデーションデータの正解率をプロット
ax.plot(xs, history['val acc'], label='Validation Accuracy', linestyle='-')
# トレーニングデータの正解率をプロット
ax.plot(xs, history['train acc'], label='Training Accuracy', linestyle='--')
ax.set_xlabel('Epoch')        # x軸のラベルを設定
ax.set_ylabel('Accuracy')     # y軸のラベルを設定
ax.grid()                     # グリッドを表示
ax.legend()                   # 凡例を追加
plt.show()                    # グラフを表示
```

▼出力されたグラフ

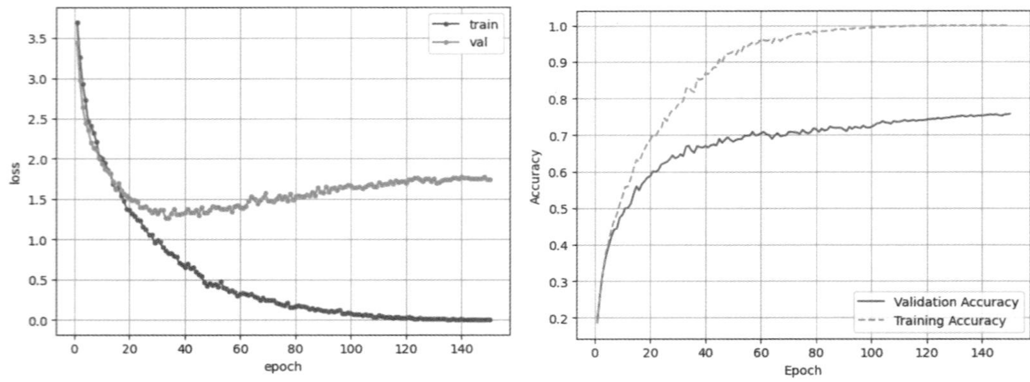

COLUMN AdamWオプティマイザー

AdamWはAdamオプティマイザーの一種で、次のようにパラメーター更新を行います。

- 勾配の平均と分散を計算し、それに基づいてパラメーターを更新します。
- 重み減衰（Weight Decay）を用いてパラメーター値の正則化を行います。

▼AdamWでのパラメーター更新式

$$\theta_{t+1} = \theta_t - \eta \cdot \frac{\hat{m}_t}{\sqrt{\hat{v}_t} + \varepsilon} - \lambda \cdot \theta_t$$

θ_t：現在のパラメーター　η：学習率

m_t：勾配の1次モーメント（過去の勾配の平均）

v_t：現勾配の2次モーメント（過去の勾配の分散）

ε：ゼロ除算を防ぐための小さな定数　λ：重み減衰の強さ（Weight Decay）

Adamでは重み減衰がL2正則化として勾配に直接加えられていましたが、AdamWでは、重み減衰が勾配とは独立して適用されます。大規模なデータセットや深いモデルでは、AdamWが推奨されています。

10章 EdgeNeXtを用いた画像分類モデルの実装(PyTorch)

10.1 EdgeNeXtの概要

EdgeNeXt* (エッジネクスト)は、コンピュータビジョンの分野で利用されるニューラルネットワークアーキテクチャの1つで、特にエッジデバイスでの利用を念頭に置いて設計されています。エッジデバイスとは、スマートフォンやIoTデバイスなど、リソースが限られた環境で動作するコンピュータシステムを指します。

10.1.1 EdgeNeXt

EdgeNeXtは、エッジデバイス向けに最適化されたTransformerベースのアーキテクチャを採用しています。

EdgeNeXtの誕生——モバイル向けの革新的アーキテクチャ

モバイルデバイスでの視覚認識タスクは、計算資源とエネルギーの制約が厳しいため、特に難しい課題です。従来の畳み込みニューラルネットワーク(CNN)は、高い計算効率と優れた性能を持つ一方で、グローバルな情報を捉える能力に欠けていました。一方、ViTは、自己注意機構(Self-Attention)を用いてグローバルな依存関係を捉えることで注目を集めていますが、計算コストが高く、特に高解像度の入力に対しては非効率な面があります。

これらの課題に対処するため、CNNとTransformerの長所を組み合わせた新しいアーキテクチャとして「EdgeNeXt」が提案されました。EdgeNeXtは、マルチスケールの特徴抽出——異なるスケール(解像度)で特徴を抽出する手法のこと——ならびにクロスチャンネル注意機構を用いて、効率的に情報を融合し、モバイルデバイス向けの高性能な視覚認識を実現します。

＊EdgeNeXt　Muhammad Maaz, Abdelrahman Shaker, Hisham Cholakkal, Salman Khan, Syed Waqas Zamir,Rao Muhammad Anwer, Fahad Shahbaz Khan (2022) "EdgeNeXt: Efficiently Amalgamated CNN-Transformer Architecture for Mobile Vision Applications" arXiv:2206.10589

■EdgeNeXtの構造

EdgeNeXtの論文の「Fig. 2」の上段の図で示されている、EdgeNeXtの構造について見ていきましょう。

▼EdgeNeXtの構造*

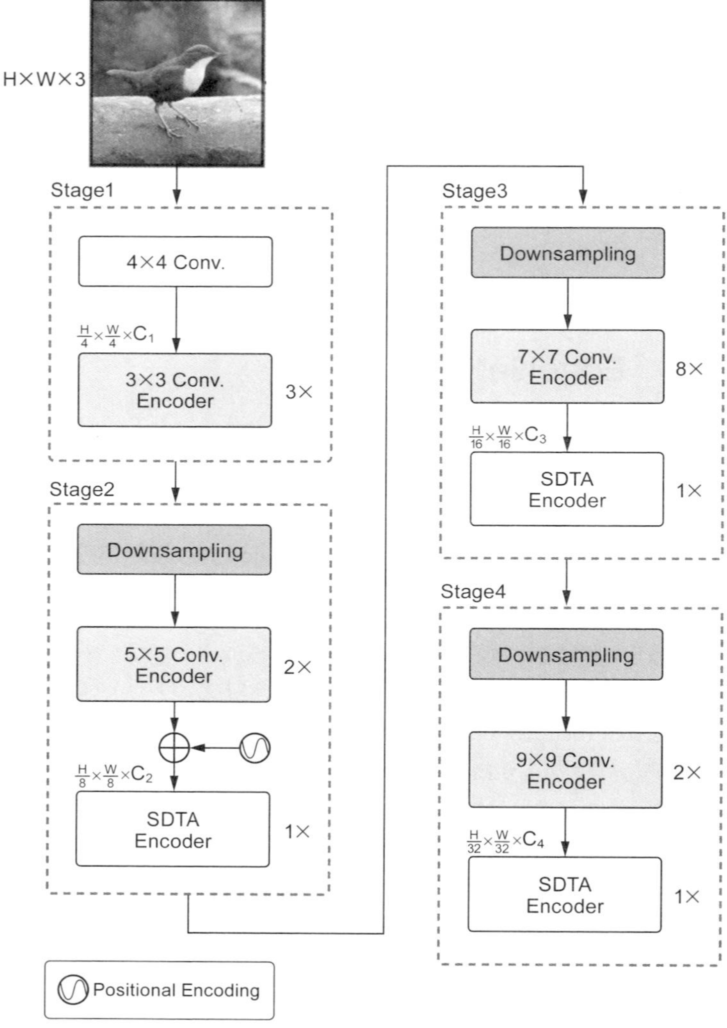

＊…の構造　引用：Maaz, M. et al. (2022). "EdgeNeXt: Efficiently Amalgamated CNN-Transformer Architecture for Mobile Vision Applications". Fig.2

「Fig. 2」の上段の図は、EdgeNeXtの全体構造を示しています。4つのステージにわたって、4つの異なるスケールで階層的な特徴を抽出します。

①ステージ1

サイズH×W×3の入力画像は、4×4ストライド畳み込みレイヤーで1/4の解像度にダウンサンプリングされます。その後に3つの連続した3×3の畳み込み（Conv.）エンコーダーが適用され、初期の特徴抽出が行われます。

②ステージ2〜ステージ4

2×2ストライド畳み込みを使用してダウンサンプリングし、その後に2つ（ステージ3は8つ）の連続した畳み込みエンコーダー（ステージ2から順に5×5、7×7、9×9）が続きます。ステージ2のみ、SDTAブロックの前に位置エンコーディング（PE）が追加されます。PEは、すべてのステージに追加するとネットワークのレイテンシ（応答時間）が増加するため、ステージ2において1回だけ行います。SDTAエンコーダーから出力された特徴マップは、次のステージへ渡されます。

・畳み込み（Conv.）エンコーダー

「Fig. 2」の左下の図は、畳み込み（Conv.）エンコーダーの構造を示しています。N×Nカーネルを使用した深さ方向の畳み込みを経て正規化を行い、全結合層からの出力に対し活性化関数（GELU）を適用します。最後に全結合層からの出力にスキップ接続（残差接続）が適用されます。

▼畳み込みエンコーダーの構造*

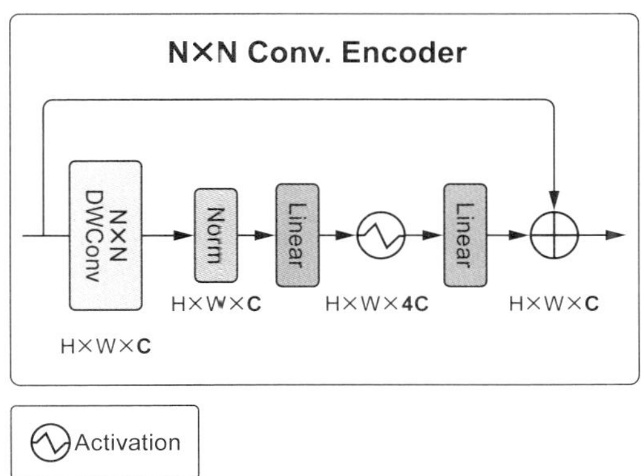

*…の構造　引用：Maaz, M. et al. (2022). "EdgeNeXt: Efficiently Amalgamated CNN-Transformer Architecture for Mobile Vision Applications". Fig.2

- **SDTAエンコーダー**

「Fig. 2」の右下の図は、SDTA (Split Depth-wise Transpose Attention：分割深度方向転置アテンション) エンコーダーの構造を示しています。SDTAは次の2つの主要コンポーネントで構成されます。

- **マルチスケール特徴抽出 (左側の部分)**

  入力特徴マップを異なるスケールで処理し、空間的な情報を効果的に融合します。これにより、モデルは異なる解像度での情報を捉えることができます。

- **クロスチャンネル注意機構 (右側の部分)**

  特徴マップの異なるチャンネル間での相関関係を捉え、重要な特徴を強調します。これにより、特徴の表現力が向上し、モデルの性能が向上します。

▼SDTAの構造*

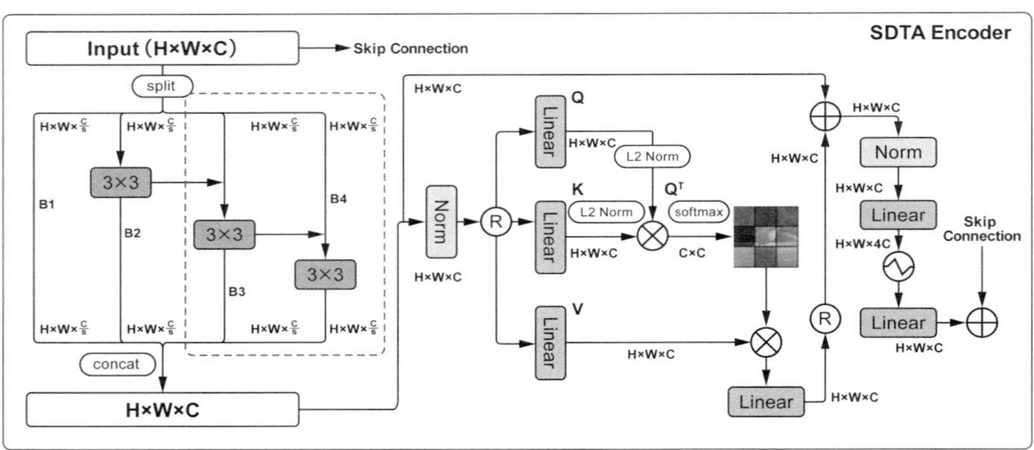

*…の構造　引用：Maaz, M. et al. (2022). "EdgeNeXt: Efficiently Amalgamated CNN-Transformer Architecture for Mobile Vision Applications". Fig.2

10.2 EdgeNeXtモデルを実装する

PyTorchを用いてEdgeNeXtモデルを実装*し、CIFAR-100データセットを利用した画像分類を行います。

10.2.1 データセットの読み込み、データローダーの作成までを行う

必要なライブラリのインポート、各種パラメーターの設定、データセットの読み込み、データローダーの作成までを行います。

■PyTorch-Igniteのインストール

Colab Notebookを作成し、1番目のセルにPyTorch-Igniteのインストールを行うコードを記述し、実行します。

▼PyTorch-Igniteをインストールする（EdgeNeXt_PyTorch.ipynb）

セル1

```
!pip install pytorch-ignite -9
```

■必要なライブラリ、パッケージ、モジュールのインポート

2番目のセルに次のコードを記述し、実行します。

▼ライブラリやパッケージ、モジュールのインポート（EdgeNeXt_PyTorch.ipynb）

セル2

```
import numpy as np
from collections import defaultdict
import matplotlib.pyplot as plt

import torch
import torch.nn as nn
import torch.optim as optim
import torch.nn.functional as F
from torchvision import datasets, transforms
```

＊…を実装　以下を参考に実装。Julius Ruseckas. "EdgeNeXt on CIFAR10" Accessed May 21, 2024. https://juliusruseckas.github.io/ml/edgenext-cifar10.html
Amshaker（Amshaker committed on Jul 26, 2023）"EdgeNeXt"　https://github.com/mmaaz60/EdgeNeXt

```
from ignite.engine import Events, create_supervised_trainer, create_supervised_evaluator
import ignite.metrics
import ignite.contrib.handlers
```

■パラメーター値の設定

3番目のセルに次のコードを記述し、実行します。

▼パラメーター値の設定（EdgeNeXt_PyTorch.ipynb）

セル3
```
DATA_DIR='./data'          # データ保存用のディレクトリ
IMAGE_SIZE = 32            # 入力画像1辺のサイズ
NUM_CLASSES = 100          # 分類するクラスの数
NUM_WORKERS = 8            # データローダーが使用するサブプロセスの数を指定
BATCH_SIZE = 32            # ミニバッチのサイズ
EPOCHS = 150               # 学習回数
LEARNING_RATE = 1e-3       # 最大学習率
WEIGHT_DECAY = 1e-1        # オプティマイザーの重み減衰率
```

■使用可能なデバイスの種類を取得

使用可能なデバイス（CPUまたはGPU）の種類を取得します。4番目のセルに次のコードを記述し、実行します。ここでは、GPUの使用を想定しています。

▼使用可能なデバイスを取得（EdgeNeXt_PyTorch.ipynb）

セル4
```
DEVICE = torch.device("cuda") if torch.cuda.is_available() else torch.device("cpu")
print("device:", DEVICE)
```

▼出力（Colab NotebookにおいてGPUを使用するようにしています）
```
device: cuda
```

■トレーニングデータに適用するデータ拡張処理の定義

トレーニングデータに適用する一連の変換操作をtransforms.Compose（コンテナ）にまとめます。5番目のセルに次のコードを記述し、実行します。

▼トレーニングデータに適用する変換操作をtransforms.Composeにまとめる(EdgeNeXt_PyTorch.ipynb)

セル5
```
# トレーニングデータに適用する一連の変換操作をtransforms.Composeにまとめる
train_transform = transforms.Compose([
    transforms.RandomHorizontalFlip(), # ランダムに左右反転
    # 4ピクセルのパディングを挿入してランダムに切り抜く
    transforms.RandomCrop(IMAGE_SIZE, padding=4),
    # 画像の明るさ、コントラスト、彩度をランダムに変化させる
    transforms.ColorJitter(brightness=0.2, contrast=0.2, saturation=0.2),
    transforms.ToTensor()        # テンソルに変換
])
```


■トレーニングデータとテストデータをロードして前処理

CIFAR-100データセットからトレーニングデータとテストデータをロードして、前処理を行います。6番目のセルに次のコードを記述し、実行します。

▼トレーニングデータとテストデータをロードして前処理を行う(EdgeNeXt_PyTorch.ipynb)

セル6
```
# CIFAR-100データセットのトレーニングデータを読み込み、データ拡張を適用
train_dset = datasets.CIFAR100(
    root=DATA_DIR, train=True, download=True, transform=train_transform)
# CIFAR-100データセットのテストデータを読み込んで、テンソルに変換する処理のみを行う
test_dset = datasets.CIFAR100(
    root=DATA_DIR, train=False, download=True, transform=transforms.ToTensor())
```

■データローダーの作成

トレーニング用のデータローダーと、テストデータ用のデータローダーを作成します。7番目のセルに次のコードを記述し、実行します。

▼データローダーの作成(EdgeNeXt_PyTorch.ipynb)

セル7
```
# トレーニング用のデータローダーを作成
train_loader = torch.utils.data.DataLoader(
    train_dset,
    batch_size=BATCH_SIZE,
    shuffle=True,                    # 抽出時にシャッフルする
```

```
    num_workers=NUM_WORKERS,        # データ抽出時のサブプロセスの数を指定
    pin_memory=True                 # データを固定メモリにロード
    )

# テスト用のデータローダーを作成
test_loader = torch.utils.data.DataLoader(
    test_dset,
    batch_size=BATCH_SIZE,
    shuffle=False,                  # 抽出時にシャッフルしない
    num_workers=NUM_WORKERS,        # データ抽出時のサブプロセスの数を指定
    pin_memory=True                 # データを固定メモリにロード
    )
```

10.2.2 画像データを効率的にエンコードする仕組みを作る

入力画像を効率的にエンコードする仕組みを作ります。「エンコード」とは、画像データから有用な特徴を抽出し、それを後続の処理において扱いやすい形に変換することを指します。

■チャンネル次元に正規化を適用するLayerNormChannelsモジュール

特徴マップが格納された特徴テンソル――形状：(bs, チャンネル数, 高さ, 幅)――のチャンネル数の次元を正規化するLayerNormChannelsモジュールを定義します。8番目のセルに次のコードを記述し、実行します。

▼LayerNormChannelsモジュールの定義(EdgeNeXt_PyTorch.ipynb)

セル8

```
class LayerNormChannels(nn.Module):
    """ チャンネル次元に対して正規化を適用する

    """
    def __init__(self, channels):
        """
        Args:
            channels (int): 特徴テンソルのチャンネル数
        """
        super().__init__()
        self.norm = nn.LayerNorm(channels)

    def forward(self, x):
```

```
        """ フォワードパス

        Args:
            x : 特徴テンソル
                (bs, channels, height, width)
        Returns:
            x: 正規化適用後の特徴テンソル
        """
        # 第2次元(channels)と最後の次元(width)を入れ替える
        x = x.transpose(1, -1)
        # チャンネル次元に対して正規化の処理を適用
        x = self.norm(x)
        # テンソルの形状を元に戻す
        x = x.transpose(-1, 1)
        return x
```


■残差接続を適用するResidualモジュール

複数のレイヤーで構成されたブロックに対して、残差接続の処理をセットするResidualモジュールを定義します。9番目のセルに次のコードを記述し、実行します。

▼Residualモジュールの定義(EdgeNeXt_PyTorch.ipynb)

セル9

```
class Residual(nn.Module):
    """ 与えられたブロックに対して残差接続を適用する

    """
    def __init__(self, *layers):
        """
        Args:
            layers (nn.Module): 複数のレイヤー
        """
        super().__init__()
        # 渡されたレイヤーをSequentialオブジェクトにまとめる
        self.residual = nn.Sequential(*layers)
        # スケーリングパラメーターを初期化
        self.gamma = nn.Parameter(torch.zeros(1))

    def forward(self, x):
        """ フォワードパス
```

```
        Args:
            x (torch.Tensor): 特徴テンソル
                形状は (batch_size, channels, height, width)
        Returns:
            入力テンソルにスケーリングされた残差を加算した出力テンソル
        """
        # 残差接続の出力を返す
        return x + self.gamma * self.residual(x)
```

■各チャンネルに対して独立した畳み込みを適用するレイヤーを作成 ——SpatialMixer()関数

各チャンネルに対して独立した畳み込みを適用するConv2dレイヤーを作成する、SpatialMixer()関数を定義します。10番目のセルに次のコードを記述し、実行します。

▼SpatialMixer()関数の定義(EdgeNeXt_PyTorch.ipynb)

セル10

```
def SpatialMixer(channels, kernel_size, stride=1):
    """ 各チャンネルに対して独立した畳み込みを適用するConv2dレイヤーを作成

    Args:
        channels (int): 入力テンソルのチャンネル数
        kernel_size (int): 畳み込みカーネルのサイズ
        stride (int, optional): 畳み込みのストライド(デフォルトは1)

    Returns:
        nn.Conv2d: 指定されたパラメーターで構築されたConv2dレイヤー
    """
    # カーネルサイズに基づいてパディングを計算(出力のサイズを保つため)
    padding = (kernel_size - 1) // 2

    return nn.Conv2d(channels,              # 入力チャンネル数
                     channels,              # 出力チャンネル数(入力と同じ)
                     kernel_size,           # 畳み込みカーネルのサイズ
                     padding=padding,       # 計算されたパディングを適用
                     stride=stride,         # 畳み込みのストライド
                     groups=channels)       # グループ数をチャンネル数と同じに設定
```

■チャンネル間で情報を混合するためのブロックを構築するChannelMixer

入力テンソルのチャンネル間で情報を混合するためのブロックを構築するChannelMixerを定義します。ChannelMixerはnn.Sequentialのサブクラスであり、次の示す順番でレイヤーを配置します。

▼ChannelMixerが構築するブロックの構造

①入力テンソルのチャンネル次元を正規化するLayerNormChannelsレイヤー
②1×1の畳み込みを用いてチャンネル数を増やすConv2dレイヤー
③GELU活性化関数の適用
④1×1の畳み込みを用いてチャンネル数を元に戻すConv2dレイヤー

ChannelMixerクラスの処理は、ボトルネックアーキテクチャに似た概念を使用しています。ボトルネックは、入力チャンネルを増やしてから元に戻すことで、計算効率を向上させつつ表現力を高める役割を果たします。ChannelMixerクラスも同様に、チャンネル数の増加と減少を行います。

▼ボトルネックアーキテクチャとChannelMixerの類似点

- **チャンネル数の増加**
  ChannelMixerでは、最初に1×1の畳み込みを使って入力テンソルのチャンネル数を増やします。これはボトルネック層で行う最初のステップと同様です。
- **非線形変換**
  チャンネル数を増やした後、GELU活性化関数を適用します。これは、非線形の変換を導入するための一般的な手段です。
- **チャンネルの減少**
  最後に、1×1の畳み込みを使って、チャンネル数を元に戻します。これはボトルネック層で行う最終ステップと同様です。

●ChannelMixerクラスを定義する

ChannelMixerクラスを定義します。11番目のセルに次のコードを記述し、実行します。

▼ChannelMixerクラスの定義(EdgeNeXt_PyTorch.ipynb)

セル11

```
class ChannelMixer(nn.Sequential):
    """ 入力テンソルのチャンネル間で情報を混合するためのブロックを構築

    """
    def __init__(self, channels, mult=4):
        """
        Args:
            channels (int): 特徴テンソルのチャンネル数
            mult (int): 中間層のチャンネル数を決定するための倍率
        """
        # 中間層のチャンネル数を計算
        mid_channels = channels * mult
        # スーパークラス(nn.Sequential)のコンストラクターにレイヤーを渡す
        super().__init__(
            # チャンネル次元の正規化を行うレイヤーを配置
            LayerNormChannels(channels),
            # 1×1の畳み込みでチャンネル数を増加させるConv2dレイヤーを配置
            nn.Conv2d(channels, mid_channels, 1),
            nn.GELU(), # GELU活性化関数を適用
            # 1×1の畳み込みで元のチャンネル数に戻すConv2dレイヤーを配置
            nn.Conv2d(mid_channels, channels, 1)
        )
```

■エンコード処理を行う残差接続ブロックを構築する(ConvEncoderクラス)

Residualクラスを継承したサブクラスConvEncoderを定義します。このクラスは、以下の要素を順番にResidualのコンストラクターに渡し、画像データのエンコードを行う残差接続ブロックを構築します。

①各チャンネルに対して独立した畳み込みを適用するSpatialMixer

通常の畳み込みは、全チャンネル間で同じフィルターを適用するため、学習するパラメーターの数が多くなりがちですが、各チャンネルに独立してフィルターを適用する場合は、パラメーターの数が大幅に減少します。計算量も通常の畳み込みに比べて少なくなります。

一方、各チャンネルが独立して特徴量を学習するため、各チャンネルが異なる空間的特徴を捉えることができます。これにより、各チャンネルの特徴量が冗長にならず、より多様な特徴を学習することが期待できます。

②チャンネル間の情報を混合するChannelMixer

チャンネルの混合は、異なるチャンネル間の情報を統合し、より豊かな特徴表現を生成するために行われます。また、1×1の畳み込みを用いてチャンネル数を増減させることで、効率的な特徴抽出が可能となります。

③ドロップアウト

モデルの過剰適合（過学習）を防ぎ、モデルの汎化性能を向上させます。

●ConvEncoderクラスの定義

ConvEncoderクラスを定義します。12番目のセルに次のコードを記述し、実行します。

▼ConvEncoderクラスの定義（EdgeNeXt_PyTorch.ipynb）

セル12

```
class ConvEncoder(Residual):
    """ 画像データにエンコード処理を行う残差接続ブロックを構築

    """
    def __init__(self, channels, kernel_size, p_drop=0.):
        """
        Args:
            channels (int): 入力テンソルのチャンネル数
            kernel_size (int): 畳み込みカーネルのサイズ
            p_drop (float): ドロップアウト率(デフォルトは0.)
        """
        # Residualクラスのコンストラクターに各ブロック、レイヤーを渡す
        super().__init__(
            # 各チャンネルに対して独立した畳み込みを適用するSpatialMixerを配置
            SpatialMixer(channels, kernel_size),
            # チャンネル間の情報を混合するChannelMixerを配置
            ChannelMixer(channels),
            nn.Dropout(p_drop)  # ドロップアウトを配置
        )
```

10.2.3 クロスチャンネル注意機構(Cross-Channel Attention)を実装する

クロスチャンネル注意機構(Cross-Channel Attention)は、画像やその他のマルチチャンネルデータに対して、各チャンネル間の依存関係をモデル化するための注意機構であり、正式名称は「XCA (Cross-Covariance Attention)」です。この技術は、論文「XCiT: Cross-Covariance Image Transformers」*において提案されました。

■クロスチャンネル注意機構(Cross-Channel Attention)とは

クロスチャンネル注意機構は、チャンネル間の依存関係を捉えて高次の特徴を学習するための強力な手法です。EdgeNeXtは、この機構を利用し、エッジデバイスでの効率的な実行を実現するための独自の最適化を行っています。クロスチャンネル注意機構には、以下のような特徴があります。

• チャンネル間の相互作用の強化

通常の自己注意機構(Self-Attention)がピクセル間の依存関係を捉えるのに対し、クロスチャンネル注意機構はチャンネル間の相互作用を捉えます。これにより、異なるチャンネルが持つ特徴を効果的に統合し、高次の表現を学習します。

• アテンション(注意)スコアの計算

入力テンソルをキー、クエリ、バリューに変換し、それらの間でアテンションスコアを計算します。このスコアを用いて、どのチャンネルが他のチャンネルにどれだけ影響を与えるかを決定します。

• スケーリングと正規化

アテンションスコアをスケーリングし、ソフトマックス関数で正規化することで、アテンションスコアの安定性を保ち、効果的な学習を可能にします。

---

* XCiT　Alaaeldin El-Nouby, Hugo Touvron, Mathilde Caron, Piotr Bojanowski, Matthijs Douze, Armand Joulin, Ivan Laptev, Natalia Neverova, Gabriel Synnaeve, Jakob Verbeek, Hervé Jegou (2021). "XCiT: Cross-Covariance Image Transformers" arXiv:2106.09681

XCiTレイヤー

論文「XCiT: Cross-Covariance Image Transformers」における「XCiTレイヤー」は、論文に掲載された下図に示されている通り、次の3つの主要なブロックから構成されています。

- **XCA (Cross-Covariance Attention)**
  主要な自己注意機構で、特徴次元に沿った自己注意を行います。
- **LPI (Local Patch Interaction)**
  各入力シーケンスのトークン間で情報を混合するモジュールです。
- **FFN (Feed-Forward Network)**
  複雑な特徴を学習するためのネットワークです。

▼XCiTレイヤーの構造*

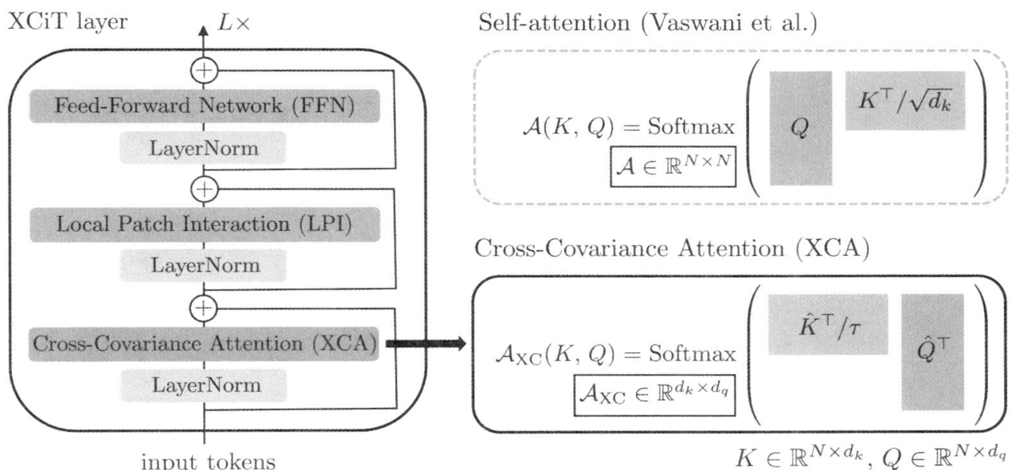

＊…の構造　引用: El-Nouby, A. et al. (2021). "XCiT: Cross-Covariance Image Transformers".

これらのブロックの役割は次の通りです。

①XCA (Cross-Covariance Attention)

従来の自己注意機構を置き換えるもので、次の特徴があります。

・XCAはトークン次元ではなく、チャンネル次元での自己注意を行います。これにより、メモリと計算の複雑性がトークン数に対して線形に増加するため、大規模な入力シーケンスにも対応可能です。
・クエリとキーを正規化し、学習可能なスケーリングパラメーターを導入して、ソフトマックス適用前にスコアをスケーリングします。これにより、学習の安定性が向上します。

②LPI (Local Patch Interaction)

XCAブロックの後に導入され、次の役割を果たします。

・各入力シーケンスのトークン間の情報を混合するために、2つの3×3の畳み込み層を適用します。これにより、トークン間の情報交換を促進します。

③FFN (Feed-Forward Network)

単一の隠れ層を配置し、全体の特徴表現力を向上させます。

ここまで使ってきた、XCAを意味する「クロスチャンネル注意機構(Cross-Channel Attention)」は、公式の名称ではなく通称です。従来の「自己注意機構」との違いを示すために用いられることがあるので、ここでも使用しました。

次ページの図は、XCiTレイヤーによるエンコーディング処理の過程を示す画像例です。上から、元画像、XCA、LPI、FFNにおける特徴抽出が視覚的に示されています。

▼XCiTレイヤーによるエンコーディング処理の過程*

*…の過程　引用：El-Nouby, A. et al. (2021). "XCiT: Cross-Covariance Image Transformers".

■XCAモジュールの定義

ここでは、「クロスチャンネル注意機構」すなわちXCAを実装するXCAクラスを定義します。このクラスは、nn.Moduleを継承するサブクラスです。13番目のセルに次のコードを記述し、実行します。

▼XCAモジュールの定義（EdgeNeXt_PyTorch.ipynb）

セル13

```
class XCA(nn.Module):
    """ クロスチャンネル注意機構(Cross-Channel Attention)を実装するクラス

    Attributes:
        heads (int): 注意機構のヘッド数: 4,
        head_channels (int): 各ヘッドのチャンネル数: 16, 32, 64,
        to_keys (nn.Conv2d): 入力テンソルをキーに変換する1×1畳み込み層
        to_queries (nn.Conv2d): 入力テンソルをクエリに変換する1×1畳み込み層
        to_values (nn.Conv2d): 入力テンソルをバリューに変換する1×1畳み込み層
        unifyheads (nn.Conv2d): 各ヘッドの出力を統合する1×1畳み込み層
        temperature (nn.Parameter): スケーリングに使用するパラメーター
    """
    def __init__(self, channels, heads):
        """
        Args:
            channels (int): 入力テンソルのチャンネル数
            heads (int): 注意機構のヘッド数
        """
        super().__init__()
        self.heads = heads                          # ヘッド数を設定
        self.head_channels = channels // heads   # 各ヘッドのチャンネル数を計算

        # キーを生成する1×1畳み込み層
        self.to_keys = nn.Conv2d(channels, channels, 1)
        # クエリを生成する1×1畳み込み層
        self.to_queries = nn.Conv2d(channels, channels, 1)
        # バリューを生成する1×1畳み込み層
        self.to_values = nn.Conv2d(channels, channels, 1)
        # 各ヘッドの出力を統合する1×1畳み込み層
        self.unifyheads = nn.Conv2d(channels, channels, 1)
        # スケーリングパラメーターを初期化
        self.temperature = nn.Parameter(torch.ones(heads, 1, 1))
```

```
    def forward(self, x):
        """ フォワードパス

        Args:
            x: 入力テンソル(bs, チャンネル数, 高さ,幅)
               (bs, 64, 16, 16), (bs, 128, 8, 8), (bs, 256, 4, 4)
        Returns:
            クロスチャンネル注意機構適用後のアテンション重み付きテンソル
            (bs, 64, 16, 16), (bs, 128, 8, 8), (bs, 256, 4, 4)
        """
        b, _, h, w = x.shape   # バッチサイズ、高さ、幅を取得

        # self.heads=4, self.head_channels=16, 32, 64
        # keys,values,queriesの形状:(bs, 4, 16, 256)
        #                            (bs, 4, 32, 64)
        #                            (bs, 4, 64, 16)
        #
        # キーを生成し、ヘッドごとに分割
        keys = self.to_keys(x).view(b, self.heads, self.head_channels, -1)
        # バリューを生成し、ヘッドごとに分割
        values = self.to_values(x).view(b, self.heads, self.head_channels, -1)
        # クエリを生成し、ヘッドごとに分割
        queries = self.to_queries(x).view(b, self.heads, self.head_channels, -1)

        queries = F.normalize(queries, dim=-2)   # クエリを正規化
        keys = F.normalize(keys, dim=-2)         # キーを正規化

        # アテンションスコアを計算
        # attnの形状:(bs, 4, 16, 16)
        #             (bs, 4, 32, 32)
        #             (bs, 4, 64, 64)
        attn = queries @ keys.transpose(-2, -1)
        # スケーリングパラメーターを適用
        attn = attn * self.temperature
        # ソフトマックス関数を適用
        attn = F.softmax(attn, dim=-1)

        # アテンションスコアをバリューに適用
        # outの形状:(bs, 4, 16, 256)
```

```
        #           (bs, 4, 32, 64)
        #           (bs, 4, 64, 16)
        out = attn @ values

        # テンソルの形状を整形
        # outの形状:(bs, 64, 16, 16)
        #           (bs, 128, 8, 8)
        #           (bs, 256, 4, 4)
        out = out.view(b, -1, h, w)

        # 各ヘッドの出力を統合
        out = self.unifyheads(out)

        return out
```

●クロスチャンネル注意機構が用いられている部分を確認

XCAクラスでは、キー、クエリ、バリューの生成から、アテンションスコアの計算、正規化、および最終的な出力の生成に至るまでのすべてのステップにおいて、クロスチャンネル注意機構が使用されています。

●キー、クエリ、バリューの生成

入力テンソルに対して、1×1の畳み込みを用いてキー(keys)、クエリ(queries)、バリュー(values)を生成する層を構築します。

▼キー、クエリ、バリューを生成する畳み込み層の構築

```
self.to_keys = nn.Conv2d(channels, channels, 1)
self.to_queries = nn.Conv2d(channels, channels, 1)
self.to_values = nn.Conv2d(channels, channels, 1)
```

●チャンネル次元での正規化

クエリとキーをチャンネル次元に沿って正規化します。

▼チャンネル次元での正規化

```
queries = F.normalize(queries, dim=-2)
keys = F.normalize(keys, dim=-2)
```

●アテンションスコアの計算

クエリとキーの行列積を計算し、その結果としてアテンションスコアを得ます。

▼アテンションスコアの計算

```
attn = queries @ keys.transpose(-2, -1)
attn = attn * self.temperature
```

●アテンションスコアの正規化

アテンションスコアに対してソフトマックス関数を適用し、各スコアの確率を求めます。これにより、全体のスコアの合計が1になるように正規化されます。

▼アテンションスコアに対してソフトマックス関数を適用

```
attn = F.softmax(attn, dim=-1)
```

●アテンションスコアをバリューに適用

最後に、正規化されたアテンションスコアをバリューに適用し、最終的な出力を生成します。この出力は、元の特徴に基づいて重要な情報を強調したものになります。

▼アテンションスコアをバリューに適用し、最終的な出力を生成する

```
out = attn @ values
out = out.view(b, -1, h, w)
out = self.unifyheads(out)
```

10.2.4 チャンネルグループ用エンコーダーを作成する

チャンネル次元を任意の数のグループ（スケール）に分割し、スケールごとに独立した畳み込みを行うエンコーダーを作成します。

■畳み込み操作で空間的な特徴を抽出するMultiScaleSpatialMixerモジュール

MultiScaleSpatialMixerクラスをnn.Moduleのサブクラスとして定義します。このモジュールでは、特徴テンソルをチャンネル次元で複数のスケールに分割し、各スケールで独立した畳み込みを行い、最終的な出力テンソルに統合する処理を行います。スケールとは、チャンネル次元で分割されたチャンネルグループのことを指します。14番目のセルに次のコードを記述し、実行します。

▼MultiScaleSpatialMixerモジュールの定義（EdgeNeXt_PyTorch.ipynb）

セル14

```
class MultiScaleSpatialMixer(nn.Module):
    """ 複数のスケールで空間的な特徴を抽出し、混合する処理を行う

    Attributes:
        scales (int): スケールの数
        convs (nn.ModuleList): 各スケールでの畳み込み層のリスト
    """
    def __init__(self, channels, scales=1):
        """
        Args:
            channels (int): 入力テンソルのチャンネル数
            scales (int): スケールの数(デフォルトは1)
        """
        super().__init__()
        self.scales = scales   # スケールの数を設定

        # 各スケールに割り当てるチャンネル数を計算
        subset_channels = (
            channels // scales +
            (1 if channels % scales != 0 else 0)
        )
```

```
        # 各スケールでの畳み込み層をリストに追加
        self.convs = nn.ModuleList([
            SpatialMixer(subset_channels, 3)
            for _ in range(scales - 1)
        ])

    def forward(self, x):
        """ フォワードパス

        Args:
            x : 入力テンソル
                1.(bs, 64, 16, 16)
                2.(bs, 128, 8, 8)
                3.(bs, 256, 4, 4)
        Returns:
            out: スケールごとの空間的な特徴を混合した出力テンソル
                  1.(bs, 64, 16, 16)
                  2.(bs, 128, 8, 8)
                  3.(bs, 256, 4, 4)
        """
        # 入力テンソルのチャンネル次元をself.scalesの数に分割
        # 1.(bs, 64, 16, 16) -> self.scales=2 -> (bs, 32, 16, 16) × 2
        # 2.(bs, 128, 8, 8) -> self.scales=4 -> (bs, 32, 8, 8) × 4
        # 3.(bs, 256, 4, 4) -> self.scales=4 -> (bs, 64, 4, 4) × 4
        splits = x.chunk(self.scales, dim=1) ———————————— ①

        # 最後の分割を出力テンソルoutの初期値として設定
        # outの形状:1.(bs, 32, 16, 16)
        #           2.(bs, 32, 8, 8)
        #           3.(bs, 64, 4, 4)
        out = splits[-1]

        # 畳み込み層の出力を保持する変数を初期化
        s = 0.

        # 各チャンネルグループに対して、チャンネルごとに独立した畳み込みを適用
        #
        # 1. Conv2d(32, 32, kernel_size=3, stride=1, padding=1, groups=32) × 1
        # (bs, 32, 16, 16)に1 × Conv2dの出力(bs, 32, 16, 16)をチャンネル次元で結合
        # outの形状:(bs, 64, 16, 16)
```

```
        #
        # 2. Conv2d(32, 32, kernel_size=3, stride=1, padding=1, groups=32) × 3
        # (bs, 32, 8, 8)にConv2dの出力(bs, 32, 8, 8) × 3をチャンネル次元で結合
        # outの形状：(bs, 128, 16, 16)
        #
        # 3. Conv2d(64, 64, kernel_size=3, stride=1, padding=1, groups=64) × 3
        # (bs, 64, 4, 4)にConv2dの出力(bs, 64, 4, 4) × 3をチャンネル次元で結合
        # outの形状：(bs, 256, 4, 4)
        for conv, split in zip(self.convs, splits):
            # 各スケール(チャンネルグループ)ごとに、前回の出力を加算して畳み込み層に入力
            s = conv(split + s) ―――――――――――――――――――――― ②
            # 繰り返し1回目：
            # 初期値のテンソル(out)と現在の畳み込み出力(s)をチャンネル次元で連結
            # 繰り返し2回目以降：
            # 前回の出力テンソル(out)と現在の畳み込み出力(s)をチャンネル次元で連結
            out = torch.cat((out, s), dim=1) ――――――――――――――― ③

        return out
```

●ソースコードの解説

MultiScaleSpatialMixerにおける、各スケールごとに独立した畳み込みを適用する処理は、EdgeNeXt特有の処理です。このアプローチには次のようなメリットがあります。

・各スケールごとに独立した畳み込み操作を行うことで、異なるスケールの特徴を同時に抽出できます。結果として、よりリッチな特徴表現が得られます。
・スケールの計算が並列に行われるため、計算効率が向上します。

①splits = x.chunk (self.scales, dim = 1)

入力テンソルxをチャンネル次元でself.scales個のグループに分割します。これにより、各グループが異なるスケールとして扱われます。

②s = conv (split + s)

各グループに対して、対応する畳み込み層(conv)を適用します。split + sは、現在のグループ(split)に前回の出力(s)を加えたものを畳み込み層に入力します。畳み込み結果(s)を保持し、次のグループに適用するために使用します。

③out = torch.cat ((out, s), dim = 1)

各スケールの出力をチャンネル次元で結合し、最終的な出力テンソルを生成します。

SDTAEncoderクラスの定義

これまでに作成した、

・MultiScaleSpatialMixer(複数のスケールでの空間的な特徴混合を行うモジュール)
・XCA(クロスチャンネル注意機構を適用するモジュール)
・ChannelMixer(チャンネル間で情報を混合するモジュール)

を配置して、エンコーダーを構築するSDTAEncoderクラスを定義します。SDTAEncoderは、Residualクラスのサブクラスです。15番目のセルに次のコードを記述し、実行します。

▼SDTAEncoderクラスの定義(EdgeNeXt_PyTorch.ipynb)

セル15

```
class SDTAEncoder(Residual):
    """ エンコーダーを構築する
    MultiScaleSpatialMixer: 複数のスケールでの空間的な特徴混合を行うモジュール
    XCA: クロスチャンネル注意機構を適用するモジュール
    ChannelMixer: チャンネル間で情報を混合するモジュール
    """
    def __init__(self, channels, heads, scales=1, p_drop=0.):
        """
        Args:
            channels (int): 入力テンソルのチャンネル数
            heads (int): アテンションヘッドの数
            scales (int): スケールの数
            p_drop (float): ドロップアウト率
        """
        super().__init__(
            # 複数のスケールで空間的な特徴を混合するMultiScaleSpatialMixer
            MultiScaleSpatialMixer(channels, scales),
            # 残差接続を追加
            Residual(
                # チャンネル次元に正規化を適用するLayerNormChannels
                LayerNormChannels(channels),
                # クロスチャンネル注意機構を適用するXCA
                XCA(channels, heads)
            ),
            # チャンネル間で情報を混合するChannelMixer
            ChannelMixer(channels),
            nn.Dropout(p_drop)          # ドロップアウト
        )
```

10.2.5 ステージを作成する

EdgeNeXtモデルにおけるステージ(特定の入力から特定の出力を生成するために複数のブロックが連続して配置された構造)として、以下のブロックを含む構造を作成します。

①ダウンサンプルブロック(DownsampleBlock)
入力テンソルの解像度を下げ、チャンネル数を増やす役割を果たします。
②畳み込みエンコーダーブロック(ConvEncoder)
複数の畳み込み層を使用して入力特徴を変換します。
③グローバルブロック(SDTAEncoder)
チャンネル次元でのグローバルな特徴抽出を行います。

■DownsampleBlockクラスの定義

畳み込み層を使用し、入力テンソルの空間的な解像度を縮小する処理として、

・入力テンソルの高さと幅の縮小
・チャンネル数の調整

を行うDownsampleBlockクラスを定義します。16番目のセルに次のコードを記述し、実行します。

▼DownsampleBlockクラスの定義(EdgeNeXt_PyTorch.ipynb)

セル16

```
class DownsampleBlock(nn.Sequential):
    """ 入力テンソルの空間的な解像度を縮小するブロック
    """
    def __init__(self, in_channels, out_channels, stride=2):
        """
        Args:
            in_channels (int): 入力テンソルのチャンネル数
            out_channels (int): 出力テンソルのチャンネル数
            stride (int): 畳み込みのストライド
        """
        # nn.Sequentialのコンストラクターにレイヤーを渡す
        super().__init__(
            LayerNormChannels(in_channels),  # 入力テンソルのチャンネル次元に正規化を適用
            # 畳み込み層を適用してダウンサンプリング
            nn.Conv2d(in_channels, out_channels, stride, stride=stride)
        )
```

■Stageクラスの定義

ステージを構築するStageクラスを定義します。16番目のセルに次のコードを記述し、実行します。

▼Stageクラスの定義 (EdgeNeXt_PyTorch.ipynb)

セル17
```
class Stage(nn.Sequential):
    """ ステージを構築する

    """
    def __init__(self, in_channels, out_channels, num_blocks,
                 kernel_size, p_drop=0.,
                 global_block=False, global_block_kwargs={}):
        """
        Args:
            in_channels (int): 入力テンソルのチャンネル数
            out_channels (int): 出力テンソルのチャンネル数
            num_blocks (int): 畳み込みエンコーダーブロックの数
            kernel_size (int): 畳み込みカーネルのサイズ
            p_drop (float): ドロップアウト率
            global_block (bool): グローバルエンコーダーブロックを含むかどうか
            global_block_kwargs (dict): グローバルエンコーダーブロックの追加引数
        """
        # 入力チャンネルと出力チャンネルが異なる場合、DownsampleBlockを追加
        layers = [] if in_channels == out_channels else [
            DownsampleBlock(in_channels, out_channels)
        ]
        # 畳み込みエンコーダーブロックConvEncoderをnum_blocksの数だけ追加
        layers += [
            ConvEncoder(out_channels, kernel_size, p_drop=p_drop)
            for _ in range(num_blocks)
        ]
        # グローバルエンコーダーブロックを使用する場合(global_block=True)、SDTAEncoderを追加
        if global_block:
            layers.append(SDTAEncoder(out_channels, **global_block_kwargs))

        # nn.Sequentialのコンストラクターにlayersを渡す
        super().__init__(*layers)
```

10 EdgeNeXtを用いた画像分類モデルの実装(PyTorch)

10.2.6 EdgeNeXtモデルのボディ(本体)、Stem、Headを構築する

EdgeNeXtモデルのボディ(本体)と、初期の特徴抽出を行うStemブロック、最終の出力層Headブロックを作成します。

■EdgeNeXtBodyクラスの定義

EdgeNeXtモデルのボディ(本体)部分を構築するEdgeNeXtBodyクラスを定義します。18番目のセルに次のコードを記述し、実行します。

▼EdgeNeXtBodyクラスの定義(EdgeNeXt_PyTorch.ipynb)

セル18

```
class EdgeNeXtBody(nn.Sequential):
    """ EdgeNeXtモデルのボディ部分を構築する

    """
    def __init__(self, in_channels, channel_list,
                 num_blocks_list, kernel_size_list,
                 global_block_list, scales_list, heads, p_drop=0.):
        """
        Args:
            in_channels: 入力テンソルのチャンネル数
            channel_list: 各ステージの出力チャンネル数のリスト
            num_blocks_list: 各ステージのブロック数のリスト
            kernel_size_list: 各ステージのカーネルサイズのリスト
            global_block_list: 各ステージでグローバルブロックを使用するかどうかのリスト
            scales_list: 各ステージのスケール数のリスト
            heads (int): アテンションヘッドの数
            p_drop (float): ドロップアウト率
        """
        layers = []    # レイヤーリストを初期化
        # 各パラメーターをzipでまとめて1つの反復可能オブジェクトにする
        params = zip(
            channel_list,
            num_blocks_list,
            kernel_size_list,
            global_block_list,
            scales_list
```

```
        )

        # paramsに対して反復処理
        for out_channels, num_blocks, kernel_size, global_block, scales in params:
            # グローバルブロックの引数を設定
            global_block_kwargs = (
                dict(scales=scales, heads=heads, p_drop=p_drop)
                if global_block else {}
            )
            # 各ステージをレイヤーリストに追加
            layers.append(
                Stage(
                    in_channels,
                    out_channels,
                    num_blocks,
                    kernel_size,
                    p_drop,
                    global_block,
                    global_block_kwargs
                )
            )
            # 次のステージの入力チャンネル数を更新
            in_channels = out_channels

        # nn.Sequentialのコンストラクターにレイヤーリストを渡す
        super().__init__(*layers)
```


■Stemブロックの作成

EdgeNeXtモデルの最初の位置に配置され、データセットからの入力画像に対して畳み込みを適用し、初期の特徴マップを生成するStemブロックを作成します。19番目のセルに次のコードを記述し、実行します。

▼Stemクラスの定義(EdgeNeXt_PyTorch.ipynb)

```
セル19
class Stem(nn.Sequential):
    """ EdgeNeXtモデルにおいて先頭に配置される畳み込みブロック
        データセットの画像を入力し、初期の特徴マップを生成
    """
    def __init__(self, in_channels, out_channels, patch_size):
```

```
        """
        Args:
            in_channels (int): 入力画像のチャンネル数
            out_channels (int): 出力テンソルのチャンネル数
            patch_size (int): パッチサイズ(畳み込みカーネルのサイズおよびストライド)
        """
        # nn.Sequentialのコンストラクターにレイヤーを渡す
        super().__init__(
            # 入力画像に対してパッチサイズの畳み込みを適用し、特徴を抽出
            nn.Conv2d(in_channels, out_channels, patch_size, stride=patch_size),
            # チャンネル次元に正規化を適用
            LayerNormChannels(out_channels)
        )
```

■EdgeNeXtモデルの最終ブロックHeadを作成

EdgeNeXtモデルの最終ブロックとして、Headを作成します。Headでは、適応的平均プーリング、フラット化、正規化、全結合層を連続して適用してクラス分類を行います。20番目のセルに次のコードを記述し、実行します。

▼Headクラスの定義(EdgeNeXt_PyTorch.ipynb)

セル20

```
class Head(nn.Sequential):
    """ EdgeNeXtモデルのヘッド

    """
    def __init__(self, in_channels, classes):
        """
        Args:
            in_channels (int): 入力テンソルのチャンネル数
            classes (int): 分類先のクラス数
        """
        # nn.Sequentialのコンストラクターにレイヤーを渡す
        super().__init__(
            # 空間次元(高さと幅)を1×1に縮小
            nn.AdaptiveAvgPool2d(1),
            # 1×1の特徴マップをフラット化
            nn.Flatten(),
```

```
        # フラット化されたテンソルに正規化を適用
        nn.LayerNorm(in_channels),
        # ユニット数＝クラス数の全結合層を配置し、クラス分類を実施
        nn.Linear(in_channels, classes)
    )
```

10.2.7 EdgeNeXtモデルを定義する

EdgeNeXtアーキテクチャ全体を実装するためのクラスとして、EdgeNeXtクラスを定義します。このクラスでは、EdgeNeXtモデルの初期化処理のほかに、モデルのパラメーターを初期化するメソッド、モデルのパラメーターを重み減衰ありとなしに分けるメソッドが定義されます。

■EdgeNeXtクラスの定義

EdgeNeXtクラスを定義します。21番目のセルに次のコードを記述し、実行します。

▼EdgeNeXtクラスの定義（EdgeNeXt_PyTorch.ipynb）

セル21

```
class EdgeNeXt(nn.Sequential):
    """ EdgeNeXtモデルの全体構造を定義する

    """
    def __init__(self, classes, channel_list, num_blocks_list,
                 kernel_size_list, global_block_list, scales_list,
                 heads, patch_size, in_channels=3, res_p_drop=0.):
        """
        Args:
            classes (int): 分類するクラスの数
            channel_list: 各ステージの出力チャンネル数のリスト
            num_blocks_list: 各ステージのブロック数のリスト
            kernel_size_list: 各ステージのカーネルサイズのリスト
            global_block_list: 各ステージでグローバルブロックを使用するかどうかのリスト
            scales_list: 各ステージのスケール数のリスト
            heads (int): アテンションヘッドの数
            patch_size (int): パッチサイズ(畳み込みカーネルのサイズおよびストライド)
            in_channels (int): 入力画像のチャンネル数(デフォルトは3)
            res_p_drop (float): ドロップアウト率
        """
```

```
        # nn.Sequentialのコンストラクターにブロック（複数レイヤーで構成）を渡す
        super().__init__(
            # Stemを配置
            Stem(
                in_channels,
                channel_list[0],
                patch_size
            ),
            # EdgeNeXtモデルのボディ部分を配置
            EdgeNeXtBody(
                channel_list[0],
                channel_list,
                num_blocks_list,
                kernel_size_list,
                global_block_list,
                scales_list, heads,
                p_drop=res_p_drop
            ),
            # 最終出力を行うHeadを配置
            Head(
                channel_list[-1],
                classes
            )
        )
        # モデルのパラメーターを初期化
        self.reset_parameters()

    def reset_parameters(self):
        """ モデルのパラメーターを初期化するメソッド

        """
        # モデル内の全モジュールをループ
        for m in self.modules():
            # 全結合層と畳み込み層の場合
            if isinstance(m, (nn.Linear, nn.Conv2d)):
                nn.init.normal_(m.weight, std=0.02)    # 重みを正規分布で初期化
                # バイアスが存在する場合
                if m.bias is not None:
                    nn.init.zeros_(m.bias)    # ゼロで初期化
            # レイヤーノルム（正規化層）の場合
            elif isinstance(m, nn.LayerNorm):
```

```
            nn.init.constant_(m.weight, 1.)      # 重みを1.で初期化
            nn.init.zeros_(m.bias) # バイアスをゼロで初期化
        # 残差ブロックResidualの場合
        elif isinstance(m, Residual):
            nn.init.zeros_(m.gamma)       # gammaパラメーターをゼロで初期化
        # クロスチャンネル注意機構(XCA)の場合
        elif isinstance(m, XCA):
            nn.init.ones_(m.temperature)  # temperatureパラメーターを1で初期化

def separate_parameters(self):
    """ モデルのパラメーターを重み減衰ありとなしに分けるメソッド

    Returns:
        tuple: (parameters_decay, parameters_no_decay)
            - parameters_decay: 減衰するパラメーターのセット
            - parameters_no_decay: 減衰しないパラメーターのセット
    """
    parameters_decay = set()        # 重み減衰が適用されるパラメーターのセット
    parameters_no_decay = set()     # 適用されないパラメーターのセット
    modules_weight_decay = (nn.Linear, nn.Conv2d)  # 重み減衰を適用するモジュール
    modules_no_weight_decay = (nn.LayerNorm,)       # 適用しないモジュール

    # モデル内のすべてのモジュールを名前付きでループ
    for m_name, m in self.named_modules():
        # モジュール内のすべてのパラメーターを名前付きでループ
        for param_name, param in m.named_parameters():
            # フルパラメーター名を生成(モジュール名があれば付加)
            full_param_name = (
                f"{m_name}.{param_name}"
                if m_name
                else param_name
            )
            # モジュールが重み減衰なしのモジュールの場合
            if isinstance(m, modules_no_weight_decay):
                parameters_no_decay.add(full_param_name)  # 重み減衰なしに追加
            # パラメーター名が"bias"で終わる場合
            elif param_name.endswith("bias"):
                parameters_no_decay.add(full_param_name)  # 重み減衰なしに追加
            # 残差ブロックのgammaパラメーターの場合
            elif isinstance(m, Residual) and param_name.endswith("gamma"):
                parameters_no_decay.add(full_param_name)  # 重み減衰なしに追加
```

```
            # XCAのtemperatureパラメーターの場合
            elif isinstance(m, XCA) and param_name.endswith("temperature"):
                parameters_no_decay.add(full_param_name)  # 重み減衰なしに追加
            # 重み減衰ありのモジュールの場合
            elif isinstance(m, modules_weight_decay):
                parameters_decay.add(full_param_name)     # 重み減衰ありに追加

    # parameters_decayとparameters_no_decayの交差(重複)がないことを確認
    assert len(parameters_decay & parameters_no_decay) == 0
    # parameters_decayとparameters_no_decayに含まれるパラメーターの合計が、
    # モデル全体のパラメーター数と一致することを確認
    assert (
        len(parameters_decay) +
        len(parameters_no_decay) ==
        len(list(self.parameters()))
    )

    # 減衰するパラメーターと減衰しないパラメーターのセットを返す
    return parameters_decay, parameters_no_decay
```

COLUMN EdgeNeXtがエッジデバイス向けのモデルとされる理由

EdgeNeXtがエッジデバイス向けのモデルとされる理由は、学習可能なパラメーター数が少なく、メモリ使用量や計算量を効率化している点にあります。特にマルチスケールの特徴抽出は、低解像度の大局的な特徴と高解像度の細部の特徴を同時に取り扱い、重要な部分だけを効率的に学習できるように設計されています。その他、以下の工夫によって計算量を抑えつつ、高いパフォーマンスを発揮できるようにしていると考えられます。

- **クロスチャンネル注意機構においてチャンネル間の相互作用を効果的に利用し、重要な特徴に集中。**
- **SpatialMixerにおいて各チャンネルを独立に処理することで、計算コストを軽減。**
- **ChannelMixerでチャンネル間の相互作用を効果的に学習し、少ないパラメーターで重要な特徴を抽出。**

10.3 EdgeNeXtモデルを生成してトレーニングを実行する

EdgeNeXtモデルをインスタンス化し、各種の設定を行ってトレーニングを実行します。

10.3.1 EdgeNeXtモデルのインスタンス化とサマリの表示

EdgeNeXtモデルをインスタンス化し、重みとバイアスを初期化して、モデルのサマリを出力します。

■EdgeNeXtモデルのインスタンス化

22番目のセルに次のコードを記述し、実行します。

▼EdgeNeXtモデルのインスタンス化(EdgeNeXt_PyTorch.ipynb)

セル22

```
model = EdgeNeXt(
    NUM_CLASSES,                              # クラス数(最終的な分類の出力数)
    channel_list = [32, 64, 128, 256],        # 各ステージの出力チャンネル数のリスト
    num_blocks_list = [2, 2, 2, 2],           # 各ステージのブロック数のリスト
    kernel_size_list = [3, 3, 5, 7],          # 各ステージのカーネルサイズのリスト
    # 各ステージでグローバルブロックを使用するかどうかのリスト
    global_block_list = [False, True, True, True],
    scales_list = [2, 2, 4, 4],               # 各ステージのスケール数のリスト
    heads = 4,                                # アテンションヘッドの数
    patch_size = 1,                           # パッチサイズ(畳み込みカーネルのサイズおよびストライド)
    res_p_drop = 0.                           # ドロップアウト率
)
```

■モデルを指定されたデバイス(DEVICE)に移動してモデルのサマリを出力

23番目のセルに次のコードを記述し、実行します。

▼モデルを指定されたデバイス(DEVICE)に移動(EdgeNeXt_PyTorch.ipynb)

セル23

```
model.to(DEVICE);
```

24番目のセルに次のコードを記述し、実行します。

▼モデルのサマリを出力(EdgeNeXt_PyTorch.ipynb)

セル24

```
from torchsummary import summary
summary(model, (3, IMAGE_SIZE, IMAGE_SIZE))
```

出力されたサマリを次に示します。モデル全体の処理の流れを俯瞰できるように、どのブロックによる処理なのか、説明を加えました。

▼EdgeNeXtモデルのサマリ(構造の説明付き)

```
----------------------------------------------------------------------------------------
               Layer (type)    Output Shape   Param #  Block
========================================================================================
                 Conv2d-1 [-1, 32, 32, 32]       128
              LayerNorm-2 [-1, 32, 32, 32]        64   Stemブロック
      LayerNormChannels-3 [-1, 32, 32, 32]         0

                 Conv2d-4 [-1, 32, 32, 32]       320
              LayerNorm-5 [-1, 32, 32, 32]        64
      LayerNormChannels-6 [-1, 32, 32, 32]         0
                 Conv2d-7[-1, 128, 32, 32]     4,224
                   GELU-8[-1, 128, 32, 32]         0   ConvEncoder1
                 Conv2d-9 [-1, 32, 32, 32]     4,128
               Dropout-10 [-1, 32, 32, 32]         0
           ConvEncoder-11 [-1, 32, 32, 32]         0

                Conv2d-12 [-1, 32, 32, 32]       320
             LayerNorm-13 [-1, 32, 32, 32]        64
     LayerNormChannels-14 [-1, 32, 32, 32]         0   ConvEncoder2
                Conv2d-15[-1, 128, 32, 32]     4,224
```

```
          GELU-16[-1, 128, 32, 32]          0
        Conv2d-17 [-1, 32, 32, 32]      4,128
       Dropout-18 [-1, 32, 32, 32]          0
   ConvEncoder-19 [-1, 32, 32, 32]          0
```

```
     LayerNorm-20 [-1, 32, 32, 32]         64
LayerNormChannels-21 [-1, 32, 32, 32]       0
        Conv2d-22 [-1, 64, 16, 16]      8,256
```

DownsampleBlock1

```
        Conv2d-23 [-1, 64, 16, 16]        640
     LayerNorm-24 [-1, 16, 16, 64]        128
LayerNormChannels-25 [-1, 64, 16, 16]       0
        Conv2d-26[-1, 256, 16, 16]     16,640
          GELU-27[-1, 256, 16, 16]          0
        Conv2d-28 [-1, 64, 16, 16]     16,448
       Dropout-29 [-1, 64, 16, 16]          0
   ConvEncoder-30 [-1, 64, 16, 16]          0
```

ConvEncoder3

```
        Conv2d-31 [-1, 64, 16, 16]        640
     LayerNorm-32 [-1, 16, 16, 64]        128
LayerNormChannels-33 [-1, 64, 16, 16]       0
        Conv2d-34[-1, 256, 16, 16]     16,640
          GELU-35[-1, 256, 16, 16]          0
        Conv2d-36 [-1, 64, 16, 16]     16,448
       Dropout-37 [-1, 64, 16, 16]          0
   ConvEncoder-38 [-1, 64, 16, 16]          0
```

ConvEncoder4

```
        Conv2d-39 [-1, 32, 16, 16]        320
MultiScaleSpatialMixer-40 [-1, 64, 16, 16]  0
```

MultiScaleSpatial Mixer1

```
     LayerNorm-41 [-1, 16, 16, 64]        128
LayerNormChannels-42 [-1, 64, 16, 16]       0
        Conv2d-43 [-1, 64, 16, 16]      4,160
        Conv2d-44 [-1, 64, 16, 16]      4,160
        Conv2d-45 [-1, 64, 16, 16]      4,160
        Conv2d-46 [-1, 64, 16, 16]      4,160
           XCA-47 [-1, 64, 16, 16]          0
      Residual-48 [-1, 64, 16, 16]          0
     LayerNorm-49 [-1, 16, 16, 64]        128
LayerNormChannels-50 [-1, 64, 16, 16]       0
        Conv2d-51[-1, 256, 16, 16]     16,640
```

SDTAEncoder1

```
                GELU-52[-1, 256, 16, 16]          0
             Conv2d-53 [-1, 64, 16, 16]      16,448
            Dropout-54 [-1, 64, 16, 16]           0
        SDTAEncoder-55 [-1, 64, 16, 16]           0

          LayerNorm-56 [-1, 16, 16, 64]         128
  LayerNormChannels-57 [-1, 64, 16, 16]           0
             Conv2d-58  [-1, 128, 8, 8]      32,896

             Conv2d-59  [-1, 128, 8, 8]       3,328
          LayerNorm-60  [-1, 8, 8, 128]         256
  LayerNormChannels-61  [-1, 128, 8, 8]           0
             Conv2d-62  [-1, 512, 8, 8]      66,048
               GELU-63  [-1, 512, 8, 8]           0
             Conv2d-64  [-1, 128, 8, 8]      65,664
            Dropout-65  [-1, 128, 8, 8]           0
        ConvEncoder-66  [-1, 128, 8, 8]           0

             Conv2d-67  [-1, 128, 8, 8]       3,328
          LayerNorm-68  [-1, 8, 8, 128]         256
  LayerNormChannels-69  [-1, 128, 8, 8]           0
             Conv2d-70  [-1, 512, 8, 8]      66,048
               GELU-71  [-1, 512, 8, 8]           0
             Conv2d-72  [-1, 128, 8, 8]      65,664
            Dropout-73  [-1, 128, 8, 8]           0
        ConvEncoder-74  [-1, 128, 8, 8]           0

             Conv2d-75   [-1, 32, 8, 8]         320
             Conv2d-76   [-1, 32, 8, 8]         320
             Conv2d-77   [-1, 32, 8, 8]         320
MultiScaleSpatialMixer-78 [-1, 128, 8, 8]         0

          LayerNorm-79  [-1, 8, 8, 128]         256
  LayerNormChannels-80  [-1, 128, 8, 8]           0
             Conv2d-81  [-1, 128, 8, 8]      16,512
             Conv2d-82  [-1, 128, 8, 8]      16,512
             Conv2d-83  [-1, 128, 8, 8]      16,512
             Conv2d-84  [-1, 128, 8, 8]      16,512
                XCA-85  [-1, 128, 8, 8]           0
           Residual-86  [-1, 128, 8, 8]           0
          LayerNorm-87  [-1, 8, 8, 128]         256
```

DownsampleBlock2

ConvEncoder5

ConvEncoder6

MultiScaleSpatial Mixer2

SDTAEncoder2

```
        LayerNormChannels-88  [-1, 128, 8, 8]          0
                   Conv2d-89  [-1, 512, 8, 8]     66,048
                     GELU-90  [-1, 512, 8, 8]          0
                   Conv2d-91  [-1, 128, 8, 8]     65,664
                  Dropout-92  [-1, 128, 8, 8]          0
              SDTAEncoder-93  [-1, 128, 8, 8]          0
```

```
                LayerNorm-94  [-1, 8, 8, 128]        256
        LayerNormChannels-95  [-1, 128, 8, 8]          0
                   Conv2d-96  [-1, 256, 4, 4]    131,328
```

DownsampleBlock3

```
                   Conv2d-97  [-1, 256, 4, 4]     12,800
                LayerNorm-98  [-1, 4, 4, 256]        512
        LayerNormChannels-99  [-1, 256, 4, 4]          0
                 Conv2d-100 [-1, 1024, 4, 4]     263,168
                   GELU-101 [-1, 1024, 4, 4]           0
                 Conv2d-102  [-1, 256, 4, 4]     262,400
                Dropout-103  [-1, 256, 4, 4]           0
            ConvEncoder-104  [-1, 256, 4, 4]           0
```

ConvEncoder8

```
                 Conv2d-105  [-1, 256, 4, 4]      12,800
              LayerNorm-106  [-1, 4, 4, 256]         512
      LayerNormChannels-107  [-1, 256, 4, 4]           0
                 Conv2d-108 [-1, 1024, 4, 4]     263,168
                   GELU-109 [-1, 1024, 4, 4]           0
                 Conv2d-110  [-1, 256, 4, 4]     262,400
                Dropout-111  [-1, 256, 4, 4]           0
            ConvEncoder-112  [-1, 256, 4, 4]           0
```

ConvEncoder8

```
                 Conv2d-113   [-1, 64, 4, 4]         640
                 Conv2d-114   [-1, 64, 4, 4]         640
                 Conv2d-115   [-1, 64, 4, 4]         640
MultiScaleSpatialMixer-116  [-1, 256, 4, 4]           0
```

MultiScaleSpatial
Mixer3

```
              LayerNorm-117  [-1, 4, 4, 256]         512
      LayerNormChannels-118  [-1, 256, 4, 4]           0
                 Conv2d-119  [-1, 256, 4, 4]      65,792
                 Conv2d-120  [-1, 256, 4, 4]      65,792
                 Conv2d-121  [-1, 256, 4, 4]      65,792
                 Conv2d-122  [-1, 256, 4, 4]      65,792
                    XCA-123  [-1, 256, 4, 4]           0
```

SDTAEncoder3

```
         Residual-124  [-1, 256, 4, 4]           0
        LayerNorm-125  [-1, 4, 4, 256]         512
LayerNormChannels-126  [-1, 256, 4, 4]           0
           Conv2d-127 [-1, 1024, 4, 4]     263,168
             GELU-128 [-1, 1024, 4, 4]           0
           Conv2d-129  [-1, 256, 4, 4]     262,400
          Dropout-130  [-1, 256, 4, 4]           0
      SDTAEncoder-131  [-1, 256, 4, 4]           0

AdaptiveAvgPool2d-132  [-1, 256, 1, 1]           0
          Flatten-133        [-1, 256]           0
        LayerNorm-134        [-1, 256]         512
           Linear-135        [-1, 100]      25,700
================================================================
Total params: 2,674,084
Trainable params: 2,674,084
Non-trainable params: 0
----------------------------------------------------------------
Input size (MB): 0.01
Forward/backward pass size (MB): 19.92
Params size (MB): 10.20
Estimated Total Size (MB): 30.13
----------------------------------------------------------------
```

Head

One Point　EdgeNeXtモデルの学習時間は？

EdgeNeXtはモバイルデバイスやリソースが限られた環境での効率的な実行を目的として設計されているため、モデルの学習時間は、他のディープラーニングモデルと比較して短くなる傾向があります。

以降の項目で、CIFAR-100データセットを用いて150エポックのトレーニングを実施(GPU使用)した結果、トレーニングに要した時間は2時間42分でした。

10.3.2 モデルのトレーニング方法と評価方法を設定する

モデルのトレーニング直前の準備をします。

■モデルのパラメーターに基づいてオプティマイザーを取得する関数の定義

25番目のセルに次のコードを記述し、実行します。

▼オプティマイザーを取得する関数(EdgeNeXt_PyTorch.ipynb)

セル25

```
def get_optimizer(model, learning_rate, weight_decay):
    """ モデルのパラメーターに基づいてオプティマイザーを取得する

    Args:
        model (nn.Module): 最適化するPyTorchモデル
        learning_rate (float): オプティマイザーの学習率
        weight_decay (float): 重み減衰の率
    Returns:
        optimizer (torch.optim.Optimizer): AdamWオプティマイザー
    """
    # モデルのすべてのパラメーターを名前付きで辞書に格納
    param_dict = {pn: p for pn, p in model.named_parameters()}

    # モデル内のパラメーターを重み減衰するものとしないものに分ける
    parameters_decay, parameters_no_decay = model.separate_parameters()

    # パラメーターグループを定義、重み減衰ありとなしのグループを作成
    optim_groups = [
        # 重み減衰を適用するパラメーター
        {"params": [param_dict[pn] for pn in parameters_decay],
         "weight_decay": weight_decay},
        # 重み減衰を適用しないパラメーター
        {"params": [param_dict[pn] for pn in parameters_no_decay],
         "weight_decay": 0.0},
    ]

    # AdamWオプティマイザーを作成、指定された学習率とパラメーターグループを使用
    optimizer = optim.AdamW(optim_groups, lr=learning_rate)
    # 作成したオプティマイザーを返す
    return optimizer
```

■損失関数、オプティマイザー、トレーナー、学習率スケジューラー、評価器を設定

26番目のセルに次のコードを記述し、実行します。

▼損失関数、オプティマイザー、トレーナー、学習率スケジューラー、評価器を設定（EdgeNeXt_PyTorch.ipynb）

セル26

```
# 損失関数としてクロスエントロピー損失を定義
loss = nn.CrossEntropyLoss()

# オプティマイザーを取得
optimizer = get_optimizer(
    model,                          # 学習対象のモデル
    learning_rate=1e-6,             # 学習率
    weight_decay=WEIGHT_DECAY       # 重み減衰（正則化）の係数
)

# 教師あり学習用トレーナーを定義
trainer = create_supervised_trainer(
    model, optimizer, loss, device=DEVICE
)
# 学習率スケジューラーを定義
lr_scheduler = optim.lr_scheduler.OneCycleLR(
    optimizer,                      # オプティマイザー
    max_lr=LEARNING_RATE,           # 最大学習率
    steps_per_epoch=len(train_loader),  # 1エポック当たりのステップ数
    epochs=EPOCHS                   # 総エポック数
)

# トレーナーにイベントハンドラーを追加
# トレーナーの各イテレーション終了時に学習率スケジューラーを更新
trainer.add_event_handler(
    Events.ITERATION_COMPLETED,     # イテレーション終了時のイベント
    lambda engine: lr_scheduler.step()  # 学習率スケジューラーのステップを進める
)

# トレーナーにランニングアベレージメトリクスを追加
# トレーニングの損失をランニング平均で保持
ignite.metrics.RunningAverage(
```

```
    output_transform=lambda x: x               # 出力をそのまま使用
    ).attach(trainer, "loss")                  # トレーナーに"loss"としてアタッチ

# 検証用のメトリクス(評価指標)を定義
val_metrics = {
    "accuracy": ignite.metrics.Accuracy(),     # 精度
    "loss": ignite.metrics.Loss(loss)          # 損失
}

# トレーニングデータ用の評価器を定義
train_evaluator = create_supervised_evaluator(
    model,                                     # 評価対象のモデル
    metrics=val_metrics,                       # 評価指標
    device=DEVICE                              # 実行デバイス(GPUを想定)
)

# バリデーションデータ用の評価器を定義
evaluator = create_supervised_evaluator(
    model,                                     # 評価対象のモデル
    metrics=val_metrics,                       # 評価指標
    device=DEVICE                              # 実行デバイス(CPUまたはGPU)
)

# トレーニング履歴を保持するための辞書を初期化
history = defaultdict(list)
```


■評価結果を記録してログに出力するlog_validation_results()関数の定義

27番目のセルに次のコードを記述し、実行します。

▼評価結果を記録してログに出力するlog_validation_results()関数(EdgeNeXt_PyTorch.ipynb)

セル27

```
# トレーナーがエポックを完了したときにこの関数を呼び出すためのデコレーター
@trainer.on(Events.EPOCH_COMPLETED)
def log_validation_results(engine):
    """ エポック完了時にトレーニングと検証の損失および精度を記録してログに出力

    Args:
```

```
        engine: トレーナーの状態を保持するエンジンオブジェクト
    """
    # トレーナーの状態を取得
    train_state = engine.state
    # 現在のエポック数を取得
    epoch = train_state.epoch
    # 最大エポック数を取得
    max_epochs = train_state.max_epochs
    # 現在のエポックのトレーニング損失を取得
    train_loss = train_state.metrics["loss"]
    # トレーニング損失を履歴に追加
    history['train loss'].append(train_loss)
    # トレーニングデータローダーを使用して評価を実行
    train_evaluator.run(train_loader)
    # トレーニング評価の結果メトリクスを取得
    train_metrics = train_evaluator.state.metrics
    # トレーニングデータの精度を取得
    train_acc = train_metrics["accuracy"]
    # トレーニング精度を履歴に追加
    history['train acc'].append(train_acc)
    # テストデータローダーを使用して評価を実行
    evaluator.run(test_loader)
    # 検証評価の結果メトリクスを取得
    val_metrics = evaluator.state.metrics
    # 検証データの損失を取得
    val_loss = val_metrics["loss"]
    # 検証データの精度を取得
    val_acc = val_metrics["accuracy"]
    # 検証損失を履歴に追加
    history['val loss'].append(val_loss)
    # 検証精度を履歴に追加
    history['val acc'].append(val_acc)

    # トレーニングと検証の損失および精度を出力
    print(
        "{}/{} - train:loss {:.3f} accuracy {:.3f}; val:loss {:.3f} accuracy {:.3f}".format(
        epoch, max_epochs, train_loss, train_acc, val_loss, val_acc)
        )
```

10.3.3 トレーニングを実行して結果を評価する

トレーニングを実行し、モデルを評価します。トレーニング終了後、損失と正解率の推移をグラフにします。

■トレーニングの開始

28番目のセルに次のコードを記述し、実行しましょう。すぐにトレーニングが開始されます。

▼トレーニングを開始(EdgeNeXt_PyTorch.ipynb)

セル28
```
%%time
trainer.run(train_loader, max_epochs=EPOCHS);
```

▼出力
```
1/150 - train:loss 4.176 accuracy 0.057; val:loss 4.200 accuracy 0.054
......途中省略......
50/150 - train:loss 1.141 accuracy 0.745; val:loss 1.565 accuracy 0.584
......途中省略......
100/150 - train:loss 0.314 accuracy 0.931; val:loss 1.631 accuracy 0.643
......途中省略......
150/150 - train:loss 0.001 accuracy 1.000; val:loss 1.569 accuracy 0.712
CPU times: user 2h 44min 41s, sys: 6min 45s, total: 2h 51min 27s
Wall time: 2h 42min 50s
```

■損失と精度の推移をグラフ化

損失と精度の推移をグラフにしてみましょう。

▼損失の推移をグラフにする(EdgeNeXt_PyTorch.ipynb)

セル29
```
# グラフ描画用のFigureオブジェクトを作成
fig = plt.figure()
# Figureにサブプロット(1行1列の1つ目のプロット)を追加
ax = fig.add_subplot(111)
# x軸のデータをエポック数に基づいて作成(1からhistory['train loss']の長さまでの範囲)
xs = np.arange(1, len(history['train loss']) + 1)
# トレーニングデータの損失をプロット
```

```
ax.plot(xs, history['train loss'], '.-', label='train')
# バリデーションデータの損失をプロット
ax.plot(xs, history['val loss'], '.-', label='val')

ax.set_xlabel('epoch')  # x軸のラベルを設定
ax.set_ylabel('loss')   # y軸のラベルを設定
ax.legend()             # 凡例を表示
ax.grid()               # グリッドを表示
plt.show()              # グラフを表示
```

▼精度の推移をグラフにする(EdgeNeXt_PyTorch.ipynb)

```
セル30
# グラフ描画用のFigureオブジェクトを作成
fig = plt.figure()
# Figureにサブプロット(1行1列の1つ目のプロット)を追加
ax = fig.add_subplot(111)
# x軸のデータをエポック数に基づいて作成(1からhistory['val acc']の長さまでの範囲)
xs = np.arange(1, len(history['val acc']) + 1)
# バリデーションデータの正解率をプロット
ax.plot(xs, history['val acc'], label='Validation Accuracy', linestyle='-')
# トレーニングデータの正解率をプロット
ax.plot(xs, history['train acc'], label='Training Accuracy', linestyle='--')
ax.set_xlabel('Epoch')        # x軸のラベルを設定
ax.set_ylabel('Accuracy')     # y軸のラベルを設定
ax.grid()                     # グリッドを表示
ax.legend()                   # 凡例を追加
plt.show()                    # グラフを表示
```

▼出力されたグラフ

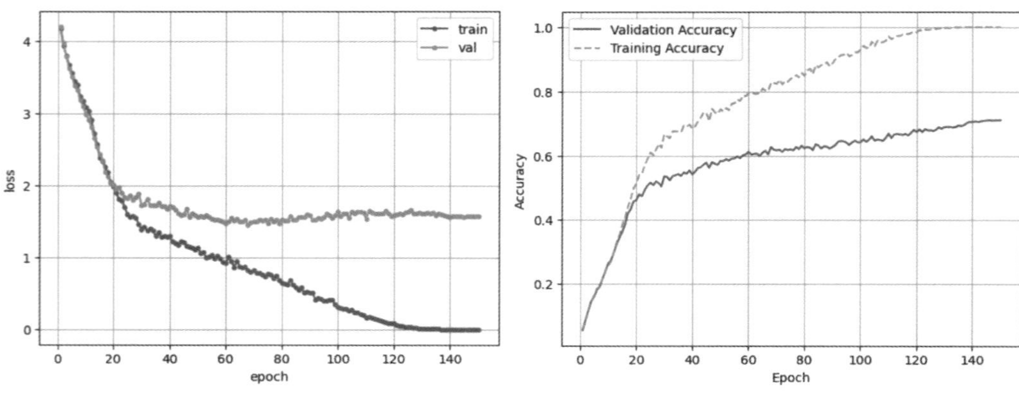

11章 ConvMixerを用いた画像分類モデルの実装(Keras)

11.1 ViTのパッチ分割をCNNに取り入れたConvMixer

ConvMixer*は、Vision Transformer (ViT) のようなパッチベースのアプローチを使用しながら、完全に畳み込みニューラルネットワーク (CNN) に基づく画像認識モデルです。CNNの強力な局所特徴学習能力と、ViTのようなパッチ処理の利点を組み合わせることで、効率的かつ高性能な画像認識を実現しています。

11.1.1 ConvMixerの基本構造

ConvMixerは、以下の主要な要素で構成されています。

①パッチエンコーディング

画像を固定サイズのパッチに分割します。各パッチは、線形層を通して固定次元のベクトルに変換されます(このステップはViTと似ています)。

②ミキシング層

パッチベースの表現をさらに処理するために、畳み込み層を使用します。深さ方向の畳み込み (Depthwise Convolution) と点方向の畳み込み (Pointwise Convolution) を交互に適用することで、情報のミキシングと特徴抽出を行います。

③クラス予測層

最終的な特徴ベクトルを使用して、画像のクラス予測を行います。

ConvMixerモデルの構造は次ページの図の通りです。

* ConvMixer　Asher Trockman, J. Zico Kolter (2022) "Patches Are All You Need?" arXiv:2201.09792

▼ConvMixerの構造*

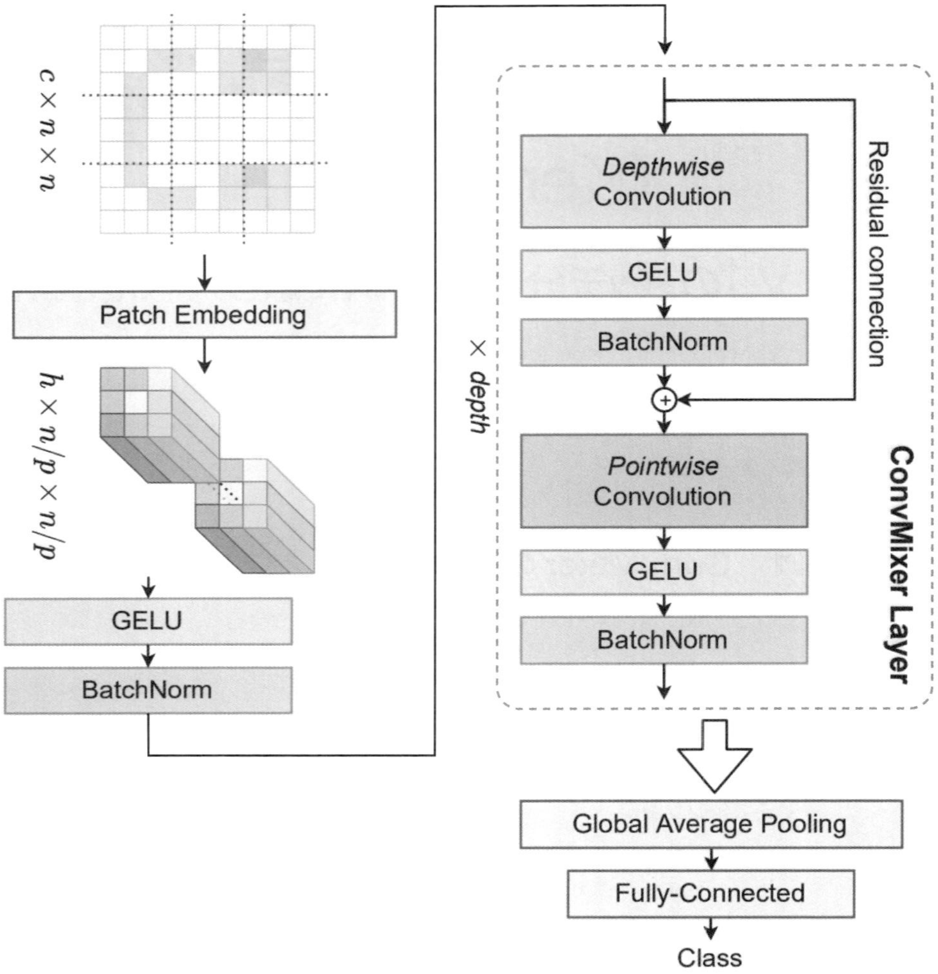

$c \times n \times n$

Patch Embedding

$h \times n/p \times n/p$

GELU

BatchNorm

× *depth*

Depthwise Convolution

GELU

BatchNorm

Residual connection

Pointwise Convolution

GELU

BatchNorm

ConvMixer Layer

Global Average Pooling

Fully-Connected

Class

＊…の構造　Asher Trockman, J. Zico Kolter (2022) "Patches Are All You Need?". Figure 2

11.2 KerasによるConvMixerモデルの実装

TensorFlowに同梱されたものではなく、単体のKerasを用いてConvMixerモデルを実装し、トレーニングを行います。参考にした実装*ではデータセットにCIFAR-10を用いていますが、ここでは他のモデルとの比較のため、CIFAR-100を用いることにします。

11.2.1 Kerasのアップデートと必要なライブラリのインポート、パラメーター値の設定まで

新規のColab Notebookを作成した後、Kerasのアップデートと、必要なライブラリのインポートを行います。Kerasをアップデートしなくてもプログラムは問題なく動作しますが、Keras3.0以降ではモデルのサマリが見やすい状態で出力されるので、アップデートしておくことにしました。*

■pipコマンドによるKerasのアップデート

1番目のセルに次のようにpipコマンドを入力し、実行します。アップデート完了後、ランタイムの再起動が促されたら、指示に従って再起動してください。-qは不要な出力を抑制するためのオプションです。

▼Kerasのアップデート(ConvMixer_Keras.ipynb)

セル1

```
!pip install --upgrade keras -q
```

■必要なライブラリのインポート

プログラムの実行に必要なライブラリをインポートします。2番目のセルに次のように入力し、実行します。

▼必要なライブラリのインポート(ConvMixer_Keras.ipynb)

セル2

```
import keras
from keras import layers
import matplotlib.pyplot as plt
import tensorflow as tf
import numpy as np
```

*…実装　参考：Sayak Paul. "Image classification with ConvMixer"　https://keras.io/examples/vision/convmixer/
*…にしました。　2024年9月現在、Colab Notebookで利用できるKerasのバージョンは3.4なので、アップデートの処理は不要になった。アップデートを行った場合はバージョンが3.5になる。

■パラメーター値の設定

モデルのトレーニングに必要な各パラメーターの初期値を設定します。3番目のセルに次のように入力し、実行します。

▼パラメーター値の設定 (ConvMixer_Keras.ipynb)

セル3

```
learning_rate = 0.001     # 学習率
weight_decay = 0.0001     # オプティマイザーの重み減衰率
batch_size = 128          # ミニバッチのサイズ
num_epochs = 150          # 学習回数
```

11.2.2 CIFAR-100を使用してトレーニング用と検証用のデータセットを作る

CIFAR-100をダウンロードし、トレーニング用と検証用のデータセットを作成します。

■CIFAR-100のダウンロードとデータセットの分割

4番目のセルに次のように入力し、実行します。

▼CIFAR-100のダウンロードとデータセットの分割 (ConvMixer_Keras.ipynb)

セル4

```
# CIFAR-100をトレーニングデータとテストデータに分けてダウンロード
(x_train, y_train), (x_test, y_test) = keras.datasets.cifar100.load_data()
val_split = 0.1          # 検証データの割合
val_indices = int(len(x_train) * val_split)     # 検証データのインデックス数を計算
# 検証データを分割して新しいトレーニングデータを作成
new_x_train, new_y_train = x_train[val_indices:], y_train[val_indices:]
x_val, y_val = x_train[:val_indices], y_train[:val_indices]     # 検証データを抽出
print(f"Training data samples: {len(new_x_train)}")
print(f"Validation data samples: {len(x_val)}")
print(f"Test data samples: {len(x_test)}")
```

▼出力

```
Training data samples: 45000
Validation data samples: 5000
Test data samples: 10000
```

■データ拡張を行う関数とデータローダーを作成し、データセットを用意

データ拡張を行う関数とデータローダーを作成し、実際にトレーニング用、検証用、テスト用のデータセットを用意します。5番目のセルに次のように入力して実行します。

▼データ拡張を行う関数とデータローダーの作成、データセットの用意（ConvMixer_Keras.ipynb）

セル5

```
image_size = 32                     # 画像サイズを設定
auto = tf.data.AUTOTUNE             # データの並列処理を自動にする

# データ拡張のためのレイヤーをリストにする
augmentation_layers = [
    keras.layers.RandomCrop(image_size, image_size),    # ランダムに切り抜く
    keras.layers.RandomFlip("horizontal"),              # 左右反転
]

def augment_images(images):
    """ 画像にデータ拡張を適用する

    Args:
        images: 入力画像のテンソル
    Returns:
        images: データ拡張が適用された画像テンソル
    """
    # データ拡張レイヤーを順番に適用
    for layer in augmentation_layers:
        images = layer(images, training=True)
    return images

def make_datasets(images, labels, is_train=False):
    """ データセットを作成する

    Args:
        images (ndarray): 画像データ
        labels (ndarray): ラベルデータ
        is_train (bool): トレーニングデータかどうかを示すフラグ
    Returns:
        作成されたデータセット
    """
    # 画像とラベルのデータセットを作成
```

```
    dataset = tf.data.Dataset.from_tensor_slices((images, labels))

    # トレーニングデータはシャッフルして抽出
    if is_train:
        dataset = dataset.shuffle(batch_size * 10)
    # データセットをバッチサイズに分ける
    dataset = dataset.batch(batch_size)
    # トレーニングデータにはデータ拡張を適用
    if is_train:
        dataset = dataset.map(
            lambda x, y: (augment_images(x), y), num_parallel_calls=auto
        )
    return dataset.prefetch(auto)    # データセットを高速で読み込む

# トレーニングデータを作成、データ拡張を適用
train_dataset = make_datasets(new_x_train, new_y_train, is_train=True)
# 検証データを作成
val_dataset = make_datasets(x_val, y_val)
# テストデータを作成する
test_dataset = make_datasets(x_test, y_test)
```

COLUMN ConvMixerはパッチ分割を行うが自己注意機構は使用しない

ConvMixerは、ViTのように画像を一定サイズのパッチに分割しますが、自己注意機構は使用しません。その代わりに、以下の畳み込み操作を繰り返し適用するシンプルな設計になっています。

• Depthwise Convolution(深さ方向畳み込み)
畳み込みを使って、各チャンネルごとに特徴を抽出します。これにより、ViTが持つようなローカルな情報を効果的に捉えます。

• Pointwise Convolution(1x1畳み込み)
チャンネル間の情報を統合する役割を果たし、特徴量を効率よく学習します。

11.2.3 ConvMixerモデルを構築する関数群の作成

ここでは、ConvMixerモデルの構築に用いる以下の4つの関数を作成します。

●作成する関数1——activation_block ()

入力テンソルに対してGELU活性化関数を適用し、その後にバッチ正規化を適用するブロックを作成します。

●作成する関数2——conv_stem ()

conv_stem () 関数は、画像を最初に処理するステムブロックを作成します。この関数は、通常のステムブロックとは異なり、画像をパッチに分割する処理も含んでいます。パッチへの分割は、ViT (Vision Transformer) などのモデルで一般的ですが、ConvMixerでも同様のアイデアを取り入れています。具体的には、畳み込み層を使用して画像を小さなパッチに分割し、それぞれのパッチを特徴ベクトルに変換する処理を行います。

●画像をパッチに分割する仕組み

- **Conv2Dレイヤーを使用**

  入力画像に対して畳み込みを適用します。kernel_sizeとstridesの両方にpatch_sizeを設定することで、画像をpatch_size × patch_sizeの非重複パッチに分割します。

- **出力形状の変換**

  畳み込み操作により、入力画像の高さと幅がそれぞれpatch_sizeで割られたサイズに変わります。各パッチごとのチャンネル次元に、指定された数のフィルター (filters) を適用した特徴マップが出力されます。

- **具体例**

  入力形状が

  (batch_size, 32, 32, 3)

  の場合、Conv2D層は (patch_size, patch_size) のカーネル (フィルター) をfiltersの数だけ用いて、入力画像を patch_size のストライドで走査します。例えば、patch_size = 2 の場合は次のように計算されます。

  出力の高さ・幅 = 入力の高さ・幅 / ストライド = 32/2 = 16

  したがって、Conv2D層の適用後のテンソルの形状は、

  (batch_size, 16, 16, filters)

  となります。

これは、32 × 32の画像から2 × 2のパッチがfiltersの数だけ作成されたことを意味します。

●作成する関数3——conv_mixer_block ()

この関数は、入力テンソルに対してDepthwise畳み込みとPointwise畳み込みを適用し、その後activation_blockを適用します。Depthwise畳み込みではカーネルサイズを指定し、各入力チャンネルに対して独立したフィルターを適用します。Pointwise畳み込みでは、フィルターの数を指定して通常の畳み込みを行います。それぞれの畳み込み後にactivation_blockが適用されますが、Depthwise畳み込みには残差接続が行われます。

●Depthwise畳み込みの目的

- 各入力チャンネルに対して独立したカーネルを適用することで、畳み込み操作の計算量を減らしつつ、効率的に局所的なパターンを学習します。
- 残差接続により、勾配の消失を防いで効率的に学習を進めます。

●Pointwise畳み込みの目的

- 1 × 1のカーネルを用いて、Depthwise畳み込みで得られた特徴をチャンネル方向で統合します。
- チャンネル間の相互作用を学習するのが目的です。

●Depthwise畳み込み用の関数

Depthwise畳み込み用の関数であるkeras.layers.DepthwiseConv2D ()は、標準的なConv2D ()とは異なり、各入力チャンネルに対して独立したフィルターを適用することで、計算量を減らしつつ高効率な畳み込み操作を実現します。これは、モバイルデバイスなど計算資源が限られている環境で特に有効です。

<table>
<tr><td>書式</td><td colspan="2">tf.keras.layers.DepthwiseConv2D (
kernel_size,
strides=(1, 1),
padding='valid',
depth_multiplier=1,
data_format=None,
dilation_rate=(1, 1),
activation=None,
use_bias=True,
depthwise_initializer='glorot_uniform',
bias_initializer='zeros',
depthwise_regularizer=None,
bias_regularizer=None,
activity_regularizer=None,
depthwise_constraint=None,
bias_constraint=None,
**kwargs
)</td></tr>
<tr><td rowspan="15">引数</td><td>kernel_size</td><td>畳み込みカーネルの高さと幅を指定します。整数またはサイズ2のタプル。</td></tr>
<tr><td>strides</td><td>畳み込みのストライドを指定します。整数またはサイズ2のタプル。</td></tr>
<tr><td>padding</td><td>畳み込みのパディング方法として、'valid'(パディングなし、デフォルト)または'same'(ゼロパディング)のどちらかを指定します。</td></tr>
<tr><td>depth_multiplier</td><td>各入力チャンネルに対して適用する深さ方向のフィルター数を指定します。デフォルトは 1。</td></tr>
<tr><td>data_format</td><td>データのフォーマットとしてチャンネル次元の位置を指定します。'channels_last'(デフォルト) または 'channels_first'。</td></tr>
<tr><td>dilation_rate</td><td>畳み込み層におけるカーネルの適用間隔を制御するダイレーション率(Dilation Rate)を指定します。通常の畳み込みでは、カーネルが連続する入力位置に適用されますが、ダイレーション率を使用すると、カーネルの適用間隔を広げることができます。</td></tr>
<tr><td>activation</td><td>使用する活性化関数。指定しない場合、活性化関数はなしになります。</td></tr>
<tr><td>use_bias</td><td>バイアス項を使用するかどうか。デフォルトは True。</td></tr>
<tr><td>depthwise_initializer</td><td>深さ方向のカーネルの初期化方法。デフォルトは'glorot_uniform'で、入力と出力の数に基づいて重みを均等に分布させるようにします。</td></tr>
<tr><td>bias_initializer</td><td>バイアス項の初期化方法。デフォルトは'zeros'(ゼロで初期化する)。</td></tr>
<tr><td>depthwise_regularizer</td><td>深さ方向のカーネルに適用する正則化。、L1正則化やL2正則化が指定できます。デフォルトはNone(正則化なし)。</td></tr>
<tr><td>bias_regularizer</td><td>バイアス項に適用する正則化。</td></tr>
<tr><td>activity_regularizer</td><td>出力に適用する正則化。</td></tr>
<tr><td>depthwise_constraint</td><td>深さ方向のカーネルに適用する制約。デフォルトはNone(制約なし)。以下が指定可能です。
MaxNorm：重みの最大ノルムを指定された値に制限します。
NonNeg：すべての重みを非負に制約します。
UnitNorm：重みのノルムを1に制約します。
MinMaxNorm：重みの最小ノルムと最大ノルムを指定された範囲に制約します。</td></tr>
<tr><td>bias_constraint</td><td>バイアス項に適用する制約。デフォルトはNone(制約なし)。depthwise_constraintと同様の制約が指定可能です。</td></tr>
</table>

●作成する関数4——get_conv_mixer_256_8()

この関数の名前は、論文「Patches Are All You Need?」において、CIFAR-10データセットをトレーニングするモデル名が「ConvMixer-256/8」であることに由来します。「256」は各層で使用されるフィルターの数を指し、「8」はConvMixerブロックの深さ（数）を指します。以下の順序でレイヤーやブロックを配置して、ConvMixerモデル全体を構築します。

①入力レイヤー

inputs = keras.Input((image_size, image_size, 3))

画像サイズとチャンネル数（RGB画像の場合は3チャンネル）を指定した入力レイヤーを配置します。

②スケーリングレイヤー

x = layers.Rescaling(scale=1.0 / 255)(inputs)

入力画像のピクセル値を0〜1の範囲にスケーリングします。

③パッチに分割するステムブロック

x = conv_stem(x, filters, patch_size)

画像を小さなパッチに分割し、各パッチを特徴ベクトルに変換します。

④ConvMixerブロック

for _ in range(depth): x = conv_mixer_block(x, filters, kernel_size)

ConvMixerブロックを指定された深さ（depth）だけ配置します。

⑤グローバル平均プーリング

x = layers.GlobalAvgPool2D()(x)

グローバル平均プーリングを適用して、空間的な次元をチャンネルごとに平均化します。空間的な次元（高さと幅）について平均が計算されるので、各チャンネルごとに1つの値に集約されます。

⑥出力レイヤー

outputs = layers.Dense(num_classes, activation="softmax")(x)

出力レイヤーとして、ユニット数がクラス数と同じ全結合層を配置します。レイヤーの出力にソフトマックス活性化関数を適用し、各クラスに対する確率を出力します。

■activation_block()、conv_stem()、conv_mixer_block()、get_conv_mixer_256_8()の定義

ConvMixerモデルを構築するための4つの関数を定義します。6番目のセルに次のように入力して実行します。

▼ConvMixerモデルを構築するための4つの関数を定義(ConvMixer_Keras.ipynb)

セル6

```
def activation_block(x):
    """ 活性化関数とバッチ正規化レイヤーで構成されるブロック

    Args:
        x: 入力テンソル
    Returns:
        x: 活性化関数とバッチ正規化が適用されたテンソル
    """
    x = layers.Activation("gelu")(x)    # GELU活性化関数を適用

    return layers.BatchNormalization()(x)       # バッチ正規化を適用

def conv_stem(x, filters: int, patch_size: int):
    """ 畳み込み層を適用し、入力画像をパッチに分割する

    Args:
        x (tf.Tensor): 画像のテンソル
        filters (int): 畳み込みフィルターの数
        patch_size (int): パッチサイズ

    Returns:
        x(tf.Tensor): 畳み込みでパッチに分割後、activation_blockが
                      適用されたテンソル
    """
    # 指定されたフィルター数とパッチサイズを用いて、パッチに分割
    # パッチ分割後: (bs, パッチの高さ, パッチの幅, チャンネル数(=フィルター数))
    x = layers.Conv2D(
        filters,
        kernel_size=patch_size,
        strides=patch_size)(x)
```

```
    # activation_blockを適用して返す
    return activation_block(x)

def conv_mixer_block(x, filters: int, kernel_size: int):
    """ ConvMixerブロック
        Depthwise畳み込みとPointwise畳み込みを適用し、activation_blockを通す

    Args:
        x (tf.Tensor): 入力テンソル
        filters (int): 畳み込みフィルターの数
        kernel_size (int): Depthwise畳み込みのカーネルサイズ

    Returns:
        tf.Tensor: ConvMixerブロックが適用されたテンソル
    """
    x0 = x      # 入力直後のxを保存
    # Depthwise畳み込みを適用
    x = layers.DepthwiseConv2D(kernel_size=kernel_size, padding="same")(x)
    # xにactivation_blockを適用し、元の入力x0を足し合わせて残差接続を行う
    x = layers.Add()([activation_block(x), x0])

    # Pointwise畳み込みを適用
    x = layers.Conv2D(filters, kernel_size=1)(x)
    # activation_blockを適用
    x = activation_block(x)

    return x

def get_conv_mixer_256_8(
    image_size=32,
    filters=256,
    depth=8,
    kernel_size=5,
    patch_size=2,
    num_classes=100
):
    """ ConvMixer-256/8モデルを構築する

    Args:
        image_size (int): 画像サイズ(デフォルトは32)
```

```
        filters (int): 畳み込みフィルターの数(デフォルトは256)
        depth (int): ConvMixerブロックの数(デフォルトは8)
        kernel_size (int): ConvMixerブロックのDepthwise畳み込み
                               カーネルサイズ(デフォルトは5)
        patch_size (int): パッチサイズ(デフォルトは2)
        num_classes (int): クラス数(デフォルトは100)

    Returns:
        keras.Model: 定義されたConvMixerモデル
    """
    # 入力レイヤーを配置
    inputs = keras.Input((image_size, image_size, 3))
    # 入力画像のピクセル値を0から1の範囲にスケーリングするレイヤーを配置
    x = layers.Rescaling(scale=1.0 / 255)(inputs)
    # パッチエンベッディングを抽出
    # 入力画像を小さなパッチに分割し、それぞれのパッチを
    # 特徴ベクトル(エンベッディング)にする
    x = conv_stem(x, filters, patch_size)

    # ConvMixerブロックをdepthの数だけ配置する
    for _ in range(depth):
        x = conv_mixer_block(x, filters, kernel_size)

    # xの空間的な次元(高さと幅)について平均を計算し、
    # 各チャンネルごとに1つの値に集約
    x = layers.GlobalAvgPool2D()(x)
    # 出力レイヤーを配置(ソフトマックス活性化関数を適用)
    # ユニット数: クラスの数
    outputs = layers.Dense(num_classes, activation="softmax")(x)

    # 入力レイヤーと出力レイヤーを指定してモデルをインスタンス化して返す
    return keras.Model(inputs, outputs)
```

11.2.4 モデルをトレーニングして評価を行うrun_experiment()関数の作成

モデルをトレーニングして評価を行うrun_experiment()関数を作成します。この関数では、以下の処理を行います。

・オプティマイザーの設定
・モデルのコンパイル
・モデルのサマリの出力
・モデルの最良の重みを保存するためのコールバックを設定
・モデルのトレーニング
・最良の重みを持つモデルの読み込み
・テストデータセットでモデルを評価

■run_experiment()関数の定義

run_experiment()関数を定義します。7番目のセルに次のように入力して実行します。

▼run_experiment()関数の定義(ConvMixer_Keras.ipynb)

セル7

```
def run_experiment(model):
    """
    モデルを訓練および評価する関数

    Args:
        model (keras.Model): ConvMixerモデル

    Returns:
        history (keras.callbacks.History): 訓練の履歴オブジェクト
        model (keras.Model): トレーニング後のConvMixerモデル
    """
    # AdamWオプティマイザーをインスタンス化
    optimizer = keras.optimizers.AdamW(
        learning_rate=learning_rate, weight_decay=weight_decay
    )

    # モデルをコンパイル
    model.compile(
        optimizer=optimizer,
```

```
    loss="sparse_categorical_crossentropy",
    metrics=["accuracy"],
)

# モデルのサマリを出力
model.summary()

# チェックポイントのファイルパスを設定
checkpoint_filepath = "/tmp/checkpoint.keras"
# モデルの最良の重みを保存するコールバックを設定
checkpoint_callback = keras.callbacks.ModelCheckpoint(
    checkpoint_filepath,
    monitor="val_accuracy",
    save_best_only=True,
    save_weights_only=False,
)

# モデルをトレーニングし、履歴を保存
history = model.fit(
    train_dataset,
    validation_data=val_dataset,
    epochs=num_epochs,
    callbacks=[checkpoint_callback],
)

# 訓練中に保存された最良の重みをモデルに読み込む
model.load_weights(checkpoint_filepath)
# 最良の重みを読み込んだモデルでテストデータによる予測を行う
_, accuracy = model.evaluate(test_dataset)
# テストデータにおける予測精度を出力
print(f"Test accuracy: {round(accuracy * 100, 2)}%")

# トレーニング履歴とトレーニング完了後のモデルを返す
return history, model
```

11.3 トレーニングを実行して結果を評価する

ConvMixerモデルをトレーニングして、結果を評価します。

11.3.1 モデルをインスタンス化してトレーニングを開始する

モデルをインスタンス化してトレーニングを開始し、トレーニングデータと検証データの損失と精度の推移を確認しましょう。

■モデルをインスタンス化してトレーニングを実行する

8番目のセルに次のように入力して実行します。

▼ConvMixerモデルをトレーニングする（ConvMixer_Keras.ipynb）

セル8

```
%%time
conv_mixer_model = get_conv_mixer_256_8()
history, conv_mixer_model = run_experiment(conv_mixer_model)
```

COLUMN ConvMixerはCNNベースのモデル

ConvMixerは、ViTのように入力画像をパッチ分割して処理する仕組みを取り入れていますが、Transformerの仕組みそのものは取り入れていません。具体的には、次の点がViTと異なります。

・CNNベースの畳み込み操作

ConvMixerは、パッチ分割後にDepthwise畳み込みとPointwise畳み込みを繰り返すことで特徴を抽出します。ViTのようにグローバルな相互作用を自己注意機構で捉えるのではなく、畳み込みを通じて特徴を学習します。

・トークン化なし

ViTはパッチをトークン化し、トークンごとに位置埋め込みを加えて処理しますが、ConvMixerにはトークン化のプロセスがありません。ConvMixerは、パッチ分割した後にそのままCNNの畳み込み処理を行います。

▼出力されたサマリ-1

Model: "functional"

Layer (type)	Output Shape	Param #	Connected to
input_layer (InputLayer)	(None, 32, 32, 3)	0	-
rescaling (Rescaling)	(None, 32, 32, 3)	0	input_layer[0][0]
conv2d (Conv2D)	(None, 16, 16, 256)	3,328	rescaling[0][0]
activation (Activation)	(None, 16, 16, 256)	0	conv2d[0][0]
batch_normalization (BatchNormalization)	(None, 16, 16, 256)	1,024	activation[0][0]
depthwise_conv2d (DepthwiseConv2D)	(None, 16, 16, 256)	6,656	batch_normalization[0…
activation_1 (Activation)	(None, 16, 16, 256)	0	depthwise_conv2d[0][0]
batch_normalization_1 (BatchNormalization)	(None, 16, 16, 256)	1,024	activation_1[0][0]
add (Add)	(None, 16, 16, 256)	0	batch_normalization_1… batch_normalization[0…
conv2d_1 (Conv2D)	(None, 16, 16, 256)	65,792	add[0][0]
activation_2 (Activation)	(None, 16, 16, 256)	0	conv2d_1[0][0]
batch_normalization_2 (BatchNormalization)	(None, 16, 16, 256)	1,024	activation_2[0][0]
depthwise_conv2d_1 (DepthwiseConv2D)	(None, 16, 16, 256)	6,656	batch_normalization_2…
activation_3 (Activation)	(None, 16, 16, 256)	0	depthwise_conv2d_1[0]…
batch_normalization_3 (BatchNormalization)	(None, 16, 16, 256)	1,024	activation_3[0][0]
add_1 (Add)	(None, 16, 16, 256)	0	batch_normalization_3… batch_normalization_2…
conv2d_2 (Conv2D)	(None, 16, 16, 256)	65,792	add_1[0][0]
activation_4 (Activation)	(None, 16, 16, 256)	0	conv2d_2[0][0]
batch_normalization_4 (BatchNormalization)	(None, 16, 16, 256)	1,024	activation_4[0][0]
depthwise_conv2d_2 (DepthwiseConv2D)	(None, 16, 16, 256)	6,656	batch_normalization_4…
activation_5 (Activation)	(None, 16, 16, 256)	0	depthwise_conv2d_2[0]…
batch_normalization_5 (BatchNormalization)	(None, 16, 16, 256)	1,024	activation_5[0][0]
add_2 (Add)	(None, 16, 16, 256)	0	batch_normalization_5… batch_normalization_4…

▼出力されたサマリ-2

conv2d_3 (Conv2D)	(None, 16, 16, 256)	65,792	add_2[0][0]
activation_6 (Activation)	(None, 16, 16, 256)	0	conv2d_3[0][0]
batch_normalization_6 (BatchNormalization)	(None, 16, 16, 256)	1,024	activation_6[0][0]
depthwise_conv2d_3 (DepthwiseConv2D)	(None, 16, 16, 256)	6,656	batch_normalization_6…
activation_7 (Activation)	(None, 16, 16, 256)	0	depthwise_conv2d_3[0]…
batch_normalization_7 (BatchNormalization)	(None, 16, 16, 256)	1,024	activation_7[0][0]
add_3 (Add)	(None, 16, 16, 256)	0	batch_normalization_7… batch_normalization_6…
conv2d_4 (Conv2D)	(None, 16, 16, 256)	65,792	add_3[0][0]
activation_8 (Activation)	(None, 16, 16, 256)	0	conv2d_4[0][0]
batch_normalization_8 (BatchNormalization)	(None, 16, 16, 256)	1,024	activation_8[0][0]
depthwise_conv2d_4 (DepthwiseConv2D)	(None, 16, 16, 256)	6,656	batch_normalization_8…
activation_9 (Activation)	(None, 16, 16, 256)	0	depthwise_conv2d_4[0]…
batch_normalization_9 (BatchNormalization)	(None, 16, 16, 256)	1,024	activation_9[0][0]
add_4 (Add)	(None, 16, 16, 256)	0	batch_normalization_9… batch_normalization_8…
conv2d_5 (Conv2D)	(None, 16, 16, 256)	65,792	add_4[0][0]
activation_10 (Activation)	(None, 16, 16, 256)	0	conv2d_5[0][0]
batch_normalization_10 (BatchNormalization)	(None, 16, 16, 256)	1,024	activation_10[0][0]
depthwise_conv2d_5 (DepthwiseConv2D)	(None, 16, 16, 256)	6,656	batch_normalization_1…
activation_11 (Activation)	(None, 16, 16, 256)	0	depthwise_conv2d_5[0]…
batch_normalization_11 (BatchNormalization)	(None, 16, 16, 256)	1,024	activation_11[0][0]
add_5 (Add)	(None, 16, 16, 256)	0	batch_normalization_1… batch_normalization_1…
conv2d_6 (Conv2D)	(None, 16, 16, 256)	65,792	add_5[0][0]

▼出力されたサマリ-3

activation_12 (Activation)	(None, 16, 16, 256)	0	conv2d_6[0][0]
batch_normalization_12 (BatchNormalization)	(None, 16, 16, 256)	1,024	activation_12[0][0]
depthwise_conv2d_6 (DepthwiseConv2D)	(None, 16, 16, 256)	6,656	batch_normalization_1…
activation_13 (Activation)	(None, 16, 16, 256)	0	depthwise_conv2d_6[0]…
batch_normalization_13 (BatchNormalization)	(None, 16, 16, 256)	1,024	activation_13[0][0]
add_6 (Add)	(None, 16, 16, 256)	0	batch_normalization_1… batch_normalization_1…
conv2d_7 (Conv2D)	(None, 16, 16, 256)	65,792	add_6[0][0]
activation_14 (Activation)	(None, 16, 16, 256)	0	conv2d_7[0][0]
batch_normalization_14 (BatchNormalization)	(None, 16, 16, 256)	1,024	activation_14[0][0]
depthwise_conv2d_7 (DepthwiseConv2D)	(None, 16, 16, 256)	6,656	batch_normalization_1…
activation_15 (Activation)	(None, 16, 16, 256)	0	depthwise_conv2d_7[0]…
batch_normalization_15 (BatchNormalization)	(None, 16, 16, 256)	1,024	activation_15[0][0]
add_7 (Add)	(None, 16, 16, 256)	0	batch_normalization_1… batch_normalization_1…
conv2d_8 (Conv2D)	(None, 16, 16, 256)	65,792	add_7[0][0]
activation_16 (Activation)	(None, 16, 16, 256)	0	conv2d_8[0][0]
batch_normalization_16 (BatchNormalization)	(None, 16, 16, 256)	1,024	activation_16[0][0]
global_average_pooling2d (GlobalAveragePooling2D)	(None, 256)	0	batch_normalization_1…
dense (Dense)	(None, 100)	25,700	global_average_poolin…

Total params: 626,020 (2.39 MB)
Trainable params: 617,316 (2.35 MB)
Non-trainable params: 8,704 (34.00 KB)

▼トレーニングの進捗状況

```
Epoch 1/150
352/352 ── 52s 90ms/step - accuracy: 0.1201 - loss: 3.8384 - val_accuracy: 0.0152 - val_loss: 6.0315
......途中省略......
Epoch 31/150
352/352 ── 22s 62ms/step - accuracy: 0.9505 - loss: 0.1501 - val_accuracy: 0.5312 - val_loss: 2.8543
Epoch 32/150
352/352 ── 22s 62ms/step - accuracy: 0.9515 - loss: 0.1533 - val_accuracy: 0.5574 - val_loss: 2.6606
Epoch 33/150
352/352 ── 22s 62ms/step - accuracy: 0.9592 - loss: 0.1214 - val_accuracy: 0.5506 - val_loss: 2.8235
Epoch 34/150
352/352 ── 22s 62ms/step - accuracy: 0.9549 - loss: 0.1359 - val_accuracy: 0.5488 - val_loss: 2.8572
Epoch 35/150
352/352 ── 22s 62ms/step - accuracy: 0.9598 - loss: 0.1215 - val_accuracy: 0.5580 - val_loss: 2.7415
Epoch 36/150
352/352 ── 22s 62ms/step - accuracy: 0.9610 - loss: 0.1185 - val_accuracy: 0.5490 - val_loss: 2.8227
Epoch 37/150
352/352 ── 22s 62ms/step - accuracy: 0.9628 - loss: 0.1150 - val_accuracy: 0.5620 - val_loss: 2.8181
Epoch 38/150
352/352 ── 22s 62ms/step - accuracy: 0.9594 - loss: 0.1216 - val_accuracy: 0.5540 - val_loss: 2.8668
Epoch 39/150
352/352 ── 22s 62ms/step - accuracy: 0.9578 - loss: 0.1273 - val_accuracy: 0.5608 - val_loss: 2.7656
Epoch 40/150
352/352 ── 22s 62ms/step - accuracy: 0.9654 - loss: 0.1109 - val_accuracy: 0.5628 - val_loss: 2.7902
......途中省略......
Epoch 150/150
352/352 ── 22s 61ms/step - accuracy: 0.9880 - loss: 0.0344 - val_accuracy: 0.5672 - val_loss: 3.6274

79/79 ── 2s 30ms/step - accuracy: 0.5904 - loss: 3.4959
Test accuracy: 59.0%

Test accuracy: 59.0%
CPU times: user 1h 2min 2s, sys: 43.5 s, total: 1h 2min 46s
Wall time: 55min 1s
```

検証データの精度の基準を56%とした場合、ここに達するまでのエポック数は40付近となっていて、これまでのモデルと比較して最速です。トレーニング完了に要した時間も1時間弱と、これまでの中で最短です。ただし、トレーニング回数を増やしても、損失、精度共に改善は見られませんでした。

11.3.2 損失と精度の推移をグラフにする

損失と精度の推移をグラフにします。9番目のセルに次のコードを入力し、実行します。

▼損失と精度の推移をグラフにする(ConvMixer_Keras.ipynb)

セル9

```
# 損失(loss)のプロット
plt.figure(figsize=(14, 6))

plt.subplot(1, 2, 1)
plt.plot(history.history["loss"], label="train_loss")
plt.plot(history.history["val_loss"], label="val_loss")
plt.xlabel("Epochs")
plt.ylabel("Loss")
plt.title("Train and Validation Losses Over Epochs", fontsize=14)
plt.legend()
plt.grid()

# 正解率(accuracy)のプロット
plt.subplot(1, 2, 2)
plt.plot(history.history["accuracy"], label="train_accuracy")
plt.plot(history.history["val_accuracy"], label="val_accuracy")
plt.xlabel("Epochs")
plt.ylabel("Accuracy")
plt.title("Train and Validation Accuracy Over Epochs", fontsize=14)
plt.legend()
plt.grid()

plt.tight_layout()
plt.show()
```

▼出力された損失と精度の推移を示すグラフ

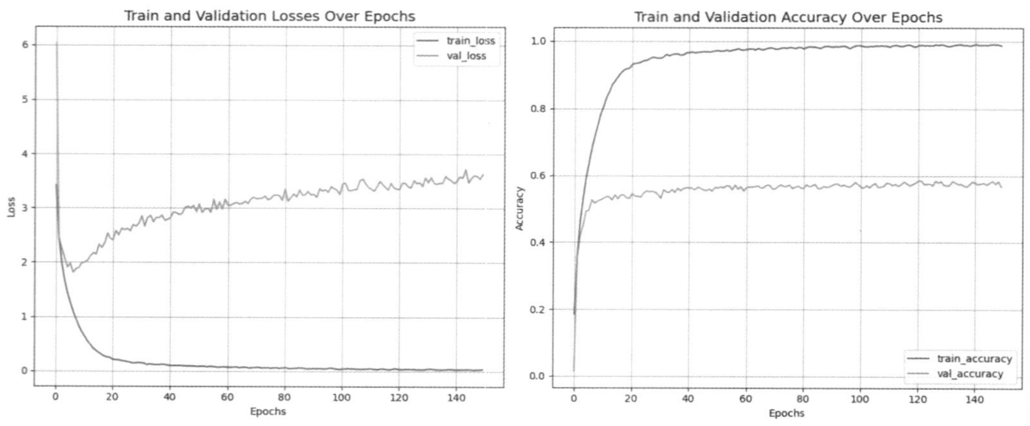

COLUMN ConvMixerの学習は高速だがモデルが早期に収束する

ConvMixerでのトレーニングは、これまでの他モデルに比較して最短の時間で済ますことができました。これには以下の要因が考えられます。

- 自己注意機構を使用せず、畳み込み演算に基づいたシンプルなアーキテクチャを採用したことで、複雑な計算が減少した。
- Depthwise畳み込み（深さ方向に分離された畳み込み）は、通常の畳み込みに比べて計算量が大幅に少ない。
- ViTのように画像をパッチに分割して処理するので、高解像度の画像に対しても効率的に特徴を抽出できた。

●モデルが早期に収束する件について

モデルが早期に収束する件については、次の対策が考えられます。

- ConvMixerはシンプルな構造のため、層の深さや幅（フィルターの数）を調整してキャパシティを増やし、モデルの表現力を高める。
- ドロップアウトを効果的に使用し、モデルの過学習を防ぐ。
- データ拡張（輝度など）をさらに追加して、より多様な特徴をモデルに学習させる。

11.3.3 ConvMixerモデルで学習されたパッチエンベッディングを視覚化する

モデルがどのような特徴を捉えようとしているかを理解するため、ConvMixerモデルで学習されたパッチエンベッディングを視覚化してみましょう。

■ステムブロック(conv_stem)の学習された重みを取得して視覚化

画像をパッチに分割するステムブロックにおいて、フィルターに用いられる学習済み重みをプロットし、各パッチがどのように学習しているのか確認します。9番目のセルに次のコードを入力し、実行します。

▼ステムブロックの学習済み重みを視覚化する(ConvMixer_Keras.ipynb)

セル10

```
def visualization_plot(weights, idx=1):
    """ 重みを画像としてプロットする

    """
    # 与えられた重みにmin-max正規化を適用
    p_min, p_max = weights.min(), weights.max()
    weights = (weights - p_min) / (p_max - p_min)

    # すべてのフィルターを視覚化する
    num_filters = 256                 # 使用するフィルターの数を設定
    plt.figure(figsize=(8, 8))        # 図のサイズを設定

    for i in range(num_filters):
        current_weight = weights[:, :, :, i]       # 各フィルターの重みを取得
        if current_weight.shape[-1] == 1:          # チャンネル次元が1の場合、次元を削除
            current_weight = current_weight.squeeze()
        ax = plt.subplot(16, 16, idx)     # 16×16のグリッドでサブプロットを作成
        ax.set_xticks([])                 # x軸の目盛りを非表示にする
        ax.set_yticks([])                 # y軸の目盛りを非表示にする
        plt.imshow(current_weight)        # フィルターの重みを画像として表示
        idx += 1                          # インデックスを更新

# ConvMixerモデルの第3層(ステムブロックconv_stem)の学習された重みを取得
patch_embeddings = conv_mixer_model.layers[2].get_weights()[0]
visualization_plot(patch_embeddings)    # パッチエンベッディングを視覚化する関数を呼び出す
```

▼出力された画像

少し見づらいですが、「いくつかのパッチは類似しているものの、多くのパッチが異なるパターンを学習している」ことがわかるかと思います。

11.3.4 ConvMixerの内部を視覚化する

ConvMixerモデルのConvMixerブロック(def conv_mixer_block)内、Depthwise畳み込み層におけるカーネルを視覚化し、どのように特徴を捉えているのかを確認します。

■Depthwise畳み込み層の学習された重みを取得して視覚化

10番目のセルに次のコードを入力し、実行します。

▼Depthwise畳み込み層の学習された重みを視覚化する(ConvMixer_Keras.ipynb)

セル11

```
# ConvMixerモデル内のPointwise畳み込みでない畳み込み層のインデックスを出力する
for i, layer in enumerate(conv_mixer_model.layers):
    # 現在のレイヤーがDepthwiseConv2Dレイヤーであるかどうかを確認
    if isinstance(layer, layers.DepthwiseConv2D):
        # レイヤーのカーネルサイズが(5, 5)であるかどうかを確認
        if layer.get_config()["kernel_size"] == (5, 5):
            # 該当するレイヤーのインデックスとレイヤー自体を出力
            print(i, layer)

# ネットワークの中間にあるカーネルを選択(ここでは26番目のレイヤーを選択)
idx = 26
# 指定されたインデックスのレイヤーからカーネルを取得
kernel = conv_mixer_model.layers[idx].get_weights()[0]
# カーネルの形状を調整して視覚化に適した形にする
kernel = np.expand_dims(kernel.squeeze(), axis=2)
# カーネルを視覚化する関数を呼び出し
visualization_plot(kernel)
```

▼出力

```
5 <DepthwiseConv2D name=depthwise_conv2d, built=True>
12 <DepthwiseConv2D name=depthwise_conv2d_1, built=True>
19 <DepthwiseConv2D name=depthwise_conv2d_2, built=True>
26 <DepthwiseConv2D name=depthwise_conv2d_3, built=True>
33 <DepthwiseConv2D name=depthwise_conv2d_4, built=True>
40 <DepthwiseConv2D name=depthwise_conv2d_5, built=True>
47 <DepthwiseConv2D name=depthwise_conv2d_6, built=True>
54 <DepthwiseConv2D name=depthwise_conv2d_7, built=True>
```

▼Depthwise畳み込み層の学習済みカーネル

視覚化された結果を見ると、Depthwise畳み込み層のカーネルが局所的なパターンを捉えている様子が確認できます。カーネルが5×5のサイズで設定されているため、3×3のカーネルよりも広範囲の特徴を一度にキャプチャし、画像のより大きなパターンや形状の抽出に役立っているようです。

また、Depthwise畳み込みはチャンネルごとに別々に適用されるため、その結果も反映されていると思われます。

12章 GCViTを用いた画像分類モデルの実装(Keras)

12.1 GCViT(Global Context Vision Transformer)の概要

GCViT (Global Context Vision Transformer) *は、その名前が示すように、グローバルコンテキストアテンションを使って特徴を捉えるモデルです。GCViTは、画像全体の情報をうまく活用しながら、効率的に特徴を抽出できるよう設計されています。

■グローバルコンテキストアテンションの役割

GCViTは、画像全体の特徴を取り入れることで、より広い範囲の情報を考慮して特徴を抽出します。これにより、遠く離れた部分の関係性も捉えやすくなり、精度の高い解析が可能になります。具体的には以下のような役割があります。

●グローバル情報の集約

画像全体の特徴をまとめて、グローバルクエリを生成します。これにより、画像全体を見渡した上での解析ができるようになります。

●効率的な計算

グローバルクエリを使うことで、計算量を抑えながらも、効果的な特徴抽出が可能です。グローバルコンテキストアテンションは、画像内のすべてのパッチ間での情報のやり取りを効率的に行います。

* GCViT　Ali Hatamizadeh, Hongxu Yin, Greg Heinrich, Jan Kautz, Pavlo Molchanov (2023) "Global Context Vision Transformers" arXiv:2206.09959

■ウィンドウベースのアテンションの役割

GCViTでは、Swin Transformerと同じくウィンドウベースのアテンションを採用しています。この仕組みには、次のようなメリットがあります。

●計算効率の向上

ウィンドウベースのアテンションは、画像を小さな領域(ウィンドウ)に分けて計算を行うので、全体の計算量が減り、メモリの使用も効率的になります。

●局所的特徴の抽出

各ウィンドウ内でアテンション計算をすることで、画像の細かい部分の特徴をしっかりと捉えることができます。

●シフトウィンドウ機構の利用

シフトウィンドウ機構を使うことで、隣接するウィンドウ同士が情報を交換できるようになり、より広い範囲の情報を組み合わせて解析できるようになります。

■GCViTの処理の流れ

GCViTは、グローバルコンテキストアテンションとウィンドウベースのアテンションを組み合わせることで、画像の特徴抽出を効率的かつ効果的に行います。これにより、長距離依存関係と局所的特徴の両方を捉えることができ、モデルの性能を向上させることができます。GCViTの処理のポイントは次のようになります。

①パッチの生成

画像を固定サイズのパッチに分割し、各パッチをトークンとして扱います。

②グローバルクエリの生成

すべてのパッチからグローバルクエリを生成します。これは、画像全体の文脈情報を持つ重要な特徴です。グローバルクエリの生成には、CNNが用いられます。

③ウィンドウベースのローカルアテンション

画像をウィンドウに分割し、各ウィンドウ内でローカルアテンションを計算します。これはSwin TransformerにおけるウィンドウベースのMHSA*です。

④グローバルコンテキストアテンションの適用

ローカルアテンションで得られた特徴をグローバルクエリと統合し、画像全体の特徴を考慮したグローバルコンテキストアテンションを適用します。

---

* MHSA　Multi-Head Self-Attentionの略。

▼GCViTの全体像*

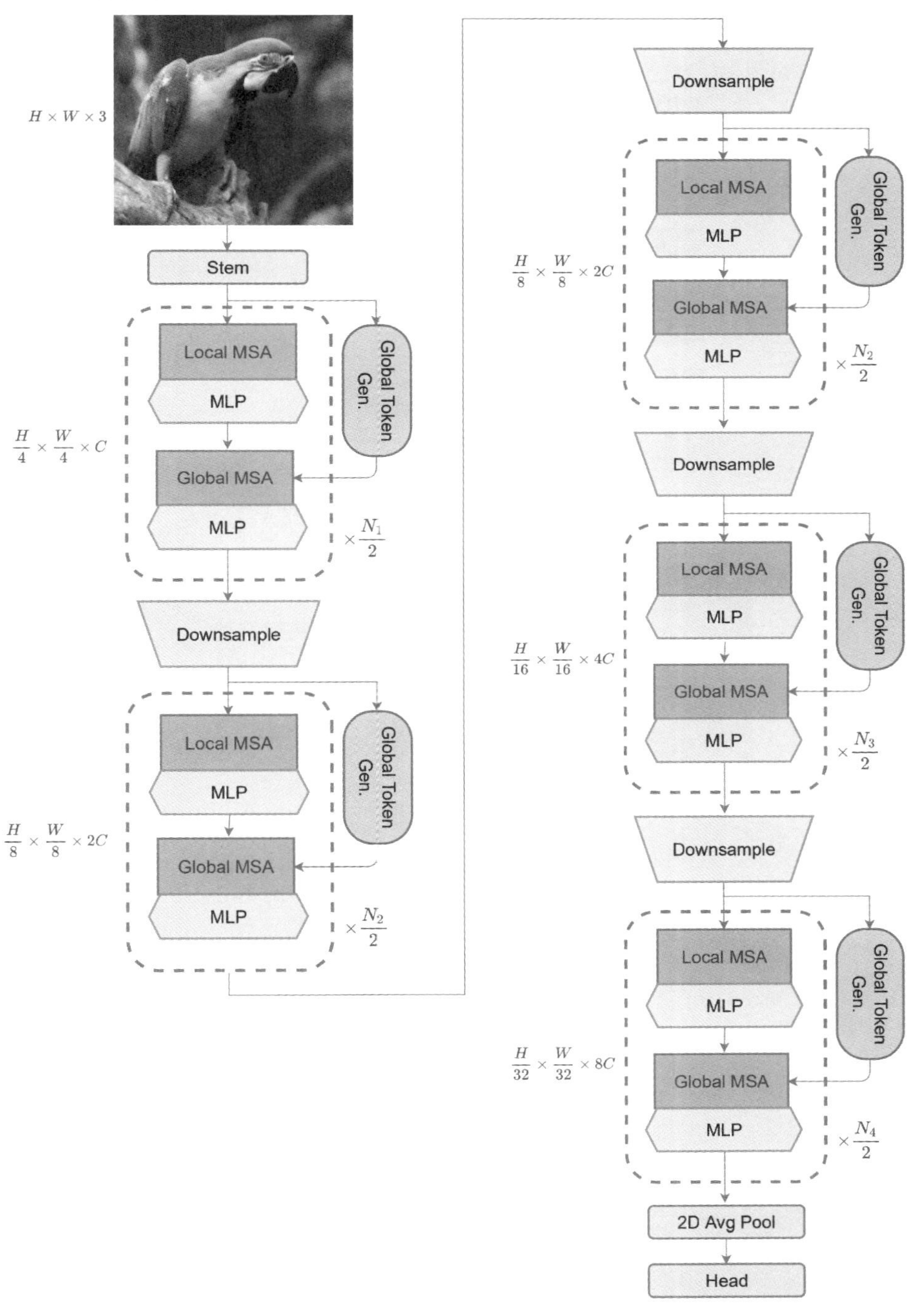

*…の全体像　引用: Hatamizadeh, A. et al. (2023). "Global Context Vision Transformers".

▼ローカルアテンションとグローバルコンテキストアテンションの比較*

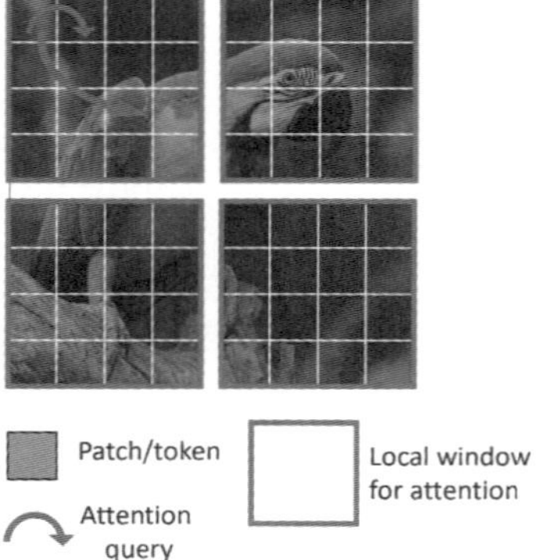

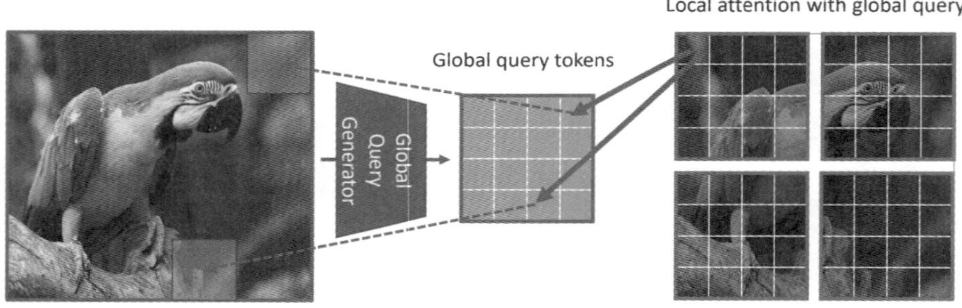

*…の比較　引用：Hatamizadeh, A. et al. (2023). "Global Context Vision Transformers".

12.2 KerasによるGCViTモデルの実装

Keras公式サイトの「Image Classification using Global Context Vision Transformer」*で公開されている実装コードを参考に、Kerasを用いてGCViTモデルによる画像分類を行います。

12.2.1 Flower Dataset

TensorFlowのFlower Datasetは、画像分類のタスクに使用されるデータセットの1つで、5種類の花の画像が含まれています。

●Flower Datasetの概要

・カテゴリ：５つの花の種類

・デイジー（Daisy）
・ダンデライオン（Dandelion）
・バラ（Roses）
・ヒマワリ（Sunflowers）
・チューリップ（Tulips）

・画像数

各カテゴリに約700～800枚の画像が含まれ、合計3,670枚の画像があります。

▼Flower Datasetの画像例*

*…Transformer "Image Classification using Global Context Vision Transformer" Author: Md Awsafur Rahman Date created: 2023/10/30 Last modified: 2023/10/30 Description: Implementation and fine-tuning of Global Context Vision Transformer for image classification.
https://keras.io/examples/vision/image_classification_using_global_context_vision_transformer/
*…の画像例 引用：TensorFlow. "TensorFlow: Load Images." TensorFlow, 2024. Accessed July 28, 2024.
https://www.tensorflow.org/tutorials/load_data/images?hl=ja

▼ラベル付きの画像例*

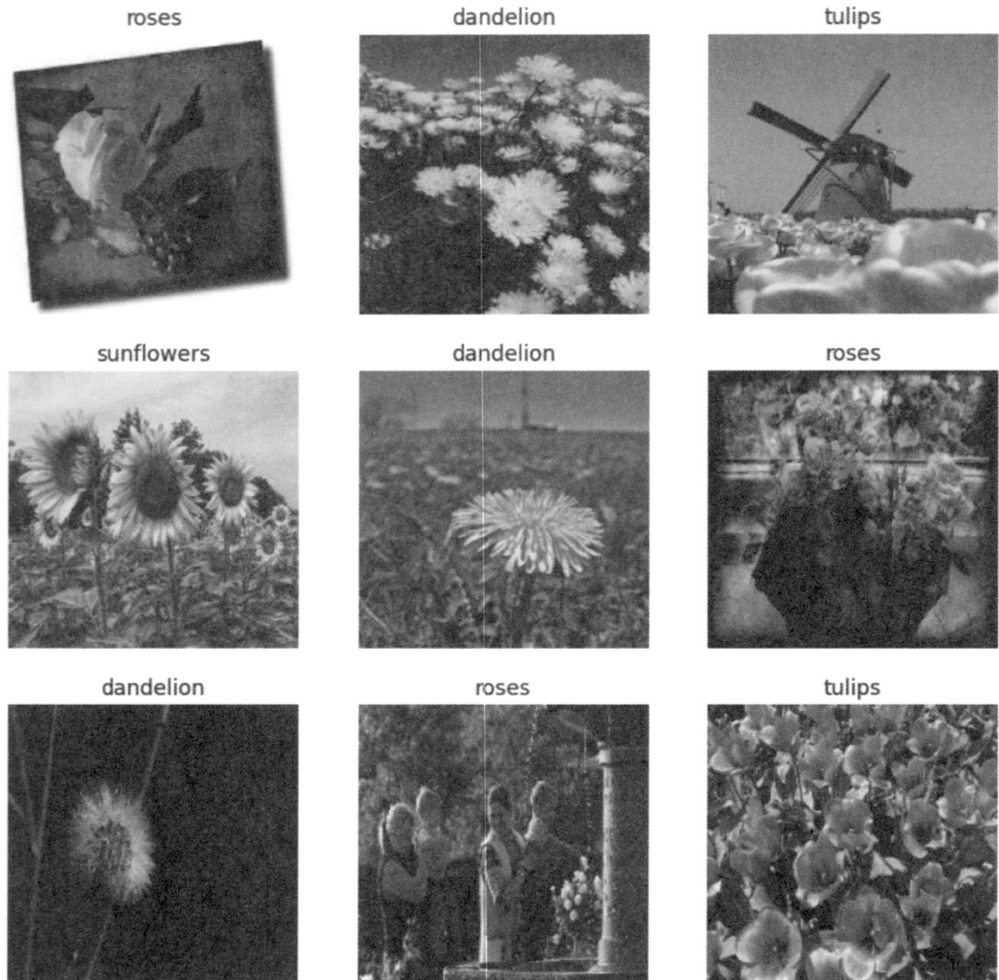

*…の画像例　引用："TensorFlow: Load Images."

12.2.2 ライブラリのアップデートとインポート

本章でも11章と同様に、TensorFlow同梱ではなく単体のKrerasを用います。新規のColab Notebookを作成し、Kerasのアップデートと、必要なライブラリのインポートを行います。Kerasをアップデートしなくてもプログラムは問題なく動作しますが、バージョン3.0以降ではモデルのサマリが見やすい状態で出力されるので、アップデートしておくことにしました*。

pipコマンドによるTensorFlow、Keras、KerasCVのアップデート

1番目のセルに次のようにpipコマンドを入力し、実行します。アップデート完了後、ランタイムの再起動が促されたら、指示に従って再起動してください。

▼Kerasのアップデート（GCViT_Keras.ipynb）

セル1

```
!pip install --upgrade keras_cv tensorflow -q
!pip install --upgrade keras -q
```

必要なライブラリのインポート

プログラムの実行に必要なライブラリをインポートします。2番目のセルに次のように入力し、実行します。

▼必要なライブラリのインポート（GCViT_Keras.ipynb）

セル2

```
import keras
from keras_cv.layers import DropPath
from keras import ops
from keras import layers

import tensorflow as tf                    # データローダーに必要
import tensorflow_datasets as tfds         # flower dataset

from skimage.data import chelsea
import matplotlib.pyplot as plt
import numpy as np
```

*…しました　2024年9月現在、Colab Notebookで利用できるKerasのバージョンは3.4なので、アップデートの処理は不要になった。アップデートを行った場合はバージョンが3.5になる。

12.2.3 主要なブロックの定義

GCViTの主要なブロックとして、

- SqueezeAndExcitationクラス
- ReduceSizeクラス
- MLPクラス

を定義します。

■SqueezeAndExcitationクラス

このクラスは、Squeeze-and-Excitation (SE) またはボトルネックモジュールと呼ばれるブロックを構築し、チャンネルアテンションの処理を行います。処理の目的は、チャンネルごとのスケーリングによって、重要なチャンネルを強調し、不要なチャンネルを抑制することです。このことから、チャンネルアテンションとも呼ばれています。

●チャンネルアテンションとボトルネック処理の詳細

SqueezeAndExcitationブロックは、入力特徴マップの各チャンネルの重要性を評価し、その重要度に基づいてチャンネルごとのスケーリング係数を計算します。ボトルネックの処理においてチャンネル数を圧縮して重要な情報を抽出し、その後、元のチャンネル数に拡張します。シグモイド関数で0～1の範囲に正規化することで、スケーリングのための係数を求め、最後に特徴マップに適用し、重要なチャンネルの強調と不要なチャンネルの抑制をするのが目的です。

●Squeeze (縮小)

グローバル平均プールを使って、各チャンネルの空間情報を集約し、チャンネルごとの平均値を計算します。これにより、空間次元が1つのチャンネル次元に縮小されます。この処理は、特徴マップ全体のグローバルな情報を取得することが目的です。

●全結合層1 (ボトルネック処理におけるチャンネル次元の圧縮)

入力チャンネル数を圧縮して、中間の低次元表現を得ます。圧縮率はself.expansionによって決定されます。これにより、特徴の次元が減少します。出力に対して、GELU活性化関数が適用されます。

●全結合層2 (ボトルネック処理におけるチャンネル次元の復元)

圧縮された特徴を再び元の次元に戻します。出力に対してシグモイド活性化関数が適用されます。これによって、各チャンネルの値が0～1の範囲で正規化され、スケーリングのための係数が求められます。

●スケーリング

計算されたスケーリング係数を元の入力特徴マップに適用します。重要なチャンネルは強調され、不要なチャンネルは抑制されます。

▼SqueezeAndExcitationブロックの構造*

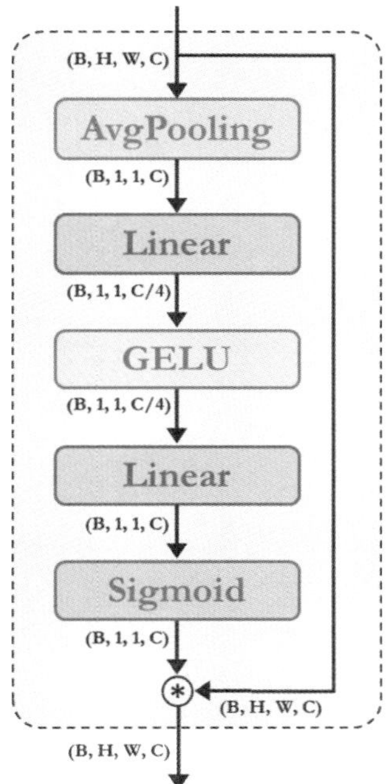

■ReduceSizeクラス

「入力テンソルの空間サイズを減少させ、より抽象的な特徴を効率的に抽出する」ことを目的としたReduceSizeブロックを構築します。具体的には、畳み込み層とゼロパディングを使用して、特徴量の空間サイズを縮小します。

●ReduceSizeブロックにおける処理

●入力特徴マップの正規化

入力データの分布を標準化します。

*…の構造　引用："Image Classification using Global Context Vision Transformer"

●パディングの適用

畳み込み層の出力サイズを調整するため、入力テンソルにゼロパディングを適用します。

●1番目の畳み込み層（右ページの図の①）

```
layers.DepthwiseConv2D(
    kernel_size=3, strides=1,
    padding="valid", use_bias=False, name="conv_0")
```

これはDepthwise畳み込み層です。各入力チャンネルに対して独立したカーネルを適用し、畳み込みを行います。

●SqueezeAndExcitationブロックの適用（図の②）

入力特徴マップの各チャンネルの重要度を評価し、その重要度に基づいてチャンネルごとのスケーリングを行います。

●2番目の畳み込み層（図の③）

```
layers.Conv2D(
    embed_dim, kernel_size=1, strides=1,
    padding="valid", use_bias=False, name="conv_3")
```

Pointwise畳み込み層（標準的な1×1畳み込み層）です。この層は、各空間位置におけるすべてのチャンネルを線形結合し、新しいチャンネル次元を生成します。チャンネル間の相互作用を学習するのが目的です。

●残差接続（図の④）

入力時の特徴マップと結合し、残差接続を行います。

●パディングの再適用

次の畳み込み操作のために出力テンソルのサイズを調整します。

●空間サイズの縮小（図の⑤）

畳み込み層を用いて空間サイズを縮小します。特徴マップの空間サイズを縮小し、次の層での計算コストを削減するのが目的です。

●出力の正規化（図の⑥）

出力データの分布を標準化し、次の層への入力が安定するようにします。

▼Fused-MBConv（ReduceSizeブロックにおける残差接続までの処理*）

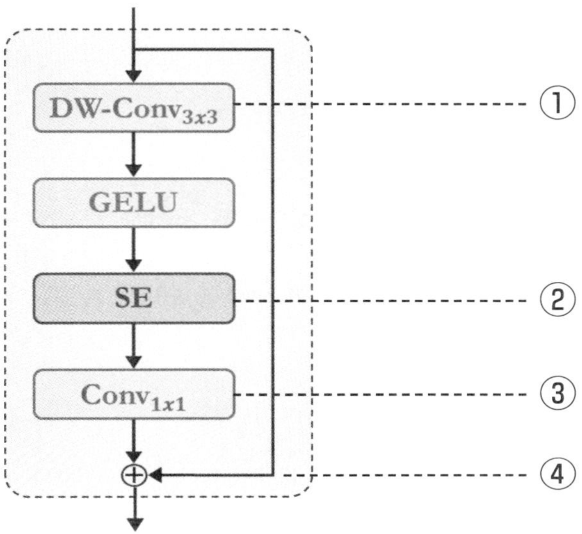

▼ReduceSizeブロック（Fused-MBConvからの処理の流れ*）

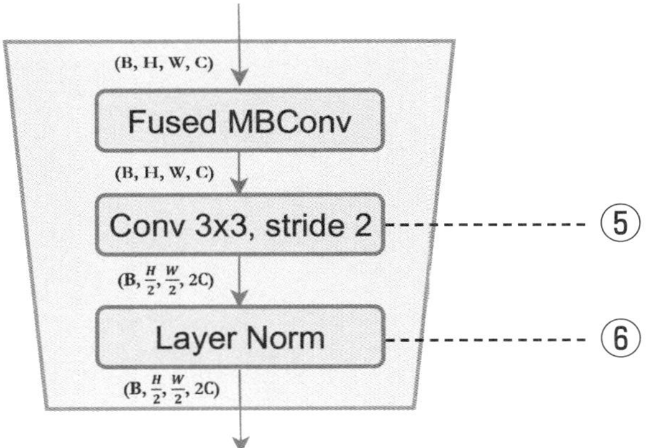

＊…の処理　引用："Image Classification using Global Context Vision Transformer"
＊…の流れ　引用：（同上）

MLP

このクラスは、多層パーセプトロン（MLP）を構築します。複数の全結合層とドロップアウト層を使用して入力テンソルを処理します。具体的な目的は以下の通りです。

- **特徴抽出と変換**
  入力された特徴ベクトルに対して一連の線形変換を行い、より高次の特徴を抽出します。
- **非線形変換の適用**
  活性化関数（GELU）を使用することで、非線形な変換を適用し、複雑なデータ構造をキャプチャします。
- **過学習の防止**
  ドロップアウトを使用することで、過学習を防止します。

SqueezeAndExcitation、ReduceSize、MLPの定義

これまでに説明した3つのブロックを構築するためのクラスを定義します。3番目のセルに次のように入力し、実行します。

▼SqueezeAndExcitation、ReduceSize、MLPの定義（GCViT_Keras.ipynb）

セル3

```
class SqueezeAndExcitation(layers.Layer):
    """ Squeeze-and-Excitationブロックの実装
        入力特徴マップの重要性を再計算して再スケーリングする

    Attributes:
        expansion (float): 入力チャンネル数に対する拡張率
        output_dim (int): 出力チャンネル数
        avg_pool (layers.GlobalAvgPool2D): グローバル平均プール層
        fc (list of layers.Layer): 全結合層と活性化関数からなるレイヤーのリスト
    """
    def __init__(self, output_dim=None, expansion=0.25, **kwargs):
        """
        Args:
            output_dim (int): 出力チャネンル数
            expansion (float): 入力チャンネル数に対する拡張率
            **kwargs: その他の引数
        """
        super().__init__(**kwargs)
        self.expansion = expansion                        # 拡張率を設定
```

```
        self.output_dim = output_dim                       # 出力チャンネル数を設定

    def build(self, input_shape):
        """ レイヤーのビルド

        Args:
            input_shape (tuple): 入力の形状
        """
        inp = input_shape[-1]                              # 入力チャンネル数を取得
        self.output_dim = self.output_dim or inp           # 出力チャンネル数を決定
        # グローバル平均プール層(Squeeze)
        self.avg_pool = layers.GlobalAvgPool2D(keepdims=True, name="avg_pool")
        # 全結合層と活性化関数のリスト(ボトルネック)
        self.fc = [
            # 全結合層1(チャンネル数の圧縮)
            layers.Dense(int(inp * self.expansion), use_bias=False, name="fc_0"),
            layers.Activation("gelu", name="fc_1"),        # GELU活性化関数
            # 全結合層2(チャンネル数の拡張)
            layers.Dense(self.output_dim, use_bias=False, name="fc_2"),
            layers.Activation("sigmoid", name="fc_3"),   # シグモイド活性化関数
        ]

        # スーパークラスlayers.Layerのbuild()メソッドに各レイヤーを渡す
        super().build(input_shape)

    def call(self, inputs, **kwargs):
        """ フォワードパス

        Args:
            inputs (Tensor): 入力テンソル
        Returns:
            Tensor: Squeeze-and-Excitationが適用された出力テンソル
        """
        x = self.avg_pool(inputs)                          # グローバル平均プールを適用
        # ボトルネックの処理
        for layer in self.fc:
            x = layer(x)                                   # 全結合層と活性化関数を適用

        # xにinputsを適用することでスケーリングを行う
        return x * inputs
```

```
class ReduceSize(layers.Layer):
    """ 入力テンソルの空間サイズ(高さと幅)を減少させるレイヤー

    Attributes:
        pad1 (layers.ZeroPadding2D): ゼロパディング層1
        pad2 (layers.ZeroPadding2D): ゼロパディング層2
        conv (list of layers.Layer): 畳み込み層と活性化関数で構成されるレイヤーのリスト
        reduction (layers.Conv2D): サイズを縮小するための畳み込み層
        norm1 (layers.LayerNormalization): Layer Normalization層1
        norm2 (layers.LayerNormalization): Layer Normalization層2
    """
    def __init__(self, keepdims=False, **kwargs):
        """
        Args:
            keepdims (bool): 出力のチャンネル数を入力と同じに保つかどうかのフラグ
            **kwargs: その他の引数
        """
        super().__init__(**kwargs)
        self.keepdims = keepdims                          # keepdimsフラグを設定

    def build(self, input_shape):
        """ レイヤーのビルド

        Args:
            input_shape (tuple): 入力の形状
        """
        embed_dim = input_shape[-1] # 入力チャンネル数を取得
        # 出力チャンネル数を決定
        dim_out = embed_dim if self.keepdims else 2 * embed_dim
        self.pad1 = layers.ZeroPadding2D(1, name="pad1")        # ゼロパディング層1
        self.pad2 = layers.ZeroPadding2D(1, name="pad2")        # ゼロパディング層2

        self.conv = [
            # Depthwise畳み込み層
            layers.DepthwiseConv2D(
                kernel_size=3, strides=1,
                padding="valid", use_bias=False, name="conv_0"),
            layers.Activation("gelu", name="conv_1"), # GELU活性化関数
            # SqueezeAndExcitationブロック
            SqueezeAndExcitation(name="conv_2"),
            # Pointwise(標準的1×1)畳み込み層
```

```
            layers.Conv2D(
                embed_dim, kernel_size=1, strides=1,
                padding="valid", use_bias=False, name="conv_3"),
        ]
        # サイズを縮小するための畳み込み層
        self.reduction = layers.Conv2D(
            dim_out, kernel_size=3, strides=2,
            padding="valid", use_bias=False, name="reduction")
        # Layer Normalization層1
        self.norm1 = layers.LayerNormalization(-1, 1e-05, name="norm1")
        # Layer Normalization層2
        self.norm2 = layers.LayerNormalization(-1, 1e-05, name="norm2")

    def call(self, inputs, **kwargs):
        """ フォワードパス

        Args:
            inputs (Tensor): 入力テンソル
        Returns:
            Tensor: 空間サイズが減少された出力
        """
        x = self.norm1(inputs)          # 入力を正規化
        xr = self.pad1(x)               # パディングを適用
        # Depthwise畳み込み層+GELU活性化関数、
        # SqueezeAndExcitationブロック、
        # Pointwise畳み込み層を順次、適用
        for layer in self.conv:
            xr = layer(xr)
        x = x + xr                      # 入力と結合し、残差接続を行う(勾配消失を防止)
        x = self.pad2(x)                # パディングを適用
        x = self.reduction(x)           # 空間サイズを縮小
        x = self.norm2(x)               # 出力を正規化
        return x

class MLP(layers.Layer):
    """ 多層パーセプトロン(MLP)の実装

    Attributes:
        hidden_features (int): 隠れ層のニューロン(ユニット)数
        out_features (int): 出力層のニューロン数
        activation (str): 活性化関数
```

12 GCViTを用いた画像分類モデルの実装(Keras)

```
        dropout (float): ドロップアウト率
        in_features (int): 入力のニューロン数
        fc1 (layers.Dense): 全結合層1
        act (layers.Activation): 活性化関数
        fc2 (layers.Dense): 全結合層2
        drop1 (layers.Dropout): ドロップアウト1
        drop2 (layers.Dropout): ドロップアウト2
    """
    def __init__(
            self,
            hidden_features=None,
            out_features=None,
            activation="gelu",
            dropout=0.0,
            **kwargs
    ):
        """
        Args:
            hidden_features (int, optional): 隠れ層のニューロン数
            out_features (int, optional): 出力層のニューロン数
            activation (str, optional): 活性化関数
            dropout (float, optional): ドロップアウト率
            **kwargs: その他の引数
        """
        super().__init__(**kwargs)
        self.hidden_features = hidden_features   # 隠れ層のニューロン数を設定
        self.out_features = out_features         # 出力層のニューロン数を設定
        self.activation = activation             # 活性化関数を設定
        self.dropout = dropout                   # ドロップアウト率を設定

    def build(self, input_shape):
        """ レイヤーのビルド

        Args:
            input_shape (tuple): 入力の形状
        """
        self.in_features = input_shape[-1]      # 入力のニューロン数を取得
        # 隠れ層のニューロン数を決定
        self.hidden_features = self.hidden_features or self.in_features
        # 出力層のニューロン数を決定
        self.out_features = self.out_features or self.in_features
```

```
        self.fc1 = layers.Dense(self.hidden_features, name="fc1")     # 全結合層1
        self.act = layers.Activation(self.activation, name="act")     # 活性化層
        self.fc2 = layers.Dense(self.out_features, name="fc2")        # 全結合層2
        self.drop1 = layers.Dropout(self.dropout, name="drop1")       # ドロップアウト1
        self.drop2 = layers.Dropout(self.dropout, name="drop2")       # ドロップアウト2

    def call(self, inputs, **kwargs):
        """ フォワードパス

        Args:
            inputs (Tensor): 入力テンソル
        Returns:
            Tensor: MLPが適用された出力
        """
        x = self.fc1(inputs)        # 全結合層1を適用
        x = self.act(x)             # 活性化関数を適用
        x = self.drop1(x)           # ドロップアウト1を適用
        x = self.fc2(x)             # 全結合層2を適用
        x = self.drop2(x)           # ドロップアウト2を適用
        return x
```


COLUMN マルチクラス分類に適したFlower Dataset

以下は、Flower Dataset (tf_flowers) が画像分類タスクに適している理由です。

- 5つの異なるクラス(花の種類)があるため、マルチクラス分類のタスクに適しています。
- 異なる背景、照明、角度、さらには異なるシーンで撮影された花の画像が含まれています。この多様な条件が、モデルが複雑なパターンを学習するためのよい訓練材料となり、モデルの汎化性能を向上させます。
- 画像の枚数(約3,670枚)が適度なサイズであり、手軽にトレーニングを実施できます。

12.2.4 入力画像をパッチに分割し、埋め込みベクトルに変換するPatchEmbed

GCViTモデルでは、最初にpatch_embedモジュールを適用し、パッチへの分割処理を行います。patch_embedモジュールは、いわゆるステムブロックに相当します。

画像データをパッチに分割した状態のテンソル（パッチ分割後のテンソル）のことを、「埋め込みベクトル（Embedding Vector）」と呼ぶことがあります。入力データを固定長のベクトルに変換し、元のデータの意味や特徴を圧縮して表現するものであることが名前の由来です。

GCViTのPatchEmbedでは、ViTやSwin Transformerのように入力画像を「重複しないパッチ」に分割するのではなく、「重複するパッチ」に分割するのが重要なポイントになります。

■PatchEmbedブロック

PatchEmbedでは次の処理を行います。

①最初に入力画像をパディングします。
②次に、畳み込みを使用して「一部のピクセルが重複するパッチ」に分割し、埋め込みベクトルを作成します。
③最後に、ReduceSizeブロックを使用して空間サイズ（高さと幅）を縮小します。

●patch_embedモジュールにおける各ステップの処理内容と目的

・パディングの適用

x = self.pad(inputs)

入力画像にゼロパディングを適用します。畳み込み操作を行う際に、出力のサイズを調整するためです。

・畳み込み層での埋め込みベクトルへの変換

x = self.proj(x)

畳み込み層を使用して、入力画像をパッチに分割し、それぞれのパッチを埋め込みベクトルに変換します。self.projは、次のように定義されています。

▼重複するパッチを生成する畳み込み層

```
self.proj = layers.Conv2D(self.embed_dim, 3, 2, name="proj")
```

• **カーネルサイズ（kernel_size=3）**

畳み込みフィルターのサイズです。3×3のフィルターを使用します。

• **ストライド（strides=2）**

畳み込みフィルターが入力画像を移動するステップのサイズです。ストライドが2の場合、フィルターは2ピクセルずつ移動します。

カーネルサイズが3でストライドが2であるため、パッチが生成される際に一部のピクセルが重複します。具体的には、各3×3のパッチが次のパッチと3ピクセルにわたって重なることになります。

• **サイズの縮小**

x = self.conv_down(x)

ReduceSizeレイヤーを使用して、入力テンソルの空間サイズを縮小します。埋め込みベクトルのサイズをさらに圧縮するのは、計算効率を向上させるためと考えられます。

PatchEmbedクラスの定義

4番目のセルに次のように入力し、実行します。

▼PatchEmbedクラスの定義（GCViT_Keras.ipynb）

セル4

```
class PatchEmbed(layers.Layer):
    """ 画像をパッチに分割し、埋め込みベクトルに変換する

    Attributes:
        embed_dim (int): 埋め込みベクトルの次元
        pad (layers.ZeroPadding2D): パディングを適用する層
        proj (layers.Conv2D): 入力画像を埋め込みベクトルに変換する畳み込み層
        conv_down (ReduceSize): 入力画像のサイズを縮小するReduceSizeブロック
    """
    def __init__(self, embed_dim, **kwargs):
        """
        Args:
            embed_dim (int): 埋め込みベクトルの次元
            **kwargs: その他の引数
        """
        super().__init__(**kwargs)
        self.embed_dim = embed_dim    # 埋め込みベクトルの次元を設定
```

```
    def build(self, input_shape):
        """ レイヤーのビルド

        Args:
            input_shape (tuple): 入力の形状
        """
        # パディング層
        self.pad = layers.ZeroPadding2D(1, name="pad")
        # 3×3のカーネルでストライド2で移動する畳み込み層
        # 隣との重複(3ピクセル分)があるパッチに分割する
        self.proj = layers.Conv2D(self.embed_dim, 3, 2, name="proj")
        # サイズを縮小するReduceSizeブロック
        self.conv_down = ReduceSize(keepdims=True, name="conv_down")

    def call(self, inputs, **kwargs):
        """ フォワードパス

        Args:
            inputs (Tensor):
                入力テンソル(bs, 高さ, 幅, チャンネル数)
                            例: (bs, 224, 224, 3)
        Returns(Tensor):
            パッチ分割、埋め込みベクトルに変換されたテンソル
            (bs, パッチ数(高さ), パッチ数(幅), 各パッチのチャンネル次元)
            例: (bs, 56, 56, 64)
        """
        # パディングを適用
        # xの形状:(bs, 226, 226, 3)
        x = self.pad(inputs)
        # 畳み込み層で埋め込みベクトルに変換(画像をパッチに分割)
        # 入力の形状が(bs, 226, 226, 3)の場合、
        # xの形状:(bs, 112, 112, 3) パッチの数=112×112=12,544
        x = self.proj(x)
        # サイズを縮小: (bs, 56, 56, 64)
        x = self.conv_down(x)

        return x        # 埋め込みベクトルに変換された出力を返す
```

12.2.5 グローバルクエリを生成する

GCViT (Global Context Vision Transformer) では、その名の通り、グローバルコンテキストアテンションの仕組みが採用されています。グローバルコンテキストアテンションは、ViTにおいても使用されています。モデルは、グローバルコンテキストアテンションを通じて、遠く離れた領域間の関係を捉え、より精度の高い特徴抽出を行うことが可能となります。

グローバルコンテキストアテンションは、次に示す手順で作成される「グローバルクエリ」に対して自己注意 (Self-Attention) 機構を適用することで作成します。

●グローバルクエリ生成の流れ

・入力テンソル

入力テンソルが渡されます。このテンソルは、画像データをパッチに分割した状態の特徴マップです。

・FeatureExtractionブロックの適用

FeatureExtractionブロックが複数回にわたって適用され、特徴が抽出されます。FeatureExtractionブロックには、Depthwise畳み込み層、活性化関数、SqueezeAndExcitationブロック、Pointwiseみ込み層が配置されています。

・グローバルクエリの生成

すべてのFeatureExtractionレイヤーを通過した後、最終的な出力としてグローバルクエリが生成されます。このグローバルクエリは、入力テンソル全体のグローバル情報（離れた領域間の関係性）を持ちます。

■FeatureExtraction、GlobalQueryGeneratorの定義

FeatureExtractionクラス、GlobalQueryGeneratorクラスを定義します。5番目のセルに次のように入力し、実行します。

▼FeatureExtraction、GlobalQueryGeneratorを定義する (GCViT_Keras.ipynb)

セル5

```
class FeatureExtraction(layers.Layer):
    """ 特徴抽出を行うブロック

    Attributes:
        keepdims (bool): 出力の空間サイズを入力と同じに保つかどうかのフラグ
        pad1(layers.ZeroPadding2D): ゼロパディング層1
        pad2(layers.ZeroPadding2D): ゼロパディング層2
        conv(list of layers.Layer): 畳み込み層、活性化関数、SqueezeAndExcitation
        pool (layers.MaxPool2D): 空間サイズを縮小するためのMaxPooling層
```

12 GCViTを用いた画像分類モデルの実装 (Keras)

```
    """
    def __init__(self, keepdims=False, **kwargs):
        """
        Args:
            keepdims (bool): 出力の空間サイズを入力と同じに保つかどうかのフラグ
            **kwargs: その他の引数
        """
        super().__init__(**kwargs)
        self.keepdims = keepdims        # 出力の空間サイズのフラグをセット

    def build(self, input_shape):
        """ レイヤーのビルド

        Args:
            input_shape (tuple): 入力の形状
        """
        embed_dim = input_shape[-1]    # 入力の埋め込み次元を取得
        # 最初のゼロパディング層
        self.pad1 = layers.ZeroPadding2D(1, name="pad1")
        # 2番目のゼロパディング層
        self.pad2 = layers.ZeroPadding2D(1, name="pad2")

        # Depthwise畳み込み層と活性化関数、SqueezeAndExcitationを含むリスト
        self.conv = [
            # Depthwise畳み込み層
            layers.DepthwiseConv2D(3, 1, use_bias=False, name="conv_0"),
            layers.Activation("gelu", name="conv_1"),  # GELU活性化関数
            SqueezeAndExcitation(name="conv_2"),       # Squeeze-and-Excitation
            # Pointwiseみ込み層
            layers.Conv2D(embed_dim, 1, 1, use_bias=False, name="conv_3"),
        ]

        # MaxPooling層を設定(keepdimsがFalseの場合)
        if not self.keepdims:
            self.pool = layers.MaxPool2D(3, 2, name="pool")

        # スーパークラスのbuild()メソッドに入力の形状input_shapeを渡す
        super().build(input_shape)

    def call(self, inputs, **kwargs):
        """
```

```
        フォワードパス

        Args:
            inputs (Tensor): 入力テンソル

        Returns:
            Tensor: 特徴抽出と空間サイズの調整が適用された出力テンソル
        """
        x = inputs                           # 入力を取得
        xr = self.pad1(x)                    # 最初のゼロパディングを適用
        # リストの畳み込み層、活性化関数、Squeeze-and-Excitationなどを順次適用
        for layer in self.conv:
            xr = layer(xr)
        x = x + xr                           # 残差接続を適用
        # 2番目のゼロパディングとMaxPoolingを適用(keepdimsがFalseの場合)
        if not self.keepdims:
            x = self.pool(self.pad2(x))

        return x

class GlobalQueryGenerator(layers.Layer):
    """ グローバルクエリ生成器

    Attributes:
        keepdims (list of bool):
            各FeatureExtractionレイヤーが出力する空間サイズを
            入力と同じに保つかどうかのフラグリスト
        to_q_global (list of FeatureExtraction):
            グローバルクエリを生成するためのFeatureExtractionのリスト
    """
    def __init__(self, keepdims=False, **kwargs):
        """
        Args:
            keepdims (list of bool):
                各FeatureExtractionレイヤーの出力に関するフラグリスト
            **kwargs: その他の引数
        """
        super().__init__(**kwargs)
        self.keepdims = keepdims      # フラグリストを設定

    def build(self, input_shape):
```

```
        """
        レイヤーのビルド

        Args:
            input_shape (tuple): 入力の形状
        """
        # keepdimsフラグリストに従ってFeatureExtractionブロックを配置
        self.to_q_global = [
            FeatureExtraction(keepdims, name=f"to_q_global_{i}")
            for i, keepdims in enumerate(self.keepdims)
        ]
        # スーパークラスのbuild()メソッドにinput_shapeを渡す
        super().build(input_shape)

    def call(self, inputs, **kwargs):
        """
        フォワードパス

        Args:
            inputs (Tensor):
                パッチ分割、埋め込みベクトルに変換されたテンソル
                例: (bs, 56, 56, 64), (bs, 28, 28, 128), (1, 14, 14, 256)
        Returns:
            Tensor: グローバルクエリとして出力されたテンソル
        """
        x = inputs      # 入力を取得

        # 各レイヤーを順次適用
        # xの形状: (bs, 7, 7, 64), (bs, 7, 7, 128), (bs, 7, 7, 512)
        for layer in self.to_q_global:
            x = layer(x)

        return x
```

12.2.6 ウィンドウベースの自己注意機構を実装する

Swin Transformerにおけるウィンドウベースの自己注意機構(Multi-Head Self-Attention)を、WindowAttentionクラスとして実装します。

■WindowAttentionクラスの定義

WindowAttentionクラスを定義します。6番目のセルに次のように入力し、実行します。

▼WindowAttentionクラスを定義する(GCViT_Keras.ipynb)

セル6

```
class WindowAttention(layers.Layer):
    """ ウィンドウベースの自己注意機構(Self-Attention)

    Attributes:
        window_size (tuple of int): ウィンドウのサイズ
        num_heads (int): ヘッド数
        global_query (bool): グローバルクエリを使用するかどうかのフラグ
        qkv_bias (bool): qkv層にバイアスを使用するかどうかのフラグ
        qk_scale (float or None): スケーリング係数
        attention_dropout (float): アテンションスコアのドロップアウト率
        projection_dropout (float): 出力のドロップアウト率
        scale (float): q(クエリ)のスケーリング係数
        qkv_size (int): qkvのサイズ
        qkv (Dense): qkvを生成するための全結合層
        relative_position_bias_table (Tensor): 相対位置バイアステーブル
        attn_drop (Dropout): アテンションスコアのドロップアウト層
        proj (Dense): 出力の全結合層
        softmax (Activation): ソフトマックス関数
    """
    def __init__(
        self,
        window_size,
        num_heads,
        global_query,
        qkv_bias=True,
        qk_scale=None,
        attention_dropout=0.0,
        projection_dropout=0.0,
```

コードに付けられたコメントの中に「Level-x」とあるのは、各レベル(ステージ)の番号です。各レベルにおいてWindowAttentionを含むブロックが複数回実行され、その都度、異なるウィンドウサイズやヘッド数などが渡されます。

```
        **kwargs,
    ):
        """
        Args:
            window_size (int): ウィンドウのサイズ
                Level-1:7,  Level-2:7,  Level-3:14,  Level-4:7,
            num_heads (int): ヘッド数
                Level-1:2,  Level-2:4,  Level-3:8, Level-4:16,
            global_query (bool):
                グローバルクエリを使用するかどうかのフラグ：
                Level-1:False,  Level-2:True,  Level-3:False,  Level-4:True,
            qkv_bias (bool):
                qkv層にバイアスを使用するかどうかのフラグ： すべてのLevelにおいてTrue
            qk_scale (float or None):
                スケーリング係数： すべてのLevelにおいてNone
            attention_dropout (float):
                アテンションスコアのドロップアウト率： すべてのLevelにおいて0.0
            projection_dropout (float):
                出力のドロップアウト率： すべてのLevelにおいて0.0
            **kwargs: その他の引数。
        """
        super().__init__(**kwargs)
        self.window_size = (window_size, window_size)  # ウィンドウサイズを設定
        self.num_heads = num_heads                     # ヘッド数を設定
        self.global_query = global_query               # グローバルクエリの使用フラグを設定
        self.qkv_bias = qkv_bias                       # qkv層のバイアス使用フラグを設定
        self.qk_scale = qk_scale                       # スケーリング係数を設定
        # アテンションスコアのドロップアウト率
        self.attention_dropout = attention_dropout
        # 出力のドロップアウト率
        self.projection_dropout = projection_dropout

    def build(self, input_shape):
        """ レイヤーのビルド

        Args:
            input_shape (tuple):
                (bs*window_num,window-dim(window_size*window_size),チャンネル次元数)

                Level-1:
                [(bs*64, 49, 64)]
```

```
            [(bs*64, 49, 64), (1, 7, 7, 64)] ※グローバルクエリあり
            Level-2:
            [(bs*16, 49, 128)]
            [(bs*16, 49, 128), (1, 7, 7, 128)] ※グローバルクエリあり
            Level-3:
            [(bs*1, 196, 256)]
            [(bs*1, 196, 256), (1, 14, 14, 256)] ※グローバルクエリあり
            [(bs*1, 196, 256)]
            [(bs*1, 196, 256), (1, 14, 14, 256)] ※グローバルクエリあり
            [(bs*1, 196, 256)]
            [(bs*1, 196, 256), (1, 14, 14, 256)] ※グローバルクエリあり
            Level-4
            [(bs*1, 49, 512)]
            [(bs*1, 49, 512), (1, 7, 7, 512)] ※グローバルクエリあり
    """
    # 埋め込み次元(チャンネル次元)を取得
    # Level-1: 64, 64,
    # Level-2: 128, 128,
    # Level-3: 256, 256, 256, 256, 256, 256,
    # Level-4: 512, 512
    embed_dim = input_shape[0][-1]
    # ヘッドごとの次元を計算
    # 32, 32, 32, 32, 32, 32, 32, 32, 32, 32, 32, 32
    head_dim = embed_dim // self.num_heads
    # スケール係数を設定
    self.scale = self.qk_scale or head_dim**-0.5

    # qkvのサイズを設定
    # グローバルクエリあり:2
    # グローバルクエリなし:3
    # Level-1: 3, 2,
    # Level-2: 3, 2,
    # Level-3: 3, 2, 3, 2, 3, 2,
    # Level-4: 3, 2
    self.qkv_size = 3 - int(self.global_query)

    # qkv層を設定
    self.qkv = layers.Dense(
        embed_dim * self.qkv_size, use_bias=self.qkv_bias, name="qkv")

    # 相対位置バイアステーブルを作成
```

12 GCViTを用いた画像分類モデルの実装(Keras)

```
        self.relative_position_bias_table = self.add_weight( ——— ①
            # 重みの名前
            name="relative_position_bias_table",
            # 重みの形状を設定
            shape=[
                # 相対位置の範囲を考慮した行数
                (2 * self.window_size[0] - 1) * (2 * self.window_size[1] - 1),
                # 列数は自己注意機構のヘッド数
                self.num_heads,
            ],
            # 標準偏差0.02の切断正規分布で初期化
            initializer=keras.initializers.TruncatedNormal(stddev=0.02),
            trainable=True,    # 重みを学習可能なパラメーターにする
            dtype=self.dtype, # データ型を設定
        )

        # アテンションスコアのドロップアウトを設定
        self.attn_drop = layers.Dropout(
            self.attention_dropout, name="attn_drop")

        # 出力の全結合層を設定
        # ユニット数: Level-1: 64, 64,
        #             Level-2: 128, 128,
        #             Level-3: 256, 256, 256, 256, 256, 256,
        #             Level-4: 512, 512
        self.proj = layers.Dense(embed_dim, name="proj")
        # 出力のドロップアウトを設定
        self.proj_drop = layers.Dropout(
            self.projection_dropout, name="proj_drop")
        # ソフトマックス関数を作成
        self.softmax = layers.Activation("softmax", name="softmax")

        super().build(input_shape)

    def get_relative_position_index(self):
        """ 相対位置インデックスを計算

        Returns:
            相対位置インデックス(Tensor)
                Level-1:(49, 49),(49, 49),
                Level-2:(49, 49),(49, 49),
```

```
        Level-3:(196, 196),(196, 196),(196, 196),
                (196, 196),(196, 196),(196, 196),
        Level-4:(49, 49), (49, 49),
"""
# ウィンドウの高さの座標を生成
coords_h = ops.arange(self.window_size[0])
# ウィンドウの幅の座標を生成
coords_w = ops.arange(self.window_size[1])

# 座標をスタック
#  Level-1:(2, 7, 7), (2, 7, 7),
#  Level-2:(2, 7, 7), (2, 7, 7),
#  Level-3:(2, 14, 14), (2, 14, 14), (2, 14, 14),
#          (2, 14, 14), (2, 14, 14), (2, 14, 14),
#  Level-4:(2, 7, 7), (2, 7, 7)
coords = ops.stack(ops.meshgrid(coords_h, coords_w, indexing="ij"), axis=0)
# 座標をフラット化
# Level-1:(2, 49), (2, 49),
# Level-2:(2, 49), (2, 49),
# Level-3:(2, 196), (2, 196), (2, 196),
#         (2, 196), (2, 196), (2, 196),
# Level-4:(2, 49), (2, 49),
coords_flatten = ops.reshape(coords, [2, -1])

# 相対座標を計算
# Level-1:(2, 49, 49), (2, 49, 49),
# Level-2:(2, 49, 49), (2, 49, 49),
# Level-3:(2, 196, 196), (2, 196, 196), (2, 196, 196),
#         (2, 196, 196), (2, 196, 196), (2, 196, 196),
# Level-4:(2, 49, 49), (2, 49, 49)
relative_coords = coords_flatten[:, :, None] - coords_flatten[:, None, :]

# 軸を転置
# Level-1:(49, 49, 2), (49, 49, 2),
# Level-2:(49, 49, 2), (49, 49, 2),
# Level-3:(196, 196, 2), (196, 196, 2), (196, 196, 2),
#         (196, 196, 2), (196, 196, 2), (196, 196, 2),
# Level-4:(49, 49, 2), (49, 49, 2),
relative_coords = ops.transpose(relative_coords, axes=[1, 2, 0])

# x成分,y成分の形状
```

```
        # Level-1:(49, 49), (49, 49),
        # Level-2:(49, 49), (49, 49),
        # Level-3:(196, 196), (196, 196), (196, 196),
        #         (196, 196), (196, 196), (196, 196),
        # Level-4:(49, 49), (49, 49),
        #
        # 相対座標のx成分を計算
        relative_coords_xx = relative_coords[:, :, 0] + self.window_size[0] - 1
        # 相対座標のy成分を計算
        relative_coords_yy = relative_coords[:, :, 1] + self.window_size[1] - 1

        # 相対座標をスケーリング
        relative_coords_xx = relative_coords_xx * (2 * self.window_size[1] - 1)

        # 相対位置インデックスを計算
        # relative_position_indexの形状はx,y成分の形状と同じ
        relative_position_index = relative_coords_xx + relative_coords_yy

        return relative_position_index

    def call(self, inputs, **kwargs):
        """ フォワードパス

        Args:
            inputs (list of Tensor):
                (bs*ウィンドウの数,
                ウィンドウの次元数(window_size*window_size),
                チャンネル次元数)

            Level-1
            window-num:64, window-size:7, window-dim:49, channel-dim:64
            (bs*64, 49, 64)
            (bs*64, 49, 64), (1, 7, 7, 64) ※グローバルクエリあり

            Level-2
            window-num:16, window-size:7, window-dim:49, channel-dim:128
            (bs*16, 49, 128)
            (bs*16, 49, 128), (1, 7, 7, 128) ※グローバルクエリあり

            Level-3
            window-num:1, window-size:14, window-dim:196, channel-dim:256
```

```
        (bs*1, 196, 256)
        (bs*1, 196, 256), (1, 14, 14, 256) ※グローバルクエリあり
        (bs*1, 196, 256)
        (bs*1, 196, 256), (1, 14, 14, 256) ※グローバルクエリあり
        (bs*1, 196, 256)
        (bs*1, 196, 256), (1, 14, 14, 256)] ※グローバルクエリあり

        Level-4
        window-num:1, window-size:7, window-dim:49, channel-dim:512
        (bs*1, 49, 512)
        (bs*1, 49, 512), (1, 7, 7, 512) ※グローバルクエリあり

    Returns:
        x(Tensor):
            ウィンドウごとに自己注意機構が適用された出力テンソル
            形状は入力時と同じ:
            (bs*window-num, window-dim(window_size*window_size), channel-dim)
    """
    # グローバルクエリが存在する場合、入力テンソルと
    # グローバルクエリを分離し、バッチサイズを取得する
    # self.global_query: Level-1: False,True,
    #                    Level-2: False,True,
    #                    Level-3: False,True,False,True,False,True,
    #                    Level-4: False,True,
    if self.global_query: ──────────────────────────── ②
        inputs, q_global = inputs # 入力テンソルとグローバルクエリを分離
        # グローバルクエリのバッチサイズを取得
        # すべてB = 1
        B = ops.shape(q_global)[0]
    else:
        inputs = inputs[0] # グローバルクエリがない場合、入力テンソルを取得

    # bs * window-num, window-dim, channel-dimを取得
    # Level-1:(bs*64, 49, 64), (bs*64, 49  64),
    # Level-2:(bs*16, 49, 128), (bs*16, 49  128),
    # Level-3:(bs*1, 196, 256), (bs*1, 196, 256), (bs*1, 196, 256),
    #         (bs*1, 196, 256), (bs*1, 196, 256), (bs*1, 196, 256),
    # Level-4:(bs*1, 49, 512), (bs*1, 49, 512),
    B_, N, C = ops.shape(inputs)

    # qkvを生成  形状:(bs * window-num, window-dim, channel * self.qkv_size)
```

```
        # Level-1:(bs*64, 49, 192), (bs*64, 49, 128),
        # Level-2:(bs*16, 49, 384), (bs*16, 49, 256),
        # Level-3:(bs*1, 196, 768), (bs*1, 196, 512), (bs*1, 196, 768),
        #         (bs*1, 196, 512), (bs*1, 196, 768), (bs*1, 196, 512),
        # Level-4:(bs*1, 49, 1536), (bs*1, 49, 1024),
        qkv = self.qkv(inputs) ―――――――――――――――――――――――――――――― ③

        # qkvテンソルをヘッドごとに分割し、ウィンドウに対応する形状にリシェイプ
        # (bs*window-num, window-dim, q.k.vのサイズ(3または2), ヘッド数, ヘッドの次元数)
        # Level-1:(bs*64, 49, 3, 2, 32), (bs*64, 49, 2, 2, 32),
        #         (bs*16, 49, 3, 4, 32), (bs*16, 49, 2, 4, 32),
        # Level-2:(bs*1, 196, 3, 8, 32),(bs*1, 196, 2, 8, 32),(bs*1, 196, 3, 8, 32),
        #         (bs*1, 196, 2, 8, 32),(bs*1, 196, 3, 8, 32),(bs*1, 196, 2, 8, 32),
        # Level-3:(bs*1, 49, 3, 16, 32), (bs*1, 49, 2, 16, 32),
        qkv = ops.reshape(
            qkv, [B_, N, self.qkv_size, self.num_heads, C // self.num_heads]) ―― ④

        # qkvの次元を入れ替える
        # (q.k.vのサイズ(3 or 2), bs*window-num, ヘッド数, window-dim, ヘッドの次元数)
        # Level-1:(3, bs*64, 2, 49, 32), (2, bs*64, 2, 49, 32),
        # Level-2:(3, bs*16, 4, 49, 32), (2, bs*16, 4, 49, 32),
        # Level-3:(3, bs*1, 8, 196, 32),(2, bs*1, 8, 196, 32),(3, bs*1, 8, 196, 32),
        #         (2, bs*1, 8, 196, 32),(3, bs*1, 8, 196, 32),(2, bs*1, 8, 196, 32),
        # Level-4:(3, bs*1, 16, 49, 32),(2, bs*1, 16, 49, 32),
        qkv = ops.transpose(qkv, [2, 0, 3, 1, 4])

        # グローバルクエリの有無に応じてqkvテンソルを適切に分割および整形する
        # k,vそれぞれの形状
        # Level-1:(1, bs*64, 2, 49, 32), (1, bs*64, 2, 49, 32),
        # Level-2:(1, bs*16, 4, 49, 32), (1, bs*16, 4, 49, 32),
        # Level-3:(1, bs*1, 8, 196, 32),(1, bs*1, 8, 196, 32),(1, bs*1, 8, 196, 32),
        #         (1, bs*1, 8, 196, 32),(1, bs*1, 8, 196, 32),(1, bs*1, 8, 196, 32),
        # Level-4:(1, bs*1, 16, 49, 32), (1, bs*1, 16, 49, 32),
        # qの形状
        # Level-1:(bs*64, 2, 49, 32), (bs*64, 2, 49, 32),
        # Level-2:(bs*16, 4, 49, 32), (bs*16, 4, 49, 32),
        # Level-3:(bs*1, 8, 196, 32), (bs*1, 8, 196, 32), (bs*1, 8, 196, 32),
        #         (bs*1, 8, 196, 32), (bs*1, 8, 196, 32), (bs*1, 8, 196, 32),
        # Level-4:(bs*1, 16, 49, 32), (bs*1, 16, 49, 32),
        if self.global_query:
            # qkvテンソルをキー(k)とバリュー(v)に分割
```

```
        k, v = ops.split(qkv, indices_or_sections=2, axis=0)
        # グローバルクエリをすべてのパッチに適用
        # Bはバッチの数、B_ はグローバルクエリのバッチ数なので、すべてB_ = 1
        q_global = ops.repeat(q_global, repeats=B_ // B, axis=0)
        # qをリシェイプ
        q = ops.reshape(q_global, [B_, N, self.num_heads, C // self.num_heads])
        q = ops.transpose(q, axes=[0, 2, 1, 3])     # 軸を転置
    else:
        # グローバルクエリがない場合、
        # qkvテンソルを通常の方法で分割して形状を整える
        q, k, v = ops.split(qkv, indices_or_sections=3, axis=0)
        q = ops.squeeze(q, axis=0)

    # k,vの第1次元(0番目の次元)をそれぞれ削除
    k = ops.squeeze(k, axis=0)
    v = ops.squeeze(v, axis=0)

    # qをスケーリング
    q = q * self.scale
    # ウィンドウベースのアテンションスコアを計算
    # attnの形状: (bs*window-num, ヘッドの数, window-dim, window-dim)
    # Level-1:(bs*64, 2, 49, 49), (bs*64, 2, 49, 49),
    #         (bs*16, 4, 49, 49), (bs*16, 4, 49, 49),
    # Level-2:(bs*1, 8, 196, 196), (bs*1, 8, 196, 196), (bs*1, 8, 196, 196),
    #         (bs*1, 8, 196, 196), (bs*1, 8, 196, 196), (bs*1, 8, 196, 196),
    # Level-3:(bs*1, 16, 49, 49), (bs*1, 16, 49, 49),
    attn = q @ ops.transpose(k, axes=[0, 1, 3, 2])

    # 相対位置バイアステーブルから相対位置バイアスを取得してリシェイプし、
    # 自己注意機構に適用できる形状に整える
    # Level-1:(2401,), (2401,),
    # Level-2:(2401,), (2401,),
    # Level-3:(38416,), (38416,), (38416,),
    #         (38416,), (38416,), (38416,),
    # Level-4:(2401,), (2401,),
    relative_position_bias = ops.take( ―――――――――――――――――――――――― ⑤
        self.relative_position_bias_table,        # 相対位置バイアステーブルから値を取得
        ops.reshape(
            self.get_relative_position_index(),  # 相対位置インデックスを取得
            [-1]   # フラットにリシェイプ
        )
```

```
        )

        # 相対位置バイアスをリシェイプ
        # Level-1:(49, 49, 1), (49, 49, 1),
        # Level-2:(49, 49, 1), (49, 49, 1),
        # Level-3:(196, 196, 1), (196, 196, 1), (196, 196, 1),
        #          (196, 196, 1), (196, 196, 1), (196, 196, 1),
        # Level-4:(49, 49, 1), (49, 49, 1),
        relative_position_bias = ops.reshape(
            relative_position_bias,                           # 取得した相対位置バイアス
            [
                self.window_size[0] * self.window_size[1],# ウィンドウの高さ*ウィンドウの幅
                self.window_size[0] * self.window_size[1],# ウィンドウの高さ*ウィンドウの幅
                -1                                        # チャンネル数は保持
            ]
        )

        # relative_position_biasの次元の並びを入れ替える
        # Level-1:(1, 49, 49), (1, 49, 49),
        #          (49, 49, 1), (1, 49, 49),
        # Level-2:(1, 196, 196), (1, 196, 196), (1, 196, 196),
        #          (1, 196, 196), (1, 196, 196), (1, 196, 196),
        # Level-3:(1, 49, 49), (1, 49, 49),
        relative_position_bias = ops.transpose(
            relative_position_bias, # 相対位置バイアス
            axes=[2, 0, 1]          # 新しい軸(次元)の順序を指定
        )

        # ウィンドウベースのアテンションスコアに相対位置バイアスを加算
        # Level-1:(bs*64, 2, 49, 49), (bs*64, 2, 49, 49),
        # Level-2:(bs*16, 4, 49, 49), (bs*16, 4, 49, 49),
        # Level-3:(bs*1, 8, 196, 196), (bs*1, 8, 196, 196), (bs*1, 8, 196, 196),
        #          (bs*1, 8, 196, 196), (bs*1, 8, 196, 196), (bs*1, 8, 196, 196),
        # Level-4:(bs*1, 16, 49, 49), (bs*1, 16, 49, 49),
        attn = attn + relative_position_bias[None,]

        attn = self.softmax(attn)       # ソフトマックスを適用
        attn = self.attn_drop(attn)     # ドロップアウトを適用

        # アテンションスコアでvを重み付けし、転置
        # xの形状: (bs*womdpw-num, window-dim, ヘッド数, ヘッドの次元数)
```

```
    # Level-1:(bs*64, 49, 2, 32), (bs*64, 49, 2, 32),
    # Level-2:(bs*16, 49, 4, 32), (bs*16, 49, 4, 32),
    # Level-3:(bs*1, 196, 8, 32), (bs*1, 196, 8, 32), (bs*1, 196, 8, 32),
    #         (bs*1, 196, 8, 32), (bs*1, 196, 8, 32), (bs*1, 196, 8, 32),
    # Level-4:(bs*1, 49, 16, 32), (bs*1, 49, 16, 32),
    x = ops.transpose((attn @ v), axes=[0, 2, 1, 3])

    # 出力をリシェイプ
    # xの形状:(bs*window-num, window-dim(window_size*window_size), channel-dim)
    # Level-1:(bs*64, 49, 64), (bs*64, 49, 64),
    # Level-2:(bs*16, 49, 128), (bs*16, 49, 128),
    # Level-3:(bs*1, 196, 256), (bs*1, 196, 256), (bs*1, 196, 256),
    #         (bs*1, 196, 256), (bs*1, 196, 256), (bs*1, 196, 256)
    # Level-4:(bs*1, 49, 512), (bs*1, 49, 512),
    x = ops.reshape(x, [B_, N, C])

    # 全結合層とドロップアウトを適用
    x = self.proj_drop(self.proj(x))

    return x
```


[ポイント解説]

ポイントになる箇所を見ていきましょう。

●相対位置バイアステーブルの作成(①のコード)

相対位置バイアステーブル(relative position bias table)は、相対位置エンコーディングの一種です。具体的には、自己注意機構において、異なる位置のトークン間の相対位置情報を考慮するために使用されます。相対位置バイアスは、アテンションスコアの計算時に追加され、モデルが空間的な関係をよりよく理解できるようにします。

●相対位置バイアステーブルの役割

相対位置バイアステーブルは、以下の役割を果たします:

・位置情報の保持

絶対位置情報だけでなく、相対位置情報も保持します。これにより、モデルは入力シーケンス内のパッチ間の相対的な位置関係を学習できます。

- **アテンションスコアの補正**

  各パッチペアのアテンションスコアを計算する際に、相対位置バイアスを加えることで、位置情報を考慮したアテンションスコアを得られます。

▼相対位置バイアステーブルを設定

```
self.relative_position_bias_table = self.add_weight(
    # 重みの名前
    name="relative_position_bias_table",
    # 重みの形状を設定
    shape=[
        # 相対位置の範囲を考慮した行数
        (2 * self.window_size[0] - 1) * (2 * self.window_size[1] - 1),
        # 列数は自己注意機構のヘッド数
        self.num_heads,
    ],
    # 標準偏差0.02の切断正規分布で初期化
    initializer=keras.initializers.TruncatedNormal(stddev=0.02),
    trainable=True,    # 重みを学習可能なパラメーターにする
    dtype=self.dtype,  # データ型を設定
)
```

- **self.add_weight()**

  KerasのLayerクラスのメソッドで、カスタムレイヤー内に重みを追加するために使用します。

- **name="relative_position_bias_table"**

  重みの名前を設定しています。

- **shape=[(2 * self.window_size[0] - 1) * (2 * self.window_size[1] - 1), self.num_heads]**

  重みの形状を設定しています。2 * self.window_size[0] - 1と2 * self.window_size[1] - 1は、それぞれの次元における相対位置の範囲を表しています。最終的な形状は、行数が「相対位置の組み合わせの数」、列数が「自己注意機構のヘッド数」になります。

- **initializer=keras.initializers.TruncatedNormal(stddev=0.02)**

  重みの初期値を設定しています。ここでは標準偏差0.02の切断正規分布を使用しています。

- **trainable=True**

  この重みを学習可能に設定しています。トレーニング中に重みが更新されます。

- **dtype=self.dtype**

  重みのデータ型を設定しています。通常、これはモデル全体のデータ型と一致します。

●入力テンソルとグローバルクエリを分離し、バッチサイズを取得する（②のコード）

グローバルクエリの有無に応じて入力を適切に処理しています。具体的には、入力テンソルとグローバルクエリを分離し、バッチサイズを取得する部分です。グローバルクエリがない場合は、単純に入力テンソルを処理します。

▼入力テンソルとグローバルクエリを分離

```
if self.global_query:
    inputs, q_global = inputs
    B = ops.shape(q_global)[0]
else:
    inputs = inputs[0]
```

- if self.global_query:

  self.global_queryがTrueかどうかをチェックします。self.global_queryがTrueの場合、グローバルクエリが存在することを意味します。

- inputs, q_global = inputs

  入力のタプルをアンパックします。inputsには入力テンソルが、q_globalにはグローバルクエリが格納されます。

- B = ops.shape(q_global)[0]

  q_globalの形状を取得し、バッチサイズ（B）を取得します。q_globalの0番目の次元を返すので、Bの値はすべて「1」になります。

- else:

  self.global_queryがFalseの場合の処理に移ります。この場合、グローバルクエリは存在しません。

- inputs = inputs[0]

  入力テンソルをアンパックしてinputsに代入します。

●クエリ、キー、バリューを生成し、ウィンドウに分割した形状に変換する(③と④のコード)

qkvテンソルを作成した後、ウィンドウごとのヘッド数に分割し、ウィンドウに対応する形状にリシェイプします。この処理のポイントは、qkvテンソルをウィンドウに分割した形状に変換することで、ウィンドウベースの自己注意機構が適用できるようにすることです。

▼qkvテンソルを作成（③）

```
qkv = self.qkv(inputs)
```

入力テンソルとして

(bs＊ウィンドウの数，ウィンドウの次元数〈window_size＊window_size〉，チャンネル次元数)

をqkvレイヤーに入力し、

(bs, パッチの数，パッチの次元数＊self.qkv_size)
(bs＊ウィンドウの数，ウィンドウの次元数，チャンネル次元数 ＊ qkvのサイズ)

を得ます。self.qkv_sizeは、グローバルクエリなしの場合は3、グローバルクエリありの場合は2です。

▼qkvテンソルをヘッドごとに分割し、ウィンドウに対応する形状にリシェイプ（④）

```
qkv = ops.reshape(
    qkv, [B_, N, self.qkv_size, self.num_heads, C // self.num_heads])
```

このリシェイプ操作により、qkvテンソルの形状は

(bs＊ウィンドウの数，ウィンドウの次元数，q.k.vのサイズ〈3または2〉，ヘッド数，ヘッドの次元数)

になります。qkvテンソルはウィンドウごとに対応する形状に変換され、ウィンドウベースの自己注意機構が適用できるようになります。

●相対位置バイアステーブルから相対位置バイアスを取得してリシェイプする(⑤のコード)

相対位置バイアステーブルから相対位置バイアスを取得してリシェイプし、自己注意機構に適用できる形状に整えます。

▼相対位置バイアステーブルから相対位置バイアスを取得してリシェイプ

```
relative_position_bias = ops.take(
    self.relative_position_bias_table,          # 相対位置バイアステーブルから値を取得
    ops.reshape(
        self.get_relative_position_index(),     # 相対位置インデックスを取得
        [-1]                                    # フラットにリシェイプ
    )
)
```

- **ops.take(self.relative_position_bias_table, ...)**
  フラット化された相対位置インデックスを使用して、相対位置バイアステーブルから対応する値を取得します。各相対位置に対するバイアスのテーブル：

  self.relative_position_bias_table

  は、各相対位置に対応するバイアス値を保持しています。各相対位置に対応するバイアス値は、相対位置エンコーディングの一種と考えることができます。

- **ops.reshape(self.get_relative_position_index(), [-1])**
  相対位置インデックスを

  self.get_relative_position_index()

  において取得します。これはウィンドウ内の各位置の相対的な位置関係を示すインデックスです。取得した相対位置インデックスを

  ops.reshape(..., [-1])

  によって、1次元の配列にフラット化します。

12.2.7 データセットの読み込み、データローダーの作成までを行う

GCViTの基本ブロックとして、Blockクラスを作成します。Blockクラスのcall()メソッドでは、次の処理が行われます。

①Blockモジュールは、ローカルアテンションの場合は特徴マップのみを受け取り、グローバルコンテキストアテンションの場合は、追加のグローバルクエリも受け取ります。
②アテンションを適用する前に、特徴マップをウィンドウに分割します。これは、ウィンドウアテンションを適用するためです。
③ウィンドウ分割後の特徴マップを、ウィンドウベースの自己注意機構に送ります。
④自己注意機構が適用された特徴マップにおけるウィンドウへの分割を解除し、元の特徴マップの形状に戻します。

アテンションが適用された特徴を出力に送る前に、このモジュールは残差接続でストキャスティックデプス（Stochastic Depth）正則化を適用します。また、ストキャスティックデプスを適用する前に、入力を学習可能なパラメーターで再スケーリングします。ストキャスティックデプスは、ニューラルネットワークのトレーニングにおいて、ランダムにレイヤー（主に残差ブロック）をスキップすることで、モデルの汎化性能を向上させるための正則化技法です。

Blockモジュールでは、自己注意機構を適用する前にウィンドウへの分割処理を行います。特徴マップ(B, H, W, C)を(B * H/h * W/w, h, w, C)のように変換して、

(B＊ウィンドウの数, window_size, window_size, チャンネル次元数)

とします。

▼Blockモジュールの構造*

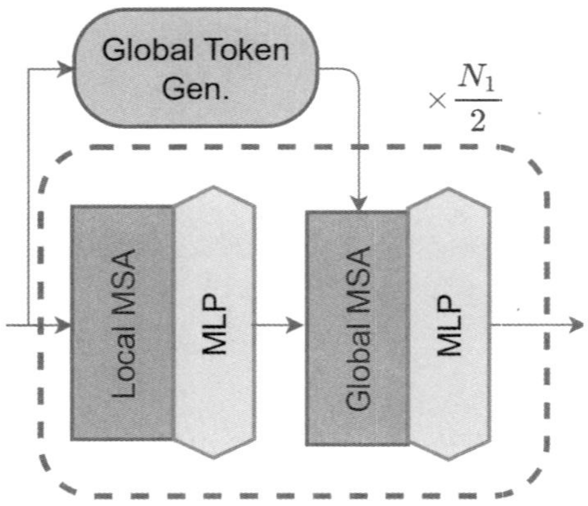

■Blockクラスの定義

Blockクラスを定義します。7番目のセルに次のように入力し、実行します。

▼Blockクラスの定義(GCViT_Keras.ipynb)

セル7

```
class Block(layers.Layer):
    """ GCViTの基本ブロック

    ウィンドウベースの自己注意機構WindowAttentionとMLPを組み合わせて
    入力特徴マップを処理する

    Attributes:
        window_size (int): ウィンドウのサイズ
        num_heads (int): 自己注意機構のヘッド数
        global_query (bool): グローバルクエリを使用するかどうかのフラグ
        mlp_ratio (float): MLPの隠れ層のサイズ比率
        qkv_bias (bool): qkv層にバイアスを使用するかどうかのフラグ
```

＊…の構造　引用："Image Classification using Global Context Vision Transformer"

```
        qk_scale (float or None): スケール系数
        dropout (float): ドロップアウト率
        attention_dropout (float): アテンションスコアのドロップアウト率
        path_drop (float): パスドロップのドロップアウト率
        activation (str): 活性化関数
        layer_scale (float or None): レイヤースケールの初期値
        norm1 (LayerNormalization): 正規化層1
        attn (WindowAttention): ウィンドウベースの自己注意機構
        drop_path1 (DropPath): ドロップパス層1
        drop_path2 (DropPath): ドロップパス層2
        norm2 (LayerNormalization): 正規化層2
        mlp (MLP): MLP層
        gamma1 (Tensor): レイヤースケールパラメーター1
        gamma2 (Tensor): レイヤースケールパラメーター2
        num_windows (int): ウィンドウの数
    """
    def __init__(
        self,
        window_size, num_heads,
        global_query,
        mlp_ratio=4.0,
        qkv_bias=True, qk_scale=None,
        dropout=0.0, attention_dropout=0.0, path_drop=0.0,
        activation="gelu",
        layer_scale=None,
        **kwargs,
    ):
        """
        Args:
            window_size (int): ウィンドウのサイズ
                Level-1:7,  Level-2:7,  Level-3:14,  Level-4:7
            num_heads (int): 自己注意機構のヘッド数
                Level-1:2,  Level-2:4,  Level-3:8,  Level-4:16
            global_query (bool): グローバルクエリを使用するかどうかのフラグ
            mlp_ratio (float): MLPの隠れ層のサイズ比率。デフォルトは4.0
            qkv_bias (bool):
                qkv層にバイアスを使用するかどうかのフラグ。デフォルトはTrue
            qk_scale (float or None):
                スケール係数。Noneの場合はデフォルト値を使用

            dropout (float): ドロップアウト率。デフォルトは0.0
            attention_dropout (float):
```

```
                アテンションスコアのドロップアウト率。デフォルトは0.0

            path_drop (float): パスドロップのドロップアウト率。デフォルトは0.0
            activation (str): 活性化関数。デフォルトは"gelu"

            layer_scale (float or None):
                レイヤースケールの初期値。Noneの場合はスケールを適用しない

            **kwargs: その他の引数
        """
        super().__init__(**kwargs)
        self.window_size = window_size       # ウィンドウサイズを設定
        self.num_heads = num_heads           # 自己注意機構のヘッド数を設定
        self.global_query = global_query     # グローバルクエリの使用フラグを設定
        self.mlp_ratio = mlp_ratio           # MLPの隠れ層のサイズ比率を設定
        self.qkv_bias = qkv_bias             # qkv層のバイアス使用フラグを設定
        self.qk_scale = qk_scale             # スケール係数を設定
        self.dropout = dropout               # ドロップアウト率を設定
        # アテンションスコアのドロップアウト率を設定
        self.attention_dropout = attention_dropout
        self.path_drop = path_drop           # パスドロップのドロップアウト率を設定
        self.activation = activation         # 活性化関数を設定
        self.layer_scale = layer_scale       # レイヤースケールの初期値を設定

    def build(self, input_shape):
        """ レイヤーのビルド

        Args:
            input_shape (tuple): 入力の形状
        """
        # 入力の形状からバッチサイズ、高さ、幅、チャンネル数を取得
        B, H, W, C = input_shape[0]
        # 正規化層1を作成
        self.norm1 = layers.LayerNormalization(-1, 1e-05, name="norm1")
        # ウィンドウベースの自己注意層WindowAttentionを作成
        self.attn = WindowAttention(
            window_size=self.window_size,            # ウィンドウサイズ
            num_heads=self.num_heads,                # 自己注意機構のヘッド数
            global_query=self.global_query,          # グローバルクエリの使用フラグ
            qkv_bias=self.qkv_bias,                  # qkv層のバイアス使用フラグ
            qk_scale=self.qk_scale,                  # スケール係数
```

```
        attention_dropout=self.attention_dropout,  # スコアのドロップアウト率
        projection_dropout=self.dropout,           # 出力のドロップアウト率
        name="attn",
    )
    self.drop_path1 = DropPath(self.path_drop)     # ドロップパス層1を作成
    self.drop_path2 = DropPath(self.path_drop)     # ドロップパス層2を作成
    # 正規化層2を設定
    self.norm2 = layers.LayerNormalization(-1, 1e-05, name="norm2")
    # MLPブロックを作成
    self.mlp = MLP(
        hidden_features=int(C * self.mlp_ratio),   # 隠れ層のサイズを設定
        dropout=self.dropout,                      # ドロップアウト率を設定
        activation=self.activation,                # 活性化関数を設定
        name="mlp",
    )

    # レイヤースケールがNone以外の場合
    if self.layer_scale is not None:
        # レイヤースケールパラメーター1を設定
        self.gamma1 = self.add_weight(
            name="gamma1",                         # 重みの名前を設定
            shape=[C],                             # 重みの形状を設定
            # 初期値としてゼロを設定
            initializer=keras.initializers.Constant(self.layer_scale),
            trainable=True,                        # 学習可能に設定
            dtype=self.dtype,                      # データ型を設定
        )
        # レイヤースケールパラメーター2を設定
        self.gamma2 = self.add_weight(
            name="gamma2",                         # 重みの名前を設定
            shape=[C],                             # 重みの形状を設定
            # 初期値としてゼロを設定
            initializer=keras.initializers.Constant(self.layer_scale),
            trainable=True,                        # 学習可能に設定
            dtype=self.dtype,                      # データ型を設定
        )
    else:
        self.gamma1 = 1.0  # レイヤースケールパラメーター1の値を1.0に設定
        self.gamma2 = 1.0  # レイヤースケールパラメーター2の値を1.0に設定

    # ウィンドウの数を計算
```

```
        # Level-1: 64, 64,
        # Level-2: 16, 16,
        # Level-3: 1, 1, 1, 1, 1, 1,
        # Level-4: 1, 1,
        self.num_windows = int(H // self.window_size) * int(W // self.window_size)
        # スーパークラスのbuild()メソッドにinput_shapeを渡す
        super().build(input_shape)

    def call(self, inputs, **kwargs):
        """ フォワードパス

        Args:
            inputs (Tensor): (bs, 特徴高さ, 特徴幅, 特徴のチャンネル次元数)
            Level-1: (bs, 56, 56, 64), (bs, 56, 56, 64)
            Level-2: (bs, 28, 28, 128), (bs, 28, 28, 128)
            Level-3: (bs, 14, 14, 256), (bs, 14, 14, 256), (bs, 14, 14, 256),
                     (bs, 14, 14, 256), (bs, 14, 14, 256), (bs, 14, 14, 256)
            Level-4: (bs, 7, 7, 512), (bs, 7, 7, 512)

        Returns:
            x (Tensor):
                ウィンドウベースの自己注意機構とMLPが適用されたテンソル
                形状は入力と同じ(bs, 特徴高さ, 特徴幅, 特徴のチャンネル次元数)
        """
        # グローバルクエリが存在する場合
        if self.global_query:
            inputs, q_global = inputs
        else:
            inputs = inputs[0]

        # バッチサイズ、高さ、幅、チャンネル数を取得
        B, H, W, C = ops.shape(inputs)

        # inputsテンソルに正規化層1を適用
        x = self.norm1(inputs)

        # xをウィンドウに分割
        # (ウィンドウの数*bs, window_size(高さ), window_size(幅), チャンネル次元数)
        x = self.window_partition(x, self.window_size)
        # window_sizeの次元をフラット化
        # (bs*ウィンドウの数, ウィンドウの次元数, チャンネル次元数)
```

```
        x = ops.reshape(x, [-1, self.window_size * self.window_size, C])

        # ウィンドウベースの自己注意機構を適用
        if self.global_query:
            # グローバルクエリが存在する場合
            x = self.attn([x, q_global])
        else:
            # グローバルクエリが存在しない場合
            x = self.attn([x])

        # ウィンドウの分割を元に戻す
        x = self.window_reverse(x, self.window_size, H, W, C)
        # xをスケーリングしてドロップパス層1を適用
        x = inputs + self.drop_path1(x * self.gamma1)
        # xとMLP層を適用し、スケーリングした後のxを残差接続する
        # この残差接続処理をドロップパス層2に組み込む(Stochastic Depth)
        x = x + self.drop_path2(self.gamma2 * self.mlp(self.norm2(x)))

        return x                        # 出力を返す

    def window_partition(self, x, window_size):
        """ ウィンドウへの分割処理を行う
        Args:
            x: (bs, 特徴高さ, 特徴幅, 特徴のチャンネル次元数)
            window_size: window size
        Returns:
            (ウィンドウの数*bs, window_size, window_size, 特徴のチャンネル次元数)
        """
        B, H, W, C = ops.shape(x)    # バッチサイズ、高さ、幅、チャンネル数を取得
        x = ops.reshape(
            x,
            [
                -1,                     # 0番目の次元数は自動計算
                H // window_size,       # ウィンドウの高さ方向の数を計算
                window_size,            # ウィンドウの高さを設定
                W // window_size,       # ウィンドウの幅方向の数を計算
                window_size,            # ウィンドウの幅を設定
                C,                      # チャンネル数を設定
            ],
        )
        # 軸(次元)を入れ替える
```

```
        x = ops.transpose(x, axes=[0, 1, 3, 2, 4, 5])
        # テンソルの形状を変更
        # (ウィンドウの数*bs, windows, window_size, チェンネル次元数)
        windows = ops.reshape(x, [-1, window_size, window_size, C])
        return windows              # ウィンドウ分割後のテンソルを返す

    def window_reverse(self, windows, window_size, H, W, C):
        """ ウィンドウへの分割を解除してテンソルを元の形状に戻す
        Args:
            windows:
                (ウィンドウの数*bs, window_size, window_size, 特徴のチャンネル次元数)
            window_size: ウィンドウ1辺のサイズ
            H: 元の特徴高さ
            W: 元の特徴幅
            C: チャンネル次元数
        Returns:
            x: (bs, 特徴高さ, 特徴幅, 特徴のチャンネル次元数)
        """
        x = ops.reshape(
            windows,
            [
                -1,                 # 0番目の次元数は自動計算
                H // window_size,   # ウィンドウの高さ方向の数を計算
                W // window_size,   # ウィンドウの幅方向の数を計算
                window_size,        # ウィンドウの高さを設定
                window_size,        # ウィンドウの幅を設定
                C,                  # チャンネル数を設定
            ],
        )
        # 軸を入れ替える
        x = ops.transpose(x, axes=[0, 1, 3, 2, 4, 5])
        # 元の形状にリシェイプ
        x = ops.reshape(x, [-1, H, W, C])
        return x                    # リシェイプ後のテンソルを返す
```

12.2.8 レベル(ステージ)を作成する

GCViTモデルにおいて、ステムブロック(PatchEmbed)に続く2番目のモジュールとしてLevelモジュールを作成します。Levelモジュールは、名前の通り複数のレベルを構築しますが、「レベル」とはいわゆる「ステージ」に相当します。これから作成するLevelモジュールには、トランスフォーマーとCNNモジュールの両方が含まれていて、次の処理を行います。

①FeatureExtractionモジュールを使用してグローバルトークン(クエリ)を作成します。FeatureExtractionは、CNNベースのモジュールです。
②次に、Blockモジュールを連続して適用し、深さレベルに応じてローカル(図ではLocal MSAと表記)またはグローバルクエリを使用したウィンドウベースの自己注意機構(図ではGlobal MSAと表記)を適用します。
③最後にReduceSizeを適用して、特徴マップの空間サイズ(高さと幅)を減少させます。

▼Levelの構造*

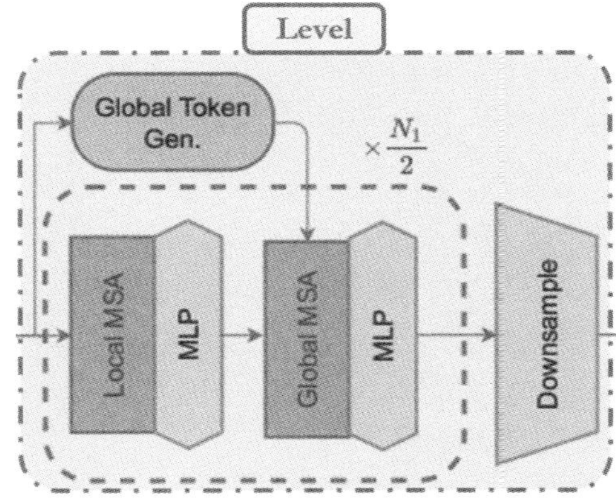

Levelクラスの定義

Levelクラスを定義します。8番目のセルに次のように入力し、実行します。

▼Levelクラスを定義する(GCViT_Keras.ipynb)

セル8

```
class Level(layers.Layer):
    """ 指定された深さに従ってGCViTブロックを繰り返し適用するステージを作成する
```

*…の構造　引用:"Image Classification using Global Context Vision Transformer"

```
    ・グローバルクエリを生成
    ・Blockを連続して適用し、ローカルまたはグローバルウィンドウアテンションを適用
    ・必要に応じて特徴マップをダウンサンプリングする

    Attributes:
        depth (int): 現在のステージで適用するブロックの数
        num_heads (int): 自己注意機構のヘッド数
        window_size (int): ウィンドウのサイズ
        keepdims (bool): 出力の空間次元を入力と同じに保つかどうかのフラグ
        downsample (bool): ダウンサンプリングを行うかどうかのフラグ
        mlp_ratio (float): MLPの隠れ層のサイズ比率
        qkv_bias (bool): QKV層にバイアスを使用するかどうかのフラグ
        qk_scale (float or None): スケーリング係数
        dropout (float): ドロップアウト率
        attention_dropout (float): アテンションスコアのドロップアウト率
        path_drop (float or list of float): パスドロップのドロップアウト率
        layer_scale (float or None):
            レイヤー出力のスケーリングに用いるパラメーターの初期値
        blocks (list of Block): GCViTブロック(Block)のリスト
        down (ReduceSize): ダウンサンプリング層
        q_global_gen (GlobalQueryGenerator): グローバルクエリ生成器
    """
    def __init__(
        self,
        depth, num_heads, window_size,
        keepdims, downsample=True,
        mlp_ratio=4.0, qkv_bias=True, qk_scale=None,
        dropout=0.0, attention_dropout=0.0, path_drop=0.0,
        layer_scale=None, **kwargs,
    ):
        """
        Args:
            depth (int): 現在のレベルで適用するブロックの数
                Level-1:2,  Level-2:2,  Level-3:6,  Level-4:2
            num_heads (int): 自己注意機構のヘッド数
                Level-1:2,  Level-2:4,  Level-3:8,  Level-4:16
            window_size (int): ウィンドウのサイズ
                Level-1:7,  Level-2:7,  Level-3:14,  Level-4:7
            keepdims (bool): 出力の空間次元を入力と同じに保つかどうかのフラグ
            downsample (bool, optional): ダウンサンプリングを行うかどうかのフラグ
            mlp_ratio (float): MLPの隠れ層のサイズ比率。デフォルトは4.0
```

```
            qkv_bias (bool): qkv層にバイアスを使用するかどうかのフラグ
            qk_scale (float or None): スケーリング係数。Noneはデフォルト値を使用
            dropout (float, optional): ドロップアウト率
            attention_dropout (float): アテンションスコアのドロップアウト率
            path_drop (float or list of float): パスドロップのドロップアウト率
            layer_scale (float or None):
                レイヤー出力のスケーリングに用いるパラメーターの初期値
                Noneの場合はスケーリングを適用しない
            **kwargs: その他の引数
        """
        super().__init__(**kwargs)
        self.depth = depth                        # 現在のステージで適用するブロックの数
        self.num_heads = num_heads                # 自己注意機構のヘッド数
        self.window_size = window_size            # ウィンドウのサイズ
        self.keepdims = keepdims                  # 出力の空間次元を入力と同じに保つかどうかのフラグ
        self.downsample = downsample              # ダウンサンプリングを行うかどうかのフラグ
        self.mlp_ratio = mlp_ratio                # MLPの隠れ層のサイズ比率
        self.qkv_bias = qkv_bias                  # qkv層にバイアスを使用するかどうかのフラグ
        self.qk_scale = qk_scale                  # スケーリング係数
        self.dropout = dropout                    # ドロップアウト率
        self.attention_dropout = attention_dropout     # アテンションスコアのドロップアウト率
        self.path_drop = path_drop                # パスドロップのドロップアウト率
        self.layer_scale = layer_scale            # レイヤースケールパラメーターの初期値

    def build(self, input_shape):
        """ レイヤーのビルド

        Args:
            input_shape (tuple): 入力の形状
        """
        # パスドロップのドロップアウト率を設定
        path_drop = (
            [self.path_drop] * self.depth
            if not isinstance(self.path_drop, list)
            else self.path_drop
        )
        # GCViTブロック(Block)のリストを作成
        self.blocks = [
            Block(
                window_size=self.window_size,    # ウィンドウのサイズ
                num_heads=self.num_heads,        # 自己注意機構のヘッド数
```

```
                global_query=bool(i % 2),          # グローバルクエリの使用フラグ
                mlp_ratio=self.mlp_ratio,          # MLPの隠れ層のサイズ比率
                qkv_bias=self.qkv_bias,            # QKV層にバイアスを使用するかどうかのフラグ
                qk_scale=self.qk_scale,            # スケール係数
                dropout=self.dropout,              # ドロップアウト率
                attention_dropout=self.attention_dropout, # スコアのドロップアウト率
                path_drop=path_drop[i],            # パスドロップのドロップアウト率
                layer_scale=self.layer_scale,      # レイヤースケールパラメーターの初期値
                name=f"blocks_{i}",
            )
            for i in range(self.depth)             # depthの数だけループ
        ]

        # ダウンサンプリング層を作成
        self.down = ReduceSize(keepdims=False, name="downsample")
        # グローバルクエリ生成器を作成
        self.q_global_gen = GlobalQueryGenerator(self.keepdims, name="q_global_gen")
        # スーパークラスのbuild()メソッドにinput_shapeを渡す
        super().build(input_shape)

    def call(self, inputs, **kwargs):
        """ フォワードパス

        Args:
            inputs (Tensor): (bs, 特徴高さ, 特徴幅, 特徴のチャンネル次元数)

        Returns:
            x(Tensor): GCViTブロック適用後の特徴マップ
        """
        x = inputs                                 # 入力特徴マップを取得
        # グローバルクエリを生成 (shape: (bs, win_size, win_size, channel))
        q_global = self.q_global_gen(x)

        for i, blk in enumerate(self.blocks):
            if i % 2:
                # ステージ番号が奇数の場合は
                # グローバルクエリありでGCViTブロックを適用
                x = blk([x, q_global])
            else:
                # それ以外はグローバルクエリなしでGCViTブロックを適用
```

```
            x = blk([x])

        if self.downsample:
            # downsampleがTrueであればダウンサンプリングを適用
            x = self.down(x)                        #  (shape: (bs, H//2, W//2, 2*C))
        return x
```

12.2.9 GCViTモデルの全体的な構造を定義する

GCViTモデル全体の構造をGCViTクラスとして定義します。

■GCViTクラスの定義

9番目のセルに次のように入力し、実行します。

▼GCViTクラスを定義する (GCViT_Keras.ipynb)

セル9

```
class GCViT(keras.Model):
    """ GCViTモデルの全体的な構造を定義

    Attributes:
        window_size (list of int): 各レベル(ステージ)のウィンドウサイズ
        embed_dim (int): 埋め込み次元数
        depths (list of int): 各レベルのブロックの数
        num_heads (list of int): 各レベルの自己注意機構のヘッド数
        drop_rate (float): ドロップアウト率
        mlp_ratio (float): MLPの隠れ層のサイズ比率
        qkv_bias (bool): QKV層にバイアスを使用するかどうかのフラグ
        qk_scale (float or None): スケーリング係数
        attention_dropout (float): アテンションスコアのドロップアウト率
        path_drop (float or list of float): パスドロップのドロップアウト率
        layer_scale (float or None): レイヤースケールパラメーターの初期値
        num_classes (int): クラス数
        head_activation (str): 最終分類ヘッドの活性化関数
        patch_embed (PatchEmbed): パッチ埋め込み層
        pos_drop (Dropout): 位置ドロップアウト層
        levels (list of Level): モデルの各レベル
        norm (LayerNormalization): 正規化層
        pool (GlobalAvgPool2D): グローバル平均プール層
        head (Dense): 最終出力層(クラス分類ヘッド)
```

```
    """
    def __init__(
        self,
        window_size, embed_dim, depths, num_heads,
        drop_rate=0.0,
        mlp_ratio=3.0,
        qkv_bias=True,
        qk_scale=None,
        attention_dropout=0.0,
        path_drop=0.1,
        layer_scale=None,
        num_classes=1000,
        head_activation="softmax",
        **kwargs,
    ):
        """
        Args:
            window_size (list of int): 各レベルのウィンドウサイズ
            embed_dim (int): 埋め込み次元数
            depths (list of int): 各レベルのブロックの数
            num_heads (list of int): 各レベルの自己注意機構のヘッド数
            drop_rate (float): ドロップアウト率。デフォルトは0.0
            mlp_ratio (float): MLPの隠れ層のサイズ比率。デフォルトは3.0
            qkv_bias (bool):
                qkv層にバイアスを使用するかどうかのフラグ。デフォルトはTrue
            qk_scale (float or None): スケーリングの係数
            attention_dropout (float): アテンションスコアのドロップアウト率
            path_drop (float or list of float): パスドロップのドロップアウト率
            layer_scale (float or None): レイヤースケールパラメーターの初期値
            num_classes (int): クラス数。デフォルトは1000
            head_activation (str):
                最終出力層(分類ヘッド)の活性化関数。デフォルトはソフトマックス関数
            **kwargs: その他の引数
        """
        super().__init__(**kwargs)
        self.window_size = window_size            # 現在のレベルのウィンドウサイズ
        self.embed_dim = embed_dim                # 埋め込み次元数
        self.depths = depths                      # 各レベルのブロックの数
        self.num_heads = num_heads                # 各レベルの自己注意機構のヘッド数
        self.drop_rate = drop_rate                # ドロップアウト率
```

```
        self.mlp_ratio = mlp_ratio                      # MLPの隠れ層のサイズ比率
        self.qkv_bias = qkv_bias                        # qkv層にバイアスを使用するかどうかのフラグ
        self.qk_scale = qk_scale                        # スケーリングの係数を設定
        self.attention_dropout = attention_dropout      # アテンションスコアのドロップアウト率
        self.path_drop = path_drop                      # パスドロップのドロップアウト率
        self.layer_scale = layer_scale                  # レイヤースケールパラメーターの初期値
        self.num_classes = num_classes                  # クラス数
        self.head_activation = head_activation          # 最終分類ヘッドの活性化関数

        # パッチ埋め込み層PatchEmbedを生成
        self.patch_embed = PatchEmbed(embed_dim=embed_dim, name="patch_embed")
        # パッチ埋め込み層に適用するドロップアウトを生成
        self.pos_drop = layers.Dropout(drop_rate, name="pos_drop")
        # パスドロップのドロップアウト率を設定
        path_drops = np.linspace(0.0, path_drop, sum(depths))
        # 各レベルの空間次元保持フラグを設定
        keepdims = [(0, 0, 0), (0, 0), (1,), (1,)]
        # 各レベルを格納するリスト
        self.levels = []
        # depthsの要素の数だけループ
        for i in range(len(depths)):
            # 各レベルのパスドロップ率を設定
            path_drop = path_drops[sum(depths[:i]) : sum(depths[: i + 1])].tolist()
            # 各レベルを設定
            level = Level(
                depth=depths[i],                        # 各レベルのブロックの数
                num_heads=num_heads[i],                 # 各レベルの自己注意機構のヘッド数
                window_size=window_size[i],             # 各レベルのウィンドウサイズ
                keepdims=keepdims[i],                   # 各レベルの空間次元保持フラグ
                # 最後のレベルを除いてダウンサンプリングを設定
                downsample=(i < len(depths) - 1),
                mlp_ratio=mlp_ratio,                    # MLPの隠れ層のサイズ比率
                qkv_bias=qkv_bias,                      # qkv層にバイアスを使用するかどうかのフラグ
                qk_scale=qk_scale,                      # スケール係数
                dropout=drop_rate,                      # ドロップアウト率
                # アテンションスコアのドロップアウト率
                attention_dropout=attention_dropout,
                path_drop=path_drop,                    # パスドロップのドロップアウト率
                layer_scale=layer_scale,                # レイヤースケールの初期値
                name=f"levels_{i}",
```

```
            )
            # 作成したレベルをリストに追加
            self.levels.append(level)

        # 正規化層を生成
        self.norm = layers.LayerNormalization(axis=-1, epsilon=1e-05, name="norm")
        # グローバル平均プール層を生成
        self.pool = layers.GlobalAvgPool2D(name="pool")
        # 最終分類ヘッドを生成
        self.head = layers.Dense(num_classes, name="head", activation=head_activation)

    def build(self, input_shape):
        """ レイヤーのビルド

        Args:
            input_shape (tuple): 入力の形状
            (バッチサイズ, 画像高さ, 画像幅, チャンネル次元数)
        """
        # スーパークラスのbuild()メソッドにinput_shapeを渡す
        super().build(input_shape)
        self.built = True                    # モデルがビルドされたことを示す

    def call(self, inputs, **kwargs):
        """ フォワードパス

        Args:
            inputs (Tensor): 画像のデータセット
                             (bs, 画像高さ, 画像幅, チャンネル次元数)
        Returns:
            x (Tensor): クラス分類の確率が格納されたテンソル
        """
        x = self.patch_embed(inputs)         # パッチ埋め込み層を適用
        x = self.pos_drop(x)                 # ドロップアウトを適用
        # 作成されたレベルの数だけループ
        for level in self.levels:
            x = level(x)                     # 各レベルを適用
        x = self.norm(x)                     # 正規化層を適用
        x = self.pool(x)                     # グローバル平均プールを適用
        x = self.head(x)                     # 最終分類ヘッドを適用
        return x                             # 出力を返す
```

```
    def build_graph(self, input_shape=(224, 224, 3)):
        """ モデルのグラフをビルドする

        Args:
            input_shape (tuple): 入力の形状。デフォルトは(224, 224, 3)

        Returns:
            Model: Kerasモデル
        """
        x = keras.Input(shape=input_shape)
        return keras.Model(inputs=[x], outputs=self.call(x), name=self.name)

    def summary(self, input_shape=(224, 224, 3)):
        """ モデルのサマリを表示する

        Args:
            input_shape (tuple): 入力の形状。デフォルトは(224, 224, 3)

        Returns:
            str: モデルのサマリ
        """
        return self.build_graph(input_shape).summary()
```


12.2.10 モデルをインスタンス化して学習済み重みで予測してみる

GitHub上のリポジトリ「awsaf49/gcvit-tf」では、GCViTモデルのさまざまなバージョンや学習済み重みが提供されており、研究者や開発者が簡単にアクセスして利用できるようになっています。このリポジトリでは、GCViTモデルでImageNetデータセットを学習した重みが公開されています。

◎リポジトリの詳細

リポジトリ名: awsaf49/gcvit-tf
リポジトリURL: https://github.com/awsaf49/gcvit-tf
リリースページURL: https://github.com/awsaf49/gcvit-tf/releases

■モデルのインスタンス化、学習済みの重みのロード、サマリの出力

10番目のセルに次のように入力し、実行します。

▼モデルのインスタンス化、学習済みの重みのロード、サマリの出力（GCViT_Keras.ipynb）

セル10

```
# モデルの設定情報
config = {
    "window_size": (7, 7, 14, 7),  # 各レベルで使用されるウィンドウのサイズ
    "embed_dim": 64,               # 埋め込み次元の数
    "depths": (2, 2, 6, 2),        # 各レベルで使用されるブロックの数
    "num_heads": (2, 4, 8, 16),    # 各レベルで使用されるアテンションヘッドの数
    "mlp_ratio": 3.0,              # MLPの隠れ層の倍率
    "path_drop": 0.2,              # ドロップパスの確率
}

# GitHub上のリポジトリ「awsaf49/gcvit-tf」で公開されているGCViTモデルの学習済みモデルのURL
ckpt_link = (
    "https://github.com/awsaf49/gcvit-tf/releases/download/v1.1.6/gcvitxxtiny.keras"
)

# 設定を渡してGCViTモデルをインスタンス化
model = GCViT(**config)
# ランダムな入力データを生成（バッチサイズ1、224×224の画像、3チャンネル）
inp = ops.array(np.random.uniform(size=(1, 224, 224, 3)))
# モデルに入力データを渡す
out = model(inp)

# 重みファイルのパスを取得
ckpt_path = keras.utils.get_file(ckpt_link.split("/")[-1], ckpt_link)
# 重みをモデルにロード
model.load_weights(ckpt_path)

# モデルの概要を表示する
model.summary((224, 224, 3))        # 入力形状が224×224×3のモデルのサマリを表示
```

▼出力されたモデルのサマリ

```
input_shape (1, 224, 224, 3)
Model: "gc_vi_t_2"
```

Layer (type)	Output Shape	Param #
input_layer_1 (InputLayer)	(None, 224, 224, 3)	0
patch_embed (PatchEmbed)	(None, 56, 56, 64)	45,632
pos_drop (Dropout)	(None, 56, 56, 64)	0
levels_0 (Level)	(None, 28, 28, 128)	180,964
levels_1 (Level)	(None, 14, 14, 256)	688,456
levels_2 (Level)	(None, 7, 7, 512)	5,170,608
levels_3 (Level)	(None, 7, 7, 512)	5,395,744
norm (LayerNormalization)	(None, 7, 7, 512)	1,024
pool (GlobalAveragePooling2D)	(None, 512)	0
head (Dense)	(None, 1000)	513,000

```
Total params: 11,995,428 (45.76 MB)
Trainable params: 11,995,428 (45.76 MB)
Non-trainable params: 0 (0.00 B)
```


■サンプル画像を使って学習済み重みで予測

skimage.dataモジュールのchelsea()関数で、「チェルシー」という名前の猫の画像を読み込むことができます。この画像を使って、学習済み重みが搭載されたGCViTモデルで予測してみましょう。なお、予測結果は、keras.applications.imagenet_utils.decode_predictions()メソッドでImageNetのラベルに変換することができます。11番目のセルに次のように入力し、実行してみましょう。

▼サンプル画像を使って学習済み重みで予測する(GCViT_Keras.ipynb)

セル11

```
# skimage.dataモジュールのchelsea()関数で「チェルシー」という名前の猫の画像を読み込む
# 読み込んだ画像はkeras.applications.imagenet_utils.preprocess_input()メソッドで、
# PyTorchのモデルで使用するのに適した形式に前処理する
img = keras.applications.imagenet_utils.preprocess_input(
    chelsea(), mode="torch"
)
# 画像を224×224にリサイズし、バッチ次元を追加する
img = tf.image.resize(img, (224, 224))[None, ...]
```

```
# モデルに画像を渡して予測を行う
pred = model(img)
# 予測結果をデコードして、ImageNetのラベルに変換する
pred_dec = keras.applications.imagenet_utils.decode_predictions(pred)[0]

# 画像を表示
print("¥n# Image:")
plt.figure(figsize=(6, 6))
plt.imshow(chelsea())
plt.show()
print()

# 上位5つの予測結果を表示
print("# Prediction (Top 5):")
for i in range(5):
    print("{:<12} : {:0.2f}".format(pred_dec[i][1], pred_dec[i][2]))
```

▼出力（画像の下に予測結果が出力されます）

```
# Image:
```

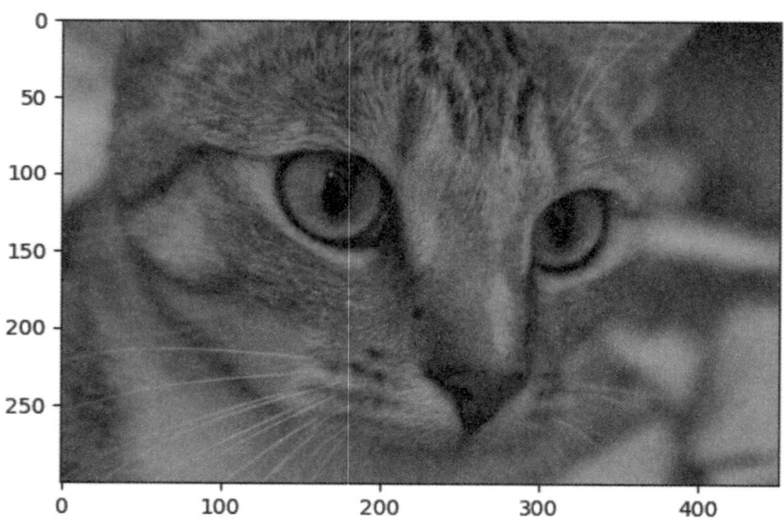


```
# Prediction (Top 5):
Egyptian_cat : 0.72
tiger_cat    : 0.04
tabby        : 0.03
crossword_puzzle : 0.01
panpipe      : 0.00
```

12.2.11 Flower Datasetを用いて分類予測を行う

Flower Datasetを用いて、5クラスの花の種類への分類予測を行います。まず、事前準備として以下のことを行います。

・各種パラメーター、クラスラベル、定数の設定
・データローダーの作成
・Flower Datasetをダウンロードして前処理する
・モデルをインスタンス化、コンパイルする

■各種パラメーター、クラスラベル、定数の設定

トレーニングに必要なパラメーター値の設定と、Flower Datasetのクラスラベルの登録、データセットの前処理に必要な定数の作成を行います。12番目のセルに次のように入力し、実行します。

▼各種パラメーター、クラスラベル、定数の設定(GCViT_Keras.ipynb)

セル12

```
# モデルに入力する画像のサイズを (224, 224) に設定
IMAGE_SIZE = (224, 224)

# ハイパーパラメーターの設定
BATCH_SIZE = 32             # バッチサイズ
EPOCHS = 5                  # エポック数

# データセットのクラスラベルを設定
# 順序の変更はしないでください
CLASSES = [
    "dandelion",            # タンポポ
    "daisy",                # ヒナギク
    "tulips",               # チューリップ
    "sunflowers",           # ヒマワリ
    "roses",                # バラ
]

# 定数を設定
# ImageNetの全画像から求められた各チャンネルの平均値[0.485, 0.456, 0.406]を利用
# ImageNetの全画像から求められた各チャンネルの標準偏差[0.229, 0.224, 0.225]を利用
# 255を掛けるのは、ImageNetの平均値や標準偏差は各ピクセルを
```

```
# [0, 1]の範囲に正規化して求められているため
MEAN = 255 * np.array([0.485, 0.456, 0.406], dtype="float32")  # 平均値
STD = 255 * np.array([0.229, 0.224, 0.225], dtype="float32")   # 標準偏差

# データの自動チューニング設定
# データの前処理やバッチ処理のパフォーマンスを最適化するためにAUTOTUNEを使用
AUTO = tf.data.AUTOTUNE
```

■データローダーの作成

データセットを読み込んで前処理を行い、順次、バッチデータに分割する処理を行うデータローダーを作成します。13番目のセルに次のように入力し、実行します。

▼make_dataset() 関数の定義 (GCViT_Keras.ipynb)

```
セル13
def make_dataset(dataset: tf.data.Dataset, train: bool, image_size: int = IMAGE_SIZE):
    """
    ・TensorFlowデータセットを受け取り、トレーニングモードかどうかを指定し、
      画像のサイズを設定する
    ・内部関数preprocess()で画像の前処理を行う
    ・トレーニングモードの場合、データセットをシャッフルする
    ・データセットをバッチ化し、プリフェッチ(事前読み込み)を行う
    """
    def preprocess(image, label):
        """
        ・画像とラベルを受け取り、トレーニングモードの場合はデータ拡張を行う
        ・画像をリサイズし、正規化する
        ・前処理された画像とラベルを返す
        """
        # トレーニング時にデータ拡張を行う
        if train:
            if tf.random.uniform(shape=[]) > 0.5:
                image = tf.image.flip_left_right(image)
        # 画像のサイズをリサイズ
        image = tf.image.resize(image, size=image_size, method="bicubic")
        # 画像のピクセル値をImageNetの平均と標準偏差で正規化する
        image = (image - MEAN) / STD
        return image, label
```

```
    # トレーニング時にデータセットをシャッフル
    if train:
        dataset = dataset.shuffle(BATCH_SIZE * 10)

    # データセットに前処理を適用し、バッチ化し、プリフェッチを行う
    return dataset.map(preprocess, AUTO).batch(BATCH_SIZE).prefetch(AUTO)
```

Flower Datasetをダウンロードして前処理

Flower Datasetをダウンロードして前処理を行います。14番目のセルに次のように入力し、実行します。

▼Flower Datasetをダウンロードして前処理を適用する（GCViT_Keras.ipynb）

```
セル14
train_dataset, val_dataset = tfds.load(
    "tf_flowers",                            # ダウンロードするデータセット名
    split=["train[:90%]", "train[90%:]"],    # 90%をトレーニング用、10%を検証用に分割
    as_supervised=True,                      # データセットを（画像、ラベル）のタプル形式で読み込む
    try_gcs=False,                           # TPU用のgcs_pathは不要とする
)

# トレーニングデータセットに前処理を適用
train_dataset = make_dataset(train_dataset, True)
# 検証データセットに前処理を適用
val_dataset = make_dataset(val_dataset, False)
```

モデルをインスタンス化、学習済み重みをロードしてコンパイル

改めてモデルをインスタンス化して、学習済み重みを再度読み込みます。15番目のセルに次のように入力し、実行します。

▼モデルをインスタンス化、学習済み重みのロードとコンパイル（GCViT_Keras.ipynb）

```
セル15
model = GCViT(**config, num_classes=5)        # GCViTモデルを再構築。クラス数は5に設定
inp = ops.array(np.random.uniform(size=(1, 224, 224, 3)))   # ランダムな入力データを作成
out = model(inp)                               # モデルに入力データを通して出力を得る

# 学習済みの重みファイルをダウンロード
ckpt_path = keras.utils.get_file(ckpt_link.split("/")[-1], ckpt_link)
```

```
# ダウンロードした重みをモデルに読み込む
model.load_weights(ckpt_path, skip_mismatch=True)
# モデルをコンパイルする。損失関数は"sparse_categorical_crossentropy"
# 最適化アルゴリズムは"adam"、評価指標は"accuracy"
model.compile(
    loss="sparse_categorical_crossentropy", optimizer="adam", metrics=["accuracy"]
)
```

■トレーニングの実行

トレーニングを実行しましょう。エポック数は5回のみですので、GPUを使用している場合は数分でトレーニングが完了します。16番目のセルに次のように入力し、実行します。

▼トレーニングを実行する (GCViT_Keras.ipynb)

```
セル16
history = model.fit(
    train_dataset, validation_data=val_dataset, epochs=EPOCHS, verbose=1
)
```

▼トレーニングの進捗

```
Epoch 1/5
104/104 232s 1s/step - accuracy: 0.7073 - loss: 0.7684 - val_accuracy: 0.8910 - val_loss: 0.3266
......途中省略......
Epoch 5/5
104/104 15s 142ms/step - accuracy: 0.9110 - loss: 0.2587 - val_accuracy: 0.9373 - val_loss: 0.1969
```

One Point 学習済み重みの一部がロードされなかったことを通知するメッセージ

```
UserWarning: A total of 1 objects could not be loaded. Example error message for object <Dense name=head, built=True>…
```

load_weights ()を使用する際に、skip_mismatch = Trueオプションを指定しました。このため、形状が一致しないレイヤーの重みがスキップされた結果、上記の警告が表示されることがあります。ただし、スキップされた重みは、新たにトレーニングされるので問題はありません。

13章 ConvNeXtを用いた画像分類モデルの実装(PyTorch)

13.1 ConvNeXtの概要

ConvNeXt*は、Vision Transformer(ViT)の成功に触発されて、従来の畳み込みニューラルネットワーク(CNN)を改良したアーキテクチャです。CNNの強力な表現力を維持しながら、ViTのようなトランスフォーマーベースのモデルで見られる設計の要素を取り入れることで、従来のCNNを現代的なビジョンタスクで競争力のあるものにしています。

13.1.1 ConvNeXtの特徴

ConvNeXtとはどのようなモデルでしょうか。その特徴を見てみましょう。

- **正規化レイヤー**
  ConvNeXtでは、トランスフォーマーで一般的に使用される正規化レイヤー(Layer Normalization)が、従来のバッチ正規化(Batch Normalization)の代わりに使用されています。これにより、学習の安定性が向上します。
- **大きなカーネルサイズ**
  従来のCNNは小さなカーネルサイズ(例えば3×3)を使用することが多いですが、ConvNeXtではより大きなカーネルサイズ(例えば7×7や9×9)が使用されています。これは、ViTにおける自己注意機構(Self-Attention)が広い範囲をキャプチャすることを模倣しています。
- **残差接続の改良**
  ViTの構造に見られるような残差接続の使い方を参考にし、よりスムーズな情報フローを実現するための改良がなされています。

* ConvNeXt　Zhuang Liu, Hanzi Mao, Chao-Yuan Wu, Christoph Feichtenhofer, Trevor Darrell, Saining Xie (2022) "A ConvNet for the 2020s" arXiv:2201.03545

・ハイパーパラメーターの調整

ConvNeXtは、既存のCNNと比較して、より多くのパラメーターを調整している点も特徴です。ここには、ViTのようなモデルの大規模なトレーニングのアプローチの影響が見られます。

・ストライド畳み込みの削減

ConvNeXtでは、ViTにおけるパッチ分割と類似した構造を持つため、従来のCNNよりもストライド畳み込みが少なくなっています。これにより、空間情報をより豊かに捉えることが可能です。

このように、ConvNeXtは「従来のCNNをトランスフォーマーベースのモデルに近づける」試みであり、CNNの強みを活かしながら、ViTのような最新のアプローチの利点を取り入れることに成功しています。ConvNeXtは、特に画像認識・分類のタスクにおいて高いパフォーマンスを示しており、トランスフォーマーモデルと競争できる設計になっています。

■ConvNeXtとConvMixerの違い

ConvNeXtとConvMixerは、いずれも「従来のCNNを改良しつつ、最近のトランスフォーマーモデルの要素を取り入れた」モデルアーキテクチャですが、いくつかの重要な相違点があります。まずは共通点を確認し、その後で相違点を確認しましょう。

●ConvNeXtとConvMixerの共通点

・CNNベースのアーキテクチャ

それぞれのモデルは、基本的に畳み込みニューラルネットワーク(CNN)に基づいています。

・トランスフォーマーモデルの影響

どちらのモデルも、ViTのようなトランスフォーマーモデルから影響を受けて設計されています。

●ConvNeXtとConvMixerの主な違い

・ConvNeXt

ConvNeXtは、既存のResNetをベースに、トランスフォーマーの設計要素を取り入れて進化させたアーキテクチャです。特に、正規化レイヤー(Layer Normalization)、大きなカーネルサイズの使用、深層ネットワーク構造の活用など、トランスフォーマーモデルのアイデアをCNNに応用しています。

- **ConvMixer**

  ConvMixerは、畳み込みと混合（ミキシング）操作を繰り返し行うことで、全体としてパッチベースの処理とグローバル情報のキャプチャを組み合わせています。トランスフォーマーのような、「入力画像を小さなパッチに分割し、それらを処理する」手法の影響を受けつつも、完全に畳み込み層で構成されています。

●アーキテクチャの構造に見る相違点

- **ConvNeXt**

  ConvNeXtは、ResNetに基づいたアーキテクチャであり、深層の畳み込み層と正規化手法、残差接続を駆使しています。大きなカーネルサイズや正規化レイヤーを用いた設計が特徴です。

- **ConvMixer**

  ConvMixerは、各層が深さ方向の畳み込み（Depthwise Convolution）とポイントワイズ畳み込み（Pointwise Convolution）から構成されるシンプルな設計です。これにより、局所的なパターンを捉えつつ、パッチ全体での情報の混合を行います。

●設計の目的と動機に見る相違点

- **ConvNeXt**

  ConvNeXtは、従来のCNNを現代のビジョンタスクで競争力のあるものにするべく、ViTにおけるトランスフォーマーの設計思想をCNNに取り入れることを目指しています。

- **ConvMixer**

  ConvMixerは、トランスフォーマーモデルのパッチ処理とCNNの局所的な特徴抽出を組み合わせることで、シンプルかつ効果的なビジョンモデルを作成することを目指しています。

以上のように、ConvNeXtとConvMixerは、どちらもCNNにトランスフォーマーモデルの要素を取り入れていますが、その設計アプローチや目的は異なります。ConvNeXtがResNetの進化版として多くの設計要素を取り入れている一方、ConvMixerはシンプルでモジュール化しやすい設計を採用しています。

▼Swin Transformer、ResNet、ConvNeXtの比較*

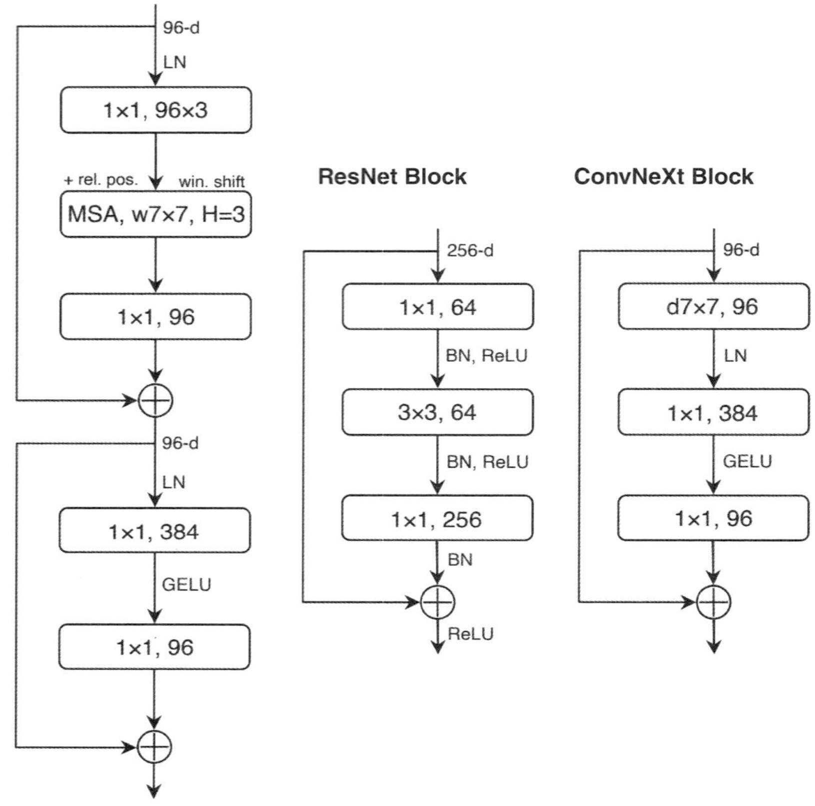

この図に関して、引用元の論文では以下の報告がなされています。

- ConvNeXtではボトルネック構造を採用し、2つの1×1畳み込みレイヤーの間にある1層を除き、残差ブロックから活性化層を削除したことで、実質的にSwin Transformerのパフォーマンスと同等になった。
- 従来のバッチ正規化（BN：Batch Normalization）に代えて正規化レイヤー（LN：Layer Normalization）を1×1畳み込みレイヤーの前に配置したことで、Swin Transformerの性能を上回った。

＊…との比較　引用：Liu, Z. et al. (2022). "A ConvNet for the 2020s". Figure 4

13.2 ConvNeXtモデルを実装する

PyTorchを用いてConvNeXtモデルを実装*し、CIFAR-100データセットを利用した画像分類を行います。

13.2.1 データセットの読み込み、データローダーの作成までを行う

必要なライブラリのインポート、各種パラメーターの設定、データセットの読み込み、データローダーの作成までを行います。

■PyTorch-Igniteのインストール

Colab Notebookを作成し、1番目のセルにPyTorch-Igniteのインストールを行うコードを記述し、実行します。

▼PyTorch-Igniteをインストールする(ConvNeXt_PyTorch.ipynb)

セル1

```
!pip install pytorch-ignite -q
```

■必要なライブラリ、パッケージ、モジュールのインポート

2番目のセルに次のコードを記述し、実行します。

▼ライブラリやパッケージ、モジュールのインポート(ConvNeXt_PyTorch.ipynb)

セル2

```
import numpy as np
from collections import defaultdict
import matplotlib.pyplot as plt

import torch
import torch.nn as nn
import torch.optim as optim
import torch.nn.functional as F
from torchvision import datasets, transforms
```

*…を実装　参考：Ruseckas, Julius. "ConvNeXt on CIFAR10" Accessed May 21, 2024.
https://juliusruseckas.github.io/ml/convnext-cifar10.html
Liu, Z., Mao, H., Wu, C.-Y., Feichtenhofer, C., Darrell, T., & Xie, S. (2022). "ConvNeXt" GitHub.
https://github.com/facebookresearch/ConvNeXt

13 ConvNeXtを用いた画像分類モデルの実装(PyTorch)

```
from ignite.engine import Events, create_supervised_trainer, create_supervised_evaluator
import ignite.metrics
import ignite.contrib.handlers
```

■パラメーター値の設定

3番目のセルに次のコードを記述し、実行します。

▼パラメーター値の設定（ConvNeXt_PyTorch.ipynb）

セル3

```
DATA_DIR='./data'           # データ保存用のディレクトリ
IMAGE_SIZE = 32             # 入力画像1辺のサイズ
NUM_CLASSES = 100           # 分類するクラスの数
NUM_WORKERS = 8             # データローダーが使用するサブプロセスの数を指定
BATCH_SIZE = 32             # ミニバッチのサイズ
EPOCHS = 150                # 学習回数
LEARNING_RATE = 1e-3        # 最大学習率
WEIGHT_DECAY = 1e-1         # オプティマイザーの重み減衰率
```

■使用可能なデバイスの種類を取得

使用可能なデバイス（CPUまたはGPU）の種類を取得します。4番目のセルに次のコードを記述し、実行します。ここでは、GPUの使用を想定しています。

▼使用可能なデバイスを取得（ConvNeXt_PyTorch.ipynb）

セル4

```
DEVICE = torch.device("cuda") if torch.cuda.is_available() else torch.device("cpu")
print("device:", DEVICE)
```

▼出力（Colab NotebookにおいてGPUを使用するようにしています）

```
device: cuda
```

■トレーニングデータに適用するデータ拡張処理の定義

トレーニングデータに適用する一連の変換操作をtransforms.Compose（コンテナ）にまとめます。5番目のセルに次のコードを記述し、実行します。

▼トレーニングデータに適用する変換操作をtransforms.Composeにまとめる(ConvNeXt_PyTorch.ipynb)

```
セル5
# トレーニングデータに適用する一連の変換操作をtransforms.Composeにまとめる
train_transform = transforms.Compose([
    transforms.RandomHorizontalFlip(), # ランダムに左右反転
    # 4ピクセルのパディングを挿入してランダムに切り抜く
    transforms.RandomCrop(IMAGE_SIZE, padding=4),
    # 画像の明るさ、コントラスト、彩度をランダムに変化させる
    transforms.ColorJitter(brightness=0.2, contrast=0.2, saturation=0.2),
    transforms.ToTensor()                  # テンソルに変換
])
```


■トレーニングデータとテストデータをロードして前処理

CIFAR-100データセットからトレーニングデータとテストデータをロードして、前処理を行います。6番目のセルに次のコードを記述し、実行します。

▼トレーニングデータとテストデータをロードして前処理を行う(ConvNeXt_PyTorch.ipynb)

```
セル6
# CIFAR-100データセットのトレーニングデータを読み込み、データ拡張を適用
train_dset = datasets.CIFAR100(
    root=DATA_DIR, train=True, download=True, transform=train_transform)
# CIFAR-100データセットのテストデータを読み込んで、テンソルに変換する処理のみを行う
test_dset = datasets.CIFAR100(
    root=DATA_DIR, train=False, download=True, transform=transforms.ToTensor())
```

■データローダーの作成

トレーニング用のデータローダーと、テストデータ用のデータローダーを作成します。7番目のセルに次のコードを記述し、実行します。

▼データローダーの作成(ConvNeXt_PyTorch.ipynb)

```
セル7
# トレーニング用のデータローダーを作成
train_loader = torch.utils.data.DataLoader(
    train_dset,
    batch_size=BATCH_SIZE,
    shuffle=True,              # 抽出時にシャッフルする
```

```
    num_workers=NUM_WORKERS,  # データ抽出時のサブプロセスの数を指定
    pin_memory=True           # データを固定メモリにロード
    )

# テスト用のデータローダーを作成
test_loader = torch.utils.data.DataLoader(
    test_dset,
    batch_size=BATCH_SIZE,
    shuffle=False,            # 抽出時にシャッフルしない
    num_workers=NUM_WORKERS,  # データ抽出時のサブプロセスの数を指定
    pin_memory=True           # データを固定メモリにロード
    )
```

13.2.2 入力テンソルのチャンネル次元に対して正規化を適用するLayerNormChannels

入力テンソルのチャンネル次元に対して正規化を適用するLayerNormChannelsクラスを作成します。通常の正規化が最後の次元に適用されるため、このクラスでは入力のチャンネル次元に対して正規化を行います。

■チャンネル次元に正規化を適用するLayerNormChannelsモジュール

特徴マップが格納された特徴テンソル――形状:(bs, チャンネル数, 高さ, 幅)――のチャンネル数の次元を正規化するLayerNormChannelsモジュールを定義します。8番目のセルに次のコードを記述し、実行します。

▼LayerNormChannelsモジュールの定義(ConvNeXt_PyTorch.ipynb)

```
セル8
class LayerNormChannels(nn.Module):
    """ チャンネル次元に対して正規化を適用する

    """
    def __init__(self, channels):
        """
        Args:
            channels (int): 特徴テンソルのチャンネル数
        """
        super().__init__()
        # チャンネル次元に基づいた正規化層を生成
```

```
        self.norm = nn.LayerNorm(channels)

    def forward(self, x):
        """ フォワードパス

        Args:
            x (torch.Tensor): 特徴テンソル
                                  形状: (bs, channels, height, width)
        Returns:
            torch.Tensor: チャンネル次元に沿った正規化が適用されたテンソル
                          形状は入力テンソルと同じ
        """
        # テンソルのチャンネル次元を最後に転置
        # (B, C, H, W) -> (B, H, W, C)
        x = x.transpose(1, -1)
        # チャンネル次元に正規化を適用
        x = self.norm(x)
        # 元のテンソル形状に戻すために再び転置
        # (B, H, W, C) -> (B, C, H, W)
        x = x.transpose(-1, 1)

        # 正規化されたテンソルを返す
        return x
```


COLUMN ConvNeXtにおける「ダウンサンプリング」の処理

ConvNeXtでは、画像の解像度を下げる「ダウンサンプリング(Downsampling)」という処理が行われます。ダウンサンプリングは、CNNアーキテクチャにおける重要な処理で、主に次のようなメリットが期待できます。

・解像度を下げることにより、後続の層で処理するデータ量が減り、計算コストが軽減します。
・広い領域からの情報を統合できるため、グローバルな特徴を捉えやすくなります。
・解像度を減らすことでノイズなどの不要な詳細が削除され、より重要な情報が強調されます。

ConvNeXtでは、畳み込み層にストライドを設定し、画像や特徴マップを飛び飛びに処理して解像度を下げることで、ダウンサンプリングの処理を実現してます。例えば、ストライド2の畳み込みは、特徴マップの幅と高さを半分にします。

13.2.3　残差接続を適用するResidualモジュール

複数のレイヤーで構成されたブロックに対して、残差接続の処理を行うResidualモジュールを定義します。

■Residualモジュールの定義

9番目のセルに次のコードを記述し、実行します。

▼Residualモジュールの定義（ConvNeXt_PyTorch.ipynb）

セル9

```
class Residual(nn.Module):
    """ 残差接続を実装する

    """
    def __init__(self, *layers):
        """
        Args:
            *layers (nn.Module): 残差接続に使用される一連のレイヤー
        """
        super().__init__()
        # 渡されたレイヤーをSequentialオブジェクトにまとめる
        self.residual = nn.Sequential(*layers)
        # 残差接続のスケーリングパラメーターgammaを初期化(初期値は0)
        self.gamma = nn.Parameter(torch.zeros(1))

    def forward(self, x):
        """ フォワードパス

        Args:
            x (torch.Tensor): 特徴テンソル
                形状: (batch_size, channels, height, width)
        Returns:
            torch.Tensor: 残差接続を適用した結果のテンソル
                          元の入力にスケールされた残差が加算される
        """
        # 入力xに対してgamma * residual(x)を加算し、その結果を返す
        return x + self.gamma * self.residual(x)
```

13.2.4 ConvNeXtのステージを構築するブロックの作成

ConvNeXtのステージを構築する各ブロックを作成します。

■ConvNeXtBlockクラスの定義

ConvNeXtBlockクラスによって構築されるブロックは、Residual(残差)接続を利用し、深層CNNの中で特徴量の変換を行います。具体的な処理としては、チャンネル方向の「深さ方向畳み込み(Depthwise Convolution)」および「1×1のポイントワイズ畳み込み(Pointwise Convolution)」を用いた特徴抽出、正規化、活性化、ドロップアウトを行います。10番目のセルに次のコードを記述し、実行します。

▼ConvNeXtBlockクラスの定義(ConvNeXt_PyTorch.ipynb)

セル10

```
class ConvNeXtBlock(Residual):
    """ 残差接続を持つ複数の畳み込み層と正規化、活性化で構成されるブロック

    """
    def __init__(self, channels, kernel_size, mult=4, p_drop=0.):
        """
        Args:
            channels (int): 入力および出力のチャンネル数
            kernel_size (int): 畳み込み層のカーネルサイズ
            mult (int): 隠れ層のチャンネル数を決定するための倍率
            p_drop (float): ドロップアウト率
        """
        # 畳み込みにおけるパディングを計算(カーネルサイズによって動的に決定)
        padding = (kernel_size - 1) // 2
        # 隠れ層のチャンネル数を計算(入力チャンネル数 * mult)
        hidden_channels = channels * mult
        # スーパークラスResidualのコンストラクターにレイヤーを渡す
        super().__init__(
            # 深さ方向の畳み込み(Depthwise畳み込み)を行うレイヤー
            nn.Conv2d(
                channels, channels, kernel_size, padding=padding, groups=channels
            ),
            # チャンネルごとに正規化を行うレイヤー
            LayerNormChannels(channels),
            # 1×1の畳み込み(Pointwise畳み込み)を行うレイヤー
```

```
            nn.Conv2d(channels, hidden_channels, 1),
            nn.GELU(),          # GELU活性化関数
            # 1×1の畳み込みによるチャンネル数の縮小を行うレイヤー
            nn.Conv2d(hidden_channels, channels, 1),
            nn.Dropout(p_drop) # ドロップアウト
        )
```

■ダウンサンプリングを行うDownsampleBlockの定義

画像の解像度を下げるためのダウンサンプリングを行うDownsampleBlockクラスを定義します。処理として、チャンネルごとの正規化（LayerNormChannels）を適用した後、ストライド付きの畳み込み層を使用してダウンサンプリングを行います。11番目のセルに次のコードを記述し、実行します。

▼DownsampleBlockクラスの定義（ConvNeXt_PyTorch.ipynb）

セル11
```
class DownsampleBlock(nn.Sequential):
    """ 画像の解像度を下げるためのダウンサンプリングブロック
        チャンネルごとの正規化ブロックとストライド付き畳み込みで構成される
    """
    def __init__(self, in_channels, out_channels, stride=2):
        """
        Args:
            in_channels (int): 入力テンソルのチャンネル数
            out_channels (int): 出力テンソルのチャンネル数
            stride (int): 畳み込み層で使用されるストライドの値
                          デフォルトの2では入力テンソルの解像度を半分にする
        """
        # スーパークラスのコンストラクターにブロックを構成するレイヤーを渡す
        super().__init__(
            # チャンネルごとの正規化を行うブロック
            LayerNormChannels(in_channels),
            # ストライド付きの畳み込み層でダウンサンプリングを行う
            nn.Conv2d(in_channels, out_channels, stride, stride=stride)
        )
```

■ダウンサンプリングブロックとConvNeXtBlockを含むステージを構築

ここで作成するステージは、入力チャンネル数と出力チャンネル数が異なる場合にダウンサンプリングを行うブロック、および指定された数のConvNeXtBlockで構成されます。

●処理の概要

- **ダウンサンプリングブロックの条件付き追加**
  in_channels と out_channels が異なる場合、DownsampleBlockをlayersリストに追加します。
- **ConvNeXtBlockの追加**
  指定されたnum_blocksの数だけ、ConvNeXtBlockをlayersリストに追加します。

●Stageクラスの定義

Stageクラスを定義します。12番目のセルに次のコードを記述し、実行します。

▼Stageクラスの定義(ConvNeXt_PyTorch.ipynb)

セル12

```
class Stage(nn.Sequential):
    """ ConvNeXtモデル内の1つのステージを構築

    ステージには、必要に応じてダウンサンプリングブロックと
    複数のConvNeXtブロックが含まれる
    """
    def __init__(
            self,
            in_channels, out_channels,
            num_blocks,
            kernel_size,
            p_drop=0.
    ):
        """
        Args:
            in_channels (int): 入力テンソルのチャンネル数
            out_channels (int): 出力テンソルのチャンネル数
            num_blocks (int): ステージ内に含まれるConvNeXtBlockの数
            kernel_size (int): ConvNeXtBlockに使用するカーネルサイズ
            p_drop (float, optional): ドロップアウト率
        """
        # 入力チャンネルと出力チャンネルが異なる場合はダウンサンプリングブロックを配置
        if in_channels == out_channels:
```

```
        layers = []          # ダウンサンプリングが不要な場合は空のリスト
    else:
        # ダウンサンプリングブロックを配置
        layers = [DownsampleBlock(in_channels, out_channels)]

    # 指定された数のConvNeXtBlockを配置
    for _ in range(num_blocks):
        layers += [
            ConvNeXtBlock(out_channels, kernel_size, p_drop=p_drop)
        ]

    # スーパークラスのコンストラクターにレイヤーのリストを渡す
    super().__init__(*layers)
```

■複数のステージ(Stage)を順番に組み合わせるConvNeXtBodyの定義

複数のステージ(Stage)を順番に組み合わせて特徴量の抽出と変換を行うConvNeXtBodyを作成します。

●処理の概要

ConvNeXtBodyでは、以下の処理を行います。

- **複数のステージを組み合わせる**
  channel_listとnum_blocks_listのペアに基づいて、各ステージ(Stageクラス)を順番に作成し、layersリストに追加します。各ステージは、指定されたチャンネル数とブロック数を使用して構成されます。
- **入力チャンネルと出力チャンネルの管理**
  各ステージの出力チャンネル数は次のステージの入力チャンネル数として使用され、ネットワーク全体で一貫したデータフローを確保します。

●ConvNeXtBodyクラスの定義

ConvNeXtBodyクラスを定義します。13番目のセルに次のコードを記述し、実行します。

▼ConvNeXtBodyクラスの定義(ConvNeXt_PyTorch.ipynb)

```
セル13
class ConvNeXtBody(nn.Sequential):
    """ 複数のステージ(Stage)を順番に組み合わせて
        特徴量の抽出と変換を行う
    """
```

```
def __init__(
        self,
        in_channels,
        channel_list,
        num_blocks_list,
        kernel_size,
        p_drop=0.
):
    """
    Args:
        in_channels (int): 入力テンソルのチャンネル数
        channel_list (list of int): 各ステージの出力チャンネル数のリスト
        num_blocks_list (list of int): 各ステージに含まれるブロック数のリスト
        kernel_size (int): 畳み込み層のカーネルサイズ
        p_drop (float): ドロップアウト率
    """
    layers = []     # レイヤーリストを初期化
    # channel_listとnum_blocks_listをペアにして、各ステージを順次構築
    for out_channels, num_blocks in zip(channel_list, num_blocks_list):
        # ステージ(Stageクラス)を生成してリストに追加
        layers.append(
            Stage(
                in_channels,
                out_channels,
                num_blocks,
                kernel_size,
                p_drop
            )
        )
        # 現在の出力チャンネル数を次のステージの入力チャンネル数として設定
        in_channels = out_channels

    # スーパークラスのコンストラクターにレイヤーのリストを渡す
    super().__init__(*layers)
```

13.2.5 ConvNeXtBlockモデル全体を定義する

入力画像に対して最初に処理行うステムブロックおよび最終のHeadブロックを作成した後、ConvNeXtBlockモデル全体を定義するConvNeXtクラスを作成します。

■Stemクラスの定義

ConvNeXtモデルにおける初期層（ステム）としてStemクラスを定義します。このクラスは、畳み込み層を使用して画像をパッチに分割し、続いて正規化を適用します。14番目のセルに次のコードを記述し、実行します。

▼Stemクラスの定義（ConvNeXt_PyTorch.ipynb）

セル14

```
class Stem(nn.Sequential):
    """ ConvNeXtモデルの最初の処理として画像のパッチ化と正規化を行う
    """
    def __init__(self, in_channels, out_channels, patch_size):
        """
        Args:
            in_channels (int): 入力画像のチャンネル数(3)
            out_channels (int): パッチ化後の出力チャンネル数
            patch_size (int): 画像を分割するパッチのサイズ
                              このサイズで畳み込みが行われる
        """
        # スーパークラスのコンストラクターにレイヤーを渡す
        super().__init__(
            # 畳み込み層で画像をパッチに分割し、チャンネル数を変更
            nn.Conv2d(in_channels, out_channels, patch_size, stride=patch_size),
            # パッチ化された特徴マップに対して正規化を適用
            LayerNormChannels(out_channels)
        )
```

■Headクラスの定義

ConvNeXtモデルの出力部分を構成し、特徴量を最終的なクラスラベルにマッピングするHeadブロックを作成します。15番目のセルに次のコードを記述し、実行します。

▼Headクラスの定義(ConvNeXt_PyTorch.ipynb)

セル15
```
class Head(nn.Sequential):
    """ ConvNeXtモデルの最終ブロックとしてクラス分類を行う
    """
    def __init__(self, in_channels, classes):
        """
        Args:
            in_channels (int): 入力特徴マップのチャンネル数
            classes (int): 分類するクラスの数
        """
        # スーパークラスのコンストラクターにレイヤーを渡す
        super().__init__(
            # 入力テンソルの高さと幅を1×1に縮小するAdaptiveAvgPool2d(1)を配置
            nn.AdaptiveAvgPool2d(1),
            nn.Flatten(),                   # 高さと幅1×1をフラット化してチャンネル次元のみにする
            nn.LayerNorm(in_channels), # 正規化を適用
            # 線形層(全結合層)を配置
            nn.Linear(in_channels, classes)
        )
```


■ConvNeXtモデル全体の定義

ConvNeXtクラスは、ConvNeXtアーキテクチャ全体を定義するクラスです。このクラスは、入力画像を最初に処理するStem、中間の特徴抽出を行うConvNeXtBody、最終的にクラス分類を行うHeadの3つのモジュールで構成されています。さらに、重みの初期化やパラメーターの分類を行うメソッドも含まれています。16番目のセルに次のコードを記述し、実行します。

▼ConvNeXtクラスの定義(ConvNeXt_PyTorch.ipynb)

セル16
```
class ConvNeXt(nn.Sequential):
    """ ConvNeXtモデル全体を構築する

    """
    def __init__(
            self,
            classes,
            channel_list,
            num_blocks_list,
```

```
            kernel_size,
            patch_size,
            in_channels=3,
            res_p_drop=0.
    ):
        """
        Args:
            classes (int): 分類するクラスの数
            channel_list (list of int): 各ステージの出力チャンネル数のリスト
            num_blocks_list (list of int): 各ステージに含まれるブロック数のリスト
            kernel_size (int): 畳み込み層のカーネルサイズ
            patch_size (int): ステム部分で使用するパッチサイズ
            in_channels (int): 入力画像のチャンネル数(デフォルトはRGB画像の3)
            res_p_drop (float): 残差接続のドロップアウト率
        """
        # スーパークラスのコンストラクターにStem、ConvNeXtBody、Headを渡す
        super().__init__(
            Stem(
                in_channels,      # 入力チャンネル数
                channel_list[0],  # 最初のステージの出力チャンネル数
                patch_size        # パッチサイズ
            ),
            ConvNeXtBody(
                channel_list[0],  # 最初のステージの入力チャンネル数
                channel_list,     # 各ステージの出力チャンネル数のリスト
                num_blocks_list,  # 各ステージに含まれるブロック数のリスト
                kernel_size,      # カーネルサイズ
                res_p_drop        # 残差接続のドロップアウト率
            ),
            Head(
                channel_list[-1], # 最終ステージの出力チャンネル数
                classes           # 分類クラス数
            )
        )
        # 重みの初期化メソッドを呼び出し
        self.reset_parameters()

    def reset_parameters(self):
        """ 重みの初期化を行うメソッド
            モデルのすべての重みを初期化する
        """
```

```
        for m in self.modules():
            # 畳み込み層と線形層の重みを正規分布で初期化
            if isinstance(m, (nn.Linear, nn.Conv2d)):
                nn.init.normal_(m.weight, std=0.02)
                # バイアスはゼロで初期化
                if m.bias is not None: nn.init.zeros_(m.bias)
            # 正規化層の重みを1、バイアスを0で初期化
            elif isinstance(m, nn.LayerNorm):
                nn.init.constant_(m.weight, 1.)
                nn.init.zeros_(m.bias)
            # 残差接続のgammaパラメーターをゼロで初期化
            elif isinstance(m, Residual):
                nn.init.zeros_(m.gamma)

    def separate_parameters(self):
        """ オプティマイザーの更新ステップにおいて、
            重みパラメーターを減衰するものとしないものに分類する

        Returns:
            tuple: (parameters_decay, parameters_no_decay)
                - parameters_decay: 減衰するパラメーターのセット
                - parameters_no_decay: 減衰しないパラメーターのセット
        """
        parameters_decay = set()                      # 重み減衰が適用されるパラメーターのセット
        parameters_no_decay = set()                   # 適用されないパラメーターのセット
        modules_weight_decay = (nn.Linear, nn.Conv2d) # 重み減衰を適用するモジュール
        modules_no_weight_decay = (nn.LayerNorm,)     # 適用しないモジュール

        # モデル内のすべてのモジュールを名前付きでループ
        for m_name, m in self.named_modules():
            # モジュール内のすべてのパラメーターを名前付きでループ
            for param_name, param in m.named_parameters():
                # フルパラメーター名を生成(モジュール名があれば付加)
                full_param_name = f"{m_name}.{param_name}" if m_name else param_name
                # モジュールが重み減衰なしのモジュールの場合
                if isinstance(m, modules_no_weight_decay):
                    parameters_no_decay.add(full_param_name)     # 重み減衰なしに追加
                # パラメーター名が"bias"で終わる場合
                elif param_name.endswith("bias"):
                    parameters_no_decay.add(full_param_name)     # 重み減衰なしに追加
                # 残差ブロックのgammaパラメーターの場合
```

```
            elif isinstance(m, Residual) and param_name.endswith("gamma"):
                parameters_no_decay.add(full_param_name)    # 重み減衰なしに追加
            # それ以外（畳み込み層や線形層の重み）の場合
            elif isinstance(m, modules_weight_decay):
                parameters_decay.add(full_param_name)       # 重み減衰ありに追加

    # 同じパラメーターが両方のセットに含まれていないか確認
    assert len(parameters_decay & parameters_no_decay) == 0
    # すべてのパラメーターが分類されているか確認
    assert (
        len(parameters_decay) + len(parameters_no_decay)
        == len(list(model.parameters()))
    )

    # 減衰するパラメーターと減衰しないパラメーターのセットを返す
    return parameters_decay, parameters_no_decay
```

COLUMN ConvNeXtのダウンサンプリングと他のモデルとの違い

ConvNeXtのダウンサンプリングは、ResNetなど他のCNNモデルと大きく異なるわけではありませんが、次のような独自の工夫を加えています。

- 大きなカーネルサイズを使用することで、より多くの周辺情報を取り込むようにしています。結果、ダウンサンプリング後も十分に多くの情報が保持されます。
- ダウンサンプリングの前または後に、Layer Normalization（実装例ではLayerNormChannels）を使用して、学習の安定性とパフォーマンスを向上させています。ResNetなど従来のCNNモデルではバッチ正規化（Batch Normalization）が使用されているので、その点が異なります。

13.3 ConvNeXtモデルを生成してトレーニングを実行する

ConvNeXtモデルをインスタンス化し、各種の設定を行ってトレーニングを実行します。

13.3.1 ConvNeXtモデルのインスタンス化とサマリの表示

ConvNeXtモデルをインスタンス化し、重みとバイアスを初期化して、モデルのサマリを出力します。

■ConvNeXtモデルのインスタンス化

17番目のセルに次のコードを記述し、実行します。

▼ConvNeXtモデルのインスタンス化(ConvNeXt_PyTorch.ipynb)

セル17

```
model = ConvNeXt(
    NUM_CLASSES,                          # 分類するクラスの数を指定
    channel_list=[64, 128, 256, 512],     # 各ステージの出力チャンネル数のリスト
    num_blocks_list=[2, 2, 2, 2],         # 各ステージに含まれるブロック数のリスト
    kernel_size=7,                        # 畳み込み層に使用するカーネルサイズ
    patch_size=1,                         # ステム部分で使用するパッチサイズ
    res_p_drop=0.                         # 残差接続のドロップアウト率(今回は使用しないので0)
)
```

■モデルを指定されたデバイス(DEVICE)に移動してモデルのサマリを出力

18番目のセルに次のコードを記述し、実行します。

▼モデルを指定されたデバイス(DEVICE)に移動(ConvNeXt_PyTorch.ipynb)

セル18

```
model.to(DEVICE);
```

19番目のセルに次のコードを記述し、実行します。

▼モデルのサマリを出力（ConvNeXt_PyTorch.ipynb）

セル19
```
from torchsummary import summary
summary(model, (3, IMAGE_SIZE, IMAGE_SIZE))
```

▼出力されたモデルのサマリ
```
----------------------------------------------------------------
        Layer (type)               Output Shape         Param #
================================================================
            Conv2d-1           [-1, 64, 32, 32]             256
         LayerNorm-2           [-1, 32, 32, 64]             128
  LayerNormChannels-3           [-1, 64, 32, 32]               0
            Conv2d-4           [-1, 64, 32, 32]           3,200
         LayerNorm-5           [-1, 32, 32, 64]             128
  LayerNormChannels-6           [-1, 64, 32, 32]               0
            Conv2d-7          [-1, 256, 32, 32]          16,640
              GELU-8          [-1, 256, 32, 32]               0
            Conv2d-9           [-1, 64, 32, 32]          16,448
          Dropout-10           [-1, 64, 32, 32]               0
     ConvNeXtBlock-11           [-1, 64, 32, 32]               0
           Conv2d-12           [-1, 64, 32, 32]           3,200
        LayerNorm-13           [-1, 32, 32, 64]             128
 LayerNormChannels-14           [-1, 64, 32, 32]               0
           Conv2d-15          [-1, 256, 32, 32]          16,640
             GELU-16          [-1, 256, 32, 32]               0
           Conv2d-17           [-1, 64, 32, 32]          16,448
          Dropout-18           [-1, 64, 32, 32]               0
     ConvNeXtBlock-19           [-1, 64, 32, 32]               0
        LayerNorm-20           [-1, 32, 32, 64]             128
 LayerNormChannels-21           [-1, 64, 32, 32]               0
           Conv2d-22          [-1, 128, 16, 16]          32,896
           Conv2d-23          [-1, 128, 16, 16]           6,400
        LayerNorm-24          [-1, 16, 16, 128]             256
 LayerNormChannels-25          [-1, 128, 16, 16]               0
           Conv2d-26          [-1, 512, 16, 16]          66,048
             GELU-27          [-1, 512, 16, 16]               0
           Conv2d-28          [-1, 128, 16, 16]          65,664
          Dropout-29          [-1, 128, 16, 16]               0
     ConvNeXtBlock-30          [-1, 128, 16, 16]               0
           Conv2d-31          [-1, 128, 16, 16]           6,400
        LayerNorm-32          [-1, 16, 16, 128]             256
```

```
  LayerNormChannels-33       [-1, 128, 16, 16]               0
             Conv2d-34       [-1, 512, 16, 16]          66,048
               GELU-35       [-1, 512, 16, 16]               0
             Conv2d-36       [-1, 128, 16, 16]          65,664
            Dropout-37       [-1, 128, 16, 16]               0
      ConvNeXtBlock-38       [-1, 128, 16, 16]               0
          LayerNorm-39       [-1, 16, 16, 128]             256
  LayerNormChannels-40       [-1, 128, 16, 16]               0
             Conv2d-41         [-1, 256, 8, 8]         131,328
             Conv2d-42         [-1, 256, 8, 8]          12,800
          LayerNorm-43         [-1, 8, 8, 256]             512
  LayerNormChannels-44         [-1, 256, 8, 8]               0
             Conv2d-45        [-1, 1024, 8, 8]         263,168
               GELU-46        [-1, 1024, 8, 8]               0
             Conv2d-47         [-1, 256, 8, 8]         262,400
            Dropout-48         [-1, 256, 8, 8]               0
      ConvNeXtBlock-49         [-1, 256, 8, 8]               0
             Conv2d-50         [-1, 256, 8, 8]          12,800
          LayerNorm-51         [-1, 8, 8, 256]             512
  LayerNormChannels-52         [-1, 256, 8, 8]               0
             Conv2d-53        [-1, 1024, 8, 8]         263,168
               GELU-54        [-1, 1024, 8, 8]               0
             Conv2d-55         [-1, 256, 8, 8]         262,400
            Dropout-56         [-1, 256, 8, 8]               0
      ConvNeXtBlock-57         [-1, 256, 8, 8]               0
          LayerNorm-58         [-1, 8, 8, 256]             512
  LayerNormChannels-59         [-1, 256, 8, 8]               0
             Conv2d-60         [-1, 512, 4, 4]         524,800
             Conv2d-61         [-1, 512, 4, 4]          25,600
          LayerNorm-62         [-1, 4, 4, 512]           1,024
  LayerNormChannels-63         [-1, 512, 4, 4]               0
             Conv2d-64        [-1, 2048, 4, 4]       1,050,624
               GELU-65        [-1, 2048, 4, 4]               0
             Conv2d-66         [-1, 512, 4, 4]       1,049,088
            Dropout-67         [-1, 512, 4, 4]               0
      ConvNeXtBlock-68         [-1, 512, 4, 4]               0
             Conv2d-69         [-1, 512, 4, 4]          25,600
          LayerNorm-70         [-1, 4, 4, 512]           1,024
  LayerNormChannels-71         [-1, 512, 4, 4]               0
             Conv2d-72        [-1, 2048, 4, 4]       1,050,624
               GELU-73        [-1, 2048, 4, 4]               0
```

```
           Conv2d-74         [-1, 512, 4, 4]     1,049,088
          Dropout-75         [-1, 512, 4, 4]             0
     ConvNeXtBlock-76        [-1, 512, 4, 4]             0
 AdaptiveAvgPool2d-77        [-1, 512, 1, 1]             0
          Flatten-78               [-1, 512]             0
        LayerNorm-79               [-1, 512]         1,024
           Linear-80               [-1, 100]        51,300
================================================================
Total params: 6,422,628
Trainable params: 6,422,628
Non-trainable params: 0
----------------------------------------------------------------
Input size (MB): 0.01
Forward/backward pass size (MB): 29.95
Params size (MB): 24.50
Estimated Total Size (MB): 54.46
----------------------------------------------------------------
```

13.3.2 モデルのトレーニング方法と評価方法を設定する

モデルのトレーニング直前の準備をします。

■モデルのパラメーターに基づいてオプティマイザーを取得する関数の定義

20番目のセルに次のコードを記述し、実行します。

▼オプティマイザーを取得する関数(ConvNeXt_PyTorch.ipynb)

セル20

```
def get_optimizer(model, learning_rate, weight_decay):
    """ モデルのパラメーターに基づいてオプティマイザーを取得する

    Args:
        model (nn.Module): 最適化するPyTorchモデル
        learning_rate (float): オプティマイザーの学習率
        weight_decay (float): 重み減衰の率

    Returns:
        optimizer (torch.optim.Optimizer): AdamWオプティマイザー
    """
```

```
    # モデルのすべてのパラメーターを名前付きで辞書に格納
    param_dict = {pn: p for pn, p in model.named_parameters()}

    # モデル内のパラメーターを重み減衰するものとしないものに分ける
    parameters_decay, parameters_no_decay = model.separate_parameters()

    # パラメーターグループを定義、重み減衰ありとなしのグループを作成
    optim_groups = [
        # 重み減衰を適用するパラメーター
        {"params": [param_dict[pn] for pn in parameters_decay],
         "weight_decay": weight_decay},
        # 重み減衰を適用しないパラメーター
        {"params": [param_dict[pn] for pn in parameters_no_decay],
         "weight_decay": 0.0},
    ]

    # AdamWオプティマイザーを作成、指定された学習率とパラメーターグループを使用
    optimizer = optim.AdamW(optim_groups, lr=learning_rate)
    # 作成したオプティマイザーを返す
    return optimizer
```


■損失関数、オプティマイザー、トレーナー、学習率スケジューラー、評価器を設定

21番目のセルに次のコードを記述し、実行します。

▼損失関数、オプティマイザー、トレーナー、学習率スケジューラー、評価器を設定（ConvNeXt_PyTorch.ipynb）

セル21

```
# 損失関数としてクロスエントロピー損失を定義
loss = nn.CrossEntropyLoss()

# オプティマイザーを取得
optimizer = get_optimizer(
    model,                        # 学習対象のモデル
    learning_rate=1e-6,           # 学習率
    weight_decay=WEIGHT_DECAY     # 重み減衰（正則化）の係数
)
```

```
# 教師あり学習用トレーナーを定義
trainer = create_supervised_trainer(
    model, optimizer, loss, device=DEVICE
)
# 学習率スケジューラーを定義
lr_scheduler = optim.lr_scheduler.OneCycleLR(
    optimizer,                                  # オプティマイザー
    max_lr=LEARNING_RATE,                       # 最大学習率
    steps_per_epoch=len(train_loader),          # 1エポック当たりのステップ数
    epochs=EPOCHS                               # 総エポック数
)

# トレーナーにイベントハンドラーを追加
# トレーナーの各イテレーション終了時に学習率スケジューラーを更新
trainer.add_event_handler(
    Events.ITERATION_COMPLETED,                 # イテレーション終了時のイベント
    lambda engine: lr_scheduler.step()          # 学習率スケジューラーのステップを進める
)

# トレーナーにランニングアベレージメトリクスを追加
# トレーニングの損失をランニング平均で保持
ignite.metrics.RunningAverage(
    output_transform=lambda x: x                # 出力をそのまま使用
    ).attach(trainer, "loss")                   # トレーナーに"loss"としてアタッチ

# 検証用のメトリクス(評価指標)を定義
val_metrics = {
    "accuracy": ignite.metrics.Accuracy(),      # 精度
    "loss": ignite.metrics.Loss(loss)           # 損失
}

# トレーニングデータ用の評価器を定義
train_evaluator = create_supervised_evaluator(
    model,                                      # 評価対象のモデル
    metrics=val_metrics,                        # 評価指標
    device=DEVICE                               # 実行デバイス(GPUを想定)
)
```

```
# バリデーションデータ用の評価器を定義
evaluator = create_supervised_evaluator(
    model,                                  # 評価対象のモデル
    metrics=val_metrics,                    # 評価指標
    device=DEVICE                           # 実行デバイス(CPUまたはGPU)
)

# トレーニング履歴を保持するための辞書を初期化
history = defaultdict(list)
```

■評価結果を記録してログに出力するlog_validation_results()関数の定義

22番目のセルに次のコードを記述し、実行します。

▼評価結果を記録してログに出力するlog_validation_results()関数(ConvNeXt_PyTorch.ipynb)

```
セル22
# トレーナーがエポックを完了したときにこの関数を呼び出すためのデコレーター
@trainer.on(Events.EPOCH_COMPLETED)
def log_validation_results(engine):
    """ エポック完了時にトレーニングと検証の損失および精度を記録してログに出力

    Args:
        engine: トレーナーの状態を保持するエンジンオブジェクト
    """
    # トレーナーの状態を取得
    train_state = engine.state
    # 現在のエポック数を取得
    epoch = train_state.epoch
    # 最大エポック数を取得
    max_epochs = train_state.max_epochs
    # 現在のエポックのトレーニング損失を取得
    train_loss = train_state.metrics["loss"]
    # トレーニング損失を履歴に追加
    history['train loss'].append(train_loss)
    # トレーニングデータローダーを使用して評価を実行
    train_evaluator.run(train_loader)
    # トレーニング評価の結果メトリクスを取得
    train_metrics = train_evaluator.state.metrics
```

```
    # トレーニングデータの精度を取得
    train_acc = train_metrics["accuracy"]
    # トレーニング精度を履歴に追加
    history['train_acc'].append(train_acc)
    # テストデータローダーを使用して評価を実行
    evaluator.run(test_loader)
    # 検証評価の結果メトリクスを取得
    val_metrics = evaluator.state.metrics
    # 検証データの損失を取得
    val_loss = val_metrics["loss"]
    # 検証データの精度を取得
    val_acc = val_metrics["accuracy"]
    # 検証損失を履歴に追加
    history['val_loss'].append(val_loss)
    # 検証精度を履歴に追加
    history['val_acc'].append(val_acc)

    # トレーニングと検証の損失および精度を出力
    print(
        "{}/{} - train:loss {:.3f} accuracy {:.3f}; val:loss {:.3f} accuracy {:.3f}".format(
        epoch, max_epochs, train_loss, train_acc, val_loss, val_acc)
        )
```

COLUMN ConvNeXtとViTの学習時間

ConvNeXtモデルは、同規模のViTモデルと比較して、学習時間が短くなる傾向があります。

- ConvNeXt
  従来のCNNを基盤としています。CNNの計算は局所的であるため、各層の計算量が比較的少なく、効率的に学習することが可能です。
- ViT
  ViTのグローバルな自己注意機構は強力な特徴抽出能力を持ちますが、すべてのトークン（パッチ）間の相互作用を計算する必要があります。大規模なデータセットやグローバルな特徴抽出が重要な場合はViTが有効ですが、計算コストや学習時間が長くなることに注意が必要です。

13.3.3 トレーニングを実行して結果を評価する

トレーニングを実行し、モデルを評価します。トレーニング終了後、損失と正解率の推移をグラフにします。

■トレーニングの開始

23番目のセルに次のコードを記述し、実行しましょう。すぐにトレーニングが開始されます。

▼トレーニングを開始(ConvNeXt_PyTorch.ipynb)

セル23

```
%%time
trainer.run(train_loader, max_epochs=EPOCHS);
```

▼出力

```
1/150 - train:loss 4.178 accuracy 0.062; val:loss 4.165 accuracy 0.059
......途中省略......
50/150 - train:loss 0.995 accuracy 0.811; val:loss 1.715 accuracy 0.574
......途中省略......
100/150 - train:loss 0.332 accuracy 0.945; val:loss 1.900 accuracy 0.608
......途中省略......
150/150 - train:loss 0.000 accuracy 1.000; val:loss 1.829 accuracy 0.675
CPU times: user 2h 5min 4s, sys: 6min 25s, total: 2h 11min 30s
Wall time: 2h 2min 47s
```

■損失と精度の推移をグラフ化

損失と精度の推移をグラフにしましょう。

▼損失の推移をグラフにする(ConvNeXt_PyTorch.ipynb)

セル24

```
# グラフ描画用のFigureオブジェクトを作成
fig = plt.figure()
# Figureにサブプロット(1行1列の1つ目のプロット)を追加
ax = fig.add_subplot(111)
# x軸のデータをエポック数に基づいて作成(1からhistory['train loss']の長さまでの範囲)
xs = np.arange(1, len(history['train loss']) + 1)
# トレーニングデータの損失をプロット
```

```
ax.plot(xs, history['train loss'], '.-', label='train')
# バリデーションデータの損失をプロット
ax.plot(xs, history['val loss'], '.-', label='val')

ax.set_xlabel('epoch')  # x軸のラベルを設定
ax.set_ylabel('loss')   # y軸のラベルを設定
ax.legend()             # 凡例を表示
ax.grid()               # グリッドを表示
plt.show()              # グラフを表示
```

▼精度の推移をグラフにする(ConvNeXt_PyTorch.ipynb)

セル25

```
# グラフ描画用のFigureオブジェクトを作成
fig = plt.figure()
# Figureにサブプロット(1行1列の1つ目のプロット)を追加
ax = fig.add_subplot(111)
# x軸のデータをエポック数に基づいて作成(1からhistory['val acc']の長さまでの範囲)
xs = np.arange(1, len(history['val acc']) + 1)
# バリデーションデータの正解率をプロット
ax.plot(xs, history['val acc'], label='Validation Accuracy', linestyle='-')
# トレーニングデータの正解率をプロット
ax.plot(xs, history['train acc'], label='Training Accuracy', linestyle='--')
ax.set_xlabel('Epoch')       # x軸のラベルを設定
ax.set_ylabel('Accuracy')    # y軸のラベルを設定
ax.grid()                    # グリッドを表示
ax.legend()                  # 凡例を追加
plt.show()                   # グラフを表示
```

▼出力された損失と精度の推移を示すグラフ

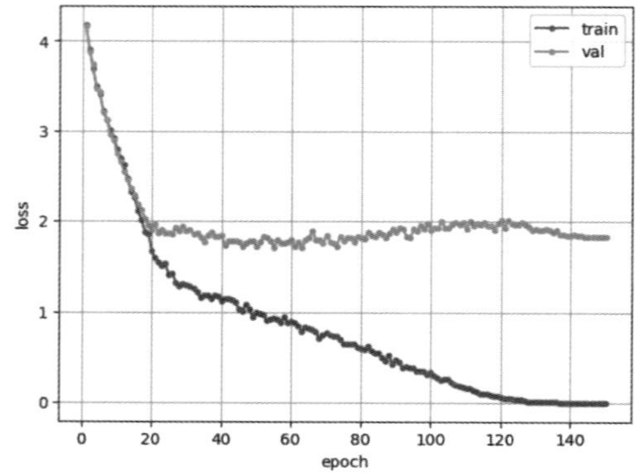

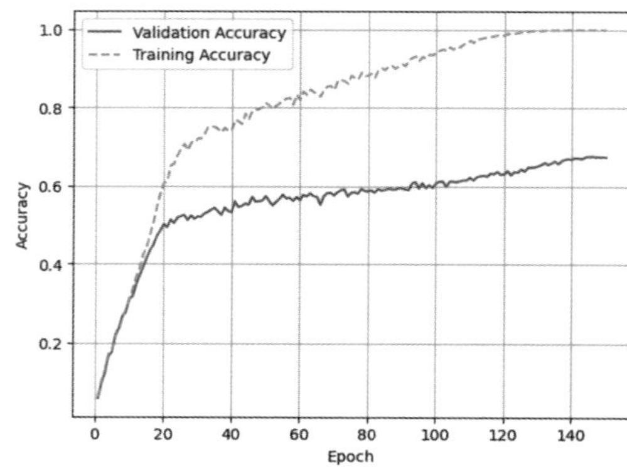

章 MViTを用いた画像分類モデルの実装（PyTorch）

14.1 MViTの概要

MViT*（Multiscale Vision Transformers）は、視覚認識タスクにおいて強力な性能を発揮するトランスフォーマーベースのモデルであり、その名の通り、マルチスケールでの特徴抽出を実現する点が特徴です。

14.1.1 MViT：Multiscale Vision Transformersの特徴と処理の内容

ここでは、MViTの主な特徴と処理内容について説明していきます。

■MViTの主な特徴

MViTは、画像データを異なる解像度（スケール）で処理します。これにより、細部の情報から全体的な構造に至るまで、さまざまなスケールの特徴を捉えます。モデルは、複数のスケールで学習することで、より多様な視覚パターンを理解します。MViTの主な特徴は次の通りです。

●柔軟なモデル構成

MViTは、ストライドやカーネルサイズ、ヘッド数などのパラメーターを動的に設定することで、異なる入力サイズや計算リソースに柔軟に適応できるようになっています。さまざまなタスクや環境に合わせてモデルを最適化することが可能です。

●強力なグローバル特徴学習

MViTは、グローバルな特徴を学習する能力に優れており、特にTransformerStackとHeadの組み合わせにより、ローカルな特徴とグローバルな特徴を統合して効果的に学習します。

＊MViT　Haoqi Fan, Bo Xiong, Karttikeya Mangalam, Yanghao Li, Zhicheng Yan, Jitendra Malik, Christoph Feichtenhofer（2021）"Multiscale Vision Transformers" arXiv:2104.11227

●パッチ分割と埋め込み処理

モデルはまず、入力画像を一定サイズのパッチに分割し、各パッチを埋め込み表現に変換します。この処理はPatchEmbeddingモジュールで行われます。

●位置埋め込み

パッチごとの埋め込み表現に位置情報を加えることで、モデルが各パッチの空間的位置関係を学習できるようにします。この処理はPositionEmbeddingモジュールで行われ、パッチ間の相対位置をモデルに伝えます。

●マルチスケール処理

TransformerStackモジュールでは、複数のTransformerBlockを積み重ね、ストライドやカーネルサイズを動的に調整することで、異なるスケールの特徴を学習します。このプロセスにより、モデルは細部から全体にわたる幅広い情報をキャプチャします。

MViTは、これらのプロセスを通じて、視覚データの豊かな表現を学習し、複雑な視覚タスクに対して高いパフォーマンスを発揮します。特に、マルチスケールでの処理が可能な点が、このモデルの大きな強みです。

■ViTモデルとMViTモデルの相違点

MViTは、Vision Transformer（ViT）と比較して、いくつかのユニークな特徴を持っています。上述のMViTの特徴と重複する点もありますが、MViTモデルとViTモデルの主な違いを以下にまとめます。

●マルチスケール特徴抽出

- **MViT**

  MViTの最大の特徴は、画像のマルチスケール処理をネイティブにサポートしている点です。MViTは、異なる解像度で画像の特徴を抽出することで、細部から全体まで幅広い情報を捉えます。これは、複数のスケールでストライドやカーネルサイズを動的に調整することで実現されます。

- **ViT**

  標準的なViTは、画像を固定サイズのパッチに分割し、そのパッチごとに同じスケールで処理を行います。ViTでは、各パッチが同じサイズで扱われるため、スケールに対する柔軟性はMViTほど高くありません。

●ダウンサンプリングとアップサンプリングの柔軟性

- **MViT**

  各ステージでダウンサンプリングを行い、ストライドやカーネルサイズを調整することで、解像度を変化させながら処理を進めます。これにより、異なる解像度での特徴抽出と統合が可能になります。

- **ViT**

  標準的なViTでは、ダウンサンプリングやアップサンプリングといった処理は行われず、すべてのパッチが同じ解像度で処理されます。

●ヘッド数とモデルサイズの動的調整

- **MViT**

  モデルの各ステージでヘッド数やチャンネル数を動的に調整します。これにより、計算コストを抑えながら高い表現力を持たせることができます。

- **ViT**

  標準的なViTでは、すべてのトランスフォーマーレイヤーが固定されたヘッド数とチャンネル数で処理を行います。そのため、モデルのサイズや計算リソースに対する柔軟性は限定的です。

●モデルのスケーラビリティ

- **MViT**

  モデルのスケーラビリティとは、モデルが異なる計算リソースや入力サイズ、要求される性能に応じて柔軟に拡張（スケールアップ）や縮小（スケールダウン）を行える能力を指します。MViTでは、ストライドやカーネルサイズ、ヘッド数を調整することで、異なるスケールの入力や計算リソースに応じたモデルスケーリングが可能です。

- **ViT**

  標準的なViTでは、パッチサイズおよびヘッドの数やサイズが固定されているため、スケーラビリティにおいてMViTほどの柔軟性はありません。

MViTは、マルチスケールでの特徴抽出や柔軟なモデル構成を実現するために設計された「ViTの拡張版」であり、異なるスケールでの処理をサポートする点で、従来のViTや他の派生モデルと差別化されています。

▼MViTが細部の詳しい特徴から画像全体の広域的な情報までを学習する様子＊

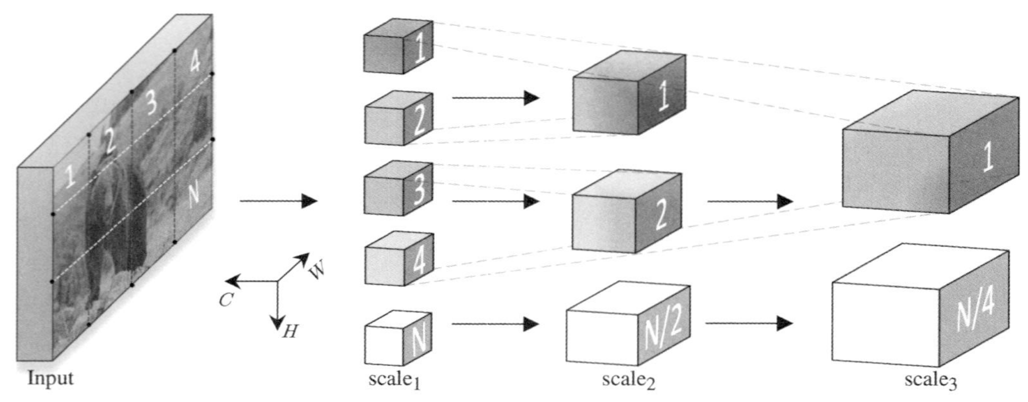

※図の左側には、入力画像がパッチに分割され、それぞれのパッチが埋め込み表現に変換される様子が示されています。
※図の中央部分では、MViTがどのようにして異なる解像度（スケール）で特徴を抽出するかが示されています。

COLUMN マルチスケール特徴抽出の効果

本文で紹介したように、MViTにおけるマルチスケール特徴抽出は、異なるスケール（解像度）で画像の特徴を抽出し、それをモデル全体で統合するアプローチです。ここではそのメリットを紹介します。

・ローカルとグローバルな特徴の同時抽出

マルチスケール特徴抽出の最大のメリットは、ローカルな詳細情報とグローバルな情報を同時に扱える点です。具体的には、高解像度（細かいスケール）の層で、オブジェクトのエッジやテクスチャなどの詳細な情報を捉え、低解像度（大きなスケール）の層で、画像全体の構造や物体間の相互関係といった広域的な情報を学習します。

・サイズの異なるオブジェクトに対応可能

マルチスケールの処理により、画像内に存在する異なるサイズのオブジェクトを捉えることができます。例えば、同じシーンに大きなオブジェクトと小さなオブジェクトが混在している場合、それぞれに適したスケールでの特徴抽出が可能です。

＊…する様子　引用：Fan, H. et al. (2021). "Multiscale Vision Transformers". Figure 1

■プーリングアテンション（Pooling Attention）

MViTはプーリングアテンション（Pooling Attention）という手法を用いています。これは、自己注意機構において、クエリ（Query）、キー（Key）、バリュー（Value）に対してプーリング操作を適用することで、マルチスケールの情報を統合する――というものです。

▼MViTにおけるプーリングアテンション*

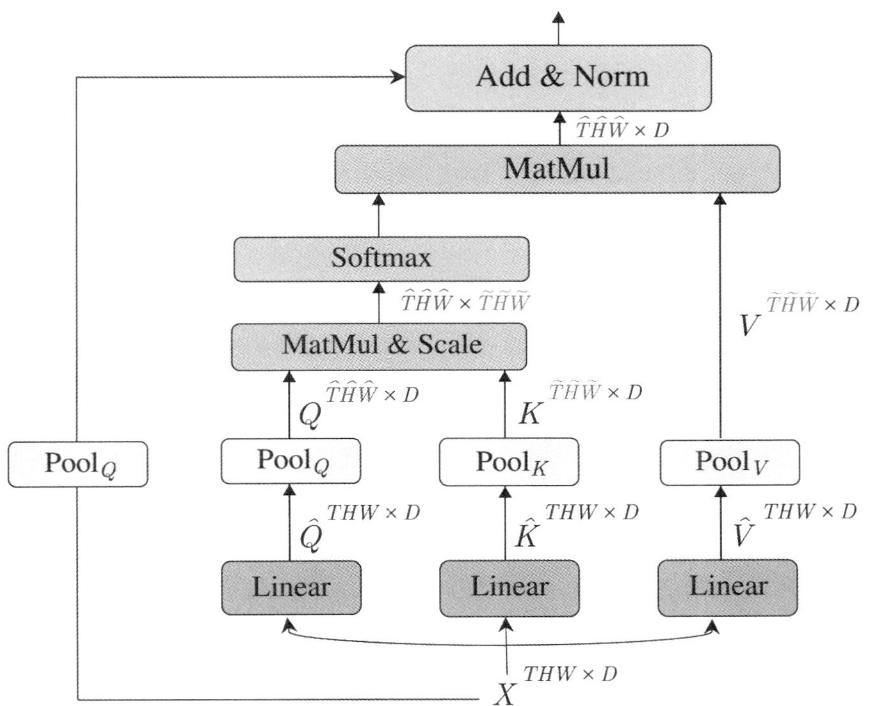

論文のFigure 3（上図）は、プーリング操作を組み合わせた自己注意（Self-Attention）機構を、MViTがどのように実装しているかを示しています。この図では、クエリ（Query）、キー（Key）、バリュー（Value）に対してプーリングが適用され、異なる解像度での特徴が統合されるまでの流れをつかむことができます。

図の中央部分では、クエリ、キー、バリューに対してプーリング操作が適用され、クエリとキーによってアテンションスコアが求められる様子が示されています。アテンションスコアはソフトマックス関数で正規化され、バリューへの重み付けとして適用されます。

＊…プーリングアテンション　引用：Fan, H. et al. (2021). "Multiscale Vision Transformers". Figure 3

14.2 MViTモデルを実装する

PyTorchを用いてMViTモデルを実装*し、CIFAR-100データセットを利用した画像分類を行います。

14.2.1 データセットの読み込み、データローダーの作成まで行う

必要なライブラリのインポート、各種パラメーターの設定、データセットの読み込み、データローダーの作成までを行います。

■PyTorch-Igniteのインストール

Colab Notebookを作成し、1番目のセルにPyTorch-Igniteのインストールを行うコードを記述し、実行します。

▼PyTorch-Igniteをインストールする(MViT_PyTorch.ipynb)

セル1

```
!pip install pytorch-ignite -q
```

■必要なライブラリ、パッケージ、モジュールのインポート

2番目のセルに次のコードを記述し、実行します。

▼ライブラリやパッケージ、モジュールのインポート(MViT_PyTorch.ipynb)

セル2

```
import numpy as np
from collections import defaultdict
import matplotlib.pyplot as plt

import torch
import torch.nn as nn
import torch.optim as optim
import torch.nn.functional as F
from torchvision import datasets, transforms

from ignite.engine import Events, create_supervised_trainer, create_supervised_evaluator
import ignite.metrics
import ignite.contrib.handlers
```

＊…を実装　参考：Julius Ruseckas. "MViT" Accessed May 21, 2024. https://juliusruseckas.github.io/ml/mvit.html

■パラメーター値の設定

3番目のセルに次のコードを記述し、実行します。

▼パラメーター値の設定(MViT_PyTorch.ipynb)

セル3

```
DATA_DIR='./data'              # データ保存用のディレクトリ

IMAGE_SIZE = 32                # 入力画像1辺のサイズ
NUM_CLASSES = 100              # 分類するクラスの数
NUM_WORKERS = 10               # データローダーが使用するサブプロセスの数を指定
BATCH_SIZE = 32                # ミニバッチのサイズ
LEARNING_RATE = 1e-3           # 最大学習率
WEIGHT_DECAY = 1e-1            # オプティマイザーの重み減衰率
EPOCHS = 150                   # 学習回数
```


■使用可能なデバイスの種類を取得

使用可能なデバイス(CPUまたはGPU)の種類を取得します。4番目のセルに次のコードを記述し、実行します。ここでは、GPUの使用を想定しています。

▼使用可能なデバイスを取得(MViT_PyTorch.ipynb)

セル4

```
DEVICE = torch.device("cuda") if torch.cuda.is_available() else torch.device("cpu")
print("device:", DEVICE)
```

▼出力(Colab NotebookにおいてGPUを使用するようにしています)

```
device: cuda
```

■トレーニングデータに適用するデータ拡張処理の定義

トレーニングデータに適用する一連の変換操作をtransforms.Compose(コンテナ)にまとめます。5番目のセルに次のコードを記述し、実行します。

▼トレーニングデータに適用する変換操作をtransforms.Composeにまとめる(MViT_PyTorch.ipynb)

セル5

```
# トレーニングデータに適用する一連の変換操作をtransforms.Composeにまとめる
train_transform = transforms.Compose([
```

```
    transforms.RandomHorizontalFlip(),  # ランダムに左右反転
    # 4ピクセルのパディングを挿入してランダムに切り抜く
    transforms.RandomCrop(IMAGE_SIZE, padding=4),
    # 画像の明るさ、コントラスト、彩度をランダムに変化させる
    transforms.ColorJitter(brightness=0.2, contrast=0.2, saturation=0.2),
    transforms.ToTensor()                # テンソルに変換
])
```

■トレーニングデータとテストデータをロードして前処理

CIFAR-100データセットからトレーニングデータとテストデータをロードして、前処理を行います。6番目のセルに次のコードを記述し、実行します。

▼トレーニングデータとテストデータをロードして前処理を行う(MViT_PyTorch.ipynb)

セル6

```
# CIFAR-100データセットのトレーニングデータを読み込み、データ拡張を適用
train_dset = datasets.CIFAR100(
    root=DATA_DIR, train=True, download=True, transform=train_transform)
# CIFAR-100データセットのテストデータを読み込んで、テンソルに変換する処理のみを行う
test_dset = datasets.CIFAR100(
    root=DATA_DIR, train=False, download=True, transform=transforms.ToTensor())
```

■データローダーの作成

トレーニング用のデータローダーと、テストデータ用のデータローダーを作成します。7番目のセルに次のコードを記述し、実行します。

▼データローダーの作成(MViT_PyTorch.ipynb)

セル7

```
# トレーニング用のデータローダーを作成
train_loader = torch.utils.data.DataLoader(
    train_dset,
    batch_size=BATCH_SIZE,
    shuffle=True,              # 抽出時にシャッフルする
    num_workers=NUM_WORKERS,   # データ抽出時のサブプロセスの数を指定
    pin_memory=True            # データを固定メモリにロード
    )
```

```
# テスト用のデーターローダーを作成
test_loader = torch.utils.data.DataLoader(
    test_dset,
    batch_size=BATCH_SIZE,
    shuffle=False,              # 抽出時にシャッフルしない
    num_workers=NUM_WORKERS,    # データ抽出時のサブプロセスの数を指定
    pin_memory=True             # データを固定メモリにロード
    )
```

14.2.2 入力テンソルのチャンネル次元に対して正規化を適用するLayerNormChannels

入力テンソルのチャンネル次元に対して正規化を適用するLayerNormChannelsクラスを作成します。通常の正規化が最後の次元に適用されるため、このクラスでは入力のチャンネル次元に対して正規化を行います。

■チャンネル次元に正規化を適用するLayerNormChannelsモジュール

特徴マップが格納された特徴テンソル(bs, チャンネル数, 特徴高さ, 特徴幅)のチャンネル数の次元を正規化するLayerNormChannelsモジュールを定義します。8番目のセルに次のコードを記述し、実行します。

▼LayerNormChannelsモジュールの定義(MViT_PyTorch.ipynb)

セル8

```
class LayerNormChannels(nn.Module):
    """ チャンネル方向にLayer Normalizationを適用するモジュール
    Attributes:
        norm (nn.LayerNorm): チャンネル方向にLayer Normalizationを適用するためのレイヤー
    """
    def __init__(self, channels):
        """
        Args:
            channels (int): 正規化レイヤーを適用するチャンネル数
        """
        super().__init__()
        # 指定されたチャンネル数に基づいてLayer Normalizationレイヤーを作成
        self.norm = nn.LayerNorm(channels)

    def forward(self, x):
```

```
        """ フォワードパス

        Args:
            x (Tensor): 入力特徴マップ
                形状は (bs, チャンネル次元, 特徴高さ, 特徴幅)

        Returns:
            Tensor: チャンネル方向にLayer Normalizationを適用した後のテンソル
                    形状は入力時と同じ
        """
        # テンソルのチャンネル次元を最後の次元に配置する
        x = x.transpose(1, -1)
        # チャンネル次元にLayerNormalizationを適用
        x = self.norm(x)
        # チャンネル次元を元の位置に戻す
        x = x.transpose(-1, 1)
        return x
```

14.2.3 残差接続を適用するResidualモジュール

複数のレイヤーで構成されたブロックに対して、残差接続の処理を行うResidualモジュールを定義します。

■Residualモジュールの定義

9番目のセルに次のコードを記述し、実行します。

▼Residualモジュールの定義(MViT_PyTorch.ipynb)

セル9

```
class Residual(nn.Module):
    """ 残差接続を実装するモジュール
    Attributes:
        shortcut (nn.Module): ショートカット接続を適用するレイヤー
        residual (nn.Sequential): 残差接続のためのレイヤー群をまとめたnn.Sequential
        gamma (nn.Parameter): 残差接続のスケーリング係数にする学習可能なパラメーター
    """
    def __init__(self, *layers, shortcut=None):
        """
```

```
        Args:
            *layers(tuple of nn.Module): 残差接続を設定するレイヤー群
            shortcut (nn.Module): ショートカット接続に使用するレイヤー
        """
        super().__init__()
        # ショートカット接続のレイヤーを設定
        if shortcut is None:
            # shortcutがNoneの場合は入力をそのまま出力するIdentityレイヤーを設定
            self.shortcut = nn.Identity()
        else:
            # shortcutが指定されている場合はself.shortcutにセット
            self.shortcut = shortcut

        # 残差接続として使用するレイヤー群をnn.Sequentialでまとめる
        self.residual = nn.Sequential(*layers)
        # 残差接続のスケーリングパラメーターgammaをゼロで初期化
        self.gamma = nn.Parameter(torch.zeros(1))

    def forward(self, x):
        """ フォワードパス
        Args:
            x (Tensor): 入力テンソル

        Returns:
            Tensor: ショートカット接続とスケーリングされた残差接続の和
        """
        return self.shortcut(x) + self.gamma * self.residual(x)
```

14.2.4 Multi-Head Self-Attention機構を実装する

Multi-Head Self-Attention機構を実装するSelfAttention2dクラスを定義します。以下は、SelfAttention2dクラスの処理のポイントです。

- **ヘッドに分割**

  入力テンソルを複数のヘッドに分割します。各ヘッドは独立したキー、クエリ、バリューを生成し、それらを使ってアテンションスコアを計算します。

- **キー、クエリ、バリューの生成**

  畳み込みレイヤー（Conv2d）を使用して、入力テンソルからキー、クエリ、バリューを生成します。

- **プーリングの適用**

  クエリ、キー、バリューの生成の際に1より大きいストライドが適用されている場合、MaxPool2dレイヤーで入力時のサイズになるように調整します。

- **アテンションスコアを計算し、スケーリングとソフトマックス正規化を行う**

  ・**スケーリング**

  クエリとキーの行列積を計算し、アテンションスコアを求めます。その後、スケーリング係数を適用します。これは勾配消失問題を緩和するための措置です。

  ・**ソフトマックス正規化**

  スケーリングされたアテンションスコアをソフトマックス関数で正規化します。

- **アテンションスコアの適用**

  正規化されたアテンションスコアをバリューに適用し、バリューに対する重み付けを行います。

- **ヘッドの統合とドロップアウト**

  ・**ヘッドの統合**

  異なるヘッドで計算された結果を畳み込み層で統合し、元のチャンネル数に戻します。

  ・**ドロップアウトの適用**

  出力に対してドロップアウトを適用します。

■SelfAttention2dクラスの定義

10番目のセルに次のコードを記述し、実行します。

▼SelfAttention2dクラスの定義（MViT_PyTorch.ipynb）

セル10

```
class SelfAttention2d(nn.Module):
    """ 2D入力に対して自己注意機構を適用するモジュール
    Attributes:
```

```
        heads (int): ヘッドの数
        head_channels (int): 各ヘッドの次元数(チャンネル数)
        scale (float): クエリとキーの内積をスケーリングするための係数
        stride_q (int): クエリに対するストライド
        pool_q (nn.Module): クエリに対するプーリングレイヤーまたはIdentityレイヤー
        pool_k (nn.Module): キーに対するプーリングレイヤーまたはIdentityレイヤー
        pool_v (nn.Module): バリューに対するプーリングレイヤーまたはIdentityレイヤー
        to_keys (nn.Conv2d): 入力からキーを生成するための畳み込み層
        to_queries (nn.Conv2d): 入力からクエリを生成するための畳み込み層
        to_values (nn.Conv2d): 入力からバリューを生成するための畳み込み層
        unifyheads (nn.Conv2d):
            すべてのヘッドの出力を統合して元のチャンネル数に戻すための畳み込み層
        drop (nn.Dropout): 出力に対して適用されるドロップアウト層
    """
    def __init__(self, channels, head_channels, heads=1,
                 kernel_q=1, stride_q=1, kernel_kv=1, stride_kv=1, p_drop=0.):
        """
        Args:
            channels (int): 入力テンソルのチャンネル数
            head_channels (int): 各ヘッドの次元数(チャンネル数)
            heads (int): ヘッドの数。デフォルトは1
            kernel_q (int): クエリに対するカーネルサイズ。デフォルトは1
            stride_q (int): クエリに対するストライド。デフォルトは1
            kernel_kv (int): キーとバリューに対するカーネルサイズ。デフォルトは1
            stride_kv (int): キーとバリューに対するストライド。デフォルトは1
            p_drop (float): ドロップアウト率。デフォルトは0.0
        """
        super().__init__()

        # 内部チャンネル数を計算(ヘッド数とヘッドチャンネル数の積)
        inner_channels = head_channels * heads

        # ヘッド数とヘッドの次元数(チャンネル数)を設定
        self.heads = heads
        self.head_channels = head_channels
        # スケーリング係数を計算(ヘッドチャンネル数の平方根の逆数)
        self.scale = head_channels**-0.5
        # クエリに対するストライドを設定
        self.stride_q = stride_q

        # クエリとキー/バリューのパディングサイズを計算
```

```
        padding_q = kernel_q // 2
        padding_kv = kernel_kv // 2

        # クエリのプーリングレイヤーを設定する
        if kernel_q > 1:
            # クエリのカーネルサイズが1より大きい場合はpadding_qのパディングを行う
            self.pool_q = nn.MaxPool2d(kernel_q, stride_q, padding_q)
        else:
            # それ以外は入力をそのまま出力するIdentityレイヤーを設定
            self.pool_q = nn.Identity()

        # キーのプーリングレイヤーを設定する
        if kernel_kv > 1:
            # キーのカーネルサイズが1より大きい場合はpadding_kvのパディングを行う
            self.pool_k = nn.MaxPool2d(kernel_kv, stride_kv, padding_kv)
        else:
            # それ以外は入力をそのまま出力するIdentityレイヤーを設定
            self.pool_k = nn.Identity()

        # バリューのプーリングレイヤーを設定する
        if kernel_kv > 1:
            # バリューのカーネルサイズが1より大きい場合はpadding_kvのパディングを行う
            self.pool_v = nn.MaxPool2d(kernel_kv, stride_kv, padding_kv)
        else:
            # それ以外は入力をそのまま出力するIdentityレイヤーを設定
            self.pool_v = nn.Identity()

        # キー、クエリ、バリューを生成するための畳み込み層を生成
        self.to_keys = nn.Conv2d(channels, inner_channels, 1)
        self.to_queries = nn.Conv2d(channels, inner_channels, 1)
        self.to_values = nn.Conv2d(channels, inner_channels, 1)
        # すべてのヘッドの出力を統合するための畳み込み層を生成
        self.unifyheads = nn.Conv2d(inner_channels, channels, 1)
        # ドロップアウトを生成
        self.drop = nn.Dropout(p_drop)

    def forward(self, x):
        """ フォワードパス
        Args:
            x (Tensor): 入力特徴マップ
                形状は (bs, チャンネル次元, 特徴高さ, 特徴幅)
```

```
        Returns:
            Tensor: 自己注意機構を適用後の特徴マップ
                    形状は入力時と同じ
        """
        # 入力特徴マップのバッチサイズ、特徴高さ、特徴幅を取得
        b, _, h, w = x.shape

        # キーを生成し、プーリングを適用
        # 形状を(bs, ヘッド数, ヘッドの次元数, チャンネル次元数)に変換
        keys = self.to_keys(x)
        keys = self.pool_k(keys)
        keys = keys.view(b, self.heads, self.head_channels, -1)

        # クエリを生成し、プーリングを適用
        # 形状を(bs, ヘッド数, ヘッドの次元数, チャンネル次元数)に変換
        queries = self.to_queries(x)
        queries = self.pool_q(queries)
        queries = queries.view(b, self.heads, self.head_channels, -1)

        # バリューを生成し、プーリングを適用
        # 形状を(bs, ヘッド数, ヘッドの次元数, チャンネル次元数)に変換
        values = self.to_values(x)
        values = self.pool_v(values)
        values = values.view(b, self.heads, self.head_channels, -1)

        # キーのヘッド次元とチャンネル次元を転置し、クエリとの行列積を計算
        att = keys.transpose(-2, -1) @ queries
        # スケーリングを適用してソフトマックスで正規化する
        att = F.softmax(att * self.scale, dim=-2)

        # 正規化されたアテンションスコアをバリューに適用し、重み付けを行う
        out = values @ att
        # outテンソルの形状を次のように変更
        # (bs, -1, 入力特徴高さ//self.stride_q, 入力特徴幅//self.stride_q)
        # -1は自動計算されるため、すべてのヘッドのチャンネル次元数が結合された状態になる
        out = out.view(b, -1, h // self.stride_q, w //self.stride_q)
        # ヘッドからの出力を畳み込み層で統合し、元のチャンネル次元数に戻す
        out = self.unifyheads(out)
        out = self.drop(out)    # ドロップアウトを適用
        return out
```

14.2.5 Transformerブロックを作成する

Transformerブロックを構築するためのFeedForwardクラスとTransformerBlockクラスを定義します。

■Transformerブロックに配置するフィードフォワードネットワークの作成

Transformerブロックに配置するフィードフォワードネットワークとして、FeedForwardクラスを作成します。FeedForwardクラスは、入力チャンネル数を指定された倍率（mult）で拡張し、その後再び出力チャンネル数に縮小する構造を持っています。

11番目のセルに次のコードを記述し、実行します。

▼FeedForwardクラスの定義（MViT_PyTorch.ipynb）

セル11

```
class FeedForward(nn.Sequential):
    """ 畳み込み層を使用したフィードフォワードネットワークを構築
    """
    def __init__(self, in_channels, out_channels, mult=4, p_drop=0.):
        """
        Args:
            in_channels (int): 入力のチャンネル数
            out_channels (int): 出力のチャンネル数
            mult (int): 隠れ層のチャンネル数を決定するための倍率。デフォルトは4
            p_drop (float): ドロップアウト率
        """
        # 入力チャンネル数に倍率を掛けて隠れ層のチャンネル数を決定
        hidden_channels = in_channels * mult

        # レイヤーを生成してnn.Sequentialのコンストラクターに渡す
        super().__init__(
            # 1×1の畳み込み層を用いて、入力チャンネルを隠れ層のチャンネル数に拡張
            nn.Conv2d(in_channels, hidden_channels, 1),
            # GELU活性化関数
            nn.GELU(),
            # 1×1の畳み込み層を用いて、隠れ層のチャンネル数を出力チャンネル数に縮小
            nn.Conv2d(hidden_channels, out_channels, 1),
            # ドロップアウトを適用
            nn.Dropout(p_drop)
        )
```

TransformerBlockクラスの定義

TransformerBlockクラスは、残差接続、自己注意機構、LayerNorm、およびフィードフォワードネットワークを組み合わせることで、強力で柔軟な特徴抽出を行うためのトランスフォーマーブロックを提供します。

●TransformerBlockクラスの処理のポイント

TransformerBlockクラスの処理のポイントは次の通りです。

- **Residualブロックに SelfAttention2dを配置**

  Residualブロック内にSelfAttention2dを配置し、入力の異なる位置間で相互作用を計算します。Residualブロックでは、残差接続における入力をそのまま出力に足し合わせる処理が行われ、勾配消失問題を軽減します。
- **入力チャンネル数と出力チャンネル数が同じ場合**

  残差接続を行うResidualブロックを作成し、内部にLayerNormChannels、FeedForwardを配置します。
- **入力チャンネル数と出力チャンネル数が異なる場合**

  LayerNormChannelsと残差接続を行うResidualブロックを作成し、配置します。Residualブロックでは、ショートカットにチャンネル数を変換するための1×1畳み込み層を指定し、チャンネル数の調整を行います。Residualブロック内部には、FeedForwardを配置します。

●TransformerBlockクラスの定義

TransformerBlockクラスを定義します。12番目のセルに次のコードを記述し、実行します。

▼TransformerBlockクラスの定義(MViT_PyTorch.ipynb)

セル12

```
class TransformerBlock(nn.Sequential):
    """ 自己注意機構を内部に配置したTransformerブロックを構築する

    """
    def __init__(self, in_channels, out_channels, head_channels, heads=1,
                 kernel_q=1, stride_q=1, kernel_kv=1, stride_kv=1, p_drop=0.):
        """
        Args:
            in_channels (int): 入力のチャンネル数
            out_channels (int): 出力のチャンネル数
            head_channels (int): 各ヘッドのチャンネル数
```

14

MViTを用いた画像分類モデルの実装(PyTorch)

```
        heads (int): ヘッドの数
        kernel_q (int): クエリに使用するカーネルサイズ
        stride_q (int): クエリに使用するストライド
        kernel_kv (int): キーとバリューに使用するカーネルサイズ
        stride_kv (int): キーとバリューに使用するストライド
        p_drop (float): ドロップアウト率
    """
    # クエリに使用するカーネルサイズに基づいてパディングサイズを計算
    padding_q = kernel_q // 2

    # ResidualブロックにSelfAttention2dを組み込み、残差接続を行う
    layers = [
        Residual(
            # チャンネル方向に正規化を適用するLayerNormChannelsを配置
            LayerNormChannels(in_channels),
            # SelfAttention2dを配置
            SelfAttention2d(
                in_channels,        # 入力のチャンネル数
                head_channels,      # 各ヘッドのチャンネル次元数
                heads,              # ヘッドの数
                kernel_q,           # クエリに使用するカーネルサイズ
                stride_q,           # クエリに使用するストライド
                kernel_kv,          # キーとバリューに使用するカーネルサイズ
                stride_kv,          # キーとバリューに使用するストライド
                p_drop              # ドロップアウト率
            ),
            # ショートカットとしてプーリング層(MaxPool2d)またはIdentity層を選択
            shortcut=(
                # kernel_qが1より大きい場合はプーリング層を選択
                # それ以外はIdentity層を選択
                nn.MaxPool2d(kernel_q, stride_q, padding_q)
                if kernel_q > 1
                else nn.Identity()
            )
        )
    ]

    # 入力チャンネル数と出力チャンネル数が同じ場合
    if in_channels == out_channels:
        # 残差接続を行うResidualブロックを配置
```

```
            # (内部にLayerNormChannels、FeedForwardを配置)
            layers.append(
                Residual(
                    LayerNormChannels(in_channels),
                    FeedForward(in_channels, out_channels, p_drop=p_drop)
                )
            )
        # 入力チャンネル数と出力チャンネル数が異なる場合
        else:
            # LayerNormChannelsを配置
            # ショートカットにチャンネル数を変換するための1×1畳み込み層を指定し、
            # 残差接続を行うResidualブロックを配置(内部にFeedForwardを配置)
            layers += [
                LayerNormChannels(in_channels),
                Residual(
                    FeedForward(in_channels, out_channels, p_drop=p_drop),
                     # チャンネル数を変換するための1×1畳み込み層をショートカットに設定
                    shortcut=nn.Conv2d(in_channels, out_channels, 1)
                )
            ]

        # nn.Sequentialのコンストラクターにレイヤー群を渡す
        super().__init__(*layers)
```


COLUMN プーリングアテンションの効果

MViTにおけるプーリングアテンションは、ViTの自己注意機構にプーリング操作を組み合わせた手法で、主に以下のメリットがあります。

- プーリング操作により特徴マップの空間的なサイズを縮小するので、計算量が減少します。この場合、重要な情報は保持されます。
- プーリングによって縮小された特徴マップに対して自己注意を計算するので、画像内の異なる領域間のグローバルな依存関係を捉えやすくなります。
- 高解像度画像など、計算量が多くなる入力データに対しても、プーリングを通じてスケーラブルに処理できるため、メモリ消費を抑えることができます。

14.2.6 MViTモデルを構築する

TransformerStack、PatchEmbedding、PositionEmbedding、Headの各クラスを作成した後、MViTモデルを構築するMViTクラスを作成します。

■TransformerStackクラスの定義

複数のTransformerBlockを積み重ねる処理を行うTransformerStackクラスを定義します。13番目のセルに次のコードを記述し、実行します。

▼TransformerStackクラスの定義（MViT_PyTorch.ipynb）

セル13

```
class TransformerStack(nn.Sequential):
    """ 複数のTransformerBlockを積み重ねる

    """
    def __init__(self,
                 in_channels, head_channels,
                 repetitions, strides, stride_kv, p_drop=0.):
        """
        Args:
            in_channels (int): 入力のチャンネル数
            head_channels (int): 各ヘッドのチャンネル数
            repetitions (list of int): 各ストライドに対してTransformerBlockを
                                       繰り返す回数のリスト
            strides (list of int): 各ステージで使用するストライドサイズのリスト
            stride_kv (int): キーとバリューの生成時に適用するストライド
            p_drop (float): ドロップアウト率
        """
        layers = []                       # レイヤーを格納するリスト
        out_channels = in_channels        # 現在の出力チャンネル数を入力チャンネル数に設定
        heads = 1                         # 最初のヘッド数を1に設定

        # repetitionsとstridesのリストを同時にループする
        for rep, stride_q in zip(repetitions, strides):
            # クエリ用のカーネルサイズを設定
            kernel_q = stride_q + 1 if stride_q > 1 else 1
            # キーとバリューに使用するストライドをクエリのストライドで割って更新
            stride_kv = stride_kv // stride_q
```

```
        # キーとバリュー用のカーネルサイズを設定
        kernel_kv = stride_kv + 1 if stride_kv > 1 else 1
        # ヘッド数をストライドに基づいて更新
        heads *= stride_q

        # repetitionsで指定された数に従ってTransformerBlockを配置
        for _ in range(rep):
            # TransformerBlockを追加
            layers.append(
                TransformerBlock(
                    in_channels,
                    out_channels,
                    head_channels,
                    heads,
                    kernel_q, stride_q,
                    kernel_kv,
                    stride_kv,
                    p_drop
                    )
                )
            # 次のブロックの入力チャンネル数を現在の出力チャンネル数に更新
            in_channels = out_channels
            # 次のブロックではクエリのストライドとカーネルサイズを1にリセット
            stride_q = 1
            kernel_q = 1

        # 次のステージで使用するために出力チャンネル数を2倍に増やす
        out_channels *= 2

    # nn.Sequentialのコンストラクターにレイヤー群を渡す
    super().__init__(*layers)
```

■画像をパッチに分割し、それらのパッチを埋め込み表現に変換するPatchEmbedding

画像をパッチに分割し、それらのパッチを埋め込み表現に変換するPatchEmbeddingクラスを定義します。畳み込み層を使用して画像をパッチに分割しますが、パディングの処理により入力時と同じテンソル形状を保ちます。14番目のセルに次のコードを記述し、実行します。

▼PatchEmbeddingクラスの定義（MViT_PyTorch.ipynb）

セル14

```
class PatchEmbedding(nn.Module):
    """ 画像をパッチに分割し、それらのパッチを埋め込み表現に変換するモジュール

    """
    def __init__(self, in_channels, out_channels, patch_size, stride, padding):
        """
        Args:
            in_channels (int): 入力画像のチャンネル数
            out_channels (int): 出力されるパッチの埋め込み次元数
            patch_size (int): パッチのサイズ(畳み込みカーネルのサイズとして使用)
            stride (int): 畳み込みのストライド
            padding (int): 畳み込みのパディング
        """
        super().__init__()
        # 入力画像をパッチに分割し、埋め込み表現に変換するための2D畳み込み層を生成
        self.conv = nn.Conv2d(
            in_channels,       # 入力チャンネル数
            out_channels,      # 出力チャンネル数(埋め込み次元数)
            patch_size,        # パッチのサイズ(カーネルサイズ)
            stride=stride,     # ストライド
            padding=padding    # パディング
        )

    def forward(self, x):
        """ フォワードパス

        Args:
            x (Tensor): 入力画像テンソル
                        形状:(bs, チャンネル次元数, 画像高さ, 画像幅)
        Returns:
            torch.Tensor:
                埋め込み表現が適用されたパッチ分割後のテンソル
                形状:(bs, out_channels, パッチ分割後の特徴高さ, パッチ分割後の特徴幅)
                パディング処理により、特徴高さ、特徴幅は入力時と同じ
        """
        # 畳み込み層を適用して、入力画像をパッチ埋め込み表現に変換
        x = self.conv(x)
        return x
```

■位置情報の埋め込みを行うPositionEmbedding

位置情報を学習するパラメーターを作成し、パッチ分割後の特徴テンソルに位置情報の埋め込みを行うPositionEmbeddingクラスを定義します。15番目のセルに次のコードを記述し、実行します。

▼PositionEmbeddingクラスの定義（MViT_PyTorch.ipynb）

セル15

```
class PositionEmbedding(nn.Module):
    """ 入力テンソルに位置情報を追加するモジュール

    """
    def __init__(self, channels, image_size):
        """
        Args:
            channels (int): 入力テンソルのチャンネル数
            image_size (int): 入力画像1辺のサイズ
        """
        super().__init__()
        # 位置情報を学習する学習可能なパラメーターを生成
        # 形状は (1, チャンネル数, 特徴高さ, 特徴幅)
        self.pos_embedding = nn.Parameter(
            torch.zeros(
                1,            # バッチサイズの次元数
                channels,     # チャンネル数
                image_size,   # image_sizeを特徴高さに設定
                image_size    # image_sizeを特徴幅に設定
                )
            )

    def forward(self, x):
        """ フォワードパス
        Args:
            x (Tensor): パッチ分割処理後の特徴テンソル
                        形状:(bs, チャンネル次元数, 特徴高さ, 特徴幅)

        Returns:
            torch.Tensor: 位置情報が追加された特徴テンソル
                          形状は入力時と同じ
        """
```

```
        # パッチ分割後の特徴テンソルに位置情報を加算
        x = x + self.pos_embedding
        return x
```

■Headクラスの定義

MViTモデルの出力部分を構成し、特徴量を最終的なクラスラベルにマッピングするHeadブロックを作成します。16番目のセルに次のコードを記述し、実行します。

▼Headクラスの定義（MViT_PyTorch.ipynb）

セル16

```
class Head(nn.Sequential):
    """ 最終出力層としてクラス分類を行うヘッドブロックを構築する

    """
    def __init__(self, channels, classes, p_drop=0.):
        """
        Args:
            channels (int): 入力テンソルのチャンネル数
            classes (int): 分類するクラスの数
            p_drop (float, optional): ドロップアウト率
        """
        # スーパークラスのコンストラクターに各レイヤーを渡す
        super().__init__(
            # チャンネル方向の正規化レイヤーを配置
            LayerNormChannels(channels),
            # 特徴マップのチャンネル次元の平均を求め、
            # 高さと幅を1×1の出力に変換するAdaptiveAvgPool2dを配置
            nn.AdaptiveAvgPool2d(1),
            nn.Flatten(),          # 高さと幅の次元を1次元のベクトルにフラット化
            nn.Dropout(p_drop),    # ドロップアウトを適用
            # クラス数に対応する出力を生成する全結合層を配置
            nn.Linear(channels, classes)
        )
```

MViTモデル全体を定義

MViTアーキテクチャ全体を定義するMViTクラスを定義します。17番目のセルに次のコードを記述し、実行します。

▼MViTクラスの定義 (MViT_PyTorch.ipynb)

セル17

```
class MViT(nn.Sequential):
    """ MViTモデル全体を構築する
    """
    def __init__(
            self,
            classes,
            image_size,
            repetitions,
            strides,
            stride_kv,
            channels,
            head_channels,
            patch_size,
            patch_stride,
            patch_padding,
            in_channels=3,
            trans_p_drop=0.,
            head_p_drop=0.
        ):
        """
        Args:
            classes (int): 分類するクラスの数
            image_size (int): 入力画像の1辺のサイズ(高さと幅は同じ)
            repetitions (list of int):
                各ステージにおけるTransformerBlockのスタック数のリスト
            strides (list of int):
                各ステージにおけるストライドサイズのリスト
            stride_kv (int): キーとバリューに使用するストライドサイズ
            channels (int): パッチエンコーディング後のチャンネル数
            head_channels (int): トランスフォーマーヘッドのチャンネル数
            patch_size (int): パッチサイズ(畳み込みカーネルのサイズ)
            patch_stride (int): パッチを作成する際のストライドサイズ
            patch_padding (int): パッチを作成する際のパディングサイズ
```

14

MViTを用いた画像分類モデルの実装(PyTorch)

```
        in_channels (int, optional): 入力画像のチャンネル数(RGB画像の3)
        trans_p_drop (float, optional): TransformerBlockのドロップアウト率
        head_p_drop (float, optional): Headのドロップアウト率
    """
    # パッチストライドに基づいてパッチ分割後の画像サイズを計算
    reduced_size = image_size // patch_stride
    # Headへの入力として最終の出力チャンネル数を計算
    # channelsをrepetitionsの長さに応じて2の累乗で増加させる
    out_channels = channels * 2**(len(repetitions) - 1)

    # nn.Sequentialの初期化メソッドを呼び出し、以下のモジュールを順番に追加
    super().__init__(
        # 画像をパッチに分割して埋め込み表現に変換するモジュールを配置
        PatchEmbedding(
            in_channels,          # 入力画像のチャンネル数
            channels,             # 出力チャンネル数(パッチ埋め込み次元数)
            patch_size,           # パッチサイズ(カーネルサイズ)
            patch_stride,         # パッチ作成時のストライド
            patch_padding         # パッチ作成時のパディング
        ),
        # 位置情報の埋め込みを行うモジュールを配置
        PositionEmbedding(
            channels,             # パッチ埋め込み後のチャンネル数
            reduced_size          # 縮小された画像サイズ
        ),
        # TransformerBlockのスタックを配置
        TransformerStack(
            channels,             # 位置情報埋め込み後のチャンネル数
            head_channels,        # 各トランスフォーマーヘッドのチャンネル数
            repetitions,          # 各ステージでのトランスフォーマーブロックのスタック数
            strides,              # 各ステージでのストライド
            stride_kv,            # キーとバリューに使用するストライド
            trans_p_drop          # TransformerBlockのドロップアウト率
        ),
        # クラス分類を行うHeadを配置
        Head(
            out_channels,         # 入力次元数は最終出力チャンネル数
            classes,              # 分類するクラスの数
            p_drop=head_p_drop    # ドロップアウトを適用
        )
    )
```

MViTが「Multiscale Vision Transformers」と呼ばれる理由

MViTが「Multiscale Vision Transformers」と呼ばれる理由は、モデルが複数のスケール（解像度）で画像の特徴を捉えるように設計されているからです。以下、その理由を見てみましょう。

●マルチスケール特徴抽出

マルチスケール特徴抽出とは、異なる解像度（スケール）で特徴を捉えるプロセス全体を指します。MViTでは、異なるスケールの特徴を学習するために、複数のストライドやカーネルサイズを持つTransformerBlockが積み重ねられています。

• 具体的な処理

TransformerStackクラスがこれを実現しています。このクラスは、複数のTransformerBlockをスタックして、画像の異なるスケールでの処理を行います。各TransformerBlockが異なるストライドやカーネルサイズを持つため、最終的に異なる解像度での特徴が抽出されます。

●ストライドとカーネルサイズの調整

ストライドとカーネルサイズの調整にあたっては、「異なるスケールを具体的にどのように実現するか」に焦点が当てられます。

• 具体的な処理

TransformerStackクラスの__init__()メソッド内で、各ステージにおけるkernel_q（クエリのカーネルサイズ）、stride_q（クエリのストライド）、kernel_kv（キーとバリューのカーネルサイズ）、stride_kv（キーとバリューのストライド）の値が動的に設定されます。これにより、各TransformerBlockが異なる解像度で特徴を処理することが可能になります。

●ヘッド数の調整

各ステージのヘッド数を動的に変化させ、異なるスケールで情報を処理します。これにより、異なる解像度の特徴を並行して処理することが可能になります。

• 具体的な処理

この処理もTransformerStack内で行われます。heads変数はstride_qの値に応じて更新され、各ステージで異なるヘッド数が使用されるようになります。

MViTが「Multiscale Vision Transformers」と呼ばれるのは、異なるスケールでの特徴抽出を可能にする構造を持ち、画像データを複数の解像度で処理することで、より豊かな特徴表現を学習できるからだと考えられます。

14.3 MViTモデルを生成してトレーニングを実行する

MViTモデルをインスタンス化し、各種の設定を行ってトレーニングを実行します。

14.3.1 MViTモデルのインスタンス化とサマリの表示

ConvNeXtモデルをインスタンス化し、重みとバイアスを初期化して、モデルのサマリを出力します。

■MViTモデルのインスタンス化

18番目のセルに次のコードを記述し、実行します。

▼MViTモデルのインスタンス化 (MViT_PyTorch.ipynb)

セル18
```
model = MViT(
    NUM_CLASSES,                    # 分類するクラスの数
    IMAGE_SIZE,                     # 入力画像のサイズ
    repetitions=[2, 2, 2, 2],       # 各ステージでのTransformerBlockのスタック数のリスト
    strides=[1, 2, 2, 2],           # 各ステージで使用するストライドサイズのリスト
    stride_kv=2,                    # キーとバリューに使用するストライドサイズ
    channels=64,                    # パッチエンコーディング後のチャンネル数
    head_channels=64,               # 各トランスフォーマーヘッドのチャンネル数
    patch_size=3,                   # パッチサイズ(畳み込みカーネルのサイズ)
    patch_stride=1,                 # パッチ分割時のストライドサイズ
    patch_padding=1,                # パッチ作成時のパディングサイズ
    trans_p_drop=0.3,               # TransformerBlockのドロップアウト率
    head_p_drop=0.3                 # Headブロックにおけるドロップアウト率
)
```

■モデルの重みとバイアスを初期化する関数の定義

モデルの重みとバイアスを初期化するinit_linear()関数を定義します。19番目のセルに次のコードを記述し、実行します。

▼init_linear()関数の定義 (MViT_PyTorch.ipynb)

セル19
```
def init_linear(m):
    """ 与えられたレイヤーmの重みとバイアスを初期化する
```

```
    Args:
        m (nn.Module):
            初期化対象のレイヤー。nn.Conv2dまたはnn.Linearのインスタンス
    """
    # レイヤーがnn.Conv2dまたはnn.Linearのインスタンスであるかチェック
    if isinstance(m, (nn.Conv2d, nn.Linear)):
        # 重みをHe初期化(Kaiming正規分布で初期化)
        nn.init.kaiming_normal_(m.weight)
        # バイアスが存在する場合、ゼロで初期化
        if m.bias is not None:
            nn.init.zeros_(m.bias)
```

■モデルの重みとバイアスを初期化し、指定されたデバイス(DEVICE)に移動してサマリを出力

20番目のセルに次のコードを記述し、実行します。

▼モデルの重みとバイアスを初期化(MViT_PyTorch.ipynb)

```
セル20
model.apply(init_linear);
```

21番目のセルに次のコードを記述し、実行します。

▼モデルを指定されたデバイス(DEVICE)に移動(MViT_PyTorch.ipynb)

```
セル21
model.to(DEVICE);
```

22番目のセルに次のコードを記述し、実行します。

▼モデルのサマリを出力(MViT_PyTorch.ipynb)

```
セル22
from torchsummary import summary
summary(model, (3, IMAGE_SIZE, IMAGE_SIZE))
```

▼出力されたモデルのサマリ

```
----------------------------------------------------------------
        Layer (type)               Output Shape         Param #
================================================================
            Conv2d-1           [-1, 64, 32, 32]           1,792 PatchEmbeddingモジュール
    PatchEmbedding-2           [-1, 64, 32, 32]               0

 PositionEmbedding-3           [-1, 64, 32, 32]               0 PositionEmbeddingモジュール



TransformerBlock-1
          Identity-4           [-1, 64, 32, 32]               0 Residualモジュールのショートカット
         LayerNorm-5           [-1, 32, 32, 64]             128 LayerNormChannels
 LayerNormChannels-6           [-1, 64, 32, 32]               0
            Conv2d-7           [-1, 64, 32, 32]           4,160 SelfAttention2d
         MaxPool2d-8           [-1, 64, 16, 16]               0
          (キーのカーネルサイズが1より大きいのでプーリングレイヤーを配置)
            Conv2d-9           [-1, 64, 32, 32]           4,160
         Identity-10           [-1, 64, 32, 32]               0
          (クエリのカーネルサイズが1なのでプーリングは行わずIdentityレイヤーを配置)
           Conv2d-11           [-1, 64, 32, 32]           4,160
        MaxPool2d-12           [-1, 64, 16, 16]               0
          (バリューのカーネルサイズが1より大きいのでプーリングレイヤーを配置)
           Conv2d-13           [-1, 64, 32, 32]           4,160
          Dropout-14           [-1, 64, 32, 32]               0
  SelfAttention2d-15           [-1, 64, 32, 32]               0
         Residual-16           [-1, 64, 32, 32]               0 (残差接続)

         Identity-17           [-1, 64, 32, 32]               0 Residualモジュールのショートカット
        LayerNorm-18           [-1, 32, 32, 64]             128 LayerNormChannels
LayerNormChannels-19           [-1, 64, 32, 32]               0
           Conv2d-20          [-1, 256, 32, 32]           16,64 FeedForwardモジュール
             GELU-21          [-1, 256, 32, 32]               0
           Conv2d-22           [-1, 64, 32, 32]          16,448
          Dropout-23           [-1, 64, 32, 32]               0
         Residual-24           [-1, 64, 32, 32]               0 (残差接続)
```

```
TransformerBlock-2
            Identity-25   [-1, 64, 32, 32]           0 Residualモジュールのショートカット
           LayerNorm-26   [-1, 32, 32, 64]         128 LayerNormChannels
   LayerNormChannels-27   [-1, 64, 32, 32]           0
              Conv2d-28   [-1, 64, 32, 32]       4,160 SelfAttention2d
           MaxPool2d-29   [-1, 64, 16, 16]           0
         (キーのカーネルサイズが1より大きいのでプーリングレイヤーを配置)
              Conv2d-30   [-1, 64, 32, 32]       4,160
            Identity-31   [-1, 64, 32, 32]           0
         (クエリのカーネルサイズが1なのでプーリングは行わずIdentityレイヤーを配置)
              Conv2d-32   [-1, 64, 32, 32]       4,160
           MaxPool2d-33   [-1, 64, 16, 16]           0
         (バリューのカーネルサイズが1より大きいのでプーリングレイヤーを配置)
              Conv2d-34   [-1, 64, 32, 32]       4,160
             Dropout-35   [-1, 64, 32, 32]           0
     SelfAttention2d-36   [-1, 64, 32, 32]           0
            Residual-37   [-1, 64, 32, 32]           0 (残差接続)
            Identity-38   [-1, 64, 32, 32]           0 Residualモジュールのショートカット
           LayerNorm-39   [-1, 32, 32, 64]         128 LayerNormChannels
   LayerNormChannels-40   [-1, 64, 32, 32]           0
              Conv2d-41  [-1, 256, 32, 32]      16,640 FeedForwardモジュール
                GELU-42  [-1, 256, 32, 32]           0
              Conv2d-43   [-1, 64, 32, 32]      16,448
             Dropout-44   [-1, 64, 32, 32]           0
            Residual-45   [-1, 64, 32, 32]           0 (残差接続)
```

```
TransformerBlock-3
             MaxPool2d-46    [-1, 64, 16, 16]          0 Residualモジュールのショートカット
             LayerNorm-47    [-1, 32, 32, 64]        128 LayerNormChannels
     LayerNormChannels-48    [-1, 64, 32, 32]          0
                Conv2d-49   [-1, 128, 32, 32]      8,320 SelfAttention2d
              Identity-50   [-1, 128, 32, 32]          0
            (キーのカーネルサイズが1なのでIdentityレイヤーを配置)
                Conv2d-51   [-1, 128, 32, 32]      8,320
             MaxPool2d-52   [-1, 128, 16, 16]          0
            (クエリのカーネルサイズが1より大きいのでプーリングレイヤーを配置)
                Conv2d-53   [-1, 128, 32, 32]      8,320
              Identity-54   [-1, 128, 32, 32]          0
            (バリューのカーネルサイズが1なのでIdentityレイヤーを配置)
                Conv2d-55    [-1, 64, 16, 16]      8,256
               Dropout-56    [-1, 64, 16, 16]          0
       SelfAttention2d-57    [-1, 64, 16, 16]          0
              Residual-58    [-1, 64, 16, 16]          0 (残差接続)
             LayerNorm-59    [-1, 16, 16, 64]        128 LayerNormChannels
     LayerNormChannels-60    [-1, 64, 16, 16]          0
                Conv2d-61   [-1, 128, 16, 16]      8,320 Residualモジュールのショートカット
                Conv2d-62   [-1, 256, 16, 16]     16,640 FeedForwardモジュール
                  GELU-63   [-1, 256, 16, 16]          0
                Conv2d-64   [-1, 128, 16, 16]     32,896
               Dropout-65   [-1, 128, 16, 16]          0
              Residual-66   [-1, 128, 16, 16]          0 (残差接続)
```

```
TransformerBlock-4
           Identity-67  [-1, 128, 16, 16]           0 Residualモジュールのショートカット
          LayerNorm-68  [-1, 16, 16, 128]         256 LayerNormChannels
  LayerNormChannels-69  [-1, 128, 16, 16]           0
             Conv2d-70  [-1, 128, 16, 16]      16,512 SelfAttention2d
           Identity-71  [-1, 128, 16, 16]           0
        (キーのカーネルサイズが1なのでIdentityレイヤーを配置)
             Conv2d-72  [-1, 128, 16, 16]      16,512
           Identity-73  [-1, 128, 16, 16]           0
        (クエリのカーネルサイズが1なのでIdentityレイヤーを配置)
             Conv2d-74  [-1, 128, 16, 16]      16,512
           Identity-75  [-1, 128, 16, 16]           0
        (バリューのカーネルサイズが1なのでIdentityレイヤーを配置)
             Conv2d-76  [-1, 128, 16, 16]      16,512
            Dropout-77  [-1, 128, 16, 16]           0
    SelfAttention2d-78  [-1, 128, 16, 16]           0
           Residual-79  [-1, 128, 16, 16]           0 (残差接続)
           Identity-80  [-1, 128, 16, 16]           0 Residualモジュールのショートカット
          LayerNorm-81  [-1, 16, 16, 128]         256 LayerNormChannels
  LayerNormChannels-82  [-1, 128, 16, 16]           0
             Conv2d-83  [-1, 512, 16, 16]      66,048 FeedForwardモジュール
               GELU-84  [-1, 512, 16, 16]           0
             Conv2d-85  [-1, 128, 16, 16]      65,664
            Dropout-86  [-1, 128, 16, 16]           0
           Residual-87  [-1, 128, 16, 16]           0 (残差接続)
```

```
TransformerBlock-5
            MaxPool2d-88    [-1, 128, 8, 8]          0 Residualモジュールのショートカット
           LayerNorm-89  [-1, 16, 16, 128]        256 LayerNormChannels
   LayerNormChannels-90  [-1, 128, 16, 16]          0
              Conv2d-91  [-1, 256, 16, 16]     33,024 SelfAttention2d
            Identity-92  [-1, 256, 16, 16]          0
             (キーのカーネルサイズが1なのでIdentityレイヤーを配置)
              Conv2d-93  [-1, 256, 16, 16]     33,024
           MaxPool2d-94    [-1, 256, 8, 8]          0
             (クエリのカーネルサイズが1より大きいのでプーリングレイヤーを配置)
              Conv2d-95  [-1, 256, 16, 16]     33,024
            Identity-96  [-1, 256, 16, 16]          0
             (バリューのカーネルサイズが1なのでIdentityレイヤーを配置)
              Conv2d-97    [-1, 128, 8, 8]     32,896
             Dropout-98    [-1, 128, 8, 8]          0
     SelfAttention2d-99    [-1, 128, 8, 8]          0
           Residual-100    [-1, 128, 8, 8]          0 (残差接続)
          LayerNorm-101    [-1, 8, 8, 128]        256 LayerNormChannel
  LayerNormChannels-102    [-1, 128, 8, 8]          0
             Conv2d-103    [-1, 256, 8, 8]     33,024 Residualモジュールのショートカット
             Conv2d-104    [-1, 512, 8, 8]     66,048 FeedForwardモジュール
               GELU-105    [-1, 512, 8, 8]          0
             Conv2d-106    [-1, 256, 8, 8]    131,328
            Dropout-107    [-1, 256, 8, 8]          0
           Residual-108    [-1, 256, 8, 8]          0 (残差接続)
```

```
TransformerBlock-6
            Identity-109    [-1, 256, 8, 8]          0 Residualモジュールのショートカット
           LayerNorm-110    [-1, 8, 8, 256]        512 LayerNormChannels
   LayerNormChannels-111    [-1, 256, 8, 8]          0
              Conv2d-112    [-1, 256, 8, 8]     65,792 SelfAttention2d
            Identity-113    [-1, 256, 8, 8]          0
        (キーのカーネルサイズが1なのでIdentityレイヤーを配置)
              Conv2d-114    [-1, 256, 8, 8]     65,792
            Identity-115    [-1, 256, 8, 8]          0
        (クエリのカーネルサイズが1なのでIdentityレイヤーを配置)
              Conv2d-116    [-1, 256, 8, 8]     65,792
            Identity-117    [-1, 256, 8, 8]          0
        (バリューのカーネルサイズが1なのでIdentityレイヤーを配置)
              Conv2d-118    [-1, 256, 8, 8]     65,792
             Dropout-119    [-1, 256, 8, 8]          0
     SelfAttention2d-120    [-1, 256, 8, 8]          0
            Residual-121    [-1, 256, 8, 8]          0 (残差接続)
            Identity-122    [-1, 256, 8, 8]          0 Residualモジュールのショートカット
           LayerNorm-123    [-1, 8, 8, 256]        512 LayerNormChannels
   LayerNormChannels-124    [-1, 256, 8, 8]          0
              Conv2d-125   [-1, 1024, 8, 8]    263,168 FeedForwardモジュール
                GELU-126   [-1, 1024, 8, 8]          0
              Conv2d-127    [-1, 256, 8, 8]    262,400
             Dropout-128    [-1, 256, 8, 8]          0
            Residual-129    [-1, 256, 8, 8]          0 (残差接続)
```

```
TransformerBlock-7
          MaxPool2d-130     [-1, 256, 4, 4]              0 Residualモジュールのショートカット
          LayerNorm-131     [-1, 8, 8, 256]            512 LayerNormChannels
  LayerNormChannels-132     [-1, 256, 8, 8]              0
             Conv2d-133     [-1, 512, 8, 8]        131,584 SelfAttention2d
           Identity-134     [-1, 512, 8, 8]              0
           (キーのカーネルサイズが1なのでIdentityレイヤーを配置)
             Conv2d-135     [-1, 512, 8, 8]        131,584
          MaxPool2d-136     [-1, 512, 4, 4]              0
           (クエリのカーネルサイズが1より大きいのでプーリングレイヤーを配置)
             Conv2d-137     [-1, 512, 8, 8]        131,584
           Identity-138     [-1, 512, 8, 8]              0
           (バリューのカーネルサイズが1なのでIdentityレイヤーを配置)
             Conv2d-139     [-1, 256, 4, 4]        131,328
            Dropout-140     [-1, 256, 4, 4]              0
    SelfAttention2d-141     [-1, 256, 4, 4]              0
           Residual-142     [-1, 256, 4, 4]              0 (残差接続)
          LayerNorm-143     [-1, 4, 4, 256]            512 LayerNormChannels
  LayerNormChannels-144     [-1, 256, 4, 4]              0
             Conv2d-145     [-1, 512, 4, 4]        131,584 Residualモジュールのショートカット
             Conv2d-146    [-1, 1024, 4, 4]        263,168 FeedForwardモジュール
               GELU-147    [-1, 1024, 4, 4]              0
             Conv2d-148     [-1, 512, 4, 4]        524,800
            Dropout-149     [-1, 512, 4, 4]              0
           Residual-150     [-1, 512, 4, 4]              0 (残差接続)
```

```
TransformerBlock-8
            Identity-151    [-1, 512, 4, 4]         0 Residualモジュールのショートカット
           LayerNorm-152    [-1, 4, 4, 512]     1,024 LayerNormChannels
   LayerNormChannels-153    [-1, 512, 4, 4]         0
              Conv2d-154    [-1, 512, 4, 4]   262,656 SelfAttention2d
            Identity-155    [-1, 512, 4, 4]         0
          （キーのカーネルサイズが1なのでIdentityレイヤーを配置）
              Conv2d-156    [-1, 512, 4, 4]   262,656
            Identity-157    [-1, 512, 4, 4]         0
          （クエリのカーネルサイズが1なのでIdentityレイヤーを配置）
              Conv2d-158    [-1, 512, 4, 4]   262,656
            Identity-159    [-1, 512, 4, 4]         0
          （バリューのカーネルサイズが1なのでIdentityレイヤーを配置）
              Conv2d-160    [-1, 512, 4, 4]   262,656
             Dropout-161    [-1, 512, 4, 4]         0
     SelfAttention2d-162    [-1, 512, 4, 4]         0
            Residual-163    [-1, 512, 4, 4]         0 （残差接続）
            Identity-164    [-1, 512, 4, 4]         0 Residualモジュールのショートカット
           LayerNorm-165    [-1, 4, 4, 512]     1,024 LayerNormChannels
   LayerNormChannels-166    [-1, 512, 4, 4]         0
              Conv2d-167   [-1, 2048, 4, 4] 1,050,624 FeedForwardモジュール
                GELU-168   [-1, 2048, 4, 4]         0
              Conv2d-169    [-1, 512, 4, 4] 1,049,088
             Dropout-170    [-1, 512, 4, 4]         0
            Residual-171    [-1, 512, 4, 4]         0 （残差接続）

Headモジュール
           LayerNorm-172    [-1, 4, 4, 512]     1,024 LayerNormChannels
   LayerNormChannels-173    [-1, 512, 4, 4]         0
   AdaptiveAvgPool2d-174    [-1, 512, 1, 1]         0
             Flatten-175          [-1, 512]         0
             Dropout-176          [-1, 512]         0
              Linear-177          [-1, 100]    51,300
================================================================
Total params: 6,195,364
Trainable params: 6,195,364
Non-trainable params: 0
----------------------------------------------------------------
```

14.3.2 モデルのトレーニング方法と評価方法を設定する

モデルのトレーニング直前の準備をします。

■重みパラメーターを減衰するものとしないものに分類する関数を定義

23番目のセルに次のコードを記述し、実行します。

▼重みパラメーターを減衰するものとしないものに分類する関数を定義(MViT_PyTorch.ipynb)

セル23

```
def separate_parameters(model):
    """ オプティマイザーの更新ステップにおいて、
        重みパラメーターを減衰するものとしないものに分類する

    Returns:
        tuple: (parameters_decay, parameters_no_decay)
            - parameters_decay: 減衰するパラメーターのセット
            - parameters_no_decay: 減衰しないパラメーターのセット
    """
    parameters_decay = set()                         # 重み減衰が適用されるパラメーターのセット
    parameters_no_decay = set()                      # 適用されないパラメーターのセット
    modules_weight_decay = (nn.Linear, nn.Conv2d)    # 重み減衰を適用するモジュール
    modules_no_weight_decay = (nn.LayerNorm, PositionEmbedding)  # 適用しないモジュール

    # モデル内のすべてのモジュールを名前付きでループ
    for m_name, m in model.named_modules():
        # モジュール内のすべてのパラメーターを名前付きでループ
        for param_name, param in m.named_parameters():
            # フルパラメーター名を生成(モジュール名があれば付加)
            full_param_name = f"{m_name}.{param_name}" if m_name else param_name
            # モジュールが重み減衰なしのモジュールの場合
            if isinstance(m, modules_no_weight_decay):
                parameters_no_decay.add(full_param_name)  # 重み減衰なしに追加
            # パラメーター名が"bias"で終わる場合
            elif param_name.endswith("bias"):
                parameters_no_decay.add(full_param_name)  # 重み減衰なしに追加
            # 残差ブロックのgammaパラメーターの場合
            elif isinstance(m, Residual) and param_name.endswith("gamma"):
                parameters_no_decay.add(full_param_name)  # 重み減衰なしに追加
            # それ以外(畳み込み層や線形層の重み)の場合
```

```
        elif isinstance(m, modules_weight_decay):
            parameters_decay.add(full_param_name)      # 重み減衰ありに追加

    # 同じパラメーターが両方のセットに含まれていないか確認
    assert len(parameters_decay & parameters_no_decay) == 0
    # すべてのパラメーターが分類されているか確認
    assert (
        len(parameters_decay) + len(parameters_no_decay)
        == len(list(model.parameters()))
    )
    # 減衰するパラメーターと減衰しないパラメーターのセットを返す
    return parameters_decay, parameters_no_decay
```

■モデルのパラメーターに基づいてオプティマイザーを取得する関数を定義

24番目のセルに次のコードを記述し、実行します。

▼オプティマイザーを取得する関数を定義(MViT_PyTorch.ipynb)

セル24

```
def get_optimizer(model, learning_rate, weight_decay):
    """ モデルのパラメーターに基づいてオプティマイザーを取得する

    Args:
        model (nn.Module): 最適化するPyTorchモデル
        learning_rate (float): オプティマイザーの学習率
        weight_decay (float): 重み減衰の率

    Returns:
        optimizer (torch.optim.Optimizer): AdamWオプティマイザー
    """
    # モデルのすべてのパラメーターを名前付きで辞書に格納
    param_dict = {pn: p for pn, p in model.named_parameters()}
    # モデル内のパラメーターを重み減衰するものとしないものに分ける
    parameters_decay, parameters_no_decay = separate_parameters(model)
    # パラメーターグループを定義、重み減衰ありとなしのグループを作成
    optim_groups = [
        # 重み減衰を適用するパラメーター
        {"params": [param_dict[pn] for pn in parameters_decay],
         "weight_decay": weight_decay},
        # 重み減衰を適用しないパラメーター
        {"params": [param_dict[pn] for pn in parameters_no_decay],
```

```
            "weight_decay": 0.0},
    ]
    # AdamWオプティマイザーを作成、指定された学習率とパラメーターグループを使用
    optimizer = optim.AdamW(optim_groups, lr=learning_rate)

    return optimizer
```

■損失関数、オプティマイザー、トレーナー、学習率スケジューラー、評価器を設定

25番目のセルに次のコードを記述し、実行します。

▼損失関数、オプティマイザー、トレーナー、学習率スケジューラー、評価器を設定（MViT_PyTorch.ipynb）

セル25

```
# 損失関数としてクロスエントロピー損失を定義
loss = nn.CrossEntropyLoss()

# オプティマイザーを取得
optimizer = get_optimizer(
    model,                                  # 学習対象のモデル
    learning_rate=1e-6,                     # 学習率
    weight_decay=WEIGHT_DECAY               # 重み減衰（正則化）の係数
)

# 教師あり学習用トレーナーを定義
trainer = create_supervised_trainer(
    model, optimizer, loss, device=DEVICE
)
# 学習率スケジューラーを定義
lr_scheduler = optim.lr_scheduler.OneCycleLR(
    optimizer,                              # オプティマイザー
    max_lr=LEARNING_RATE,                   # 最大学習率
    steps_per_epoch=len(train_loader),      # 1エポック当たりのステップ数
    epochs=EPOCHS                           # 総エポック数
)

# トレーナーにイベントハンドラーを追加
# トレーナーの各イテレーション終了時に学習率スケジューラーを更新
trainer.add_event_handler(
    Events.ITERATION_COMPLETED,             # イテレーション終了時のイベント
    lambda engine: lr_scheduler.step()      # 学習率スケジューラーのステップを進める
)
```

```
# トレーナーにランニングアベレージメトリクスを追加
# トレーニングの損失をランニング平均で保持
ignite.metrics.RunningAverage(
    output_transform=lambda x: x                # 出力をそのまま使用
    ).attach(trainer, "loss")                   # トレーナーに"loss"としてアタッチ

# 検証用のメトリクス(評価指標)を定義
val_metrics = {
    "accuracy": ignite.metrics.Accuracy(), # 精度
    "loss": ignite.metrics.Loss(loss)       # 損失
}

# トレーニングデータ用の評価器を定義
train_evaluator = create_supervised_evaluator(
    model,                                      # 評価対象のモデル
    metrics=val_metrics,                        # 評価指標
    device=DEVICE                               # 実行デバイス(GPUを想定)
)

# バリデーションデータ用の評価器を定義
evaluator = create_supervised_evaluator(
    model,                                      # 評価対象のモデル
    metrics=val_metrics,                        # 評価指標
    device=DEVICE                               # 実行デバイス(CPUまたはGPU)
)

# トレーニング履歴を保持するための辞書を初期化
history = defaultdict(list)
```


■評価結果を記録してログに出力するlog_validation_results()関数の定義

26番目のセルに次のコードを記述し、実行します。

▼評価結果を記録してログに出力するlog_validation_results()関数(MViT_PyTorch.ipynb)

セル26

```
# トレーナーがエポックを完了したときにこの関数を呼び出すためのデコレーター
@trainer.on(Events.EPOCH_COMPLETED)
def log_validation_results(engine):
    """ エポック完了時にトレーニングと検証の損失および精度を記録してログに出力

```

```
    Args:
        engine: トレーナーの状態を保持するエンジンオブジェクト
    """
    # トレーナーの状態を取得
    train_state = engine.state
    # 現在のエポック数を取得
    epoch = train_state.epoch
    # 最大エポック数を取得
    max_epochs = train_state.max_epochs
    # 現在のエポックのトレーニング損失を取得
    train_loss = train_state.metrics["loss"]
    # トレーニング損失を履歴に追加
    history['train_loss'].append(train_loss)
    # トレーニングデータローダーを使用して評価を実行
    train_evaluator.run(train_loader)
    # トレーニング評価の結果メトリクスを取得
    train_metrics = train_evaluator.state.metrics
    # トレーニングデータの精度を取得
    train_acc = train_metrics["accuracy"]
    # トレーニング精度を履歴に追加
    history['train_acc'].append(train_acc)
    # テストデータローダーを使用して評価を実行
    evaluator.run(test_loader)
    # 検証評価の結果メトリクスを取得
    val_metrics = evaluator.state.metrics
    # 検証データの損失を取得
    val_loss = val_metrics["loss"]
    # 検証データの精度を取得
    val_acc = val_metrics["accuracy"]
    # 検証損失を履歴に追加
    history['val_loss'].append(val_loss)
    # 検証精度を履歴に追加
    history['val_acc'].append(val_acc)

    # トレーニングと検証の損失および精度を出力
    print(
        "{}/{} - train:loss {:.3f} accuracy {:.3f}; val:loss {:.3f} accuracy {:.3f}".format(
        epoch, max_epochs, train_loss, train_acc, val_loss, val_acc)
        )
```

14.3.3 トレーニングを実行して結果を評価する

トレーニングを実行し、モデルを評価します。トレーニング終了後、損失と正解率の推移をグラフにします。

■トレーニングの開始

27番目のセルに次のコードを記述し、実行しましょう。すぐにトレーニングが開始されます。

▼トレーニングを開始 (MViT_PyTorch.ipynb)

```
セル27
%%time
trainer.run(train_loader, max_epochs=EPOCHS);
```

▼出力

```
1/150 - train:loss 4.503 accuracy 0.051; val:loss 4.229 accuracy 0.052
......途中省略......
50/150 - train:loss 1.613 accuracy 0.621; val:loss 1.808 accuracy 0.538
......途中省略......
100/150 - train:loss 0.749 accuracy 0.854; val:loss 1.770 accuracy 0.621
......途中省略......
150/150 - train:loss 0.009 accuracy 0.999; val:loss 2.269 accuracy 0.668
CPU times: user 3h 2min 23s, sys: 6min 20s, total: 3h 8min 43s
Wall time: 2h 59min 58s
```

■損失と精度の推移をグラフにする

損失と精度の推移をグラフにしましょう。

▼損失の推移をグラフにする (MViT_PyTorch.ipynb)

```
セル28
# グラフ描画用のFigureオブジェクトを作成
fig = plt.figure()
# Figureにサブプロット(1行1列の1つ目のプロット)を追加
ax = fig.add_subplot(111)
# x軸のデータをエポック数に基づいて作成(1からhistory['train loss']の長さまでの範囲)
xs = np.arange(1, len(history['train loss']) + 1)
# トレーニングデータの損失をプロット
ax.plot(xs, history['train loss'], '.-', label='train')
```

```
# バリデーションデータの損失をプロット
ax.plot(xs, history['val_loss'], '.-', label='val')

ax.set_xlabel('epoch')    # x軸のラベルを設定
ax.set_ylabel('loss')     # y軸のラベルを設定
ax.legend()               # 凡例を表示
ax.grid()                 # グリッドを表示
plt.show()                # グラフを表示
```

▼精度の推移をグラフにする（MViT_PyTorch.ipynb）

セル29

```
# グラフ描画用のFigureオブジェクトを作成
fig = plt.figure()
# Figureにサブプロット(1行1列の1つ目のプロット)を追加
ax = fig.add_subplot(111)
# x軸のデータをエポック数に基づいて作成(1からhistory['val_acc']の長さまでの範囲)
xs = np.arange(1, len(history['val_acc']) + 1)
# バリデーションデータの正解率をプロット
ax.plot(xs, history['val_acc'], label='Validation Accuracy', linestyle='-')
# トレーニングデータの正解率をプロット
ax.plot(xs, history['train_acc'], label='Training Accuracy', linestyle='--')
ax.set_xlabel('Epoch')        # x軸のラベルを設定
ax.set_ylabel('Accuracy')     # y軸のラベルを設定
ax.grid()                     # グリッドを表示
ax.legend()                   # 凡例を追加
plt.show()                    # グラフを表示
```

▼出力された、損失と精度の推移を示すグラフ

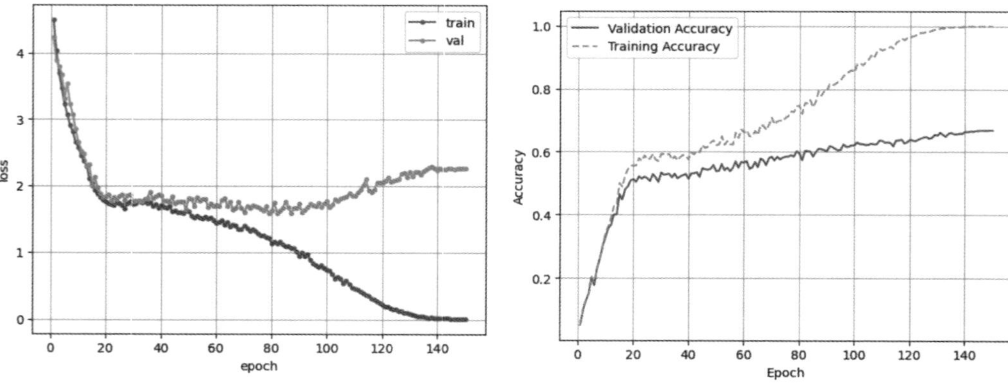

索引

あ行

か行

さ行

た行

は行

ま行

ら行

アルファベット

A

B

C

D

E

F

G

H

I

Q

R

S

T

V

W

X

記号

参考文献

本書の執筆にあたり参考にさせていただいた文献等は以下の通りです。

●2章　Vision Transformerによる画像分類モデルの実装（PyTorch編）

• ViTの論文

· Alexey Dosovitskiy, Lucas Beyer, Alexander Kolesnikov, Dirk Weissenborn, Xiaohua Zhai, Thomas Unterthiner, Mostafa Dehghani, et al. (2020). "An Image is Worth 16x16 Words: Transformers for Image Recognition at Scale"
arXiv preprint arXiv:2010.11929v1
Alexey Dosovitskiy, Lucas Beyer, Alexander Kolesnikov, Dirk Weissenborn, Xiaohua Zhai, Thomas Unterthiner, Mostafa Dehghani, et al. (2021). "An Image is Worth 16x16 Words: Transformers for Image Recognition at Scale"
arXiv preprint arXiv:2010.11929v2

• Transformerの論文

· Vaswani. A., Shazeer, N., Parmar, N., Uszkoreit, J., Jones, L., Gomez, A. N., Kaiser, Ł., & Polosukhin, I. (2017). "Attention is All You Need"
arXiv preprint arXiv:1706.03762

• ViTの実装

· Alexey Dosovitskiy, Lucas Beyer, Alexander Kolesnikov, Dirk Weissenborn, Xiaohua Zhai, Thomas Unterthiner, ... and Neil Houlsby. "Vision Transformer (ViT). "GitHub repository, 2021.
https://github.com/google-research/vision_transformer

●3章　Vision Transformerの性能を引き上げる

• ViTの実装

· Alexey Dosovitskiy, Lucas Beyer, Alexander Kolesnikov, Dirk Weissenborn, Xiaohua Zhai, Thomas Unterthiner, ... and Neil Houlsby. "Vision Transformer (ViT). "GitHub repository, 2021.
https://github.com/google-research/vision_transformer

●4章　Vision Transformerによる画像分類モデルの実装（Keras編）

• ViTの実装

· Khalid Salama. "Image Classification with Vision Transformer." Last modified January 18, 2021.
https://keras.io/examples/vision/image_classification_with_vision_transformer/

●5章　Swin Transformerを用いた画像分類モデルの実装（PyTorch編）

• Swin Transformerの論文

· Ze Liu, Yutong Lin, Yue Cao, Han Hu, Yixuan Wei, Zheng Zhang, Stephen Lin, and Baining Guo (2021). "Swin Transformer: Hierarchical Vision Transformer using Shifted Windows."
arXiv:2103.14030

• **Swin Transformerの実装**

・Microsoft. 2021. "Swin Transformer." GitHub repository.
https://github.com/microsoft/Swin-Transformer

• **Swin Transformerの実装**

・Julius Ruseckas. "Swin Transformer on CIFAR10."
Accessed May 21, 2024. https://juliusruseckas.github.io/ml/swin-cifar10.html

●6章　Swin Transformerを用いた画像分類モデルの実装（Keras編）

• **Swin Transformerの実装**

・"Image classification with Swin Transformers"
Author: Rishit Dagli
Date created: 2021/09/08
Last modified: 2021/09/08
https://keras.io/examples/vision/swin_transformers/

●7章　T2T-ViTを用いた画像分類モデルの実装（PyTorch）

• **論文**

・Li Yuan, Yunpeng Chen, Tao Wang, Weihao Yu, Yujun Shi, Zihang Jiang, Francis EH Tay, Jiashi Feng, Shuicheng Yan (2021). "Tokens-to-Token ViT: Training Vision Transformers from Scratch on ImageNet"
arXiv:2101.11986

• **実装**

・Julius Ruseckas. "T2T-ViT"
Accessed May 21, 2024. https://juliusruseckas.github.io/ml/t2t-vit.html

●8章　CoAtNetを用いた画像分類モデルの実装（PyTorch）

• **論文**

・Zihang Dai, Hanxiao Liu, Quoc V. Le, Mingxing Tan (2021). "CoAtNet: Marrying Convolution and Attention for All Data Sizes"
arXiv:2106.04803

・Jie Hu, Li Shen, Samuel Albanie, Gang Sun, Enhua Wu (2017). "Squeeze-and-Excitation Networks"
arXiv:1709.01507

・Mark Sandler, Andrew Howard, Menglong Zhu, Andrey Zhmoginov, Liang-Chieh Chen (2018-2019). "MobileNetV2: Inverted Residuals and Linear Bottlenecks"
arXiv:1801.04381

• **実装**

・Julius Ruseckas. "CoAtNet"
Accessed May 21, 2024. https://juliusruseckas.github.io/ml/coatnet.html

●9章　BoTNetを用いた画像分類モデルの実装（PyTorch）

• **論文**

・Aravind Srinivas, Tsung-Yi Lin, Niki Parmar, Jonathon Shlens, Pieter Abbeel, Ashish Vaswani (2021). "Bottleneck Transformers for Visual Recognition"
arXiv:2101.11605

・Kaiming He, Xiangyu Zhang, Shaoqing Ren, Jian Sun (2015). "Deep Residual Learning for Image Recognition"
arXiv:1512.03385

• **実装**

・Julius Ruseckas. "Bottleneck Transformer"
Accessed May 21, 2024. https://juliusruseckas.github.io/ml/botnet.html

・Aravind Srinivas. "Bottleneck Transformers for Visual Recognition." GitHub Gist, 2021.
https://gist.github.com/aravindsrinivas/56359b79f0ce4449bcb04ab4b56a57a2

●10章　EdgeNeXtを用いた画像分類モデルの実装（PyTorch）

• **論文**

・Muhammad Maaz, Abdelrahman Shaker, Hisham Cholakkal, Salman Khan, Syed Waqas Zamir, Rao Muhammad Anwer, Fahad Shahbaz Khan (2022). "EdgeNeXt: Efficiently Amalgamated CNN-Transformer Architecture for Mobile Vision Applications"
arXiv:2206.10589

・Alaaeldin El-Nouby, Hugo Touvron, Mathilde Caron, Piotr Bojanowski, Matthijs Douze, Armand Joulin, Ivan Laptev, Natalia Neverova, Gabriel Synnaeve, Jakob Verbeek, Hervé Jegou (2021). "XCiT: Cross-Covariance Image Transformers"
arXiv:2106.09681

• **実装**

・Julius Ruseckas. "EdgeNeXt on CIFAR10"
Accessed May 21, 2024. https://juliusruseckas.github.io/ml/edgenext-cifar10.html

・Amshaker (Amshaker committed on Jul 26, 2023). "EdgeNeXt"
GitHub. https://github.com/mmaaz60/EdgeNeXt

●11章　ConvMixerを用いた画像分類モデルの実装（Keras）

• **論文**

・Asher Trockman, J. Zico Kolter (2022). "Patches Are All You Need?"
arXiv:2201.09792

• **実装**

・"Image classification with ConvMixer"
Author: Sayak Paul
Date created: 2021/10/12
Last modified: 2021/10/12
https://keras.io/examples/vision/convmixer/

●12章　GCViTを用いた画像分類モデルの実装（Keras）

• **論文**

・Ali Hatamizadeh, Hongxu Yin, Greg Heinrich, Jan Kautz, Pavlo Molchanov (2023).
"Global Context Vision Transformers"
arXiv:2206.09959

• **実装**

・"Image Classification using Global Context Vision Transformer"
Author: Md Awsafur Rahman
Date created: 2023/10/30
Last modified: 2023/10/30
Description: Implementation and fine-tuning of Global Context Vision Transformer for image classification.
https://keras.io/examples/vision/image_classification_using_global_context_vision_transformer/

・Awsaf. "GCViT-TF: Global Context Vision Transformer TensorFlow Implementation."
GitHub, 2024. Accessed 28 July 2024. https://github.com/awsaf49/gcvit-tf

・NVIDIA. "GCVit: Global Context Vision Transformer."
GitHub, 2024. Accessed 28 July 2024. https://github.com/NVlabs/GCVit

●13章　ConvNeXtを用いた画像分類モデルの実装（PyTorch）

• **論文**

・Zhuang Liu, Hanzi Mao, Chao-Yuan Wu, Christoph Feichtenhofer, Trevor Darrell, Saining Xie (2022).
x"A ConvNet for the 2020s"
arXiv:2201.03545

• **実装**

・Julius Ruseckas. "ConvNeXt on CIFAR10"
Accessed May 21, 2024. https://juliusruseckas.github.io/ml/convnext-cifar10.html

・Liu, Z., Mao, H., Wu, C.-Y., Feichtenhofer, C., Darrell, T., & Xie, S. (2022).
"ConvNeXt." GitHub. https://github.com/facebookresearch/ConvNeXt

●14章　MViTを用いた画像分類モデルの実装（PyTorch）

• **論文**

・Haoqi Fan, Bo Xiong, Karttikeya Mangalam, Yanghao Li, Zhicheng Yan, Jitendra Malik, Christoph Feichtenhofer (2021). "Multiscale Vision Transformers"
arXiv:2104.11227

• **実装**

・Julius Ruseckas. "MViT"
Accessed May 21, 2024. https://juliusruseckas.github.io/ml/mvit.html

---

NOTE

著者プロフィール

チーム・カルポ

フリーで研究活動を行うかたわら、時折、プログラミングに関するドキュメント制作にも携わる執筆集団。Android/iPhoneアプリ開発、フロントエンド／サーバー系アプリケーション開発、コンピューターネットワークなど、さらに近年はディープラーニングを中心に先端AI技術のプログラミングおよび実装をテーマに、精力的な執筆活動を展開している。

主な著作

『TensorFlow&Kerasプログラミング実装ハンドブック』（2018年10月）
『Matplotlib&Seaborn実装ハンドブック』（2018年10月）
『ニューラルネットワークの理論と実装』（2019年1月）
『ディープラーニングの理論と実装』（2019年1月）
以上、秀和システム刊
ほか多数

Vision Transformer／最新CNNアーキテクチャ画像分類入門

発行日 2024年10月21日 第1版第1刷

著 者 チーム・カルポ

発行者 斉藤 和邦
発行所 株式会社 秀和システム
〒135-0016
東京都江東区東陽2-4-2 新宮ビル2F
Tel 03-6264-3105（販売）Fax 03-6264-3094
印刷所 三松堂印刷株式会社 Printed in Japan

ISBN978-4-7980-7285-2 C3055